Ihre Arbeitshilfen zum Download

Die folgenden Arbeitshilfen stehen für Sie zum Download bereit:

- Checklisten, z. B. zur Risikoanalyse und zur Aufgabenverteilung
- Formblätter, z. B. zur Früherkennung von Risiken und Chancen und zu konkreten Maßnahmen
- Formulare, z. B. Meilensteinplan und Statusbericht
- Musterberichte, z. B. zum Projektauftrag und zum Projektabschluss

Den Link sowie Ihren Zugangscode finden Sie am Buchende.

Praxishandbuch Projektmanagement

Günter Drews
Norbert Hillebrand
Dr. Martin Kärner
Sabine Peipe
Uwe Rohrschneider

Praxishandbuch Projektmanagement

Günter Drews
Norbert Hillebrand
Dr. Martin Kärner
Sabine Peipe
Uwe Rohrschneider

2. Auflage

Haufe Gruppe
Freiburg · München

Bibliografische Information der Deutschen Nationalbibliothek
Die Deutsche Nationalbibliothek verzeichnet diese Publikation in der Deutschen Nationalbibliografie; detaillierte bibliografische Daten sind im Internet über http://dnb.dnb.de abrufbar.

Print	ISBN: 978-3-648-07270-7	Bestell-Nr. 00415-0002
EPUB	ISBN: 978-3-648-07271-4	Bestell-Nr. 00415-0101
EPDF	ISBN: 978-3-648-07272-1	Bestell-Nr. 00415-0151

Günter Drews | Norbert Hillebrand | Martin Kärner | Sabine Peipe | Uwe Rohrschneider
Praxishandbuch Projektmanagement
2. Auflage 2016

www.haufe.de
info@haufe.de
Produktmanagement: Anne Rathgeber

Lektorat: Ulrich Leinz, Berlin
Satz: kühn & weyh Software GmbH, Satz und Medien, Freiburg
Umschlag: RED GmbH, Krailling
Druck: BELTZ Bad Langensalza GmbH, Bad Langensalza

Inhaltsverzeichnis

Vorwort

Projektmanagement ist in vielen Bereichen der Wirtschaft heute tagtäglich gefragt. Das trifft nicht nur auf Konzerne zu, sondern ebenso auf mittelständische und kleine Unternehmen bis hin zu den kleinsten Betrieben. Ein Merkmal ist dabei die sinnvoll gesteuerte, übergreifende Zusammenarbeit mit dem Ziel, Produkte und Dienstleistungen in hoher Qualität, unter präzisem und effizientem Einsatz der Ressourcen Zeit und Geld zur Marktreife zu bringen.

Das Praxishandbuch Projektmanagement bietet Ihnen dazu Unterstützung in allen wichtigen Kernbereichen: bei der Planung und Steuerung von Projekten, der klaren Rollen- und Aufgabenverteilung bei den Projektbeteiligten, der Risiken- und Chancenanalyse, dem sicheren und effektiven Einsatz der Methoden sowie der Gestaltung einer exakten Projektdokumentation und Sicherstellung des Informationsflusses.

Das Praxishandbuch bietet Ihnen dieses Know-how in fünf Teilen:

Teil 1: Basiswissen
führt durch den gesamten Lebenszyklus eines Projektes und bietet detaillierte Anleitungen zu den fünf Phasen des Projektmanagements. Teil 1 zeigt, wie Projektideen ausgewählt, bewertet und auf Ihre Wirtschaftlichkeit hin geprüft werden; wie Projektauftrage und Projektziele verständlich und konkret formuliert und vereinbart werden; wie ein Projekt geplant und die Termine und Ressourcen dazu ermittelt und festgelegt werden; wie die Projektsteuerung mittels eines angemessenen Projektcontrollings funktioniert und wie ein Projekt systematisch abgeschlossen und die gesammelte Erfahrung verfügbar gemacht wird.

Teil 2: Wissensträger
beschreibt die Rollen und Aufgaben der am Projekt beteiligten Personen, vom Projektleiter, über das Projektteam, dem Projektcontroller und dem Auftraggeber bis hin zum Experten- und Steuerungsgremium.

Teil 3: Erfolgswissen
zeigt in fünf Schritten, wie Sie den Projekterfolg sichern. Sie lernen, Risiken und Chancen in einem Projekt zu erkennen, zu bewerten und dann Maßnahmen zu entwickeln und umzusetzen, mit denen Sie Fehlentwicklungen im Projekt entgegensteuern und Chancen nutzen. Rechtliche und betriebswirtschaftliche Aspekte sowie Hinweise zu Sicherung und Weiterverwendung von Erfahrungen runden die Themen ab. Abschließend erhalten Sie eine aus jahrelanger Projekterfahrung erstandene Aufstellung zu typischen Risiko- und Chancenfeldern in den verschiedenen Bereichen der Projektplanung und des Projektmanagements.

Teil 4: Methodenwissen
stellt über 40 für das Projektmanagement zentrale Methoden vor, deren Nutzen und Anwendung in den unterschiedlichen Phasen eines Projekts genau beschrieben wird. Diese Methoden helfen Ihnen und den Projektbeteiligten, Kreativität zu entwickeln, Situationen zu analysieren, zu bewerten und zu steuern. Und sie liefern einen wichtigen Beitrag zur Verbesserung der persönlichen Methodenkompetenz.

Teil 5: Wissen teilen
erläutert, wie ein pfiffiges Berichtswesen genau die Berichte liefert, die von den Projektbeteiligten benötigt werden, um das Projekt optimal voranzubringen und zu steuern. Hierfür zeigen wir Ihnen, wie Sie für jeden Empfängerkreis und für die verschiedenen Projektsituationen angepasste Formate definieren und Berichte erstellen. Zahlreiche Musterberichte zeigen, wie das geht. Sie stehen Ihnen als Downloads bereit zur raschen Erstellung aussagekräftiger Berichte.

Arbeitshilfen online
bieten Ihnen alle wichtigen Arbeitsmittel, die Sie für das effiziente Management von Projekten benötigen.

Viel Erfolg bei der Projektarbeit wünschen Ihnen

Günther Drews, Norbert Hillebrand, Dr. Martin Kärner, Sabine Peipe und Uwe Rohrschneider

Teil 1: Basiswissen

Die fünf Phasen des Projektmanagements

Teil 1:

Basiswissen – Die fünf Phasen des Projektmanagements

Einleitung: Die Grundlagen des Projektmanagements

Projektleiter und -mitarbeiter werden oft nicht genügend im Projektmanagement und den entsprechenden Methoden ausgebildet, weil die dafür notwendigen Mittel fehlen. Die Projektmitarbeiter benötigen aber ausreichendes Wissen, um die Methoden richtig und sinnvoll anzuwenden. Nur so können Sie Projekte erfolgreich durchführen. Dazu bietet Ihnen diese Einleitung einen Überblick über die wichtigsten Projektmanagement-Begriffe sowie eine Zusammenfassung der Projektarten und ihrer Merkmale

Wenn Sie sich mit Projekten beschäftigen, müssen Sie sich zunächst im Klaren darüber sein,

- was ein Projekt ist,
- wie es in Ihrem Unternehmen definiert wird und
- welche Voraussetzungen für die Durchführung des Projektes zu schaffen sind.

Das nachfolgende Unterkapitel gibt Ihnen zuerst einen Überblick über Projektmanagement-Begriffe, die sich auch in den DIN-Normen (69900 ff.) für Projektmanagement wiederfinden. Sie lernen typische Merkmale von Projekten kennen und welche Projektarten es grundsätzlich gibt.

Was ist ein Projekt und welche Arten von Projekten gibt es?

Was genau versteht man unter dem Begriff Projekt? Wann handelt es sich bei einer Idee oder einem Plan nicht mehr nur um ein Vorhaben oder eine Linienaufgabe, sondern um ein echtes Projekt? Die DIN 69901-5:2009 liefert dafür folgende Definition:

Ein Projekt ist ein „Vorhaben, das im Wesentlichen durch die Einmaligkeit der Bedingungen in ihrer Gesamtheit gekennzeichnet ist, z. B. Zielvorgabe, zeitliche, finanzielle, personelle und andere Begrenzungen, Abgrenzung gegenüber anderen Vorhaben und projektspezifische Organisation."

Daraus lassen sich folgende Kriterien ableiten:

- Ein Projekt ist also einmalig und kommt in dieser Form nie wieder vor.
- Es hat ein festgelegtes Ziel, das es zu erreichen gilt.
- Es ist zeitlich begrenzt durch einen definierten Start- und Endtermin.
- Für das Projekt werden Geldmittel zur Verfügung gestellt (Projektbudget).
- Ihm werden Personen aus den unterschiedlichen Fachabteilungen zugeordnet.

- Das Projekt ist von anderen Projekten klar abgegrenzt.
- Es hat einen Projektleiter.
- Es hat einen Projektauftraggeber.
- Seine Projektteammitglieder sind in eine projektspezifische Organisation eingebunden.

Um zu überprüfen, ob Ihre Vorhaben die Merkmale eines Projekts erfüllen, benutzen Sie folgende Checkliste.

Checkliste: Welche Merkmale kennzeichnen ein Projekt		
	ja	nein
Hat Ihr Vorhaben ein konkretes Projektziel?		
Ist Ihr Vorhaben zeitlich begrenzt?		
Ist Ihr Vorhaben einmalig?		
Wurde Ihrem Vorhaben ein Budget zugewiesen?		
Ist Ihr Vorhaben von anderen Vorhaben im Unternehmen eindeutig abgegrenzt?		
Ist Ihrem Vorhaben Projektpersonal zugeordnet: Projektleitung, Projektteam, Spezialisten usw.?		

Die Antwort auf die Frage: „Ist Ihr Vorhaben einmalig?" erweist sich in der Praxis als sehr schwierig. Die tatsächliche „Einmaligkeit" gibt es eigentlich nicht. Projekte beinhalten häufig Phasen oder Vorgänge, die sich von Projekt zu Projekt immer wiederholen. Der Begriff Einmaligkeit bezieht sich auf das Projekt als Ganzes. Nur wenn man davon ausgeht, dass Projekte immer unter unterschiedlichen Bedingungen realisiert werden, kann man von „Einmaligkeit" sprechen. Unterschiedliche Bedingungen wären beispielsweise:

- Kunden/Auftraggeber mit ihren individuellen Wünschen und Anforderungen,
- Projektteams, die unterschiedliches Know-how und Erfahrungen einbringen,
- unterschiedliche gesetzliche Rahmenbedingungen,
- anderes Budget oder
- andere Termine.

Welche Arten von Projekten gibt es?

Die DIN 69901-5:2009 beschreibt Projektarten als „Gattung von Projekten, die eine ähnliche Ausprägung von Kriterien – Branche, Projektorganisation oder Projektgegenstand – aufweisen." Beispiele hierfür sind:

- Forschungs- und Entwicklungsprojekte (FuE-Projekte),
- Organisations- und IT-Projekte sowie
- Investitionsprojekte.

Diese Projekte unterscheiden sich in ihrer Zielsetzung und in ihrer Durchführung. Die Ziele von **Forschungs- und Entwicklungs-Projekten** sind oft unkonkret und müssen erst in mehreren Planungszyklen herausgearbeitet werden, wie etwa in der Software-Entwicklung, der Erforschung und Entwicklung eines Medizinprodukts oder der Entwicklung eines neuen Haushaltsgeräts.

Organisations- und IT-Projekte beschreiben Projekte, die sich mit der Planung, Umsetzung und Betreuung organisatorischer Prozesse im Unternehmen befassen: Aufbau einer neuen Produktionslinie, Einführung von Qualitäts- oder Projektmanagement, Optimierung von Unternehmensprozessen, Planung und Durchführung eines Messeauftritts.

Das Ziel eines **Investitionsprojekts** ist die Realisierung „technischer Produkte". Darunter versteht man unter anderem Gebäude, Staudämme oder komplexe Maschinenanlagen.

Tipp: Links zu Projektmanagement-Institutionen

GPM e.V. (Gesellschaft für Projektmanagement), www.gpm-ipma.de

SPM (Swiss Project Management), www.spm.ch

PMA (Project Management Austria), www.p-m-a.at

IPMA (International Project Management Association), www.ipma.ch

Die Beispielfirma „SoftWare GmbH"

Die Themen in diesem Buch werden mit Beispielen des fiktiven Unternehmens SoftWare GmbH konkret erläutert. Das Unternehmen SoftWare GmbH ist ein kleines mittelständisches Unternehmen mit 30 Mitarbeitern. Es entwickelt und produziert Anwendungssoftware für kleine und mittelständische Unternehmen (KMU). Der Markt für Softwareentwicklungen wird immer kleiner und der Konkurrenzkampf immer stärker. Um sich auch in Zukunft im Markt behaupten zu können, möchte das Unternehmen SoftWare sich mehr auf seine Stärken besinnen und die Produkte schneller, zuverlässiger und unter dem Gesichtspunkt der Kundenorientierung entwickeln und produzieren. Um diese Ziele zu erreichen, will SoftWare zukünftig stärker Projektmanagement-Methoden einsetzen. Bisher haben die Projektmitarbeiter Projektmanagement im „Learning-by-doing" oder „Trial-and-error"-Verfahren umgesetzt. Störungen oder Verzögerungen in Projekten werden häufig unter gemeinsamer Kraftanstrengung gemeistert. Die Kommunikation und Information kommt durch die Hektik des Alltags oftmals zu kurz. Systematische Projektmanagement-Methoden werden viel zu wenig eingesetzt oder mit dem Hinweis auf zu großen Zeitmangel nicht eingesetzt.

Die Geschäftsführung der SoftWare GmbH hat beschlossen, dass alle Projektleiterinnen und -leiter im Projektmanagement ausgebildet werden sollen. Das Unternehmen verspricht sich dadurch eine effektivere und wirtschaftlichere Durchführung der Projekte. Die Projektmanagement-Ausbildung soll als Projekt geplant und realisiert werden. Frau Müller, Leiterin der Personalabteilung, wird die Projektleiterin für dieses Projekt.

Parallel zum Projekt „Projektmanagement-Ausbildung“ steht ein weiteres Projekt an. Es handelt sich um die Neuentwicklung einer maßgeschneiderten Buchhaltungs-Software. Das Unternehmen möchte dieses neue Produkt schnell auf den Markt bringen und so weitere Marktanteile sichern. Herr Maier, Leiter des Fachbereichs Entwicklung, wird für dieses Projekt als Projektleiter benannt.

Die Geschäftsführung möchte die Projektergebnisse und -erfahrungen aus den beiden Projekten sammeln und auswerten lassen. Die Ergebnisse der Auswertung sollen in einem übergeordneten Projektmanagement-Handbuch zusammengefasst und für alle Projekte angewendet werden.

Die Projekte „Projektmanagement-Ausbildung“ und „Entwicklung einer neuen Buchhaltungs-Software“ werden Sie als Beispielprojekte in diesem Buch begleiten.

Übersicht: Phasen, Aufgaben, Hilfsmittel

Nachfolgend finden Sie eine Übersicht über die Phasen des Projektmanagements, die Aufgaben innerhalb der einzelnen Phasen sowie eine Auflistung der Formulare und Checklisten, die in den einzelnen Phasen eingesetzt werden können. Bei den Hilfsmitteln finden Sie die beiden Kürzel CL und FO, die für „Checkliste“ bzw. „Formular“ stehen.

Phase	Aufgaben	Hilfsmittel
Initialisierungsphase	▪ Projektidee prüfen ▪ Wunsch des Kunden bzw. Auftraggebers prüfen ▪ Wirtschaftlichkeit des Projekts prüfen	▪ Projektmerkmale (CL) ▪ Kostenvergleichsrechnung (FO) ▪ Gewinnvergleichsrechnung (FO) ▪ Rentabilitätsrechnung (FO) ▪ Amortisationsrechnung (FO)
Definitionsphase	▪ Projektauftrag erstellen ▪ Projektrahmenbedingungen festlegen (Projektpriorität, Projektvernetzung) ▪ Projektziele festlegen ▪ Projektumfeld- und -stakeholderanalyse durchführen ▪ Risiko- und Chancenanalyse durchführen ▪ Rollen und Aufgaben der Teammitglieder festlegen ▪ Projektstart-Workshop durchführen ▪ Projektordner anlegen	▪ Projektauftrag (FO) ▪ Projektbewertung (FO) ▪ Projektbewertungsmatrix (FO) ▪ Projektziele (CL) ▪ Umfeldanalyse (FO) ▪ Stakeholderanalyse (FO) ▪ Risikoanalyse (FO) ▪ Risikoanalyse (CL) ▪ Projektteam (CL) ▪ Anforderungsprofil eines Projektleiters (CL) ▪ Welche Aufgaben hat der Projektleiter? (CL) ▪ Welche Aufgaben hat der Projektcontroller? (CL) ▪ Welche Aufgaben hat ein Mitglied des Projektteams? (CL) ▪ Welche Aufgaben hat das Steuerungsgremium? (CL) ▪ Welche Aufgaben hat der Lenkungsausschuss? (CL) ▪ Projektstart-Workshop (CL) ▪ Inhaltsverzeichnis Projektordner (FO)
Planungsphase	▪ Phasenmodell auswählen ▪ Projekt strukturieren ▪ Arbeitspakete beschreiben ▪ Projektablauf festlegen ▪ Dauer, Termine, Meilensteine festlegen ▪ Ressourcen festlegen ▪ Ressourcenbedarf ermitteln und Aufwand abschätzen ▪ Projektkosten planen ▪ Projektwirtschaftlichkeit prüfen ▪ Finanzierung sicherstellen	▪ Ein Projekt strukturieren (CL) ▪ Arbeitspaket (FO) ▪ Meilensteinplan (FO) ▪ Kostenvergleichsrechnung (FO) ▪ Gewinnvergleichsrechnung (FO) ▪ Rentabilitätsrechnung (FO) ▪ Amortisationsrechnung (FO)

Phase	Aufgaben	Hilfsmittel
Realisierungsphase	▪ Projektplan freigeben ▪ Ist-Daten erfassen (Termine, Stunden, Kosten) ▪ Überwachung durch Plan-Ist-Vergleiche ▪ Abweichungen analysieren ▪ Steuerungsmaßnahmen festlegen und einleiten ▪ Informieren und berichten	▪ Projektstatusbericht (FO) ▪ Arbeitspaketbericht (FO) ▪ Berichtsplan (FO) ▪ Kommunikationsplan (FO) ▪ Änderungsantrag (FO)
Abschlussphase	▪ Projektabschluss-Sitzung ▪ Projektauswertung ▪ Projektabschlussbericht	▪ Projektabschluss-Sitzung (CL) ▪ Projektabschluss-Bericht (FO)

Tabelle 1: Übersicht zu den Phasen des Projektmanagements, zu Aufgaben sowie Formulare und Checklisten.

1 Phase 1: Projektinitialisierung

Wie können Sie sicherstellen, dass Ihre Projekte zum Unternehmenserfolg beitragen? Die Auswahl der richtigen Projekte ist hierfür von entscheidender Bedeutung. Bevor Sie also ein neues Projekt auf den Weg bringen, sollten Sie genau prüfen, ob das Projekt einen sinnvollen Beitrag zur Wertschöpfung des Unternehmens darstellt. In diesem Kapitel lesen Sie,

- welche Fragen Sie vor Projektbeginn klären sollten,
- wie Sie den Prozess der Projektauswahl gestalten und
- welche Erfolgsfaktoren die Auswahl des Projektes bestimmen.

1.1 Projekte an Unternehmensstrategie ausrichten

Viele Studien im Bereich Projektmanagement kommen zu dem Ergebnis, dass es Projekten in Unternehmen oft an Effektivität mangelt. D. h. dass Projekte nicht ausreichend darauf hin geprüft werden, ob sie tatsächlich dem Unternehmenserfolg dienen.

Drei Kernfragen

Unternehmen, die viele Projekte durchführen und steuern, sollten daher folgende drei Kernfragen beantworten:

1. Wählen wir die richtigen Projekte aus, die für unser Unternehmen wertschöpfend sind?
2. Ist unser Projektportfolio auf unsere Unternehmensstrategie ausgerichtet?
3. Ist ein übergreifendes Projektmanagement in unserer Unternehmensstrategie einzubinden bzw. zu berücksichtigen?

Dabei gilt es zu berücksichtigen, dass die Unternehmensstrategie von der Struktur des Marktes stark bestimmt wird. Die Marktstruktur ist durch Faktoren gekennzeichnet, den fünf Wettbewerbskräften, die der Professor der Harvard Business School Michael E. Porter beschreibt. Diese fünf Kräfte sind: die Bedrohung durch neue Wettbewerber, die Verhandlungsstärke der Kunden, die Verhandlungsstärke der Lieferanten, die Bedrohung durch Ersatzprodukte bzw. -Leistungen, Konkurrenz zwischen vorhandenen Wettbewerbern.

Das strategische Projektmanagement hat die Aufgabe, angesichts dieser Marktstruktur die richtigen Projekte auszuwählen, und findet hier seinen Platz in der Unternehmensstrategie.

1.2 Projektideen auswählen und bewerten

Das strategische Projektmanagement hat die Aufgabe, die gemäß der Unternehmensstrategie richtigen Projekte auszuwählen. Das kann mit Unterstützung einer Projektbewertung und eines Projekt-Portfolios erfolgen. Bei der Auswahl und der Priorisierung der Projekte sind folgende Punkte zu beachten:

- Einfache und klare Prozesse der Projektauswahl und -priorisierung im Unternehmen, die von allen akzeptiert werden
- Unterstützung der Projektauswahl durch das Topmanagement
- Verständliche und realistische Ziele, die durch das Topmanagement vorgegeben werden; denn Ziele sind Anhaltspunkte für die Auswahl und Priorisierung von Projekten

Je besser die Projektauswahl im Unternehmen etabliert ist, desto einfacher sind die o. a. Punkte zu erfüllen. Gerade in einer Projektportfolio-Landschaft bzw. in einem Umfeld des Multi-Projektmanagements treten einige typische Probleme auf: Es fehlen im Unternehmen häufig Informationen über die Projektlandschaft (Wer macht welche Projekte wann und in welchem Umfang?). Synergie-Potenziale werden deshalb kaum ausgeschöpft. Dadurch werden knappe Ressourcen verschwendet bzw. wahllos auf andere Projekte verteilt. Und die Vorgehensweise bei Auswahl und Bewertung von Projekten ist nicht allen Beteiligten durchgängig transparent.

1.2.1 Prozess der Projektauswahl

Sehr wichtig ist ein klarer und formalisierter Prozess der Projektauswahl:

- Projektideen und -anträge werden z. B. an zentraler Stelle (Project Management Office (PMO), Projektassistenz etc.) gesammelt.
- Ein Projektbewertungsprozess steuert die Selektion und Priorisierung dieser Projektideen.
- Anschließend werden sie mit der Unternehmensstrategie verknüpft.

Bereits bei der Ideengenerierung und der Projektantragsstellung sollten die übergeordneten Zusammenhänge (beispielsweise die strategische Ausrichtung) beachtet werden. Somit können schon in der Projektkonzeption Synergien zur Unternehmensstrategie und zu anderen Projekten geschaffen werden.

Beispiel: Auswahl und Bewertung von Projektideen

Herr Kaiser, Geschäftsführer eines mittelständischen Unternehmens, möchte, dass zukünftig sämtliche Projektideen und -vorschläge zielgerichteter ausgewählt werden sollen:

1. Von nun an sollen alle Projektideen, -vorschläge und -anträge zentral im Projektbüro Project Management Office (PMO) gesammelt werden. Die Mitarbeiter im Projektbüro PMO überprüfen die Vorschläge nach formalen Kriterien und erfassen diese in einer Liste.
2. Eine Projektbewertungsrunde bestehend aus dem Geschäftsführer, Herrn Kaiser, den Leitern der Entwicklung, Produktion, Einkauf, Vertrieb und Personal überprüfen einmal monatlich die gesammelten Vorschläge und bewerten diese nach strategischen, wirtschaftlichen und dringlichen Kriterien (siehe Tabelle).
3. Anschließend werden die Projekte ausgewählt, die den Faktoren und Kriterien am meisten entsprechen, und es erfolgt die Freigabe.
4. Ein Projektportfolio soll die ausgewählten und durchgeführten Projekte z. B. anhand der Kriterien Strategie und Wirtschaftlichkeit (Wertschöpfung) visualisieren

.

Checkliste: Kriterien zur Projektauswahl und -bewertung

Faktor	Kriterien
Wirtschaftlichkeit	▪ Return on Investment (ROI) ▪ Investitions- bzw. Realisierungskosten ▪ Gewinn/Umsatz
Strategie	▪ Unterstützung der Unternehmensstrategie ▪ Imageverbesserung ▪ Wettbewerbsvorsprung
Dringlichkeit	▪ Gesetzliche Vorgaben bzw. Regelungen müssen erfüllt werden. ▪ Es ist ein technisches Problem zu lösen.
Realisierbarkeit	▪ Ist die Idee/das Vorhaben technologisch machbar? ▪ Ist die Idee/das Vorhaben finanzierbar? ▪ Stehen für das Vorhaben Kapazitäten zur Verfügung?

1.2.2 Project Scorecard (PSC)

Um die Unternehmensstrategie mit der Projektmanagement-Strategie zu verknüpfen, bietet sich in Anlehnung an die Balanced Scorecard (BSC) eine Project Scorecard (PSC) für Projekte an. Gerade bei Projekten, die explizit als strategische Projekte gekennzeichnet sind, fehlt häufig die Ankopplung an die Unternehmensstrategie.

Im Vordergrund steht immer die Frage: „Was wollen wir mit diesem Projekt erreichen?" Erst wenn sich alle Projektbeteiligten, Auftraggeber und Stakeholder über eine einheitliche Antwort einig sind, kann ein Projekt erfolgreich starten und durchgeführt werden.

Bei strategischen Projekten lassen sich die Ziele nicht sofort am Projektende messen, sondern erst nach einem bestimmten Zeitraum. Sie machen aber deutlich, dass diese Projekte kein Selbstzweck sind, sondern sich an den übergeordneten Unternehmenszielen orientieren.

Die vier Perspektiven der Project Scorecard

Perspektive 1: Unternehmensstrategie (die z. B. in der BSC abgebildet ist)

Perspektive 2: Strategische Projektziele

Perspektive 3: Projektergebnisziele z. B. Umfang, Qualität, Zeit und Kosten

Perspektive 4: Projektprozesse und -potenziale (z. B. die Teammotivation)

1. Perspektive Unternehmens- strategie	**2. Perspektive** Strategische Projektziele
3. Perspektive Projektergebnis- ziele	**4. Perspektive** Projektprozesse und -potenziale

Abb. 1: Project Scorecard

Wichtig sind die Wirkungsbeziehungen der Projektergebnisziele zu den strategischen Projektzielen bis hin zu den unternehmensstrategischen Zielen. In der PSC werden alle Ziele mit Kennzahlen belegt. Eine Kennzahl ist eine Messvorschrift, die festlegt, wie man messen kann, dass das Team das jeweilige Ziel erreicht hat.

Erfolgsfaktoren der Project Scorecard

- Identifikation und Beteiligung aller wichtigen Stakeholder
- Konsens über die Projektziele
- Konsequente Anwendung der Methode Project Scorecard
- Integration der Project Scorecard in die Projektmanagement-Standards (z. B. Aufnahme im Projektmanagement-Handbuch)
- Die Project Scorecard macht durch ihre Transparenz mögliche Schwierigkeiten frühzeitig sichtbar

Die Projektmanagementstrategie macht ihre Abhängigkeit zur Unternehmensstrategie deutlich. Projektideen oder Kundenanfragen werden bezogen auf die Unternehmensausrichtung überprüft. Damit können Unternehmen sicherstellen, dass sie die richtigen Projekte machen, also genau die Projekte, die dem Produkt- und Dienstleistungsportfolio des Unternehmens entsprechen.

Die Auswahl solcher Projekte kann z. B. durch eine interne Projektbewertungsrunde mit dem Topmanagement und Projektmanagern durchgeführt werden. In dieser Runde wird erörtert, ob die auszuwählenden Projekte zum Unternehmensgewinn beitragen und die strategische Ausrichtung unterstützen. Dies funktioniert allerdings nur dann, wenn allen Beteiligten die Unternehmens- und Projektmanagementstrategie klar ist.

1.3 Wirtschaftlichkeit von Projekten bewerten

Zur Projektauswahl gehört selbstverständlich auch die Beurteilung der Wirtschaftlichkeit des Projekts. Soll es im eigenen Unternehmen umgesetzt werden oder ist es wirtschaftlicher, wenn es an einen externen Partner vergeben wird? Um die Wirtschaftlichkeit eines Projekts zu prüfen, lernen Sie in diesem Abschnitt hilfreiche Bewertungsmethoden kennen.

1.3.1 Statische Bewertungsverfahren

Projekte werden nicht nur unter strategischen, sondern auch unter wirtschaftlichen Gesichtspunkten betrachtet. Es stellt sich also die Frage, ob die Projekte wirtschaftlich sind und wie sie finanziert werden können.

- Externe Kunden finanzieren das Projekt, indem sie eine Zahlung (Anzahlung, Teilzahlung, Gesamtzahlung) leisten.
- Interne Auftraggeber (Geschäftsführung, Fachabteilungen usw.) müssen prüfen, mit welchem Budget sie ihre Projekte finanzieren wollen. Ihre Aufgabe ist, Projektalternativen abzuwägen, Investitionen miteinander zu vergleichen und die Wirtschaftlichkeit der Projekte zu prüfen.

Aus der Betriebswirtschaft kennen wir statische und dynamische Bewertungsverfahren, die eingesetzt werden, um die Wirtschaftlichkeit von Investitionen zu betrachten. Diese Methoden können ebenso für Projekte angewendet werden. Sie sollen als Entscheidungsgrundlage für Projektinvestitionen dienen und bei der Auswahl von Projektalternativen unterstützen.

Als statische Bewertungsverfahren können die folgenden Methoden eingesetzt werden: Kostenvergleichsrechnung, Gewinnvergleichsrechnung, Rentabilitätsrechnung und Amortisationsrechnung.

Die Kostenvergleichsrechnung

Bei der Kostenvergleichsrechnung werden als Entscheidungskriterium die Kosten zweier oder mehrerer Projektalternativen verglichen.

Im folgenden Beispiel betragen die Projektkosten für Alternative 1 100.000 EUR uns für Alternative 2 180.000 EUR. Von den Projektkosten her ist also Alternative 1 deutlich günstiger als Alternative 2. Betrachtet man allerdings die laufenden Kosten, so ergibt sich ein anderes Bild.

	Projektalternative 1	**Projektalternative 2**
Fixkosten (Abschreibungen, Zinsen, sonstige Fixkosten)	21.500 EUR	28.000 EUR
Variable Kosten (Löhne, Material, sonstige variable Kosten)	165.000 EUR	125.000 EUR
Gesamtkosten	**186.500 EUR**	**153.000 EUR**

Tabelle 2: Beispiel für eine Kostenvergleichsrechnung.

Betrachtet man die Kosten, die nach der Investition jährlich anfallen, ist die Alternative 2 im Vergleich zur Alternative 1 um 33.500 EUR pro Jahr günstiger.

Die Gewinnvergleichsrechnung

Ergänzend zur Kostenvergleichsrechnung werden bei der Gewinnvergleichsrechnung auch die Erlöse, die zukünftig erwartet werden, einbezogen. Betrachten wir nun das obige Beispiel unter dem Aspekt der Gewinnvergleichsrechnung.

	Projektalternative 1	**Projektalternative 2**
Gesamtkosten/Jahr	186.500 EUR	153.000 EUR
Erlöse/Jahr	385.000 EUR	345.000 EUR
Gewinn/Jahr	**198.500 EUR**	**193.000 EUR**

Tabelle 3: Beispiel für eine Gewinnvergleichsrechnung.

Jetzt ist wieder die Alternative 1 günstiger, da bei dieser Alternative jährlich mehr Gewinn erwartet wird als bei Alternative 2.

Die Rentabilitätsrechnung

Bei der Rentabilitätsrechnung wird die Rentabilität der Projektinvestition ermittelt. Beim Vergleich mehrerer Alternativen ist die Alternative mit der höchsten Rentabilität vorzuziehen.

$$\text{Rentabilität} = \frac{\text{Gewinn}}{\text{Kapitaleinsatz}} \times 100$$

Beim Vergleich von zwei geplanten Entwicklungsprojekten ermittelt sich die Rentabilität wie folgt:

	Entwicklungsprojekt 1	**Entwicklungsprojekt 2**
Kapitaleinsatz (Entwicklungs- bzw. Projektkosten)	75.000 EUR	25.000 EUR
Gewinn/Jahr	3.500 EUR	1.500 EUR
Rentabilität	**4,66 %**	**6 %**

Tabelle 4: Beispiel für eine Rentabilitätsrechnung.

In diesem Beispiel ist das Entwicklungsprojekt 2 zu wählen, da es die höchste Rentabilität verspricht.

Die Amortisationsrechnung

Mit der Amortisationsrechnung wird ermittelt, in welchem Zeitraum das eingesetzte Kapital zurückfließt. Hier gilt, je kürzer die Amortisationszeit, desto vorteilhafter ist die getätigte Investition.

$$\text{Amortisationsdauer} = \frac{\text{eingesetztes Kapital}}{\text{Gewinn (pro Periode)} + \text{kalkulatorische Abschreibung}}$$

Auch zur Amortisationsrechnung wieder obiges Beispiel:

	Entwicklungsprojekt 1	Entwicklungsprojekt 2
Kapitaleinsatz (Entwicklungskosten bzw. Projektkosten)	75.000 EUR	25.000 EUR
Gewinn/Jahr	3.500 EUR	1.500 EUR
Kalk. Abschreibung	7.500 EUR	2.500 EUR
Amortisationsdauer	**6,8 Jahre**	**6,25 Jahre**

Tabelle 5: Beispiel für eine Amortisationsrechnung.

1.3.2 Projektfinanzierung

Anschaffungskosten, Entwicklungskosten und sonstige Zahlungen, die während des Projekts zu leisten sind, müssen finanziert werden. Es stellt sich also die Frage, ob und wie Sie Ihre Projekte finanzieren können. Folgende Finanzierungsalternativen stehen zur Verfügung:

- Außenfinanzierung: Die Projekte werden durch Kredite (Darlehen, Kontokorrent usw.) oder durch Einlagen und Beteiligungen finanziert.
- Innenfinanzierung: Die Projekte werden durch Rückstellungen, aus Abschreibungen oder durch Vermögensumschichtungen finanziert.

1.4 Handlungsempfehlungen zur Projektauswahl

Für die Projektauswahl haben sich folgende Handlungsempfehlungen bewährt:

- Strategische Unternehmensausrichtung enger mit der Projektauswahl verknüpfen. Die Unternehmens-Strategie darf nicht ein Geheimnis des Topmanagements sein!
- Laufende und geplante Projekte mit den Unternehmenszielen und der Strategie abgleichen. Gegebenenfalls nicht strategiekonforme Projekte verwerfen!
- Projekte auswählen, in dem die kritischen Projekterfolgsfaktoren bestimmt werden. Diese Faktoren sind wiederum die Grundlage für die späteren Projektziele.
- Eine Projektbewertungsmatrix unterstützt die Auswahl und Priorisierung neuer Projekte. Es werden Fragen gestellt nach ROI, Deckungsbeitrag, Umsatzrendite etc.

- Auswahl der Projekte durch folgende Fragestellungen:
  - Ist die Projektidee mit unserem Unternehmensleitbild vereinbar?
  - Entspricht die Idee unserer strategischen Ausrichtung?
  - Wird dadurch die Wirtschaftlichkeit gesteigert?
  - Sind ausreichend Know-how und Kapazitäten vorhanden, um das Projekt zu realisieren?
  - Ist ein Projektbudget für die Realisierung vorhanden?
- Darstellung der Projekte (geplante, laufende) mithilfe eines Projektportfolios. Die Dimensionen des Portfolios können u. a. sein: Wirtschaftlichkeit, strategische Ausrichtung, Kundennutzen.

1.5 Projekte priorisieren

Zur Priorisierung ihrer Projekte kann der Einsatz einer Projektbewertungstabelle von Nutzen sein. Darin wird festgelegt, welche Kriterien für ein Unternehmen Erfolg versprechend sind. Diese Kriterien werden prozentual gewichtet. Die beantragten Projekte durchlaufen diese Bewertungsmatrix. Durch die Zuordnungen „hoch", „mittel" oder „niedrig" werden Punkte vergeben, die anschließend mit der Gewichtung multipliziert werden. Das Projekt mit der höchsten Punktzahl erhält die höchste Priorität.

Beispiel: Projektbewertungsmatrix

Kriterium	Gewichtung	Wertung hoch (6 P.)	Wertung mittel (3 P.)	Wertung niedrig (1 P.)
Strategisch	25 %			
Dringlich	20 %			
Kundennutzen	25 %			
Wirtschaftlich (ROI)	30 %			
Summe	**100 %**			

Bei den Arbeitshilfen online finden Sie eine Projektbewertungsmatrix.

2 Phase 2: Projektdefinition

„Zeige mir, wie dein Projekt beginnt, und ich sage dir, wie es endet!" Ein guter oder schlechter Projektstart ist durchaus ein Indiz dafür, ob die Projektdurchführung ebenfalls gut oder schlecht verlaufen wird. Je besser Sie die die Grundlagen des Projektmanagements beherrschen, desto mehr erhöht sich die Aussicht auf Erfolg Ihres Projekts. Sie erfahren in diesem Kapitel, wie Sie

- einen Projektauftrag verfassen,
- die Startphase eines Projektes professionell gestalten und
- die Rahmenbedingungen und Ziele des Projekts festlegen.

2.1 Der Projektauftrag

Erfahrene Projektleiter wissen, dass der Projektstart die Weichen stellt für eine erfolgreiche oder eben auch weniger erfolgreiche Projektdurchführung. Sie wissen, dass ein optimaler Projektstart Zeit benötigt, um alle Rahmenbedingungen abzustimmen, die Ziele zu vereinbaren und das Projektteam auf die neue Aufgabenstellung einzustimmen. In der Projektstartphase werden

- der Projektauftrag konkretisiert und vervollständigt,
- die Ziele geklärt und
- alle Rahmenbedingungen so weit festgelegt, dass darauf die Projektstrukturierung und -planung aufbauen kann.

In den meisten Fällen werden Sie als Projektleiter von der Geschäftsführung oder Ihrem Kunden beauftragt, ein Projekt durchzuführen. Achten sie darauf, dass die Projektbeauftragung schriftlich erfolgt. Im Projektauftrag werden alle relevanten Projektinformationen festgehalten. Sie sind die vertragliche Basis zwischen Auftraggeber und Projektleiter.

Beispiel: Projektstart bei der SoftWare GmbH

Das Unternehmen SoftWare GmbH hat beschlossen, stärker als bisher Projektmanagement-Methoden anzuwenden, und will deshalb die Projektleiterinnen und -leiter im Projektmanagement ausbilden. Das Projekt „Projektmanagement-Ausbildung" wird in Form eines Organisationsprojekts umgesetzt. Die Ausbildung soll zum Jahresende abgeschlossen sein.

Parallel dazu wird das Projekt „Entwicklung einer Buchhaltungs-Software für kleine und mittelständische Unternehmen" durchgeführt.

Beide Projekte befinden sich momentan in der Projektstart-Phase. Die Projektleiter müssen folgende Aufgaben umsetzen: Projektauftrag erstellen und genehmigen lassen, die Rahmenbindungen und die Projektpriorität klären, die Projektziele ausarbeiten und festlegen, das Projektumfeld analysieren, die Chancen und Risiken ermitteln und bewerten, das Projektteam zusammenstellen und einen Projektstart-Workshop durchführen.

2.1.1 Verständlich und konkret beschreiben

In der Praxis sind Projektaufträge oft nicht konkret genug beschrieben. Wenn Sie einen Projektauftrag erhalten, nehmen Sie sich Zeit, ihn zu „verstehen“. Listen Sie offene Punkte und Unklarheiten auf und besprechen Sie diese mit Ihrem Auftraggeber. Achten Sie darauf, dass Ihr Auftraggeber und Sie „dieselbe Sprache“ sprechen. Nichts ist frustrierender als die Aussage Ihres Auftraggebers: „Aber so habe ich das doch gar nicht gewollt!“, nachdem Sie das Projekt beendet haben.

Formular: Projektauftrag	
Projektauftrag	
Projektbezeichnung	
Projektinhalt	
Projektumfeld	
Projekteckdaten	
Projektbeginn	
Projektende	
Zwischentermine	
Geplanter Kapazitätsaufwand	
Geplantes Budget	
Projektbeteiligte	
Projektteam	
Lenkungsausschuss	
Expertenteam	
Datum	Unterschrift Auftraggeber
Datum	Unterschrift Projektleitung

Achten Sie beim **Ausfüllen des Projektauftrags** darauf, möglichst viele Daten zu erfassen.

- In der Zeile Projektbezeichnung tragen Sie einen möglichst einprägsamen Projektnamen ein.
- In der Zeile Projektinhalte legen Sie eine kurze Projektbeschreibung und die Projektziele fest.
- Im Projektumfeld beschreiben Sie die Bereiche (Abteilungen, Standorte usw.), die in diesem Projekt involviert oder von Ihrem Projekt betroffen sind.

Anschließend legen Sie die **Projekteckdaten** fest:

- Projektanfang und -ende sowie feste Zwischentermine, beispielsweise einen Präsentationstermin oder einen festgelegten Abnahmetermin beim Kunden,
- Projektaufwand (grob geschätzt) und
- das geplante Budget, das für dieses Projekt freigestellt wird.

Im Abschnitt **Projektbeteiligte** führen Sie alle Beteiligten auf:

- Die Mitglieder des Projektteams.
- Falls ein Lenkungsausschuss oder ein Experte für technische Fragen benannt werden, tragen Sie diese in die entsprechenden Felder ein.

Beachten Sie, dass der Auftrag von Ihnen als dem zuständigen Projektleiter und von Ihrem Auftraggeber unterschrieben werden muss. Damit signalisieren Sie das gemeinsame Einverständnis zum Projekt und haben die Projektdaten vertraglich vereinbart.

Beispiel: Projektauftrag „Projektmanagement-Ausbildung“

Die Geschäftsführung der SoftWare GmbH hat Frau Müller, Leiterin der Personalabteilung, als Projektleiterin für das Projekt „Projektmanagement-Ausbildung“ ausgewählt.

Geschult werden sollen alle Projektleiter und -leiterinnen der Abteilungen Vertrieb, Entwicklung und Produktion. Die Projektziele sind die Erstellung eines Ausbildungskonzepts, die Auswahl eines externen Projektmanagement-Trainers sowie die Durchführung und anschließende Bewertung der Projektmanagement-Ausbildung.

Das Projekt beginnt Anfang März und soll im Dezember abgeschlossen sein. Das Konzept und die Auswahl des Seminaranbieters sollen bis Juni abgeschlossen sein, so dass nach der Sommerpause im Herbst die Ausbildung beginnen kann.

Nachdem Frau Müller die Ressourcen grob eingeplant hat, schätzt sie einen Kapazitätsaufwand von ca. 3.560 Stunden. Die Anzahl der Stunden multipliziert mit dem durchschnittlichen Stundensatz und den geschätzten Kosten für den externen Projektmanagement-Trainer ergibt ca. 430.000 EUR Projektkosten.

Ihr Projektteam besteht aus den Abteilungsleitern Vertrieb, Entwicklung und Produktion sowie dem externen Projektmanagement-Trainer, der später – nach der Auswahl des Seminaranbieters – in das Projektteam eingebunden werden soll.

Da dieses Projekt strategisch sehr hoch bewertet wird, möchte die Geschäftsführung regelmäßig über den Projektstatus informiert und bei allen Entscheidungen eingebunden werden.

Der Projektauftrag sieht wie folgt aus:

Muster: Projektauftrag	
Projektbezeichnung	**Projektmanagement-Ausbildung**
Projektinhalt	Projektmanagement-Ausbildung für Projektleiter/innen Ausbildungskonzept entwickeln, Auswahl externer Seminaranbieter, Planung, Durchführung und Bewertung der Ausbildung
Projektumfeld	Projektleiter/innen und Mitarbeiter aus den Fachabteilungen Entwicklung, Vertrieb und Produktion
Projekteckdaten	
Projektbeginn	03. März
Projektende	Mitte Dezember
Konzept präsentieren	Ende Mai
Auswahl Seminaranbieter abgeschlossen	Ende Juni
Start der Ausbildung	Mitte September
Geplanter Kapazitätsaufwand	ca. 3.560 Std. (s. Ressourcenplan)
Geplantes Budget	430.000 EUR (s. Kostenplan)
Projektbeteiligte	
Projektteam	PL-Frau Müller (Personalabt.), Herr Maier (Leiter der Entwicklung), Herr Franz (Leiter Vertrieb), Herr Überall (Leiter Produktion), Externe Trainer
Lenkungsausschuss	Geschäftsführung
Expertenteam	evtl. externe Berater
Datum: 07.01.	Unterschrift Auftraggeber: GF
Datum: 07.01.	Unterschrift Projektleitung: Fr. Müller

Muster: Projektauftrag	
Projektbezeichnung	**Entwicklung einer neuen Buchhaltungs-Software**
Projektinhalt	Entwicklung einer maßgeschneiderten Buchhaltungssoftware für kleine und mittelständische Unternehmen (KMU), Konzepterstellung, Entwicklung und Produktion der Software
Projektumfeld	Zielgruppe: kleine und mittelständische Unternehmen
Projekteckdaten	
Projektbeginn	15. Januar
Projektende	13. Juni
Start Produktion	Ende Juni
Geplanter Kapazitätsaufwand	ca. 2.200 Std. (s. Ressourcenplan)
Geplantes Budget	202.000 EUR (s. Kostenplan)
Projektbeteiligte	
Projektteam	PL — Herr Maier (Ltr. Entwicklung), Herr Kunz, Frau Zoltau (Programmierer), Herr Franz (Vertrieb)
Lenkungsausschuss:	Geschäftsführung
Expertenteam	keines
Datum: 07.01.	Unterschrift Auftraggeber: GF
Datum: 07.01.	Unterschrift Projektleitung: Hr. Maier

Eine Projektbewertungsmatrix unterstützt die Priorisierung neuer Projekte. Es werden Fragen gestellt nach ROI, Deckungsbeitrag, Umsatzrendite etc.

Beispiel: Projektbewertungsmatrix

Projektmanagement-Ausbildung					
Kriterium	**Gewichtung**	**Bewertung**			**G x B**
		hoch: 6 Punkte	**mittel: 3 Punkte**	**niedrig: 1 Punkt**	
Strategisch	25 %		×		0,75
Dringlich	20 %	×			1,20
Innovativ	25 %			×	0,25
ROI	30 %		×		0,90
Summe	**100 %**				**3,10**

Beispiel: Projektbewertungsmatrix					
Projektmanagement-Ausbildung					
Kriterium	**Gewichtung**	**Bewertung**			**G x B**
		hoch: 6 Punkte	**mittel: 3 Punkte**	**niedrig: 1 Punkt**	
Strategisch	25 %	×			1,50
Dringlich	20 %	×			1,20
Innovativ	25 %		×		0,75
ROI	30 %			×	0,30
Summe	**100 %**				**3,75**

Aus der Projektbewertung kann nun eine Projektrangfolge abgeleitet werden, in der die Prioritäten übersichtlich dargestellt werden. In diesem Beispiel wurden die Spalten Start, Ende und Plankosten mit aufgenommen. Die Festlegung der Prioritäten dient nicht dazu, die Projekte nach ihrer Rangfolge abzuarbeiten. Wenn genügend Ressourcen oder Geldmittel vorhanden sind, werden die Projekte ohne Rücksicht auf die Prioritäten abgearbeitet. Erst wenn Konflikte entstehen, beispielsweise Engpässe beim Personal oder dem Projektbudget, wird aufgrund der Priorität entschieden, welches Projekt zuerst Personal oder Geldmittel erhält.

Beispiel: Projektrangfolge				
Projekt	**Priorität**	**Start**	**Ende**	**Plankosten**
Projektmanagement-Ausbildung	3,75	3. März	11. Dezember	430.000 EUR
Buchhaltungs-Software	3,1	15. Januar	13. Juni	202.000 EUR
NN				

Die Priorität kann sich während des Projektverlaufs auch wieder ändern, beispielsweise dann, wenn andere, dringlichere Projekte durchzuführen sind, Kunden vorrangig behandelt werden müssen oder wenn die Geschäftsführung sich dafür entscheidet, Projekte zu verschieben, weil momentan keine weiteren Geldmittel zur Verfügung stehen. Wenn ein Unternehmen seine Zielsetzung und strategische Ausrichtung überprüft, können auch strategische Projekte gestoppt werden, weil sie die Zielsetzung nicht mehr erfüllen.

2.1.2 Alle Beteiligten mit einbeziehen

Die Erstellung einer Projektbewertungsmatrix erscheint in der Praxis oft als zu aufwendig oder auch zu umständlich in der Handhabung. Dennoch sollten Sie prüfen, welchen Stellenwert Ihr Projekt im Unternehmen hat. Aber Achtung: Projektbewertungen sind meist subjektiv. Aus diesem Grund ist es wichtig, dass alle Projektbeteiligten bei der Bewertung eingebunden werden. Auch wenn ein Projekt eine hohe Punktzahl erreicht hat, müssen Ausschlusskriterien berücksichtigt werden, zum Beispiel: Haben wir das notwendige Budget? Sind die Ressourcen verfügbar? Ist das notwendige Know-how für die Projektrealisierung vorhanden?

2.1.3 Projektumfeld klären

Da ein Unternehmen meist nicht nur ein Projekt durchführt, sondern ein ganzes Portfolio von Projekten, ist zu prüfen, ob diese Projekte Ihr Projekt beeinflussen. Beispielsweise kann es sein, dass

- dasselbe Personal benötigt wird oder
- dieselben Arbeitsmittel eingesetzt werden müssen.

Bei einer hohen Anzahl von Projekten besteht die Gefahr, diese Einflüsse nicht oder zu spät zu erkennen. Eine gute Möglichkeit, dies zu verhindern, ist, anhand einer vernetzten Matrix die gegenseitigen Einwirkungen darzustellen. Anschließend können Sie dann überlegen, welche Maßnahmen zu ergreifen sind. (Ein Blanko-Formular einer solchen Vernetzungsmatrix finden Sie bei den Arbeitshilfen online.)

	Projekt A	**Projekt B**	**Projekt C**	**Projekt D**
Projekt A		neutral	neutral	neutral
Projekt B	mittel		neutral	neutral
Projekt C	hoch	mittel		neutral
Projekt D	neutral	neutral	neutral	

Tabelle 6: Beispiel für eine Vernetzungsmatrix.

Listen Sie alle Projekte auf, die in Ihrem Unternehmen zurzeit umgesetzt werden. Prüfen Sie anschließend, ob sich diese Projekte gegenseitig beeinflussen. Beispielsweise hat Projekt A keinen Einfluss auf das Projekt B. Projekt B aber beeinflusst Projekt A. Dies kann dann der Fall sein, wenn beispielsweise Projekt B von Projekt A Ressourcen benötigt und diese aus dem Projekt A abzieht.

Beispiel: Projekt-Vernetzungsmatrix

Die Projekt-Vernetzungsmatrix der Firma SoftWare mit den beiden Projekten sieht folgendermaßen aus:

	Buchhaltungs-Software	Projektmanagement-Ausbildung
Buchhaltungs-Software		▪ Ggf. Ressourcenkonflikte ▪ Erfahrungsaustausch notwendig
Projektmanagement-Ausbildung	Ggf. Ressourcenkonflikte Erfahrungsaustausch notwendig	

Das Unternehmen befürchtet Probleme bei der Ressourcenauslastung, da Mitarbeiter aus der Entwicklung und dem Vertrieb in beiden Projekte eingesetzt werden sollen. Außerdem müssen Erfahrungen aus beiden Projekten untereinander ausgetauscht werden und entsprechend in die Projekte einfließen.

2.2 Die Projektziele

Ein Projekt besteht aus mehreren Zielen. Das spiegelt sich im so genannten dynamischen Projektdreieck wider.

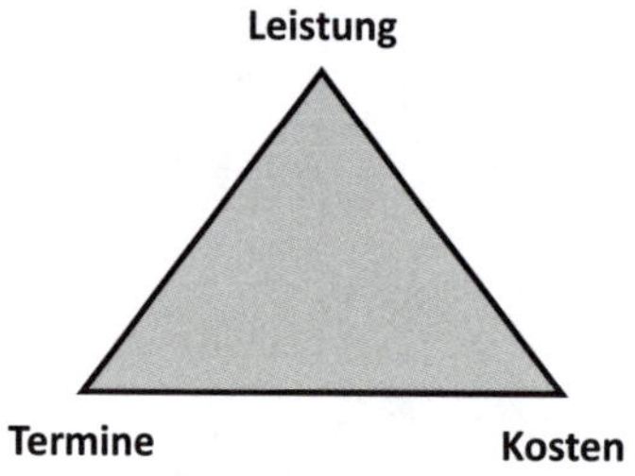

Abb. 2: Dynamisches Projektdreieck

Wenn an der „Kostenschraube gedreht" wird, verändern sich gegebenenfalls Qualität oder Funktionalität des Produkts. Wenn der Termin eingehalten werden muss und aus diesem Grund mehr Mitarbeiter eingesetzt werden sollen, steigen die Kosten im Projekt.

Das dynamische Projektdreieck stellt also die Beziehungen der Ziele Leistung, Termine und Kosten dar. Diese Ziele beeinflussen sich gegenseitig und müssen bei Projektentscheidungen immer berücksichtigt werden.

Zielfindungsprozess

Für den Zielfindungsprozess werden zwei unterschiedliche Verfahren angewandt, das intuitive Verfahren oder das diskursive Verfahren.

- Im **intuitiven Verfahren** erarbeiten Sie mittels Kreativitätstechniken wie beispielsweise Brainstorming oder Mindmap eine Vielzahl von Projektziel-Ideen. Je kreativer, desto besser. Anschließend werden die Ziele strukturiert und bewertet.
- Im **diskursiven Verfahren** werden alle Informationen gesammelt und in eine vorgegebene Struktur eingebunden. Die Informationen werden miteinander kombiniert, bewertet und die sinnvollsten werden als Projektziele herausgefiltert. Nachdem Sie alle Ziele für Ihr Projekt festgelegt haben, prüfen Sie, ob die Ziele sich gegenseitig beeinflussen, miteinander konkurrieren oder sich sogar gegenseitig ausschließen.

Um die Projektziele möglichst vollständig zu erfassen, empfiehlt es sich, einen **Projektzielkatalog** zu erstellen. In diesem Katalog werden alle Ziele, die zur Erfüllung des Projekts notwendig sind, aufgeführt und beschrieben.

Anforderungen an die Projektziele

Die Ziele müssen klar, nachvollziehbar und messbar sein. Oder anders ausgedrückt: Die Ziele müssen **SMART** beschrieben sein. SMART steht für **s**pezifisch, **m**essbar, **a**ktuell, **r**ealistisch und **t**erminiert.

Die Projektziele werden in ergebnisorientierte und vorgehensorientierte Ziele aufgeteilt.

- Die **Ergebnisziele** beschreiben das Produkt (Ergebnis) nach Abschluss des Projekts.
- Die **Vorgehensziele**, auch Ablauf- oder Prozessziele genannt, beschreiben die Projektvorgehensweise.

Machen Sie sich bewusst, dass sich Ziele während der Projektrealisierung verändern können. Um ständige Diskussionen zu vermeiden, legen Sie im Projektauftrag die **Rangfolge** der Ziele fest. Beispiel: Die Kosten (Budget) müssen auf alle Fälle eingehalten, der Projektendtermin kann notfalls um einen Monat verschoben werden.

Nehmen Sie sich in der Projektpraxis genügend Zeit die Projektziele zu erstellen, zu dokumentieren und zu überprüfen. Die Checkliste „Projektziele" soll Sie dabei unterstützen, diese sinnvollen Anforderungen an die Projektzielerstellung zu erfüllen. Selbstverständlich finden Sie auch diese Checkliste bei den Arbeitshilfen online.

Checkliste: Projektziele	ja	nein
Stimmen die Ziele mit dem Projektauftrag überein?		
Sind die Ziele spezifisch?		
Sind die Ziele messbar?		
Sind die Ziele aktuell?		
Sind die Ziele realistisch?		
Sind die Ziele terminiert?		
Schließen sich einige Ziele gegenseitig aus?		
Sind die Ziele voneinander unabhängig?		
Beeinträchtigt ein Ziel die Erfüllung eines anderen?		
Fördert die Verfolgung eines Ziels gleichzeitig das Erreichen eines anderen?		
Sind die Ziele nach Muss-, Soll- und Kann-Kriterien aufgeteilt?		
Gibt es Ober- und Unterziele?		
Sind die Ziele allen Projektbeteiligten bekannt und für alle verständlich?		

Ziele prüfen

Um sicherzustellen, dass Sie alle Projektziele ermittelt haben, sollten Sie die Ziele gemeinsam mit Ihrem Auftraggeber, dem Projektteam und bei Bedarf mit den betroffenen Fachabteilungen prüfen.

Beispiel: Projektmanagement-Ausbildung

Die Projektmanagement-Ausbildung soll in einem Zeitraum von vier Monaten durchgeführt werden. Die Dauer der eigentlichen Seminare kann im Vorfeld noch nicht geklärt werden, dies wird erst in Abstimmung mit dem externen Trainer möglich sein. Die Ausbildung hat Pilotcharakter. Das bedeutet, dass erst die Projektleiterinnen und -leiter ausgebildet werden sollen. Wenn die Ausbildung positiv war und mögliche Verbesserungsmaßnahmen durchgeführt wurden, sollen die Projektmitarbeiter ebenfalls im Projektmanagement ausgebildet werden. Die Bewertung der Ausbildungsmaßnahme ist demnach ein wichtiges Ziel.

Die Ausbildung soll nach Abschluss der Pilotschulung in die Personalentwicklung eingebunden werden und somit die persönliche Entwicklung des Personals unterstützen. Durch die Ausbildung verspricht sich die Geschäftsführung eine höhere Projektmanagement-Kompetenz seiner Mitarbeiter und dadurch eine Steigerung der Wettbewerbsfähigkeit.

Im Projektvorgehen werden alle Fachbereiche eingebunden, Kommunikation und Berichtswesen sollen in diesem Projekt verstärkt eingesetzt werden. Die Geschäftsführung möchte, dass alle Projektbeteiligten Projektmanagement-Methoden anwenden und vor allem den Projektstart und -abschluss systematisch durchführen.

Projektziele „Projektmanagement-Ausbildung“	
Ergebnisziele	**Vorgehensziele (Ablaufziele)**
▪ Projektmanagement-Ausbildung für alle Projektleiter ▪ Pilotschulung ▪ Dauer der Ausbildung: 4 Monate ▪ Bewertung der Ausbildung ▪ Spätere Einbindung in das Personalentwicklungskonzept ▪ Verbesserung der PM-Kompetenz des Unternehmens ▪ Steigerung der Wettbewerbsfähigkeit durch qualifizierte Projektmitarbeiter	▪ Alle Fachbereiche einbinden ▪ PM-Methoden anwenden ▪ Kommunikation und Berichtswesen verstärkt einsetzen ▪ Informationen aus dem Projekt „Entwicklung einer neuen Buchhaltungs-Software“ integrieren ▪ Systematischer Projektstart und Projektabschluss ▪ Ausführliche Projektdokumentation

Beispiel: Buchhaltungs-Software

Die neue Buchhaltungs-Software soll maßgeschneiderte Funktionen für kleine und mittelständische Unternehmen integrieren. Die Software soll zu einem günstigen Preis an die Kunden verkauft werden. Pro Monat sollen 500 Stück verkauft werden, sodass sich ein jährlicher Gewinn vor Steuern von 200.000 EUR ergibt. Die Geschäftsführung erhofft sich durch dieses neue Produkt eine Erhöhung der Marktanteile um fünf Prozent. Die bisherige Software soll abgelöst werden. Auch in diesem Projekt erwartet die Geschäftsführung den Einsatz von Projektmanagement-Methoden und die Durchführung eines systematischen Projektstarts und -abschlusses. Alle Projektergebnisse sollen ausführlich dokumentiert werden.

Projektziele „Buchhaltungs-Software“	
Ergebnisziele	**Vorgehensziele (Ablaufziele)**
▪ Maßgeschneiderte Software für kleine und mittelständische Unternehmen ▪ Preis/Stück: 50 EUR ▪ Erwartete verkaufte Stückzahl/Monat: 500 Stück ▪ Erwarteter jährlicher Gewinn innerhalb drei Jahren vor Steuern: 200.000 EUR (Abzug aller Fixkosten) ▪ Erweiterung der Marktanteile um 5 % ▪ Ablösung der bisherigen Software	▪ Einsatz der PM-Methoden ▪ PM-relevante Informationen an das Projekt PM melden ▪ Monatlicher Statusbericht an die GF ▪ Systematischer Projektstart und Projektabschluss ▪ Ausführliche Projektdokumentation

2.3 Projektumfeld und Stakeholder

Das Projektumfeld wird unterteilt in

- direkte sowie in indirekte Personen bzw. Personengruppen und
- direkte sowie in indirekte sachliche Faktoren

Im **direkten Umfeld** stehen die Personen oder Personengruppen bzw. die sachlichen Faktoren, die unmittelbar in Verbindung mit den Projektzielen und der Projektorganisation stehen, z. B. Auftraggeber, Lieferanten, interne Regeln. Sie sind im Projekt involviert bzw. beeinflussen das Projekt direkt und sind somit wesentlich an der Definition und der Projektzielerreichung beteiligt.

Im **indirekten Umfeld** stehen die Personen oder Personengruppen bzw. die sachlichen Faktoren, die nur mittelbar vom Projekt betroffen sind bzw. das Projekt beeinflussen, z. B. Bürger, Behörden, Politiker, Interessenverbände, gesetzliche Rahmenbedingungen. Sie haben keinen direkten Einfluss auf die Ziele und die Zielerreichung eines Projekts.

2.3.1 Umfeldanalyse

Es ist hilfreich, das Ergebnis der Umfeldanalyse tabellarisch darzustellen. Dazu wird das Projektumfeld aufgeteilt in personelle und sachliche sowie direkte und indirekte Faktoren.

Projektumfeld-Analyse		
	direkt	indirekt
personell		
sachlich		

Tabelle 7: Beispiel für eine Umfeldanalyse.

Je nach Grad ihrer Betroffenheit, reagieren die Personen oder Personengruppen auf das Projekt. Ihre Macht kann so groß sein, dass sie das Projekt gefährden oder sogar stoppen können. Denken Sie z. B. an den Bau eines Kraftwerks: Umweltverbände oder Bürgerinitiativen können ein starkes Interesse daran haben, dass das Kraftwerk nicht gebaut wird, und entsprechende Maßnahmen ergreifen, um den Bau zu verhindern.

2.3.2 Stakeholder-Analyse

Zur Bewertung des Projektumfelds empfiehlt es sich, eine **Stakeholder-Analyse** zu erstellen. Stakeholder sind Personen oder Personengruppen, die ein Interesse am Erfolg oder Misserfolg des Projekts haben oder vom Projekt in irgendeiner Weise betroffen sind.

Bei der Stakeholder-Analyse werden alle Personen oder Personengruppen aufgelistet, die aus dem direkten oder indirekten Projektumfeld abgeleitet werden können. Anschließend werden der

- Grad der Betroffenheit (hoch, mittel oder niedrig) und die
- Art der Betroffenheit (positiv, negativ, neutral) ermittelt.

Gerade bei Personen oder Personengruppen, die kein Interesse am Gelingen Ihres Projekts haben, sollten Sie sich genügend Maßnahmen überlegen, wie Sie diese umstimmen können, beispielsweise indem Sie die Betroffenen frühzeitig durch Informationsveranstaltungen einbinden oder aktives Projektmarketing betreiben.

Beispiel: Umfeld- und Stakeholder-Analyse

In der Vergangenheit wurden bei der SoftWare GmbH die Einflüsse aus dem Projektumfeld auf das Projekt selten betrachtet. Das führte immer wieder zu Terminverzug und höheren Kosten. Das soll jetzt beim Projekt „Entwicklung einer neuen Buchhaltungs-Software" anders werden. Das Unternehmen will zukünftig bei Projekten eine Umfeld- und Stakeholder-Analyse durchführen.
Das Projektteam ermittelt zunächst die Stakeholder, z.B. die Personengruppen wie die ausführende Fachabteilungen, Kunden, Wettbewerb und Lieferanten, sowie die sachlichen Faktoren, etwa die gesetzliche Regelungen/Vorgaben.

Projektumfeld-Analyse

	direkt	indirekt
Personell	▪ Ausführende Fachabteilungen	▪ Kunden ▪ Wettbewerb ▪ Lieferanten
Sachlich	▪ Gesetzliche Regelungen und Vorgaben	

Stakeholder	Betroffenheit		Argumente	Maßnahmen
	Grad	Art		
Fach-abteilungen	hoch	positiv	Wollen gutes Produkt entwickeln	Frühzeitige Einbindung
Kunden	hoch	positiv	Maßgeschneidertes Produkt	Werbung, Marketing
Wettbewerb	hoch	negativ	Kampf um Marktanteile, Preiskampf	Wettbewerb beobachten, Marktanalyse
Lieferanten	mittel	neutral	Liefert die Datenträger für die Software.	frühzeitig bestellen, bei Lieferverzug Sanktionen androhen

Beispiel: Projektmanagement-Ausbildung

Nachdem das Projektteam des Projekts „Projektmanagement-Ausbildung“ die Projektziele erstellt hat, ermittelt es anschließend das Projektumfeld. Es identifiziert folgende Personengruppen: Kunde, Wettbewerb, Lieferanten, Fachabteilungen und Betriebsrat. Sowie die sachlichen Faktoren: Unternehmensstrategie, aktuelle Projektmanagement-Normen und Projektvorgaben des Kunden.

Projektumfeld-Analyse		
	direkt	indirekt
Personell	▪ Fachabteilungen ▪ Betriebsrat	▪ Kunden ▪ Wettbewerb ▪ Lieferanten
Sachlich	▪ Unternehmensstrategie ▪ Aktuelle Projektmanagement-Normen	▪ Projektvorgaben von Kunden

Die Personen bzw. Personengruppen werden in einer Stakeholder-Analyse detailliert bewertet:

Stakeholder-Analyse				
Stakeholder	**Betroffenheit**		**Argumente**	**Maßnahmen**
	Grad	**Art**		
Kunden	hoch	positiv	bessere Qualität der Produkte und schnellere Verfügbarkeit auf dem Markt durch Projektmanagement	Werbung, Marketing
Wettbewerb	hoch	negativ	Wir verbessern unsere Wettbewerbsfähigkeit.	Wettbewerb beobachten, Marktanalyse
Lieferanten	niedrig	neutral	Die bisherigen Abläufe mit den Lieferanten könnten sich ggf. verändern.	frühzeitig informieren
Fachabteilungen	hoch	neutral	Abwarten: Was kommt auf uns zu?	frühzeitig informieren und einbinden
Betriebsrat	hoch	neutral	Mitarbeiterausbildung ist mitbestimmungspflichtig.	frühzeitig informieren, ggf. als Ratgeber in das Projekt einbinden

Maßnahmen bei Veränderungen überlegen

Die Stakeholder-Analyse ist nicht statisch, sondern wird während des gesamten Projekts immer wieder geprüft und ggf. korrigiert. Auch Stakeholder, die zu Projektbeginn dem Projekt positiv gegenüberstehen, können im Projektverlauf ihre Meinung ändern. Überlegen Sie sich vorher, welche Maßnahmen Sie in einem solchen Fall ergreifen können. Die sachlichen Faktoren als Ergebnis aus der Umfeldanalyse stellen Informationen für die Risiken- und Chancenanalyse zur Verfügung.

2.4 Risiken und Chancen im Projekt

In jedem Projekt stecken Risiken, die negative Auswirkungen haben können. Ob sie eintreten, ist nicht sicher, aber Sie sollten sich wappnen und schon frühzeitig überlegen, welche vorbeugenden oder korrigierenden Maßnahmen Sie ergreifen können. Listen Sie alle möglichen Risiken auf ihre Ursachen auf. Anschließend schätzen Sie ein, wann sie eintreten können und wie wahrscheinlich sie sind.

Risiko	Eintrittswahrscheinlichkeit	Möglicher Schaden	Vorbeugende Maßnahmen	Korrigierende Maßnahmen

Tabelle 8: Liste für Einschätzung und Bewertung von Risiken.

Es ist wichtig, das Eintreten von Risiken nicht tatenlos abzuwarten, sondern durch Planung, Auswahl und Vorbereitung von Maßnahmen Risiken rechtzeitig zu erkennen und sie zu beseitigen durch:

- präventive, d. h. schadensverhindernde Maßnahmen und/oder
- korrektive, d. h. schadensmindernde Maßnahmen.

Checkliste: Risikoanalyse

Risiken	ja	nein
Sind die Projektziele genau definiert?		
Ist das Projekt realistisch?		
Ist die Machbarkeit gewährleistet?		
Werden Vorgehensweisen und Hilfsmittel wie geplant wirken?		
Werden sie zur fraglichen Zeit verfügbar sein?		
Kann es Zahlungsausfälle geben?		
Ist das Personal zur geplanten Zeit verfügbar?		
Hat das Personal das erforderliche Know-how?		
Gibt es Widersacher?		
Werden die gesetzten Termine gehalten?		
Ist der Lieferant zuverlässig?		

Die meisten Risiken lassen sich aus einer ungenauen oder unrealistischen Zielsetzung ableiten oder wenn die Machbarkeit des Projekts nicht gewährleistet ist. Häufig finden sich Engpässe auch in der Verfügbarkeit bzw. Nichtverfügbarkeit von Projektpersonal und bei extrem straffen Terminplänen.

Chancen im Projekt sind positive Ereignisse, die das Projektergebnis und den Projektverlauf wesentlich verbessern. Sie sollten die Chancen im Projekt erkennen und Maßnahmen ergreifen, um tatsächlich Verbesserungen zu erreichen.

Beispiel: Buchhaltungs-Software

Aufgrund bisheriger Erfahrungen ist es wahrscheinlich, dass ein Programmierer wegen Krankheit etc. ausfällt. Deshalb ist es wichtig, einen geeigneten Ersatzprogrammierer einzuweisen, der im Bedarfsfall einspringen kann. Zudem gab es in der Vergangenheit Probleme mit Zulieferern: Ein Alternativlieferant muss bereitstehen.
Chancen sieht das Unternehmen für das Projekt durch eine Erhöhung der Marktanteile, wodurch eine Gewinnsteigerung möglich wird. Außerdem gibt es einen hohen Bedarf der Produkte, da die Software „maßgeschneidert" für kleine und mittelständische Unternehmen entwickelt wurde.

Risikoanalyse: Entwicklung Buchhaltungs-Software

Risiko	Wahrscheinlichkeit	Möglicher Schaden	Vorbeugende Maßnahmen	Korrigierende Maßnahmen
Programmierer fällt aus	mittel	Terminverzug	Ersatzprogrammierer einweisen	Externen Programmierer einkaufen
Termin kann nicht eingehalten werden	mittel	Gewinnschmälerung	Projekt-controlling	
Lieferant kann nicht liefern	hoch	Terminverzug	Sanktionen vertraglich vereinbaren	Alternativlieferant auswählen
Gesetzliche Vorgaben werden nicht rechtzeitig berücksichtigt	mittel	Kostenerhöhung wegen Korrekturen	Recherche Gesetzesvorlagen	

Beispiel: Projektmanagement-Ausbildung

Auch im Projekt „Projektmanagement-Ausbildung" sind Risiken zu sehen, denen gegengesteuert werden muss. Das Projekt hat zwar eine hohe Priorität, da es als strategisch wichtig betrachtet wird, aber dennoch können andere Projekte, die unter einem hohen Termindruck stehen, dieses Projekt verzögern.
Chancen für das Projekt sieht das Unternehmen in der zukünftig effektiveren Projektumsetzung und nachvollziehbaren Projektdokumentation (bessere Erfahrungswerte).

Risikoanalyse: Projektmanagement-Ausbildung				
Risiko	Wahrscheinlichkeit	Möglicher Schaden	Vorbeugende Maßnahmen	Korrigierende Maßnahmen
Dringlichere Projekte	mittel	Terminverzug Abzug von Ressourcen	Projekt zur „Chefsache" machen	

Prüfen Sie im Projektverlauf, ob die geplanten Maßnahmen zur Risikovermeidung erfolgreich waren, und steuern Sie gegebenenfalls nach.

2.5 Der Projektstart-Workshop

Zu Beginn eines jeden Projekts muss sich das Projektteam neu formieren. Vieles ist noch unklar, Unsicherheiten sind zu spüren: Was wird passieren? Welche Aufgaben kommen auf mich zu? Was wird von mir erwartet? Es ist wichtig, dass sich das Projektteam und die Projektleitung beim Start eines Projekts Zeit nehmen und sich mit dem Projekt bewusst auseinander setzen.

Der Projektstart-Workshop ist eine geeignete Methode, die Projektmitarbeiter kennen zu lernen und ihre persönlichen Erwartungen und Ziele zu hinterfragen. Verschaffen Sie sich frühzeitig einen Überblick über die Kompetenzen und Persönlichkeiten Ihrer zukünftigen Teamkollegen. Auch mögliche Konfliktpotenziale können frühzeitig erkannt und ausgeräumt werden, beispielsweise bei der Frage nach Projektkompetenzen, Aufgaben und Rollenverhalten.

Zusammensetzung des Projektteams

Wenn Ihre Aufgabe auch die Zusammensetzung des Projektteams umfasst, kann folgende Checkliste Sie dabei unterstützen.

Checkliste: Kompetenzen des Projektteams	
	Bemerkungen
Wer ist wo fachlich fit?	
Wer hat die entsprechende Berufserfahrung?	
Wer hat die entsprechende Ausbildung?	
Wer kennt die Projektmanagement-Methoden und weiß, wie sie eingesetzt werden?	
Wer ist konfliktfähig?	
Wer ist teamfähig?	
Wer hat die Fähigkeit zum Führen?	
Wer verfügt über Entscheidungskompetenzen?	

Der Projektstart-Workshop unterstützt die Teamentwicklung, klärt Fragen, Unsicherheiten und Probleme und bereitet den Boden für die Projektstrukturierung und -planung.

Teamregeln

Für die Entwicklung eines positiven Wir-Gefühls können gemeinsam vereinbarte Teamregeln wertvolle Schützenhilfe leisten.

- Jeder vertritt seine Aussagen, indem er per „ich" spricht und nicht per „man" oder „wir".
- Jeder erkennt den anderen als gleichwertig an.
- Persönliche Ansichten aussprechen und Interpretationen über andere vermeiden.
- In der Sache und nicht in der Person kritisieren.
- Hinhören ist genauso wichtig wie Reden.
- Informationen stehen allen Projektmitgliedern zur Verfügung und werden nicht zurückgehalten.
- Konflikte werden offen angesprochen und nicht gedeckelt.

Belassen Sie es nicht dabei, Teamregeln nur zu formulieren, sondern halten Sie sich ebenfalls daran und seien Sie Vorbild.

Beispiel: Projektstart-Workshop bei der SoftWare GmbH

Die Projektleiter Frau Müller und Herr Maier haben nun die wesentlichen Projektdaten mit ihren Teams ausgearbeitet. In einem Projektstart-Workshop möchten sie ihre Ergebnisse mit dem Projektteam und der Geschäftsführung überprüfen und gegebenenfalls überarbeiten und verabschieden. Durch den Workshop möchten sie sicherstellen, dass wesentliche Projektinformationen nicht vergessen werden oder verloren gehen. Vor allem wollen sie ihre Projektteams auf die Aufgaben der Projektplanung vorbereiten und die Projektorganisation mit ihnen abstimmen.

In einem Projektstart-Workshop werden nicht nur Projektinhalte besprochen, sondern auch die Weichen für eine erfolgreiche Teamentwicklung gestellt. Der Projektleitung kommt hier eine ganz besondere Rolle auch als Moderatorin zu. Sie hat die Aufgabe, das Team zu formen, die Kommunikation und den Kontakt zu fördern und eindeutige Verantwortlichkeiten, Rollen und Informationsstrukturen festzulegen.

Anhand der folgenden Checkliste, können Sie überprüfen, ob Sie an alles gedacht haben.

Checkliste: Projektstart-Workshop

	ja	nein
Sind die Projektziele klar und verständlich?		
Sind die Rahmenbedingungen festgelegt (Priorität, wichtige Termine usw.)?		
Wurde die Projektorganisation festgelegt? Wurden Rollen und Aufgaben verteilt?		
Sind die Kommunikations- und Berichtswege festgelegt?		
Sind die Stakeholder bekannt (Stakeholder-Analyse)?		
Sind die Risiken und Chancen bekannt und dokumentiert?		
Sind Teamregeln festgelegt (Pünktlichkeit usw.)?		
Sind die betroffenen Fachabteilungen informiert?		
Müssen Experten einbezogen werden?		
Werden Hilfsmittel für Projektplanung und -controlling eingesetzt? Wenn ja, welche?		

Inhaltlich werden im Projektstart-Workshop Informationen über die Aufgabenstellung vorgestellt. Die Projektziele können gemeinsam erarbeitet werden. Hier wird auch der Grundstein für die nachfolgende Planung und Detaillierung des Projekts gelegt, indem das Projekt strukturiert und die ersten Termine, Kosten und Einsatzmittel festgelegt werden.

Beispiel: Agenda für den Workshop

Frau Müller hat für ihren Workshop eine Agenda erstellt, die sie ihren Teammitgliedern und der Geschäftsführung als Lenkungsausschuss zukommen lässt. Der Workshop soll wie folgt durchgeführt werden:

Agenda für den Workshop

1. Begrüßung und Warm-up
2. Organisatorisches (heutiger Ablauf, Pausenzeiten usw.)
3. Vorstellung des Projekts
   a) Bisher erarbeitete Projektplanungsergebnisse besprechen
   b) Offene Punkte klären
4. Projektorganisation — Verantwortungen und Kompetenzen festlegen
5. Grobe Projektplanung
   a) Auswahl des Phasenmodells
   b) Projekt strukturieren
   c) Arbeitspakete beschreiben
   d) Den Projektablauf und die ersten Termine planen
6. Berichts- und Kommunikationsplan erstellen, Teamregeln vereinbaren
7. Die weitere Vorgehensweise festlegen
8. Feedback der Teilnehmer abfragen
9. Workshop-Ende

Für diesen Workshop hat Frau Müller einen Tag eingeplant. Als ersten Tagesordnungspunkt möchte sie die bisherigen Ergebnisse zum Projekt besprechen und das Projektteam mit den wichtigsten Projektdaten vertraut machen. Anschließend wird die Projektorganisation festgelegt bzw. abgestimmt: Welche Aufgabenbereiche und Kompetenzen haben die Projektleiterin Frau Müller, die einzelnen Teammitglieder und der Lenkungsausschuss? Als fünfter Tagesordnungspunkt werden die ersten Planungsschritte festgelegt und die Arbeitspakete werden ermittelt, strukturiert und beschrieben.

Als Nächstes legt das Team fest, wie die Projektinformationen verteilt werden und wer welche Informationen wann in welcher Form erhält. Dies wird in einem Berichtsplan festgeschrieben. Für die gemeinsame Zusammenarbeit werden Teamregeln festgelegt. Der Workshop endet mit der Besprechung der weiteren Vorgehensweise, einer Feedback-Runde und der Klärung offener Punkte.

Kreativitätstechnik: Destruktiv-Konstruktiv-Brainstorming

Im Projektstart-Workshop können Sie verschiedene Kreativitätstechniken einsetzen. Eine etwas ungewöhnliche Methode ist das Destruktiv-Konstruktiv-Brainstorming.

- In einer Destruktiv-Phase sollen die Teilnehmer möglichst viele negative Ideen äußern, die eine Projektlösung verhindern.
- In einer Konstruktiv-Phase sollen möglichst viele konstruktive Vorschläge erarbeitet werden.

Ziel ist es, dass auf diese Weise eine Vielzahl origineller Vorschläge zusammengestellt wird.

Die Fragestellung in der Destruktiv-Phase könnte sein: „Was können wir alles tun, um unser Projekt in den Sand zu setzen?" Umgekehrt fragen Sie in der Konstruktiv-Phase: „Welche Chancen sehen wir nun für unser Projekt?". (Viele weitere Kreativitätstechniken und Methoden finden Sie in Teil 4 Methodenwissen.)

3 Phase 3: Projektplanung

Projektplanung ist eine wesentliche Voraussetzung für erfolgreiche Projektarbeit.

Die Aufgaben der Projektplanung sind im Einzelnen:

- ein Phasenmodell auswählen,
- das Projekt strukturieren und in Teilaufgaben und Arbeitspakete zerlegen,
- den Ablauf planen und Abhängigkeiten festlegen,
- die Dauer und Termine bestimmen,
- das Personal und Sachmittel zuordnen,
- die Personal- und Sachkosten ermitteln und
- die Finanzierung des Projekts sicherstellen

Lesen Sie hier, wie Sie

- für das Projekt das passende Phasenmodell auswählen,
- einen Projektstrukturplan aufstellen,
- Arbeitsabläufe effizient gestalten,
- Termine und Meilensteine festlegen und
- die Ressourcen planen

3.1 Phasenmodell auswählen

Zu Beginn der Projektplanung steht die Überlegung an, welches Phasenmodell eingesetzt werden soll. Diese Festlegung erfolgt entweder individuell, d. h. projektbezogen, oder es existieren unternehmens- oder branchenbezogene Phasenmodelle, die zur Orientierung herangezogen werden können. Durch die Phasenplanung wird das Projekt in beherrschbare, zeitlich und inhaltlich definierte Abschnitte gegliedert, die zugleich verschiedene Funktionen innerhalb des Projekts erfüllen. Diese Funktionen sind:

- grobe Ablaufplanung (mit Meilensteinen als markante Ereignisse),
- Einteilung des Projekts in beherrschbare, zeitlich sowie sachlich bzw. inhaltlich definierte Abschnitte,
- grobe Aufwandsverteilung und
- Festlegen von Punkten für Projektentscheidungen oder auch Projektabbruch.

Drei Beispiele für projekttypische Phasenmodelle

Für Projekte gibt es unterschiedliche, für die jeweilige Branche oder Unternehmensabteilung typische Phasenmodelle. Das ist zum Beispiel der Fall bei Projekten im Bereich

Investition, Organisation sowie Forschung und Entwicklung (FuE). Der folgenden Tabelle können Sie die Gemeinsamkeiten und Unterschiede der Phasenmodelle entnehmen

Phase	FuE-Projekt	Organisationsprojekt	Investitionsprojekt
1	Problemanalyse	Problemanalyse	Grundlagenermittlung
2	Konzepterstellung	Konzepterstellung	Vorplanung
3	Produktdefinition	Detailplanung	Entwurfsplanung
4	Produktentwicklung	Realisierung	Genehmigungsplanung
5	Produkterstellung	Einführung und Installation	Ausführungsplanung
6	Produktion	Abnahme	Ausschreibung und Vergabe
7		Betreuung und Pflege	Bauausführung
8			Objektverwaltung

Die beschriebenen Phasenmodelle sind aus langjährigen Projekterfahrungen abgeleitet und zusammengestellt worden. So orientiert sich zum Beispiel das Phasenmodell für ein Investitionsprojekt in der Baubranche an der HOAI (Honorarordnung für Architekten und Ingenieure).

Sie können die Phasenmodelle als Vorlage für Ihre persönliche Projektarbeit nutzen. Die meisten Unternehmen entwickeln allerdings für ihre Projekte individuelle Phasenmodelle.

Die folgenden beiden Beispiele zeigen Ihnen die Phasenpläne unserer Beispielfirma Soft-Ware GmbH und deren Projekte „Buchhaltungs-Software“ und „Projektmanagement-Ausbildung“.

Beispiel: Phasenmodell eines Entwicklungsprojekts

Das Projektteam „Entwicklung einer neuen Buchhaltungs-Software“ hat sich für das Phasenmodell eines Entwicklungsprojekts entschieden.
In Phase 1 sollen die Anforderungen der kleinen und mittelständischen Unternehmen anhand einer Marktanalyse ermittelt werden, um die neue Buchhaltungs-Software maßgeschneidert zu entwickeln. Daraus entsteht ein Anforderungsprofil der bestehenden bzw. zukünftigen Kunden. Sind die Marktanalyse und das Anforderungsprofil erstellt, ist diese Phase abgeschlossen. Der erste Meilenstein beendet die „Phase Problemanalyse“ und gibt die nächste Phase „Konzepterstellung“ frei.
In Phase 2 soll ein Konzept für die neue Software erstellt werden, das sämtliche Anforderungen aus dem Anforderungsprofil abdeckt. Erst wenn das Konzept erstellt und die Machbarkeit gewährleistet ist, trifft die Geschäftsführung die Entscheidung zur Fortführung des Projekts.

In Phase 3 Produktdefinition werden die Module und Funktionen der Software beschrieben und in einem Pflichtenheft dokumentiert. Das Pflichtenheft wird von den Fachbereichen Entwicklung, Vertrieb, Produktion und der Geschäftsführung unterzeichnet.
Damit ist das Go gegeben für Phase 4 und die Entwicklung des Produkts.
Sind die Tests erfolgreich abgeschlossen, startet mit Phase 5 die eigentliche Produktion der Software.

Phasenplan: Projektmanagement-Ausbildung

Nr.	Phase	Meilensteine
1	Problemanalyse	▪ Marktanalyse ist erstellt ▪ Lastenheft fertiggestellt
2	Konzepterstellung	▪ Konzept fertiggestellt ▪ Entscheidung für Go oder No-Go
3	Produktdefinition	▪ Pflichtenheft abgeschlossen und verabschiedet
4	Produkterstellung	▪ Test erfolgreich abgeschlossen
5	Produktion	▪ Start der Produktion

Beispiel: Projektmanagement Ausbildung

Das Team „Projektmanagement-Ausbildung" hat sich für das Phasenmodell eines Organisationsprojekts entschieden.
Im Projekt „Projektmanagement-Ausbildung" wird in der ersten Phase ebenfalls eine Analyse der Probleme, Schwachstellen und Anforderungen erstellt. Diese Analyse umfasst alle Fachbereiche des Unternehmens, in denen Projekte umgesetzt werden, sowie eine Befragung aller Projektleiterinnen und -leiter. Daraus wird dann ein Schulungskonzept abgeleitet, das die Themenschwerpunkte abdecken soll. In der Phase „Detaillierung" sollen ein externer Seminaranbieter ausgewählt, die Schulungsunterlagen erstellt und der Seminarort sowie weitere Rahmenbedingungen geklärt werden.
Im Herbst soll die Schulung der Projektleiterinnen und -leiter beginnen und im Dezember des Jahres abgeschlossen sein. Anschließend werden die Seminare und das gesamte Projekt ausgewertet, um weiterführende Maßnahmen oder Verbesserungen abzuleiten.
Ziel ist es, diese Projektmanagement-Ausbildung zukünftig in die Personalentwicklung des Unternehmens einzubinden und weiteres Projektpersonal auszubilden. Nach Durchführung der Projektmanagement-Ausbildung soll der Fachbereich Personal die Betreuung übernehmen.

Phasenplan: Projektmanagement-Ausbildung

Nr.	Phase	Meilensteine
1	Problemanalyse	▪ Anforderungen/Bedarf sind geklärt
2	Konzepterstellung	▪ Schulungskonzept ist fertig gestellt
3	Detaillierung	▪ Seminaranbieter ist ausgewählt ▪ Rahmenbedingungen sind geklärt
4	Schulung	▪ Schulung durchgeführt und bewertet
5	Betreuung	▪ Start Betreuung

Die Phasenmodelle sind Grundlage für die Projektstrukturierung und Ablaufplanung, d. h. für die nächsten Planungsschritte. (Wie Sie aufbauend auf diesen Phasenmodellen Ihre Projekte strukturieren und planen können, erfahren Sie im Kapitel 3.2 Projektplanung.)

Beispiel: Messeauftritt der Firma SoftWare GmbH

Die SoftWare GmbH plant einen Messeauftritt. Für dieses Projekt bietet sich das Standard-Phasenmodell eines Organisationsprojekts als Grundlage an. Die Phasen des Messeprojekts lauten: Konzeptphase, Detailplanung, Vorbereitung und Durchführung (Realisierung), Abschluss und Auswertung.
In den einzelnen Phasen werden folgende Aufgaben durchgeführt:

Phase 1: Konzeptphase

- Projektstart-Workshop durchführen
- Aufgaben beschreiben
- Zielkatalog festlegen
- Phasenplanung
- wirtschaftliche Betrachtung
- Konzept erstellen

Phase 2: Detailplanung

- Projektorganisation festlegen
- Information und Kommunikation festlegen
- Projektplan erstellen
- Finanzierung sicherstellen
- Risiken- und Chancenanalyse erstellen
- Konzept Messeauftritt festlegen

Phase 3: Vorbereitung und Durchführung

- inhaltliche Vorbereitung der Messethemen
- Standpersonal festlegen und einweisen
- Werbung
- Aufbau Messestand
- Bewirtung etc. organisieren
- Messe durchführen
- Messestand abbauen

Phase 4: Abschluss und Auswertung

- Auswertung
- Nachbetrachtung und Nachkalkulation
- Abschlussbericht erstellen

3.2 Projektstrukturplan erstellen (PSP)

Der Projektstrukturplan ist Teil der Projektplanung. Und klar gesagt: Ohne Projektstrukturplanung geht es nicht. Nachdem Sie das Phasenmodell erstellt bzw. ausgewählt haben, ist Ihre nächste Aufgabe, Ihr Projekt überschaubar zu strukturieren und die einzelnen Aufgaben voneinander abzugrenzen. Die Erstellung eines Projektstrukturplans hat zum Ziel,

- das Projekt gesamtheitlich und übersichtlich darzustellen,
- Unklarheiten festzustellen,
- die Aufgaben (Teilaufgaben und Arbeitspakete) voneinander abzugrenzen,
- ein gemeinsames Verständnis aller Projektbeteiligten zu erreichen und
- die Basis für alle nachfolgenden Planungsschritte zu gewährleisten.

Der Projektstrukturplan wird meist grafisch dargestellt. Die DIN 69901-5:2009 beschreibt den Projektstrukturplan (PSP) als die „vollständige, hierarchische Darstellung aller Elemente (Teilprojekte, Arbeitspakete) der Projektstruktur als Diagramm oder Liste". Das Arbeitspaket ist das kleinste Element und wird im Projektstrukturplan nicht mehr weiter aufgegliedert.

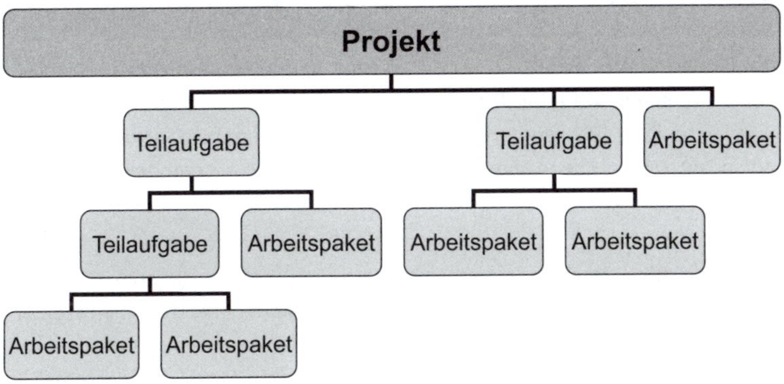

Abb. 3: Der Projektstrukturplan

Achten Sie darauf, dass Sie Ihre Projektstrukturpläne nicht zu detailliert gliedern. Hier gilt die Maxime: So viel wie nötig, so wenig wie möglich. In der Praxis hat sich die Detaillierung in maximal vier Ebenen bewährt. Wenn sich in Ihrem Projekt herausstellt, dass Sie mehr Ebenen benötigen, sollten Sie Ihr Projekt in Teilprojekte aufgliedern.

Vier Typen des Projektstrukturplans

Sie können Ihre Projektstrukturpläne nach verschiedenen Gesichtspunkten aufbauen. Häufig gibt es in Unternehmen standardisierte Projektstrukturpläne, auf die Sie zurückgreifen können. In der Praxis haben sich vier unterschiedliche Projektstrukturpläne durchgesetzt: der objektorientierte, der funktionsorientierte, der phasenorientierte und der gemischtorientierte Projektstrukturplan.

Der **objektorientierte** Projektstrukturplan ist ein „ergebnis- bzw. erzeugnisorientierter Strukturplan". Hier werden Objekte, Komponenten, Bauteile usw. dargestellt.

Der **funktionsorientierte** Projektstrukturplan ist nach Tätigkeiten bzw. Verrichtungen strukturiert wie z. B. Planen, Entscheiden, Kontrollieren, Entwerfen, Konstruieren, Fertigen usw.

Der **phasenorientierte** Projektstrukturplan orientiert sich an dem ausgewählten Phasenmodell. Damit wird indirekt ein zeitlicher Verlauf des Projekts dargestellt.

Der **gemischtorientierte** Projektstrukturplan vereinigt mehrere Gliederungsprinzipien, beispielsweise Phasen und Objekte, in seiner Struktur.

Beispiel: Projektstrukturpläne der SoftWare GmbH

Die Projektteams haben sich jeweils für einen phasenorientierten Projektstrukturplan entschieden und ihn um die Aufgabe „Projektmanagement" ergänzt. Beide Teams übernehmen die Struktur ihres Phasenmodells. Das Projekt „Projektmanagement-Ausbildung" enthält in der ersten Ebene die Phasen gemäß ihrem Phasenmodell sowie das Arbeitspaket „Projektmanagement".

Alle Elemente (Teilaufgaben und Arbeitspakete) in dem Projektstrukturplan haben einen Projektstrukturplan-Code. Dieser Code stellt die Zuordnung und die Hierarchie der Elemente dar. Der Code kann numerisch, alphanumerisch oder alphabetisch sein. Im Projekt „Entwicklung einer neuen Buchhaltungs-Software" sind auf der ersten Ebene ebenfalls die Phasen und das Arbeitspaket „Projektmanagement" aufgeführt. Letzteres enthält die Vorgänge Planen, Überwachen, Berichten, Informieren und Auswerten.

Bei Bedarf kann „Projektmanagement" noch weiter unterteilt werden. Die Teilaufgabe „Problemanalyse" unterteilt sich in die Teilaufgabe „Marktanalyse" und das Arbeitspaket „Anforderungen". Die Teilaufgabe „Marktanalyse" wiederum unterteilt sich in die beiden Arbeitspakete „Zielgruppe" und „Wettbewerb". Die Teilaufgabe „Produkterstellung" enthält die Arbeitspakete „Programmierung" und „Test". Der Projektstrukturplan kann im Verlauf der Projektplanung und -umsetzung noch feiner detailliert werden.

Auf der folgenden Seite finden Sie die beiden Projektstrukturpläne grafisch dargestellt.

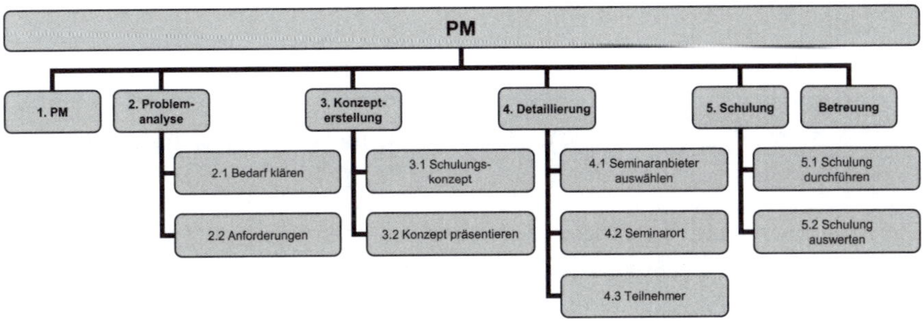

Abb. 4: Grafischer Projektstrukturplan „Projektmanagement-Ausbildung"

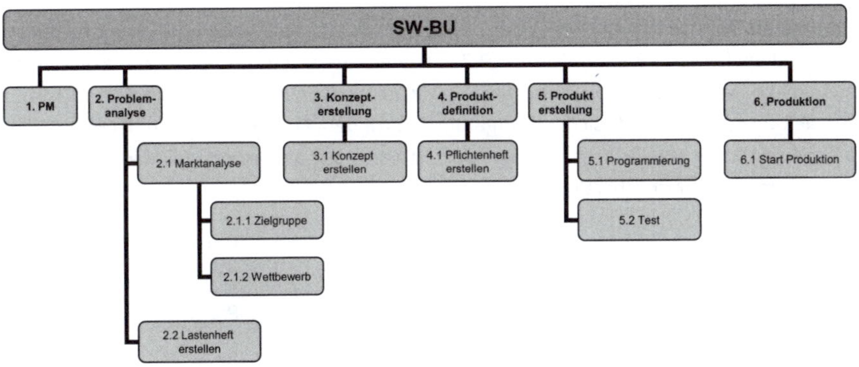

Abb. 5: Grafischer Projektstrukturplan „Buchhaltungs-Software"

Mithilfe eines Brainstormings können Sie die Teilaufgaben und Arbeitspakete sammeln und anschließend grafisch strukturieren. So stellen Sie sicher, dass Sie keine Arbeitspakete vergessen haben.

3.2.1 Arbeitspakete beschreiben

Beschreiben Sie Ihre Arbeitspakete so genau wie möglich. Denn sie sind die Arbeitsaufträge für die ausführenden Projektteammitglieder. Legen Sie fest, welches Ergebnis Sie erwarten und welche Aktivitäten durchzuführen sind. Das Arbeitspaket ist in sich abgeschlossen und muss gegenüber anderen Arbeitspaketen klar abgegrenzt sein. Ein Arbeitspaket sollte folgende Informationen enthalten:

- kurze Beschreibung der Aufgabenstellung
- Ergebnisse, die nach Abschluss des Arbeitspakets zu erwarten sind,
- Arbeitspaketverantwortliche
- Schnittstellen zu anderen Arbeitspaketen oder Projekten
- Aktivitäten und Termine

- Aufwand in Stunden oder Tagen, die für die Umsetzung des Arbeitspakets benötigt werden
- Kosten für Personal, Maschinen oder Sachmittel, die für dieses Arbeitspaket benötigt werden
- Unterschrift des verantwortlichen Projektleiters und des Arbeitspaket-Verantwortlichen

Damit Sie Ihre Arbeitspakete identifizieren und zuordnen können, sollten Sie diese mit einer Nummer codieren. So können Sie Arbeitsergebnisse, Protokolle, Zeichnungen usw. richtig zuordnen und sicherstellen, dass nichts vergessen wurde.

Beispiel: Arbeitspaket „3.1 Schulungskonzept" der SoftWare GmbH

Die Projektleiterin Frau Müller ist für das Arbeitspaket „3.1 Schulungskonzept" verantwortlich. Das Arbeitspaket startet am 21. April und soll am 16. Mai abgeschlossen sein. Als Ergebnis wird ein vollständiges Konzept mit Angabe der Schulungsinhalte und -dauer erwartet. Die Arbeitspakete „2.1 Bedarf klären", „2.2 Anforderungen" und „3.2 Konzept präsentieren" stehen in direkter Verbindung zum Paket „3.1 Schulungskonzept". Der geschätzte Aufwand für die Umsetzung beläuft sich auf ungefähr 84 Stunden. 60 Stunden fallen bei Frau Müller an, die restlichen jeweils acht Stunden verteilen sich auf die Teammitglieder Herrn Maier, Herrn Franz und Herrn Überall.

Projektname: Projektmanagement-Ausbildung	**Projekt-Nr.:** 001	**Datum:** 05.03.
Arbeitspaket-Titel: Schulungskonzept		**PSP-Nr.:** 3.1
Arbeitspaketbeschreibung: Schulungskonzept für PM-Seminar für Projektleiter ausarbeiten		**Verantwortlich:** Frau Müller
Ziele: (Welche Leistungen sollen erbracht werden?) s. o.		**Start:** 21.04. **Ende:** 16.05.
Ergebniserwartung: Konzept mit Schulungsinhalten, Schulungsdauer, gesamter Zeitrahmen, Hinweise zur Seminarauswertung		
Schnittstellen zu anderen Arbeitspaketen/Projekten/Organisationseinheiten: Arbeitspakete: 2.1 Bedarf klären/2.2 Anforderungen/3.2 Konzept präsentieren		
Aktivitäten/Termine: Konzept erstellen		
Voraussetzungen für das Arbeitspaket: keine		
Aufwand: 84 Std.	**Kosten:** 8.400 EUR	
Anlagen: keine	**Sonstiges:** -	
Unterschrift Projektleitung	*Unterschrift AP-Verantwortlicher*	

Nicht gleich zu Anfang alle Details

Seien Sie bei der Beschreibung von Arbeitspaketen nicht zu akademisch. Bei Planungsbeginn ist es normal, wenn Sie nicht alle Arbeitspakete beschreiben können, vor allem bei Aufgaben, die noch in weiter Ferne liegen. Berücksichtigen Sie deshalb in der Planungsphase Zeitpunkte, in denen Sie die nächsten Arbeitspakete detaillieren.

Nachfolgend finden Sie eine Checkliste, anhand derer Sie prüfen können, ob Sie alle Aufgaben für die Projektstrukturierung berücksichtigt haben.

Checkliste: Ein Projekt strukturieren	ja	nein
Projekt in Teilaufgaben und Arbeitspakete zerlegt?		
Gliederungsstruktur festgelegt (objekt-, funktions-, phasen- oder gemischtorientiert)?		
Teilaufgaben und Arbeitspakete im PSP zugeordnet?		
Teilaufgaben und Arbeitspakete codiert?		
Vollständigkeit überprüft?		
Projektstrukturplan genehmigt und verabschiedet?		

Nutzen Sie den Projektstart-Workshop, um Ihr Projekt gemeinsam mit dem Projektteam zu strukturieren. Damit erreichen Sie die Akzeptanz aller Projektbeteiligten und gleichzeitig fühlen sich die Projektteammitglieder für „ihre“ Aufgaben verantwortlich.

Standard-Projektstrukturpläne

Wenn Sie auf Standard-Projektstrukturpläne zurückgreifen können, setzen Sie diese als Checkliste ein: Streichen Sie die Aufgaben, die Sie nicht benötigen, oder ergänzen Sie den Projektstrukturplan mit Ihren Angaben. Dadurch reduziert sich der Aufwand für die Erstellung eines Projektstrukturplans.

3.3 Projektabläufe planen

Die Projektstrukturpläne liefern noch keine Informationen darüber, in welcher Reihenfolge die Aufgaben abzuarbeiten sind und wie der genaue zeitliche Ablauf sein soll. Die Aufgabe des Projektteams besteht jetzt darin, die Aufgaben in eine logische Reihenfolge zu bringen und die Dauern und Termine festzulegen.

- Legen Sie fest, welche Aufgaben voneinander abhängig sind oder parallel durchgeführt werden können.
- Anschließend berechnen Sie die einzelnen Termine oder legen fixe Termine (z. B. Meilensteintermine wie Abnahmen usw.) fest.

3.3.1 Beziehung der Aufgaben zueinander klären

Die einzelnen Aufgaben können in folgenden Beziehungen zueinander stehen:

- **Normalfolge** (Ende-Anfang-Beziehung): Vorgang B kann erst beginnen, wenn Vorgang A abgeschlossen ist.
- **Anfangsfolge** (Anfang-Anfang-Beziehung): Vorgang B beginnt, wenn Vorgang A begonnen hat.
- **Endfolge** (Ende-Ende-Beziehung): Vorgang B endet, wenn Vorgang A beendet ist.
- **Sprungfolge** (Anfang-Ende-Beziehung): Vorgang B endet, wenn Vorgang A begonnen hat.

Die Festlegung der Beziehungen zwischen den Vorgängen sollte, wenn möglich, im Projektteam erfolgen, z. B. in einem Projektplanungs-Workshop. Schreiben Sie die Vorgänge auf Karten und ordnen Sie diese entsprechend der Beziehungen an. Diese visuelle Darstellung hilft Ihnen, eventuelle Fehler zu erkennen. Den Ablaufplan können Sie anschließend in eine Projektmanagement-Software übertragen, z. B. MS-Project von Microsoft. Änderungen können Sie dann relativ leicht erfassen.

Im Folgenden zu den vier Beziehungsvarianten der Aufgaben vier Abbildungen, die das verdeutlichen.

Abb. 6: Aufgabenbeziehungen: Normalfolge“

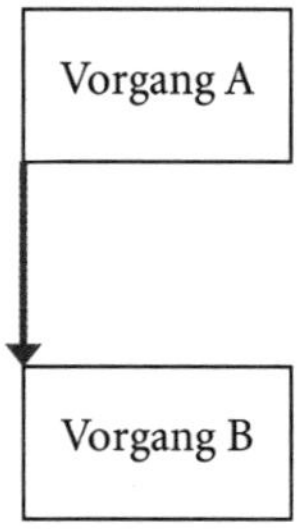

Abb. 7: Aufgabenbeziehungen: Anfangsfolge

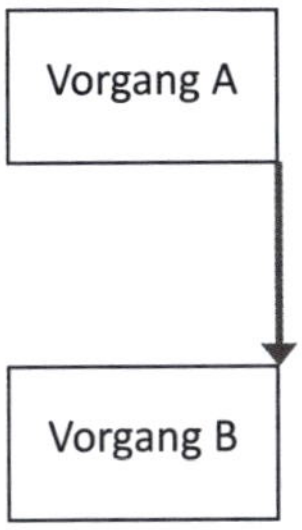

Abb. 8: Aufgabenbeziehungen: Endfolge

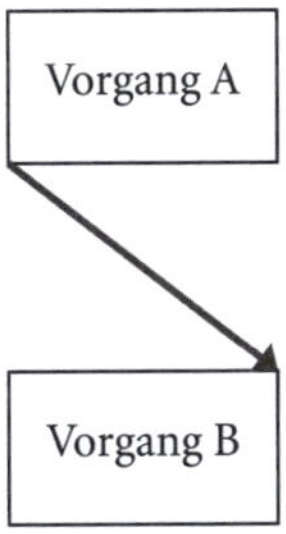

Abb. 9: Aufgabenbeziehungen: Sprungfolge

3.3.2 Den Ablaufplan grafisch darstellen

Der Ablaufplan wird grafisch als Netz- oder als Balkenplan dargestellt. In der Praxis findet sich der Balkenplan am häufigsten. Es ist aber sinnvoll, einen solchen Ablaufplan erst einmal als Tabelle zu erstellen, um sich darüber klar zu werden, was alles darin aufgenommen werden soll. Es fungiert sozusagen als Vorgangsliste.

Nr.	Vorgang	Tage	Mitarbeiter	Nachfolger	Anordnungs-beziehung
1	Projektorganisation festlegen	4	Maier	Nr. 3	Normalfolge (NF)
2	Projektstart-Workshop vorbereiten	5	Maier	Nr. 3	NF
3	Projektstart-Workshop	1	Müller	Nr. 4	NF
4	Projekt strukturieren	2	Müller	Nr. 5, Nr. 6, Nr. 7	NF

Nr.	Vorgang	Tage	Mitarbeiter	Nachfolger	Anordnungs-beziehung
5	Arbeitspakete erstellen	8	Maier	Nr. 8	NF
6	Ablaufplanung	6	Max	Nr. 8	NF
7	Dauer festlegen	9	Maier	Nr. 9	NF
8	Planoptimierung	7	Müller	Nr. 10	NF
9	Projekttermine festlegen	1	Maier	Nr. 10	NF
10	Projektplan freigeben	1	Maier		

Tabelle 9: Ablaufplan bzw. Vorgangsliste

Den beiden folgenden grafischen Darstellungen eines Netzplans und eines Balkenplans liegt diese Vorgangsliste zugrunde.

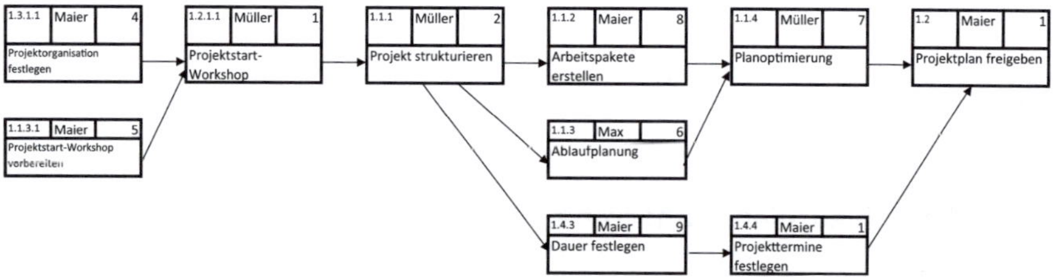

Abb. 10: Netzplan (Ablaufplan)

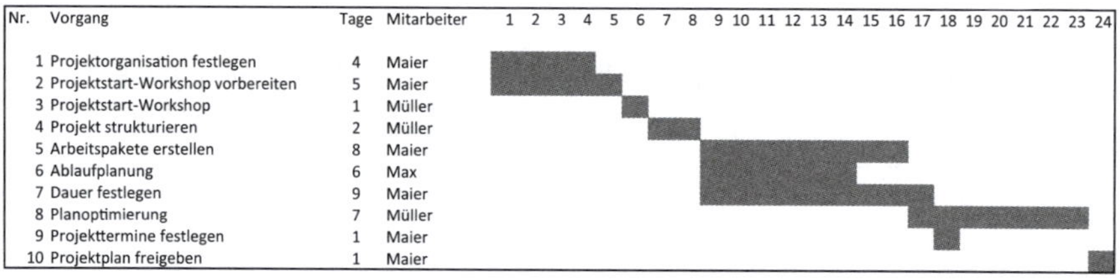

Abb. 11: Balkenplan (Ablaufplan)

3.4 Dauer und Termine festlegen

Nun kennen Sie die Beziehungen der Vorgänge untereinander und haben festgelegt, welche parallel oder sequenziell erfolgen sollen. Jetzt schätzen Sie die Dauer und legen die Termine fest. Eine grobe Schätzung der Dauer haben Sie schon bei der Projektstrukturierung vorgenommen, nun geht es darum, die Dauer der einzelnen Vorgänge abzuschätzen und auf Basis des Ablaufplans eine Terminplanung vorzunehmen. Folgende Punkte müssen Sie bei der Terminplanung berücksichtigen:

- Urlaubstage, Gleitzeiten und sonstige freie Tage (Sonn- und Feiertage)
- Winterpause (z. B. im Baugewerbe)
- Verfügbarkeit der Mitarbeiter

Projektmanagement-Software

Spätestens bei der Terminplanung kommt häufig Projektmanagement-Software zum Einsatz. Mit ihrer Unterstützung können Sie Terminberechnungen und Was-wäre-wenn-Simulationen durchführen und einen Projektkalender als Grundlage für die Terminberechnung festlegen. Projektmanagement-Software hat jedoch immer nur unterstützenden Charakter, sie kann auf keinen Fall die Planung und Steuerung ersetzen.

Meilensteine planen

Ein wichtiges Planungsinstrument ist der Meilensteinplan. Ein Meilenstein ist ein „Schlüsselereignis“, d. h. ein „Ereignis besonderer Bedeutung“. (DIN 69900:2009).

Ein Ereignis hat grundsätzlich die Dauer null! Im Meilensteinplan dokumentieren Sie die wichtigsten Ereignisse, deren Abweichung sich auf Ihren Projektplan negativ auswirken kann. Gleichzeitig legen Sie fest, welche Ergebnisse (bestimmter Zustand) Sie bei Eintreten des Ereignisses erwarten. Meilensteine können auch von Ihrem Auftraggeber vorgegeben sein, z. B. der Projekt-Abschlusstermin. Weitere wichtige Meilensteine sind beispielsweise:

- Abschluss/Start einer Projekt-Phase
- Abnahmedaten und sonstige Kunden-/Auftraggeber-Termine
- Kontroll-/Überwachungstermine
- Entscheidungen
- Projektstart
- Projektübergabe

Zur Überwachung der Meilensteine ist ein Meilensteinplan sehr hilfreich. Ein solcher Meilensteinplan kann wie folgt aussehen. Ein entsprechendes Blanko-Formular finden Sie bei den Arbeitshilfen online.

Meilenstein	Erwartetes Ergebnis	Plan-Termin	Ist-Termin	Gründe für die Abweichung
Planung genehmigt	Termin-, Einsatzmittel und Kostenplan	25.01.	25.01.	
Abnahme der Anlage	100 % funktionsfähig	30.10.	11.11.	Ausfall von Personal in der Entwicklung

Tabelle 10: Meilensteinplan

In der ersten Spalte werden alle geplanten Meilensteine aufgelistet und in der zweiten Spalte die Ergebnisse, die beim Erreichen des Meilensteins erwartet werden. Die Spalten Plan- und Ist-Termin enthalten die geplanten bzw. die tatsächlich eingetretenen Termine. Wenn die Ist-Termine von den geplanten abweichen, werden die Gründe dafür in die entsprechende Spalte eingetragen.

Beispiel: Terminplanung Projektmanagement-Ausbildung

Für ihre Terminplanung hat das Projektteam einen Balkenplan sowie einen Meilensteinplan erarbeitet.

Meilensteine	Ergebnisse	Plan-Termin	Ist-Termin	Gründe der Abweichung
Meilenstein 1	Anforderungen/ Bedarf sind geklärt	25.04.		
Meilenstein 2	Schulungskonzept ist fertiggestellt	29.05.		
Meilenstein 3	Seminaranbieter ist ausgewählt Rahmenbedingungen sind geklärt	26.06.		
Meilenstein 4	Schulung durchgeführt und bewertet	11.12.		
Meilenstein 5	Betreuung startet	11.12.		

Die Terminpläne wurden mit MS-Project von Microsoft erstellt. Die Teilaufgaben im Projekt „Projektmanagement-Ausbildung“ sind fett gedruckt. Die Arbeitspakete sind rechts eingerückt. Die Dauer der Teilaufgaben und Arbeitspakete ist festgelegt und die Aufga-

ben miteinander verknüpft. Dies ist an den Verbindungspfeilen im Balkenplan erkennbar. Durch die Festlegung der Dauer und die Verknüpfung der Teilaufgaben und Arbeitspakete errechnet sich die Projektgesamtdauer. Sie beträgt in diesem Projekt 207 Tage. Das Projekt beginnt am 3. März und endet am 11. Dezember. Die Meilensteine werden im Balkenplan in Rautenform dargestellt.

Nr.	Vorgangsname	Dauer	Anfang	Ende
0	**PM**	**207 Tage**	**03. Mrz**	**16.**
1	PM	207 Tage	03. Mrz	16. Dez
2	**Problemanalyse**	**35 Tage**	**10. Mrz**	**25. Apr**
3	Bedarf klären	20 Tage	10. Mrz	04. Apr
4	Anforderungen festlegen	15 Tage	07. Apr	25. Apr
5	Meilenstein1-Problemanalyse	0 Tage	25. Apr	25. Apr
6	**Konzept erstellen**	**24 Tage**	**28. Apr**	**29. Mai**
7	Schulungskonzept	23 Tage	28. Apr	28. Mai
8	Konzept präsentieren	1 Tag	29. Mai	29. Mai
9	Meilenstein2-Konzepterstellung	0 Tage	29. Mai	29. Mai
10	**Detaillierung**	**20 Tage**	**30. Mai**	**26. Jun**
11	Seminaranbieter auswählen	17 Tage	30. Mai	23. Jun
12	Entscheid. S-Anbieter	1 Tag	24. Jun	24. Jun
13	Seminarort wählen	2 Tage	25. Jun	26. Jun
14	Teilnehmer auswählen	2 Tage	25. Jun	26. Jun
15	Meilenstein3-Detaillierung	0 Tage	26. Jun	26. Jun
16	**Schulung**	**72 Tage**	**03. Sep**	**11. Dez**
17	Schulung durchführen	14 Wochen	03. Sep	09. Dez
18	Schulung auswerten	2 Tage	10. Dez	11. Dez
19	Meilenstein4-Schulung	0 Tage	11. Dez	11. Dez
20	**Betreuung**	**0 Tage**	**11. Dez**	**11. Dez**
21	Meilenstein5-Betreuung starten	0 Tage	11. Dez	11. Dez

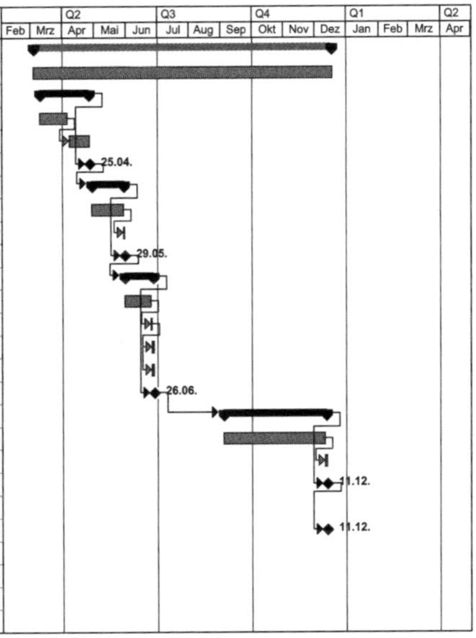

Abb. 12: Balkenplan

Nr.	Vorgangsname
0	**PM**
5	Meilenstein1-Problemanalyse
9	Meilenstein2-Konzepterstellung
15	Meilenstein3-Detaillierung
19	Meilenstein4-Schulung
20	**Betreuung**
21	Meilenstein5-Betreuung starten

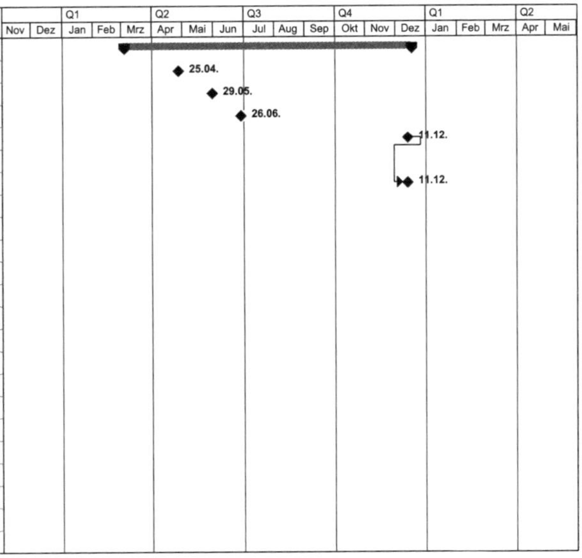

Abb. 13: Meilensteinplan

Um einen grafischen Meilensteinplan zu erhalten, werden alle Meilensteine aus dem Terminplan „herausgefiltert“ und gesondert dargestellt. Dadurch kann die Projektleitung ganz gezielt eventuelle Projektabweichungen erkennen und rechtzeitig gegensteuern.

Beispiel: Meilensteinliste Buchhaltungs-Software

Frau Müller hat den grafischen Meilensteinplan um eine Meilenstein-Liste ergänzt. Die erwarteten Ergebnisse pro Meilenstein hat sie aus ihrem Phasenmodell abgeleitet. Die Plan-Termine wurden in der Projektmanagement-Software MS-Project ermittelt und anschließend in die Liste übernommen.

Das Projekt „Entwicklung einer neuer Buchhaltungs-Software“ dauert insgesamt 108 Tage. Im Balkenplan sind die eingesetzten Projektmitarbeiter aufgeführt sowie deren prozentuale Verteilung. Das Projekt beginnt am 15. Januar und endet am 13. Juni. Die Produktion der Software soll Mitte Juni starten.

Projekt: Buchhaltungs-Software				
Meilensteine	**Ergebnisse**	**Plan-Termin**	**Ist-Termin**	**Gründe der Abweichung**
Meilenstein 1	Marktanalyse ist erstellt Lastenheft ist abgeschlossen	18.02.		
Meilenstein 2	Konzept fertiggestellt	04.03.		
Meilenstein 3	Pflichtenheft abgeschlossen und verabschiedet	27.03.		
Meilenstein 4	Test erfolgreich abgeschlossen	13.06.		
Meilenstein 5	Start Produktion	16.06.		

Auch im Projekt „Buchhaltungs-Software“ werden die ermittelten Daten aus der Terminplanung in die Meilensteinliste übertragen.

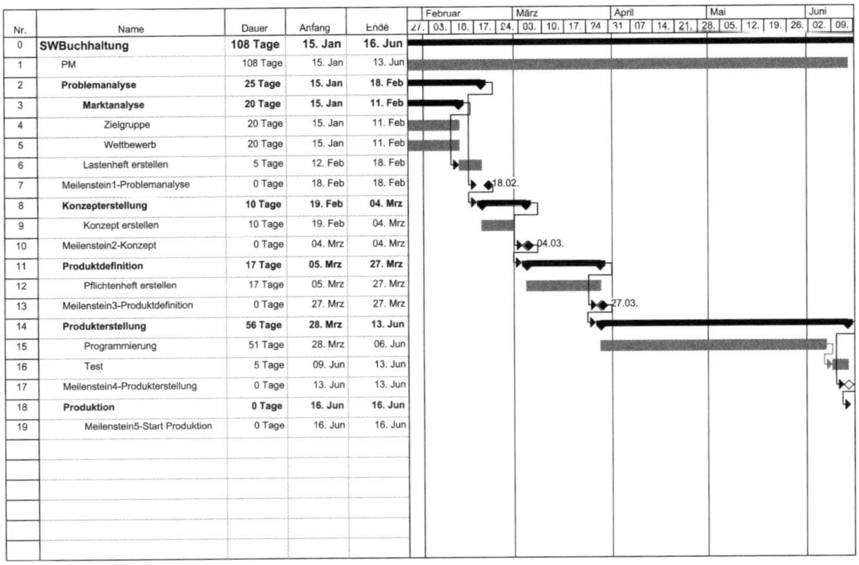

Abb. 14: Balkenplan

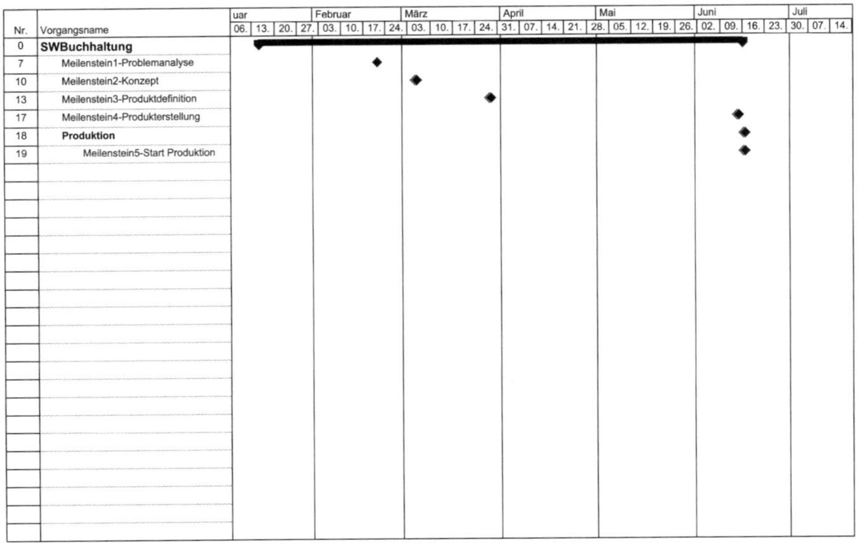

Abb. 15: Meilensteinplan

3.5 Ressourcen planen

Nachdem die Abläufe und Termine festgelegt sind, benötigen die Geschäftsführung und die Projektleiter Informationen über die Verteilung und Auslastung der eingesetzten Mitarbeiter. Diese Informationen sind notwendig für die Planung der Personalkosten sowie sonstiger Kosten, die im Projekt anfallen können. Für die Umsetzung der Vorgänge werden verschiedene Arten von Ressourcen eingesetzt. Die Ressourcenarten werden aufgeteilt in:

- Personen (Mitarbeiter, Team, externe Berater usw.) und
- Sachmittel (Maschinen, Materialien, Hilfsmittel).

Die Grundlage für die Ressourcenplanung ist der Projektstrukturplan, der die Teilaufgaben und Arbeitspakete übersichtlich darstellt.

3.5.1 Ressourcenbedarf ermitteln

Um die erforderlichen Ressourcen pro Arbeitspaket zu ermitteln, müssen Sie die folgenden Fragen beantworten.

- Welche Qualifikation/Ausbildung müssen die Mitarbeiter oder das Projektteam für diese Aufgabe haben?
- Gibt es bereits ein festes Team oder muss die Gruppe für das Arbeitspaket erst zusammengestellt werden?
- Welche Sachmittel (Maschinen, Material, Hilfsmittel) sind für die Durchführung erforderlich?
- Gibt es Sachmittel, die nicht verfügbar oder beschaffbar sind?
- Sind die Mitarbeiter oder das Projektteam zum Zeitpunkt verfügbar?

Beachten Sie, dass Arbeitskräfte, Maschinen oder sonstige Betriebsmittel auch zum geplanten Termin zur Verfügung stehen müssen, und berücksichtigen Sie, dass die Mitarbeiter nicht 52 Wochen mit fünf Arbeitstagen zu acht Stunden zur Verfügung stehen, sondern persönliche Verteil-, Fehl- und Ausfallzeiten abgezogen werden müssen. Wenn man davon ausgeht, dass die Mitarbeiter nicht nur an einem Projekt, sondern an zwei oder mehreren Projekten arbeiten, kann sich die Nettoarbeitszeit für ein Projekt nochmals reduzieren.

Prüfen Sie auch, ob Ihr Projektteam für die Umsetzung der Arbeitspakete die entsprechende Qualifikation hat. Bei der Zusammensetzung des Projektteams sollte möglichst viel Spezialwissen integriert werden. Nicht nur technisches Wissen, sondern auch Berufserfahrungen und die Kenntnis von Projektmanagement-Methoden sind gefragt. Nicht zuletzt ist die Schlüsselqualifikation Teamfähigkeit ein wichtiger Faktor.

3.5.2 Aufwand schätzen

Für die Aufwandsschätzung können Sie mehrere Methoden anwenden. Hier einige Beispiele:

- Vergleichsmethoden: Sie basieren auf Erfahrungsdaten aus abgeschlossenen Projekten. Durch den Vergleich der Ausgangsdaten des zu planenden Projekts mit abgeschlossenen Projekten erhält man die Ist-Daten (z. B. Dauer, Stunden, Kosten) ähnlich gelagerter Projekte aus der Datenbank. Voraussetzung ist allerdings, dass ausreichend zuverlässige Daten zur Verfügung stehen.
- Kennzahlenmethoden: Sie erfordern ebenfalls das systematische Sammeln projektspezifischer Informationen aus abgeschlossenen Vorhaben. Aus diesen Daten werden dann aussagekräftige und vergleichsfähige Kennzahlen abgeleitet, z. B. Aufwand (Std.)/Fläche (qm) für einen Estrichleger oder Zeichnungen (Stück)/ Zeiteinheit (Monat) eines Ingenieurs.
- Expertenbefragung: Bei einer Mehrfachbefragung wird für die Aufwandsschätzung eine Gruppe von Experten befragt. Mithilfe der Durchschnittsbildung der abgegebenen Schätzwerte gelangt man zu repräsentativen Schätzwerten, die gesicherter sind als Einzelschätzungen.
- Drei-Punkt-Schätzmethode: Der erwartete Wert wird durch die Angabe eines optimistischen, wahrscheinlichen und pessimistischen Werts ermittelt:

$$\text{Erwarteter Wert} = \frac{\text{optimist. Wert} + \text{wahrscheinl. Wert} + \text{pessimist. Wert}}{3}$$

Aufgabe	**Optimistischer Wert**	**Wahrscheinlicher Wert**	**Pessimistischer Wert**	**Erwarteter Wert**
Aufgabe 1	20	30	80	43 Std.
Aufgabe 2	10	20	30	20 Std.
Aufgabe 3	15	20	30	22 Std.
Aufgabe 4	5	10	25	13 Std.
Summe	**50**	**80**	**165**	**98 Std.**

Tabelle 11: Aufwandsschätzung

Zergliederung der Arbeitspakete: Um bessere Schätzergebnisse, gerade bei umfangreichen Arbeitspaketen zu erreichen, ist es sinnvoll, diese Arbeitspakete in kleine Einheiten zu zergliedern. Diese Einheiten werden dann getrennt geschätzt und anschließend addiert. Bei der Aufwandsschätzung sollten Sie also die Größe und die Komplexität des Arbeitspakets berücksichtigen.

Beispiel: Projektmanagement-Ausbildung

Für das Projekt „Projektmanagement-Ausbildung" ergibt sich folgende Kapazitätsverteilung und -auslastung:

Nr.	Ressource Name	Kürzel	Gruppe	Standardsatz	fällig am	Basiskalender
1	Fr. Müller	PL	Personal	100 EUR/Std.	anteilig	SoftWare
2	Hr. Maier	P-MA	Entwicklung	100 EUR/Std.	anteilig	SoftWare
3	Hr. Franz	P-MA	Vertrieb	100 EUR/Std.	anteilig	SoftWare
4	Hr. Überall	P-MA	Produktion	100 EUR/Std.	anteilig	SoftWare
5	externer Trainer	Trainer	Firma XY	0 EUR/Std.	Ende	SoftWare

Die Namen der Projektteammitglieder werden in eine Liste eingetragen und den Fachabteilungen zugeordnet. Pro Stunde wird ein Stundensatz von 100 EUR veranschlagt. Die Kosten verteilen sich anteilig bzw. proportional zu den anfallenden Stunden. Der externe Trainer soll nach Abschluss der Seminardurchführung honoriert werden. Um eine termingenaue Planung zu ermöglichen, wurde ein firmenspezifischer Betriebskalender für die Firma SoftWare angelegt. Dieser enthält Brückentage, Urlaubszeiten und sonstige freie Tage.

Die Teammitglieder werden den einzelnen Arbeitspaketen zugeordnet. Anschließend werden die Stunden ermittelt und eine prozentuale Verteilung durchgeführt. Frau Müller benötigt als Projektleiterin ungefähr zehn Prozent ihrer Zeit für das Projektmanagement und die Leitung ihres Projekts.

Die Kapazitätsverteilung von Frau Müller zeigt eine Überlastung im zweiten Quartal auf. Gegebenenfalls lässt sich diese Überlastung ausgleichen, wenn sie einige Aufgaben an andere Teammitglieder delegiert oder prüft, ob sich Aufgaben terminlich verschieben lassen. Das wäre dann möglich, wenn ihr Projektplan Pufferzeiten enthält, die eine terminliche Verschiebung auffangen, ohne dass der Projekt-Endtermin gefährdet wird.

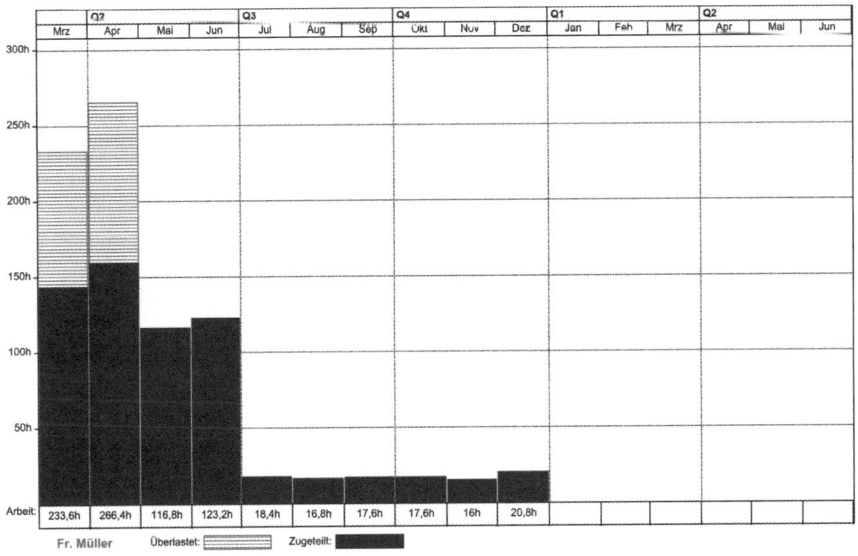

Abb. 16: Kapazitätsganglinie

Bei begrenztem Ressourcenbestand

Eine Ressourcenplanung ist immer dann sinnvoll, wenn Sie nur einen begrenzten Ressourcenbestand haben. Die Kapazitätsverteilung zeigt Überlastungen oder „freie Zeiten" auf und unterstützt Sie bei der optimalen Planung und Steuerung Ihrer Ressourcen. Darüber hinaus können Sie zusätzlich benötigtes Personal ermitteln und entsprechend anfordern.

3.5.3 Kosten planen

Nachdem Sie nun Ihre Arbeitspakete in einem Projektstrukturplan erstellt, die Aufgaben terminiert und den Aufwand ermittelt haben, planen Sie im nächsten Schritt die Kosten der Arbeitspakete, um die Projekt-Gesamtkosten zu ermitteln. Durch die Kostenplanung stellen Sie fest, in welcher Höhe Ihr Projekt finanziert werden muss und wann im zeitlichen Projektverlauf die Kosten anfallen werden.

Die Grundlage für die Kostenplanung ist der Projektstrukturplan. Auf der Ebene der Arbeitspakete planen Sie die Kosten, die wiederum auf die nächsthöhere Ebene addiert werden. Daraus ergeben sich dann die Projekt-Gesamtkosten.

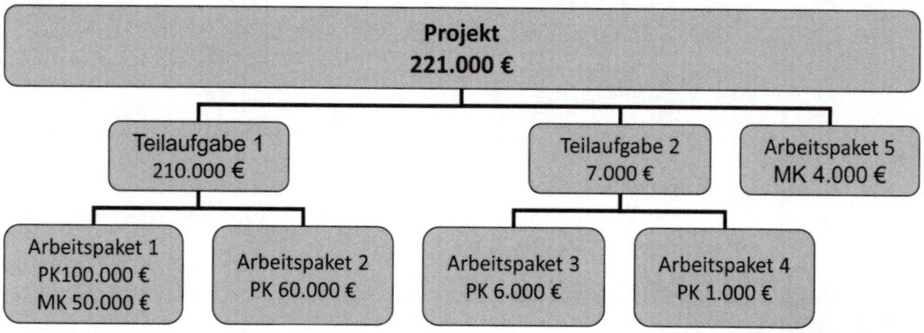

Abb. 17: Projektstrukturplan Kostenplanung

In diesem Beispiel (siehe Grafik) fallen im Arbeitspaket 1 100.000 EUR Personalkosten und 50.000 EUR Materialkosten an. Im Arbeitspaket 2 fallen 60.000 EUR Personalkosten an. Das ergibt für die Teilaufgabe 1 in Summe 210.000 EUR. Die gesamten Projektkosten belaufen sich auf 221.000 EUR.

In Ihrem Projekt benötigen Sie Personal und Sachmittel. Demzufolge müssen Sie Personalkosten und evtl. Kosten für Maschinenleistungen, Materialbedarfe sowie Fremdleistungen z. B. von externen Beratern einplanen. Die Personalkosten ergeben sich aus dem geplanten Aufwand multipliziert mit dem Stundensatz. Die Fremdleistungen ergeben sich aus vertraglichen Vereinbarungen.

Ermitteln Sie also je Arbeitspaket, welche Personalkosten, Maschinen- und Materialkosten und Fremdleistungen anfallen und dokumentieren Sie diese in den Arbeitspaketen. Anschließend addieren Sie alle Kosten und ermitteln so Ihre Projekt-Gesamtkosten.

Die Basis für die zeitliche Verteilung der Kosten ist der Terminplan. Daraus leiten Sie ab, wann die Vorgänge starten und enden und wann in diesem Zeitraum die Kosten anfallen werden. Sie fallen entweder proportional (anteilig), zu Beginn oder am Ende eines Vorgangs an. Dies ist wichtig für die Darstellung der Kostenverteilung und damit für die Finanzierung der Kosten.

Tabellarische Kostenverteilung								
Vorgang	**Dauer**	**EUR**	**Anfang**	**Ende**	**Verteilt**	**1**	**2**	**3**
A	3	6.000	1	3	Gleich	2.000	2.000	2.000
B	3	4.000	2	4	Anfang		4.000	
C	2	3.000	2	3	Ende			3.000
Summe						**2.000**	**6.000**	**5.000**

Tabelle 12: Kostenverteilung in einem Projekt

Diese Tabelle zeigt die Kostenverteilung eines Projekts in einem Zeitraum von drei Wochen an. Vorgang A verbraucht 6.000 EUR. Diese Kosten verteilen sich gleichmäßig über den Zeitraum von drei Wochen mit jeweils 2.000 EUR pro Woche. Bei Vorgang B fallen 4.000 EUR zu Beginn des Vorgangs und bei Vorgang C 3.000 EUR am Ende des Vorgangs an. Das bedeutet, in der ersten Woche müssen 2.000 EUR, in der zweiten Woche 6.000 EUR und in der dritten Woche 5.000 EUR zur Verfügung gestellt werden, um die Liquidität im Projekt sicherzustellen.

Beispiel: Kostenganglinie der Projektmanagement-Ausbildung

Durch die Zuteilung der Ressourcen zu den Arbeitspaketen und den daraus ermittelten Aufwand multipliziert mit den Stundensätzen ergeben sich die Personalkosten für dieses Projekt. Die Kosten der Schulung und der Schulungsauswertung belaufen sich auf 65.000 EUR und werden vom externen Trainer im Anschluss an die Schulungsmaßnahme in Rechnung gestellt. Die Projekt-Gesamtkosten summieren sich auf 421.000 EUR (Personalkosten und externe Kosten). Die Personalkosten verteilen sich proportional (anteilig).

Diese Kostenganglinie zeigt die Verteilung der Personalkosten von Frau Müller pro Quartal an. Im zweiten Quartal fallen mehr Kosten an als in den nachfolgenden Quartalen.

Für das Projekt „Projektmanagement-Ausbildung“ sieht die Kostenaufstellung wie folgt aus:

Nr.	Vorgangsname	Personalkosten	Externe Kosten
0	**PM**	**421.000,00 €**	**65.000,00 €**
1	PM	157.600,00 €	0,00 €
2	**Problemanalyse**	**94.720,00 €**	**0,00 €**
3	Bedarf klären	59.200,00 €	0,00 €
4	Anforderungen festlegen	35.520,00 €	0,00 €
5	Meilenstein1-Problemanalyse	0,00 €	0,00 €
6	**Konzept erstellen**	**59.200,00 €**	**0,00 €**
7	Schulungskonzept	59.200,00 €	0,00 €
8	Konzept präsentieren	0,00 €	0,00 €
9	Meilenstein2-Konzepterstellung	0,00 €	0,00 €
10	**Detaillierung**	**38.560,00 €**	**0,00 €**
11	Seminaranbieter auswählen	30.240,00 €	0,00 €
12	Entscheid. S-Anbieter	800,00 €	0,00 €
13	Seminarort wählen	1.120,00 €	0,00 €
14	Teilnehmer auswählen	6.400,00 €	0,00 €
15	Meilenstein3-Detaillierung	0,00 €	0,00 €
16	**Schulung**	**70.920,00 €**	**65.000,00 €**
17	Schulung durchführen	60.000,00 €	60.000,00 €
18	Schulung auswerten	10.920,00 €	5.000,00 €
19	Meilenstein4-Schulung	0,00 €	0,00 €
20	**Betreuung**	**0,00 €**	**0,00 €**
21	Meilenstein5-Betreuung starten	0,00 €	0,00 €

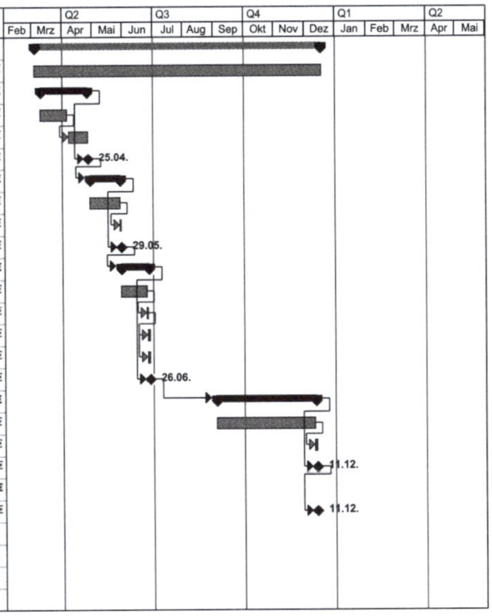

Abb. 18: Kostenaufstellung

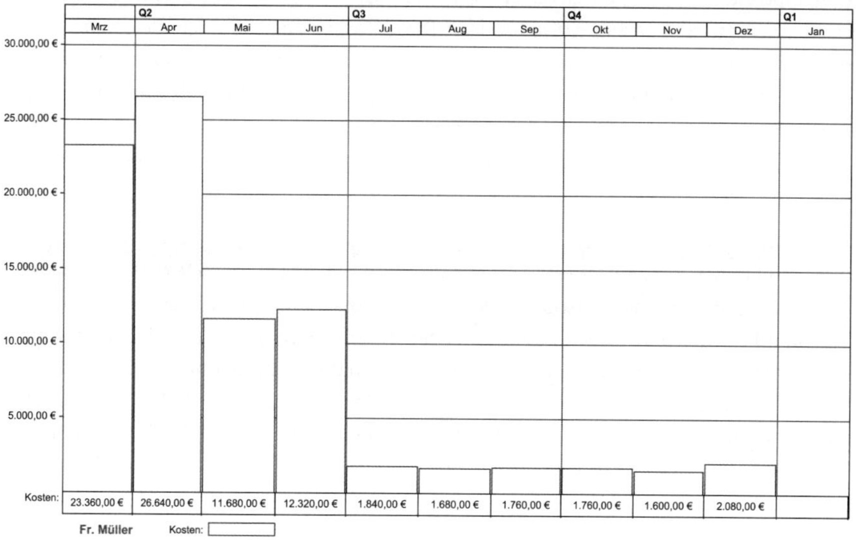

Abb. 19: Kostenganglinie

Während der Projektlaufzeit müssen Sie die Liquidität Ihres Projekts sicherstellen, um Ihren Zahlungsverpflichtungen nachzukommen. In der Betriebswirtschaft gibt es drei Liquiditätskennzahlen, die für die Projektleitung wichtig sind und die sich aus den Zahlungsmitteln und den kurzfristigen Verbindlichkeiten zusammensetzen:

$$\text{Liquidität 1. Grades} = \frac{\text{Zahlungsmittel}}{\text{Kurzfristige Verbindlichkeiten}} \times 100$$

$$\text{Liquidität 2. Grades} = \frac{\text{Zahlungsmittel + Kundenforderungen}}{\text{Kurzfristige Verbindlichkeiten}} \times 100$$

$$\text{Liquidität 3. Grades} = \frac{\text{Zahlungsmittel + Kundenanforderungen + Vorräte}}{\text{Kurzfristige Verbindlichkeiten}} \times 100$$

Zahlungsmittel sind beispielsweise:

- Kasse,
- Bankguthaben oder
- Postscheckguthaben.

Kurzfristige Verbindlichkeiten sind beispielsweise solche

- aus Lieferungen oder
- kurzfristigen Rückstellungen.

Durch konsequentes Projektcontrolling stellen Sie die Liquidität Ihres Projekts sicher. Überwachen Sie ständig die Zahlungsein- und -ausgänge, um bei Liquiditätsengpässen rechtzeitig eingreifen und entsprechende Maßnahmen durchführen zu können, beispielsweise indem Sie nach Finanzierungsalternativen suchen oder Finanzierungsmittel zur Verfügung stellen.

4 Phase 4: Projektsteuerung

Eine wichtige Voraussetzung für den Erfolg eines Projektes ist die Überwachung und Steuerung von Terminen sowie der Kosten- und Qualitätsentwicklung. Abweichungen in diesen Bereichen müssen frühzeitig erkannt werden, um den Projektablauf anzupassen und den Erfolg sicherzustellen. Lesen Sie hier,

- welche Aufgaben zum Projektcontrolling gehören,
- wie Sie den Projektverlauf übersichtlich darstellen können und
- welche Maßnahmen Ihnen bei Abweichungen vom Projektplan zur Verfügung stehen.

4.1 Projektcontrolling

Sie haben mit Ihrem Projektteam die Projektplanung abgeschlossen und sie mit der Geschäftsführung bzw. Ihrem Auftraggeber verabschiedet. Nun geht es darum, die Projektumsetzung vorzubereiten und die Arbeitspakete an das Projektteam zu verteilen. Vor allem ist es erforderlich festzulegen, wann welche Projektinformationen fließen und wie das Projektberichtswesen aussehen soll. Für eine effektive Projektsteuerung sind Methoden und Hilfsmittel notwendig. Auf Basis der Planungsdaten wird das Projekt realisiert. Dabei ist es wichtig, Projektabweichungen (Termine, Kosten, Leistung, Qualität) frühzeitig zu erkennen, zu analysieren und Gegenmaßnahmen zu ergreifen.

Projektsteuerung bedeutet:

- (Neu-)Planung, Überwachung und Steuerung,
- die Projektzielgrößen Termine, Kosten und Leistung integriert betrachten,
- Fachbereiche informieren und einbeziehen,
- gutes Informationsmanagement.

Die Aufgaben der Projektsteuerung sind:

- Projektplan freigeben,
- Ist-Daten erfassen (Ist-Termine, Ist-Stunden, Ist-Kosten),
- Projekt durch Plan-Ist-Vergleiche überwachen,
- Abweichungen analysieren,
- Steuerungsmaßnahmen festlegen und einleiten,
- Projektplan anpassen,
- informieren und berichten,
- aktualisierten Projektplan verabschieden.

Die Grundlage der Projektsteuerung sind die geplanten Projektdaten, die sich aus den Vorgaben und den Projektzielen ergeben. Wenn die Projektplanung abgeschlossen ist, werden die Plandaten „verabschiedet“. Das bedeutet, die Projektleitung in Abstimmung mit dem Projektauftraggeber entscheidet sich für den Abschluss der Planungsphase und den Start der Umsetzung, die Projektplanung wird freigegeben. Stellen Sie sicher, dass alle Teammitglieder ab diesem Zeitpunkt mit den aktuellsten Projektdaten arbeiten.

Nach der Entscheidung der Planungsfreigabe werden die Arbeitspakete an die ausführenden Teammitglieder verteilt (organisiert). Die Arbeitspakete werden umgesetzt und die ersten Ist-Daten (Ist-Anfang, -Ende, -Stunden und -Kosten) werden ermittelt und erfasst. Die Erfassung kann beispielsweise in einer Tabellenkalkulations-Software durchgeführt werden.

Um den Projektstatus zu ermitteln, werden Plan- und Ist-Vergleiche durchgeführt. Daraus werden die Abweichungen dargestellt, die möglicherweise entstanden sind. Projektabweichungen beeinflussen das Projekt hinsichtlich der Termine, Kosten und Stunden. Das bedeutet, dass das Projekt in der Planung angepasst und genehmigt werden muss. Dieser permanente Steuerungsprozess wird so lange durchgeführt, bis das Projekt abgeschlossen ist. Während der Projektsteuerung werden Projektinformationen aufbereitet und unterschiedlichen Berichtsempfängern zur Verfügung gestellt.

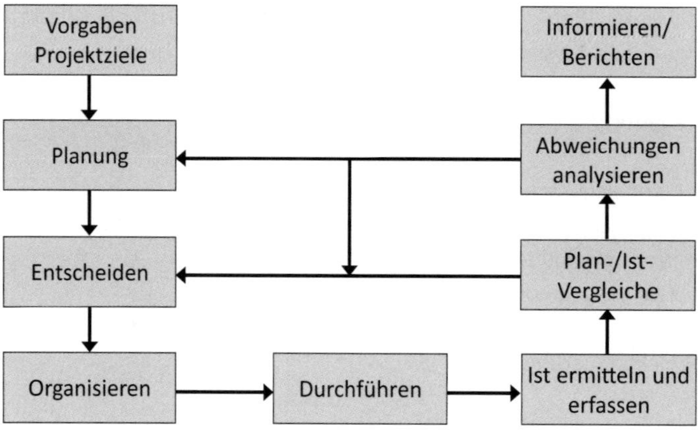

Abb. 20: Projektcontrolling

4.2 Techniken der Projektdarstellung

Für die Projektsteuerung können Sie vielfältige Techniken anwenden, beispielsweise

- Balkendiagramme: Sie stellen die Unterschiede von Plan und Ist grafisch dar;
- Kostengang- und -summenlinien zur Darstellung von Plan und Ist;
- Einsatzmittelgang- und -summenlinien zur Darstellung von Plan und Ist;
- Meilenstein-Trendanalysen (MTA): Sie stellen die Meilensteintrends dar und können als Frühwarnsystem eingesetzt werden;
- Kosten-Trendanalysen.

Um festzustellen, wie weit Ihr Projekt vorangeschritten ist, helfen Ihnen auch der Fertigstellungsgrad und der Fertigstellungswert.

4.2.1 Den Fertigstellungsgrad des Projekts ermitteln

Eine integrierte Projektsteuerung betrachtet außer den Kosten und Terminen auch den Fertigstellungsgrad (FGR) eines Projekts. Das bedeutet, sie überwacht und bewertet das Projektergebnis inhaltlich, aber untersucht auch, wie weit das Projekt „fortgeschritten" ist.

Nach DIN 69903 wird der Fertigstellungsgrad wie folgt definiert: „Der Fertigstellungsgrad bezeichnet das Verhältnis der zu einem Stichtag erbrachten Leistung zur Gesamtleistung eines Vorgangs, Arbeitspakets oder Projekts."

Zur Ermittlung des Fertigstellungsgrads (FGR) eines Vorgangs, Arbeitspakets oder Projekts werden in der Praxis mehrere Messtechniken eingesetzt.

- Bei der Status-Schritte-Technik werden innerhalb des Vorgangs bestimmte Statuspunkte festgelegt und anhand dieser geprüft, wie weit der Vorgang fortgeschritten ist.
- Mit der 50-50-Technik werden häufig die Vorgänge gemessen, die schon zu Beginn umfangreiche Arbeiten erfordert haben. Bei Beginn dieses Vorgangs werden 50 Prozent als fertiggestellt angenommen, die übrigen 50 Prozent fallen am Ende des Vorgangs an.
- Bei der 0-100-Technik werden Vorgänge mit sehr kurzer Dauer, beispielsweise Abnahmetermine, Präsentationstermine oder Meetings, mit 100 Prozent fertig gemeldet.
- Bei der Mengen- und Zeitproportionalität werden die angefallenen Mengen- und Zeiteinheiten mit den geplanten Mengen- und Zeiteinheiten verglichen und daraus der Fortschritt der Vorgänge ermittelt.
- Die Sekundärproportionalität wird bei Vorgängen angewandt, die als „begleitende (sekundäre)" Aufgaben geführt werden, beispielsweise Controlling, Qualitätssicherung oder Prüfarbeiten. Diese Vorgänge begleiten „führende" Aufgaben wie bei-

spielsweise Montage oder Produktion. Ihr Fertigstellungsgrad richtet sich nach dem Stand der führenden Aufgaben. Wenn die Montage zu 30 Prozent abgeschlossen ist, geht man davon aus, dass die Qualitätssicherung ebenfalls zu 30 Prozent fertig ist.

- Die Schätzung des Fertigstellungsgrads ist eher subjektiv und wird in der Praxis zur Anwendung nicht empfohlen bzw. nur dann, wenn andere Methoden nicht mehr möglich sind.

In der folgenden Tabelle finden Sie die einzelnen Messtechniken noch einmal übersichtlich dargestellt:

Nr.	Technik	FGR = x (%)	Beispiele
1	Status-Schritte	x = 0, x1, x2, x3, 100	Entwicklung/Konstruktion Fertigung/Montage Bauausführung
2	50-50	x = 0, 50, 100	Aktivitäten mit umfangreichen Vorarbeiten
3	0-100	x = 0, 100	Aktivitäten von kurzer Dauer, z. B. Abnahmen
4	Mengenproportionalität	x = fertige Menge/Plan-Menge	Zeichnungserstellung, technische Berechnungen, Materiallieferungen
5	Sekundärproportionalität	x = FGR der „führenden" Betrachtungseinheit	Qualitätssicherung, baubegleitende Prüfarbeiten
6	Schätzung	x = subjektive geschätzte Maßangabe	Nicht empfohlen! Überall einsetzbar, wenn andere Methoden nicht möglich sind
7	Zeitproportionalität	x = abgelaufene Zeit /geplante Zeit	Projektleitung, Projektmanagement, Bauleitung, Geräteeinsatz

Tabelle 13: Messtechniken zur Ermittlung des Fertigstellungsgrads (FGR)
Quelle: Projektmanagement-Fachmann, RKW/GPM, Seite 700

Den Fertigstellungswert berechnen

Jedes Arbeitspaket verursacht Kosten und Zeit zur Fertigstellung. Der Fertigstellungswert (FW) soll den Wert einer geleisteten Arbeit zu einem bestimmten Stichtag ermitteln.

Der Fertigstellungswert bezeichnet nach DIN 69903 „die dem Fertigstellungsgrad entsprechenden Kosten eines Vorgangs, Arbeitspakets oder Projekts." Die dazugehörige Formel lautet:

FW = PK * FGRIst

Dabei bezeichnet PK die Plankosten eines Arbeitspakets oder Vorgangs und FGRIst den aktuellen Fertigstellungsgrad in Prozent.

4.2.2 Trend analysieren

Um Trends in Ihrem Projekt zu erkennen, können Sie sich, je nachdem, ob Sie die Zeit oder die Kosten beobachten wollen, entweder der Meilenstein-Trendanalyse oder der Kosten-Trendanalyse bedienen.

Die **Meilenstein-Trendanalyse** (MTA) ist eine einfache und übersichtliche Methode, um Terminabweichungen auf einen Blick zu erkennen.

So gehen Sie bei der Meilenstein-Trendanalyse vor

- Meilensteintermine und -ergebnisse definieren
- Periodische Überprüfung der Meilensteintermine
- Geänderte Meilensteintermine abschätzen
- Meilensteintermine in ein Trendchart eintragen
- Abweichungen kommentieren
- Auswirkungen und mögliche Korrekturmaßnahmen angeben

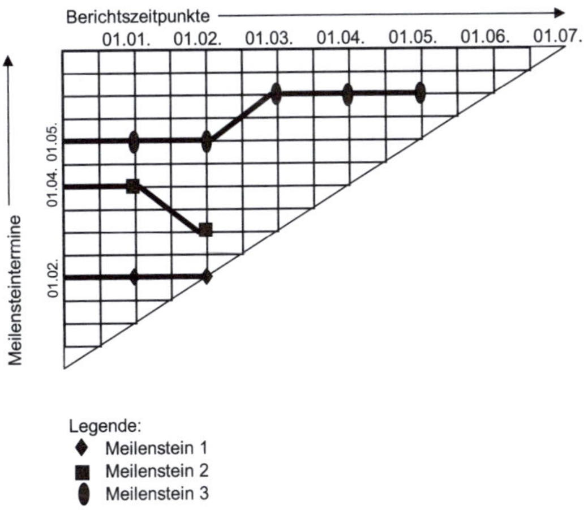

Abb. 21: Meilensteintrendanalyse

Aus den Kurvenverläufen können Sie die Termintrends ableiten:

- Waagerechte Linien bedeuten, dass der Termin noch im Plan ist (siehe Meilenstein 1).
- Abfallende Linien bedeuten, dass der Meilenstein voraussichtlich früher als geplant endet (siehe Meilenstein 2).
- Aufsteigende Linien bedeuten, dass der Meilenstein später als geplant endet (siehe Meilenstein 3).

Mit der **Kosten-Trendanalyse** können Sie Schätzwerte über die Gesamtkosten eines Projekts zum voraussichtlichen Projekt-Endtermin ermitteln. Aus den Plan-Gesamtkosten, den Ist-Gesamtkosten und dem aktuellen Fertigstellungswert errechnen Sie den Schätzwert der Gesamtkosten:

$$SGK = \frac{PGK \times AIK}{AFW}$$

Dabei bedeutet SKG = Schätzwert der Gesamtkosten (Soll-Gesamtkosten), PGK = Plan-Gesamtkosten, AIK = aktuelle Ist-Gesamtkosten, AFW = aktueller Fertigstellungswert.

Beispiel: Berechnung der SGK

In einem Projekt wurden 100.000 EUR Kosten geplant. Bisher sind 30.000 EUR an tatsächlichen Kosten angefallen. Das Projekt hat einen Fortschrittsgrad von 25 %. Um die Soll-Gesamtkosten zu ermitteln, muss zuerst der Fertigstellungswert ermittelt werden:
FW = Plankosten × FGRIst = 100.000 EUR × 25 % = 25.000 EUR
Zu diesem Zeitpunkt der Fertigstellung hätten also nur 25.000 EUR statt der wirklich angefallenen 30.000 EUR verbraucht worden sein dürfen.
Anschließend werden die Soll-Gesamtkosten (Schätzkosten zum Projektende) folgendermaßen ermittelt:

$$SGK = \frac{PGK \times AIK}{AFW} = \frac{100.000\ € \times 30.000\ €}{25.000\ €} = 120.000\ €$$

Das bedeutet, dass aus heutiger Sicht das Projekt zum Projektende voraussichtlich 120.000 EUR statt der ursprünglich geplanten 100.000 EUR kosten wird.

4.3 Steuerungsmaßnahmen bei Abweichungen

Bei Projektabweichungen ist es wichtig, diese rechtzeitig zu erkennen und einzugreifen. Folgender Ablauf beschreibt die Durchführung von Maßnahmen, nachdem eine Abweichung erkannt wurde:

1. Sie erkennen die Abweichung.
2. Sie analysieren die Abweichung und stellen ihre Ursache fest.
3. Sie erarbeiten Steuerungsmaßnahmen.
4. Sie entscheiden über diese Maßnahmen.
5. Sie setzen die Maßnahmen um.
6. Sie überprüfen die Wirkung der Maßnahmen.

Folgende Beispiele geben Ihnen eine Hilfestellung, welche Steuerungsmaßnahmen infrage kommen.

Steuerungsmaßnahmen	**Hindernisse und Nebenwirkungen**
Einsatzmittel- und Kapazitätsveränderung	
Einstellung zusätzlicher Mitarbeiter	▪ Personalbudget ist festgelegt ▪ Einarbeitung erforderlich ▪ Erhöhter Kommunikationsaufwand
Umverteilung der Kapazität im Projekt	▪ Verschiebt den Engpass
Zukauf externer Kapazitäten	▪ Geeignetes Know-how oft schwer zu finden
Lieferantenwechsel	▪ Sind Alternativen verfügbar?
Fremdvergabe von Arbeitspaketen	▪ Steuerungsaufwand berücksichtigen
Leistungsveränderung	
Leistungsreduzierung	▪ Kompromisslosigkeit des Auftraggebers ▪ Konkurrenzdruck
Einschränkung der geforderten Qualität	▪ Erhöhung des Gesamtaufwands über die Produktlebenszeit ▪ Versteckte Terminverschiebung
Ablehnung von Änderungswünschen	▪ Geringere Akzeptanz der Projektergebnisse
Aufwandsreduzierung	
Suche nach technischen Alternativen	▪ Kurzfristiger Mehraufwand mit unsicherem Ergebnis
Lizenzen und Know-how kaufen	▪ Abhängigkeit

Steuerungsmaßnahmen	Hindernisse und Nebenwirkungen
Zukauf von Teilprodukten	▪ Steht ein geeigneter Lieferant zur Verfügung? ▪ Aufwand für Definition und Abnahme
Alternative Lieferanten	▪ Aufwand, Zeit für Auswahl ▪ Lieferrisiko
Anpassung der Prozesse	▪ Umstellungsaufwand mit unsicherem Ergebnis
Nicht zwingend notwendige Arbeitspakete streichen	▪ Erhöhtes Risiko ▪ Qualitätsreduzierung
Maßnahmen zur Produktivitätserhöhung	
Ausbildung der Mitarbeiter	▪ Wirkt erst mittelfristig
Austausch einzelner Mitarbeiter	▪ Keine Alternativen ▪ Einarbeitung
Einstellung besonders qualifizierter Mitarbeiter	▪ Spezialisten schwer zu finden ▪ Einarbeitung
Erhöhung Information und Kommunikation	▪ Zeitaufwand
Erhöhung Motivation durch persönliche Anerkennung, Teamgeist, persönliche Verantwortung, Prämien, Transparenz für die Mitarbeiter etc.	▪ Mitwirken aller Beteiligten erforderlich ▪ Aufnahmebereitschaft der Beteiligten
Einsatz des Know-hows an der richtigen Stelle	▪ Feststellen der Zuordnung
Umorganisation	▪ Macht bestehender Organisation
Aufgabenverschiebung	▪ Keine Alternativen
Abschirmen der Mitarbeiter	▪ Stärke der Fremdeinflüsse
Team räumlich zusammenlegen	▪ Raum-/Ausstattungsprobleme

Tabelle 14: Steuerungsmaßnahmen bei negativen Projektabweichungen Quelle: Projektmanagement-Fachmann, RKW/GPM, Seite 764

Oben aufgeführte Steuerungsmaßnahmen sind Beispiele für das Eingreifen in Projekte, wenn negative Projektabweichungen drohen. Bei Personalengpässen oder -veränderungen können beispielsweise neue Mitarbeiter eingesetzt, externe Kapazitäten zugekauft oder Arbeitspakete an externe Firmen vergeben werden. Diese Eingriffe haben allerdings auch Nebenwirkungen, die Sie bei jeder Entscheidung bedenken sollten. Beispielsweise benötigen neue Mitarbeiter immer Zeit für die Einarbeitung in die Aufgaben. Und das wirkt sich in den meisten Fällen auf die Projekttermine aus. Auch Eingriffe in die Qualität oder die Funktionalität (Leistung) des Produkts sind nicht ohne weiteres möglich. Der Auftraggeber akzeptiert Qualitätseinbußen oder Einschränkungen in der Funktionalität des Produkts meist nicht.

Beispiel: Personalausstattung bei der Software-GmbH

In den Projekten „Projektmanagement-Ausbildung" und „Neue Buchhaltungs-Software" sind Probleme in der Personalauslastung möglich, da Projektteammitglieder teilweise in beide Projekte eingebunden sind.

Es wäre möglich, einen weiteren Mitarbeiter aus dem Personalbereich einzubinden. Dieser müsste in die Aufgaben eingearbeitet werden, was unter Umständen zur Folge hat, dass sich das Projekt terminlich verschiebt.

Eine andere Steuerungsmaßnahme wäre die Leistungsreduzierung. Im Falle des Projekts „Neue Buchhaltungs-Software" wäre dies jedoch nicht möglich, da die Software individuell entwickelt wird und daher Qualitätseinbußen nicht zu akzeptieren sind.

4.4 Änderungsmanagement

Die Abwicklung von Projekten unterliegt ständig Störungen und Abweichungen. Teilweise können Änderungen positiv bewertet werden, da sie z. B. Produktverbesserungen initiieren können. Sorgfältige Projektvorbereitung und Projektplanung können das Änderungsvolumen reduzieren, aber nie ganz ausschalten. Eine Analyse der Auswirkungen von Änderungen auf die Qualität, Kosten oder Termine eines Projektes kann die Folgen minimieren und steuerbar machen.

Das Änderungsmanagement beschreibt die Steuerung von Änderungen, d. h. das Erkennen, Beschreiben, Bewerten, Genehmigen, Einführen und Verifizieren von Änderungen.

Grob zusammengefasst beinhaltet der Ablauf eines Änderungsverfahrens folgende Schritte:

- Änderungsanstoß z. B. in Form eines Änderungsantrags
- Bewertung des Änderungsantrags (Welche Auswirkung hat dieser Antrag?)
- Genehmigung oder Ablehnung des Antrags (ggf. auf Wiedervorlage setzen)
- Einführung und Überwachung dieser Änderung

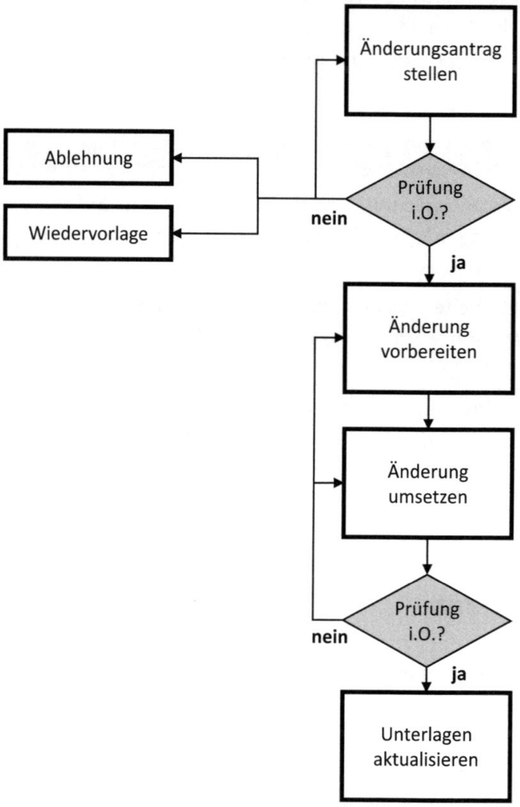

Abb. 22: Änderungsprozess vereinfacht

Ein Änderungsantrag beinhaltet folgende Punkte:

Änderungsantrag	
Projekt:	Datum:
Kurzbezeichnung der Änderung:	PSP-Code:
Betroffener Teil des Projektes (TP, AP usw.)	
Beschreibung der Änderung:	
Begründung der Änderung (Notwendigkeit):	
Auswirkungen auf das Projekt (Termine, Kosten, Leistung):	
Zu ändernde Unterlagen:	
Welche Maßnahmen sind zu treffen?	

Geplanter Änderungstermin:	
Sonstiges:	
Antragsteller:	Datum, Unterschrift
Freigabe durch PL, Projektauftraggeber:	Datum, Unterschrift

Der Antragsteller beschreibt kurz den Änderungswunsch und welcher Teil des Projektes dadurch betroffen ist (z. B. Teilprojekt, Arbeitspaket, Phase usw.). Durch die Nennung des PSP-Codes kann die Änderung dem entsprechenden Element zugeordnet werden. Insbesondere ist es wichtig die Notwendigkeit der Änderung sowie die Auswirkungen auf das Projekt klar darzustellen. Dies erfolgt in Abstimmung mit der Projektleitung und/oder mit Fachexperten. Die entsprechenden Maßnahmen müssen in den jeweiligen Planungsdokumenten aktualisiert werden. Nach positiver Prüfung des Änderungsantrages erfolgt die Freigabe durch die Projektleitung oder den Projektauftraggeber.

4.5 Informieren, berichten

Um Projekte zielgerichtet zu steuern, müssen die Entscheidungsträger regelmäßig mit den für sie wichtigen Informationen versorgt werden.

In Teil 5 dieses Buches „Wissen teilen: Berichten und präsentieren" erfahren Sie ausführlich, wie Sie das Informations- und Berichtswesen anwenden können.

4.6 So präsentieren Sie Ihr Projekt

Im Laufe eines Projekts wird es immer wieder Gelegenheit geben, Zwischenergebnisse, Informationen oder Vorschläge zu präsentieren. Für eine erfolgreiche Präsentation sollten Sie die Erwartungen Ihrer Zuhörer genau kennen und sich über Thema und Zielsetzung der Präsentation im Klaren sein. Darüber hinaus gibt es noch eine Vielzahl weiterer Aspekte, die Sie bei der Vorbereitung und Durchführung einer Projektpräsentation beachten müssen. Wichtig sind dafür vor allem die folgenden Punkte:

- die Vorbereitung einer Projektpräsentation,
- der professionelle Einsatz technischer Hilfsmittel sowie
- das Überzeugen der Geschäftsführung von Ihrem Projekt.

4.6.1 Was möchten Sie mit der Präsentation erreichen?

Während Ihrer Projektarbeit werden Sie immer wieder Arbeitsergebnisse, Informationen und Vorschläge präsentieren:

- Ihr Auftraggeber möchte den aktuellen Projektstatus wissen,
- Sie wollen Ihr Projekt den Fachabteilungen „verkaufen“ oder
- Sie möchten Ihre Geschäftsführung von einer Projektidee überzeugen.

Sie verfolgen bei einer Präsentation also ein bestimmtes Ziel, das Sie erreichen wollen. Deshalb ist es wichtig, dass Sie Ihre Projektpräsentationen sorgfältig vorbereiten und die Zielgruppe kennen, um auf deren Belange eingehen zu können. Die folgende Checkliste soll sie bei Ihrer Vorbereitung unterstützen.

Checkliste: So bereiten Sie Ihre Präsentation vor

	Notizen
Was soll durch die Präsentation erreicht werden? Entscheidung, Klärung von Problemen usw.	
Wer präsentiert?	
Wie setzt sich die Teilnehmergruppe (Zielgruppe) zusammen?	
Wie sieht der Ablauf (Einstieg, Hauptteil, Schlussteil) aus?	
Welche Medien wollen Sie für die Präsentation einsetzen?	
Wann soll die Präsentation sein? Wie lange soll sie dauern?	
Wo wird die Präsentation stattfinden? Sind die organisatorischen Voraussetzungen gegeben?	

Wenn Sie präsentieren, müssen Sie sich im Klaren über das Thema und Ihre Zielsetzung sein. Sie möchten beispielsweise die Budgetfreigabe für die nächste Projektphase erreichen oder Sie wollen Ihrem Chef eine tolle Projektidee verkaufen.

Prüfen Sie also, was aus Sicht Ihrer Zielgruppe wichtig oder unwichtig ist und welcher Nutzen der Zielgruppe durch Ihre Präsentation entsteht. Erkundigen Sie sich vor der Präsentation, wer die Teilnehmer sind und welche Zielsetzung sie haben. Die Teilnehmer haben oftmals unterschiedliche Erfahrungen und unterschiedliches Fachwissen und deren Erwartungen müssen Sie gerecht werden.

Seien Sie immer darauf gefasst, dass Sie für eine Projektpräsentation plötzlich weniger Zeit haben als ursprünglich geplant: Ihr Kunde oder Ihr Chef haben nur noch fünf Minuten Zeit! Also müssen Sie sich schon während Ihrer Vorbereitung darauf einstellen und wichtige Informationen und den Nutzen für die Zielgruppe kurz und prägnant darstellen.

Eine Präsentation teilt sich grundsätzlich in drei Abschnitte auf: Einstieg, Hauptteil und Schluss.

Der Einstieg führt in das Thema ein, sollte nicht zu lange dauern und das Interesse der Teilnehmer wecken, indem Sie beispielsweise

- etwas Provokatives über Ihr Projekt sagen,
- eine Erfolgsmeldung aufzeigen oder
- eine kleine Anekdote anbringen, die zum Thema überführt.

Den Hauptteil sollten Sie so strukturieren, dass Sie den roten Faden nicht verlieren. Ein kleines Inhaltsverzeichnis unterstützt Sie dabei.

Im Abschluss Ihrer Präsentation fassen Sie das Thema und den Nutzen nochmals zusammen.

Beispiel: Buchhaltungs-Software

Herr Maier will gemeinsam mit seinen Teamkollegen die ersten Projektergebnisse präsentieren. Er hat einen Projektstatusbericht erstellt und an die Geschäftsführung weitergeleitet. Zuerst legt er fest, wer die Zielgruppe seiner Präsentation ist. Dabei sein müssen auf alle Fälle die Geschäftsführung sowie Frau Müller, Projektleiterin für die „Projektmanagement-Ausbildung". Frau Müller möchte die Erfahrungen von Herrn Maier für ihr Projekt nutzen. Der Teilnehmerkreis soll nicht zu groß sein.
Die Teilnehmer werden schriftlich eingeladen. Die Einladung enthält Thema und Zielsetzung sowie den Termin und Ablaufplan der Präsentation.

Einladung	**Präsentation des Projekts „Entwicklung einer neuen Buchhaltungs-Software"**
Ziele der Präsentation:	▪ Vorstellung der ersten Projektergebnisse ▪ Erkenntnisse aus Sicht des Projektmanagements ableiten ▪ Erfahrungsaustausch
Teilnehmer:	Vertreter der Geschäftsführung, Frau Müller, Projektteammitglieder
Termin:	05. März, 09.00–12.00 Uhr
Ort:	Konferenzraum
Ablauf:	▪ Begrüßung ▪ Vorstellung Projekt und Projektziele ▪ Präsentation der ersten Projektergebnisse ▪ Abweichungen und Lösungen aufzeigen ▪ Bisherige Erfahrungen und Erkenntnisse ▪ Diskussion und Abschluss der Präsentation

Nach der Begrüßung und Einleitung stellt der Projektleiter, Herr Maier, das Projekt und die Projektziele nochmals kurz vor. Anschließend präsentiert er die ersten Projektergebnisse und erläutert die Inhalte zum Projektstatus Leistung und Qualität, Termine und Kosten sowie die Abweichungen und durchgeführten Maßnahmen. Nach einer kurzen Pause fasst Herr Maier die bisherigen Projekterfahrungen und -erkenntnisse zusammen. Die Präsentation endet mit einer kurzen Diskussion über die weitere Umsetzung. Im Anschluss an die Präsentation erhalten die Teilnehmer eine schriftliche Zusammenfassung der präsentierten Inhalte.

Hier noch einige Checklisten zu den technischen Hilfsmitteln, die Sie bei Ihrer Präsentation einsetzen können.

Checkliste: Beamer und Notebook

	ja	nein
Vorbereitung		
Können Sie mit dem Notebook/Beamer umgehen?		
Haben Sie geklärt, ob Sie Ihr eigenes oder ein fremdes Notebook einsetzen? Bei Fremdeinsatz achten Sie auf andere Schriftarten, Farben o. Ä. und fragen Sie nach dem Passwort!		
Haben Sie Beamer und Notebook getestet?		
Planen Sie mindestens 30 Minuten vor der Präsentation für die Vorbereitung ein!		
Präsentation		
Habe ich eine so kleine Schrift verwendet, dass sie nicht mehr lesbar ist?		
Habe ich zu viele Show-Effekte in meiner Präsentation und die Sache steht nicht mehr im Vordergrund?		
Schaue ich nur noch auf mein Notebook und verliere den Kontakt zu den Teilnehmern?		
Stelle ich fest, dass der Akku leer ist und ich keinen Netzanschluss dabei habe? (Vorbereitung!)		
Abschluss		
Erhalten die Teilnehmer zum Abschluss eine schriftliche Zusammenfassung (Hand-out)?		
Erhalten die Teilnehmer die Unterlagen in Datei-Form?		

Checkliste: Flipchart	ja	nein
Vorbereitung		
Haben Sie geprüft, wie viele Flipchart-Ständer Sie benötigen?		
Können Sie die Höhe der Flipcharts einstellen? (Wenn Sie klein sind und Sie sich während der Präsentation andauernd strecken müssen, ist das recht anstrengend, umgekehrt gilt das genauso.)		
Haben Sie für ausreichend Papier gesorgt? (Tipp: kariertes Papier nutzen, damit vermeiden Sie das „Schief-Schreiben".)		
Haben Sie ausreichend Filzstifte zur Hand? (Tipp: Nutzen Sie unterschiedliche Farben zur Visualisierung.)		
Präsentation		
Ich verdecke mit meinem Körper die Sicht der Teilnehmer auf die Charts.		
Ich verheddere mich bei den Charts und bringe sie nicht in einer Reihenfolge. (Tipp: Kleben Sie die Charts an die Wand!)		
Ich stolpere über die Flipchart-Ständer.		
Ich schaffe mir keine Schlupflöcher beim Verwenden von mehreren Flipchart-Ständern. Ich kann mich nicht zurückziehen, um den Teilnehmern den Blick auf die Charts freizugeben.		
Ich werde immer hektischer und meine Schrift wird immer unleserlicher.		
Abschluss		
Die Teilnehmer erhalten ein Fotoprotokoll von den Flipcharts. (Tipp: Nutzen Sie die Vorteile einer Digitalkamera.)		

4.6.2 Die Geschäftsführung vom Projekt überzeugen

In der Projektumsetzung kommt es immer wieder vor, dass sich Termine verschieben, die Kosten das geplante Budget überschreiten oder Leistung und Qualität nicht den Anforderungen des Auftraggebers entsprechen. Der Projektleiter muss die Geschäftsführung von seinem Projekt überzeugen. Er muss gegebenenfalls zusätzliches Projektbudget beantragen oder weiteres Personal für die Projektumsetzung anfordern. Hier einige Empfehlungen:

- Empfehlung 1: Transparenz im Projekt
  Sorgen Sie für Transparenz in Ihrem Projekt. Termin- oder Kostenabweichungen müssen für die Geschäftsführung und auch Ihre Projektmitarbeiter klar und nachvollziehbar sein.

- Empfehlung 2: Ermitteln Sie die Ursachen von Projektabweichungen
  Hier geht es nicht darum, einen Schuldigen ausfindig zu machen, sondern die Gründe der Abweichungen sind so zu ermitteln, dass Sie daraus Handlungsempfehlungen für nachfolgende Aufgaben oder zukünftige Projekte ableiten können.
- Empfehlung 3: Schlagen Sie Verbesserungsmaßnahmen vor!
  Sie sollten sich nicht darauf verlassen, dass Ihre Geschäftsführung Ihnen vorschlägt, was Sie bei Problemen oder Projektabweichungen tun sollen. Beweisen Sie Ihre Handlungsfähigkeit, indem Sie der Geschäftsführung Steuerungsmaßnahmen empfehlen und Entscheidungsvorlagen ausarbeiten.
- Empfehlung 4: Dokumentieren
  Dokumentieren Sie alle Projektergebnisse sowie alle positiven und negativen Projekterkenntnisse. Stellen Sie sicher, dass Ihre Projektmitarbeiter ebenfalls die Projektergebnisse dokumentieren. (siehe auch Empfehlung 1: Transparenz im Projekt).
- Empfehlung 5: Projektmarketing
  Betreiben Sie aktiv Werbung für Ihr Projekt. Sie und Ihr Projektteam müssen vom Projekterfolg überzeugt sein — trotz Problemen oder Hindernissen.
- Empfehlung 6: Konflikte regeln
  Gehen Sie Konflikte in Ihrem Projekt aktiv an und scheuen Sie sich nicht, sich mit den Konflikten auseinanderzusetzen. Damit überzeugen Sie Ihre Geschäftsführung, dass Sie auch größere Probleme voraussichtlich in den Griff bekommen.
- Empfehlung 7: Überzeugen Sie in Ihrer Rolle als Projektleiter!
  Sie können viel zu einem positiven Projektgelingen beitragen und Ihre Geschäftsführung und Projektmitarbeiter überzeugen, wenn Sie die Projektleitung nicht als notwendiges Übel betrachten, sondern Ihre Führungsrolle im Projekt ernst nehmen.

4.7 Konflikte in Projekten lösen

Schon wieder Ärger im Projektteam! Das Projekt geht nicht voran, alle haben sich heillos zerstritten und keiner weiß eigentlich, warum. Als Projektleiter müssen Sie in solchen Krisensituationen die Nerven behalten und professionelles Konfliktmanagement betreiben. Darum lesen hier, wie Sie

- mit Widerständen einzelner Teammitglieder konstruktiv umgehen,
- Instrumente zur Konfliktbewältigung sicher einsetzen und
- den Konflikt kooperativ lösen.

4.7.1 Mit Widerständen umgehen

Widerstände sind für Organisationen und ihre Projekte notwendig. Sie zeigen an, in welchem Zustand sich die Arbeitsgruppe bzw. das Projektteam befinden. In dieser Indikatorfunktion liegt gleichzeitig der Schlüssel zum Umgang mit Widerständen:

- Voraussetzung zur Identifizierung und Lösung solcher Konflikte ist die Beteiligung aller Betroffenen.
- Frühzeitige und gründliche Information aller Betroffenen wirkt widerstandsvermeidend.
- Beziehen Sie Betroffene schon im Stadium der Planung einer Veränderung ein.
- Bieten Sie Sicherheit und Perspektiven: Sichern Sie Besitzstände bzgl. Lohn, Arbeitsplatzsicherheit und sozialer Zugehörigkeit.
- Verbinden Sie betrieblich interessante und gewollte Veränderungen mit Verbesserungen für die Arbeitnehmer.

4.7.2 Konflikte kooperativ regeln

Konflikte sind nicht plötzlich da, sondern melden sich durch Warnzeichen frühzeitig an. Solche Symptome können beispielsweise sein:

- ungeduldiger Umgang unter den Mitgliedern des Projektteams
- Uneinigkeit in Bezug auf Projektziele, Pläne und Vorhaben
- Unnachgiebigkeit
- Parteienbildung innerhalb des Projektteams
- Behinderung und Attacke kreativer Ideen
- von Misstrauen geprägte Teamatmosphäre

Häufige Ursache: missglückter Projektstart

Der Ansatz von Konflikten kann schon in der Projektstart-Phase entstehen. Vor allen Dingen dann, wenn der Projektleiter es versäumt hat, die Projektzielsetzung konkret darzustellen, die Funktionen der einzelnen Teammitglieder zu klären und Teamregeln festzulegen. Machen Sie sich bewusst, dass Konflikte häufig ihre Ursache in einem missglückten Projektstart haben.

Um Konflikte zu regeln, können Sie den naiven Ansatz wählen — der Konflikt wird über das Sammeln von „Siegestrophäen“ geregelt; wer die meisten hat, gewinnt. Der andere wird dabei „über den Tisch gezogen“, es wird dem anderen „gezeigt“. Dieser Ansatz mag vielleicht kurzfristig für Sie erfolgreich sein, aber Sie können sich darauf verlassen, dass Ihr „Konfliktgegner“ diese Niederlage nicht vergisst und bei passender Gelegenheit „zurückschlagen“ wird.

Beim kooperativen Ansatz wird versucht, den Interessen der Konfliktpartner möglichst nahe zu kommen. Diese Win-win-Methode ist langfristig ausgelegt und zeigt die Chance auf, zu einer wirklichen Lösung zu kommen.

Achtung: In jedem Konflikt steckt eine Chance

In jedem Konflikt steckt auch eine Chance. Wenn Sie und Ihr Projektteam Konflikten offen gegenüberstehen, diese nicht „deckeln“, sondern konstruktiv lösen, können sich daraus positive Veränderungen oder gar Innovationen ergeben.

Die folgende Checkliste gibt Ihnen eine Hilfestellung, wie Sie Konflikte kooperativ regeln können.

Checkliste: Konflikte konstruktiv lösen

	Aufgaben	**Methoden**
1	Konflikt erkennen, identifizieren und beschreiben	▪ Wo genau liegt das Problem? ▪ Konflikt klar aussprechen ▪ Ich-Aussagen treffen ▪ Kooperation anbieten ▪ Zeit nehmen ▪ Beschuldigungen vermeiden
2	Nach möglichen Lösungen suchen und sie entwickeln	▪ Welche unterschiedlichen Lösungen sehe ich? ▪ Welche der andere? ▪ Möglichst viele Lösungsvorschläge sammeln ▪ Vorerst nicht bewerten ▪ Alle Beteiligten einbeziehen
3	Gefundene Lösungsvorschläge kritisch bewerten	▪ Was spricht für, was gegen die einzelnen Lösungen? ▪ Die für den Einzelnen nicht annehmbaren Lösungen streichen ▪ Gefühle der Einzelnen berücksichtigen
4	Entscheidung für die beste annehmbare Lösung	▪ Wie sieht die beste Lösung aus? ▪ Lösung genau beschreiben ▪ Angst abbauen
5	Wege zur Ausführung der Entscheidung ausarbeiten	▪ Wie wird die Lösung durchgesetzt? ▪ Wer macht was wann und wo?
6	Überprüfen, ob und wie die Lösung funktioniert	▪ War die getroffene Entscheidung richtig? ▪ Wurden Absprachen eingehalten?

Beispiel: Probleme im Projektteam von Herrn Maier

Im Projektteam von Herrn Maier gibt es einige Probleme. Nachdem im Projektstart-Workshop beschlossen wurde, Projektmanagement-Methoden verstärkt anzuwenden und das Projektberichtswesen konsequenter zu führen, sehen die Projektteammitglieder jetzt Schwierigkeiten in der praktischen Anwendung der Methoden. Zudem sind sie der Meinung, dass die Erstellung zusätzlicher Projektberichte nur Zeit beanspruche und keinen Nutzen bringe. Herr Maier möchte seine Teammitglieder vom Sinn der Projektmanagement-Methoden und des Projektberichtswesens überzeugen und schlägt ein gemeinsames Gespräch vor.

1. Konflikt erkennen und beschreiben

   Projektteam: „Wir sehen keinen Sinn darin, Projektmanagement-Methoden einzusetzen und das Projektberichtswesen zu verstärken. Das kostet viel zu viel Zeit und wir glauben nicht, dass wir dadurch einen höheren Nutzen haben. (Methoden: Problem beschreiben und Konflikt klar aussprechen; Zeit nehmen.)

2. Lösungen suchen und entwickeln

   Herr Maier: „Welche Vorschläge haben Sie, um dieses Problem zu lösen?" oder: „Was würden Sie gerne tun?"

   Projektteam: „Wir sollten uns nur auf die notwendigsten Methoden und Berichte beschränken, damit wir mehr Zeit für unser Projekt haben. Der Projekttermin ist schon sehr knapp geplant."

   Herr Maier: „Wir könnten alle notwendigen Projektmanagement-Methoden auswählen und das Projektberichtswesen mit dem Einsatz von EDV standardisieren. So sparen wir etwas Zeit und arbeiten dennoch mit den Methoden und dem Projektberichtswesen."

   (Methoden: Welche unterschiedlichen Lösungen sehe ich? Welche Lösungen sieht der andere? Lösungsvorschläge sammeln, vorerst nicht bewerten; alle Beteiligten einbeziehen.)

3. Lösungsvorschläge kritisch bewerten

   Projektteam: „Das Berichtswesen zu standardisieren und per EDV zur Verfügung zu stellen kostet doch auch viel Zeit!"

   Herr Maier: „Wenn wir unsere Projekte nicht dokumentieren und keine Informationen zur Verfügung stellen, fehlen uns diese Daten irgendwann im Projekt. Die Suche nach den Daten wird uns genauso viel Zeit kosten. Ich denke, mit einer Standardisierung ist uns allen geholfen. Das kostet zu Beginn zwar etwas Zeit, die wir aber in der Projektrealisierung wieder einsparen können!"

   Projektteam: „Gut, wenn wir dennoch etwas Zeit sparen und die Standardisierung uns die Arbeit erleichtert, sind wir mit dem Vorschlag einverstanden."

   (Methoden: Was spricht für, was gegen die einzelnen Lösungen? Gefühle der Einzelnen berücksichtigen.)

4. Entscheidung für die beste annehmbare Lösung

   Herr Maier: „In Ordnung! Unsere Lösung sieht also folgendermaßen aus: Wir wählen die wichtigsten Projektmanagement-Methoden und -Hilfsmittel aus und stellen sie per EDV zur Verfügung. Alle Projektbeteiligten haben schnellen Zugriff auf die Methoden. Wir übernehmen unseren Berichtsplan, den wir im Projektstart-Workshop erstellt haben, ebenfalls in die EDV und verknüpfen ihn mit den entsprechenden Berichtsvorlagen. So können auch alle Projektbeteiligten schnell auf diese Dokumente zugreifen."

   (Methoden: Lösung genau beschreiben; Angst abbauen.)

5. Wege zur Ausführung der Entscheidung ausarbeiten

   Herr Maier: „Ich schlage vor, dass wir die Lösung sofort umsetzen. Ich übernehme die Auswahl der Methoden und stelle für den Berichtsplan alle erforderlichen Vorlagen zusammen. Herr Kunz, Sie übernehmen die Übernahme in die EDV. Nach einem Monat sollten wir überprüfen, ob unsere Entscheidung richtig war. Ich stehe Ihnen für Fragen gerne zur Verfügung. Schön, dass wir eine gemeinsame Lösung gefunden haben!"

   (Methoden: Wie wird die Lösung durchgesetzt? Aktionsplan erstellen: Wer macht was, wann und wo?)

6. Überprüfen, ob und wie die Lösung funktioniert

   Herr Maier und das Projektteam werden nach einem Monat prüfen, ob die Projektmanagement-Methoden und die Berichtsvorlagen genutzt werden und ob ihre Entscheidung richtig war.

   (Methoden: War die getroffene Entscheidung richtig? Wurden die Absprachen eingehalten?)

4.7.3 Welche Werkzeuge der Konfliktbewältigung gibt es?

Wenn Sie mitten in einem Konflikt stecken, können Sie folgende Werkzeuge der Konfliktbewältigung, die sich in der Praxis bewährt haben, einsetzen: aktiv zuhören, Rückmeldung geben, offene Fragen stellen, Ich-Botschaften senden, Absichten und Ziele offen legen, konkrete Vereinbarungen treffen.

Aktiv zuhören

Aktiv zuhören bedeutet: Ich rede nur,

- wenn der andere (sich) ausgesprochen hat und somit zuhören kann,
- wenn ich das Gespräch zum Ziel führen möchte,
- wenn ich mich rückversichern muss, ob ich alles verstanden habe,
- wenn der andere mich fragt und die Antwort nicht selbst findet,
- wenn ich das in Worte fassen muss, was der andere nicht ausdrücken kann,
- wenn ich Aussagen verstärken muss (Bestätigung, Wertschätzung),
- wenn ich den anderen ermuntern will weiterzureden.

Rückmeldung geben

Richtig rückmelden heißt,
- sich auf den Partner konzentrieren, versuchen, seinen Standpunkt zu verstehen,
- Augenkontakt aufnehmen, während die/der andere spricht,
- den anderen über sich selbst reden lassen, ihn begeistern,
- Wahrnehmungen, Vermutungen, Gefühle mitteilen,
- Mitgefühl zeigen,
- sich auf ein ganz konkretes Verhalten einer bestimmten Situation beziehen,
- in einem freundlichen Ton Zwischenfragen stellen,
- sagen, was man denkt, fühlt, sieht und hört,
- ab und zu ein „Aha“ oder „Hm“ einstreuen,
- dosiert rückmelden, also nicht zu viel auf einmal,
- dafür sorgen, dass der andere zuhören kann.

Offene Fragen stellen

Offene Fragen wirken befreiend und verbessern das Klima. Sie basieren auf Partnerschaftlichkeit und Vertrauen. Beispiele hierfür sind:
- Was sagen Sie dazu?
- Was ist Ihre Meinung dazu?

Ich-Botschaft

Ich-Botschaften sind einfühlend, meist weiterführend und konfliktlösend. Sie sollen dem Empfänger helfen, die Lage des Senders möglichst unverfälscht wahrzunehmen. Hier einige Beispiele:
- „Ich meine ...”
- „Ich halte für sinnvoll ...”
- „Ich kann gut verstehen, dass ...”
- „Ich fühle mich ...”
- „Ich empfinde ...”
- „Ich bin enttäuscht ...”

Tabelle 15: Werkzeuge der Konfliktbewältigung

Legen Sie Absichten und Ziele offen, um den Konflikt zu lösen, das bietet den Konfliktparteien die Chance, darauf einzugehen und auf dieser Basis eine tragfähige Lösung zu finden.

Zum Schluss entwickeln die Konfliktparteien konkrete Vereinbarungen, wie sie diesen Konflikt lösen wollen. Versäumen Sie nicht, nach einiger Zeit zu prüfen, ob diese Lösung erfolgreich war oder ob Sie nacharbeiten müssen.

4.7.4 Wenn aus Konflikten eine Krise wird

Manchmal werden Konflikte in einer Gruppe nicht frühzeitig genug gelöst oder gar nicht erkannt. Entweder brechen sie irgendwann mal aus oder sie manifestieren sich, werden also zu einer Krise. Eine Krise wird, im Gegensatz zu einem Konflikt, durch einen allgemeinen Lähmungszustand geprägt. Die Projektteammitglieder haben oftmals das Gefühl einer (scheinbaren) Ausweglosigkeit. Anzeichen für Krisen sind beispielsweise:

- Festhalten an starren Hierarchien,
- Tabuthemen, die nicht angesprochen werden dürfen,
- direkte Auseinandersetzungen werden vermieden,
- derjenige, der einen Konflikt anspricht, wird zum Schweigen gebracht.

Es ist sehr schwierig, aus solchen Krisen herauszukommen. Dennoch sollten Sie es versuchen. Schalten Sie, wenn es geht, einen neutralen Moderator ein. Dieser kann die Situation wertfrei beurteilen und das Vertrauen der Gruppe in die Fähigkeit zur Konfliktlösung stärken, indem er gemeinsame Erfolge und bestandene Krisen in Erinnerung ruft und gemeinsam mit dem Team Lösungen und ihre Konsequenzen erarbeitet.

Ihr Ziel sollte sein, eine einigermaßen tragfähige Basis für die Zusammenarbeit zu schaffen.

5 Phase 5: Projektabschluss

Der systematische Abschluss eines Projekts ist für den Projekterfolg genauso wichtig wie ein systematischer Projektstart. Bevor das Projektteam auseinander geht, bietet der Projektabschluss die Chance, die Projektergebnisse, die Projektdurchführung und Erfahrungen zu bewerten und die Ergebnisse als Handlungsempfehlungen neuen Projekten zur Verfügung zu stellen. Ein offizieller Projektabschluss entlastet den Projektleiter und das Projektteam und gibt sie für neue Projektaufgaben frei.

Lesen Sie hier,

- welche Fragen auf einer Projektabschlusssitzung behandelt werden,
- wie Sie einen Abschlussbericht verfassen und
- die Projekterfahrungen für kommende Projekte nutzen.

5.1 Systematischer Projektabschluss

In der Projektabschluss-Phase werden offene Aufgaben bzw. Restarbeiten geklärt und den Verantwortlichen zur Durchführung zugeteilt. Die Durchführung eines Projektabschluss-Workshops bietet die optimale Gelegenheit, gemeinsam mit dem Projektteam, Projektergebnisse und -erfahrungen zusammenzustellen und zu bewerten.

In einer Projektabschlusssitzung werden folgende Punkte geklärt:

Checkliste: Projektabschlusssitzung	
	Notizen
Haben wir die gesetzten Ziele erreicht? Wenn nein, was waren die Gründe?	
Ist unser Kunde mit dem Ergebnis zufrieden? Wenn nein, was sind die Gründe für seine Unzufriedenheit?	
Was ist im Projekt gut, was schlecht gelaufen?	
Wie war das Klima im Team?	
Wie war die Zusammenarbeit mit den Fachabteilungen und Externen?	
Welche Konsequenzen werden aus den Erfahrungen für künftige Projekte gezogen?	
Sind diese Erfahrungen dokumentiert?	
Wie werden sie allgemein zugänglich gemacht?	
Sind noch Restarbeiten zu erledigen?	
Werden die Projektleitung und das Projektteam entlastet?	

Der Projektleiter prüft mit seinem Team, ob die Projektziele erreicht wurden oder nicht. Bei Zielabweichungen werden die Ursachen ermittelt und Verbesserungsvorschläge für zukünftige Projekte abgeleitet. Für die Projektauswertung sollten auch die Projektmitarbeiter, die Kunden, Lieferanten und sonstige Stakeholder nach folgenden Kriterien befragt werden:

- Wie zufrieden sind Sie mit dem Projektergebnis?
- Wie zufrieden waren Sie mit der Projektdurchführung?
- Wurden Sie regelmäßig über den Projektstatus informiert?
- Gab es Probleme oder sonstige Schwierigkeiten? Wie zufrieden waren Sie mit der Problemlösung?
- Was soll in zukünftigen Projekten anders oder besser gemacht werden?

Der Projektabschlussbericht fasst die Projektergebnisse, Erfahrungen und Erkenntnisse schriftlich zusammen.

- Die geplanten Termine, Stunden und Kosten werden den tatsächlichen Terminen, Stunden und Kosten gegenübergestellt.
- Die Projektziele werden mit den erreichten Projektergebnissen verglichen, Abweichungen werden analysiert und dokumentiert.
- Hindernisse und Probleme während der Projektdurchführung werden ausgewertet und daraus Verbesserungsvorschläge oder Maßnahmen für zukünftige Projekte abgeleitet.
- Es empfiehlt sich, die wichtigsten Kernaussagen des Projekts in einer Erfahrungs-Datenbank zusammenzufassen.
- Der Projektabschlussbericht wird vom Projektleiter und dem Auftraggeber unterzeichnet.

Projektabschlussbericht		
	Datum:	**Seite ... bis ...**
Projektleiter:	Projekt:	
Termine	Geplant:	Ist:
Aufwand	Geplant:	Ist:
Kosten	Geplant:	Ist:
Geplante Projektziele:		
Wurden die Projektziele erreicht? Wenn nein, Abweichungen kurz darstellen:		

Projektabschlussbericht		
	Datum:	**Seite ... bis ...**
Chancen und Verbesserungen im Projekt:		
Hindernisse und Probleme im Projekt:		
Wichtige Informationen für die Projekterfahrungs-Datenbank:		
Restarbeiten:		
Unterschrift Projektleitung:		Unterschrift Auftraggeber:

Ein Formular für den Projektabschlussbericht finden Sie im Bereich der Arbeitshilfen online (s. S. 1).

Ein ungeregelter Projektabschluss kann für das Projekt negative Folgen haben:

- Noch ausstehende Aufgaben sind unklar, werden vergessen und damit verzögert.
- Mangelhafte Dokumentation und daraus resultierende Erfahrungen können nicht für nachfolgende Projekte genutzt werden und tragen somit zur Unzufriedenheit von Kunden und Projektmitarbeitern bei.
- Schlimmstenfalls kann der Kunde einen Teil der Vertragssumme zurückbehalten.

Beispiel: Buchhaltungs-Software

In Vorbereitung zum Projektabschluss-Workshop hat Herr Maier folgende Agenda erstellt:

1. Begrüßung und Warm-up
2. Organisatorisches (Ablauf, Pausenzeiten)
3. Projektbetrachtung
   a) Projektergebnisse
   b) Zufriedenheit des Auftraggebers und des Projektteams
4. Analyse und Bewertung des Projekts
   a) Was war gut oder schlecht und warum?
5. Erfahrungen für künftige Projekte
6. Offene Aufgaben (Was, wer, bis wann?)
7. Entlastung Projektleiter und -team
8. Gemeinsames Abendessen

Projektabschlussbericht: Buchhaltungs-Software		
	Datum: 1.7.	**Seite 1 bis 1**
Projektleiter: H. Maier	**Projekt: Entwicklung neue Buchhaltungs-Software**	
Termine	Geplant: 15.01.–13.06.	Ist: 15.01.–13.06.
Aufwand	Geplant: 2.200 Std.	Ist: 2.500 Std.
Kosten	Geplant: 202.000 EUR	Ist: 205.000 EUR
Geplante Projektziele: s. Projektzielkatalog		
Wurden die Projektziele erreicht? Wenn nein, Abweichungen kurz darstellen: Kosten und Aufwand höher als geplant: Probleme bei der Markt- und Zielgruppenanalyse		
Chancen und Verbesserungen im Projekt: Für die Marktanalyse auf Untersuchungen von Instituten und Universitäten zurückgreifen.		
Hindernisse und Probleme im Projekt: Schwierigkeiten beim Einsatz und der Anwendung von Projektmanagement-Methoden, da nicht alle zur Verfügung standen. Das Projektberichtswesen wurde zu Beginn nicht akzeptiert, da es zu aufwendig erschien. In einem gemeinsamen Gespräch mit dem Projektleiter wurde eine Lösung gefunden.		
Wichtige Informationen für die Projekterfahrungs-Datenbank: Dauer der Phase „Problemanalyse“ ggf. verlängern		
Restarbeiten: Produktionsstart vorbereiten, Verantwortung: Herr Überall (Leiter Produktion)		
Unterschrift Projektleitung: Herr Maier		Unterschrift Geschäftsführung

5.2 Projekterfahrungen nutzen

Um das Wissen bzw. Ihre Erfahrungen in Projekten zu erfassen, sollten Sie sich schon frühzeitig darum kümmern, die Weichen dafür zu stellen und entsprechende Maßnahmen zu ergreifen. Es lohnt sich!

Welche Maßnahmen Sie ergreifen können

- Planen Sie in der Planungsphase Arbeitspakete für Wissens- und Erfahrungssicherung ein (wer ist dafür zuständig, wo wird neues Wissen erwartet, wie sollen diese Erfahrungen dokumentiert werden usw.).
- Sichern Sie die Phasenergebnisse: Wie ist diese Phase gelaufen? Wo waren wir gut, was können wir in der nächsten Phase besser machen? Wo waren besondere Schwierigkeiten und wie sind wir sie angegangen? Welche Erfahrungen können wir weitergeben?
- Definieren Sie „Lessons learned" in der Projektnachbetrachtung, indem Sie die Problemstellung und den gewählten Lösungsweg detailliert beschreiben.
- Nutzen Sie Projektdokumentationen als Fallstudie für Schulungszwecke.
- Erstellen Sie zum Projektabschluss in Ergänzung zur normalen Projektdokumentation Projektsteckbriefe. Die Zusammenfassung erfolgt nur in Stichworten und sollte in einer Datenbank zur Verfügung stehen.

Erfahrungen, die Sie in Ihren Projekten gemacht haben, sind das Wissenskapital Ihres Unternehmens und sollten nicht in den Schubladen der Projektleiter verkümmern. Sorgen Sie daher für einen systematischen Projektabschluss, egal wie gut oder schlecht Ihr Projekt „gelaufen" ist. Denn aus Erfahrungen kann man lernen und sie gewährleisten einen Wissensvorsprung gegenüber anderen Projektteams oder konkurrierenden Unternehmen.

Teil 2: Wissensträger

Rollen und Aufgabenverteilung im Projektmanagement

Teil 2:

Wissensträger – Rollen und Aufgabenverteilung im Projektmanagement

Einleitung: Welche Rollen gibt es in einem Projekt?

In einem Projekt sind zahlreiche unterschiedliche Rollen und Funktionen zu besetzen. Neben dem Projektleiter und den Teammitgliedern gibt es bei größeren Projekten oft auch ein Expertenteam und ein Steuerungsgremium. Für den Projekterfolg ist es entscheidend, dass schon zu Beginn des Projekts alle Rollen und Funktionen klar festgelegt sind. Dazu lesen Sie in diesem Teil,

- welche Managementaufgaben der Projektleiter erfüllen muss,
- wie Sie den Teammitgliedern Aufgaben und Rollen zuteilen und
- die Phasen der Teamentwicklung für den Projekterfolg nutzen können.

In einem Projektteam gibt es unterschiedliche Rollenanforderungen. Häufig sind diese Rollen und Funktionen im Team zu Beginn eines Projekts jedoch nicht klar bzw. werden erst festgelegt, was sich negativ auf den Erfolg des Projekts auswirken kann. Für eine erfolgreiche Projektdurchführung und eine positive Teamentwicklung ist es wichtig, dass die Projektrollen frühzeitig geklärt und beschrieben werden (siehe hierzu auch in Teil 1 das Kapitel „Phase 2: Projektdefinition"). Die Rollen, Funktionen und Gremien, um die es dabei geht, sind:

- Projektleiter
- Projektcontroller
- Projektauftraggeber
- Projektteammitglied
- Expertenteam (Fachausschuss)
- Steuerungsgremium
- Lenkungsausschuss

Sind erst einmal die Hierarchien und Kompetenzen zwischen den einzelnen Projektteilnehmern geklärt und somit die Verhältnisse zwischen dem Projektleiter und allen anderen bis hin zum Lenkungsausschuss, können Sie sich voll und ganz auf das Abarbeiten der Sachfragen konzentrieren, weil dann jeder seine Aufgaben und Verantwortlichkeiten kennt.

1 Der Projektleiter

Projekte werden immer komplexer. Dadurch steigen die Anforderungen an den Projektleiter. Hier ist nicht nur sein Fachwissen gefragt, sondern er muss auch die Aufgaben der Führung kennen und beherrschen. Ein Projektleiter ist nichts anderes als ein „Manager auf Zeit“.

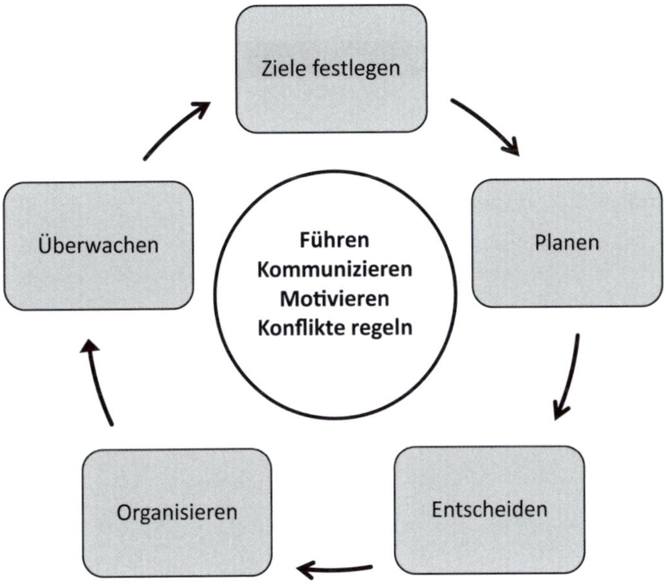

Abb. 1: Managementaufgaben

Aufgaben des Projektleiters

Der Projektleiter hat die Aufgabe,

- Projektziele mit dem Projektauftraggeber abzustimmen (zu vereinbaren), sie zu operationalisieren (messbar zu formulieren) und zu dokumentieren. Er muss sicherstellen, dass alle Teammitglieder die Projektziele verstanden haben und umsetzen können.
- nach Vorgabe der Projektziele das Projekt zu planen sowie die entsprechenden Methoden zu kennen und anwenden zu können.
- gemeinsam mit dem Projektauftraggeber über die Freigabe der Projektplanung zu entscheiden.
- die anstehenden Aufgaben an die Teammitglieder zu verteilen, die Umsetzung zu überwachen und bei Projektabweichungen entsprechende Maßnahmen zu ergreifen, die die Projektziele gegebenenfalls auch verändern können.

Neben den Managementaufgaben ist die soziale Kompetenz eine wesentliche Fähigkeit, über die ein Projektleiter verfügen muss und die immer wichtiger wird für eine erfolgreiche Projektumsetzung. Ein Projektleiter benötigt ein hohes Maß an Kommunikationsfähigkeit, Empathie und Flexibilität.

Aus diesen Anforderungen kann beispielsweise folgendes Anforderungsprofil ermittelt werden, das Sie auch im Arbeitshilfen-online-Bereich finden (siehe S. 1). So können Sie es bequem in Ihre Textverarbeitung übernehmen und entsprechend Ihrem konkreten Projekt anpassen bzw. ergänzen.

Checkliste: Anforderungsprofil eines Projektleiters		
	ja	**nein**
Fachkompetenz		
Technische und kaufmännische Fachkenntnisse		
Kenntnisse über das Unternehmen/die Organisation		
Berufserfahrung		
Methodenkompetenz		
Projektmanagement-Methoden kennen/anwenden können		
Organisationsfähigkeit		
Improvisationsfähigkeit		
Führungskompetenz		
Führungserfahrung		
Fähigkeit zur Motivation		
Fähigkeit zur Kommunikation und Information		
Konflikte regeln können		
Entscheidungsfreudigkeit		
Persönliche Kompetenz		
Teamfähigkeit		
Kontaktfreudigkeit		
Flexibilität		
Lernbereitschaft		
Interesse am Projekt		

Das Anforderungsprofil ist in vier Kernkompetenzen unterteilt:

- Die **Fachkompetenz** beschreibt die Grundvoraussetzungen, die der Projektleiter erfüllen muss. Meist wird erwartet, dass er die entsprechenden fachlichen Kenntnisse besitzt und sie sich nicht erst noch aneignen muss.
- Von einem Projektleiter wird auch erwartet, dass er **Projektmanagement-Methoden** und -Instrumente kennt und weiß, wann er diese einsetzen muss.
- Außerdem muss er die Grundlagen der **Führung** in Projekten kennen.
- Er muss **teamfähig** sein und kommunizieren können.

Die folgende Checkliste zeigt auf, welche Aufgaben ein Projektleiter im Allgemeinen erfüllt. Abhängig vom Projekt, dem Unternehmen und abgeleitet aus dem persönlichen Anforderungsprofil eines Projektleiters können sich unterschiedliche Aufgaben ergeben. Darüber hinaus hängen die Aufgaben auch von der Projektgröße und -art ab.

Checkliste: Aufgaben der Projektleitung

	ja	**nein**
Vereinbart die Projektziele mit dem Projektauftraggeber, operationalisiert und dokumentiert diese		
Plant das Projekt		
Ist für die Projektzielerreichung verantwortlich		
Moderiert Meetings		
Setzt und koordiniert Teilaufgaben und Arbeitspakete		
Überwacht die Projektumsetzung		
Leitet Korrekturmaßnahmen ein (ggf. in Abstimmung mit dem Projektauftraggeber oder Lenkungsausschuss)		
Dokumentiert das Projekt		
Informiert über den Projektstatus in Form von Zwischenberichten, Statusberichten und Präsentationen		
Verwaltet die Projektdokumente in einem Projektordner		
Gestaltet den Informationsfluss		
Unterstützt das Unternehmen bei der Prozessoptimierung		
Unterstützt beim Aufbau und Erhalt der Projektorganisation		

Führungskompetenz und Führungsinstrumente

Als Projektleiter sollten Sie die Führungsinstrumente kennen und anwenden können. Diese spiegeln nicht zuletzt Ihre Führungskompetenz wider, der innerhalb von Projekten zunehmend Gewicht beigemessen wird.

Führung bedeutet, die Mitarbeiter oder das Projektteam zielorientiert zu beeinflussen, um die Unternehmens- oder Projektziele zu erreichen. Das Ziel ist, Leistung zu erzeugen, zu halten und zu steigern. Um das zu erreichen, werden verschiedene Führungsinstrumente eingesetzt:

- kommunizieren und informieren
- motivieren, fördern und fordern
- Konflikte regeln
- organisieren und einweisen
- kontrollieren, überwachen und steuern

Zu kommunizieren und zu informieren ist im Projekt äußerst wichtig. Leider wird Kommunikation oft vernachlässigt. Die Gründe sind vermeintliche Zeitprobleme. Mit einem Kommunikationsplan, der in Teil 1 im Kapitel „Phase 4: Projektsteuerung“ beschrieben wird, können Sie dem entgegenwirken und Kommunikation in Ihrem Projekt aktiv planen und gestalten.

In diesem Zusammenhang wird auch die Motivationsfähigkeit des Projektleiters der einzelnen Projektmitarbeiter wichtig. In einem Projekt kommt es immer wieder vor, dass Teammitglieder frustriert sind, weil sie mit Ihrer Arbeit nicht vorankommen und das Ziel in weite Ferne gerückt scheint. Oftmals hilft ein einfaches Lob oder der Hinweis auf das bisher Erreichte, um die Mitarbeiter wieder zu motivieren. Weitere Möglichkeiten der Motivierung sind:

- monetäre Anreize schaffen,
- in der Projektaufgabe die Möglichkeit einer persönlichen Weiterentwicklung für den Projektmitarbeiter schaffen,
- den Schwierigkeitsgrad einer Projektaufgabe nicht zu hoch, aber auch nicht zu niedrig ansetzen,
- die Voraussetzungen für den Kontakt und die Kommunikation mit anderen Teammitgliedern schaffen,
- die Projektaufgabe mit Verantwortung und Entscheidungskompetenz verknüpfen,
- die Projektaufgabe abwechslungsreich gestalten,
- am Arbeitsplatz die notwendigen Arbeits- und Hilfsmittel zur Verfügung stellen,
- die Projektmitarbeiter mit Projektmanagement und dem Einsatz von PM-Methoden vertraut machen.

Auch Konflikte zu regeln bzw. mit ihnen umzugehen, wird vom Projektleiter erwartet. In Teil 1 im Kapitel „Phase 4: Projektsteuerung“ werden dazu Handlungsempfehlungen beschrieben.

2 Als Projektleiter das Projektteam formen

Gruppen und Teams unterliegen immer den Mechanismen der Teamentwicklung. Bei den Projektteams kommt erschwerend hinzu, dass sie möglichst schnell eine arbeitsfähige Basis bilden müssen, da das Projekt zeitlich begrenzt ist. Dem Projektleiter kommt hier eine ganz besondere Rolle zu. Er muss das Projektteam formen, die Verantwortlichkeiten festlegen sowie die Ziele und Teamregeln vereinbaren. Seine Rolle ist die eines Moderators und Managers. Sein Ziel ist, die Projektgruppe so früh wie möglich arbeitsfähig zu machen und alle erforderlichen Hilfsmittel für die Projektumsetzung sicherzustellen. Der Projektleiter muss wissen, dass beim Prozess der Teamentwicklung bestimmte Phasen zu berücksichtigen sind:

- die Phase des Kennenlernens (Forming)
- die Konfliktphase (Storming)
- die Phase der Stabilisierung (Norming)
- die Produktivphase (Performing)
- die Phase des Projektausstiegs (Adjourning)

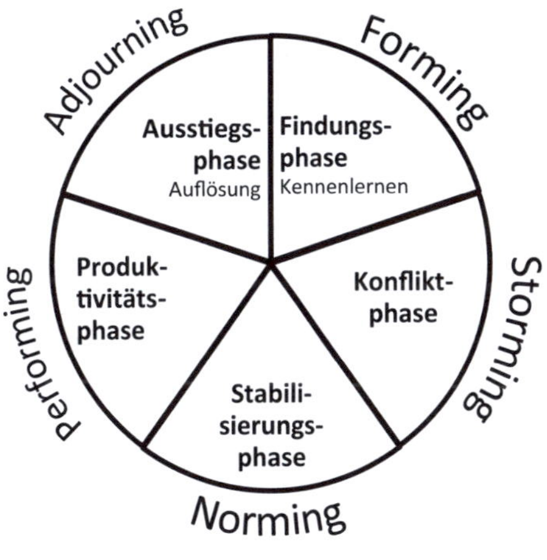

Abb. 2: Phasen der Teamentwicklung

Forming — die Phase des Kennenlernens

In dieser Phase sind noch viele Unsicherheiten bezüglich der Projektziele, der Teammitglieder und der eigenen Rolle vorhanden. Die Teammitglieder lernen sich gegebenenfalls erst kennen. Der Projektleiter muss sich für die Gruppe viel Zeit nehmen und deren Erwartungen und Wünsche abfragen. Er gibt die Richtung vor und unterstützt die Kommunikation innerhalb des Projektteams. Außerdem stellt er die Projektziele. Probleme kann es geben, wenn er hier seine Rolle als Projektleiter nicht wahrnimmt, die Zügel schleifen lässt, auf die Projektziele kaum eingeht oder keine Kommunikation zulässt.

Storming — die Konfliktphase

In der Konfliktphase entstehen häufig Unklarheiten bezüglich der Aufgabenstellung: Welche Ergebnisse werden von mir erwartet? Welche Rahmenbedingungen muss ich berücksichtigen? Wie muss ich vorgehen? Der Projektleiter sollte hier durch den Einsatz von PM-Werkzeugen und Regeln die Projektarbeit erleichtern und auch die Arbeit anerkennen.

Häufig sind die Rollen und Verantwortlichkeiten noch unklar oder werden infrage gestellt. Der Projektleiter steht hier im Fokus, und Probleme oder Behinderungen werden ihm zugeschrieben. So können Konflikte entstehen. Sie sind allerdings auch Zeichen einer Teamentwicklung und sollten zugelassen werden. Der Projektleiter muss nicht sofort alle Konflikte lösen wollen, sondern sollte nur in Einzelfällen schlichten. Sonst herrscht bei den Teammitgliedern das Gefühl vor, „unsere Probleme werden gedeckelt".

Norming — die Stabilisierungsphase

Die Aufgabenstellungen werden klarer und die Projektbeteiligten akzeptieren die Rahmenbedingungen und festgelegten Regeln sowie die Projektleitung. Langsam entwickelt sich das sog. Wir-Gefühl. Projektmanagement-Werkzeuge und -Methoden werden angewendet. Die Projektumsetzung läuft allerdings noch nicht einwandfrei, Ballast, der in der Konfliktphase entstanden ist, muss erst abgeworfen werden. Daraus entstehen Probleme bei der Einhaltung der Projekttermine und -kosten. Der Projektleiter muss hier sehr genau das Projekt überwachen, immer wieder auf die Projektzielsetzung hinweisen und den Stellenwert des Projekts verdeutlichen.

Performing – die Produktivphase

In der Produktivphase ist die Konzentration auf Aufgabenstellung und -erfüllung am höchsten. Die Regeln, Rahmenbedingungen, Verantwortlichkeiten und Rollen sind weitestgehend von allen akzeptiert. Die Teammitglieder bearbeiten ihre Aufgaben eigenständig und ergebnisorientiert. In dieser Phase kann sich der Projektleiter etwas von der Arbeit mit den Teammitgliedern zurückziehen und sich mehr auf das Marketing seines Projekts konzentrieren, indem er den Status präsentiert und die bisher erreichten Ergebnisse und Erfolge darstellt. Aber Achtung: Er sollte dabei nicht nur seine eigene Leistung darstellen, sondern er muss verdeutlichen, dass die erreichten Ergebnisse vom gesamten Projektteam erarbeitet wurden.

Achtung: Möglichst schnell in die Produktivphase

Als Projektleiter sollten Sie dafür sorgen, dass Sie möglichst schnell in die Produktivphase kommen. Umso schneller werden die Projektergebnisse erreicht. Je gründlicher Sie die Forming-Phase gestalten, desto schneller werden Sie in die Produktivphase gelangen.

Adjourning – der Projektausstieg

In der Projektausstiegsphase werden die Projektziele und die erreichten Ergebnisse reflektiert und bewertet. Das Projekt wird systematisch abgeschlossen und das Projektteam und die Projektleitung offiziell entlastet.

In dieser Phase sind die Projektmitarbeiter häufig damit beschäftigt, darüber nachzudenken, was nach Ende des Projekts passieren wird und welche neuen Projekte und Aufgaben auf sie zukommen. Lassen Sie als Projektleiter aber nicht zu, dass sich die Projektmitarbeiter innerlich schon verabschieden, bevor das Projekt tatsächlich abgeschlossen ist.

In einem Projektabschluss-Workshop können Sie die Projektergebnisse bewerten und Ihre Erfahrungen gemeinsam reflektieren. Ein erfolgreicher Projektabschluss sollte auch gefeiert werden!

3 Der Projektcontroller

Wenn die Aufgaben der Projektsteuerung nicht durch den Projektleiter in Personalunion durchgeführt werden können, sollten Sie die Rolle des Projektcontrollers im Projektteam installieren. Der Projektcontroller unterstützt den Projektleiter.

Die Aufgaben eines Projektcontrollers sind beispielhaft in der folgenden Checkliste aufgeführt. Auch sie können von Projekt zu Projekt unterschiedlich sein. Daher auch hier die Empfehlung: Übernehmen Sie die Checkliste von den Arbeitshilfen online in Ihre Datenverarbeitung und passen Sie sie an Ihre jeweiligen Erfordernisse an.

Checkliste: Aufgaben des Projektcontrollers

	ja	**nein**
Projekt-Reviews durchführen		
Projektplan aktualisieren		
Soll-Ist-Vergleiche durchführen		
Statusbericht erstellen		
Projektprognose erstellen		
Handlungsempfehlungen ableiten		

Der Projektcontroller überwacht das Projekt und ermittelt den Projektstatus. Er aktualisiert den Projektplan, indem er die aktuellen Daten des Projekts erfasst und überprüft, ob Abweichungen zur Planung entstanden sind. Es ist seine Aufgabe, dafür zu sorgen, dass die am Projekt beteiligten Personen bzw. weitere verantwortliche Stellen regelmäßig einen Bericht über den aktuellen Projektstand erhalten, den er entweder selbst erstellt oder erstellen lässt. Aus der Analyse der Projektabweichungen kann der Projektcontroller prognostizieren, wie der weitere Projektverlauf sein wird, und daraus Handlungsempfehlungen ableiten. Der Projektleiter oder auch der Projektauftraggeber entscheidet, welche Maßnahmen bei Projektabweichungen zu ergreifen sind.

4 Der Projektauftraggeber

Der Auftraggeber ist der Initiator des Projekts. Er übergibt einen Projektauftrag an die Projektleitung und das Projektteam. Der Auftraggeber ist externer oder interner Kunde. Er sorgt dafür, dass seine Zielsetzung verstanden und umgesetzt wird, und bezahlt das Projekt.

In der Projektstart-Phase muss der Auftraggeber eng mit dem Projektleiter und dem Projektteam zusammenarbeiten, denn hier kann er noch rechtzeitig bei Abweichungen oder Missverständnissen bezogen auf die Projektziele eingreifen und gemeinsam mit dem Team die richtigen Weichen stellen. Der Auftraggeber wird bei allen wichtigen Entscheidungen eingebunden und erhält die für ihn relevanten Projektinformationen.

Der Auftraggeber finanziert das Projekt bzw. gibt das Budget für das Projekt frei. Wenn das Projekt fertiggestellt ist, ist es seine Aufgabe, es abzunehmen und in seine Verantwortung zu überführen.

Auch für den Projektauftraggeber haben wir wieder eine Checkliste mit typischen Aufgaben zusammengestellt, die Sie bei den Arbeitshilfen online finden und entsprechend anpassen können.

Checkliste: Aufgaben des Projektauftraggebers

	ja	**nein**
Beauftragt das Projekt		
Gibt die Ziele vor oder erarbeitet sie mit dem Projektleiter		
Stellt alle projektrelevanten Informationen zur Verfügung		
Nimmt das Projekt ab		
Finanziert das Projekt		

5 Das Projektteam

Innerhalb des Projektteams müssen die formellen Rollen der Teammitglieder geklärt sein. Sie müssen wissen welche Erwartungen die Einzelnen an sie haben bzw. welche Erwartungen an sie herangetragen werden. Diese Festlegung erfolgt frühzeitig in der Projekt-Klärungsphase, ansonsten sind Konflikte und Missverständnisse vorprogrammiert. Auch Teamregeln, die in der Klärungsphase festgelegt werden, unterstützen eine erfolgreiche Teamentwicklung (s. Teil 1, Kapitel: „Phase 2: Projektdefinition“).

Die Projektmitarbeiter sind verantwortlich für die richtige Durchführung der Teilaufgaben und Arbeitspakete. Sie informieren den Projektleiter über den Stand der Aufgaben und weisen ihn rechtzeitig auf Probleme oder Hindernisse hin. Bei Abweichungen schlagen sie entsprechende Korrekturmaßnahmen vor und führen diese in Abstimmung mit dem Projektleiter durch.

Die folgende Checkliste, die Sie auch bei den Arbeitshilfen online finden, bietet Ihnen noch einmal einen konzentrierten Überblick über die Aufgaben der Projektteammitglieder.

Checkliste: Aufgaben eines Mitglieds des Projektteams		
	ja	**nein**
Führt Teilaufgaben und Arbeitspakete durch		
Informiert über den Status seines Arbeitspakets		
Erstellt einen Arbeitspaketbericht		
Informiert die Projektleitung über Abweichungen und erstellt ggf. Empfehlungen zur Korrektur		

6 Das Expertenteam (Fachausschuss)

Experten werden häufig bei technischen Fragestellungen eingesetzt. Sie verfügen über bestimmtes Fachwissen in technischen oder projektspezifischen Bereichen.

Vor allem bei neuen Projekten, bei denen Umfang, Inhalte und Risiken nur schwer abschätzbar sind, kann der Bedarf recht hoch sein. Sie sollten schon in der Projektstartphase ein gewisses Stundenkontingent für Experten reservieren und einplanen, damit Sie im Bedarfsfall schnell auf diese zugreifen können.

7 Das Steuerungsgremium

Das Steuerungsgremium besteht beispielsweise aus

- der Geschäftsführung,
- den Mitgliedern der Managementebene und ggf.
- den Projektleitern.

Hier werden wichtige Weichen gestellt für den weiteren Fortgang von Projekten. Das Gremium entscheidet darüber, ob ein Projekt gestoppt oder abgebrochen werden muss, wenn sich eine Gefährdung von anderen Projekten, deren Projektzielen oder den Unternehmenszielen abzeichnet.

Das Steuerungsgremium bewertet Projektanträge, wählt Projekte aus und gibt sie frei. Projektanträge kommen aus unterschiedlichen Fachbereichen eines Unternehmens. Das Steuerungsgremium bewertet die Projekte unter anderem nach

- den voraussichtlichen Projektkosten,
- ihrer Wirtschaftlichkeit,
- ihrer Dringlichkeit oder
- ihrer strategischen Ausrichtung.

Wenn die Projekte freigegeben werden, benennt es die dafür jeweils zuständigen Projektleiter. Das Steuerungsgremium gibt für die Projekte das entsprechende Budget und das dafür einzusetzende Personal frei.

In der folgenden Checkliste, die im Arbeitshilfen-online-Bereich für Sie zur Verfügung steht, haben wir für Sie die wichtigsten Aufgaben des Steuerungsgremiums übersichtlich zusammengestellt.

Checkliste: Aufgaben des Steuerungsgremiums

	ja	nein
Auswahl der Projektanträge		
Projekte bewerten		
Projekte priorisieren		
Freigabe der einzelnen Projekte		
Ernennung der Projektleitung		
Ressourcen zuteilen		
Budget freigeben		
Budget zuweisen		
Einzelne Projektphasen freigeben		
Projekt ggf. stoppen oder unterbrechen		

8 Der Lenkungsausschuss

Im Rahmen eines einzelnen Projektes wird bei Bedarf ein Lenkungsausschuss installiert. Der Projektleiter berichtet dem Lenkungsausschuss und kann von ihm bezogen auf sein Projekt Entscheidungen einfordern. Der Lenkungsausschuss ernennt die Projektleitung und genehmigt den Projektplan. Er gibt die einzelnen Projektphasen frei oder kann veranlassen, dass die Projektfortsetzung gestoppt oder unterbrochen wird. Er genehmigt den Projektabschlussbericht und entlastet den Projektleiter bei Projektabschluss.

Checkliste: Aufgaben des Lenkungsausschusses

	ja	nein
Ernennung der Projektleitung		
Genehmigung des Projektplans (Termine, Ressourcen, Kosten)		
Freigabe von einzelnen Projektphasen		
Ggf. Unterbrechen oder Stoppen des Projektes		
Genehmigung des Projektabschlussberichts bzw. Phasenabschlussberichts		
Entlastung der Projektleitung		

Teil 3:

Erfolgswissen: Chancen und Risiken erkennen und analysieren

Teil 3:

Erfolgswissen: Chancen und Risiken erkennen und analysieren

Einleitung

„No risk, no fun." – Wer hat diese Worte nicht schon einmal gehört, wenn im Projekt etwas schief zu gehen drohte oder das Malheur bereits geschehen war? Manchmal vielleicht mit einem sarkastischen Lächeln, manchmal mit einem Achselzucken ausgesprochen, fast immer aber so, als lasse sich ohnehin nichts machen.

„So etwas passiert eben", lautet ein anderer Standardkommentar. Das klingt nach unabänderlichem Schicksal, als ob Erfolg oder Misserfolg eines Projekts irgendwie vorbestimmt seien. Vor vielen Jahren sah ich in einer metallverarbeitenden Fabrik einmal ein Schild der Berufsgenossenschaft mit der Aufschrift „Unfälle passieren nicht – Unfälle werden verursacht". Ebenso ist es mit möglichen schädlichen und nachteiligen, das Projektziel gefährdenden Entwicklungen oder Ereignissen im Projekt, eben den Risiken. Sie entstehen meist nicht von selbst und plötzlich, sondern sie haben Ursachen. Sie kündigen sich an, und es kann etwas dagegen getan werden.

Analog gilt das natürlich auch für mögliche Verbesserungen, den Chancen, die meist nicht von selbst eintreten.

Was sind Risiken?

Als Risiken werden mögliche Ereignisse oder Situationen bezeichnet, die gegenüber dem, was für das Projekt geplant war, negativ abweichen und mit denen dann eine Gefährdung der Projektziele oder einzelner Teile dieser verbunden ist.

Ebenso besteht die Möglichkeit positiver Abweichungen, die dann als Chancen bezeichnet werden. Hier sind nur die Vorzeichen umgekehrt, ansonsten sind die Methoden und Arbeitstechniken im Umgang damit (Chancenmanagement) weitgehend mit denen des Risikomanagements vergleichbar. Nachfolgend wird daher zumeist vereinfachend nur von Risikomanagement gesprochen.

Die Erfahrung zeigt dabei übrigens, dass Risiken bereits in den frühen Phasen eines Projekts erkennbar sind und bearbeitet werden können, Chancen sich dagegen meist erst im Projektverlauf ergeben, und zwar zumeist aus eingeplanten Risiken, die sich dann doch nicht ergeben haben.

Management von Risiken (und Chancen) im Projekt bedeutet also nicht, auf zufällige Ereignisse spontan irgendwie zu reagieren und ansonsten abzuwarten, was passiert und was nicht. Es heißt vielmehr, systematisch und institutionalisiert nach Risiken ebenso wie nach Chancen, also Verbesserungsmöglichkeiten, zu suchen und dann aktiv gestalterisch zu wirken.

Genau genommen werden also nicht Risiken und Chancen im Projekt gemanagt, sondern der Umgang mit ihnen und die möglichen Reaktionen im Vorfeld oder bei ihrem Eintritt. Da sich der Begriff „Risikomanagement" aber nun einmal eingebürgert hat, soll er auch hier verwendet werden — der Leser mag die kleine Unschärfe verzeihen.

Risikomanagement gestern und heute

Bereits vor zwanzig oder dreißig Jahren war man sich der Tatsache von Risiken im Projektgeschäft durchaus bewusst. Bei Projekten wurden diese in der Kalkulation zumeist durch einen Globalen Zuschlag am Schluss berücksichtigt. Das Kalkulationsschema für das Angebot einer Industrieanlage lautete damals also grob:

Kalkulationsschema

	Material-Einzelkosten		
+	Personaleinzelkosten		
+	Gemeinkosten		
=	Zwischensumme (1)		
+	Risikozuschlag (z. B. 5% auf Zwischensumme)		
=	Gesamtkosten	=	Zwischensumme (2)
+	Gewinn		
=	Angebotspreis		

Bei solch globaler Berücksichtigung von Risiken ist es natürlich kaum möglich, auf einzelne Risiken bezogene und damit gegen sie wirkende Maßnahmen zu suchen und umzusetzen.

Modernes Risikomanagement verzichtet deshalb auf solch einen globalen Zuschlag. Ersetzt wird er durch das Suchen nach und Bekämpfen von einzeln und individuell benennbaren Risiken, die individuell analysiert und bewertet werden.

Methodisch erfolgt dann eine Analyse der Eintrittswahrscheinlichkeit und der finanziellen Tragweite bei Eintritt des einzelnen Risikos und deren Multiplikation. Die Produkte aus diesen Einzel-Rechnungen (einzelne Erwartungswerte) werden addiert und ergeben einen Betrag, um den der kalkulierte Gewinn zu korrigieren ist.

Risiken werden oft unzureichend gemanagt

Projekte sind als neue und einmalige Vorhaben definiert – kein Projekt gleicht exakt dem anderen. „Projekte“ und „Projektarbeit“ sind vielfach auch mit Innovationen und Neuerungen verbunden, die naturgemäß besondere Risiken in sich tragen (dazu weiter unten noch mehr). In der Theorie ist das den meisten auch klar. Die Praxis zeigt dann aber häufig eine geringe bis nicht vorhandene Neigung, tatsächlich ein konsequentes und systematisches Management von Risiken folgen zu lassen.

Dies ist umso bemerkenswerter, als auch in der Fachliteratur immer wieder auf die Bedeutung des Risikomanagements als Teil eines erfolgreichen Projektmanagements hingewiesen wird. Ich erinnere mich hier an die Worte eines sehr erfahrenen Projektleiters aus dem Anlagenbau: „Erfolgreiches Projektmanagement“, so seine Aussage, „insbesondere in der Phase der Projektabwicklung, bedeutet das Beherrschen von Terminen, Änderungen und Risiken im Projekt“.

Dennoch scheint es – vielleicht auch psychologisch begründete – Hemmnisse zu geben, die verhindern, dass theoretische Erkenntnisse und deren praktische Umsetzung einander entsprechen. Vielmehr ist es immer noch so, dass Menschen den Gedanken an Risiken großenteils verdrängen, sich manchmal davor fürchten und nur selten konsequent dagegen angehen – und wenn, dann allenfalls partiell und spontan, „aus dem Bauch heraus“.

Das Projektgeschäft beinhaltet aber sowohl für die Auftragnehmer- als auch die Auftragsgeberseite hohe Risikopotenziale. Dies liegt an den bereits genannten spezifischen Eigenschaften der Arbeit in Projekten, die von ihrer Definition her stets einmalige und genau so noch nie dagewesene Vorhaben sind. Es gibt in ihnen deshalb weniger Sicherheiten aus Erfahrungen und Routinen, und anders kann es auch nicht sein. Dazu kommen weitere typische Merkmale für das Projektgeschäft, nämlich z. B. die Folgenden:

- Hohe Komplexität hinsichtlich des Leistungsumfangs, der eingesetzten Technik und der Bearbeitung.
- Oft (überhaupt oder im speziellen Fall) neuartige Techniken oder unerprobte Vorgehensweisen.
- Häufig langfristige Planung und anschließend Abwicklung über lange und damit schwierig zu prognostizierende Zeiträume.
- Festlegung von Preisen bzw. Kosten ohne sichere Orientierung am Markt, evtl. sogar ohne genaue Kenntnis der endgültigen Technik und des endgültigen Leistungsumfangs.
- Teils hohe Kosten durch Vorleistungen vor Geschäftsabschluss und schwankende Beschäftigung durch diskontinuierliche Auftragsvergabe bzw. Auftragseingänge.

Aus Auftragnehmersicht kommen noch zunehmende Dienstleistungsanforderungen seitens des Kunden hinzu, sodann besondere Finanzierungsanforderungen sowie eine oft ungünstige Verteilung der Verantwortungs- und Entscheidungsbefugnisse (z. B. Auftraggeber und zwischen- oder parallel geschalteter Berater) und unklare Vertragssituationen.

Dabei ist es keineswegs so, dass Risikomanagement für Unternehmen und andere Institutionen ein Fremdwort wäre. Im Gegenteil: Die wirtschaftliche Lage für Projektabwickelnde, also z. B. Komplett- und Systemanbieter in der Informationstechnologie, Anlagenbauer für Industrie und Öffentliche Hand, aber auch unternehmensintern wirkende Organisatoren, ist durch starken Konkurrenzdruck und ausgeprägtes Preisbewusstsein gekennzeichnet. Dies führt im externen Geschäft zu nur sehr geringen durchsetzbaren Gewinnspannen bei gleichzeitig wachsenden Kundenansprüchen und steigender Komplexität.

Praktische Erfahrungen z. B. aus Projekten im Maschinen- und Anlagenbau zeigen, dass kalkulierte Gewinnspannen bei ca. zwei Prozent, Risikopotenziale (monetär bewertet) aber bei zehn Prozent und mehr des gesamten Projektumsatzes liegen. Diese Zahl resultiert z. B. aus der Erfahrung, dass nicht selten mehr als 20% der abgerechneten Positionen in der Angebotskalkulation nicht enthalten waren — ein gewaltiges Risikopotenzial, wenn nicht für die spätere Abrechnung gesorgt wird.

Nicht besser ist die Situation bei IT- oder Produktentwicklern. Hier sind es immer kürzer werdende Entwicklungszeiten, partielle Unklarheiten oder Änderungswünsche bis kurz vor Projektende sowie sinkende Budgets, die die Projektarbeit schwieriger machen. Auch bergen neuere Formen der Projektabwicklung, z. B. der Einsatz einer iterativen Planungs- und Abwicklungsvorgehensweise (SCRUM) anstelle des klassischen Wasserfallmodels, besondere Risikopotenziale in sich.

Diese Beispiele und weiter eine Mehrzahl von „gescheiterten" Großprojekten (gescheitert nicht im Sinne eines Projektabbruchs, wohl aber massiver Zeit- und Kostenüberschreitungen), zeigen, wie wichtig es ist, dafür Sorge zu tragen, dass Risiken vermieden und Chancen wahrgenommen werden, um das geplante Projektergebnis zu erreichen.

Natürlich gibt es in einigen beschränkten technischen Arbeits- und Anwendungsgebieten bereits ein weit entwickeltes Risikomanagement. Zu nennen sind beispielsweise gesetzliche Regeln und Vorgehensweisen beim Betrieb von Kernkraftwerken oder chemischen Anlagen in Deutschland (Störfallverordnung bzw. Gefahrenstoffverordnung). Allen gemeinsam ist aber, dass sie sich mehr auf den Betrieb als auf die Errichtung beziehen, also keine Risikovorsorge für das Projekt beinhalten..

Die Betriebsphasen bedeuten aber langfristige, nicht begrenzt definierte Zeiträume und sind damit keine Projekte. Insofern wird das Bild bei Projekten dadurch nicht besser. Gleiches gilt für Systeme des Risikomanagements, wie sie bei Versicherungen und Banken — zur laufenden kundenbezogenen Abschätzung eines Kreditausfalls oder zu Risiken bei der Kapitalanlage — angewendet werden.

Naturgemäß sind Fragen nach möglichen Risiken zunächst einmal eher unbeliebt. So entstehen dann „Killerphrasen“, mit denen das Identifizieren und das Management von Risiken im Projekt abgeblockt werden. Bloß kein „negatives Denken“, heißt es dann, bitte keine „Probleme aufwerfen“, für deren Lösung man dann womöglich selbst verantwortlich gemacht wird, oder „keine Kritik in allgemeine Euphorie hinein“. Dabei wäre es häufig so wichtig, den Betrachtungsstandpunkt auch einmal zu wechseln und die kritische Frage, ob das Projekt überhaupt zu schaffen ist, zu stellen. Wer die Frage nach Risiken aufwirft, stellt nicht gleich das Projekt in Frage. Im Gegenteil, er dient der Sicherung des Erfolgs eben dieses Projekts. Bei Fragen nach Chancen gilt das sowieso.

Im Projekt gibt es typischerweise Funktionen in nacheinander (gelegentlich auch in Schleifen) ablaufenden sequenziellen „Projektphasen“ und Funktionen, die als Querschnittsfunktionen das Projekt über seine gesamte Dauer begleiten. Typische sequenzielle Phasen sind die Planung, beginnend mit der Projektdefinition bis zum Start, die spätere Realisierungsphase und schließlich der Projektabschluss. Typische „Querschnittsfunktionen“ sind die Projekt-Aufbauorganisation, das Änderungsmanagement oder eben das Risikomanagement im Projekt. Risikomanagement beginnt also nicht erst, wenn das Projekt längst „auf Touren“ ist oder „ins Stottern“ gerät, sondern vom Start weg.

Die Lösung: Umdenken und Fingerspitzengefühl

In vielen Fällen bedeutet alleine schon der Start in das systematische Management von Risiken und Chancen im Unternehmen ein Umdenken. Der Weg ist das Ziel — oder zumindest schon ein Teilziel. Wer sich überhaupt mit Risiken beschäftigt, macht schon einen großen Schritt nach vorne.

Und noch ein Hinweis gleich zu Anfang: Als Projektleitender benötigen Sie neben allem Wissen über Methoden und Techniken insbesondere zwei Eigenschaften: Fingerspitzengefühl und Augenmaß. Für den Umgang mit Risiken in Projekten gilt darüber hinaus, dass am besten mit gesundem Menschenverstand an die Dinge herangegangen wird.

Hierzu ein Beispiel aus dem privaten Umfeld: Man denkt über eine Zusatzversicherung für den Krankheitsfall nach. Dann wägt man das persönliche Risiko ab, überlegt sich mögliche Nachteile (z. B. durch einen längeren Krankenhausaufenthalt), die durch die Versicherung vermeidbar wären, und prüft, welche Kosten dabei entstehen könnten. Diese möglichen Nachteile werden gegenüber den Kosten der Zusatzversicherung abgewogen und die Entscheidung getroffen.

Vom Prinzip her ist es also zunächst ganz einfach. Das gilt für das Management von Risiken (und Chancen) im Projekt aber auch. Alle Methoden, Tipps und Formeln dieses Teils sind letztlich nur Hilfen, um Fähigkeiten zu aktivieren und zu unterstützen, die Sie als Projektleiter meist ohnehin besitzen.

Zur Psychologie

Dieser Teil des Buches beschäftigt sich fast ausschließlich mit Fakten und sachlichen Methoden und Arbeitstechniken — Sie als Projektleiter wollen ja schließlich wissen, was zu tun ist. Das ist wichtig, aber nicht alles. Gehen Sie davon aus, dass nicht jeder am Projekt Beteiligte von Gedanken an mögliche Risiken begeistert ist. Im Gegenteil, wer sich mit möglichen Risiken auseinandersetzt, wird schnell abgestempelt als „ewiger Schwarzseher“, „Bedenkenträger“ oder „Spaßbremse.”

Diese Haltung kann umso stärker werden, je engagierter jemand im Projekt ist, je mehr „Herzblut darin liegt. Für Dinge, die einem schön und wichtig erscheinen, stellt man sich eben nur ungern etwas Negatives vor. Außerdem erscheint die immerwährende Vorsorge langweilig, Krisenmanagement ist da viel aufregender.

Allen Beteiligte sollte aber klar sein (oder klar gemacht werden), dass der, der sich mit Projekt-Risiken auseinandersetzt, dasselbe Ziel hat wie alle anderen: das Projekt wie geplant zum Erfolg zu führen.

Was Ihnen Teil 3 bietet

Mit dem „Erfolgswissen“, dem dritten Teil dieses „Praxishandbuch Projektmanagement“, wird Ihnen als Projektleiter oder anderweitig am Projekt Beteiligtem ein praxisorientierter Leitfaden an die Hand gegeben. Die hier vorgestellten Arbeitstechniken richten sich nach dem, was sich in jahrelanger Praxis bewährt hat. Damit können Sie Risiko- und Chancenmanagement schnell und unkompliziert in Ihrer eigenen Arbeit im Projekt umsetzen.

Theoretische Grundlagen werden nur dort eingefügt, wo es zum Verständnis zwingend erforderlich ist. Den Schwerpunkt bilden Methoden, Arbeitstechniken und sofort umsetzbare Hinweise zur Anwendung. Hinzu kommen vielfältige Beispiele aus verschiedenen Projekterfahrungen und komprimierte Tipps. Damit erhalten Sie einen Leitfaden, dem Sie unmittelbar folgen können, der aber auch von Ihnen angepasst werden kann.

Risikomanagements ist mehr als das Ausfüllen von Checklisten, um dem Controlling formal Genüge zu tun. Es ist ein gleichermaßen systematischer wie kreativer und unverzichtbarer Teil des Projektmanagements.

Risikomanagement ist vor allem aber auch ein unbedingtes und immanentes Element des Projekts von Anfang an — und dann kontinuierlich bis zu dessen Ende und darüber hinaus. Die Frage lautet nicht, ob wir ein systematisches Projektmanagement benötigen, sondern wie wir es am besten durchführen.

1 Schritt 1: Risiken im Projekt identifizieren

1.1 Klassifizierung von Projekten

Damit die hier in „Teil 3: Erfolgswissen“ vorgestellten Instrumente zum Risikomanagement richtig und einfach angewendet werden können, wird empfohlen, sich zunächst mit dem nachfolgenden Klassifizierungsschema für Projekte vertraut zu machen. In den folgenden Kapiteln werden dann zahlreiche Arbeitshinweise und Formblätter vorgestellt, mit denen das Management von Risiken im Projekt geplant und realisiert werden kann. Dabei werden aber nicht alle Vorgehensweisen in ganzer Intensität bei jedem Projekt sinnvoll sein.

Wenn eine solche Einteilung zunächst noch nicht vorgenommen werden soll, kann dieser Abschnitt übersprungen werden.

Auch wenn manchmal ein kleines und scheinbar problemloses Projekt ganz unerwartet erhebliche Risiken in sich bergen kann, wird es doch in der Regel so sein, dass nicht bei jedem Projekt sofort alle Möglichkeiten des Risikomanagements ausgeschöpft werden. Anhand des hier vorgestellten Klassifizierungsschemas kann eine Ordnung geschaffen werden, nach der sich richtet, welche Maßnahmen des Risikomanagements in welcher Intensität getroffen werden „müssen“, „sollen“ oder „können“. Bewährt hat sich zu diesem Zweck eine Einteilung in A-, B- und C-Projekte.

Bei der Frage, für welche Projekte der Einsatz welcher Instrumentarien zum Risikomanagement angemessen ist, ist nicht alleine der Projektumfang gemessen in finanziellen Werten ausschlaggebend. Vielmehr ist der Grad der Komplexität des Projekts, bei der der finanzielle Aspekt als Faktor nur eine Komponente ist, entscheidend – je komplexer ein Projekt, desto mehr Risiken können ihm drohen.

Nachstehend wird eine formalisierte Vorgehensweise vorgestellt, mit der sich Projekte einfach und schnell nach ihrem Komplexitätsgrad einteilen lassen. Für eine erste Orientierung ist das ausreichend.

Das Vorgehen ist in einem Formblatt festgelegt, dessen Grundprinzip auf folgenden Gedanken beruht: Zunächst einmal gibt es einzelne Faktoren, die jeder für sich die Komplexität des Projekts erhöhen. Dies sind z. B. der Wert des Projekts, die Anzahl der Mitarbeiter im Projekt oder die Menge der zu erwartenden Änderungen.

Diese Faktoren werden nun einzeln mit Punkten bewertet, die am Schluss zu einer Summe addiert werden. Die unterschiedliche Gewichtung der Faktoren untereinander wird durch die unterschiedlich hohe Punktzahl, die für verschiedene (Einzel-) Faktoren vergeben werden kann, berücksichtigt. Die hier genannten Punkte sind Vorschlags- bzw. Richtwerte, die in einer individuellen Anwendung durchaus variiert werden können.

Zum zweiten gibt es übergreifende (Problem-)Faktoren, die Auswirkungen auf das Projekt als Ganzes haben und dessen Abwicklung erleichtern oder erschweren können. Dazu gehört z. B. die Qualität der Zusammenarbeit mit dem Auftraggeber. Wenn Sie ein gutes Verhältnis zum Auftraggeber haben, erleichtert das die Definition der Projektziele ebenso wie die Berücksichtigung von Änderungen.

Diese übergreifend wirkenden einzelnen Faktoren werden zu einem Multiplikator zusammengestellt, der dann auf die im ersten Schritt ermittelte Punktsumme wirkt. Die Rechenregel lautet also:

Summe der Punkte der Einzelfaktoren x *Problemfaktor* = *Komplexitätskennziffer.*

Diese Komplexitätskennziffer wiederum ist die Größe zur Kategorisierung des ganzen Projekts als A-, B- oder C-Projekt.

Nachfolgend werden nun die Größen im Einzelnen beschrieben, die dann in der Tabelle zur Berechnung verwendet werden. Die Tabellen enthalten Ausprägungen und dazu gehörende Punktzahlen. Diese Punkte liefern Anhaltsgrößen, die zunächst einfach so zu verwenden sind. Später können an deren Stelle von den Beurteilenden auch abweichende Zwischenwerte eingesetzt werden. Ebenso sind selbstverständlich Anpassungen, z. B. beim Einzelfaktor „Auftragswert" nötig, wenn die Projekte beim Anwender in anderen Größenordnungen liegen.

Bei den übergreifenden Problemfaktoren sind Ausprägungen größer als eins möglich, dann handelt es sich um einen Problemfaktor im eigentlichen Sinne. Liegt der Faktor unter eins, deutet dies eher auf eine Erleichterung gegenüber dem Normalfall. Eine gewisse „Durchschnittsproblematik" und nicht das unerreichbare Ideal wird also als Normalfall angesehen.

Faktor	**Ausprägung Punkte**	**Ausprägung Punkte**	**Ausprägung Punkte**	**Ausprägung Punkte**	**Punkte im Projekt**
1. Auftragswert	unter 50 tEUR **10**	bis 200 tEUR **20**	bis 500 tEUR **30**	über 500 tEUR **50**	
2. Wertschöpfung	unter 20 tEUR **10**	bis 100 tEUR **20**	bis 200 tEUR **40**	über 200 tEUR **60**	
3. Spezifikation	detailliert **5**	eher det. **15**	wenig det. **25**	sehr grob **40**	
4. Innovation	gering **5**	eher gering **15**	eher hoch **30**	hoch **60**	
5. Technik	bekannt **5**	eher bek. **15**	eher unbek. **30**	neu **50**	
6. Schnittstellen extern	keine **0**	bis drei **10**	bis sechs **20**	über sechs **30**	
7. Projektbeteiligte intern	einer **0**	bis drei **5**	bis sechs **10**	über sechs **15**	
8. Projektbeteiligte extern	einer **0**	bis drei **5**	bis sechs **10**	über sechs **15**	
9. Sonstige Anforderungen	keine **0**	eher gering **20**	eher hoch **30**	hoch **40**	
Summe					

Tabelle 1: Einzelfaktoren, Ausprägung und Punkte für die Berechnung

Erläuterungen zu Tabelle 1:

1. Auftragswert = Umsatzwert des Projekts für den Auftragnehmer
2. Wertschöpfung = Umsatz minus Lieferungen und Leistungen anderer
3. Spezifikation = Detaillierung der Spezifikation, Klärung mit Kunden
4. Innovation = Grad der prinzipiellen Neuheit
5. Technik = Grad der eigenen technischen Erfahrung
6. Schnittstellen extern = Notwendigkeit der Anbindung an Fremdtechnik
7. Projektbeteiligte intern = Zahl der projektintern Beteiligten (Projektpersonal)
8. Projektbeteiligte extern = Zahl der Schnittstellen zu projektexternen Beteiligten
9. Sonstige Anforderungen = Weitere besondere Anforderungen

	Faktor	Faktor	Faktor	Faktor	Faktor im Projekt
1. Planungssituation	gut **0,8**	ausreichend **1**	wenig **1,3**	sehr wenig **1,7**	
2. Terminsituation	unkritisch **0,8**	eher unkritisch **1**	eher kritisch **1,4**	kritisch **1,8**	
3. Personalqualität	gut **0,7**	eher gut **1**	weniger erf. **1,2**	unerfahren **1,5**	
4. Beziehung zum AG	gut **0,8**	eher gut **1**	weniger gut **1,3**	schlecht **1,7**	
5. Beziehung zu Beteiligten	gut **0,9**	eher gut **1**	weniger gut **1,2**	schlecht **1,5**	
6. Ort der Abwicklung	vor Ort **0,9**	deutsch-sprachig **1**	westl. Standard **1,1**	übrige Welt **1,5**	
7. Änderungsbedarf	gering **0,8**	eher gering **1**	eher hoch **1,4**	hoch **1,7**	
8. Vertragliche Situation	klar und gut **0,9**	befriedigend **1**	unklar **1,5**	negativ **1,8**	
9. Sonstige Probleme	unbe-deutend **0,9**	gering **1**	eher bedeutend **1,2**	bedeutend **1,5**	
Summe und Durchschnitt als Faktor					

Tabelle 2: Übergreifende Problemfaktoren, Ausprägung und Punkte für die Berechnung

Erläuterungen zu Tabelle 2:

1. Planungssituation = Grad und Gelegenheit der Projektplanung
2. Terminsituation = Enger Zeitrahmen und/oder externe Vorgaben
3. Personalqualität = Erfahrungsstand und Motivation
4. Beziehung zum AG = Beziehung zum Auftraggeber, evtl. auch zum Endkunden
5. Beziehung zu Beteiligten = Beziehung zu anderen Projektbeteiligten und Subunternehmern
6. Ort der Abwicklung = westlicher Standard bedeutet Westeuropa, Nordamerika, Australien
7. Änderungsbedarf = Erwartete Change Requests und Claims, Verfahrensstand
8. Vertragliche Situation = Klarheit und keine ungünstigen Regelungen
9. Sonstiges = Raum für einen weiteren Faktor

Die aus den Einzelfaktoren der Tabelle 1 gebildete Summe von Punkten wird dann mit dem als Durchschnitt in der Tabelle 2 gebildeten Faktor multipliziert. Daraus folgt als Größe eine „Komplexitätskennziffer", die zu folgender Einordnung des Projekts führt:

- bis 80 Punkte = C-Projekt
- bis 200 Punkte = B-Projekt
- über 200 Punkte = A-Projekt

Diese Klassifizierung löst dann die entsprechende Intensität und Anwendung von Verfahren aus. So ist z. B. eine detaillierte Risikoanalyse in der Angebotsphase für ein C-Projekt ein „kann" (meist reicht zunächst eine Checkliste), beim B-Projekt ein „soll" (ein Projekt mit einem solchen Komplexitätsgrad kann schon zu erheblichen Risiken führen, evtl. lohnt es gar nicht, in ein Angebot zu investieren) und schließlich beim A-Projekt ein „muss". Einzelne Verfahren zur Risikobearbeitung sollten deshalb so gekennzeichnet werden, dass sie in das Klassifikationsschema für die Projekte passen.

Zum Abschluss die empirische Verteilung bei der Anzahl von Projekten eines Unternehmens, das Projekte verschiedenster Größenordnung bearbeitet:

- A-Projekte: ca. 5 bis 10 Prozent der Gesamtzahl
- B-Projekte: ca. 10 bis 40 Prozent der Gesamtzahl
- C-Projekte bilden den Rest

Diese Zahlen stimmen natürlich nur dort, wo verschiedene Größenordnungen vorkommen, und nicht mehr, wenn z. B. eine Entwicklungsmannschaft mehrere Jahre mit der Entwicklung eines neuen Produkts beschäftigt ist.

Mit diesem Schritt werden die Projekte im Ganzen und untereinander klassifiziert, die Bearbeitung der einzelnen projektbezogenen Risiken erfolgt jetzt in den weiteren Schritten.

1.2 Planung als Grundvoraussetzung

Ausgangspunkt und Voraussetzung für die Identifikation und Analyse im Risikomanagement ist, dass es im Projekt zunächst einmal eine Planung gibt, also eine „gedankliche Vorwegnahme“ dessen, was erreicht werden soll, und des Weges dorthin. Das muss nicht in allen Fällen ein detaillierter, umfassender und ausgefeilter Projektplan sein. Planung umfasst vielmehr alle zukunftsgerichteten Vorstellungen, die noch nicht realisiert sind. Wenn z. B. Risiken als „unerwünschte Folgen“ definiert werden, können diese „Unerwünschtheiten“ nur festgestellt und bewertet werden, wenn vorher definiert wurde, was denn „erwünscht“ ist. Planung beginnt demnach mit ersten, groben Vorstellungen, unter welchen Voraussetzungen und wie das Projekt abgewickelt werden soll, also welche Umstände für seinen Verlauf unterstellt werden.

Ein Bonmot sagt: „Planung ist der Ersatz des Zufalls durch den Irrtum.” Manchmal soll das als Alibi dienen, gar nicht zu planen. Aber es gibt einen entscheidenden Unterschied zwischen Zufall und Irrtum: Zufällen ist der Betroffene wehrlos ausgesetzt; als Planender hat er immerhin die Chance, sich vom größeren zum immer kleineren Irrtum zu entwickeln. Risiken und Chancen sind die möglichen negativen oder positiven Abweichungen von dem, was geplant ist. In logischer Folgerung daraus kann die Identifikation und Analyse einer Abweichung keinen anderen Bezugspunkt haben als die Planung.

Wichtig ist deshalb, stets im Auge zu behalten, welchen Reifegrad die Planung in einer bestimmten Phase des Projekts hat. Dabei ist es ein Gebot der Unternehmenskultur, Planenden und vor allem auch den Planungsempfängern klar zu machen, dass es in den weiteren Durchgängen — so genannten Iterationen — der Planung Abweichungen aufgrund neuer Erkenntnisse nicht nur geben kann, sondern geben muss.

Geplant werden muss auf jeden Fall — auch wenn dies auf einer noch unsicheren Basis erfolgt. Projekt- und Projektmanagementpläne sind zwingende Voraussetzungen, um gezielt auf den Projekterfolg hinzuarbeiten. Die ungenaueste Planung ist immer noch besser als gar keine. Denn erstens ist auch bei einer Planung mit unsicheren Eingangsgrößen wenigstens begonnen worden, das Projekt geistig zu durchdringen, und zweitens liefert auch eine ungenaue Planung einen Maßstab für das Erkennen von Abweichungen und Irrtümern — was sonst gar nicht möglich wäre.

Denn trotz aller Planung wird die Wirklichkeit im Projektverlauf immer (etwas) anders aussehen als der Plan. Es kommt zu Abweichungen, etwa zu vertraglichen Änderungen, die zu Changeorders und Claims führen, oder anderen Änderungen gegenüber den Planungen.

Änderungen gegenüber der Planung lassen sich nochmals unterscheiden in Abweichungen im Rahmen dessen, was in der Planung absehbar war, und weitere, in der Planung bisher überhaupt nicht vorgesehene Ereignisse. Abweichungen gegenüber dem, was in der Planung absehbar war, sollen hier als „Schätzungenauigkeiten“ bezeichnet werden, unvorhergesehene, neue und/oder zusätzliche Sachverhalte sind dagegen „Risiken" im engeren Sinne. Eine Schätzungenauigkeit liegt also immer dann vor, wenn ein Sachverhalt im Prinzip erkannt und kalkuliert, aber der Aufwand falsch eingeschätzt wurde. Risiken bzw. Chancen im engeren Sinne sind dagegen noch in keiner (normalen) Planung berücksichtigt worden.

Beispiel: Schätzungenauigkeit

In einem Software-Entwicklungsprojekt sind zunächst die Phasen bzw. Einzelergebnisse strukturiert und daraus Arbeitspakete abgeleitet worden. Dabei wurde für die Erstellung eines Moduls in der Entwicklungsabteilung der Einsatz eines durchschnittlich erfahrenen Mitarbeiters vorgesehen und ein Aufwand von zehn Arbeitstagen kalkuliert.

Ein solcher Mitarbeiter bearbeitet und erstellt dieses Modul, aber es stellt sich als schwieriger zu realisieren heraus als angenommen, sodass für die Arbeit statt der geplanten zehn letztlich vierzehn Arbeitstage aufzuwenden sind.

Es wurde also der Arbeitsaufwand für dieses prinzipiell eingeplante Arbeitspaket zunächst falsch eingeschätzt, und daraus ergibt sich nun die Schätzungenauigkeit, in diesem Fall von vier Tagen zusätzlicher Arbeitszeit.

Schätzungenauigkeiten werden ermittelt, indem nach der Schätzung des Aufwands zusätzlich die mögliche Bandbreite der Abschätzungsfehler taxiert wird. Aus Schätzungenauigkeiten ergeben sich Reserven, die dann meist in der Verfügung des Projektleiters liegen, der für ihre Verwendung im vorgesehenen Rahmen zu sorgen hat. Bei Risiken und Chancen dagegen können keine Reserven eingeplant werden.

Beispiel: Risiken und Chancen bei Krankheit

In einem zweiten Fall beginnt der Mitarbeiter in einem Software-Entwicklungsprojekt die Erarbeitung eines Moduls, für das aufgrund seiner Erfahrungen ein Zeitbedarf von zehn Arbeitstagen geplant wird. Nach vier Tagen seiner Arbeit wird dieser Mitarbeiter für eine nicht absehbare Zeit krank. Das Modul muss deshalb von einem anderen, weniger erfahrenen Mitarbeiter ausgeführt werden. Da die Dokumentation der bis dahin erzielten Arbeitsergebnisse unzureichend ist, muss dieser noch einmal von vorne beginnen.

Letztlich benötigt der neue Mitarbeiter 15 Arbeitstage für das Modul, sodass zusammen mit den bereits angefallenen Arbeitstagen für die Erstellung des Moduls 19 Arbeitstage benötigt werden. Der Unterschied zum vorherigen Fall besteht darin, dass niemand mit der Krankheit des ursprünglich eingesetzten Mitarbeiters gerechnet hat. Außerdem waren in der Kalkulation seine Erfahrungen mit eingeschätzt worden, die sein Ersatzmann nicht einbringen konnte.

Hier ist gegenüber der Planung ein zusätzliches ungeplantes Ereignis (die Krankheit) eingetreten und außerdem eine unterstellte Rahmenbedingung (die Erfahrung) ausgeblieben. Solche prinzipiellen Abweichungen gegenüber der vorherigen Planung werden im hier negativen Fall als „Risiko" bezeichnet.

Genauso könnte es sein, dass für die Lösung der Aufgabe unerwartet ein besonders erfahrener Mitarbeiter zur Verfügung steht. Dieser kann aufgrund seiner wiederverwendbaren Vorkenntnisse erheblich schneller zu noch besseren Ergebnissen kommen. Wer diese Möglichkeit erkennt und umsetzt, realisiert eine Chance.

Die Betrachtung von Risiken und Chancen geht also stets über die Perspektive der bisherigen Planung hinaus und berücksichtigt nicht Vorhergesehenes. Dies hat auch später an mehreren Stellen Konsequenzen, z. B. in der Planung von (zusätzlichen) Maßnahmen oder in der Vor- und Mitkalkulation.

Ziel des Projektmanagements ist es zunächst immer, das Projekt so wie geplant abzuwickeln. Das bedeutet im klassischen Sinne, dass Sachziele, Kostenziele und Terminziele erreicht werden. Betrachten Sie Risiko- und Chancenmanagement deshalb als aktiven Umgang mit den Möglichkeiten von Abweichungen aufgrund zusätzlicher ungeplanter Ereignisse.

1.3 Arten von Risiken — erkennen und richtig reagieren

Nachdem festgelegt wurde, wann genau von Risiken und Chancen im engeren Sinn zu sprechen ist, gilt es nun, diese näher zu betrachten und Grundmuster angemessener Reaktionen zu erkennen. Denn nicht immer sind dort, wo Risiken sind, auch Chancen, weil es neben sogenannten bidirektionalen auch unidirektionale Risiken gibt, also Risiken, denen keine Chancen gegenüberstehen.

„Bidirektional" bedeutet, dass eine Abweichung von den Annahmen der Planung in beide Richtungen, zum Schlechteren ebenso wie zum Besseren, möglich ist. Risiken und Chancen bestehen also gleichermaßen, obwohl die Möglichkeiten für den Richtungswechsel und die damit verbundenen Auswirkung gleich oder auch verschieden groß sein können.

Beispiel: Der bidirektionale Fall

Ein deutsches Unternehmen schließt den Vertrag über eine Lieferung in US $ ab. Hier können sich die Devisenkurse bis zur Zahlung ungünstig (Risiko) oder günstig (Chance) entwickeln, es handelt sich also um einen bidirektionalen Fall. Beide Entwicklungsrichtungen können dabei gleich oder auch unterschiedlich wahrscheinlich sein ebenso wie die mögliche Schwankungsbreite. Nachteil und Nutzen bestehen zwar gleichzeitig, wirken sich aber bei verschiedenen Parteien aus (der Verlust einer Seite aus der Devisenentwicklung ist der Gewinn der anderen).

„Unidirektional“, dieser Begriff bedeutet, dass ein Ereignis eintreten kann, und daraufhin die Wirkung eintritt. Tritt das Ereignis dagegen nicht ein, dann bleibt auch die Wirkung aus, und die Situation ist so, wie bei der Planung angenommen. Hier gilt die Parallelität von Risiken und Chancen also nicht. Das kann anhand einfacher Beispiele aus dem Alltag veranschaulicht werden.

Beispiele: Der unidirektionalen Fall

Ein Fußgänger plant, eine Straße zu überqueren. Er könnte dabei von einem Auto angefahren werden (Risiko) oder unbeschadet die andere Straßenseite erreichen. Letzteres ist der bei der Planung unterstellte Normalfall, sonst bliebe er auf seiner Straßenseite.

Man kann, wenn man sich ein Los kauft, in der Lotterie gewinnen (Chance) oder nicht (leider auch der Normalfall).

In beiden Fällen gibt es nur eine Richtung für die Abweichung, daher die Bezeichnung unidirektional.

Für ein systematisches Risikomanagement helfen weitere Klassifizierungen, die richtigen Handlungsmöglichkeiten zu finden. Risiken werden deshalb auch nach ihrer Wirkung eingeteilt (wobei das Wort „Risiko“ auch wieder jeweils durch „Chance“ ersetzbar ist). Zu unterscheiden sind folgende Arten von Risiken:

- Leistungsrisiko — Die eigene Leistung wird vom Kunden nicht anerkannt oder die fremde Leistung entspricht nicht den eigenen Anforderungen.
- Zeitrisiko — Die eigene Leistung wird später fertig oder die Zulieferung erfolgt später als erwartet.
- Kostenrisiko — Die eigene oder die fremde Leistung wird teurer als erwartet.

Prinzipiell ist folgendes Verhalten gegenüber allen erkannten Risiken denkbar: Wenn das Risiko nicht vermieden werden kann, nimmt man vom Projekt ganz oder teilweise Abstand. Letzteres kann im Einzelfall richtig sein (manchmal sind die Geschäfte die besten, die man nicht gemacht hat), als generelle Geschäftspolitik ist dies aber wohl auszuschließen.

Erst wenn Möglichkeiten, Maßnahmen und Wege gesucht werden, aktiv gegen Risiken vorzugehen oder Chancen zu realisieren, kann zu Recht von Risikomanagement gesprochen werden. Dieser Prozess des Risiko- (und analog des Chancen-) Managements bedeutet, dass Sie diesen Schritten folgen:

- Identifizieren von Risiken
- Analysieren von Risiken
- Bewerten von Risiken
- Prioritäten setzen
- Maßnahmen suchen und bewerten
- Maßnahmen beschließen und einleiten

Ergänzt wird dieses Vorgehen später noch durch die Schritte

- Beurteilen der Situation nach den ergriffenen Maßnahmen
- Controlling der Wirkung von Maßnahmen

Gerade die beiden letztgenannten Schritte bilden eine besondere, ergänzende Betrachtungsweise gegenüber üblichen Ansätzen des Risikomanagements. Maßnahmen beanspruchen (in der Regel knappe) Ressourcen und stehen deshalb in Konkurrenz zueinander. Erst die Beurteilung der Wirkung von Maßnahmen (Effektivität) im Vergleich zu ihren Kosten (Effizienz) liefert einen Hinweis darauf, welche Maßnahmen anderen vorzuziehen sind.

Sämtliche Schritte werden im Folgenden detailliert behandelt. Dabei wird mit der Beschreibung der Schritte zum Identifizieren von Risiken begonnen, also damit, wie mögliche Risiken überhaupt erkannt werden.

1.4 Risiken aus dem Umfeld - vorausschauend erkennen

Die praktische Arbeit des Risikomanagements beginnt immer damit, Risiken zunächst einmal als solche zu identifizieren. Damit sollten Sie schon im Vorfeld des Projekts anfangen. Je früher, desto besser — dieser Grundsatz kann für die Suche nach Risiken sowie Mitteln und Wegen, ihnen entgegenzuwirken, uneingeschränkt gelten.

Schon bei Projektbeginn wird das Verhältnis von Chancen und Risiken im Projekt auf der Grundlage der verfügbaren Informationen grob eingeschätzt. So sollte es jedenfalls sein. Leider zeigt die Praxis, dass immer wieder Projekte begonnen werden, bei denen der mögliche Nutzen aus dem Vorhaben und die damit verbundenen Risiken in keiner vernünftigen Relation zueinander stehen.

Am schlimmsten ist es, wenn solche Projekte dann zu „politischen“ oder „strategischen“ erklärt werden. Dann brechen — lax ausgedrückt — alle Dämme.

Man kennt das Missverhältnis von Chancen und Risiken auch aus dem privaten Bereich. So gab es in der Vergangenheit unzählige Modelle für die Vermögensanlage mit dem Ziel der Steuerersparnis. Immer wieder investierten Anleger große Summen, ohne sich das Investment, beispielsweise eine Immobilie, auch nur angesehen zu haben. Alleine die vermeintliche Chance vor Augen, Steuern sparen zu können, führte dazu, dass die Risiken solcher Investitionen völlig vernachlässigt wurden. In der Folge verloren viele Anleger viel Geld.

Risikomanagement ist kein einmaliger Vorgang zu Projektbeginn, sondern ein permanenter Prozess im Management des gesamten Projekts. Risikoidentifikation beginnt möglichst noch bevor eventuell teure Akquisitions- und Angebotsaktivitäten starten und Kapazitäten gebunden werden. Zu suchen ist deshalb nach Frühindikatoren, die eine schnelle und sichere Vorauswahl erlauben, was sich weiter zu verfolgen lohnt und was nicht.

„Wo ein Ball rollt, folgt ein Kind" — dieser alte und dennoch unvermindert gültige Hinweis zur Verkehrssicherheit kann im Prinzip auch auf das Risikomanagement angewendet werden. Es gilt, jene frühen Indikatoren zu finden, die noch nicht zwingend auf tatsächliche Risiken hindeuten und trotzdem bereits Warnhinweise liefern.

Beispiele: Frühindikatoren

Wenn das Projektpersonal heftige Diskussionen führt, die verstummen, sobald der Projektleiter in die Nähe kommt, oder wenn der Krankenstand steigt, könnten Personalprobleme Risiken für das Projekt bergen.

Wenn ein Kunde beginnt, verstärkt schriftliche Mahnungen und Warnungen vor (in dieser Form gar nicht existenten) Mängeln auszusprechen, könnten hieraus Hinweise auf verschärftes Claimmanagement abgeleitet werden oder auf Probleme beim Kunden selbst, gegen die dieser vorbauen will.

Wenn ein Zulieferer oder externer Dienstleister seine Leistung nur noch schleppend erbringt, ohne erkennbaren Grund sein Personal im Projekt auswechselt oder sein Kernpersonal kündigt, könnten hieraus Hinweise auf interne Probleme beim Zulieferer abgeleitet werden, z. B. wirtschaftliche Schwierigkeiten oder Führungsschwäche.

Frühindikatoren gelten dem erfahrenen Projektleiter als Alarmzeichen, lange bevor das eigentliche Risiko offen zu Tage tritt, so wie eine Wetterstation, die vor einem nahenden Gewitter warnt, obwohl noch keine Wolke am Himmel zu sehen ist.

Es gilt für das Projekt mögliche Bedingungen zu erkennen, die das Projekt während seiner Entstehungszeit im Ganzen oder auch in einzelnen Punkten beeinflussen können. Das Projektumfeld, in dem das Projekt abzuwickeln ist, ist also zu untersuchen.

Dies gilt umso mehr, wenn ähnliche Projekte schon früher abgewickelt wurden und man, bewusst oder unbewusst, die gleichen äußeren Umstände und Rahmenbedingungen für das Projekt unterstellt. Die können aber überraschend diesmal ganz anders sein, zum Nachteil des Projekts. Auch Erfahrung hilft nicht immer weiter. Lax ausgedrückt macht Erfahrung manchmal eben nicht klug sondern dumm.

Solche Faktoren aus dem Umfeld des Projekts werden als Sach- oder Sozialfaktoren (Stakeholder) bezeichnet, mit letzteren wird nachfolgend begonnen.

Stakeholder

Ein häufig unterschätztes Feld sind also die so genannten Stakeholder, also sonstige Interessensträger oder (laut GPM) „Interessierte Parteien“, die nicht unmittelbar mit dem Projekt zu tun haben, es aber dennoch beeinflussen, stören oder im Extremfall sogar verhindern können. Da diese Stakeholder das Projekt in seiner Gesamtheit betreffen, werden sie bereits hier und nicht im nachfolgenden Abschnitt, der sich mit einzelnen Risiken beschäftigt, behandelt. Unterschieden wird dabei — und das ist wichtig — zwischen dem Interesse am Projektergebnis und dem am Projekt während seiner Laufzeit.

Beispiel: Stakeholder

Die Gegner eines Neubaus, z. B. eines Bahnhofs, der unterirdisch angelegt werden soll, haben vielleicht gar nichts gegen einen unterirdischen Bahnhof. was sie schreckt und gegen das Projekt einnimmt, ist vielmehr die Erwartung, dass es zehn oder mehr Jahre dauern wird, bis dieses Projekt abgeschlossen, der Bahnhof fertig und die Baustelle verschwunden ist.

Verbündete oder Gegner außerhalb des Projekts sind z. B. Verbände, Anwohner, politische oder andere Interessengruppen. Hier kann schon mangelhafte Kommunikation oder ungeschickte Wortwahl bei der Initiierung des Projekts zu Problemen führen.

Beispiel: Müllverschwelung

Ein Anlagenbauer für die Stadtwerke einer ländlichen Kleinstadt plant, eine Müllverbrennung nach dem neuen Verfahren der „Müllverschwelung“ zu realisieren. So technisch korrekt das Wort auch sein mag, es riecht schon ungut, wenn man es nur hört. Deshalb die Frage: Wie wirkt das Projekt auf Anwohner und wie kann man Widerstand verhindern? (Vielleicht klingt „thermische Entsorgung“ ja besser als „Müllverschwelung“.)

Weitere zu beantwortende Fragen sind: Wie wird das Projekt unternehmensintern angesehen? Wurden bestimmte Erfahrungen mit dem Kunden gemacht, die heute noch nachwirken? Wird Sie es in Diskussionen mit tatsächlichen Bedenken oder mit Stellvertreterargumenten zu tun haben? Sind die geäußerten Sicherheitsbedenken gegen Ihre Anlage wirklich Sicherheitsbedenken oder geht es um etwas ganz anderes? Vielleicht befürchten die Anwohner, dass der Wert ihrer Häuser fallen könnte, wenn die Anlage in ihrer Nachbarschaft gebaut wird. Dass dann die Argumentation über die Sicherheit wenig hilfreich ist, leuchtet sicher ein.

Dabei sollte versucht werden, immer alle Umstände zu betrachten, auch solche, die scheinbar mit Ihrem Projekt nichts zu tun haben und die es dennoch entscheidend beeinflussen können. Vielleicht wird ein internes Organisationsprojekt zur Rationalisierung und Einführung einer neuen Technik in der Vertriebsabteilung von den betroffenen Mitarbeitern mit dem Argument kritisiert, die angestrebte Lösung werde vom Kunden nicht akzeptiert. In Wirklichkeit aber mag es die bewusste oder unbewusste Angst um den Arbeitsplatz sein, die Opposition auslöst.

Fragen nach Stakeholdern können z. B. wie folgt lauten:

- Wer oder was könnte das Projekt nachhaltig stören oder sogar scheitern lassen?
- Wo können wir Verbündete außerhalb des Projekts finden?
- Wer kann welche zusätzlichen, nicht mit dem Projekt unmittelbar verbundenen Ziele haben?
- Welches sind die tatsächlichen, welches sind Stellvertreterargumente?
- Wo bilden sich möglicherweise Allianzen und wer könnte sich (zu Recht oder zu Unrecht) durch unser Projekt beeinträchtigt fühlen?

Weitere Ausführungen zu den Stakeholdern finden Sie nachfolgend noch in den Darstellungen zu Szenarien-Matrix

Umfeldfaktoren

Stakeholder als soziale Faktoren sind die eine Größe der Betrachtung der Annahmen zum Umfeld des Projekts. Ebenso gehören sachliche Umfeldfaktoren, die bei der Planung unterstellt wurden, mit zur Betrachtung. Das können unternehmensinterne Faktoren sein, wie z. B. die Unternehmenshistorie, Betriebsvereinbarungen oder auch externe Faktoren wie Gesetze oder physikalische Einflüsse (Temperaturen, Lautstärke), die das Projekt beeinflussen.

Beispiel: Umfeldfaktor

Ein Unternehmen der Elektroakustik soll eine Lautsprecheranlage in einem Parlamentssaal installieren und einpegeln. Erwartet wir in dieser Zeit völlige Ruhe im Raum.

Durch den Verzug anderer Gewerke kann von Ruhe aber keine Rede sein, im Gegenteil, im gleichen Zeitraum wird auch das neue Parkett geschliffen. Das Ergebnis dieses übrigens realen Beispiels ist das komplette Desaster in der Eröffnungssitzung. Die Anlage ist übersteuert, die Verständigung unmöglich und die erste Sitzung wird nach 20 Minuten abgebrochen.

Der Ruf des ausführenden Unternehmens ist auf Jahre dauerhaft beschädigt.

Es gilt also möglichst frühzeitig mit einer möglichst umfassenden Betrachtung eines Projekts und seines Umfelds zu starten, an wesentliche, das ganze Projekt möglicherweise gefährdende Risiken zu denken und diese realistisch abzuschätzen. Die Hauptfrage lautet: Werden der mögliche Nutzen aus dem Projekt und die damit verbundenen Risiken überhaupt in einem vernünftigen Verhältnis zueinander stehen.

1.5 Einzelne Risiken identifizieren

Zur Identifikation von Risiken und Chancen gibt es im Wesentlichen vier Methoden. Diese schließen sich nicht gegenseitig aus, sondern bauen aufeinander auf und ergänzen einander. Diese Methoden sind:

1. auf Erfahrungsträger aus ähnlichen Projekten zugehen;
2. mit Checklisten auf Erfahrungen zurückgreifen;
3. mit offenen Fragen Suchfelder bearbeiten;
4. Kreativitätstechniken einsetzen.

Mit jedem Schritt werden die Fragen zur Identifikation von Risiken dabei weniger formal und offener. Im Gegenzug wird aber die Bearbeitung meistens auch aufwändiger und die Ergebnisse scheinen auf den ersten Blick weniger konkret zu sein.

Zunächst bietet es sich immer an, auf Erfahrungen aus anderen Projekten zurückzugreifen. Dazu dienen Fragen wie:

- Wo und mit welchen Ergebnissen wurde ein vergleichbares Projekt schon einmal abgewickelt?
- Wurden bereits Projekte für diesen Kunden oder mit diesen Partnern abgewickelt?
- Wurden bereits Projekte in diesem Land, in dieser Region, unter diesen Umständen abgewickelt?

So selbstverständlich solche Fragen im ersten Moment zu sein scheinen, so wenig sind sie es leider. Die Weitergabe von Informationen über schlechte Erfahrungen, über eingetretene oder — genauso wichtig, aber psychologisch noch heikler — beinahe eingetretene Risiken sollte Teil der vielzitierten Unternehmenskultur sein. Weitere Informationen dazu und zu den Möglichkeiten von Aufbau und Durchführung einer systematischen Erfahrungsverwertung erfahren Sie in Kapitel 5.

Zur ersten Erfassung von Risiken können Sie z. B. ein Formblatt benutzen, wie wir es als „Früherkennung von Risiken und Chancen" im Bereich der Arbeitshilfen online (s. Seite 1) für Sie zum Download bereitgestellt haben.

Auf Erfahrungsträger aus ähnlichen Projekten zugehen

Gewiss, jedes Projekt ist ein Unikat, aber nicht immer ist alles völlig neu. Die Technik kann vergleichbar sein, der Kunde, die Region ... Hören Sie sich um, fragen Sie nach und greifen Sie auf Erfahrungen anderer zurück, kurz gesagt: Lernen Sie aus den Fehlern Ihrer Vorgänger, nicht jeder muss alle schlechten Erfahrungen unbedingt auch selber machen. Das mag eine banale Erkenntnis sein, aber selbstverständlich ist sie leider nicht.

Mit Checklisten auf Erfahrungen zurückgreifen

Wenn Sie damit beginnen möchten, Risiken zu identifizieren, können Sie Checklisten verwenden, die Sie unternehmensindividuell anlegen und pflegen müssen. Checklisten enthalten in der Regel geschlossene Fragen, also solche, die bestenfalls mit „Ja" oder „Nein" zu beantworten sind. Eine Frage aus der Checkliste einer Familie mit einem Einfamilienhaus vor dem Start in den mehrwöchigen Sommerurlaub könnte lauten: „Ist der Hauptwasserhahn im Keller abgestellt?", die Antworten lauten dann wie die oben. Fragen in Checklisten haben den Vorteil der Wiederholbarkeit, außerdem kann ihre Bearbeitung relativ schnell erfolgen. Was in der Checkliste steht, wird als Frage nicht vergessen, die Beurteilungen sind später nachvollziehbar.

Dauert die Beantwortung einer Frage aus der Checkliste einmal länger, liegt dies meistens daran, dass Klärungsbedarf besteht. In Bezug auf das Risikomanagement ist die Arbeit mit einer Checkliste stets ein erster und effizienter Schritt zur Identifikation möglicher Risiken, aber er sollte nicht der einzige bleiben.

Checklisten sind weiterhin ein mögliches Medium, um tatsächlich oder beinahe gemachte Erfahrungen zu dokumentieren und für spätere Projekte nutzbar zu machen. Alle Welt redet von „Erfahrungssicherung" und „Knowledge Management" — hier ist eine Möglichkeit gegeben, dies umzusetzen.

Checklisten bergen aber auch die Gefahr, dass man sich zu sehr auf sie verlässt. Die Idee, nach Abarbeitung der Checkliste könne einem nichts mehr passieren, lässt eine Scheinsicherheit entstehen. Noch größer wird diese Gefahr, wenn die Bearbeitung der Checklisten zur Routine im negativen Sinne und nicht mehr nachgefragt, sondern nur noch abgehakt wird.

Mit offenen Fragen Suchfelder bearbeiten

Projekte sind ihrer Definition entsprechend immer einmalig, in jedem Projekt kann also eine Situation eintreten, die es so noch nie gegeben hat. Checklisten auf der Basis früherer Erfahrungen reichen also zur Beurteilung eines komplexen Projekts nicht aus.

Eine weitere Methode, Risiken zu identifizieren, ist deshalb die systematische Betrachtung einzelner Suchfelder, bei denen zwar gewissen Vorgaben gefolgt wird, die dann aber individuell und kreativ durchdacht werden sollten. Die Fragestellung ist hier offener, und die Antworten bewegen sich dementsprechend in einem weiteren Spektrum von Möglichkeiten. Damit kann einzelnen Projekten individuell Rechnung getragen werden.

Denken Sie noch einmal an die Familie vor dem Start in den Sommerurlaub. Diese würde sich jetzt fragen: „Wie könnte im Keller ein Wasserschaden eintreten?" Darauf gibt es viele mögliche Antworten, etwa „wegen undichter Fenster“, „wegen eines kaputten Rückschlagventils“ oder eben auch „wegen eines nicht abgestellten Haupthahns“.

Diese Form der Risikoidentifikation, der Einsatz von offenen Fragen in definierten Suchfeldern, liefert auch jeweils den Schlüssel zur Analyse und Bewertung. Ich möchte sie daher für das Risikomanagement ganz besonders empfehlen.

Typische Risikofelder im Einzelnen

Nachdem Sie die schlimmsten Planungsfehler ausgeschlossen und die allgemeine, personenbedingte Situation im Projekt geklärt haben, sollten Sie sich nun einzelnen Suchfeldern zuwenden. Nachstehend wird dazu die Suche innerhalb vordefinierter Themen behandelt. Einzelne typische Suchfelder werden beschrieben, in denen Risiken anhand bestimmter Themenschwerpunkte entdeckt werden können.

Die Themen stellen also keine Checkliste dar, sondern sind gewissermaßen als systematisierte Anleitung zum freien Nachdenken gedacht, als Bindeglied zwischen Checklisten mit geschlossenen Fragen und der anschließend vorgestellten Arbeit mit Kreativitätstechniken. Die Suchfelder ergeben sich insgesamt aus acht Hauptbereichen:

- Technik (technische Machbarkeit, Erfahrungen)
- Projektdurchführung (Hilfsmittel und Logistik)
- Verträge
- Zulieferer und Subunternehmer
- Personal und Organisation
- Kommerzielles
- Überregionale und politische Voraussetzungen
- Besonderheiten im Ausland

Die vorstehend genannten Suchfelder sind Anregungen zur Diskussion und somit keineswegs erschöpfend. Mit ein wenig Fantasie und Abstraktionsvermögen sind alle Hinweise allgemeingültig.

Eine detaillierte Liste mit Anregungen zu möglichen Suchfeldern finden Sie im letzten Kapitel dieses Teils.

Gefährliche Planungsfehler identifizieren

Erstaunlich ist, dass bei aller Individualität der Projektarbeit, unabhängig von Art und Fachrichtung des Vorhabens, immer wieder gleichartige Planungsfehler zu beobachten sind. Diese führen dann bald zu Projektkrisen und schlimmstenfalls zum Scheitern des Projekts – allerdings leider oft nicht mit der Konsequenz, dass sie im nächsten Projekt vermieden werden. Die Menschen tun (oder unterlassen) das Gleiche wieder und erwarten, dass etwas anderes passiert – warum eigentlich?

Die schlimmsten Planungsfehler, die ich in meiner langjährigen Tätigkeit im Projektmanagement immer wieder beobachten konnte, sind diese:

- Verbindliche Zusagen zu machen, ohne genaue Informationen zu haben:
  Planungen sollten, wie bereits beschrieben, möglichst frühzeitig erfolgen. Dabei darf allerdings nicht vergessen werden, dass Planungen in den Anfangsphasen des Projekts mit Unsicherheiten belastet sind. Bandbreiten von +/- 50 Prozent sind nicht Ausdruck planerischer Unfähigkeit, sondern ganz natürlich. Projektleiter werden vom Kunden, vom Businessmanager oder von Partnern immer wieder viel zu früh gedrängt, präzise und verbindliche Zusagen zu machen. In dem Moment, in dem solchem Drängen nachgegeben wird, hat sich der Projektleiter zwar für den Moment vom Druck frei gemacht, recht bald aber das Problem, an diesen voreiligen Angaben gemessen zu werden.
- Unrealistische Vorgaben wider besseres Wissen akzeptieren:
  Das ist die Steigerung des vorstehend beschriebenen Fehlers, der in der Regel aufgrund noch größeren Drucks zustande kommt. Da Projektleiter im Allgemeinen ganz gut wissen, was an zeitlichem und finanziellem Aufwand mindestens anfallen wird, muss z. B. die Akzeptanz deutlich zu knapper Ressourcen zu schlechten Projektergebnissen führen. Dennoch gibt es immer wieder Beispiele von „politischen", vertrieblichen, „strategischen" oder sonst wie begründeten Zwängen, denen sich Projektleiter beugen sollen. Das kann nicht gut gehen.
- Risiken eingehen, die vom Projektleiter nicht selbst beeinflusst werden können:
  Risikomanagement soll zum bewussten Umgang mit Risiken führen; die Möglichkeit, Risiken zu beherrschen, hängt aber von der Möglichkeit ab, sie zu beeinflussen. Mit der Erinnerung, dass einem Projekt auch Risiken drohen können, sollen Projektleiter keine lästigen „Bedenkenträger" werden, im Gegenteil. Projektleiter sind „Unternehmer für das Projekt" und als solche bereit, unternehmerische Risiken einzugehen, wenn sie Grund zur Annahme haben, diese beherrschen zu können. Sie dürfen sich aber nicht zum Spielball externer, nicht beeinflussbarer Kräfte machen.
- Überstunden oder Ratio-Effekte schon zu Projektbeginn einplanen:
  Natürlich gibt es Projekte, bei denen zur Abwicklung Überstunden nötig sind und die entsprechend geplant werden, zum Beispiel eine Baumaßnahme an einer verkehrsreichen Kreuzung, die an einem Wochenende in Tag- und Nachtarbeit erledigt wird. Hier sind von vornherein Überstunden, Feiertags- und Nachtarbeit eingeplant. Gemeint ist hier etwas anderes, nämlich das Einplanen von Überlast als Voraussetzung dafür, dass

das Projekt überhaupt gelingen kann. Wenn das Projektziel nur dann erreicht werden kann, wenn alles bestmöglich und mit 120 Prozent der Normalleistung bearbeitet wird, ist permanente Überlast der normale Arbeitsstil. Das bedeutet erstens, es kann alles nur schlechter werden, und zweitens, es gibt keinerlei Reserven für einen Notfall.

- Wegen Zeitverzugs Arbeitsschritte sich ungeeignet überlappen lassen:
  In jedem Projekt gibt es Reihenfolgen, in denen die Vorgänge sinnvoll abgewickelt werden können. Ein Vorgang sollte abgeschlossen, eine Zwischenabnahme erfolgt, ein weiterer Detailplanungsschritt vollzogen sein, bevor der nächste Schritt in Angriff genommen wird. Diese Reihenfolge wird nun häufig unterbrochen, um Zeitverzögerungen einzuholen. Das führt dazu, dass nach kurzer Zeit weitere Verzögerungen auftreten — weil Arbeiten noch einmal gemacht werden müssen, weil Ergebnisse nicht aufeinander abgestimmt sind und weil bald allgemeines organisatorisches Chaos herrscht.
- Durch Kürzung von Planungszeiten Zeitverzögerungen beim Projektstart im späteren Verlauf wieder aufholen wollen:
  Dies ist ähnlich dem vorstehenden Punkt eine nur sehr kurzfristig wirksame Maßnahme, die schon bald von der Wirklichkeit des Projekts wieder eingeholt wird. Typischerweise führt solches Verhalten zum „Zwiebelsyndrom“, der Kürzung von Planungszeiten und dem demgegenüber mehrfachen Aufwand in der Realisierung. Das perfide an Planungsfehlern und -lücken ist, dass man selten unmittelbar dafür „bestraft“ wird. Das kommt erst später, bei der Abwicklung. Auch hier wird die kurzfristige Einsparung mit mittel- und langfristigen Nachteilen erkauft.
- Änderungen auf Zuruf ausführen, ohne Prüfung, vertragliche Vereinbarung und rechtzeitige Dokumentation:
  Abweichungen von fachtechnischen Planungen (z. B. Ausführung des Sachergebnisses des Projekts) und von projektmanagementbezogenen Planungen (z. B. Termine) kommen in jedem Projekt vor, bilden aber auch ein hohes Risikopotenzial, wenn sie nicht richtig gemanagt werden. Schnell führt der kleine Umweg oder der scheinbar unbedeutende Zusatz in eine Sackgasse. Gutes Projektmanagement bedeutet zum großen Teil auch gut organisiertes und konsequent realisiertes Änderungsmanagement (vgl. dazu auch die Ausführungen zum Changeorder- und Claimmanagement in Kapitel 5.).
- Der Projektleitung zu viel fachliche Detailarbeit aufbürden (oder die PL „versteckt“ sich selbst hinter Fachaufgaben):
  Das eigentliche Projektmanagement soll dann noch nebenher betrieben werden. Außerdem wird häufig die Person des Projektleiters, gerade bei Projekten bis zur Größenordnung „kleinere Großprojekte“, aufgrund ihrer fachlichen Befähigung und nicht aufgrund ihrer Management-Qualitäten ausgewählt. Diese Personen neigen aber gelegentlich dazu, fachtechnischen Arbeiten einen höheren Stellenwert einzuräumen als denen des Projektmanagements. Dies wird gestützt durch den Anschein, dass fachtechnische Arbeiten immer dringender seien als das Projektmanagement — schließlich will man ja „vorwärts kommen“. Projektmanagement wird dann oft in die Zeit nach Feierabend verlegt, die Projektmanagement-Funktionen leiden aber darunter, und das gesamte Projekt läuft Gefahr, langsam zu erodieren.

Wer diese Planungsfehler rechtzeitig identifiziert und dann vermeidet, hat schon ein großes Stück auf dem Weg zurückgelegt, künftige Projektrisiken zu minimieren.

Achtung

Suchen Sie im ersten Schritt unbedingt nach den beschriebenen typischen Planungsfehlern. Solche Fehlplanungen sind schon unzählige Male und von verschiedensten Projektleitern unterschiedlichster Projekte als Hauptursachen von Projektkrisen erkannt und dokumentiert worden. Vermeiden Sie diese Fehler konsequent, und die Erfolgsaussichten Ihres Projekts steigen erheblich.

Die Projektbeteiligten richtig einschätzen

Die mögliche interne, durch die Beteiligten bestimmte Situation im Projekt lässt sich zur strukturierten Bewertung in einer Szenarien-Matrix darstellen. In dieser werden die Einflussfaktoren, deren Normalfall und die möglichen Abweichungen zum Besseren oder Schlechteren dargestellt. Als neutraler oder normaler Fall wird die Situation oder der Umstand bezeichnet, der bei der Planung unterstellt wurde.

Hierzu das Beispiel eines internen Organisations-Projekts mit zusätzlichen, durch das Verhalten der Beteiligten bedingten Risiken oder Chancen. In einer Szenarien-Matrix, wie in Tabelle 3 dargestellt, wird der Sachverhalt erfasst.

	Chance	**neutral**	**Risiko**
Projektteam	hoher Teamgeist	normale Zusammenarbeit	interne Querelen
Fachabteilung	hohe Qualifikation bzw. Motivation	normale Leistung	mangelhafte Leistung
externer Berater	enge Kooperation	ähnliche Auffassungen	konträre Auffassungen
Unternehmensleitung	fördert das Projekt	indifferent zum Projekt	behindert das Projekt
Betriebsrat	steht hinter dem Projekt	neutral zum Projekt	sieht das Projekt kritisch

Tabelle 3: Szenarien-Matrix für die interne Projektsituation (angelehnt an Future Information Technology Concept)

Im Rahmen der möglichen Bandbreite, die z. B. durch ein Profilbild mit dem Ist-Zustand ergänzt werden könnte, werden jetzt Maßnahmen zum Projektszenario entwickelt. So könnte beispielsweise bei einem internen Organisationsprojekt die Qualifikation der Mitarbeiter durch Weiterbildung förderlich sein. Weiterhin ist es möglich, das Arbeitsklima durch Feedback zu verbessern, Prämien auszuloben, den Informationsfluss zu erhöhen, inoffizielle Kontakte zu ermöglichen, die Zusammenarbeit mit Dritten durch bessere Abstimmung zu fördern, regelmäßige Treffen zu organisieren, durch Projektmarketing die interne Unterstützung zu verbessern usw.

Dabei gilt, dass Anreize (Incentives), die der Motivationsförderung dienen sollen, nicht immer finanzielle Zuwendungen sein müssen. Ebenso wichtig oder noch wichtiger sind Dinge wie Zusammengehörigkeitsgefühl, das Wissen um die Bedeutung der Arbeit und der Konsens mit den eigenen Wertvorstellungen, öffentliche Anerkennung und Selbstverwirklichung.

1.6 Kreativitätstechniken einsetzen

Der Einsatz von Kreativitätstechniken ist am wenigsten durch vorbestimmte Fragestellungen geprägt und somit einerseits besonders offen, andererseits aber auch relativ aufwändig in der Durchführung. Aus der Vielzahl der z. B. in der Literatur genannten Methoden und Verfahren möchte ich Ihnen die vorstellen, die in der Praxis angewendet werden und sich meiner Erfahrung nach auch bewährt haben. Den Einsatz von anderen in der Literatur genannten (z. B. Mindwriting oder Delphi-Methode) habe ich dagegen in meiner Praxis nicht beobachten können

Brainstorming

Das Brainstorming darf als der Klassiker unter den Kreativitätstechniken gelten. Der Name des Verfahrens wird den meisten Beteiligten in einem Projekt bekannt sein, die richtige Vorgehensweise dagegen nicht unbedingt. Mit Brainstorming werden häufig zu Unrecht die verschiedensten Formen ungeordneter Denk- und Arbeitsweisen bezeichnet. Brainstorming beinhaltet zwar die Aufforderung zur Öffnung des Geistes und zum Denken des scheinbar Undenkbaren, das aber nach durchaus strengen Regeln und in vorbestimmten Bahnen.

Zunächst einmal gilt der Grundsatz, dass jede Idee willkommen ist und möglichst viele Ideen eingebracht werden sollen. Die Teilnehmer einer Brainstorming-Runde sollen nicht höflich abwarten, bis ihr Vorredner seinen Beitrag geleistet hat, um dann ihren eigenen unabhängig davon folgen zu lassen. Sinn des Verfahrens ist es vielmehr, den Gedanken des Anderen aufzugreifen und darauf aufbauend eigene Ideen zu entwickeln.

Sämtliche Ideen werden für alle sichtbar auf einem Flipchart oder an einer Pinnwand notiert, und zwar — das ist wichtig — ohne negative oder positive Wertung. Die Ideen der anderen dürfen also weder kritisiert noch gelobt werden. Nach einigen Tagen kommt das Team dann zu einer erneuten Sitzung zusammen, in der die Ideen der ersten Sitzung begutachtet und bewertet werden und in der über das weitere Vorgehen entschieden wird.

Beim Einsatz vom Brainstorming wird in der allgemeinen Beschreibung der Methodik in der Literatur davon abgeraten, Pessimisten einzuladen. Nun ist dies natürlich im Fall der Risikoidentifikation etwas anders, hier sind „konstruktive Pessimisten" durchaus gefragt.

Nominale Gruppentechnik (NGT)

Ein weiteres Verfahren, das die Vorteile der Einzel- und der Gruppenarbeit miteinander kombiniert, ist die Nominale Gruppentechnik (NGT). Sind alle Beteiligten einer NGT-Sitzung zusammengekommen, berichtet zunächst der Projektleiter über den neuesten Stand im Projekt. Je nach Informationsstand bei den Teilnehmern kann er das Projekt auch noch einmal neu vorstellen. Jeder Teilnehmer schreibt nun die aus seiner Sicht größten Risiken für das Projekt auf. Dies geschieht noch völlig unabhängig von den Wertungen der anderen. Es sind unterschiedliche Menschen mit unterschiedlichen Vorkenntnissen und unterschiedlichen Meinungen zusammengekommen, weil genau diese Meinungsvielfalt sinnvoll ist. Durch das schriftliche Verfahren soll sichergestellt werden, dass nicht Einzelne die Gruppe dominieren – etwa der ausgewiesene, von allen anerkannte Fachexperte. Andernfalls hätte ja auch dessen Expertenmeinung genügt.

Jeder Teilnehmer soll die ihm am gefährlichsten erscheinenden acht Risiken nach Priorität in absteigender Reihenfolge notieren. Danach beginnt ein Moderator, reihum die Risiken erster Priorität abzufragen und in der ersten Spalte eines vorbereiteten Formblatts zu notieren. Anschließend werden reihum die Risiken zweiter Priorität abgefragt, in einer zweiten Spalte notiert usw.

Eine Aufgabe des Moderators und des Teams besteht darin, zu erkennen, wo verschiedene erkannte und genannte Risiken so ähnlich sind, dass sie zusammengefasst werden können. Außerdem wird es vorkommen, dass ein Teilnehmer zwar dasselbe Risiko sieht wie ein anderer, aber ihm eine andere Priorität beimisst. Es empfiehlt sich auch deshalb, die einzelnen Risiken mit einem Kennzeichnungssystem – meist reicht eine einfache Bezifferung – zu versehen. Am Ende der Abfrage sind dann in acht Spalten die Risiken aufgelistet, wobei Mehrfachnennungen in verschiedenen Spalten vorkommen.

Die Risiken werden jetzt erneut auf einem Blatt notiert und dann gewichtet, je nachdem, wie oft welches Risiko mit welcher Priorität genannt wurde. Steht dann beispielsweise ein Risiko zweimal an Position eins und einmal an Position drei, so bedeutet das für die Gewichtung innerhalb eines Punktesystems zwei Mal acht plus ein Mal sechs gleich 22 Punkte.

Das Ergebnis dieses Verfahrens ist eine Liste priorisierter und mit Punktwerten quantifizierter Risiken als Basis für die weitere Bearbeitung. Prinzipiell könnte an dieser Stelle bereits der Sprung zu den möglichen Maßnahmen erfolgen. Denn die Prioritäten sind gesetzt und eine Quantifizierung ist gegeben. Allerdings fehlt noch die Analyse der Ursachen und Wirkungen.

Zur Arbeit nach der NGT können Sie z. B. die Formblätter „Nominale Gruppentechnik" die im Arbeitshilfen-online-Bereich für Sie zum Download bereitstehen. Anstelle von Risiken können auch Chancen mit gleichem Vorgehen und angepassten Formblättern bearbeitet werden.

Achtung

Nutzen Sie das NGT-Verfahren immer dann, wenn Sie schnell Kernrisiken erkennen und diese zügig weiter bearbeiten müssen. So können Sie auf praktische Weise Einzel- und Gruppenmeinungen ermitteln und verarbeiten. Ein entscheidender Vorteil des Verfahrens liegt in der Kombination von Identifikation und Bewertung.

Das QFD-Verfahren

Eine Anleihe im Bereich der Qualitätssicherung macht das QFD-Verfahren, wobei die Abkürzung für „Quality Function Deployment" steht (wird manchmal auch als „House of Quality" bezeichnet). Der Einsatzbereich des QFD-Verfahrens liegt in der Identifikation von Risiken (aber auch zusätzlich von Chancen), insbesondere bei Entwicklungsprojekten, bei denen zur Erfüllung einzelner Anforderungen unterschiedliche Lösungen und Komponenten zusammenzuführen sind. Ziel des Verfahrens ist es, frühzeitig die Wechselwirkungen zu analysieren, die sich aus der Kombination möglicher Einzellösungen ergeben.

Im Zuge des Risikomanagements sollen insbesondere Zielkonflikte zwischen verschiedenen Einzellösungen und somit zwischen einzelnen Anforderungen erkannt werden. Diese sind letztlich über eine Priorisierung der Anforderungen zu lösen. Außerdem kann das QFD-Verfahren zum Vergleich eigener Lösungen mit denen von Wettbewerbern herangezogenen werden.

Im QFD-Verfahren werden die Anforderungen des Kunden und die Merkmale des Projektergebnisses in tabellarischer Form dargestellt. Aus Kundenwünschen werden technische Lösungen zu deren Realisierung abgeleitet. Dabei verringert der stark kundenorientierte Ansatz die Gefahr von Fehlentwicklungen, fachübergreifendes Denken wird gefördert. Das geschieht in folgenden Einzelschritten:

- Kundenanforderungen aufstellen und gewichten
- Technische Lösungen oder Produktmerkmale zur Erfüllung der Anforderungen entwickeln

- Technische Lösungen im Hinblick auf Erfüllung der Anforderungen überprüfen und optimieren
- Wechselbeziehungen der technischen Lösungen untereinander feststellen
- Ggf. Vergleiche mit den Produkten des Wettbewerbs anstellen

Tabelle 4 zeigt anhand eines IT-Projekts beispielhaft die ersten beiden Schritte. Die Anforderungen sind vom Kunden, die möglichen Lösungen vom Projektteam formuliert worden.

Anforderung	Lösung
Weiterverwendung vorhandener Software-Pakete	Neues Release der bisher eingesetzten Software, lauffähig auf vorhandener Hardware (L1)
Erfüllung bestimmter Funktionen	Anderes, adaptiertes oder neu entwickeltes Software-Produkt (L2)
Einfache Adaption zukünftiger Releases (Versionen)	Möglichst veränderungsfreie Übernahme von marktgängiger Standard-Software (L3)
Schnelle und kostengünstige Realisierung	Dto.
Hohe Hardware-Sicherheit	Redundante, dezentrale Hardware-Systeme (L4)
Kostengünstige Hardware-Lösung	Zentrale Hardware-Lösung, möglichst weitgehende Weiterverwendung vorhandener Hardware (L5)

Tabelle 4: Beispiel für die ersten beiden Schritte im QFD-Verfahren

Zur weiteren Bearbeitung wird dann eine Matrix erstellt. In deren linker Spalte werden zunächst die Anforderungen aufgelistet. Diese sollten für den möglichen späteren Konfliktfall noch mit der Angabe der Priorität versehen werden. Damit wird im Fall von Konflikten die Wahl zwischen einzelnen Lösungen erleichtert.

In der obersten Zeile werden die möglichen — technischen — Lösungen aufgelistet, mit denen die Anforderungen erfüllt werden. In der sich aus linker Spalte und oberster Zeile ergebenden Matrix wird gekennzeichnet, welche Lösung zu welcher Anforderung gehört. Dabei wird auch erkennbar, dass eine Lösung mehrere Anforderungen erfüllt bzw. eine Anforderung mehrere Lösungen verlangt. Eine solche Matrix kann dann beispielsweise so aussehen, wie in Tabelle 5 dargestellt. In dem in Tabelle 5 gezeigten Beispiel wird etwa ersichtlich, dass die Anforderung A 1 durch die Lösung L 1 erfüllt wird, dass die Lösung L 2 die Erfüllung der Anforderungen A 2 und A 4 unterstützt usw.

Anforderungen	Lösungen				
	L 1	L 2	L 3	L 4	L5
A 1	X				
A 2		X			
A 3			X		
A 4			X	X	
A 5				X	
A 6					X

Tabelle 5: Beispiel für eine Matrix aus Anforderungen und Lösungen im QFD-Verfahren

Im nächsten Schritt werden die technischen Lösungen miteinander verglichen und das Ergebnis in einem Feld dargestellt, das jeweils das Ergebnis der Kombination von zwei Lösungen darstellt. Verglichen und überprüft wird, ob die möglichen Lösungen zueinander neutral sind, einander unterstützen oder einander behindern bzw. ausschließen.

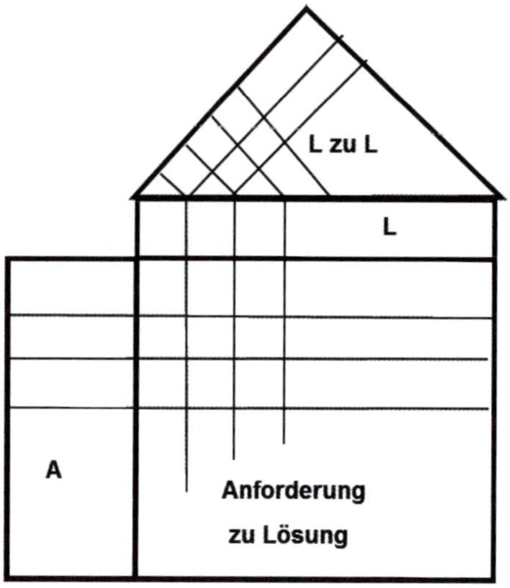

Abb. 1: Die Kombination verschiedener Lösungen

Entsprechend werden Symbole für die Felder vergeben, beispielsweise:

- Ein „o" für „neutral"
- Ein „+" für „unterstützend"
- Ein „-" für „einander behindernd oder ausschließend"

Um das darstellen zu können, wird die Matrix mit einem „Dach" versehen. In diesem liegen dann Felder, die sich aus der Kombination jeder Lösung mit jeder anderen ergeben (siehe Abbildung 1).

Wenn es nun darum geht, mögliche Entwicklungsrisiken zu erkennen, ist natürlich der Fall des gegenseitigen Ausschlusses besonders interessant. Hingegen lassen sich aus dem Fall gegenseitiger Unterstützung evtl. besondere Chancen erkennen.

In dem in Tabelle 5 dargestellten Beispiel hieße das: Beim Eintrag in das „Dach" wird schnell ersichtlich, dass die Lösungen L1 „Neues Release der bisherigen Software" und L5 „Weiterverwendung der vorhandenen Hardware" wahrscheinlich gut zueinander passen. Dagegen würden aber die Lösungen L4 „Redundante dezentrale Hardware" und L5 „Zentrale Hardware-Lösung" einander ausschließen. Hier muss dann nach der Priorität der Wechselbeziehungen den Anforderungen einer Lösung der Vorzug gegeben werden.

„Das Ganze ist mehr als die Summe seiner Teile" — erst im erfolgreichen Zusammenspiel der Teile liegt der Schlüssel zum Gesamterfolg. Das QFD-Verfahren hilft, Möglichkeiten und Hindernisse eines solchen erfolgreichen Zusammenspiels frühzeitig zu erkennen.

Wenn Risiken einmal identifiziert sind, können sie im nächsten Schritt genauer analysiert und bewertet werden. Davon handelt das zweite Kapitel.

Achtung

Nutzen Sie das QFD-Verfahren, wenn Sie in den frühen Phasen eines Projekts grundsätzliche Weichenstellungen vornehmen müssen. Dies gilt besonders dann, wenn anschließend Lösungen im Detail von dezentralen, eigenverantwortlich arbeitenden Stellen entwickelt werden sollen.

Einzelne Chancen identifizieren

Die Suche nach Chancen ist im Vergleich mit der Suche nach Risiken häufig schwieriger. Anscheinend ist es leichter, Risiken zu identifizieren, als Chancen zu erkennen — vielleicht auch, weil viele ohnehin eher optimistisch planen.

Ziel des Chancenmanagements ist es, Ereignisse oder Umstände zu fördern, die das Erreichen des Projektziels unterstützen. Dies erfolgt durch Maßnahmen, die dem Eintreten der Chance eine höhere Wahrscheinlichkeit geben oder Maßnahmen, die bei Eintreten der Chance deren Wirkung verstärken. Bei der Identifikation von Chancen wird prinzipiell genauso vorgegangen wie bei der Suche nach Risiken.

Die Suche nach Chancen genereller Art (meist am Projektbeginn) konzentriert sich im Wesentlichen auf zwei Punkte:

- Chancen aus Spezifikation und Technik
- Chancen aus der Abwicklung des Projekts

Die Suchfelder konzentrieren sich auf Bereiche, in denen eine frühe Einflussnahme möglich ist, auf Standardisierung und den Einsatz eigener bekannter Lösungen. Außerdem soll versucht werden, die eigenen Leistungen durch hinzugewonnene Fähigkeiten zu steigern.

In der Praxis werden die meisten Chancen nicht am Anfang erkennbar und erkannt, sondern erst im Projektverlauf, meist als nicht eingetretene Risiken.

Achtung

Wenn Sie nach (bidirektionalen) Risiken suchen, dann suchen Sie immer auch nach Chancen. Sie finden mit ziemlicher Sicherheit positive Einflussmöglichkeiten — das ist gut für Ihr Projekt.

Hinzu kommt aber noch etwas anderes: Im Vergleich zur ausschließlichen Risikoanalyse nehmen Sie eine positive Grundhaltung ein — und das ist gut für Ihre Arbeit.

1.7 Fazit

- Risiken und Chancen im Projekt sind zusätzliche, in der Planung noch nicht berücksichtigte Umstände, die das Erreichen der Projektziele gefährden bzw. fördern.
- Wichtig ist, dass der Prozess insbesondere zur Identifikation von Risiken möglichst früh und ohne Tabus beginnt. Menschen, die sich mit Risiken beschäftigen, sind keine „Miesmacher", sondern haben dasselbe Ziel wie die anderen Beteiligten, nämlich ein gutes und erfolgreiches Projekt abzuwickeln.
- Es gibt verschiedene Techniken, mit denen Risiken und Chancen identifiziert werden können.

Für den Start in der Projektpraxis wird z. B. die Kombination aus der Nominalen Gruppentechnik und dem systematischen Abarbeiten der Suchfelder empfohlen.

2 Schritt 2: Risiken analysieren, bewerten und priorisieren

Wenn Sie mit den verschiedenen Instrumenten, die Sie in Kapitel 1 kennen gelernt haben, die Risiken und Chancen Ihres Projekts identifizieren konnten, dann besitzen Sie nun vermutlich eine Liste mit mindestens zwanzig, vielleicht auch fünfzig Risiken und hoffentlich auch einigen Chancen. Doch wie geht es jetzt weiter? Lassen Sie sich von den Problemen einschüchtern und sagen das Projekt ab oder nehmen Sie es trotzdem in Angriff?

In erster Linie gilt es, gelassen zu bleiben und strukturiert weiterzuarbeiten. Damit Sie wissen, wo Sie anfangen sollen, trennen Sie zunächst einmal das Wesentliche vom Unwesentlichen, also große Risiken und Chancen von den kleineren. Dazu gibt es bewährte Methoden. Sie ziehen Bewertungsskalen als Maßstab heran und ermitteln Rangfolgen, so dass Sie erfahren, wo Maßnahmen sinnvoll sind. Damit stellen Sie auch sicher, dass Sie knappe Mittel optimal verwenden.

2.1 Grundlegende Techniken der Analyse und Bewertung

Am Beginn der Analyse steht eine möglichst präzise Beschreibung dessen, was das Risiko oder die Chance ausmacht. Das bedeutet, zunächst die Situation zu schildern, die sich mit dem Eintreten des Risikos oder der Chance ergeben würde, und dann die weiteren Folgen dieser Situation zu beschreiben. Es geht also darum, die ganze Tragweite des Risikos oder der Chance zu erfassen.

Risiken und Chancen zuerst mit Worten beschreiben

Mit einer möglichst genauen Beschreibung der Chancen und Risiken sollten Sie immer beginnen – und diese schriftlich fixieren. Sie schaffen damit erst die Grundlage für die Analyse und die Suche nach Maßnahmen. Diese Maßnahmen richten sich gegen Ursachen schädlicher Folgen und sollen günstige Entwicklungen fördern. Hier schließt sich ein Kreis: Je präziser die Ursachen analysiert sind, desto einfacher und besser können die Maßnahmen formuliert werden.

Auch die in Kapitel 3 vorgestellten Formblätter zur Beschreibung und Bewertung von Maßnahmen enthalten immer die Aufforderung, diese zunächst zu beschreiben. Im Anschluss daran können sie bewertet und Prioritäten gesetzt werden.

Mit Bewertungsskalen arbeiten

Risiken und Chancen sind als Ereignisse definiert worden, die mit einer bestimmten Wahrscheinlichkeit eintreten und dann in einem unterschiedlichen Ausmaß negative bzw. positive Auswirkungen auf Ihr Projekt entfalten. Damit sind auch schon die beiden Kriterien festgelegt, nach denen die im ersten Schritt identifizierten Risiken untersucht und bewertet werden müssen: ihre Wahrscheinlichkeit und ihre Tragweite.

Später besteht dann noch die Möglichkeit, als drittes Kriterium ihre Erkennbarkeit einzubeziehen, also die Zeitdauer, innerhalb derer ein Risiko oder eine Chance ersichtlich werden. Zunächst aber sind Wahrscheinlichkeit und Tragweite ausschlaggebend. Um die Möglichkeiten für beide Kriterien zu veranschaulichen, mache ich zunächst eine Anleihe in der Statistik. Statistiker unterteilen die von ihnen beobachteten Ausprägungen und Basiswerte je nach Genauigkeit in kardinal, ordinal und nominal zu bewertende Daten. Auch in der Bewertung von Risiken und Chancen haben Sie es mit jeweils unterschiedlich präzisen Daten zu tun. Im Folgenden werden Sie erkennen, wie sich das auf den Umgang mit Risiken und Chancen auswirkt.

Kardinal zu bewertende Daten

Als kardinal zu bewertende oder kardinal skalierbare Daten bezeichnet man solche, zwischen denen messbare und damit auch unmittelbar errechenbare Abstände bestehen. Kardinal skalierbare Daten werden noch weiter in diskret kardinal skalierbare und kontinuierlich skalierbare unterschieden.

Diskret kardinal skalierbar sind solche Daten, zwischen denen messbare Abstände mit Zwischenräumen bestehen. So hat zum Beispiel eine Familie mit zwei Kindern genau ein Kind mehr als eine mit einem Kind, und es ist nicht möglich, dass eine Familie ein halbes Kind mehr hätte. Wenn von der Durchschnittsfamilie mit „1,3 Kindern“ die Rede ist, so handelt es sich natürlich um einen rein statistischen Wert.

Kontinuierlich skalierbare Daten sind dagegen solche, die zwar messbar sind, aber eine unendliche Zahl von Dezimalstellen haben. Ein Beispiel dafür sind Temperaturen. Die Aussage, dass zur Mittagszeit 20 Grad gegenüber 15 Grad am Morgen gemessen wurden, lässt sich zwar treffen, bedeutet aber keine exakte Differenz von 5 Grad, sondern eine von beispielsweise 4,9782179 ... Grad.

Für die Praxis des Risiko- und Chancenmanagements werden Sie zunächst bestrebt sein, die Kriterien in Zahlen auszudrücken, denn diese lassen sich oft unmittelbar in Rechnungen verwenden.

Achtung

Lassen Sie sich von Zahlen nicht zu sehr beeindrucken. Quantifizierte Angaben vermitteln immer den Anschein eines höheren Maßes an Genauigkeit. Aber Vorsicht: Beim Streben nach Exaktheit ist jeweils zu beachten, dass es nicht zu „Scheingenauigkeiten" kommt, d.h., dass die Klassifizierung auch der Sachlage entspricht.

Ordinal zu bewertende Daten

Die nächste Gruppe bilden die ordinal zu bewertenden Daten. Ordinal sind solche Daten bzw. Ausprägungen, denen im Einzelnen zwar kein fester und gleichbleibender Wert zuzuordnen ist, für die aber untereinander Rang- oder Reihenfolgen gebildet werden können. Damit gibt es zwar Differenzen und Abstände zwischen den Daten, diese sind aber nicht eindeutig messbar. Eventuell sind sie ausschließlich oder vorzugsweise mit Worten anstelle von Zahlen zu beschreiben. Angaben dieser Art werden auch als qualifizierte Angaben bezeichnet.

Als Beispiel können Schulnoten für einen Deutschaufsatz gelten. Schüler A erhält die Note „gut", Schüler B ein „befriedigend" und Schüler C ein „ausreichend". Damit ist zwar eine Rangfolge festgelegt, aber keineswegs ausgedrückt, dass Schüler A einen exakt doppelt so guten Aufsatz geschrieben hat wie Schüler C. Und Schüler B liegt mit seinem Ergebnis auch keineswegs präzise in der Mitte. Somit ist denn aber auch die Umformung dieser Bewertungsskala in Zahlen (2 für „gut" usw.) ebenso fragwürdig wie das weitere Rechnen damit, z. B. zur Ermittlung eines Notendurchschnitts.

In der Praxis des Risiko- und Chancenmanagements werden die meisten Analyseergebnisse in eine solche ordinale Skalierung passen. Sollen diese qualifizierten Angaben dann in Rechnungen weiter verwendet werden, ist eine Umformung z. B. in ein Punktesystem, notwendig. Hier gilt dann ganz besonders die Warnung vor „Scheingenauigkeiten".

Nominal zu bewertenden Daten

Eine dritte und letzte Möglichkeit der Skalierung ist die nominale Bewertung von Daten. Hier werden lediglich alle Merkmale aufgezählt, ohne dass eine Rangfolge gebildet oder etwas wirklich bewertet wird. So könnte zum Beispiel die Analyse der Belegung eines Parkplatzes ergeben, dass dort drei rote, zwei grüne und fünf weiße Autos geparkt sind. Eine weitere Unterteilung oder das Herausfiltern bestimmter Erkenntnisse erfolgt nicht.

Es wird deutlich, dass mit dieser Form der Skalierung das Ziel einer irgendwie gearteten Bewertung oder Prioritätenbildung nicht mehr erreicht wird. Damit hilft eine solche Skalierung auch nicht dabei, Handlungsweisen und Maßnahmen abzuleiten.

Übertragen auf das Bestreben, Risiken zu identifizieren und zu analysieren, bedeutet dies, dass man über das Stadium der Identifikation nicht hinauskäme. Das unterstreicht noch einmal die Forderung nach einer Quantifizierung von Aussagen oder zumindest einer qualifizierten, also erläuternden und Rangfolgen bildenden Beschreibung.

Die beiden Faktoren „Wahrscheinlichkeit" und „Tragweite" sollen nun auf die gleiche Art skaliert werden. Daher soll es zunächst um die kardinale, quantifizierte Bewertung gehen, anschließend um die ordinale, qualifizierte. Nachfolgend beginnen wir mit den Angaben zur Wahrscheinlichkeit, die in der Regel schwieriger zu benennen sind.

Kardinale, quantifizierte Bewertungen

Beim Faktor „Wahrscheinlichkeit" wächst die Qualität einer kardinalen Bewertung mit der Zahl gleichartiger Fälle und Situationen. Je mehr es sich um eine größere, statistisch relevante Zahl handelt, umso eher kann diese in der Rechnung für eine einzelne Situation zutreffend sein.

Der Faktor „Tragweite" wiederum ist dann kardinal zu bewerten, wenn messbare Folgen mit dem Risiko oder der Chance verbunden sind. In diesen Fällen werden dann z. B. auch Betrachtungen zur Wirtschaftlichkeit von Maßnahmen sinnvoll.

Beispiel: Tragweite von Risiken

In einer Anlage, die später in einer tropischen Region mit hoher Temperatur und Luftfeuchte arbeiten soll, werden Geräte mit Leiterplatten und elektronischen Bauteilen eingesetzt. Die verwendeten Bauteile reagieren auf andere klimatische Bedingungen als in Westeuropa unterschiedlich sensibel, insbesondere besteht die Gefahr von Frühausfällen. Ist eine gewisse Betriebszeit erst einmal überschritten, funktionieren sie dann aber ausreichend zuverlässig.

Die Wahrscheinlichkeit eines Frühausfalls beträgt nun nach längerfristigen Beobachtungen 2 %. Fällt ein Bauteil während der Inbetriebnahme der Anlage aus, entstehen dem Projekt daraus Zusatzkosten von 4.000 EUR, z. B. für die Ersatzbeschaffung per Luftfracht, die längeren Arbeitszeiten usw.

Das Risiko kann entscheidend verringert werden, wenn die kritischen Geräte vor ihrem Einsatz in einer Klimakammer getestet werden. Überstehen sie diesen Test, ist das Risiko eines frühen Ausfalls gebannt. Die Frage ist, wie viel solche Tests kosten dürfen, wenn man die Situation ausschließlich nach — errechenbaren — finanziellen Gesichtspunkten betrachtet. In diesem Beispiel könnten Sie sich lohnen, wenn sie weniger als 80 EUR pro Stück kosten (2 % von 4.000 EUR).

Auch bei messbaren Folgen von Risiken und Chancen bedeutet jede Rechnung in der Regel nur eine Entscheidungshilfe und keine Handlungs-Automatik. Der finanzielle Schaden etwa ist im Projekt nicht der einzig und ausschließlich mögliche. Häufig sind noch ganz andere Aspekte zu bedenken, etwa die langfristige Kundenzufriedenheit und damit Wahrscheinlichkeit für Folgeprojekte.

Ordinale, qualifizierte Bewertungen

Die ordinale Skalierung wird bei genauer und ehrlicher Betrachtung im Risiko- und Chancen-Management die häufigste Variante zur Bewertung darstellen. Nachfolgend werden Möglichkeiten der Bewertung aufgezeigt, die durchaus eine Rangbildung nach qualifizierter Beschreibung zulassen und bereits zur quantifizierten Darstellung überleiten.

Bewertung von Wahrscheinlichkeiten

Schwierig ist in der Praxis vor allem die Bewertung von Wahrscheinlichkeiten. Es ist meist problematischer, vorherzusagen, mit welcher Wahrscheinlichkeit ein Ereignis eintritt oder ausbleibt, als die Tragweite einer bestimmten Situation nach Eintritt des Risikos einzuschätzen. Deshalb ist es durchaus empfehlenswert, zunächst nur eine verbale Beschreibung anzustreben. Man kann meistens ebenso lang wie sinnlos darüber streiten, ob die Wahrscheinlichkeit für den Eintritt eines Risikos oder das Auftreten einer Chance bei 70 %, 75 % oder 75,37 % liegt.

Wesentlich schneller fällt die Entscheidung, ob eine bestimmte Situation mit einer eher geringen, eine mittleren oder einer hohen Wahrscheinlichkeit zu erwarten ist. Allerdings werden Sie es auch hier nicht immer vermeiden können, neben der Beschreibung mit Worten auch mit Zahlenwerten arbeiten zu müssen. Deshalb sollten Sie sich ein festes, immer wieder verwendbares Zuordnungssystem schaffen. In Tabelle 6 schlage ich Ihnen dazu zwei Alternativen vor.

W	Punkte	W alternativ	Punkte
sehr hoch	9		
hoch	7-8	hoch	8
eher hoch	5-6	eher hoch	6
eher gering	3-4	eher gering	4
gering	2	gering	2
Sehr gering	1		

Tabelle 6: Zuordnungsschema für die Umwandlung von Wahrscheinlichkeiten in Zahlenwerte (W = Wahrscheinlichkeit)

Ebenso bietet sich gerade bei Wahrscheinlichkeiten eine Skalierung von einem Punkt für 10% bis hin zu 9 Punkten für 90% an, und zwar vor allem für den Fall, dass numerische Wahrscheinlichkeiten (z. B. aus der kardinalen Skalierung) in verbale Aussagen umzuwandeln sind. Dabei hilft Ihnen Tabelle 7 mit mehreren Variationsmöglichkeiten.

W				
> 90 %	sehr hoch			
75 %	hoch	hoch		
55 %	eher hoch	eher hoch	eher hoch	
45%	eher gering	eher gering	eher gering	undifferenziert
30 %	gering	gering		
<10 %	Sehr gering			

Tabelle 7: Zuordnungsschema für die Umwandlung numerischer Wahrscheinlichkeiten in verbale Aussagen

Mit Tabelle 7 kann von rechts nach links gearbeitet werden, d. h., wird beispielsweise die Wahrscheinlichkeit mit „eher hoch“ eingestuft, dann sind ihr für die spätere Berechnung 70 % zugeordnet. Die Tabelle ist aber auch von links nach rechts benutzbar, z. B. dann, wenn für die Tragweite anders als für die Wahrscheinlichkeit nur verbale Beschreibungen existieren, aber beide Faktoren mit gleichartigen Maßstäben gemessen werden sollen.

Bewertung von Tragweiten

Um zu einem vergleichbaren Schema für die Tragweite von Risiken und Chancen zu kommen, sind verschiedene Überlegungen nötig. Einmal ist festzulegen, in Bezug auf welche Größen die Tragweite überhaupt einzuschätzen ist. Selbst in einem einfachen Beispiel, einer ausschließlich in Geld zu bewertenden Tragweite, könnten verschiedene Bezugsgrößen herangezogen werden, nämlich das Verhältnis zum Projektvolumen, das Verhältnis zur eigenen Wertschöpfung oder absolute Beträge.

Außerdem ist die Gewichtung der Tragweiten einzelner Risiken in einem Projekt untereinander zu berücksichtigen. Sieht man z. B. ein Punkte-Schema vor (das unbedingt mit dem gewählten Schema für die Wahrscheinlichkeit korrespondieren sollte), so erhält ein Risiko mit hoher Tragweite vielleicht 8 Punkte gegenüber einem mit eher geringer Tragweite, dem 4 Punkte zugeordnet werden.

Dabei ist zu beachten, dass nicht jede negative Entwicklung auch unmittelbare finanzielle Konsequenzen haben muss, einige Zeit später aber dennoch ein möglicher und auch erheblicher Schaden entstehen kann.

Beispiel: Terminverschiebung

Der Anlagenbauer, der seine Anlagen in tropische Regionen liefern will, hat sich entschieden, seine Geräte vor dem Einsatz zu testen. Trotz des Klimakammertests kommt es nun aber aus anderen Gründen zu Verzögerungen im Projekt. Aufgrund dieser Verzögerungen ist der Endtermin wahrscheinlich nicht mehr zu halten. Eine Verzugsstrafe ist zwar nicht vereinbart, aber die Terminverschiebung wäre für den Kunden ärgerlich.

Bisher mussten auf der Baustelle schon diverse Überstunden gemacht werden, um die Termine noch einigermaßen zu halten. Dies hat bei der Montagemannschaft vor Ort schon zu einer Verschlechterung der Stimmung geführt. Das Unternehmen hat nunmehr folgende Alternativen:

Alternative 1: Es veranlasst weitere Überstunden und hat die Chance, den Termin zu halten, dies aber um den Preis, die Montagemannschaft nun erst richtig zu verärgern.

Alternative 2: Es veranlasst keine Überstunden. Damit ist der Termin nicht einzuhalten und der Kunde wird verärgert sein.

Beide Alternativen haben also ohne Zweifel nachteilige Folgen, die auch mittelbar wirtschaftliche Nachteile nach sich ziehen.

Zu Alternative 1: Wie viel Motivationsaufwand wird es kosten, den Frust der Mannschaft wieder abzubauen und wie viele Mehrstunden werden daraus entstehen, dass die Arbeit mit weniger Elan angepackt wird als zuvor?

Zu Alternative 2: Wie viel Auftragsvolumen könnten bei verärgerten Kunden verloren gehen, wie viel Umsatz entgeht dem Unternehmen dadurch in den nächsten fünf Jahren und wie hoch ist der verlorene Gewinn, der daraus entsteht, abgezinst mit 7 %?

In dem Beispiel des Anlagenbauers müssen die beiden je nach Handlungsoption eintretenden negativen Folgen in eine Rangfolge gebracht werden, damit sich die Projektleitung für das kleinere Übel entscheiden kann.

Was dabei zunächst nur in Worten beschreibbar war, lässt sich auch quantifizieren. Es gilt, die qualifizierten Beschreibungen der Tragweite in eine quantifizierte umzuwandeln. In Tabelle 8 wird die Tragweite des Risikos sowohl monetär als auch verbal bewertet. Dabei sind relative und absolute Beträge gleichermaßen berücksichtigt.

% vom Projektwert	EUR absolut	Bewertung	Bewertung alternativ
über 5 %	über 80 tEUR	sehr hoch	
3 - 5 %	50-80 tEUR	hoch	hoch
2 - 3 %	20-50 tEUR	eher hoch	eher hoch
1 - 2%	10-20 tEUR	eher gering	eher gering
0,5 % - 1%	5-10 tEUR	gering	gering
unter 0,5 %	unter 5 tEUR	sehr gering	

Tabelle 8: Umwandlung qualifizierter in quantifizierte Bewertungen und umgekehrt

Auch Tabelle 8 ist sowohl von links nach rechts als auch in umgekehrter Richtung anwendbar. Die Berücksichtigung von absoluten und relativen Werten macht Tabelle 8 für Projekte verschiedener Größenordnung einsetzbar. In einem Projekt mit 10 Mio. EUR eigener Wertschöpfung repräsentiert ein Risiko von 0,5 % immer noch einen Betrag von 50 tEUR.

Legt man einen Stundensatz von 50 Euro zugrunde und beschäftigt sich jemand 100 Stunden mit Maßnahmen, die dieses Risiko vermeiden, so folgt daraus ein Aufwand von 5.000 EUR für eine Einsparung von 50.000 EUR, also eine Rendite von 1000 % — schneller kann Geld nicht verdient werden.

Die Angaben insbesondere der absoluten Werte sind natürlich nur Richtgrößen, wie sie vielleicht in einem großen Projekt gelten können, und hier als Vorschlag gemeint. Für einen kleinen Betrieb kann ein Risiko von 30 tEUR schon sehr hoch sein. Hier muss die Tabelle dann entsprechend angepasst und in den Summen nach unten korrigiert werden. Ebenso kann anstelle der Bezugnahme auf den Projektwert (= Umsatz mit dem Projekt) z. B. auch die Wertschöpfung gewählt werden (grob definiert als Umsatz minus Zukäufe).

Gehen Sie bei der Bewertung von Tragweiten also wie folgt vor: Beginnen Sie mit einer qualifizierten, verbalen Beschreibung der Ursachen und Folgen. Hier ist die Einordnung meist leicht und dennoch durchaus praktikabel. Fügen Sie diese Beschreibung ggf. anschließend in einen Raster ein. Dann haben Sie schon eine bedingt quantifizierte Bewertung.

Wenn Sie, z. B. weil Sie mit entsprechenden Tabellen und Formblättern arbeiten, auch für die Tragweite eine Skalierung nach Punkten verwenden wollen, liefert die nachfolgende Tabelle Hinweise und Vorschläge, wie eine verbale Einschätzung in eine Punkteskala zu transformieren ist.

T	Punkte	T alternativ	Punkte
sehr hoch	9		
hoch	7-8	hoch	8
eher hoch	5-6	eher hoch	6
eher gering	3-4	eher gering	4
gering	2	gering	2
Sehr gering	1		

Tabelle 9: Zuordnungsschema für die Umwandlung von Tragweiten in Zahlenwerte (T= Wahrscheinlichkeit)

Einen kleinen Wermutstropfen gibt es: Es besteht gerade bei der Vergabe von Punkten die Gefahr von „Scheingenauigkeiten“. Gerade erst für nicht quantifizierbar erklärte Sachverhalte werden damit schließlich doch quantifiziert, als ob die „Quadratur des Kreises“ möglich wäre.

Zum besseren Verständnis des nachfolgenden Kapitels zur Bewertung von Maßnahmen möchte ich auf einen Richtungsstreit unter Fachleuten eingehen. In diesem Streit geht es um die Frage, ob die Quantifizierung von Tragweiten sich in ihrer finanziellen Auswirkung erschöpft (rein monetäre Variante) oder ob darüber hinaus auch andere Faktoren mit einzurechnen sind.

Die Verfechter der rein monetären Variante argumentieren, dass Maßnahmen ihrerseits Geld kosten und gemäß den Gesetzen der Wirtschaftlichkeit zu berücksichtigen sind. Diese Betrachtung führt aber in letzter Konsequenz dazu, dass Risiken ohne unmittelbare finanzielle Auswirkungen gar nicht bearbeitet werden. Dies dürfte in der Praxis keine befriedigende Lösung sein.

Die hier dargestellten Vorgehensweisen zur Bewertung der Tragweite lassen den Weg offen, auch nicht geldwerte mögliche Schäden und Nachteile in die Betrachtung mit einzubeziehen. Bei Punktesystemen kann dies dadurch geschehen, dass eben auch für diese Fälle die Vergabe von Punkten zugelassen wird.

Denkbar ist auch die Kombination von geldwerten und immateriellen Schäden. Beispielsweise können in Geld zu bewertende Nachteile je nach Betrag in einer Skala mit bis zu sechs Punkten eingeteilt werden. Drei zusätzliche Punkte sind dann für andere, z. B. Ruf- oder Imageschäden, zu vergeben.

Beispiel: Gleichhohe Wertigkeit

In einer chemischen Fabrik sollen an einem Gebäude Dachreparaturen ausgeführt werden. Dazu ist u.a. Dachpappe zu verschweißen, ein Vorgang mit hoher Brandgefahr. Der materielle Schaden wäre nicht allzu groß, aber wenn Dachpappe brennt, führt dies zu starker Rauchentwicklung, was wiederum als „Großbrand in der Chemiefabrik" in der Nachbarschaft Panik erzeugen könnte.

Hier könnten also 4 Punkte aus einer eher geringen Tragweite durch 2 Zusatzpunkte ergänzt werden, und die gesamte Tragweite käme dann auf 6 Punkte und die Wertung auf „eher hoch".

Gleichzeitig kann durch einen Fehler bei der Inbetriebnahme einer Anlage in dieser Fabrik eine ganze Produktionscharge verunreinigt und damit wertlos werden. Hier ist der Schaden alleine aufgrund des finanziellen Verlusts „eher hoch", eine weitere Außenwirkung gibt es aber nicht.

Beide Risiken fallen hier also gleichhoch ins Gewicht.

Über diesen Weg kann einem Risiko, das mit einem nicht allzu hohen finanziellen Schaden, aber z. B. einem erheblichen Rufschaden verbunden ist, die gleiche Gewichtung zukommen wie einem, das bei seinem Eintreten „nur" mehr Geld kosten würde. Diese Einteilungsmöglichkeit spiegelt also durchaus die Realität wider.

Achtung

Nehmen Sie nach Möglichkeit zunächst qualifizierte Bewertungen vor. Später können Sie diese dann in quantifizierte Bewertungen umwandeln bzw. durch diese ergänzen. Am Anfang der Projektarbeit sollten Sie sich auch nicht mit einer zu diesem Zeitpunkt noch weitgehend überflüssigen Diskussion über präzise Zahlenwerte aufhalten. Vielmehr genügt die Klassifizierung mit Werten wie „hoch", „mittel" oder „gering" zunächst vollkommen. Später liefern Ihnen Tabellen als „Übersetzungshilfen" einen einheitlichen Maßstab.

Das gesamte Risikopotenzial und damit die Basis, um Prioritäten zu setzen, überblicken Sie nach der Kombination von Wahrscheinlichkeit und Tragweite. Prinzipiell sollten Sie die Skalen bzw. Bandbreiten der Punkte für Tragweite und Wahrscheinlichkeit identisch auslegen. Damit erhalten beide Faktoren das gleiche Gewicht, wenn das gesamte Risikopotenzial als Produkt oder Summe der Einzelfaktoren ermittelt wird. Näheres zur Gewichtung folgt im nächsten Kapitel. Dort werde ich zur Verwendung bei der Risikobearbeitung geeignete Formblätter erläutern, die auch diese Bewertungsfragen beinhalten.

Im Einzelfall ist es allerdings auch denkbar, dass Sie den beiden Faktoren ein unterschiedliches Gewicht beimessen. Dies könnte z. B. gegeben sein, wenn Sie bei einem neuen Kunden ein Musterprojekt durchführen wollen, um die eigene Leistungsfähigkeit und Zuverlässigkeit zu demonstrieren. Vielleicht entscheiden Sie sich dann, der Wahrscheinlichkeit einen höheren Stellenwert als der Tragweite einzuräumen, um somit möglichst zu vermeiden, dass überhaupt Fehler passieren.

Ergänzende Parameter zur Bewertung

Neben den dargestellten, „klassischen“ Parametern gibt es weitere Aspekte, um Risiken und Chancen zu betrachten und zu klassifizieren. Diese möchte ich Ihnen im Folgenden vorstellen. Wenn Sie sich allerdings schnell einen Überblick verschaffen möchten, können Sie diesen Punkt auch überspringen.

Eintrittszeitpunkte berücksichtigen

Wenn Sie Risiken genauer bestimmen und analysieren wollen, hilft Ihnen die Fragestellung, wann ein Risiko eintreten kann. Für den Eintrittszeitpunkt eines Risikos gibt es prinzipiell vier Möglichkeiten:

1. jederzeit
2. ab einem bestimmten Zeitpunkt
3. spätestens zu einem bestimmten Zeitpunkt
4. nur zu einem ganz bestimmten Zeitpunkt

Mithilfe der Frage „Wann kann das Risiko eintreten?” fällt es leichter, die Ursachen für das Risiko zu erkennen und die entsprechenden Maßnahmen zu formulieren. Ebenso kann es einen bestimmten Wirkungszusammenhang zwischen den Risiken geben, wie z. B., dass der Eintritt des Risikos abhängig vom Eintreten eines anderen Risikos ist. Hier allerdings ist nur die Möglichkeit des Eintretens des Folgerisikos gemeint; tritt dieses zwangsläufig ein, ist die Kombination als ein Risiko anzusehen.

Der Eintritt eines Risikos kann immer auch ein anderes Risiko beinhalten. Dabei beinhaltet das Eintreten eines Risikos mit schwerwiegender Tragweite häufig das einer mittleren. Zum Beispiel beinhaltet das Risiko einer Terminverzögerung von zwanzig Tagen und die daraus folgende Vertragsstrafe das Risiko einer Verzögerung um zehn Tage. Schließlich kann der Eintritt eines Risikos ein anderes Risiko ausschließen. Auch dazu ein Beispiel: Wenn Ihr Kunde das Projekt ganz abbricht, entfällt das Risiko, dass Ihr Personal weitere Überstunden machen muss.

Tragweiten differenziert betrachten

Tragweiten können auch noch differenzierter betrachtet werden, z. B. entsprechend dem „magischen Dreieck“ des Projektmanagements, die folgenden Größen betreffend:

- E = das Ergebnis
- K = die Kosten
- Z = die Zeit

Diese drei Faktoren bestimmen den Projekterfolg, in ihnen werden die Ziele formuliert, deren Erreichen angestrebt wird.

Die nachstehende Tabelle zeigt, wie Tragweiten differenziert betrachtet und in der Bewertung berücksichtigt werden können. Der oberste Block ist neutral gehalten.

Im Block darunter ist beispielhaft dargestellt, dass ein Risiko wegen zusätzlicher Dokumentationsansprüche des Kunden besteht. Diesem Risiko wurden 7 Punkte als Wert für die Wahrscheinlichkeit zugeordnet (z. B. aus den vorher vorgestellten Bewertungsmöglichkeiten). Anschließend wurden in gleicher Art die Tragweiten (negativen Auswirkungen) auf die einzelnen Erfolgselemente E, K und Z bewertet (Spalte „T"). Dabei wurden die Auswirkungen auf die Kosten als am höchsten angesehen und mit fünf Punkten gewichtet. Dann, so mein Vorschlag, wurde die höchste Tragweite noch einmal mit zwei multipliziert, da ihr die herausragendste Bedeutung zugesprochen wird (Spalte „T gew." für „gewichtet"). Die Summe dieser drei Faktoren wurde dann durch drei dividiert („T ges." für gesamt) und das Ergebnis mit dem W zum Wert für das Risikopotenzial multipliziert.

Im dritten Block wurde in gleicher Weise ein weiteres Beispiel bearbeitet, nämlich der Fall, dass die Qualitäts-Anforderungen an das Projekt steigen.

W für Risiko	**T für Ziel**	**T**	**T gew.**	**T ges.**	**Risikopotenzial**
Risiko und W	E				= TxW
	K				
	Z				
Zus. Doku. W = 7	E	1	1		35
	K	6	12	5	
	Z	2	2		
Höhere Qual. W = 4	E	5	10		24
	K	5	5	6	
	Z	3	5		

Tabelle 10: Tragweiten differenziert bewerten (Rechenbeispiel)

Wahrscheinlichkeiten ermitteln

Schätzungen zu Wahrscheinlichkeiten sind häufig von der subjektiven Einschätzung von Menschen abhängig und somit schwerer zu beweisen als Schätzungen zu Tragweiten. Das hat nicht zuletzt auch psychologische Gründe. Menschen erwarten das, was sie als „Normalität" empfinden. Und sie erwarten bei Abweichungen vom Normalfall die Rückkehr zu dem, was sie als den Durchschnitt und das Normale empfinden. Viele tun sich deshalb schwer mit den objektiven Regeln und Normen von Statistik und Wahrscheinlichkeitsrechnung.

So wird zum Beispiel beim Roulette von den meisten Spielern die Möglichkeit, dass nach 20 Mal „Rot" auch einmal wieder „Schwarz" kommt, instinktiv höher eingeschätzt, als dass nach 20 Mal „Schwarz" diese Farbe zum 21. Mal erscheint. Dennoch ist in beiden Fällen die Wahrscheinlichkeit für „Schwarz" gleich groß, da kein Zusammenhang zwischen den einzelnen Spielen besteht und es somit auch keine sich in sich beeinflussenden Reihen gibt.

Ebenso ist etwa beim Zahlenlotto die Wahrscheinlichkeit, dass als Gewinnzahlen 1, 2, 3, 4, 5 und 6 gezogen werden, genau so groß wie bei jeder anderen Kombination, nämlich etwa 1 zu 14 Millionen. Dass diese Zahlen in den fünf Jahrzehnten Lottogeschichte noch nicht gezogen wurden, kann dadurch erklärt werden, dass in dieser Zeit einfach noch nicht genügend viele Ziehungen erfolgt sind, um diese Kombination statistisch wahrscheinlich werden zu lassen.

Die Einschätzung, mit welcher Wahrscheinlichkeit zukünftige Ereignisse eintreten, basiert also zumeist auf subjektiv wahrgenommenen Mustern der Vergangenheit und demzufolge ebenso subjektiven Einschätzungen einer ungewissen Zukunft. Das ist stets zu berücksichtigen, und es gibt auch keine Patentrezepte dagegen. Im Team zu arbeiten und verschiedene Meinungen einzuholen, hilft leider auch nicht immer. Es gibt genügend Beispiele für Gruppenzwänge und kollektive Irrtümer.

Dass nun diese Situation nicht einfacher wird, wenn auch noch mehrere miteinander verknüpfte Faktoren und Wahrscheinlichkeiten zu berücksichtigen sind, liegt nahe. Besonders komplex sind Verbindungen von Risiken mit jeweils eigenen Wahrscheinlichkeiten und die Folgen der Verbindungen dieser Wahrscheinlichkeiten. Mathematische Methoden können hier helfen, sich von rein subjektiven Erwartungen wegzubewegen. Deshalb möchte ich hier kurz die Rechenregeln für die zwei wichtigsten Möglichkeiten vorstellen.

Nehmen Sie zwei nur bedingt sichere Vorgänge, z. B. die Tests zweier Komponenten in einem Entwicklungsprojekt. Was das für Komponenten sind, sei diesmal egal, sie sollen einfach K1 und K2 heißen. Beide sind allerdings noch etwas unausgereift. Die Wahrscheinlichkeit, dass sie die Tests bestehen, sieht wie folgt aus:

K1 = 70 % (Das Risiko, dass K1 den Test nicht besteht, liegt entsprechend bei 30 %.)

K2 = 50 % (Das Risiko, dass K2 den Test nicht besteht, ist demnach ebenso hoch.)

Im vorstehenden Abschnitt wurde bereits darauf hingewiesen, dass Risiken einander bedingen. Wenn wir davon ausgehen, dass sowohl die Komponente K1 als auch die Komponente K2 den Test bestehen müssen, damit der Durchlauf störungsfrei und der Gesamttest erfolgreich ist, dann gilt folgende Berechnung für E gesamt auf dieser Strecke:

0,7 x 0,5 = 0,35

Das heißt, die Wahrscheinlichkeit für einen erfolgreichen Durchlauf und damit das Bestehen des Gesamttests liegt bei 35 %.

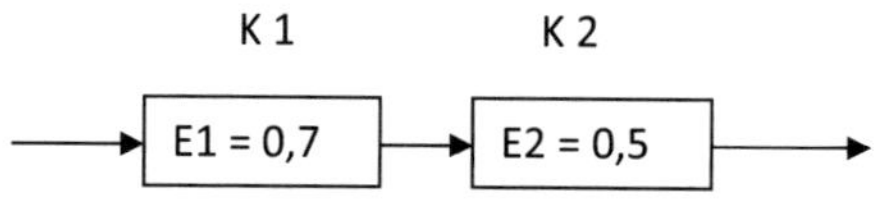

Abb. 2: Gesamt-Wahrscheinlichkeit nacheinander liegender Ereignisse
E gesamt auf dieser Strecke ist 0,7 x 0,5 = 0,35

Ein anderer Fall liegt vor, wenn Risiken einander ausschließen. In einer Abwandlung des Beispiels könnte es sein, dass der Test als bestanden gilt, wenn nach dem Test entweder die Komponente K1 oder K2 zur Verfügung steht. Hier bestehen also Alternativen, d. h., es kann entweder der eine oder der andere Weg zum Erfolg führen. In diesem Fall gilt folgende Berechnung für E gesamt auf dieser Strecke:

1 – ((1 – 0,7) x (1 – 0,5)) = 0,85

Das heißt, die Wahrscheinlichkeit für einen erfolgreichen Durchlauf und damit bestandenen Gesamttest liegt jetzt bei 85 %.

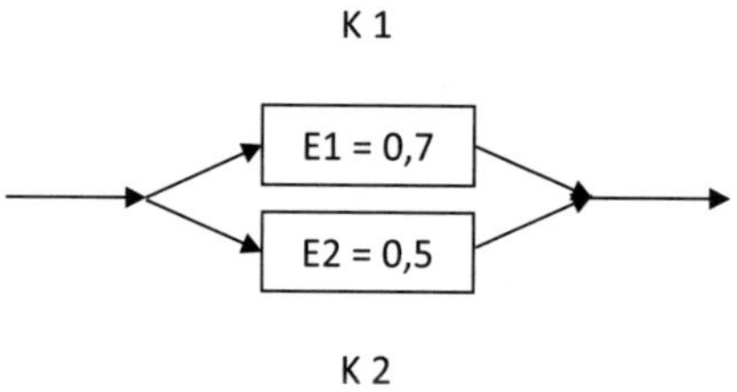

Abb. 3: Gesamt-Wahrscheinlichkeit parallel liegender Ereignisse
E gesamt auf dieser Strecke ist 1-((1-0,7) x (1-0,5)) = 0,85

Der praktische Nutzen, Wahrscheinlichkeiten auf diese Weise zu errechnen, steigt noch dadurch, dass einzelne Ereignisse zu einem größeren zusammengefasst werden können. Die Betrachtung des gesamten Projekts wird damit vereinfacht. Weiterführende Erläuterungen, z. B. zum Ableiten von Entscheidungsbäumen, um die verschiedenen Varianten zu bewerten, folgen in Kapitel 3.

Hinzuweisen ist an dieser Stelle noch darauf, dass manche Risiken entweder zu 100 % eintreten oder gar nicht. Zwischenwerte sind nicht denkbar. Das bedeutet, dass es die aus der Multiplikation der Wahrscheinlichkeit mit der Tragweite ermittelten „Erwartungswerte" in der Realität gar nicht vorkommen. (Allgemein üblich ist es, das Produkt aus Ausprägungswert der Tragweite und zugeordneter Wahrscheinlichkeit als Erwartungswert zu bezeichnen.)

So kann es zum Beispiel sein, dass im Projekt Zwischentermine vereinbart sind und Vertragsstrafen (Pönalen) anfallen, wenn diese Termine nicht gehalten werde können. Angenommen, für einen bestimmten Zwischentermin sei eine Pönale von 20 tEUR vereinbart. Weiterhin sei angenommen, dass aus jetziger Sicht dieser Termin mit eher hoher Wahrscheinlichkeit von 70 % nicht erreicht wird. Rein rechnerisch ergäbe sich jetzt ein Erwartungswert von 14 tEUR für das Risiko. Mit diesem Betrag zu kalkulieren wäre aber völlig unrealistisch. Entweder werden die Projektbeteiligten den Zwischentermin noch schaffen, dann wird gar keine Pönale fällig, oder der Termin wird nicht erreicht, dann sind 20 tEUR zu zahlen. Die 14 tEUR sind ein theoretischer Wert, der in der Praxis so nicht vorkommt.

Deshalb muss mit diesem Wert je nach Betrachtungshorizont auch unterschiedlich umgegangen werden. Mit Blick auf das einzelne Risiko ist die Angabe der Wahrscheinlichkeit eine Maßgröße, an der z. B. die Dringlichkeit von Maßnahmen und später eventuelle Veränderungen abgelesen werden können. Der Erwartungswert ist ein ebensolcher Ausdruck, der aber praktisch nicht vorkommt.

Betrachtet man dagegen das gesamte Projekt, so kann die Summe der Erwartungswerte der einzelnen Risiken einen Ausdruck für das in der Summe bestehende Risikopotenzial bilden. Zunächst wird in der wirtschaftlichen Kalkulation des Projekts ein Ergebnis ermittelt, das sich aus den geplanten Aufwendungen und dem Erlös ergibt. Die Addition aller Erwartungswerte zeigt dann, um welchen Betrag dieses Ergebnis korrigiert werden müsste, wenn man alle erwarteten Risiken so wie abgeschätzt einrechnet. In Kapitel 4, wo es um die betriebswirtschaftlichen Faktoren geht, werde ich darauf noch einmal zurückkommen.

2.2 Prioritäten richtig setzen

Jegliche Maßnahmen, mit denen innerhalb des Risiko- und Chancenmanagements versucht wird, die identifizierten und analysierten Risiken und Chancen aktiv zu beeinflussen, haben aus Sicht des Projektergebnisses zunächst einmal einen gravierenden Nachteil: Sie kosten in der Regel sowohl Zeit als auch Geld. Damit beanspruchen sie Ressourcen, die der Projektleitung nur in begrenztem Umfang zur Verfügung stehen.

Damit knappe Ressourcen möglichst an den wichtigsten Stellen eingesetzt werden, gilt es, relevante von weniger relevanten Möglichkeiten zu trennen, Risiken und Chancen also mit Prioritäten zu versehen. Grundsätzlich werden Ihnen im Folgenden zwei Wege vorgestellt, die sich aus der gewählten Klassifizierung von Tragweiten und Wahrscheinlichkeiten ergeben.

Wählt man eine ordinale Bewertung von Risiken und Chancen, z. B. mit den Ausprägungen „hoch", „eher hoch", „eher gering" und „gering", so kann man daraus folgende Klassifizierungen ableiten:

1. Priorität: „hoch — hoch"
2. Priorität: „hoch — eher hoch" bzw. „eher hoch — hoch"
3. Priorität: „eher hoch — eher hoch"

usw.

Wird jetzt der Weg beschritten, den ursprünglich ordinal skalierten Werten Zahlen zuzuordnen, sie also in kardinale umzuwandeln und damit zu rechnen, kann dies zum Ergebnis führen, dass je nach Punkteskala eine Gewichtung „hoch — gering" den selben Wert hat wie eine „eher hoch — eher gering". An dieser Stelle hört das Rechnen auf und das Nachdenken fängt an.

Wenn hier mit eigentlich als nicht rechenbar definierten Größen nun doch gerechnet wird, ist dies zwar theoretisch etwas unsauber, stellt aber pragmatisch betrachtet die beste aller Möglichkeiten dar. Mit von vornherein kardinalen Werten kann natürlich immer unmittelbar gerechnet werden. Und auch die Darstellung der Risikomatrix in einem der nächsten Abschnitte führt zur Möglichkeit, Prioritäten abzuleiten.

Eine andere Möglichkeit einer Klassifizierung wäre ein Muster, nach dem „hoch — hoch" einem Risiko der Klasse 1 entspricht, „hoch — eher hoch" einem der Klasse 2 usw. Beiden Varianten ist gemein, dass hier bereits die Grundlage zur späteren Beobachtung von Veränderungen durch Maßnahmen gelegt wird. Dadurch kann aus einem Risiko mit 6 Punkten eines mit nur noch 4 Punkten werden oder ein Risiko der Klasse 1 sinkt auf das Niveau der Klasse 3.

Rechtzeitig Klassifizierungen vornehmen

Es liegt in der Natur des Menschen, sich ungern Fehler einzugestehen. Deshalb fallen rechtzeitige, wesentliche Kurskorrekturen oder gar Projektabbrüche den meisten Projektverantwortlichen schwer. Zumal mit einem Abbruch der endgültige Verlust eingesetzter Zeit, eingesetzten Geldes und nicht zuletzt des „Herzbluts" einhergehen. Je später der Korrekturbedarf erkannt wird, umso schwieriger fällt die Entscheidung dafür.

Es ist daher hilfreich, im Voraus allgemein und projektneutral Grenzwerte und -situationen sowie dazugehörende Handlungsalternativen zu formulieren. Damit kommen Sie dann im Projekt zu schnellen und objektiven Entscheidungen. Eine Möglichkeit besteht hier darin, Risikoklassen zu bilden, die die Wahrscheinlichkeit, nach der die Situation eintreten könnte, und die daraus folgende Tragweite vorwegnehmen. Für diese Klassen werden dann Standardmaßnahmen als Entscheidungshilfen vorformuliert.

Die Möglichkeit der Klassifizierung von Tragweiten möchte ich am Beispiel eines Entwicklungsprojekts für ein IT-Produkt erläutern, das eine Spezialanwendung auf Basis einer Standard-Software werden soll. Folgende Klassen können gebildet werden:

A = Wir entwickeln ein Produkt, das noch während seiner Entwicklungszeit von einem ähnlichen oder sogar grundsätzlich besseren neu angebotenen Produkt eines Mitbewerbers übertrumpft wird.
→ Klasse des Projektabbruchs

B = Wir entwickeln ein Produkt, aber während der Entwicklung ändern sich grundlegende Voraussetzungen, z. B. die Standard-Software, auf die wir aufbauen, ändert sich oder eine Änderung wird angekündigt.
→ Klasse des Projektabbruchs bzw. nochmaligen Grundsatzentscheids.

C = Schlüssel-Know-how-Träger unserer Entwicklungsmannschaft werden ausgetauscht und durch unerfahrenes Personal ersetzt.
→ Klasse des nochmaligen Grundsatzentscheids und Neuabschlusses der Projektleitervereinbarung.

C = Die Vorgaben für unsere Entwicklung (Funktionsumfang, Endpreis) werden erheblich, d. h. zu mehr als 1/3 geändert.
→ Klasse des nochmaligen Grundsatzentscheids und Neuabschlusses der Projektleitervereinbarung.

D = Die Entwicklungszeiten oder die Projektkosten drohen um mehr als 25% überschritten zu werden.
→ Klasse der dringenden Projektentscheidungssitzung und evtl. Korrektur der Projektleitervereinbarung.

E = Die Entwicklungszeiten oder die Projektkosten insgesamt werden um mehr als 10 % überschritten, bzw. die eines Teilprojekts oder einer Phase um mehr als 25 %.
→ Klasse der Projektentscheidungssitzung, evtl. Korrektur der Projektleitervereinbarung.

Solche vorformulierten Kombinationen, aus denen sich bestimmte Handlungsweisen ergeben, haben neben dem sachlichen auch eine psychologischen Vorteil: Der betroffene Projektleiter und sein Team sind nicht unvorbereitet und durch den vorbestimmten Automatismus werden sie vom Stigma des Versagens befreit.

Planen Sie Standard-Szenarien mit bestimmten Situationen und Risiken und ordnen Sie diesen anschließend Standard-Reaktionen zu. Gehen Sie dabei wieder von den Ergebnissen der Identifikationsphase aus, kombinieren Sie dann aber einzelne Risiken zu „Makros". Klären Sie auch vorab, wie zwingend die Standard-Reaktionen sein sollen, d. h., ob sie nur Empfehlungscharakter haben oder ein Muss sind.

Inakzeptable Risiken

Eine Klasse für sich bilden Risiken, die aus moralischen oder wirtschaftlichen Gründen einer Abwägung von möglichen Tragweiten und Kosten für Gegenmaßnahmen entzogen sind. Gemeint sind Risiken, die das Leben oder die Gesundheit von Menschen gefährden, erhebliche Umweltschäden anrichten würden, den sozialen Frieden bedrohen oder nicht übersehbare wirtschaftliche Folgen haben könnten.

Risiken dieser Art werden als nicht tolerierbar eingestuft. Hier müssen später in jedem Fall Maßnahmen ergriffen werden, um das Risiko ganz auszuschalten.

2.3 Wie Sie die Instrumente Risikoportfolio und Risikomatrix nutzen

Auch wenn Sie Risiken und Chancen in Projekten stets gleichrangig behandeln sollten, geht es im Folgenden einmal schwerpunktmäßig um Risiken.

Nachdem Sie die völlig inakzeptablen und existenzgefährdenden Risiken im Projekt herausgefiltert haben und gesondert behandeln, können Sie die übrigen nun gestaffelt bearbeiten.

Das Risikoportfolio

Ein erster Weg, Prioritäten systematisch zu erfassen, besteht darin, Antworten auf Fragen nach Risikopotenzialen zu finden und diese in übersichtlicher Form zusammenzustellen. Solche Fragen könnten etwa lauten:

- Was sind schwer zu akzeptierende Risiken im Projekt?
- Was sind die größten Risikopotenziale?
- Welche Risiken sind projektbezogen, welche projektübergreifend und welche berühren sogar die Unternehmensstrategie?
- Welche Gefahren müssen sofort und welche können später angegangen werden?

Später, wenn Informationen über Maßnahmen und deren Wirkungen vorliegen, werden die Fragen nach Prioritäten dann Schritt für Schritt erweitert. Ergänzende Fragen könnten dann etwa wie folgt aussehen:

- Welche Maßnahmen beseitigen die bedrohlichsten Risiken?
- Welche Maßnahmen beseitigen die absolut größten Risikopotenziale?
- Welche Maßnahmen beseitigen die relativ größten Risikopotenziale? Wo besteht also das günstigste Verhältnis zwischen Aufwand für und Wirkung von Maßnahmen? (mehr dazu im Kapitel 4)
- Welche Restrisiken können und wollen wir akzeptieren?

Einen Überblick über die wesentlichen Projektrisiken insgesamt verschaffen Sie sich, wenn Sie diese in einem Risikoportfolio darstellen.

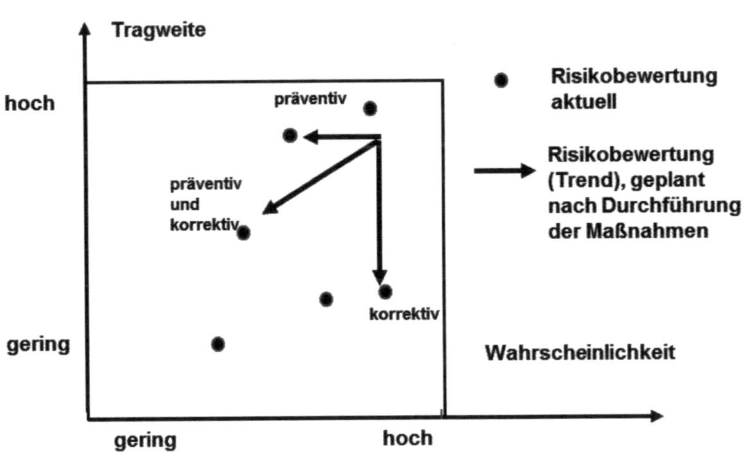

Abb. 4: Grafische Darstellung von Risiken in einem Risikoportfolio

Die Risiken werden in ein Matrixfeld mit den Achsen „Wahrscheinlichkeit" und „Tragweite" eingeordnet: Die Pfeile zeigen die Richtung und Wirkung der geplanten Maßnahmen und der daraus erwarteten Entwicklung des Risikos an. Der Übersichtlichkeit halber könnte auch eine zweite Matrix nach „Maßnahmen" angelegt werden. Abbildung 4 zeigt eine Möglichkeit der Anlage eines Risikoportfolios.

Achtung

Erstellen Sie ein Risikoportfolio, wenn Sie schnell einen Überblick über den aktuellen Stand und die Trends in Ihrem Projekt gewinnen wollen. Beschränken Sie Ihre Übersicht dabei am besten auf etwa acht bis zehn Risiken. Für eine detaillierte und präzise Darstellung aller Risiken eignet sich das Risikoportfolio nicht, dafür aber für die schnelle Management-Information, vergleichbar und kombinierbar mit den Informationen einer Meilenstein-Trend-Analyse.

Die Risikomatrix

Um komplexere Formen von Risiken zu erfassen und überschauen zu können, setzen Sie am besten eine Risikomatrix ein. In einer einfachen Form, die natürlich beliebig erweiterbar ist, können Wahrscheinlichkeiten und Tragweiten mithilfe der schon bekannten Kriterien „hoch", „eher hoch", „eher gering" und „gering" kombiniert werden. Dazu wird eine Matrix verwendet, die in den Spalten und Zeilen der des Risikoportfolios im letzten Abschnitt entspricht. Den einzelnen Kombinationen werden dann Gesamtbewertungen und Handlungsalternativen zugeordnet. Tabelle 11 liefert Ihnen hierzu ein Muster. Eine solche Matrix bietet Ihnen auch schnelle und vorbestimmte Handlungsanweisungen und kann deshalb gut mit anderen Instrumenten kombiniert werden.

Die bis hierher vorgestellten Möglichkeiten der Bewertung und Klassifizierung der Risiken und Chancen liefern ihnen ein einfach und schnell zu handhabendes Instrumentarium, mit dem sie auch kleinere und mittlere Projekte analysieren und einer weiteren Bearbeitungsfolge unterziehen können.

	T **hoch**	**T** **eher hoch**	**T** **eher gering**	**T** **gering**
W **hoch**	höchste Priorität, unbedingt bearbeiten	hohe Priorität, bearbeiten	hohe Priorität, bearbeiten	mittlere Priorität, ggf. bearbeiten
W **eher hoch**	hohe Priorität, bearbeiten	hohe bis mittlere Priorität, i. d. R. bearbeiten	mittlere Priorität, ggf. bearbeiten	geringe Priorität, ggf. bearbeiten

	T **hoch**	T **eher hoch**	T **eher gering**	T **gering**
W **eher gering**	hohe Priorität, bearbeiten	mittlere Priorität, i. d. R. bearbeiten	geringe Priorität, eher nicht bearbeiten	geringe Priorität, eher nicht bearbeiten
W **gering**	mittlere Priorität, ggf. bearbeiten	geringe Priorität, ggf. bearbeiten	geringe Priorität, eher nicht bearbeiten	sehr geringe Priorität, nicht bearbeiten

Tabelle 11: Muster einer einfachen Risikomatrix Legende: T = Tragweite, W = Wahrscheinlichkeit

Die erweiterte Risikomatrix (Risk-Assessment)

Eine erweiterte Form der Risikomatrix wird hier Risk-Assessment genannt. Nutzen Sie diese Vorgehensweise und Darstellungsform für komplexere Projekte und in größeren Unternehmen. Abbildung 5 verdeutlicht den Grundaufbau dieser Matrix. Ein detailliertes Beispiel folgt in Tabelle 12.

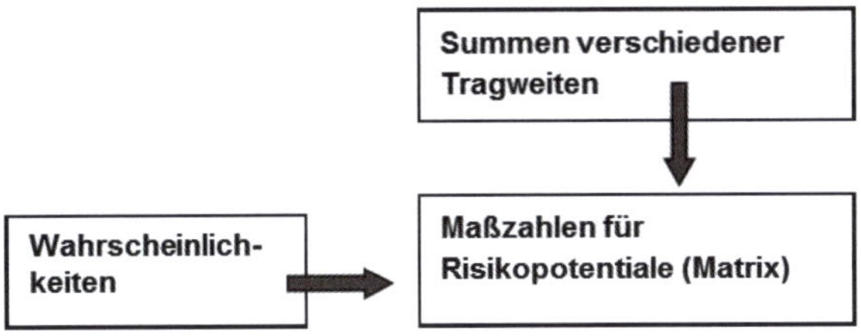

Abb. 5: Grundaufbau der erweiterten Risikomatrix

Die Matrix für ein Risk-Assessment besteht wie üblich aus Zeilen, Spalten und aus den Feldern, die sich aus deren Kombination ergeben. In der ersten Spalte ganz links werden die Ausprägungen der verschiedenen Wahrscheinlichkeiten aufgelistet. Dabei gibt es die Möglichkeiten

- Wahrscheinlichkeit sehr hoch,
- Wahrscheinlichkeit hoch,
- Wahrscheinlichkeit eher hoch,
- Wahrscheinlichkeit eher gering,
- Wahrscheinlichkeit gering.

In der horizontalen Zeile sind die Ausprägungen in Form von verschiedenen Tragweiten-Punkten aufgelistet, die sich aus der nachstehend beschriebenen Rechnung ergeben.

Der Schnittpunkt von Spalten und Zeilen führt dann in der Matrix zu einem Feld mit einer bestimmten Maßzahl für das aus dieser Kombination folgende Risikopotenzial.

Das besondere an dieser Darstellung ist das Zustandekommen der Ausprägungen für die Spalten der „Tragweiten". Diese ergeben sich aus folgender Überlegung: Die Tragweite ist generell ein Ausdruck dafür, wie stark der Projekterfolg durch das Risiko gefährdet ist. In den bisherigen Überlegungen wurde die Tragweite, genau wie die Wahrscheinlichkeit, dabei sofort in einer Aussage oder einer Ziffer ausgedrückt.

Denken Sie aber noch einmal an die Grundlagen des Projektmanagements, als die drei Erfolgsfaktoren — das so genannte „magische Dreieck" — des Projekterfolgs mit folgenden Gesichtspunkten definiert wurde:

- Ergebnis (E)
- Zeit (Z)
- Kosten (K)

Im Folgenden wird jetzt die Ausprägung für die Tragweiten insgesamt als Summe von Einzel-Tragweiten bei den drei Gesichtspunkten für den Projekterfolg ermittelt. Aus dieser ergibt sich dann die Kopfzeile der Matrix für das Risk-Assessment.

Dabei ist das (Projekt-)**E**rgebnis erst dann erreicht, wenn es auch in der richtigen Qualität erbracht wird. Der Zeitbedarf wird durch den **T**ermin bestimmt, und die **K**osten drücken, in der betriebswirtschaftlichen Terminologie nicht ganz korrekt, den für das Projekt notwendigen Personal- und anderen Aufwand" aus. Die Risikomatrix in der erweiterten Form fragt nun diese drei Gesichtspunkte nach dem folgenden Schema ab.

Ausprägungen für das Ergebnis (E):

- „Kann das ganze Projekt von der Sache her gefährdet werden (z. B. wegen „Nicht-Machbarkeit"?"
  → Sehr hohe Tragweite → 5 Punkte
- „Können wesentliche Funktionen sich als nicht oder nur sehr schwer erfüllbar herausstellen?"
  → Hohe Tragweite → 4 Punkte
- „Können schwierige, aber lösbare technische Probleme entstehen?"
  → Eher hohe Tragweite → 3 Punkte
- „Können technische Änderungen notwendig werden, die dann im Rahmen der vereinbarten Changeorder- (CO) und Claimmanagement- (CL)Verfahren abgewickelt werden?"
  → Eher geringe Tragweite → 2 Punkte
- „Werden die technischen Probleme, Mängel und Änderungen eher geringen Umfang haben und im Rahmen des bei der Planung mit Eingerechneten liegen?"
  → Geringe Tragweite → 1 Punkt

Zur Zeit (Z):

- „Kann das gesamte Projekt vom Termin her so gefährdet sein, dass der Zeitbedarf bei mehr als 25% liegt und/oder eine Vertragsstrafe (Pönale) fällig wird?"
  → Sehr hohe Tragweite → 5 Punkte
- „Können wesentliche Phasentermine nicht mehr erfüllbar sein, so dass daraus eine Gefährdung des Endtermins von mehr als 25% und/oder eine Vertragsstrafe (Pönale) entstehen kann?
  → Hohe Tragweite → 4 Punkte
- „Muss die Terminplanung (in einem lösbaren Rahmen) deutlich angepasst (verlängert) werden?"
  → Eher hohe Tragweite → 3 Punkte
- „Können einzelne Meilensteine gefährdet werden, die aber eher geringen Einfluss auf das Ende des Gesamtprojekts haben?"
  → Eher geringe Tragweite → 2 Punkte
- „Können Termine einzelner Phasen (z. B. innerhalb einer Projektkapsel) gefährdet sein, ohne dass dies Auswirkungen auf Folgephasen haben wird?"
  → Geringe Tragweite → 1 Punkt

Zu den Kosten (K):

Ein Punktesystem zur Bewertung von Kosten (K) haben Sie zu Anfang dieses Abschnitts bereits kennen gelernt. Wir orientieren uns nun daran:

- „Können die Kosten 5% des Projektwerts (der eigenen Leistung/Wertschöpfung oder des gesamten Projekts) bzw. einen Betrag von 80 tEUR überschreiten?"
  → Sehr hohe Tragweite → 5 Punkte
- „Können die Kosten einen Betrag von 3-5% des Projektwerts (der eigenen Leistung/Wertschöpfung oder des gesamten Projekts) bzw. einen Betrag zwischen 50 und 80tEUR überschreiten?"
  → Hohe Tragweite → 4 Punkte
- „Können die Kosten einen Betrag von 2-3% des Projektwerts (der eigenen Leistung/Wertschöpfung oder des gesamten Projekts) bzw. einen Betrag zwischen 20 und 50tEUR überschreiten?"
  → Eher hohe Tragweite → 3 Punkte
- „Können die Kosten einen Betrag von 1-2% des Projektwerts (der eigenen Leistung/Wertschöpfung oder des gesamten Projekts) bzw. einen Betrag zwischen 10 und 20tEUR überschreiten?"
  → Eher geringe Tragweite → 2 Punkte
- „Können die Kosten einen Betrag von 0,5-1% des Projektwerts (der eigenen Leistung/Wertschöpfung oder des gesamten Projekts) bzw. einen Betrag von 50tEUR überschreiten?"
  → Geringe Tragweite → 1 Punkt

Abhängig vom Projektwert oder von absoluten Beträgen können Sie auch bei den Kosten(-Steigerungen) 1 bis 5 Punkte vergeben. Klären und beachten Sie, dass hier die Kosten bei einem möglichen Risiko in Bezug zum gesamten Projekt gemeint sind.

Nachdem Sie alle drei Ausprägungen für die Tragweite einzeln bewertet haben, addieren Sie diese und ermitteln so als gesamte Ausprägung eine Summe zwischen 3 und 15. Aus dieser folgt die Auswahl der Spalte „Summen der Tragweite". Nunmehr wählen Sie die Zeile aus, die der entsprechend geschätzten Wahrscheinlichkeit entspricht.

In der Matrix folgt nun aus dem Schnittpunkt von Zeile und Spalte das Feld mit der entsprechenden Maßzahl. So wie hier vorgeschlagen, wurden diese zunächst nach eine bestimmten Schema errechnet (Ausprägung W mal Ausprägung Summe T dividiert durch drei) und anschließend zur Berücksichtigung von Erfahrungen aus der Praxis angepasst. So sollte z. B. auf Risiken mit möglicherweise hoher Tragweite auf alle Fälle mit Maßnahmen reagiert werden.

Wahrscheinlichkeit	Summe Tragweiten 3-4	Summe Tragweiten 5-7	Summe Tragweiten 8-10	Summe Tragweiten 11-13	Summe Tragweiten 14-15
sehr hoch	5	10	15	20	25
hoch	4	8	12	16	20
eher hoch	3	6	9	12	15
eher gering	2	4	6	10	12
gering	1	2	3	8	10

Tabelle 12: Beispiel für eine erweiterte Risikomatrix

Gemäß den sich aus der Matrix ergebenen Maßzahlen folgt die Priorität des Risikos und daraus abgeleitet wiederum die Handlungsweise. Dabei sind noch Spielräume für Varianten möglich, die dem individuellen Charakter jedes Projekts gerecht werden und der Projektleitung in der Einschätzung der Situation Freiräume lassen. Somit können Sie und Ihr Team immer noch persönlich auf das Projekt Einfluss nehmen.

Unabhängig davon ergeben sich aus den Maßzahlen folgende Handlungsempfehlungen:

- 1 bis 5 Punkte: keine Maßnahmen
- 6 bis 8 Punkte: prüfen, im Allgemeinen sollten Maßnahmen ergriffen werden
- mehr als 9 Punkte: in jedem Fall Maßnahmen

Beispiel

Sie sind Projektleiter für die Organisation eines Open-Air-Konzerts im Sommer zugunsten eines karitativen Zwecks. Diese Aufgabe liegt Ihnen sehr am Herzen.

Mit diesem Projekt sind nun bzgl. des Projektergebnisses verschiedene Gesamt- und Teilziele (E) verbunden, darunter auch, dass das karitative Anliegen bekannter werden soll, indem das Regionalfernsehen über das Konzert berichtet. (Es sollen wiederum die Abkürzungen E = Ergebnis-Ziel, K = Kosten-Ziel und T = Termin- bzw. Zeitbedarfs-Ziel verwendet werden.)

Die Frist für die Zusage der auftretenden Künstler muss bis zu einem bestimmten Zeitpunkt abgeschlossen sein (T), damit die Plakate gedruckt werden können und die Firma zum Verleih der Bühnentechnik Ihnen tatsächlich den ermäßigten Preis (K) einräumt, den Ihnen ein Mitarbeiter in Aussicht gestellt hat.

Ihrem Projekt drohen jetzt verschiedene Risiken (R):

Risiko 1 (R1) ist das Wetter. Der Bekanntheitsgrad steigt nicht wie geplant, weil die Zuschauer wegen starken Regens ausbleiben und das Fernsehen um seine regenempfindliche Ausrüstung bangt. Damit könnten auch die Sponsoreneinnahmen sinken und die Kosten indirekt steigen.

Die Auswirkungen zu E wird mit 4 Punkten, die zu K mit 3 Punkten und die zu T mit 1 Punkt bewertet, insgesamt also mit 8 Punkten. Die Wahrscheinlichkeit dafür schätzen Sie „eher gering" ein.

Daraus ergibt sich für das Risiko die Maßzahl 6 in der Matrix und damit die Aussage, dass über Maßnahmen nachgedacht werden sollte. Später erfolgt eine entsprechende Eingruppierung auf der Skala aller Risiken, wenn diese erst einmal komplett ermittelt sind.

Risiko 2 (R2) ist das Show-Angebot. Ein sehr bekannter Künstler ist unentschieden, ob er erstens überhaupt und zweitens ohne Gage auftreten soll. Wenn die Entscheidung nicht bald fällt, könnte der rechtzeitige Druck der Plakate scheitern.

Die Auswirkung auf das Ergebnis (weniger Publikumsinteresse bei seinem Ausbleiben) wird für E mit 4 Punkten (niemand ist unersetzlich), für T mit 5 Punkten (ohne Plakate weniger Zuhörer) und für K mit 2 Punkten gerechnet (relativ gering, da andere Künstler nicht viel mehr verlangen sollten). Da dieser Künstler aber für seine prinzipiell positive Einstellung gegenüber Ihrem Anliegen bekannt ist, schätzen Sie die Wahrscheinlichkeit für dieses Risiko als eher gering ein.

Sie rechnen erneut: Summe der Tragweiten ergibt 11 Punkte, das entsprechende Feld in der Matrix weist dann die Maßzahl von 10 auf. Somit wären diese beiden Risiken auf der Prioritätenskala eingeordnet: R2 ist wichtiger als R1.

Unberührt von diesem „Automatismus" sollte noch die Möglichkeit von Variationen bleiben, z. B. die Vergabe eines „willkürlichen" Zusatzpunktes, wenn Ihnen der Künstler besonders wichtig ist.

Die erweiterte Matrix des Risk-Assessments kann ein auf den ersten Blick vielleicht komplex wirkendes, aber sehr effektives Instrument zur Beurteilung, Gruppierung und Priorisierung von Risiken und Chancen im Projekt sein. Bei der Arbeit wird sich zumeist zeigen, dass diese Vorgehensweise von großer Relevanz für die Praxis ist und die Systematik wertvolle Unterstützung bei der Bewältigung der Beurteilungsaufgabe bietet.

Trotzdem möchte ich auch hier wieder darauf hinwiesen, dass alle Werkzeuge nur „Denkzeuge“ sind — Hilfsmittel, mit denen Sie Denk- und Entscheidungsprozesse anregen und unterstützen, aber nicht automatisieren können.

2.4 Die Analysemethode von DeMarco/Lister

Einen bemerkenswerten Ansatz zur Behandlung von Risiken liefern Tom DeMarco und Timothy Lister in ihrem Buch „Bärentango“. Ich möchte Ihnen diese Methode hier vorstellen als eine Möglichkeit, zu einer noch differenzierteren Analyse von Risiken zu gelangen.

DeMarco/Lister verdeutlichen ihre Methode anhand von Software-Entwicklungsprojekten. Risiken bestehen bei der Entwicklung jeder Software. Ausgangspunkt ist ein Beispiel, in dem es mehrere Möglichkeiten für den Zeitpunkt gibt, zu dem eine in Entwicklung befindliche Software fertig sein kann. DeMarco/Lister nennen diese Betrachtungsweise die Darstellung der „Quantifizierten Unsicherheit„. Sie hat die folgenden Ausprägungen:

- optimistischer Wert
- realistischer Wert (so bezeichnet, weil er die Grundlage für die bisherige Planung bildete)
- pessimistischer Wert

Am Beispiel eines Software-Entwicklungsprojekts soll das folgenden Daten als mögliche Fertigstellungstermine entsprechen:

- des Jahres
- 01.04. des Jahres
- 31.12. des Jahres

Der optimistische Wert wird nun auch als „Nano-Prozent-Datum“ bezeichnet, weil die Wahrscheinlichkeit seines Eintretens nur noch gering ist. Das ist ein wichtiger Unterschied zu den bisherigen Betrachtungen des Terminrisikos, die sich an der Praxis orientiert haben, wonach man meistens von einem (häufig zu knapp gewählten) Wunschtermin ausgeht und dann die Wahrscheinlichkeit (und Tragweite) des Risikos prüft, dass dieser nicht erreicht werden kann.

Nach DeMarco/Lister wird stattdessen gefragt, welcher der frühestmögliche Termin (das Nano-Prozent-Datum), was der wahrscheinlichste und was der späteste zu erwartende Termin ist. Abbildung 6 zeigt die Verteilung der Wahrscheinlichkeiten im Beispiel des Software-Projekts.

Zu beachten ist, dass auch der realistische (wahrscheinlichste und für die bisherige Projektplanung angenommene) Wert — im vorstehenden Bild ist es der 01.04. — keineswegs sicher ist. Beim Vergleich der Flächen unter der Kurve wird außerdem deutlich, dass die Fläche links vom realistischen Wert wesentlich kleiner ist, der prozentuale Anteil an der Gesamtwahrscheinlichkeit also sehr viel geringer als rechts davon.

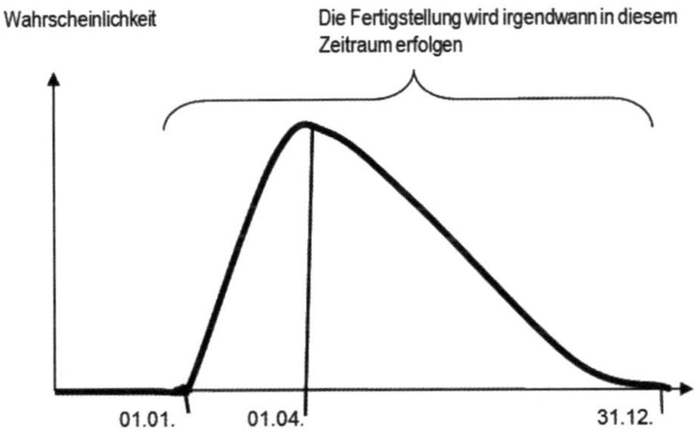

Abb. 6: Wahrscheinlichkeit der Fertigstellung eines Beispielprojekts

Die kumulierte Darstellung zeigt den Sachverhalt noch genauer. In Abbildung 7 ist dann ersichtlich, dass mit 30-prozentiger Wahrscheinlichkeit ein Termin vor dem 01.04. erreicht wird. Auf jeden Fall wird das Projekt aber bis zum 31.12. fertig werden.

Solche Aussagen sind für den Planenden (oder den Empfänger der Information) natürlich umso handhabbarer, je schmaler der Erwartungskorridor ist. Diese Art der Betrachtung kann auch benutzt werden, um die Eingangswerte, also die Basis für die Risikobewertung, zu überprüfen, und ist damit nochmals ein Instrument der Risikoidentifikation.

Sicherheitshalber zum Verständnis nochmals anders ausgedrückt: Es werden keine Einzelwahrscheinlichkeiten angezeigt, da die Wahrscheinlichkeit ja in der Summe auf 100 % begrenzt ist. Die Addition möglicher Einzelwerte würde sich hier aber zu einem Wert gegen unendlich bewegen.

Wie in Abbildung 7 ersichtlich, erfolgt die Aussage, mit welcher Wahrscheinlichkeit ein bestimmter Wert nicht überschritten wird.

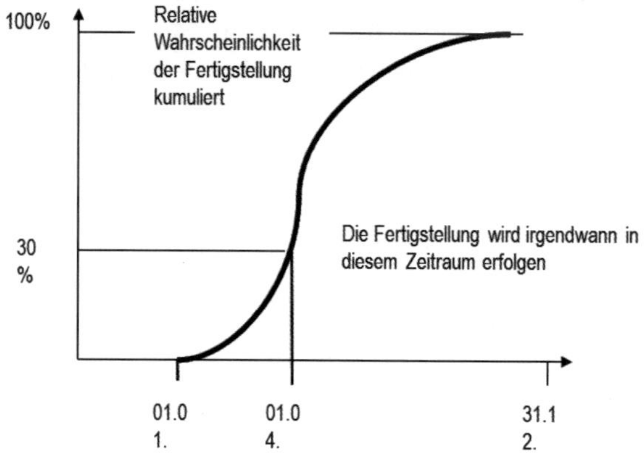

Abb. 7: Kumulierte Darstellung der Wahrscheinlichkeit

DeMarco/Lister gehen jetzt einen Schritt weiter: Auf der y-Achse wird wieder die Wahrscheinlichkeit dargestellt. Auf der x-Achse wird jetzt aber kein Termin, sondern der zu einem festen Termin erreichbare Zustand (Fertigstellungsgrad) eingetragen. In Abbildung 8 sind dies die Versionen einer Software mit den Versionsnummern V24, V22 usw.

Jede Versionsnummer steht für einen bestimmten Reifegrad, Funktionsumfang o. ä. Die Version V 24 erfüllt dabei die maximalen Anforderungen, die Version V 14 ist die Minimal-Version. Die anderen Versionen liegen vom Funktionsumfang und Reifegrad her dazwischen. Die Frage lautet, welche Version und damit welcher Reifegrad jetzt bis zu einem bestimmten Zeitpunkt erreicht werden kann.

Also: Bestenfalls wird bis zum festgelegten Zeitpunkt der Funktions- und Leistungsumfang der Version V24 erreicht werden, das ist allerdings kaum realistisch, also „nanowahrscheinlich".

Das Erreichen einer Version V21 ist am wahrscheinlichsten, allerdings hier auch nur mit einem Wahrscheinlichkeitswert von ca. 20%. Im schlechtesten Fall erreicht man die minimale Version V14.

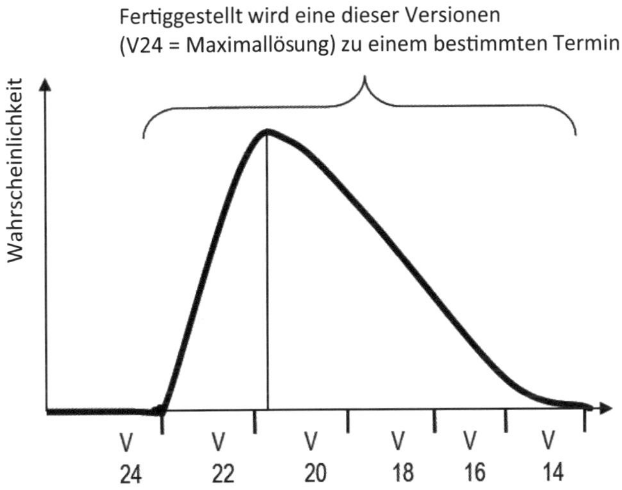

Abb. 8: Wahrscheinlichkeit der Erstellung von Software-Versionen zu bestimmten Terminen

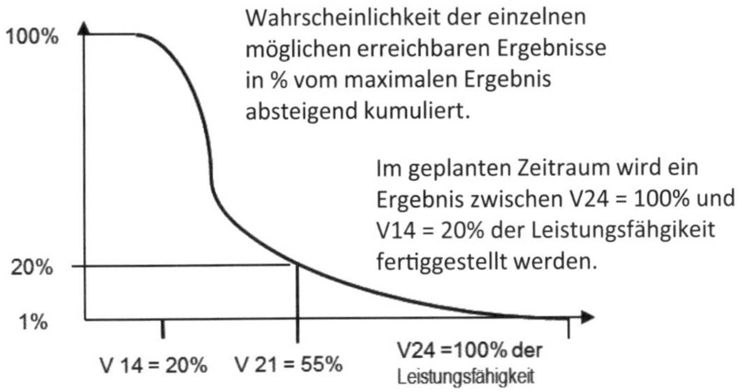

Abb. 9: Abnehmend Kumulierte Darstellung der Wahrscheinlichkeit der möglichen Ergebnisse bei der Erstellung von Software-Versionen

Auch diese Entwicklung wird zur Verdeutlichung in Abbildung 9 noch einmal als abfallend kumulierte Kurve dargestellt. In diesem Bild wird für das gewählte Beispiel deutlich, dass die Möglichkeit, nur eine insgesamt weniger leistungsfähige Version zu einem festgelegten Zeitpunkt zu erhalten, wesentlich wahrscheinlicher ist als umgekehrt.

Achtung

Machen Sie sich anhand von Kurven nach der Methode von DeMarco/Lister deutlich, welche Möglichkeit in Ihrem Projekt mit welcher Gesamtwahrscheinlichkeit eintreffen kann. (Besonders aussagefähig sind die kumulierten Darstellungen.)

Lösen Sie sich dann von der vielleicht üblichen Frage „Zu welchem (variablen) Zeitpunkt wird ein festes Ergebnis erreicht?" und fragen Sie stattdessen „Welches (variable) Ergebnis wird voraussichtlich zu einem festen Zeitpunkt erreicht?".

Dieser Denkansatz ähnelt meiner Meinung auch dem des agilen Projektmanagements und dem Verfahren SCRUM, in dem „Sprints“ als feste Zeiteinheiten festgelegt werden, in denen dann begrenzt variable Ergebnisse erzielt werden.

Bisher ging es darum, möglichst genaue Erkenntnisse zu gewinnen, jetzt sollen diese auch verwertet und umgesetzt werden. Deshalb geht es im nächsten Kapitel um Maßnahmen.

2.5 Fazit

- Die in einem ersten Schritt identifizierten Risiken unterziehen Sie in Schritt zwei einer Analyse und setzen Prioritäten.
- Beschreiben Sie Risiken zunächst in Worten und arbeiten Sie dann mit Bewertungsskalen.
- Risikoportfolio und Risikomatrix sind geeignete Instrumente, um Risiken Prioritäten zu geben, sich einen Überblick zu schaffen und die Situation zu kommunizieren.
- Mit der Methode der Quantifizierten Unsicherheit nach DeMarco/Lister steht Ihnen ergänzend ein präzises und logisches Analyseinstrument zur Verfügung.

3 Schritt 3: Kaufmännische und rechtliche Aspekte beachten

In den bisherigen Kapiteln haben Sie Risiken- und Chancenmanagement vor allem aus der Perspektive des eigentlichen Projektmanagements kennen gelernt. Es standen Risiken im Mittelpunkt, die sich aus dem Projektprozess ergeben. An einigen Stellen sind auch schon kaufmännische Aspekte oder rechtliche Rahmenbedingungen des Projektprozesses angesprochen worden, die im Hinblick auf Risiken und Chancen zu berücksichtigen sind. Dies gilt es nun noch zu vertiefen. Dabei sollen vor allem einzelne projektrelevante Vorschriften des Schuldrechts im BGB, Bestimmungen zur Rechnungslegung nach HGB und internationalen Standards und die Mitkalkulation im Projekt betrachtet werden. Hinzu kommen gesetzliche Regelungen für das Risikomanagement selbst.

3.1 Besonders relevante gesetzliche Vorschriften

Deutsches Recht wird grundsätzlich in Zivilrecht, Öffentliches Recht und Strafrecht eingeteilt, wobei für das Projektmanagement in erster Linie zivilrechtliche Bestimmungen relevant sind, während strafrechtliche Tatbestände in Ihrem Projekt hoffentlich niemals eine Rolle spielen werden. Innerhalb des Zivilrechts geht es im Projektmanagement wiederum meistens um Fragen des Schuldrechts, um jenes Rechtsgebiet also, in dem Ansprüche natürlicher und juristischer Personen auf Leistungen geregelt sind. Gesetzestexte dazu finden sich in erster Linie im Bürgerlichen Gesetzbuch (BGB). Dort werden Regeln zu den in Verträgen gegenseitig zu vereinbarenden Leistungen, zu Leistungsstörungen und für die Verteilung der Risiken getroffen.

Diese Regeln haben enge Verbindungen zum Projekt- und Risikomanagement. Das gilt etwa für die Regelungen zur Haftungsbegrenzung bzw. -verteilung. Solche Regelungen sind allerdings mit Blick auf die Vertragspartner praktisch „Nullsummenspiele“, da die Beschränkung der Haftung einer Partei nur zur Verlagerung auf eine andere führt.

Nachfolgend lernen Sie aus der Vielzahl der juristischen Aspekte eine Auswahl von Situationen und Hilfen zu deren Bewältigung kennen, die sich in der Praxis als besonders relevant herausgestellt haben. Es findet hier keine Rechtsberatung statt, und es gibt auch keinen Ersatz für den Rat eines Anwalts, aber einige Hinweise könnten dazu beitragen, dass Sie mögliche Fehler vermeiden.

Häufige Vertragstypen in der Projektpraxis

In der Projektpraxis sind bei der Einschätzung der Rechtslage zwei Dinge von Bedeutung: Erstens die Interpretation allgemeingültiger, gesetzlicher Regeln bezogen auf das Projekt und zweitens die Integration projektindividueller Vereinbarungen. Damit sind z. B. Fragen des Vertragstyps, der Art der Zusicherung von Leistungen oder des Übergangs von Haftungen gemeint.

Für das Projektmanagement können je nach Sachverhalt verschiedene gesetzliche und anderweitige, z. B. in Verordnungen formulierte Vorschriften, relevant sein. So können z. B. Regelungen zum Arbeitsschutz die Überstunden im Projekt begrenzen, steuerrechtliche Regeln haben Einfluss auf die Dokumentation usw.

Aus dem BGB und den dortigen Regeln zum Vertragsrecht sind etwa die Regelungen zum Werkvertrag, zum Dienstvertrag und zum Werkliefervertrag relevant.

Beispiel: Werkvertrag und Dienstvertrag

Am Beginn des Projekts wird als erster Schritt die Erarbeitung einer Machbarkeits- und Wirtschaftlichkeitsstudie vereinbart. Diese Leistung lässt sich, je nach dem individuellen Vertragstext, als Werkvertrag (§§ 636 ff BGB) oder als Dienstvertrag (§§ 611 ff BGB) interpretieren. Für den Auftragnehmer bedeutet die erste Interpretation, dass er einen Erfolg schuldet – mit dem entsprechendem Risiko von Nacharbeiten, erweiterter Haftung usw. Wird der Vertrag dagegen als Dienstvertrag eingestuft, dann ist seitens des Auftragnehmers die ordentliche und fachgerechte Erbringung der Leistung (des Dienstes) gefordert, aber eben nicht mehr der Erfolg. Das Risiko für den Auftragnehmer wird tendenziell geringer.

Aus den beiden Interpretationen ergeben sich also unterschiedliche Rechtsfolgen und somit unterschiedliche Verteilungen der Risiken zwischen Auftraggeber und Auftragnehmer. Die gesetzlichen Regeln sind meist eindeutig. Die Schwierigkeit liegt darin, zu interpretieren, ob der individuelle Fall nun dem einen oder dem anderen Vertragstyp zuzuordnen ist. Dabei nutzt es auch nicht viel, dem Vertrag eine bestimmte Überschrift zu geben. Vielmehr gilt der Grundsatz, dass nicht entscheidend ist, was über dem Vertrag steht, sondern was darin tatsächlich geregelt ist und wie das geschieht. Kommt es wirklich zum Streit, muss oft der Richter entscheiden, um welchen Fall es sich nun handelte.

Eine deutliche Regelung kommt am ehesten noch dort zustande, wo Verträge mit externen Beteiligten geschlossen werden. Solche Verträge werden in der Regel in schriftlicher Form geschlossen, was präzise Formulierungen erfordert bzw. fördert. Viele Projekte werden aber auch zwischen unternehmensinternen Beteiligten vereinbart. Hier fehlt der Zwang zu tatsächlich präzisen und zweifelsfreien Vereinbarungen. Das Ergebnis ist leider häufig, dass ein problemloser Start gelingt, der Ärger aber dann später kommt.

Beispiel: Unklare unternehmensinterne Vereinbarungen

In einem Großunternehmen soll die interne IT-Abteilung nach grober Spezifikation einige Anpassungen in den Programmen für eine Fachabteilung, nämlich dem Rechnungswesen, vornehmen. Während der Bearbeitung werden immer wieder Änderungen von beiden Seiten vorgeschlagen und realisiert. Dies führt zu einer erheblichen Verzögerung und Kostensteigerung gegenüber den ursprünglichen Vorstellungen der Fachabteilung.

Nun folgt der Wechsel böser Memos. Die Fachabteilung eröffnet mit dem Satz: „Wieder einmal hat es unsere IT-Abteilung nicht geschafft, ein Projekt kosten- und termingerecht abzuwickeln." Daraufhin der Widerspruch der IT-Abteilung: „Wieder einmal hat das Rechnungswesen nicht gewusst, was es will. Ständige Änderungswünsche an bereits fertigen Modulen machen ein Projekt natürlich teurer." Folgt der Konter der Fachabteilung: „Hätte man uns gesagt, dass diese kleine Änderung solche Konsequenzen hat, hätten wir darauf verzichtet!" Und so geht es dann noch eine Weile hin und her.

Was ist geschehen? Nun, die Fachabteilung war (unbewusst) der Meinung, eine Vereinbarung nach den Regeln eines Werkvertrages getroffen zu haben. Danach hätte die IT-Abteilung, der Auftragnehmer, eine Leistung vollständig erbringen und übergeben müssen und das Risiko für die rechtzeitige Ausführung getragen. Die IT-Abteilung fühlte sich aber gemäß den Regeln eines Dienstvertrages beauftragt. Sie war der Auffassung, dass die Verantwortung für den Gesamtüberblick bei der sie mit definierten Leistungen beauftragenden Fachabteilung geblieben sei. Mit anderen Worten: Die IT-Abteilung programmierte so lange neu, wie das Rechnungswesen es wollte.

Die unpräzise Vereinbarung — der „Scheinkompromiss" — ist schnell eingetreten. Warum eigentlich diese Grauzonen in der Vereinbarung? Manchmal aus Nachlässigkeit, manchmal aber auch deshalb, weil eine Partei glaubt, die Lücken und Unschärfen später zu ihrem Vorteil nutzen zu können. Aber die andere Vertragspartei glaubt das auch, und so ist der Konflikt vorprogrammiert! Selbstverständlich kann es Situationen geben, in denen zunächst Verhandlungsspielräume bleiben müssen. Verlieren Sie trotzdem nie die Gesamtsituation aus den Augen!

Achtung

Versuchen Sie, Vereinbarungen möglichst frühzeitig detailliert zu treffen bzw. legen Sie mindestens entsprechende Procedere und Regeln fest. Solche Regeln können z. B. den Umgang mit Änderungen im Projekt betreffen. Dort, wo Sie es nicht mit Vereinbarungen zwischen externen, sondern mit unternehmensinternen Partnern zu tun haben, sollten Vereinbarungen nicht weniger präzise sein. Die Praxis gerade in großen Unternehmen zeigt, dass den internen Regelungen mindestens so viel Aufmerksamkeit zukommt wie Vereinbarungen mit Externen. Dieses Vorgehen wird nicht nur das Potenzial späterer gegenseitiger Schuldzuweisungen reduzieren, sondern insgesamt für bessere Ergebnisse und Projekte sorgen.

Häufig erleben Sie im Projektgeschäft, dass es, aufgrund von zunächst unvollständigen Informationen am Anfang, während des späteren Projektverlaufs zu Einzelregelungsbedarf kommt. Davon werden wiederum einzelne Interessensträger (Auftraggeber, Auftragnehmer, Subunternehmer) entweder objektiv besonders berührt oder empfinden dies subjektiv so. Offener Regelungsbedarf wirkt also in der Regel konfliktfördernd. Dies gilt vor allem in den Fällen, die durch Gesetze nur unvollständig abgedeckt und in den Verträgen ungenügend geregelt sind. Diese Situation birgt also das Risiko späterer Reibungsverluste bzw. ernsthaften Streits.

Da es im Projekt aber immer wieder zu solchen Situationen kommen wird, ist es hilfreich, die spätere Bearbeitung zusätzlichen Regelungsbedarfs (und von Diskontinuitäten in der Projektabwicklung allgemein) bereits im Vorfeld festzulegen, um daraus folgende Zwänge, Befindlichkeiten und Zeitdruck zu vermeiden.

Außerdem kann es zu Problemen kommen, weil die am Projekt Beteiligten sich nicht an die getroffenen Vereinbarungen halten und/oder sich diese Regeln in der Praxis als unhandlich erweisen. Auch für diese Fälle sollten Grenzwerte und Konsequenzen vorher geregelt werden.

Ein Beispiel dafür bieten pauschalierte Regeln für den Fall eines Terminverzugs. Laut Gesetz müsste der Auftraggeber (AG) nachweisen, in welcher Höhe ihm z. B. ein Schaden durch einen Terminverzug entstanden ist und dass der Auftragnehmer (AN) dies zu vertreten hat. Das ist für den AG ein mühevolles Procedere, das man übrigens gerne in zwei Schritte teilt: Erst werden der Schaden der Art nach und der Verursacher dafür festgestellt (z. B. der AN), anschließend wird (in häufig mühevoller Kleinarbeit) die tatsächliche Schadenshöhe ermittelt. Dieses Verfahren hat für beide Seiten erhebliche Nachteile: Der AG muss die o.a. Beweise glaubhaft machen, für den AN besteht ein hohes Risiko bzgl. Haftungshöhe.

Diese Situation umgeht man, indem die im deutschen Recht mögliche Dispositionsfreiheit für Verträge genutzt und eine von den gesetzlichen Vorschriften abweichende Regelung getroffen wird, nämlich die Vereinbarung einer Vertragsstrafe.

Eine Vertragsstrafe (Pönale) sieht z. B. Schadensersatz in genau festgelegter Höhe für den Auftraggeber, bei einer Vertragsverletzung meist in Form einer verspäteter Leistung des Auftragnehmers, vor, ohne dass ein entsprechender Schaden im Einzelnen nachgewiesen werden muss. Alleine das Überschreiten eines bestimmten kalendarischen Datums löst den Anspruch auf die Zahlung der Pönale aus.

Allerdings werden solche Pönalen in der Praxis auch vereinbart, ohne damit weitergehende Schadensersatzansprüche auszuschließen. In diesem Fall kann der Auftragnehmer dann natürlich nur noch insoweit in Anspruch genommen werden, wie der tatsächliche Schaden die bereits gezahlte Pönale übersteigt.

Ein weiteres Problemfeld kann sich ergeben, wenn die Regeln zur Projektorganisation, also zu den Informationen und Entscheidungen im Projekt, nicht mit den vertraglichen Beziehungen übereinstimmen. So stehen bspw. Subunternehmer auch in direktem Kontakt zueinander, der Kunde beschäftigt zusätzliche Consultants oder Planer usw. Daraus folgt dann für den Auftragnehmer das Risiko, zusätzliche Aufträge oder Änderungswünsche angetragen zu bekommen, ohne dass klar ist, ob derjenige, der den Auftrag erteilt, tatsächlich entsprechend autorisiert ist und der Zusatz letztendlich auch bezahlt wird.

Beispiel

Der Endkunde bestellt beim Auftragnehmer eine schlüsselfertige Anlage zu einem Festpreis. Mit der Feinsteuerung und Überwachung beauftragt er, weil er vielleicht selbst nicht fachkundig genug ist, einen beratenden Ingenieur (Consultant). Dieser hat nun Vorstellungen von der Ausführung einzelner Komponenten, die von denen im Angebot zugrunde gelegten abweichen. So soll etwa die Verkabelung in den Schalt- und Steuerungsschränken ausgetauscht werden, weil die Farbe der Isolierung nicht passt.

Die Frage ist, wer zur Beauftragung zusätzlicher Leistungen berechtigt ist, wer diese Mehrkosten zu genehmigen und wer sie zu tragen hat. Ein Vertrag als rechtliche Grundlage besteht ja nur zwischen Auftragnehmer und Auftraggeber, nicht aber zwischen Auftragnehmer und Consultant.

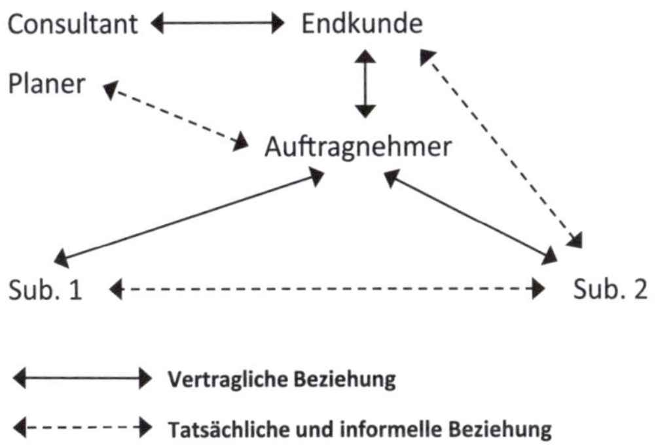

Abb. 10: Beispiel für mögliche vertragliche Verflechtungen in einem Projekt

Abbildung 10 zeigt ein Beispiel für mögliche vertragliche Verflechtungen zwischen Auftragnehmer, Endkunde, Consultant, Planer und Subunternehmern in einem Projekt. Dass solche komplexen Vertragsverhältnisse ein erhöhtes Risiko für daraus folgende Auseinandersetzungen in sich tragen, versteht sich von selbst.

Häufige Vertragskonstellationen von AG und mehreren AN in der Projektpraxis

Der einfachste Fall ist die Konstellation, dass es einen Auftraggeber (AG) und einen Auftragnehmer (AN) für das Projekt gibt und die Leistungen für das Projekt von diesem AN vollständig erbracht werden. Hier haben im gesamten Projekt also nur zwei Parteien einen Vertrag geschlossen.

Häufig sind die für das Projekt zu erbringenden Leistungen aber so unterschiedlich und komplex, dass verschiedene AN damit beauftragt werden (müssen). In diesem Fall kann der AG die verschiedenen AN selbst auswählen, koordinieren und steuern. Der Vorteil kann sein, dass diese Variante (auf den ersten Blick) kostengünstiger ist oder zu sein scheint. Die Praxis zeigt allerdings, dass mit dieser Ausprägung auch große Risiken für den AG verbunden sein können. Einmal fehlt es beim AG häufig am fachlichen und methodischen Know-how, das nötig wäre, die Aufgabe zu bewältigen. Weder kann er z. B. die Qualität der Angebote genau genug beurteilen, noch ist er in der Lage ein, angemessenes Auftrags- und Claimmanagement zu organisieren.

Zum zweiten ist die Haftung auf die einzelnen AN verteilt, und es wird schwierig sein, die tatsächlichen Verursacher festzustellen und haftbar zu machen. Es besteht die Gefahr gegenseitiger Schuldzuweisung.

Beispiel: Das BER-Desaster

Ein bedauerliches Beispiel dafür liefert der, bei Drucklegung immer noch nicht fertige, neue Berliner Flughafen BER. Hier hatte nach langem Hin und Her die öffentliche Hand als Auftraggeber beschlossen, Gewerke einzeln an verschiedene AN zu vergeben und die Überwachung der Steuerung selbst zu initiieren – der Einsatz eines erfahrenen Generalunternehmers war als zu teuer verworfen worden. Die Fehlentwicklungen bei der Technik, also dem Ergebnis, sind mannigfach. Mangelnde Systemverantwortung führte z. B. dazu, dass im Brandschutz zwar die einzelnen Komponenten, Klappen, Verbindungskabel, Software einzeln funktionierten, nur zusammen funktionierten sie nicht. Und keiner fühlte sich dafür verantwortlich. Die inzwischen eingetretenen Milliarden-Schäden durch Mehrkosten und die verspätete Eröffnung zeigen, dass hier wohl an der falschen Stelle „gespart" wurde.

Diese Situation lässt sich vermeiden oder wenigstens entschärfen, wenn vom AG ein entsprechend erfahrener Generalunternehmer (GU) beauftragt wird, der seinerseits die einzelnen notwenigen AN (als Subunternehmer) beauftragt. Diesem GU obliegt dann die Koordination der Subunternehmer, und er trägt die Haftung für die Leistung gegenüber dem AG insgesamt. Dass der GU dafür einen finanziellen Aufschlag auf die Leistungen der Subunternehmer verlangt, wird sich in der Praxis für den AG häufig letztendlich bezahlt machen.

Eine dritte mögliche Zusammenarbeit von Auftragnehmern ist deren Zusammenschluss zu einem Konsortium. Ein Konsortium ist formaljuristisch so etwas wie eine BGB-Gesellschaft, ein nicht eingetragener Verein. Die einzelnen Beteiligten (Konsorten) bestimmen aus ihren Reihen eine Konsortialführer (Federführer), der die Nahtstelle zum AG darstellt und die Koordination der Konsorten untereinander übernimmt. Dafür erhält er eine Gebühr, die in der Größenordnung von 2 % des Projektwerts liegen kann, ein Indiz für den Aufwand, der mit solch einem Koordinationsbedarf verbunden ist.

Der Vorteil für den AG liegt darin, dass jeder Konsorte gesamtschuldnerisch für die anderen mit haftet. Der AG kann sich also im Schadensfall einen der Konsorten aussuchen und diesen für den Gesamtschaden in Regress nehmen — unabhängig von der Frage des tatsächlichen Verschuldens (z. B. den wirtschaftlich am stärksten Erscheinenden). Dieser wird dann, gemäß den Regelungen des Konsortialvertrages, diesen Schadenersatz wiederum bei seinen Konsorten geltend machen.

Konsortien werden häufig bei Großprojekten vereinbart, wenn von den Beteiligten keiner die Dominanz eines GU hat und die Verteilung der Haftungsrisiken gewünscht ist. Häufig wird dann auch bereits in der Ausschreibung gefordert, dass Konsortien zu bilden sind und diese dann als solche anbieten.

Weitere häufig relevante juristische Aspekte der Projektpraxis

Die Praxis zeigt in diesem Zusammenhang einen weiteren Gefahrenpunkt: Die Regelungen von Vollmachten bzw. deren unabsichtliche Erteilung. Im Außenverhältnis ist nämlich nicht die tatsächliche, intern geregelte Vollmacht entscheidend, sondern der gute Glaube eines Außenstehenden. Dieser kann sich auf Duldung der Handlungen einer Person (einmal kann reichen) oder auf das Auftreten einer Person, die auf Bevollmächtigung schließen lässt (zwei- bis dreimal können reichen) gründen.

Beispiel: Duldungsvollmacht und Anscheinsvollmacht

Der Projektleiter und ein Projektmitarbeiter sind gemeinsam im Projektmeeting mit dem Kunden. Im Verlauf des Gesprächs gibt der Projektmitarbeiter gegenüber dem Auftraggeber die Zusage, eine zusätzliche Leistung unentgeltlich zu erbringen. Der Projektleiter sagt dazu nichts, duldet dies also stillschweigend. Macht dieser Projektmitarbeiter in einem folgenden Gespräch bei diesem Kunden ohne Beisein des Projektleiters wieder eine Zusage, kann diese bereits als verbindlich gelten (sog. Duldungsvollmacht).

Im zweiten Fall sagt der Projektmitarbeiter diese Leistungen zwei- oder dreimal zu und jedes Mal werden sie auch entsprechend erbracht. Auch hier kann die folgende, evtl. viel bedeutendere Zusage als rechtsverbindlich angesehen werden. Das ist die sog. Anscheinsvollmacht.

Dass diese Situationen für das Projekt und den Projektleiter risikobehaftet sind, liegt auf der Hand. Die Lösung ist aber einfach: Alle Probleme lassen sich durch schriftliche Regelungen vermeiden. Sie dürfen diese nur nicht vergessen.

Doch selbst wenn alle Regelungen eindeutig und vollständig sind, bedeutet dies noch nicht, dass die Projektabwicklung ohne rechts- und vertragsbezogene Risiken und Probleme verläuft. Häufig sind Schwächen in der Rechtsanwendung zur Risikobehandlung bereits im Vorfeld zu beobachten. Im laufenden Projekt setzen sich diese dann fort.

Dies ist häufig auf zwei Umstände begründet: Zum einen, weil zwar die Leistungen im Vertrag präzise beschrieben, der Weg der Leistungserbringung, also die Abwicklungsaspekte, bei der Vertragsgestaltung aber als nachrangig angesehen werden. Zum zweiten, weil die Vereinbarungen oder die Rechtslage durch das Abwicklungspersonal ignoriert werden.

Schriftliches nicht nachträglich aufweichen

Ein Vertrag kann zum Beispiel regeln, dass und wie eine extern entwickelte Software vom Hersteller auf den Rechnern des Auftraggebers getestet werden soll. Es sind aber keinerlei Regeln zu entsprechenden Anmeldefristen, zur Verfügbarkeit von Testdaten und -umgebungen oder Konsequenzen bei eingeschränkter Verfügbarkeit getroffen worden. Die Folge könnten daher Terminverzögerungen, Mehraufwand, Qualitätsprobleme und unzureichende Erfüllung der Verpflichtungen sein.

Ebenso gibt es vertragliche Regelungen, die in der Praxis nur schwer umsetzbar sind bzw. mit denen eher lax umgegangen wird. Vereinbarte Formalien, z. B. dass keine Änderung ohne schriftlich bestätigten Auftrag erfolgen soll, werden nicht eingehalten und die getroffenen Regeln somit Stück für Stück aufgeweicht.

Beispiel: In einem knapp kalkulierten Festpreisauftrag wurde vereinbart, dass Mehrleistungen nur gegen vorherige Anmeldung und zusätzliche Verrechnung erbracht werden. Dazu sind Meldezettel und schriftliche Anerkenntnis vereinbart. In der Praxis aber arbeitet das eingesetzte Personal auch auf Zuruf. Motto: „Mach doch mal eben ...“ Die Anerkenntnis und spätere Bezahlung sind deshalb höchst unsicher und das Projektergebnis wird zusätzlich belastet.

Was können Sie tun? Zunächst einmal ist es wichtig, unter allen am Projekt Beteiligten das Bewusstsein dafür zu schärfen, dass das eigene Verhalten auch dann juristische Folgen haben kann, wenn man dies gar nicht beabsichtigt. Insbesondere ist vielen Menschen nicht klar, dass nicht nur Handeln, sondern auch Unterlassen, also Nicht-Reagieren, juristische Folgen hat.

Achtung

Sensibilisieren Sie alle Personen, die durch vertragliche Regeln zu einem bestimmtem Verhalten angehalten werden sollen (z. B. Dokumentationen zu erstellen, Abstimmungsregeln einzuhalten), für die Risiken nicht vertragskonformen Verhaltens, und zwar sowohl für das Projekt als auch persönlich. Machen Sie Ihren Mitarbeitern und Kollegen klar, dass sich jeder, der am Projekt beteiligt ist, irgendwann juristisch relevant verhält.

3.2 Vorschriften aus der Rechnungslegung

Im Bereich der Rechnungslegung gibt es eine Reihe zwingender Vorschriften für Unternehmen, die sich auch auf das Risikomanagement auswirken. In diesem Abschnitt möchte ich Ihnen einige Regelungen des Gesetzes zur Kontrolle und Transparenz im Unternehmensbereich, des Handelsgesetzbuches und der Rechnungslegungsvorschriften US-GAAP im Hinblick auf ihre Konsequenzen für die Projektpraxis vorstellen.

Was das KonTraG fordert

Das KonTraG (Gesetz zur Kontrolle und Transparenz im Unternehmensbereich) sollten Sie berücksichtigen, weil es eine zwar nicht sehr ins Detail gehende, aber verbindliche gesetzliche Aussage zum Risikomanagement in Unternehmen macht. Dort, wo das Geschäft eines Unternehmens ganz oder teilweise das Projektgeschäft ist, betreffen diese Regeln folglich auch das Projektmanagement. Damit wiederum gehören Grundkenntnisse des KonTraG zum Basiswissen eines Projektleiters.

Das KonTraG trat im Mai 1998 in Kraft. Es stellt eine Änderung des § 91 Aktiengesetz (AktG) dar, der Aussagen zu Organisation und Buchführung im Unternehmen beinhaltet. Dort heißt es z. B. in Abs. 2: „Der Vorstand hat geeignete Maßnahmen zu treffen, insbesondere ein Überwachungssystem einzurichten, damit den Fortbestand der Gesellschaft gefährdende Entwicklungen früh erkannt werden." Das schließt in der Begründung „... insbesondere risikobehaftete Geschäfte ..." ein. Daraus ist abzuleiten, dass dort, wo das Unternehmen externes Projektgeschäft betreibt, entsprechende Vorsorge im Projektmanagement zu treffen ist.

Risiken überwachen ist Chefsache

Das Risikoverständnis im Sinne des KonTraG bedeutet nun sinngemäß: die Gefahr von Verlusten oder Schäden, d. h. mögliche ungünstige, gefährliche oder existenzbedrohende Entwicklungen im Rahmen der Geschäftstätigkeit aus Einzelgeschäften, einem

Geschäftsbereich oder der Gesamtunternehmung, die eine kritische Grenze überschreiten (können). Verlustbegriff und kritische Grenze sind nicht festgelegt; dies und die Organisation der Überwachung ist Aufgabe der Geschäftsleitung bzw. des Risikomanagements.

Im Weiteren bleibt das KonTraG allerdings relativ unpräzise, sodass es die Sache der Unternehmen ist, geeignete Risikomanagement-Systeme zu entwerfen und zu etablieren. Dies erfolgt zusätzlich zu vorhandenen Revisions- und Controllingfunktionen, die im Unternehmen als interne Revision prozessunabhängig oder als prozessabhängige Kontrollfunktionen existieren.

Die Forderungen an ein Überwachungssystem beinhalten den Aufbau eines Frühwarnsystems, in dem Beobachtungsbereiche, Indikatoren und Toleranzen sowie die dann folgenden Informationswege festgelegt werden. Die Beobachtungsbereiche von Unternehmen, die im Projektgeschäft tätig sind, müssen sich demnach auf die Märkte ihrer Projekte generell genau wie auf die Entwicklung im einzelnen Projekt erstrecken.

Regelungen von US-GAAP, IAS und HGB

Ebenso wie die Grundsätze des KonTraG gehört Grundwissen zu den US-GAAP (Generally Accepted Accounting Principles) und den vergleichbaren IAS (International Accounting Standards) zum Basiswissen der kfm. Abwicklung und des Risikomanagements in Projekten. Da die in diesen international gebräuchlichen Rechnungslegungsvorschriften enthaltenen Grundsätze und Methoden frühzeitig Transparenz in die Projektbeurteilung bringen, sollten sich auch diejenigen Projektleiter damit vertraut machen, deren Unternehmen oder Projekte nicht zur Anwendung verpflichtet sind.

Shareholder besser informieren

Die US-GAAP haben das Ziel, Kapitalgebern, also Gläubigern und Aktionären, bessere Informationen über den Geschäftsverlauf des Unternehmens, dem sie ihr Geld anvertrauen, zu liefern. Vor allem soll rechtzeitig auf mögliche geschäftliche und andere Risiken hingewiesen werden. Für Unternehmen, deren Geschäft das Projektgeschäft ist, stammen deren geschäftliche Risiken aus eben diesen Projekten. Daraus wiederum folgt die Anwendung der Leitgedanken der US-GAAP für die Projektverfolgung und -beurteilung.

Was für praktische Auswirkungen haben diese internationalen Regeln nun für Ihr Projekt- und Risikomanagement? Deutsche Unternehmen haben zunächst einmal nach den entsprechenden in Deutschland geltenden Regeln für Buchführung und Bilanzierung zu handeln. Diese sind im Steuerrecht, den Vorschriften des HGB und den darin enthaltenen Rechnungslegungsvorschriften, z. B. den „Grundsätzen ordnungsmäßiger Buchführung", niedergelegt. Daraus folgen dann entsprechende Informationen für den Projektleiter aus der Buchhaltung (z. B. Entwicklung der Kosten) bzw. Informationsbedürfnisse von dort an den Projektleiter.

Unternehmen, die an amerikanischen Aktienbörsen gehandelt werden wollen, müssen die Bilanz, die Gewinn- und Verlustrechnung (GuV) und die Kapitalflussrechnungen auch nach US-amerikanischen Rechnungslegungsvorschriften erstellen. Dies wiederum hat Konsequenzen auf die Rechnungslegung im Projektgeschäft. Ein Unterschied besteht z. B. darin, dass die Rechnungslegungsperiode nach HGB auf eine jährliche, die der US-GAAP auf eine quartalsweise Erfolgsermittlung ausgelegt ist.

Bei Projekten, die über eine längere Zeit als eine Rechnungslegungsperiode laufen, müssen also Zwischenergebnisse (im Sinne von wirtschaftlichen Ergebnissen) ermittelt werden. Solch ein Zwischenergebnis wird ermittelt, indem die bis zu einem bestimmten Zeitpunkt geplante Leistung und die dafür geplanten Kosten mit dem tatsächlichen Leistungsfortschritt und den dabei entstandenen Kosten verglichen werden. Zeigt dieser Vergleich eine im Ist geringere Leistung und damit einen geringeren erbrachten Projektfortschritt als geplant, wird dadurch auf das Risiko eines möglichen Terminverzugs hingewiesen. Übersteigen die für die erbrachte Leistung im Ist entstandenen Kosten die, die für diese Leistung geplant waren, droht daraus eine Kostenüberschreitung im Gesamtprojekt.

Diesen schnelleren Ausweis des aktuellen Projekterfolges können Sie als Grundlage ansehen, gegenüber den drohenden terminlichen Risiken und/oder Kostenrisiken rechtzeitig gegenzusteuern. Zunächst sollen die Vorschriften zwar die Aktionäre und Gläubiger des Unternehmens schützen. Sie liefern jedoch auch der unternehmensinternen Überwachung und Ihnen als Projektleiter wichtige Hinweise, indem sie Fragen nach der Entwicklung des Projekts stellen und auf Risiken aus möglichem Terminverzug und zu teurer Leistung hinweisen.

Es ist erfreulich, dass an und für sich selbstverständliche Elemente des Projektmanagements, die leider eben auch so selbstverständlich vernachlässigt werden, somit mit einem gewissen Zwang weiter verbreitet werden.

Generelles Vorgehen nach US-GAAP

Prinzipiell muss zunächst die Abgrenzung des „Construction & Solution Business" (Projektgeschäft) erfolgen und eine allgemein im Unternehmen gültige Kategorisierung (Einteilung in A-, B-, C-Projekte mit unterschiedlichem Detaillierungsgrad) eingeführt werden. Dazu gehört die allgemeingültige Regelung der Zuordnung entsprechender Projekt-, Controlling- und Risikomanagement-Anforderungen zu den einzelnen Kategorien. Dazu kann der absolute finanzielle Wert des Projekts herangezogen werden oder auch eine Eingruppierung vorgenommen werden. Auf dieser Basis erfolgt dann die individuelle Einstufung des Projekts in die jeweilige Kategorie.

Zu Beginn des Projekts müssen Sie diesem zunächst eine Projektstruktur geben (engl. WBS = Work-Breakdown-Structure) und eine Mitkalkulation einrichten (engl. PoC = Percentage of Completion).

Für die Projektstrukturierung besteht prinzipiell die Möglichkeit, diese nach Leistungspositionen (fakturierte Teilleistungen zum Kunden/outputorientierte Leistungsstrukturen mit externem Fokus) oder nach Phasen bzw. Vorgängen (realisierungsbezogene Leistungsstruktur/interner Fokus) auszurichten. Aus beiden Möglichkeiten wird im Einzelfall die individuelle Projektstruktur gewählt. Häufig sind auch Mischformen zu beobachten. Risikomanagement beginnt schon hier, da besonders risikobehaftete Elemente des Projekts herausgehoben werden sollten, um ihre spätere Beobachtung zu erleichtern.

Beispiel: Leistungserfassung

In einem Projekt soll im Rahmen einer größeren Gesamtaufgabe ein Modul zunächst als Prototyp entwickelt werden. Die Erkenntnisse über Kosten und Dauer für die Entwicklung dieses Moduls werden dann im noch laufenden Projekt zur Verfeinerung der Kalkulation benötigt, da dem Prototypen eine Vielzahl weiterer ähnlicher Module folgen. Der Prototyp ist also sowohl in der Terminverfolgung als auch in der Kostenerfassung so zu eliminieren, dass seine Entwicklung gesondert verfolgt werden kann und die Ergebnisse möglichst frühzeitig zur Verfügung stehen. Daraus folgt, dass der Prototyp ein separates Objekt im Strukturplan darstellt, einen separaten Weg oder „Balken" im Terminplan und ein eigenes Konto für die Kostenerfassung erhält.

Als Basis der anschließenden Leistungserfassung stehen generell zwei Verfahren zur Verfügung:

Die PoC ermittelt nach der „Cost-to-Cost-Methode", d. h. die Ermittlung des Verhältnisses von aufgelaufenen Ist-Kosten zu aktuell kalkulierten Gesamtkosten. Aufgelaufene Ist-Kosten beinhalten die aktivierungspflichtigen Projektkosten. Ist-Kosten, die nicht dem Projektfortschritt dienen, sind herauszurechnen. Die so bereinigten Ist-Kosten werden auch als fortschrittsrelevante Kosten bezeichnet.

Die PoC ermittelt nach der „Earned-Value-Methode", d. h. Vergleich von geplanten Kosten fertiger Projektelemente zu geplanten kalkulierten Gesamtkosten.

Beide Verfahren führen zu unterschiedlichen Ergebnissen. Die Kenntnis der Wege zur Ermittlung der Aussagen ist deshalb wichtig für ihre richtige Interpretation und die Abschätzung der Notwendigkeit von Maßnahmen.

Fasst man die Regeln zur Bilanzierung von Risiken zusammen, ergibt sich folgende Differenzierung:

1. Risiken, die in der (Vor-) Kalkulation bereits enthalten sind, haben dort bereits das ausgewiesene Ergebnis gemindert und sind damit bei Eintreten ergebnisneutral (bzw. verbessern das Ergebnis, wenn sie nicht eintreten, sind also eine Chance). Im Sinne der Definition von Risiken am Anfang dieses Teils sind dies eigentlich keine Risiken mehr, da sie ja in der Planung berücksichtigt wurden.
2. Risiken, die im Projektverlauf zu Tage treten, sollen zur Bildung entsprechender Rückstellungen führen. Damit werden sie bereits in der Periode, in der sie entdeckt werden, im Ergebnis berücksichtigt und nicht erst am Ende.
3. Restrisiken, die vorher nicht entdeckt werden, wirken sich zum Projektende als das Ergebnis verschlechternd aus.

Leider ist die Planung der Leistungs- und Kostenentwicklung in der Praxis nicht einfach. Dies liegt auch daran, dass häufig die eingesetzten Werkzeuge der Terminplanung (z. B. MS Project) und der Kostenrechnung (z. B. SAP) nicht auf solche Rechnungen eingestellt und kompatibel sind.

Ein weiteres Problem wird sich für Sie bei der Abschätzung der Fertigstellungsgrade des Projekts auftun. Sie werden gezwungen sein, den Zustand der Arbeitspakete und Vorgänge in drei mögliche Kategorien einzuordnen: „nicht begonnen", „begonnen" und „fertig". „Nicht begonnen" und „fertig" („100 % fertig" im Sinne von „es sind definitiv daran keine Arbeiten mehr nötig und zulässig") mögen noch eindeutige Zustände sein, der Grad der Fertigstellung einer begonnenen Arbeit ist dagegen vor allem bei nicht physikalisch messbaren Arbeiten häufig ein Problem.

Mein Tipp aus langer Erfahrung: Alles, was noch nicht zu 100 % fertig ist, gilt als erst zu 20% fertig — Ende der Diskussion. Das setzt natürlich eine entsprechende Gliederung im Projekt voraus. Gehen Sie daher davon aus, dass Sie solche Informationen in Nebenrechnungen evtl. nur grob ermitteln können — aber verzichten Sie deshalb nicht komplett darauf!

Achtung

Führen Sie Verfahren zum Planen und Ermitteln von Leistungs- und Kostenentwicklung im Projekt ein. Sie schaffen sich damit ein grundlegendes Instrument, Ihr Projekt zu verfolgen und drohende Termin- oder Kostenüberschreitungen rechtzeitig zu erkennen. Die isolierten Aussagen über die verbrauchten Kosten bzw. den erreichten Leistungsstand reichen Ihnen nicht, wichtig ist auch die Relation der beiden Größen zueinander.

Risikomanagement gleich Qualitätsmanagement?

Richtig verstanden müsste ein System des Qualitätsmanagements helfen, auch Risiken im Projekt zu mindern. Allerdings ist es so, dass mit der Zertifizierung eines Qualitätsmanagementsystems nach DIN bzw. ISO 9000 ff. zunächst nur sichergestellt ist, dass dieses den formalen Ansprüchen genügt. Das bedeutet, dass Handbücher und Arbeitsanweisungen existieren, eingeführt sind und die Mitarbeiter unterwiesen wurden.

Zu hoffen ist und die Regel sollte sein, dass bei der Erarbeitung der entsprechenden Unterlagen auch nach inhaltlich richtigen Ausprägungen gesucht wurde — das ist leider nicht selbstverständlich, und das Zertifikat garantiert es noch lange nicht.

3.3 Risikomanagement und Mitkalkulation

Nachfolgend lernen Sie ein Schema und eine Vorgehensweise zur Mitkalkulation von Risiken und Chancen sowie Claims und Changeorders im Projekt kennen. Dazu sei zunächst an einige Grundprinzipien der Kalkulation erinnert: In der Vor- und später in den Mitkalkulationen werden Planwerte eingebracht, die, weil zukunftsorientiert, mit größeren oder geringeren Unsicherheiten belastet sind.

Aus dem zu erwartenden Erlös und den kalkulierten Kosten (später den angefallene Kosten und Schätzungen für den Rest) wird ein erwartetes Ergebnis für das Projekt ermittelt. Hierin sind also die im Moment der Kalkulation geplanten Umstände und Werte enthalten. Chancen und Risiken wurden eingangs als in der Planung nicht enthaltene Umstände und Größen definiert, die auf die geplanten Werte einen möglichen zusätzlichen Einfluss haben können. Das bedeutet, dass sie in der Planung, in der aktuellen Kalkulation und in dem dadurch ermittelten Ergebnis nicht enthalten sind. Es muss somit neben dem in der Kalkulation fortlaufend ausgewiesenen Ergebnis die Information über eine mögliche Korrekturgröße ermittelt werden, um den Korridor einer denkbaren Abweichung deutlich zu machen. Diese Informationen werden in nachfolgend „Nebenrechnung“ genannten Schritten ermittelt und haben Korrekturwerte gegenüber der Kalkulation zur Gesamtbetrachtung zur Folge.

Risiken oder Chancen mit einer Wahrscheinlichkeit von weniger als 10 % sollten in solch einer Rechnung gar nicht berücksichtigt werden. Entweder sie sind elementarer, existenzbedrohender Natur, dann müssen sie eliminiert, versichert oder anders berücksichtigt werden, oder sie sind von geringerer Bedeutung, dann können sie entfallen oder über einen allgemeinen Zuschlag „intern versichert“ werden.

Risiken und Chancen, denen eine Wahrscheinlichkeit von über 80 oder 85 % zugeordnet wird, liegen mit dieser Wahrscheinlichkeit bereits im Bereich der Genauigkeit der übrigen

Planwerte für das Projekt. Es ist deshalb nur logisch, sie dann ebenfalls in die Planung aufzunehmen, und zwar mit 100 % ihrer angenommenen Wirkung. Aus diesen Überlegungen ergibt sich das nachstehende Berechnungsschema.

Das ursprüngliche Ergebnis der letzten Kalkulation korrigieren Sie wie folgt: Risiken mit einer Wahrscheinlichkeit (W) größer als 80 % werden mit 100 % ihres Wertes (geschätzte Tragweite in Geld ausgedrückt) ergebnismindernd berücksichtigt. Chancen mit einer W größer als 80 % werden mit 100 % des Wertes ergebnisverbessernd berücksichtigt.

(Anmerkung: Als das Ergebnis verbessernd wirken ebenfalls Ergebnisse aus Nachträgen und akzeptierten Claims mit dem entsprechenden Wert, als das Ergebnis mindernd wirken zu akzeptierende Gegenclaims mit dem entsprechenden Wert. Diese zusätzlichen Möglichkeiten zur Veränderung des kalkulierten Ergebnisses bleiben aber in der nachfolgenden Betrachtung unberücksichtigt.)

In einer Nebenrechnung geht es nun weiter: Das fortgeschriebene Ergebnis (ausgewiesen in der Kalkulation) minus den Risiken mit W zwischen 20 % und 80 % mit gewichtetem Wert plus den Chancen mit W zwischen 20% und 80% mit gewichtetem Wert ergeben ein tatsächlich erwartetes Ergebnis des Projekts unter Berücksichtigung o. g. Elemente. (Diese Nebenrechnung dient zur Info und Korrektur des in der laufenden Kalkulation ausgewiesenen Ergebnisses für das Projektmanagement und den geschäftsverantwortlichen Business-Manager).

Folgende Zahlen sollen die Rechnung über mehrere Perioden beispielhaft demonstrieren (W = Wahrscheinlichkeit, T = Tragweite, hier als finanzielle Auswirkung, gew. = gewichtet).

Ausgangssituation (erste oder Periode x des Projekts):

Das Ergebnis der aktuellen (Vor- oder Mit-)Kalkulation soll + 100 tEUR betragen. Es bestehen folgende Risiken

(gew. = gewichtet):

- Risiko 1 mit W = 40 % und T = 10 tEUR => gew. 4 tEUR
- Risiken 2 bis n mit diversen W und T => gew. 25 tEUR

Daraus ergibt sich als Summe der Risiken: gew. 29 tEUR. Somit muss das bisher kalkulierte wirtschaftliche Ergebnis aus dem Projekt in einer die Risikosituation einschließenden zusätzlichen Gesamtbetrachtung auf + 71 tEUR korrigiert werden.

Folgesituation (zweite oder Periode x+1 des Projekts — Risiko 1 ist wahrscheinlicher geworden):

Das Ergebnis der letzten Kalkulation war +100 t EUR.
Risiko 1 besteht jetzt mit W = 90% und T = 10 tEUR => und wird gew. 10 tEUR. (Wird nun als Fakt mit 100 % in die Mitkalkulation aufgenommen und entfällt in der Risikoliste.)
Die Summe der restlichen Risiken 2 bis n mit verschiedenen W und T bleiben unverändert: gew. 25 tEUR.
Das Ergebnis der aktuellen Kalkulation ist + 90 tEUR.
Das voraussichtliche Ergebnis muss in einer Gesamtbetrachtung auf+ 65 tEUR korrigiert werden.
Folgesituation (dritte oder Periode x + 2 des Projekts — es gibt die 50 %-Chance, dass der Kunde 40 % der Kosten, also 4 tEUR für Risiko 1 übernimmt):
Das Ergebnis der letzten (Vor- oder Mit-) Kalkulation war + 90 tEUR.
Die Chance aus R1 mit W = 50% und T = 4 tEUR beträgt gew. 2 tEUR.
Die Summe der restlichen Risken 2-n mit verschiedenen W und T ist unverändert gew. 25 tEUR.
Saldo und Summe aus aktuellen Risiken und Chancen sind gew. 23 tEUR.
Das Ergebnis der aktuellen Kalkulation lautet + 90 tEUR.
Das voraussichtliche Ergebnis kann in der Gesamtbetrachtung also auf + 67 tEUR korrigiert werden.

Die Meilenstein-Trend-Analyse (MTA)

Die Meilenstein-Trend-Analyse (MTA) ist eine Methode zur vereinfachten, aber übersichtlichen Darstellung der Entwicklung der Planungen zu verschiedenen Zeitpunkten des Projekts und dem erreichten Ist im Projektverlauf. Gleichzeitig ist eine Prognose zukünftiger Termine bei ansonsten gleich bleibenden Bedingungen (Zeitdauern für die folgenden Arbeiten) ablesbar. Die MTA ist auch geeignet als Instrument der Management-Information oder zur Diskussion z. B. der Folgen von Terminverschiebungen, die durch Projektbeteiligte ausgelöst wurden, die in frühen Phasen des Projekts arbeiten.

Die Meilenstein-Trend-Analyse ist einfach erlernbar und problemlos anzuwenden. Sie gibt einen schnellen Überblick, eignet sich für viele Projektarten und beschreibt die Terminsituation mit Blick auf das gesamte (Teil-) Projekt. Sie gibt Ihnen als Projektleiter oder im Management Verantwortlicher frühzeitig Hinweise auf Abweichungen und erfordert terminierte Projektphasen mit klaren, eindeutigen, messbaren Zwischenergebnissen, eben den sogenannten Meilensteinen.

Die MTA sollte auf die Darstellung von max. 8-10 Meilensteinen beschränkt sein, an deren Reihenfolge sich auch nichts ändern darf (keine Überschneidungen der Trend-Linien). Wichtig für das Verständnis der Darstellungsform ist, dass die beiden Achsen (im Gegensatz zum klassischen Koordinatenkreuz) keinen gemeinsamen Nullpunkt haben. Vielmehr strebt eine Achse von unten nach oben (Achse der Plantermine), die andere von links nach rechts (Achse der Planungszeitpunkte).

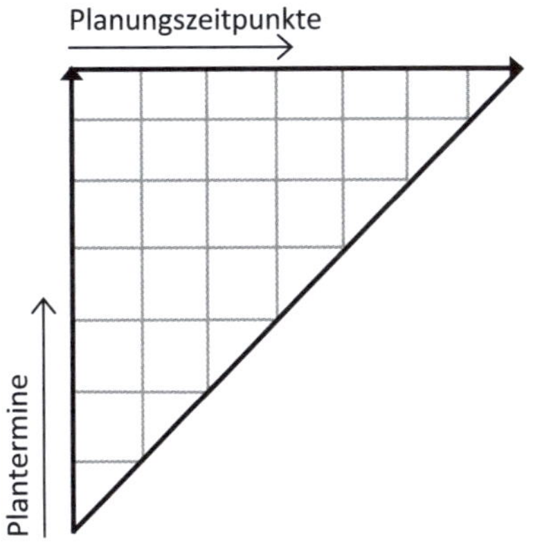

- Aneinanderreihung der zum jeweiligen Zeitpunkt geplanten Termine ⟶
- Pfeilrichtung beachten: Kein gemeinsamer Nullpunkt!
- Auflistung der Meilensteine als besonders signifikante Ereignisse im Projekt als Tabelle

Abb. 11: Prinzip der Meilenstein-Trend-Analyse

Insgesamt liefert die MTA einen schnellen und übersichtlichen Eindruck über Stand und Entwicklung der Termine im Projekt. Zusammen mit Angaben zur Kostenentwicklung (KTA= Kostentrendanalyse) sowie zu Änderungen und Risiken wird ein z. B. auch für das obere Businessmanagement geeignetes Informationsinstrument geschaffen.

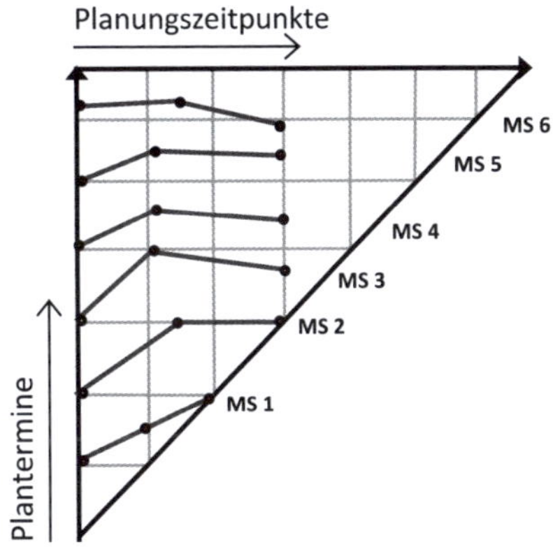

Nr.	Meilensteine
1	Konzept fertig
2	Enginieering fertig
3	Ende Bestellzeit
4	Beginn Montage
5	Beginn IBS
6	Abnahme

Abb. 12: Beispiel zur Meilenstein-Trend-Analyse

Achtung

Nutzen Sie die MTA auch im Rahmen des Risikomanagements als schnelles und überzeugendes Mittel zur Darstellung der aktuellen Terminsituation und deren Folgen. Die meisten Menschen spricht solch eine einfache und übersichtliche Darstellung an — wenn Sie sie einmal verstanden haben, und das dauert beim ersten Mal 10 Minuten. Warten Sie nicht erst auf Werkzeuge. Eine entsprechende Excel-Anwendung ist zwar schnell geschrieben, aber ein Blatt kariertes Papier, ein Lineal und ein Bleistift tun es auch. Schneller als von Hand können Sie mit diesem Instrument gar nicht arbeiten.

3.4 Fazit

- Machen Sie sich und Ihre Mitarbeiter mit den rechtlichen Vorschriften, die Ihr Projekt betreffen können, vertraut.
- Machen Sie sich und anderen frühzeitig klar, von welchen Vertragstypen Sie ausgehen, auch oder gerade bei internen Projekten; minimieren sie das Risiko verschiedener Interpretationen.
- Nutzen Sie die Rechnungslegungsvorschriften von US-GAAP und IAS auch als Ansporn für effektives Risikomanagement.
- Führen Sie Verfahren zur Ermittlung der Leistungs- und Kostenentwicklung im Projekt ein, um Abweichungen rechtzeitig erkennen zu können.
- Nutzen Sie z. B. die Meilenstein-Trend-Analyse als einfaches Instrument zur Planung, Verfolgung und Visualisierung und für Prognosen.

4 Schritt 4: Maßnahmen planen, bewerten und vorbereiten

Nachdem Sie die Risiken Ihres Projekts identifiziert, analysiert und bewertet haben, sollten Sie diesen nun mit geeigneten Maßnahmen begegnen. Auch wenn Sie Risiken und Chancen gleichermaßen im Blick behalten, werden Sie Maßnahmen, die dazu dienen, Risiken abzuwenden, als besonders dringend ansehen. Tatsächlich berührt die Frage, was zu tun ist, wenn Sie im Projekt mit einem hohen Risiko konfrontiert sind, den Kern des Risikomanagements. Wenn Risikomanagement eine systematische Vorgehensweise sein soll, um zu Maßnahmen zur Vermeidung des Eintretens eines Risikos oder zur Verringerung des damit verbundenen Schadens zu kommen, dann muss es vor allem vorbeugend wirken, also bevor ein möglicher Sachverhalt zum Problem oder zur Krise wird.

Risikomanagement versus Krisenmanagement

Risikomanagement und Krisenmanagement werden in der Praxis häufig verwechselt, unterscheiden sich aber im Hinblick auf den Zeitpunkt und die Situation. Risiken beinhalten mögliche negative Situationen, wenn diese eintreten entsteht daraus das Problem, die Krise oder der Notfall. Risikomanagement wird vorausschauend und proaktiv betrieben, Krisenmanagement dagegen heißt, Probleme zu lösen, die bereits entstanden sind. Der Schaden und die Krise von heute sind aus dem Risiko von gestern entstanden.

Selbstverständlich kann auch die Krise als ein produktiver Zustand begriffen werden und muss nicht notwendig in die Katastrophe führen. Im öffentlichen wie im privaten Leben ist zu beobachten, dass häufig erst durch eine Krise jene Kräfte geweckt werden, die zu grundsätzlichen Erneuerungen und Reformen notwendig sind. Dennoch: Trotz des Ihnen vielleicht bekannten Ausspruchs „Das Krisenmanagement hat so gut funktioniert, da kann die nächste Krise ruhig kommen", werden Sie Krisen aber möglichst vermeiden wollen, um Ihrem Projekt keinen Schaden zuzufügen.

In der Praxis ist fast immer folgender Zusammenhang zwischen Risiko, Krise, Notfall und Schaden bzw. Gefährdung des Projekts zu beobachten:

- Sie identifizieren ein Risiko. Dann tritt es entweder nicht ein oder es tritt (mit seiner erwarteten Auswirkung) ein. In diesem Fall kommt es zur Krise.
- Sie bearbeiten die Krise. Entweder können Sie diese dann lösen oder es wird daraus ein Notfall.
- Sie versuchen, den Notfall zu überwinden. Entweder das gelingt, oder es tritt ein Schaden ein. Unter Umständen stellen Sie dann eine Gefährdung des Projekts fest.

Die häufigste menschliche Reaktion in diesen Situationen ist leider, die Notwendigkeit von vorbeugenden Maßnahmen zwar theoretisch einzusehen, aufgrund tatsächlicher oder scheinbarer Zwänge dann aber doch anders bzw. gar nicht zu handeln.

Achtung

Risiken sind keine abstrakten und diffusen Unwägbarkeiten. Risikomanagement baut darauf auf, dass wir Risiken im Vorhinein erkennen und ihre mögliche Tragweite und die Wahrscheinlichkeit des Eintretens abschätzen können. Dies verlangt aber vorbeugende Arbeit im Vorfeld. Sie sollte geleistet werden, wenn die (Krisen-)Situation zwar möglich, aber noch nicht akut ist.

Als Projektleiter benötigen Sie Selbstdisziplin und Verantwortungsbewusstsein, um das Thema Risikomanagement möglichst früh aufzugreifen.

Als für die Organisation Verantwortlicher sollten Sie für entsprechende Regeln und institutionalisierte Abläufe sorgen, die Projektleiter ertüchtigen und motivieren sowie die getroffenen Maßnahmen einem effektiven Controlling unterziehen.

Als Auftraggeber oder verantwortlicher Entscheider haben sie entsprechende Systeme nachzufragen und ggf. für ihre Organisation zu sorgen.

Erschwerend wirkt, dass Menschen, die sich mit möglichen negativen Entwicklungen und Risiken beschäftigen, bei ihren Mitmenschen in dieser Funktion nicht unbedingt beliebt sind. Dies gilt auch im Projekt. Jeder freut sich zum Start über den Erhalt des Projekts, nur der Risikomanager meldet seine Bedenken an. Dabei hat er dasselbe Ziel wie alle anderen: das Projekt zum Erfolg zu führen. Das muss allen Beteiligten bewusst gemacht werden.

Natürlich gibt es eine Vielzahl von Möglichkeiten, Risiken im Projekt mit Maßnahmen zu begegnen, um sie einzudämmen bzw. den möglichen Schaden zu vermindern. In diesem Kapitel, in dem es um entsprechende Maßnahmen geht, werden Ihnen dazu vier Vorgehensweisen und Arbeitsmittel vorgestellt. Diese bilden ein abgestuftes Vorgehensmodell, das sich in der Praxis bewährt hat.

Eingangs werde ich eher auf die umfassenderen, das ganze Projekt betreffenden Risiken eingehen, in den weiteren Abschnitten folgen dann die Einzelrisiken und -maßnahmen. Dies berücksichtigt den Umstand, dass im Allgemeinen in den frühen Projektphasen noch das Projekt als Ganzes, seine Durchführung und Grundlagen zur Disposition stehen, im Projektverlauf dann eher die einzelnen Situationen und Maßnahmen.

Daraus folgt wiederum, dass in den frühen Phasen der Planung und Vorbereitung des Projekts eher konzertierte Aktionen und Maßnahmenbündel geplant und umgesetzt werden, in den späteren Phasen der Realisierung des Projekts dann eher Einzelmaßnahmen. Auch wird der Überwachung der einzelnen Maßnahmen in den späteren Phasen ein höheres Gewicht zukommen als den Maßnahmenbündeln am Anfang.

4.1 Grundprogramme des Risikomanagements

Noch vor zwanzig Jahren beschäftigte man sich mit dem Thema Risikomanagement im Projekt überwiegend unter der Überschrift „Risikoanalyse". Der Name war zugleich Programm: Projektleiter begnügten sich damit, Risiken eher zufällig festzustellen und dann aus ihrer beruflichen Erfahrung heraus spontan über mögliche Maßnahmen zu entscheiden. Von einem wirklich institutionalisierten Risikomanagement mit einer systematischen Suche nach Risiken und daran anschließend einer strukturierten und effektiven Auswahl, Durchführung und Überwachung von Maßnahmen war das Projektmanagement noch weit entfernt.

Heute heißt das Ziel aktives Risikomanagement und wird viel umfassender formuliert. Es gilt nämlich, sämtliche Ereignisse oder Umstände abzuwehren, die das Projektziel gefährden können. Die grundsätzlichen Handlungsmöglichkeiten lassen sich dabei in zwei große Gruppen einteilen:

- Präventive Maßnahmen
- Korrektive Maßnahmen

Präventive Maßnahmen, auch „Aktionen" genannt, sind solche, die das Eintreten eines Schadens oder einer überhaupt nachteilige Situation verhindern sollen. Die Wirkungsrichtung geht also gegen die Wahrscheinlichkeit des Eintretens des Risikos. Korrektive Maßnahmen, auch „Reaktionen" genannt, sind solche, die bei Eintreten des Risikos die nachteilige Wirkung reduzieren sollen. Sie richten sich also eindämmend gegen die Tragweite eines Risikos.

Analog lässt sich auch das Ziel aktiven Chancenmanagements formulieren, nämlich als Bestreben, alle Ereignisse oder Umstände zu fördern, die das Erreichen des Projektziels sichern bzw. zur Verbesserung beitragen können. Auch hier sind wieder zwei grundsätzliche Handlungsmöglichkeiten gegeben, nämlich zum einen Maßnahmen, die das Eintreten der Chance fördern, und zum anderen Maßnahmen, die die positive Wirkung der Chance bei ihrem Eintreten verstärken. Weiter unten folgen Beispiele für ein solches Chancenmanagement.

Die Frage, ob die jeweiligen Maßnahmen präventiver oder korrektiver Natur sind, erscheint vielleicht im ersten Moment einfach zu beantworten, kann in der Praxis aber durchaus mehrschichtig sein.

Beispiel: Aktive oder reaktive Risikovorsorge

Die Räume eines Bürohauses werden mit Rauchmeldern ausgestattet – zweifellos eine Maßnahme zur Risikovorsorge (wenn auch für die laufende Nutzung). Ist diese Maßnahme aber eher aktiver, also präventiver, oder eher reaktiver, also korrektiver, Natur? Wenn ich diese Frage in einem Seminar stelle, sind die Meinungen regelmäßig geteilt. Wer hat Recht?

Beides stimmt, und zwar in Abhängigkeit von der Fragestellung und der Definition des Risikos. Sieht man einen Brand als solchen als Risiko an, denkt man also etwa daran, dass im Anschluss an eine Weihnachtsfeier vergessen wird, die Kerzen auszublasen, kann der Rauchmelder das Ausbrechen des Feuers nicht verhindern. Dennoch wird der Alarm zum frühzeitigen Eintreffen der Feuerwehr führen und die Tragweite des Feuers damit reduzieren. Insofern wirkt der Alarm des Rauchmelders korrektiv.

Sieht man dagegen die Zerstörung des Bürogebäudes durch Feuer als das Risiko an, dann hat der Alarm des Rauchmelders durchaus präventive Wirkung, weil eben genau dieser Schaden verhindert wird.

Sie müssen also im Risikomanagement immer damit rechnen, dass trotz bereits intensiver Phasen der Diskussion und Definition der Projektziele in der Vergangenheit die Diskussion über Risiken Sie noch einmal an den Ausgangspunkt zurückführt. Das sollten Sie dann nicht als Rückschritt begreifen, sondern als notwendige zusätzliche Erkenntnis.

Beispiel: Risikobewertung

Sie sind Projektleiter eines Projekts im Anlagenbau. Im Projektteam suchen Sie gemeinsam mit Ihren Mitarbeitern nach möglichen Risiken im Projekt. Einer der Beteiligten wirft den Hinweis „Endtermin“ in die Runde. Sie diskutieren daraufhin zunächst die Frage, warum der Endtermin ein Risiko darstellen sollte. Dies führt dann zur Präzisierung der Aussage dahingehend, dass sich der Endtermin vielleicht verzögern könnte.

Die nächste Frage ist dann, an welchen Umfang einer Verzögerung denn hierbei gedacht wird. Zunächst ist die Antwort „das wissen wir nicht“, die Anlass für weitere Nachfragen ist. Dabei ergibt sich, dass eine Verzögerung um eine Woche unerheblich, eine um drei Monate aber nicht zu erwarten ist. Schließlich wird eine Verzögerung um fünf Wochen als kritisch angesehen. Warum? Weil dann eine Pönale (Vertragsstrafe) an den Auftraggeber zu zahlen ist. Damit haben Sie dann den Punkt erreicht, an dem das Risiko eingegrenzt ist.

Stellt die Pönale also das eigentliche Risiko dar, werden Sie nach Maßnahmen suchen, die gegen die Pönale wirken. Vielleicht achten Sie verstärkt darauf, dass Ihr Kunde seinerseits seine terminlichen Verpflichtungen Ihnen gegenüber einhält bzw. beschließen, jede Verletzung sofort schriftlich zu rügen, mit dem Ziel, im Fall einer Verzögerung nicht pönalepflichtig zu werden.

Stellt aber der Endtermin an sich einen Wert dar, wollen Sie mit der Termintreue also Ihre Leistungsfähigkeit und Zuverlässigkeit demonstrieren, werden Sie anders reagieren und das Erreichen des Termins statt die Vermeidung der Pönale in den Vordergrund stellen.

Was folgt daraus für die Praxis? Es ist fast regelmäßig so, dass Sie die Analyse von Risiken und die Suche nach Maßnahmen immer wieder an den Ausgangspunkt Ihrer Projektplanung zurückführen. Je präziser und eindeutiger Sie die Projektziele bestimmt und formuliert haben, desto besser gelingt das Risikomanagement.

4.2 Maßnahmenplanung im Projektprozess

In der Praxis liegt bei Projekten zwischen einem externen AG und externen AN der allerspäteste Termin zum Start des Risikomanagements vor der rechtsverbindlichen Abgabe eines Angebots. Spätestens hier müssen die wesentlichen Risiken erkannt und mögliche Maßnahmen geprüft sein. Leider ist es so, dass mit fortschreitender Zeit das Wissen und die Erkenntnisse zunehmen, der Handlungsspielraum aber immer enger wird. Dabei kommt es in den einzelnen Phasen des Projekts zu unterschiedlichen Fragestellungen zum Risikomanagement. Risiken kommen dazu, entfallen oder wandeln sich. Zum einen wird man mit fortschreitendem Projektverlauf immer klüger, d. h. man erkennt neue Risiken und Chancen, die bis dahin vielleicht verborgen waren oder die sich überhaupt erst im Projektverlauf ergeben haben. Andere verschwinden dagegen, weil die risikobehaftete Situation überstanden ist.

Beispiel: Risikovorsorge

Wenn Sie sich zum Jahreswechsel überlegen, was das neue Jahr ihnen beruflich bringen wird und welche Risiken Ihnen drohen, denken Sie vielleicht daran, dass Sie krank werden könnten. Sie werden diesem Risiko dann durch bestimmte langfristige Maßnahmen begegnen, vielleicht finanzielle Rückstellungen bilden, für eine Vertretung sorgen und ähnliches.

Auf alle Fälle müssen Sie andere Maßnahmen ergreifen, als Sie es tun, wenn dieses Risiko Ihnen kurzfristig droht, Sie vielleicht am kommenden Montag einen sehr wichtigen Termin haben und sich am Donnerstag zuvor nicht gut fühlen. Sagen Sie ab oder gehen Sie das Risiko ein, nicht abzusagen und dann zu Ihrer Verabredung nicht erscheinen zu können? Sorgen Sie per Vorwarnung noch dafür, dass Ihr Gesprächspartner nicht völlig überrascht wird, vereinbaren Sie ein Telefonat am Sonntagabend oder ähnliches?

Sie sehen hier, dass demselben Risiko – einer längeren Krankheit – zu verschiedenen Zeitpunkten und in verschiedenen Betrachtungshorizonten mit ganz unterschiedlichen Maßnahmen zu begegnen ist.

Dabei ist nicht zu vergessen, dass Risiken im Verlauf eines Prozesses auch ganz verschwinden oder wesentlich weniger bedeutend werden können. Wenn ein Auftrag eingegangen ist, besteht kein Angebotsrisiko mehr. Wenn alle Bauteile geliefert sind, gibt es kein Lieferrisiko mehr. Oder: Wenn ein Fahrzeug acht Jahre alt ist, werden Sie überlegen, die teure Vollkaskoversicherung mit geringer Selbstbeteiligung auf einen anderen Tarif umzustellen.

Achtung

Stellen Sie Risiken genau wie deren Basiswerte immer wieder auf den Prüfstand. Vergegenwärtigen Sie sich, dass es sich beim Management von Risiken und Chancen im Projekt um dynamische und lebendige Prozesse handelt. Fragen Sie sich: Gelten die ursprünglichen Annahmen noch? Ist etwas dazugekommen oder entfallen?

In Tabelle 13 erhalten Sie eine erste Übersicht über den gesamten Projektprozess, seine typischen Projektschritte, dabei möglicherweise auftretende Risiken sowie Möglichkeiten, diesen durch gute Planung und effektives Risikomanagement zu begegnen. Anschließend werde ich verschiedene Maßnahmen dann ausführlich erläutern und mit Beispielen verdeutlichen.

Projektphase	Prozess-schritt	Risiko	Auswirkung Schaden	Methode/ Vorgehen
Akquisition, Auftrags-klärung	Projektziel festlegen	Unvollständige Definition	Auftragsverlust, Mehrkosten	Systematische Identifikation und Bewertung
Projektein-planung	Strukturen, Arbeitspakete, Kosten-/ Terminplan	Unvollständige, fehlerhafte, willkürliche Vorgaben	Abwicklungs-fehler, mangel-hafte Steuerung	Notfall-pro-gramme, Organisation vorbereiten
Projekt-abwicklung	Fein-planung, Realisierung	Terminver-zug, Mehrun-gen, falsche Entscheidungen	Vertrags-strafen, Mehrkosten, Haftung	Maßnahmen-überwachen, Projekt-entscheidungen
Projektende	Integration IBS/Tests, Abnahme	Keine Abnahme	Mehrkosten, kein ordentlicher Abschluss	Abschluss-sitzung,

Tabelle 13: Typische Risiken in einzelnen Projektphasen und Möglichkeiten, ihnen zu begegnen

Programme für den Notfall

In der Praxis werden nach wie vor eher Pläne für negative Ereignisse als für die Nutzung von Chancen entwickelt. Das heißt, dass sich die Planung von normierten, also vorbestimmten Verhaltensweisen für Abweichungen von der Planung meist auf negative Fälle beschränkt („B-Pläne für den Notfall“).

Um Ihnen zunächst Maßnahmen für besonders dringenden Handlungsbedarf zu erläutern, möchte ich auch hier mit Programmen für Notfälle und nicht für Glücksfälle beginnen. Alle danach vorgestellten Maßnahmen werden sich dann nicht nur auf Risiken, sondern ebenso auf Chancen beziehen.

Notfallprogramme im Sinne von Vorsorgemaßnahmen sind schon Bestandteil unseres täglichen Lebens und begegnen uns, ohne dass wir sie bewusst als solche wahrnehmen. Denken Sie nur an eine Fahrt mit der U-Bahn und das Schild, das Ihnen Verhaltensweisen bei Betriebsstörungen erläutert. Das ist nichts anderes als ein Notfallprogramm. Erst recht gilt das für Sicherheitsunterweisungen im Betrieb, bis hin zu Katastrophenschutzplänen in einem Chemiebetrieb oder einem Kernkraftwerk. Aber auch schon jeder gute Gastgeber hält als Nachspeise für seine Essensgäste auch noch einen Kuchen bereit, falls das Soufflé misslingen sollte.

In der Arbeits- und Berufswelt werden Sie aber schnell feststellen, dass sich die meisten dieser Notfallmaßnahmen auf Störungen des jeweils laufenden Betriebes oder Geschäfts beziehen und nicht auf ein Projektgeschehen. Dabei sind, wie schon in der Einführung erläutert, gerade Projekte auf eine spezifische Art risikobehaftet. Projekte sind einmalig, und Routinen lassen sich weniger festlegen, als das bei sich immer wiederholenden Prozessen der Fall wäre.

Wenn aber Projekte so unterschiedlich sind und die Situationen so unvorhersehbar scheinen, warum sollen Sie sich dann überhaupt Gedanken über Programme für Notfälle machen?

Die Antwort muss zweiteilig ausfallen: Zum einen gibt es im Projekt prinzipiell zwei Zustände. Zunächst sind Sie in der Planungsphase. Sie planen Ihr Projekt und haben (auch wenn Ihnen das nicht immer so vorkommen mag) eher die Zeit, sich Gedanken über Erwünschtes und Unerwünschtes zu machen und sich darauf einzustellen. Ist das Projekt erst einmal angelaufen, wird es vom Tagesgeschäft bestimmt und Ihnen bleibt nur noch wenig Zeit zur Planung.

Zum zweiten dürfte der Notfall in der Regel überraschend oder mit kurzer Vorwarnzeit eintreten und schnelle Reaktionen verlangen. Die Zeit reicht dann häufig nicht, umfassende Maßnahmen von Grund auf zu planen. Viele Projektleiter, die dann nicht vorbereitet sind, handeln einfach intuitiv. Und Intuition äußert sich leider oft als die Fähigkeit, innerhalb kürzester Zeit die falsche Entscheidung zu treffen.

Die Lösung sind Notfallprogramme, die geeignete Maßnahmen so weit festlegen, wie es im Vorfeld absehbar ist. Prinzipiell sollte mit ihnen also ein gewisser Automatismus erzeugt werden, d. h. es sind Auslösefaktoren und Eskalationsstufen festzulegen.

Feste Regeln und Eskalationsstufen

Einen Maßstab dazu bilden die in Kapitel 2 beschriebenen Raster und Tabellen. Auslösefaktoren können am erstmaligen Auftreten eines Risikos oder an dessen Entwicklung orientiert sein, z. B. nach folgenden Regeln:

- Wenn Situation X eintritt, löst das Reaktion A aus.
- Wenn die Situation sich über Grenze Y hinaus entwickelt, setzt Reaktion B ein.
- Wenn die Situation Z über einen bestimmten Zeitraum existiert, wird Reaktion C ausgelöst.

Im kommerziellen Bereich eines Projekts könnten also beispielsweise verschiedene Eskalationsstufen vorgesehen sein:

- Wenn beim Projektkunden Insolvenz droht, werden Lieferungen nur noch unter Eigentumsvorbehalt getätigt.
- Wenn die Summe der offenen Claims (Forderungen aus Vertragsverletzungen) gegen den Projektkunden eine bestimmte Höhe übersteigt, muss die Geschäftsführung informiert und das weitere Vorgehen mit ihr abgestimmt werden.
- Wenn über Nachforderungen vom Projektkunden nicht innerhalb eines bestimmten und von ihm akzeptierten Zeitraums entschieden wird, gelten sie als angenommen.

Notfallprogramme beziehen sich, den Aufgaben des Projektmanagements entsprechend, auf präventive, also schadens-(eintritts-)verhindernde, mehr noch aber auf korrektive, also schadens-(höhe-)mindernde Maßnahmen. Dies ist im Übrigen, soweit der Eintritt eines Schadens moralisch oder betriebswirtschaftlich überhaupt tolerabel ist, auch häufig der wirtschaftlichere Weg des Risikomanagements. Es verursacht in der Regel mehr Aufwand und Kosten, ständig gegen alle möglichen Gefahren gewappnet zu sein, als so vorzusorgen, dass im Krisenfall schnell und effektiv reagiert werden kann.

Beispiel: Risikoprävention

In jedem Projekt besteht z. B. das Risiko, dass ein wichtiger Projektmitarbeiter oder gar der Projektmanager selbst krankheitsbedingt ausfällt. Daraus droht ein Schaden, wenn ein Nachfolger die Historie und die Gegebenheiten des Projekts nicht kennt und deshalb nicht genauso effektiv arbeiten kann. Eine präventive (also schadensverhindernde) Maßnahme könnte darin bestehen, bei wichtigen Projektmitarbeitern einschließlich des Projektleiters von Anfang an einen Stellvertreter in das Projekt einzubinden, der bei Eintritt des Risikos die Leitung nahtlos übernehmen kann. Eine solche, vielleicht wünschenswerte und sachlich elegante Lösung wird aber häufig, insbesondere bei einem kleineren Projekt, aus wirtschaftlichen Gründen oder aufgrund einer dünnen Personaldecke für das Projektmanagement nicht durchführbar sein.

Was ist zu tun?

Die Lösung liegt in der Vorsorge- und Notfallplanung, die etwa so aussehen könnte, dass man einheitliche Standards für die Projektabwicklung und die Dokumentation schafft und zusätzlich einen Stellvertreter in spe benennt, der einmal wöchentlich für eine Stunde auf dem Laufenden gehalten wird.

Insgesamt kommt es also auf ein Zusammenspiel von Einzelmaßnahmen an, die ihre Wirkung im Verbund entfalten. Im hier genannten Beispiel käme noch zusätzlich die Variante in Betracht, den potenziellen Stellvertreter aus dem Projektteam selbst zu wählen, um damit die Einarbeitungszeit möglichst gering zu halten.

Achtung

Bilden Sie „Metaebenen" und erarbeiten Sie Szenarien, um eine mögliche Situation möglichst umfassend zu beschreiben. Entwickeln Sie dann ein systematisches Notfallprogramm aus den Summen ausgewählter Einzelmaßnahmen, insbesondere denen mit korrektiver Wirkung.

Im Rahmen von Notfallprogrammen ist es also besonders wichtig, Maßnahmen nicht isoliert, sondern als Maßnahmenbündel zu betrachten, in dem einzelne Maßnahmen zueinander in Wechselbeziehung stehen. Durch Szenarienplanung werden diese Zusammenhänge erkennbar. Hier spielen Sie verschiedene Varianten und Wahrscheinlichkeiten systematisch durch.

Beispiel: Korrektive Maßnahmen

Ein Unternehmen des produzierenden Gewerbes möchte in eine neue Fertigungsanlage investieren und dabei innovative, besonders umweltfreundliche Technologien einsetzen. Diese sind betriebswirtschaftlich aber nur dann sinnvoll, wenn die dafür gegenwärtig gewährten staatlichen Förderungen auch noch in den nächsten acht Jahren gezahlt werden. Sollte die Förderung entfallen, müsste die Anlage in der konventionellen Technik ausgeführt werden.

Die Anlage wird außerdem möglichst schnell benötigt, um die gegenwärtigen Marktchancen für das darauf zu fertigende Produkt zu nutzen.

In drei Monaten stehen Wahlen an. Bei einem Regierungswechsel (Wahrscheinlichkeit: 50 %) könnten die bisherigen Förderungen gestrichen werden. Die Entscheidung wird in spätestens einem Monat nach der Wahl fallen. Aber auch bei einem Wahlsieg der bisherigen Regierung könnten zumindest Teile des Förderungsprogramms geändert werden. Die Ankündigung wird schnell erfolgen, für die Ausführungsbestimmungen ist mit sechs Monaten zu rechnen.

Aufgrund langer Lieferzeiten von Schlüsselkomponenten werden aber bereits jetzt Planungsarbeiten durchgeführt und Entscheidungen über Bestellungen getroffen. Dabei besteht das Risiko, dass diese Entscheidungen sich je nach der politischen Entwicklung als mehr oder weniger falsch herausstellen könnten. Außerdem benötigt die favorisierte, neue Technologie zusätzliches Personal, das umgeschult bzw. neu eingestellt und eingearbeitet werden müsste.

Folgende mögliche korrektive Maßnahmen (M1-8) werden im Unternehmen nun geprüft, um sie ggf. umzusetzen. Damit werden die später bei Eintritt eines der Szenarien notwendigen Maßnahmenpakete, die bausteinartig aus einzelnen Maßnahmen kombiniert werden, vorbereitet.

- M1: Vereinbarungen zu Stornomöglichkeiten und -gebühren von einzelnen Komponenten und Teilen treffen
- M2: Möglichkeiten der Umplanung der Anlage mit alter Technologie mit einbeziehen
- M3: Planungen und ggf. Bestellungen zunächst auf die Teile der Anlage beschränken, die in jedem Fall benötigt werden
- M4: Kapazitäten bei den Lieferanten zunächst reservieren und nach Feststellung der politischen Entscheidung die restliche Planung unverzüglich durchführen
- M5: Möglichkeit sichern, Personal anderweitig einzusetzen
- M6: Möglichkeiten der Umschulung von Personal bei veränderten Bedingungen prüfen
- M7: Durch Preisvereinbarungen mit Lieferanten diese an den Risiken beteiligen
- M8: Bestelloptionen und Reservierungen zum Abruf bestimmter Teile vereinbaren
- M9: Möglichkeit schaffen, gegen Mehrpreise beschleunigte Lieferungen zu erhalten
- M10-n: Weitere Maßnahmen

Nun werden verschiedene Situationen einzelne Szenarien (S1-4) entworfen und durchdacht. Diese könnten wie folgt aussehen:

- S1: Bisherige Regierung bleibt im Amt, Förderung wird wie bisher geleistet.
- S2: Bisherige Regierung bleibt im Amt, Ankündigung, dass Förderung geändert wird.
- S3:Neue Regierung kommt ins Amt, spätere Ankündigung, dass Förderung nicht geändert wird.
- S4: Neue Regierung kommt ins Amt, spätere Ankündigung, dass Förderung abgeschafft wird.

Auswirkung von S1: Die bisherigen Planungskonzepte müssen nicht geändert werden, die restliche Planung wird unverzüglich in Gang gesetzt. Die Anlage kann und soll möglichst schnell wie vorgesehen realisiert werden.

Wahrscheinlichkeit für S1: ca. 35 %.

Maßnahmenpaket:

- sofortiger Start der restlichen Planungen
- Einbindung zusätzlicher Ingenieurkapazitäten
- sofortiger Start der Rekrutierung und der Umschulungsmaßnahmen

- Bereitstellung zusätzlichen Personals für Train-the-Trainer-Konzepte
- sofortige Umwandlung von Optionen in feste Bestellungen
- Zusätzlich z. B. Maßnahmen gemäß M1

Auswirkung von S2: Die bisherigen Planungskonzepte müssen teilweise geändert werden. Art und Umfang der Änderungen werden erst in den Folgemonaten bekannt; lange Zeit der Unsicherheit über tatsächliche Ausprägung und Konsequenzen. Zu erwarten ist auch eine Diskussion im Unternehmensvorstand, die die Investition generell in Frage stellen könnte.

Wahrscheinlichkeit für S2: ca. 15 %

Maßnahmenpaket:

- langsamer Start der restlichen Planungen unter Einschluss der Möglichkeit von Umplanungen zur Berücksichtigung neuer Gegebenheiten
- keine Einbindung zusätzlicher Ingenieurkapazitäten
- Aufnahme von Kontakten für frühzeitige Richtungsinformationen und zur Einflussnahme auf die Ausführungsbestimmungen und Prüfung und Umsetzung der Änderungen der Umschulungsmaßnahmen
- Einsatz des Personals in mittelfristig anderer Verwendung
- langfristige Termine für Lieferungen vereinbaren
- Optionen für kostenfreie Detailänderungen vereinbaren
- -Zusätzlich z. B. Maßnahmen gemäß M5 und M6

Auswirkung von S3: Nach einem Monat der Unsicherheit kann die Planung und Realisierung der Anlage wie ursprünglich vorgesehen vorgenommen werden. Für die Übergangszeit bis zur Entscheidung werden kurzfristige Überbrückungsmaßnahmen vorgesehen.

Wahrscheinlichkeit für S3: ca. 20 %

Maßnahmenpaket (kurzfristig):

- langsamer und sparsamer Start der notwendigsten Planungen
- restliche Planungen nach und nach bei wachsender Sicherheit
- Berücksichtigung der Möglichkeit, dass das gesamte Projekt mit bisheriger Technologie umgesetzt wird
- keine Einbindung zusätzlicher Ingenieurkapazitäten
- Einsatz des Personals in kurzfristig anderer Verwendung
- Optionen für kurzfristige Detailanpassungen und Lieferungen vereinbaren

Bei Ankündigung, dass die Förderung nicht geändert wird, unverzüglich Realisierung des Maßnahmenpakets gemäß S1.

Auswirkung von S4: Nach einem Monat der Unsicherheit muss die Planung und Realisierung der Anlage auf das herkömmliche Verfahren ausgerichtet werden. Für die Übergangszeit bis zur Entscheidung werden kurzfristige Überbrückungsmaßnahmen vorgesehen.

Wahrscheinlichkeit für S4: ca. 30%

Maßnahmenpaket (kurzfristig):

Wie bei S3

Wenn die Ankündigung kommt, dass die Förderung abgeschafft wird, greift folgendes Maßnahmenpaket:

- sofortiger Start der Änderung der erbrachten und Start der restlichen Planungen
- Einbindung zusätzlicher Ingenieurkapazitäten
- Einsatz zusätzlichen Personals in dauerhaft anderer Verwendung
- Optionen und Bestellungen stornieren bzw. ändern
- kurzfristige Detailanpassungen und Lieferungen für herkömmliche Technologie vereinbaren
- Zusätzlich z. B. Maßnahmen gemäß M1 und M2

Aus dem Beispiel sollte deutlich geworden sein, was mit der Formulierung komplexer Szenarien und Maßnahmenpakete gemeint ist. Planungen für den Notfall, d. h. in der Regel das Eintreten eines Risikos, sind essenzieller Bestandteil des Risikomanagements – genau genommen sogar dessen Gegenstand. Gerade für frühe und grundsätzliche Phasen des Projekts oder noch in dessen Vorfeld stehen komplexe strategische Überlegungen an. Für diese Situation empfehle ich Ihnen, möglichst vollständige Szenarien zu entwerfen und Maßnahmenbündel als umfangreiche Notfallplanung zu entwerfen. Damit tragen Sie der gegenseitigen Wechselwirkung einzelner Maßnahmen Rechnung und für die gesamte Situation steht Ihnen bei Bedarf eine Handlungsanweisung zur Verfügung.

4.3 Hilfen bei der Maßnahmensuche – die Kausalitätenkette

Risikomanagement muss nicht in jedem Fall aufwändig oder komplex sein. Im Gegenteil, vor allem bei kleineren Projekten können erste und einfache Bearbeitungsschritte insbesondere zu Projektbeginn, aber auch im weiteren Projektverlauf dabei helfen, einen Überblick über die Situation und mögliche Maßnahmen zu gewinnen. Mit den im Folgenden vorgestellten Instrumenten sollen grundsätzliche Gegebenheiten und Gefährdungen des Projekts möglichst frühzeitig erkannt werden. Später ist eine noch so präzise Detailarbeit sinnlos, wenn generelle Faktoren falsch oder gar nicht berücksichtigt wurden.

Starten mithilfe einer Kausalitätenkette

Eine erste Möglichkeit, die richtigen Maßnahmen zum Umgang mit Risiken zu erkennen, bietet Ihnen eine Folge einfacher Fragen: (1.) Besteht eine konkrete Bedrohung oder nur eine allgemeine Gefahr? (2.) Steht dieser Bedrohung in diesem Fall eine Schwachstelle gegenüber? (3.) Ist damit bei Eintreten eine Tragweite oder ein quantifizierbarer Wert verbunden? Damit fragen Sie nach drei wesentlichen Faktoren eines Risikopotenzials:

- Konkrete Bedrohungen
- Schwachstellen
- Zu erwartende Schäden

Nehmen Sie zum Beispiel das Risiko, dass In Ihrem Projekt ein Unterlieferant insolvent wird und seinen Verpflichtungen nicht mehr nachkommt. Eine solche Gefahr besteht allgemein, Insolvenzen und damit verbundene Ausfälle passieren leider täglich. Sie fragen sich nun aber, ob bei Ihrem Unterlieferanten tatsächlich eine solche Bedrohung besteht. Gibt es Hinweise auf eine solche Situation? Wenn nein, dann stellt diese allgemein mögliche Gefahr für Sie und Ihr Projekt in diesem Fall keine konkrete Bedrohung dar.

Nächste Frage: Ist Ihr Projekt im Falle eines Lieferantenausfalls verletzlich und falls ja, wo ist es das? Verletzlich wären Sie z. B., wenn aufgrund längerer Lieferzeiten in angemessener Zeit kein ausreichender Ersatz für das ausgefallene Produkt beschaffbar wäre und dieses vielleicht eine Schlüsselfunktion in Ihrer Gesamtleistung erfüllt.

Dann: Ist bei Eintreten des Lieferantenausfalls mit einem ernsthaften Schaden zu rechnen? Werden Sie z. B. von diesem Lieferanten Schlüsselkomponenten erhalten, ohne die Sie wiederum Ihre gesamte Leistung nicht erbringen können? Können Sie eventuell sogar mit Vertragsstrafen belegt werden, weil Sie Ihre Leistung nicht erbringen?

Das gesamte Risikopotenzial aus den vorstehend geschilderten Umständen ergibt sich aus der Kombination der drei Faktoren konkrete Bedrohung, Schwachstellen und zu erwartender Schaden. Daraus folgt aber: Gelingt es, einen der drei Faktoren auf Null oder nahe Null zu setzen, entwickelt sich das gesamte Risikopotenzial als Produkt der Faktoren gegen Null.

Finden und beauftragen Sie also Unterlieferanten mit hoher Bonität und Zuverlässigkeit, so minimieren Sie die Bedrohung. Erschließen Sie weitere Lieferquellen, so können Sie die Unteraufträge auf mehr als einen Lieferanten aufteilen und Anfälligkeit verringern. (was u. U. mit dem Nachteil erkauft werden muss, dass der Abnahmepreis aufgrund geringerer Mengen beim einzelnen Anbieter steigt — das ist dann gewissermaßen Ihre „Versicherungsprämie".) Stoßen Sie auf technische Alternativen, so können Sie Schlüsselkomponenten ersetzen und verringern das Risiko. Gelingt es Ihnen, Vertragsstrafen auf Ihre Zulieferer zu übertragen, lässt sich zumindest der finanzielle Schaden vermindern.

Achtung

In der Praxis ist es allerdings oft schwierig, Vertragsstrafen auf Zulieferer abzuwälzen, weil der finanzielle Anteil auch von Schlüsselkomponenten am Wert des Gesamtprojekts relativ gering sein kann. Das bedeutet, dass die Vertragsstrafe aus der Zulieferung selten so hoch sein wird, dass damit eine von Ihnen zu zahlende Vertragsstrafe auf den gesamten Projektwert oder andere Schäden gedeckt ist. Vertragsstrafen haben hier eher einen erzieherischen Aspekt — der Lieferant ist interessiert, diese zu vermeiden —, als dass damit eine wirkliche Absicherung gegen den beim AG möglichen Schaden verbunden wäre.

Sehen Sie also das Risikopotenzial als Produkt von drei Einflussfaktoren, dann erkennen Sie, dass die Minimierung jedes einzelnen Faktors bereits dazu führt, dass sich das gesamte Risikopotenzial minimiert.

Allerdings werden Sie in den frühen Phasen des Projekts, wenn der Informationsstand noch gering ist, mit eher groben Fragen und Überlegungen arbeiten müssen. Das sollte Sie aber nicht davon abhalten, die Sache anzugehen.

Achtung

Untersuchen Sie bereits im frühen Stadium des Projekts das Risikopotenzial und mögliche Maßnahmen, indem Sie Fragen nach Bedrohungen, Schwachstellen und zu erwartenden Schäden stellen und nach Alternativen suchen. So wird erkennbar, welchen Handlungsspielraum Sie im Schadensfall haben. Ein schneller erster Überblick hilft Ihnen, sowohl das Risikopotenzial als auch die Aktions- bzw. Reaktionsmöglichkeiten und deren Wirkung abzuschätzen. Risiken haben Auswirkungen, die sich auf Ursachen zurückführen lassen. Kennen Sie die Ursachen, dann können Sie auch die die Kausalitätenkette verfolgen, die letztlich zu einem unerwünschten Zustand — dem Eintritt des Risikos — führt. Aus solchen Überlegungen können Sie dann erste Maßnahmen ableiten.

Die Analyse möglicher Kausalitätenketten sollten Sie systematisch und schriftlich vornehmen. In einer frühen Situation am Anfang oder besser noch vor Beginn des Projekts sind, aufgrund des in der Regel noch nicht detailliert fortgeschrittenen Planungsstandes, eher generelle Überlegungen zum Projekt und möglichen sachlich oder zeitlich übergreifenden Problemen (oder auch Chancen) anzustellen. Folgende vier Themen werden Schritt für Schritt bearbeitet:

- **Beschreibung zur Situation der Chancen bzw. Probleme und Risiken:** Hier sollen zunächst die Ausgangssituation, die Verkettung zu anderen Risiken oder Chancen, negative oder positive Synergien, die jeweils optimistische, wahrscheinliche und pessimistische Situation in der Zukunft, die Betroffenen und ähnliche Faktoren berücksichtigt werden.

- **Beschreibung der Auswirkungen:** Hier beschreiben Sie die qualitativen und quantitativen Auswirkungen, auch als Basis zur späteren Beurteilung der Wirksamkeit von Maßnahmen sowie des dafür wirtschaftlich vertretbaren Aufwands. Dabei sind mögliche finanzielle und andere Auswirkungen, wie z. B. externe Imageschäden oder interne Demotivation, Folgeprobleme, Kausalitäten zu anderen Risiken oder Chancen usw., darzustellen und zu bewerten.
- **Beschreibung der Ursachen:** Hier sollen Ursachen bzw. Ursachenbündel beschrieben werden, die zum Eintreten der beschriebenen Situationen, des unerwünschten Ereignisses oder Zustands geführt haben. Danach erfolgt die Analyse der Kausalitätenkette, vom Auslöser über Folgeerscheinungen bis zum Eintreten des Risikos oder dem Auftreten der Chance. Durch die Rückleitung aus der Zukunft in die Gegenwart wird im vierten Schritt dann die Möglichkeit eröffnet, die zukünftige Entwicklung durch entsprechende Maßnahmen in die gewünschte Richtung zu lenken. Eine möglichst genaue Definition der Ursachen ist also die Basis für den Erfolg der Maßnahmen, die Sie im nachstehenden Schritt festlegen. Sind die Ursachen genau genug definiert, ergeben sich die Maßnahmen teils von selbst. Denn Sie definieren in der Gegenwart eine mögliche unerwünschte Situation in der Zukunft und betrachten dann die Abläufe und Schritte, die aus der Gegenwart in diese Zukunft führen.
- **Beschreibung der Maßnahmen:** Schließlich erfolgt die Beschreibung von ersten möglichen Maßnahmen gegen das Eintreten des Risikos oder gegen Folgeerscheinungen der beschriebene Probleme und Risiken (bzw. zur Förderung entsprechender Chancen). Es werden also Maßnahmen gesucht und formuliert, mit denen Sie unerwünschte Abläufe verhindern, ausschalten oder in eine andere Richtung lenken können. Anders ausgedrückt: Sie durchbrechen die Kette der unerwünschten Kausalitäten, indem Sie diese durch Maßnahmen ersetzen, die das erwünschte anstelle des unerwünschten Ergebnisses erwarten lassen. Diese Maßnahmen sollten Sie als Vorgänge einschließlich Terminen und Verantwortlichen definieren. Außerdem sollten Sie Entscheidungs-, Auslösungs- und Eskalationskriterien sowie Zeitaufwand und Kosten festlegen.

Beispiel: Kausalitätenkette

Ein Projektleiter plant den Versand leicht zerbrechlicher Bauteile. Der geplante Zustand ist, dass diese Bauteile ihr Ziel unbeschädigt erreichen. Das Risiko besteht darin, dass dies nicht eintritt, sondern die Bauteile beschädigt werden. Der unerwünschte Zustand in der Zukunft sind also die beim Eintreffen beschädigten Bauteile.

Die Auswirkung besteht zunächst im unmittelbaren Schaden aus dem unerwünschten Zustand, z. B. den Kosten für eine Ersatzbeschaffung. Des Weiteren können mittelbare Schäden eintreten, z. B. durch Terminverzug im Projekt. Auslöser für die Beschädigung kann z. B. sein, dass die Bauteile auf dem Transport unsanft behandelt werden und die verwendete (standardmäßige) Verpackung nicht ausreicht, dieser Beanspruchung Stand zu halten.

Der Möglichkeit der unsanften Behandlung kann der Projektleiter eventuell mit Warnhinweisen auf der Verpackung entgegenwirken — mit allerdings zweifelhaften Erfolgsaussichten. Besser wäre es wahrscheinlich, eine stabilere Verpackung zu bestellen, die genau die Kausalitätenkette „unsanftes Handhaben — unzureichende Verpackung — beschädigter Gegenstand" unterbricht.

Sie analysieren also Ausprägung und Möglichkeit einer unerwünschten Situation in der Zukunft und stellen die Weichen in der Gegenwart so, dass die unerwünschte Zukunft nicht eintritt. Und immer wieder gilt: Die wirklich exakten Definitionen, hier zu den Ursachen, sind die Basis für wirksame Maßnahmen.

4.4 Mit begrenzt oder unbegrenzt verschiedenen Ausprägungen arbeiten

Überlegungen zur Kausalitätenketten können bei größeren Projekten vor dem Start und in der Anfangsphase helfen, sind aber für den weiteren Projektverlauf nicht präzise genug. Von einem gewissen Zeitpunkt oder einer gewissen Größenordnung an müssen Sie zu Hilfsmitteln greifen, die einen höheren Detaillierungsgrad erlauben.

Einer der Eckpfeiler einer sicheren und erfolgreichen Projektabwicklung ist die Termintreue. Wer seine Termine im Griff hat, beherrscht zumeist auch seine Kosten (umgekehrt: Verzögern sich Termine, führt das fast immer zu Mehrkosten). Ein bekanntes Werkzeug der Terminplanung ist die Netzplantechnik. Die Meinungen der Praktiker gehen zu dieser Arbeitstechnik allerdings manchmal auseinander. Für den einen ist sie ein unverzichtbares Hilfsmittel, der andere lehnt sie als zu kompliziert ab.

Genau genommen kommt die Netzplantechnik im Projekt fast immer zum Einsatz — direkt und sichtbar, wenn tatsächlich ein Netzplan erstellt wird, indirekt, wenn Vorgänge auf einer Zeitachse nacheinander angeordnet werden. Der Grund für eine solche Anordnung sind Abhängigkeiten zwischen den Vorgängen, also genau die Planungsgesichtspunkte, die in der Netzplantechnik berücksichtigt werden.

Die Netzplantechnik kann nun auch für das Risikomanagement nutzbar gemacht werden. Aus ihrer Anwendung und ihrem Planungsansatz folgen nämlich bereits Hinweise zu möglichen Risiken. So werden insbesondere durch Darstellung des „kritischen Pfades" und möglicher „subkritischer Pfade" risikorelevante Informationen bezüglich der Terminsituation geliefert. Dabei nutzt die Netzplantechnik zur Ermittlung der Gesamtdauer die Zeitabschnitte, die für die einzelnen Vorgänge angegeben sind. Anders ausgedrückt: In der Terminberechnung wird zunächst davon ausgegangen, dass die für die Vorgänge geschätzten Zeitabschnitte die einzig richtigen sind. Damit ist der Planende zunächst dem Risiko von Irrtümern und Terminänderungen ausgesetzt.

Wenn Sie über mögliche Maßnahmen nachdenken, mit denen Sie dem Risiko ungenauer Schätzungen von Zeitdauern begegnen können, müssen Sie zunächst zwischen zwei verschiedenen möglichen Situationen unterscheiden:

- Nur bestimmte, von ihrer Anzahl her begrenzte Ausprägungen können eintreten.
- Die Zahl der möglichen Ausprägungen kann unbegrenzt sein.

Der Unterschied besteht darin, dass im ersten Fall jedem einzelnen Wert eine Wahrscheinlichkeit zugeordnet werden kann. Die Summe all dieser Wahrscheinlichkeiten addiert sich dann auf 100 %, denn irgendeine der Situationen, sprich: irgendeine der bestimmten Zeitschätzungen muss ja zutreffen.

Beispiele

Ein Beispiel für den ersten Fall: Sie wollen von Hannover nach Berlin fahren und wählen dafür die Bahn. Der Zug verkehrt alle Stunde. Je nach dem, welchen Zug Sie in Hannover erreichen, kommen Sie zum Zeitpunkt X (optimistischer Fall), zum Zeitpunkt X+60 Minuten oder zum Zeitpunkt X+120 Minuten in Berlin an. Dabei hat jeder der drei Werte eine bestimmte Einzelwahrscheinlichkeit, die sich zusammen zu 100 % addieren. Die Ankunft etwa um X+40 Minuten ist aber unmöglich (jedenfalls nicht nach dem Fahrplan und bei unterstellter Pünktlichkeit der Bahn). Von dieser Situation und davon, wie mit ihr im Hinblick auf mögliche Maßnahmen umzugehen ist, handelt dieser Abschnitt.

Hier noch ein Beispiel für den zweiten Fall: Dieser Situation entspräche es, wenn Sie anstelle der Bahn das Auto nutzen würden. Damit ändern sich die Eingangsvoraussetzungen, und es werden Zwischenwerte möglich. Mit dem Auto können Sie vielleicht ebenfalls frühestens zum Zeitpunkt X in Berlin eintreffen. Spätestens rechnen Sie damit, zum Zeitpunkt X + 120 Minuten anzukommen. Allerdings sind hier zwischen X und X+120 Minuten unendlich viele Zwischenwerte möglich.

Mit dieser zweiten Situation wird sich der Abschnitt über die Anwendung des PERT-Verfahrens auseinander setzen. Zunächst aber zum ersten Fall, bei dem Sie nur eine begrenzte Zahl von Möglichkeiten kennen. Sie müssen die Maßnahmenplanung dann so gestalten, dass sie diesen Gegebenheiten gerecht wird. Das bedeutet vor allem, nicht von Durchschnittswerten auszugehen, sondern von den Situationen, die in der Praxis tatsächlich eintreten können. Maßnahmen planen Sie vor allem für den pessimistischen Fall. Am besten lässt sich das zunächst anhand eines Beispiels verdeutlichen.

Beispiel: Zeitbedarf von Instandhaltungsarbeiten

Sie sollen regelmäßig den Zeitbedarf von Instandhaltungsarbeiten an gleichartigen technischen Anlagen planen. Den tatsächlichen Bedarf können Sie aber immer erst im Einzelfall nach Abstellen und Inspektion der Anlage feststellen. Angenommen, es gäbe nur drei Möglichkeiten, deren einzelne Wahrscheinlichkeiten sich zu 100 % addieren. Daraus ergeben sich drei mögliche Situationen:

- Situation A: In jedem Fall muss die Anlage abgeschaltet und die Prüfung vorbereitet und durchgeführt werden. Dauer: 5 Tage. Im günstigsten Fall mit nur geringem Verschleiß sind dann keine weiteren Arbeiten nötig (optimistische Situation, tritt in 10 % aller Fälle ein).
- Situation B: Meistens müssen zumindest die stark beanspruchten Verschleißteile ausgewechselt werden. Man wird aus Gründen der Betriebssicherheit alle entsprechenden Teile austauschen, sodass standardmäßig Arbeiten mit einer Dauer von 10 Tagen notwendig werden (realistische oder wahrscheinlichste Situation, tritt in 70% aller Fälle ein).
- Situation C: Bei besonders starkem Verschleiß wird man sich unter Umständen entschließen müssen, eine Grundinstandsetzung durchzuführen. Diese Arbeiten beanspruchen ca. 30 Tage (pessimistische Situation, tritt in 20 % aller Fälle ein).

Soll es nur diese drei Möglichkeiten geben, die Arbeiten abzuwickeln, sind keine Zwischenwerte möglich und es gelten folgende Eintrittswahrscheinlichkeiten (W = Wahrscheinlichkeit):

- Optimistischer Wert: 5 Tage
- (wenig Verschleiß), W = 10 %
- Häufigster (realistischer) Wert: 10 Tage
  (normaler Verschleiß), W = 70 %
- Pessimistischer Wert: 30 Tage
  (starker Verschleiß), W = 20 %

Der durchschnittliche gewichtete Wert beträgt 13,5 Tage. Das ist jedoch ein Wert, der in der Praxis gemäß den gegebenen Voraussetzungen nie eintreten kann. Für die Berechnung eines Termins würde sich vermutlich die Angabe „10 Tage“ eignen, da damit der Zeitbedarf in 80 % der Fälle ausreichte.

Für die übrigen 20% müssten Sie dann andere Maßnahmen ergreifen, z. B. wissen Sie nach 5 Tagen, wenn die Prüfungen abgeschlossen sind, welche weiteren Arbeiten notwendig werden. Vielleicht können Sie bei Eintreten des pessimistischen Falls mit einer zweiten Schicht arbeiten, Verträge so abschließen, dass keine Vertragsstrafe fällig wird usw.

Für die Kalkulation eines Aufwands (z. B. wenn diese Leistungen häufig im Jahr zu einem Festpreis angeboten werden sollen), wäre der durchschnittliche gewichtete Wert von 13,5 Tagen dann aber wiederum geeignet, weil bei besser laufenden Aufträgen für schlechtere etwas angespart werden kann.

Den im Beispiel beschriebenen Sachverhalt einer „schiefen" Verteilung verdeutlicht Abbildung 13. Aus der Grafik können Sie leicht ablesen, dass Verbesserungen meist schneller Grenzen gesetzt sind als Verschlechterungen.

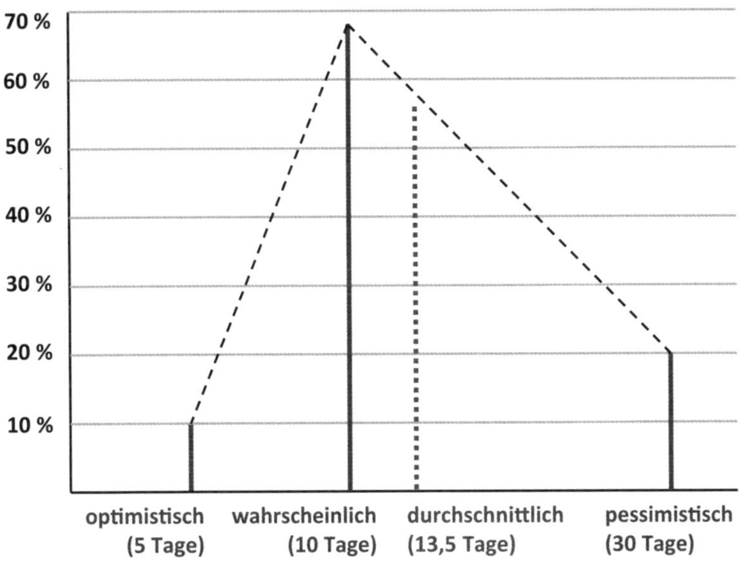

Abb. 13: Beispiel für eine „schiefe" Verteilung von Wahrscheinlichkeiten

Es gibt hier also keine Normalverteilung zwischen möglichen positiven und negativen Veränderungen. Die Möglichkeit, dass etwas besser werden kann, ist geringer als die Möglichkeit einer Verschlechterung. Vielleicht geht man auch deshalb bei Planungen eher optimistisch zu Werke und möglicherweise fällt es deshalb auch leichter, nach Risiken im Projekt zu suchen als nach Chancen.

Mit nicht begrenzten Ausprägungen nach dem PERT-Verfahren arbeiten

Wenn es in einer Situation bei der Berechnung von Wahrscheinlichkeiten eine unendlich große Zahl möglicher Zwischenwerte geben kann, müssen Sie mit anderen Maßnahmen ansetzen. Die Frage ist dann nicht mehr, mit welcher Wahrscheinlichkeit ein bestimmter Wert erreicht wird, sondern ob und inwiefern er erreicht, über- oder unterschritten wird.

Diese Frage kann durch den Einsatz des PERT-Verfahrens beantwortet werden. PERT steht für „Program Evaluation and Review Technique". Die Kombination von Netzplantechnik und PERT führt im Risikomanagement bei Projekten zu Erkenntnissen über mögliche Abweichungen in der Terminplanung und damit zu mehr Planungssicherheit.

PERT basiert darauf, dass nicht nur der Wert für die Vorgangsdauer in der Planung berücksichtigt wird, der als der häufigste und damit wahrscheinlichste (realistisch) angesehen wird. Vielmehr ergänzt die PERT diesen Wert um eine mögliche pessimistische und — mit Blick auf mögliche Chancen — eine optimistische Variante. Damit werden also insgesamt drei Werte in die Rechnung einbezogen. Als Ergebnis erhalten Sie dann neben der wahrscheinlichen Dauer eines Vorgangs oder eines Projekts auch eine pessimistische und eine optimistische Variante.

Dieses Verfahren kann z. B. als Teil einer Maßnahmenplanung zur Anwendung kommen, wenn ein als zu unsicher erkannter kalkulierter oder geschätzter Wert für die Dauer eines Vorgangs oder des gesamten Projekts durch einen sichereren ersetzt werden soll.

PERT zeigt unter anderem, dass subkritische Wege bei Verwendung der pessimistischen Varianten für einzelne Vorgänge zu neuen kritischen Wegen werden können, wenn die Schwankungsbreite (Volatilität) eines zunächst nicht kritischen Vorgangs entsprechend groß ist. Diese Information ist wichtig für das gesamte Projekt, aber auch für einzelne besonders zeitkritische Vorgänge, die etwa mit Zwischenpönalen belegt sein können.

Bedingt durch den statistikgestützten Ansatz des PERT-Verfahrens liefert das Verfahren Hinweise auf die Verlängerung von Vorgangsdauern, die zu einem wesentlich höheren Maß an Sicherheit führen, ohne dass gleichzeitig maximale Vorsorge getroffen werden müsste. Mögliche Schwankungen werden so berücksichtigt, dass eine Sicherheit von ca. 95 % erreicht wird, die Sie als ausreichend betrachten dürfen.

Die Rechnung mit den PERT-Formeln ist einfacher als genaue Statistikverfahren, in denen Werte, wie etwa die Standardabweichung, mit Wurzelrechnungen u. ä. ermittelt werden. Es ist aufgrund der Ungenauigkeit der Eingangsgrößen auch überhaupt nicht sinnvoll, diese präzisen Rechenverfahren zu unterziehen. Man könnte zwar auf Dezimalstellen genau rechnen, nur wird dadurch die Unsicherheit der Eingangsgrößen nicht geringer und das Ergebnis nicht richtiger. Anders ausgedrückt: Sie irren sich immer noch, aber viel genauer. PERT liefert dagegen einen pragmatischen, leicht zu handhabenden und dennoch ausreichend genauen Ansatz.

Denken Sie noch einmal zurück an das Beispiel aus dem letzten Abschnitt, in dem es um den Zeitbedarf von Instandhaltungsarbeiten an gleichartigen technischen Anlagen ging. Gehen Sie jetzt einmal davon aus, dass es keine Einschränkungen bezüglich des Zeitbedarfs für die Abwicklung der Arbeiten gibt, und dass somit beliebig viele zeitliche Zwischenwerte innerhalb einer Schwankungsbreite möglich sind. Dann hilft Ihnen PERT bei der Maßnahmenplanung und -auswahl.

Grundlagen des PERT-Verfahrens

Vorbemerkung: PERT ist eine Methode, die statistische Verfahren in stark vereinfachter, aber ausreichend genauer Weise nutzt. Wenn Sie an einer groben Beschreibung der Grundlagen nicht interessiert sind, überspringen Sie diese Ausführungen und wenden Sie das Verfahren einfach wie anschließend beschrieben an.

PERT basiert auf der Normalverteilung oder auch „Glockenkurve" nach Gauß. In der hier gewählten Form der Glocke befinden sich jeweils 1/6 der beobachteten Fälle im Bereich bis zu 16 % bzw. über 84 % eines Mittelwertes und 4/6 im Normalbereich um diesen Mittelwert. Die Abweichung vom Mittelwert wird als Standardabweichung bezeichnet und mit dem griechischen Buchstaben Sigma kenntlich gemacht. Deren Ausprägung hier entspricht nicht ganz der statistisch-mathematischen Definition, korrekter wäre der Begriff „Schwankungsbreite" (vgl. Abbildung 14).

Die Normalverteilung ist eine empirisch ermittelte Kurve mit gleicher Verteilung um einen Mittelwert. Die steht zwar im Widerspruch zu der vorstehend dargestellten „schiefen" Verteilung, jedoch ist die Abweichung daraus vernachlässigbar. Streng statistisch-mathematisch hängen Höhe und Form der Kurve nochmals von bestimmten Bedingungen ab. Im Extremfall kann die Kurve dann sehr flach verlaufen, so dass der Mittelwert zwar immer noch der häufigste der Einzelwerte ist, aber damit keineswegs besonders wahrscheinlich.

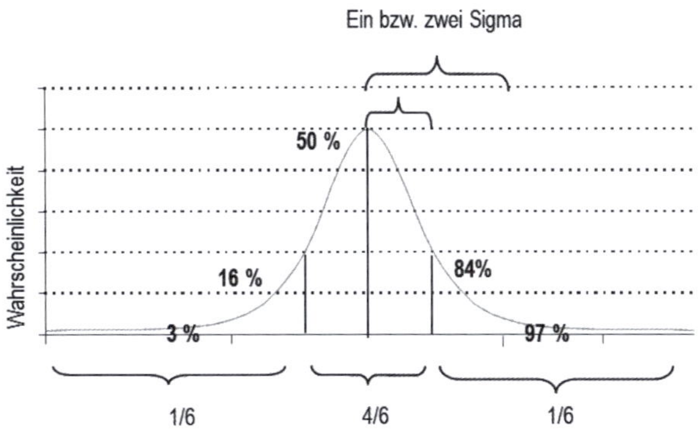

Abb. 14: Normalverteilung als Basis von PERT

Anwendung der PERT-Formeln

Aus der hier gewählten Kurve für die Normalverteilung werden in der PERT nun zunächst folgende Werte abgeleitet:

- O = Optimistischer Wert
- W = Wahrscheinlicher (realistischer) Wert
- P = Pessimistischer Wert

Der häufigste Wert wird als der wahrscheinliche bezeichnet. Im ersten Schritt wird jetzt der gemittelte Erwartungswert ermittelt, und zwar gemäß folgender Formel:

(O + (4xW) + P) : 6

Die Zahl 6 im Nenner ist eine Konstante. Die Verteilung von 1 x O plus 4 x W plus 1 x P kann auch geändert werden, z. B. nach ½ x O plus 3 x W plus 2½ x P, um z. B die schiefe Verteilung zu berücksichtigen. Die Summe der Multiplikatoren muss aber immer 6 ergeben.

Schritt 1: Ermittlung des Erwartungswertes:
(1x5 + 4x10 + 1x30) : 6 = 12,5 Tage
Anmerkung: Im beschriebenen Beispiel der Instandhaltungsarbeiten an technischen Anlagen ergibt sich beim Einsetzen der Werte aus der Ausgangssituation aufgrund der gleichmäßigen Verteilung von optimistischem und pessimistischem Wert später ein geringfügig veränderter Erwartungswert von 12,5 Tagen anstelle von 13,5 Tagen aus der „schiefen" Verteilung —eine vernachlässigbare Differenz.

Schritt 2: jetzt ermitteln Sie die Standardabweichung:
(P - O) : 6 = S (Standard-)Abweichung (ein Sigma).
Also: 30 – 5 = 25 : 6 = 4,17 Tage.

Schritt 3: Jetzt wird ermittelt, welcher Wert mit einer Wahrscheinlichkeit von ca. 95 % nicht überschritten werden wird. Der Grad der Sicherheit (Genauigkeit) unter Annahme der Normalverteilung bei einfachem Einrechnen eines Sigmas beträgt ca. 84 %, bei zweifachem Einrechnen der Standard-Abweichung obiger Grafik ca. 95 %.

E +/- (2 x S) = Bereich der Schätzung mit einer Sicherheit von ca. 97 %.
Also: 12,5 + 2 x 4,17 = ca. 21 Tage.

In Worten ausgedrückt: mit einer Wahrscheinlichkeit von über 95 % werden die Instandhaltungsarbeiten nicht länger als 21 Tage dauern — und damit wird signifikant weniger Zeit einkalkuliert, als wenn der maximale Wert von 30 Tagen verwendet würde. Die restlichen 5 % werden entweder als tolerables Restrisiko akzeptiert, oder es müssen andere organisatorische Maßnahmen ergriffen werden. Die Anwendung von sechs Sigma führt übrigens zu einer Genauigkeit von ca. 99,99966 %.

Für Anwender von MS Project noch der Hinweis, dass der Einsatz der PERT in dieser Form dort auch möglich ist. Dabei kann zusätzlich die Gewichtung der drei Faktoren geändert werden, z. B. so:

- 1 für den optimistischen Wert
- 3 für den häufigsten (realistischen) Wert
- 2 für den pessimistischen Wert

Lediglich die Summe muss die Konstante 6 ergeben.

Und zum Schluss noch eine Ergänzung: Soll mit Hilfe von PERT nicht nur ein einzelner Wert, sondern mehrere Vorgänge auf einem Pfad durch das Projekt berechnet werden, gilt die nachstehende Formel, wobei SA für Standardabweichung (hier im Quadrat) steht und V für den jeweiligen Vorgang auf dem Pfad.

$$\sqrt{SA^2_{V1} + SA^2_{V2} + SA^2_{V3}}$$

Abb. 15: Formel für mehrere Vorgänge auf einem Pfad

Das nachstehende Beispiel verdeutlicht die Rechnung noch einmal:

Angaben in Tagen

Vorgang	Opt.	Erwart.	Pess.	PERT	SA
1	5	10	30	12,5	4,17
2	6	10	24	11,7	3,00
3	6	15	48	19,0	7,00
	17	35	102	43,2	

$$\sqrt{17{,}4 + 9 + 49} = \sqrt{75{,}4} = 17{,}4$$

43,2 + 17,4 = ca. 61Tage

(werden mit ca. 95% Wahrscheinlichkeit nicht überschritten)

Abb. 16: Anwendung der Formel für mehrerer Vorgänge auf einem Pfad

Die PERT wird sicher nicht zur Verifizierung eines jeden Vorgangs im Projekt eingesetzt, lohnt sich aber in 5 bis 10 % der Fälle, z. B. bei besonders volatilen und auf knapp subkritischen Pfaden liegenden Vorgängen.

Am Ende erhalten Sie einen optimistischen Plan, einen sogenannten realistischen (mit Berücksichtigung der Erwartungswerte) und einen pessimistischen. Der praktische Hinweis dazu lautet: Verbreiten Sie den pessimistischen Plan nach außen als den realistischen, verbreiten Sie den realistischen als den optimistischen – und den optimistischen lassen Sie im Giftschrank verschwinden

Achtung

Nutzen Sie PERT in der hier vorgestellten Form als ein einfach zu handhabendes Verfahren bei besonders zeitkritischen Vorgängen und Terminen, um diese nicht „aus dem Bauch heraus“, sondern nachvollziehbar zu entscheiden. Angenehmer Nebeneffekt für den Projektleiter: Die ungeliebte Maßnahme, einzelne Vorgänge zu verlängern, um größere Planungssicherheit zu erzielen, wird besser begründbar und damit leichter durchzusetzen.

4.5 Die Wirkung von Maßnahmen mit verschiedenen Verfahren planen und bewerten

Nach der Identifikation, Analyse und Bewertung von Risiken ist der nächste Schritt, Gegenmaßnahmen und deren erwartete Wirkung zu planen. Das erscheint selbstverständlich, wird in der Praxis aber immer noch erstaunlich selten konsequent umgesetzt.

Viele der in der Fachliteratur beschriebenen Methoden und Vorgehensweisen ebenso wie viele Anwendungshandbücher von Unternehmen enden bei dem Hinweis, dass gegen die Risiken Maßnahmen zu ergreifen sind, ohne diese genauer zu spezifizieren. Bestenfalls sollen noch Termine und Verantwortliche dafür benannt werden.

Jede Maßnahme erfordert einen gewissen Aufwand an Zeit und Geld, nimmt also Ressourcen in Anspruch, die im Projekt nur begrenzt zur Verfügung stehen (manchmal aber auch erstaunlich wenige). Die Entscheidung, ob eine Maßnahme sinnvoll erscheint und ergriffen werden müsste, ist also abhängig davon, wie groß ihr Nutzen sein wird (Nutzen hier in Form eines vermiedenen oder verringerten Schadens).

Außerdem ist es auch mit Blick auf die spätere Verfolgung des Projekts wichtig, sich auch mit den erwarteten Wirkungen zu befassen. Wie sollen diese sonst später überwacht werden, wie kann man sonst daraus lernen?

Mit den nachfolgend dargestellten, abgestuften Vorgehensweisen können Sie diesem Mangel abhelfen und die Wirkung der Maßnahmen vorplanen. Abgestuft ist das Vorgehen deshalb, weil ein Projekt je nach Fortschritt und Zuwachs der Erkenntnis sowie nach Größe und Komplexität unterschiedlich detaillierte Analysen und Beschreibungen benötigt.

Die Methoden im Überblick

Das so genannte RuM- und das CuM-Verfahren („Risiken und Maßnahmen" und „Chancen und Maßnahmen") dienen zur Darstellung von Handlungsalternativen. Diese werden hier zunächst noch in der Kombination von präventiven und korrektiven Maßnahmen in einem Schritt dargestellt, allerdings verbunden mit der Möglichkeit, Verknüpfungen herzustellen.

Das SMEA-Verfahren („Situations-, Maßnahmen- und Ergebnis-Analyse") ermöglicht es, die Wirkung von Maßnahmen mithilfe eines Vergleichs der Situationen vor und nach den Maßnahmen zu betrachten. Alternativ wird die Situation mit oder ohne Maßnahmen in den Blick genommen. Dieses Verfahren kann ich Ihnen generell als Standard empfehlen.

Im erweiterten SMEA-Verfahren werden die betriebswirtschaftlichen, also die auf die Kosten bezogenen Auswirkungen berücksichtigt. Danach können etwa die nach deutschen oder internationalen Rechnungslegungsvorschriften nötigen Rückstellungen abgeleitet werden. Diese Betrachtungsweise ist anschließend auch auf nicht monetäre Bewertungsfaktoren erweiterbar, und schließlich lassen sich beide Gesichtspunkte, sachliche und finanzielle, miteinander verknüpfen.

Achtung

Die Verfahren „RuM" und „CuM", „SMEA" und „SMEA erweitert" sind teilweise redundant, da sie die Informationen des jeweils vorgenannten beinhalten und diesen weitere hinzufügen. Sie kommen deshalb nicht gleichzeitig, sondern eher nacheinander und aufeinander aufbauend zum Einsatz.

Ergänzend sind zwei weitere Verfahren sinnvoll, nämlich die „Nutzwert- und Sensitivitäts-Analyse" und das so genannte FMEA-Verfahren („Failure Measurement and Effect Analysis" — „Fehler-Möglichkeits-, und Einfluss-Analyse").

Die Nutzwert- und Sensitivitäts-Analyse beantwortet die Frage nach Effektivität und Effizienz von Maßnahmen und dafür eingesetzten Mitteln. So kann es z. B. sinnvoll sein, begrenzte Mittel nicht ausschließlich für eine große, sondern stattdessen für mehrere mittlere Maßnahmen einzusetzen.

Das FMEA-Verfahren schließlich — eine vorgehenstechnische Anleihe aus der Qualitätssicherung — führt zusätzlich zu den Fragen nach Tragweite und Wahrscheinlichkeit als Maßgrößen für das Potenzial eines Risikos eine dritte Größe ein, nämlich die Zeitdauer bis zu seiner Entdeckung.

Sämtliche Methoden werden nachstehend vor allem bezüglich des Managements von Risiken erläutert, ebenso sind sie aber für Chancen einsetzbar. Die Verfahren können dem Projekt- bzw. Planungsfortschritt entsprechend in der hier vorgestellten Reihenfolge auch stufenweise zum Einsatz kommen.

Selbstverständlich können alle hier beschriebenen Verfahren der Entscheidung über Maßnahmen unter Abwägung von deren Nutzen und Kosten nur für solche Risiken gelten, bei denen nicht unmittelbar Menschen in Gefahr sind oder existenzgefährdende Schäden drohen.

Risiken mit außergewöhnlich hohen Tragweiten (große Gefahren für Mensch, Umwelt oder die wirtschaftliche Existenz des Unternehmens) verlangen andere Bewertungen. Zum Glück werden aber solche Fragen i.d.R. nicht „normale“ Projekte betreffen.

Achtung

Führen Sie am besten zunächst eine A-B-C-Klassifizierung Ihrer Projekte durch (wie in der Einleitung beschrieben) und setzen Sie die Verfahren zur Maßnahmenbewertung dann entsprechend abgestuft ein. Die Regel könnte dabei z. B. so lauten, dass A-Projekte immer unter Einsatz des erweiterten SMEA-Verfahrens zu beurteilen sind, während das SMEA-Verfahren in seiner einfachen Form bei B-Projekten genügt.

Das RuM- und das CuM-Verfahren

Die hier als RuM- und CuM-Verfahren bezeichneten Vorgehensweisen sind relativ einfacher Natur und zielen auf die Formulierung von möglichen Maßnahmen. Dass ich Ihnen diese Verfahren hier vorstelle, hat zwei Gründe: Einmal sind die ihnen zugrunde liegenden Prinzipien weit verbreitet, weil sie einen leichten Einstieg in die differenzierte Betrachtung einzelner Chancen und Risiken im Projekt ermöglichen.

Zum Zweiten ermöglicht diese Methodik die kombinierte Darstellung von Maßnahmen, so dass deren Zusammenwirken und Wechselbeziehungen erkennbar werden. Maßnahmen wirken eben nur selten isoliert, sondern können einander positiv verstärken oder auch negativ beeinträchtigen. Im Extremfall kann eine Maßnahme die Wirksamkeit einer anderen sogar ganz verhindern.

Beispiel: Projektleiter mit Gesundheitsproblemen

In einem komplexen Projekt soll ein für die technischen Lösungen fachlich besonders qualifizierter Projektleiter eingesetzt werden. Allerdings sind auch dessen gesundheitliche Probleme — bereits zwei Herzinfarkte — bekannt. Im Projekt sind aber zumindest phasenweise „claimrelevante" Situationen zu erwarten, die trotz guter Vorbereitung Hektik und Stress verursachen werden.

Als Risiko werden also die Möglichkeit eines krankheitsbedingten längeren Ausfalls des Projektleiters und damit der Verlust des im Projektverlauf erworbenen Wissens erkannt. Die Wahrscheinlichkeit dafür muss als „eher hoch" bewertet werden, die Tragweite als „hoch".

Als Maßnahmen werden vorgesehen:

- Der Einsatz eines stellvertretenden Projektleiters, der das Projekt begleitet. (Das wirkt gegen die Wahrscheinlichkeit des personenbezogenen Wissensverlustes.)
- Eine sehr gute Dokumentation (wirkt gegen die Tragweite, da andere Personen das zunächst ausfallbedingt verlorene Wissen nachvollziehen können).

Beide Maßnahmen können sich ergänzen, z. B. wenn der Stellvertreter auch mit der Dokumentation beauftragt wird, sich also ebenso gut in den Projektverhältnissen auskennt und gleichzeitig den Projektleiter entlastet.

Beide Maßnahmen können aber, wenn sie schlecht organisiert und abgestimmt sind, durchaus auch kontraproduktiv wirken. Dazu käme es z. B., wenn die zusätzlichen Dokumentationsarbeiten den Projektleiter gesundheitlich noch mehr belasten. Dann würde er womöglich die laufende Information und die Einbindung seines Stellvertreters vernachlässigen und selbst noch mehr unter Druck geraten.

Beginnen wir zur Abwechslung hier einmal mit der Bearbeitung möglicher Chancen mit Hilfe des CuM-Verfahrens. Dies geht am besten anhand eines Formblattes zu den *Chancen und Maßnahmen*, mit dem Sie wie folgt arbeiten können. Die Felder bzw. Spalten eines solchen Formblatts stimmen genau mit der Vorgehensweise des Verfahrens überein.

Sie beginnen mit dem Planungspunkt „Arbeitspaket, Situation, Person, Sonstiges" (Spalte 1 im Formblatt). Hier wird zunächst derjenige benannt, zu dem die Chance in Bezug gebracht wird. Da Chancen als mögliche positive Abweichungen definiert sind, wird hier die Frage beantwortet, gegenüber welchem geplanten Umstand die Abweichung positiv sein würde.

Beim „Arbeitspaket" kann z. B. dessen Aufwand oder, als Vorgang definiert, dessen Dauer verbessert werden. Denkbar ist vielleicht auch eine Verbesserung der Qualität. Diese Ausgangsgrößen werden in der Termin- und Kostenplanung beschrieben, die wiederum die Grundlage bei der Suche nach möglichen Chancen bildet.

Als „Situation" können mögliche weitere Umstände der Planung benannt werden. Aus der „Person" (die für die Bearbeitung vorgesehen oder mit der Situation anderweitig verbunden ist) können zeitliche, qualitative oder andere Vorteile erwachsen.

Im nächsten Schritt beschreiben Sie die Situation und mögliche Folgen qualitativ und quantitativ (Spalte 2 des Formblatts). Hier wird jetzt die eigentliche Chance ausformuliert. Die qualifizierte Beschreibung, also die verbale Schilderung des Umstandes, wird möglichst durch quantifizierte Aussagen ergänzt. Sie begnügen sich also bspw. nicht mit der Aussage, dass mit Eintreten der Chance ein Vorgang beschleunigt und verbilligt wird, sondern schätzen „Beschleunigt um ... Tage" und „verbilligt um ... EUR".

Jetzt geht es um Tragweite und Wahrscheinlichkeit. Für „T" = Tragweite und „W" = Wahrscheinlichkeit (Spalten 3, 4, 5: T/W/P des Formblatts) werden Bewertungen wie in Kapitel 2 beschrieben abgegeben, z. B. sh = sehr hoch, eh = eher hoch, eg = eher gering und sg = sehr gering (z. B. belegt mit den entsprechenden Punkt-Werten. Die Spalte „P" = Priorität gibt dann der Priorität bei dieser Chance im Vergleich zu den anderen des Projekts Ausdruck.

Nun zu den möglichen Ursachen, aus denen sich eine Chance ergeben kann (Spalte 6 des Formblatts). Die Identifikation, Nennung und Analyse der Ursachen ist die Grundlage für die Festlegung von Maßnahmen, die helfen sollen, die positive Veränderung eintreten zu lassen (also die Wahrscheinlichkeit dafür erhöhen).

Anschließend werden die abgeleiteten Maßnahmen beschrieben (Spalte 7). Berücksichtigen sollten Sie dabei immer auch die erwartete Wirkung und die damit verbundenen Kosten und Aufwendungen. In einem gleich anschließenden Schritt betrachten Sie Maßnahmen zur Verstärkung positiver Folgen (also dem Pendant zur Tragweite, Spalte 8). Denken Sie auch hier an die erwartete Wirkung und die damit verbundenen Kosten und versuchen Sie, Wechselbeziehungen zu anderen Chancen zu berücksichtigen.

Das RuM-Verfahren

Betrachten wir nun die Bearbeitung möglicher Risiken mit Hilfe des RuM-Verfahrens: Beim RuM-Verfahren (Risiken und Maßnahmen) gehen Sie nun analog zum CuM-Verfahren vor und verwenden Sie hierfür das nachfolgend beschriebene Formblatt *Risiken und Maßnahmen*. Die Felder bzw. Spalten des Formblatts stimmen genau mit der Vorgehensweise des Verfahrens überein. Nehmen Sie das Formblatt, und Sie werden die Parallelen sofort erkennen. Für die Spalten 1-6 des Formblatts gelten die Erläuterungen des CuM-Verfahrens.

Als (präventive) Maßnahmen zur Vermeidung des Eintretens von Ereignissen und Veränderungen mit negativen Folgen (Spalte 7) beschreiben Sie solche, die deren Wahrscheinlichkeit vermindern sollen. Dazu werden die von den Maßnahmen erwartete Wirkung und die mit ihnen verbundenen Kosten und Aufwendungen genannt. Da mit den Maßnahmen also die Wahrscheinlichkeit des Eintretens des Risikos und damit des Schadens verringert werden soll, fallen sie in die Kategorie „präventiv“.

Außerdem werden als (korrektive) Maßnahmen zur Begrenzung negativer Folgen (Spalte 8) solche beschrieben, die bei Eintreten des Risikos die erwartete negative Veränderung abmildern sollen. Sie berücksichtigen hier die von den Maßnahmen erwartete Wirkung und die mit ihnen verbundenen Kosten. Da mit den Maßnahmen die negative Wirkung bei Eintreten des Risikos verringert werden soll, fallen sie in die Kategorie „schadensvermindernd“ bzw. „korrektiv“.

Das SMEA-Verfahren

Das SMEA-Verfahren erlaubt eine noch genauere Planung. Hier betrachten Sie Maßnahmen im Zusammenhang mit deren Wirkungen. Da dazu die Situation (das mögliche Risiko), die Maßnahme und ihr Ergebnis (die Wirkung) analysiert werden, wurde das Verfahren „Situations-, Maßnahmen- und Ergebnis-Analyse“ genannt.

Für mittelgroße und komplexere Projekte (B- und kleine A-Projekte) ist das SMEA-Verfahren eine besonders geeignete Vorgehensweise. Das bedeutet, dass der Aufwand für die Analyse und Bewertung auf der einen Seite und die Anforderungen an die Qualität der Informationen und Handlungsanleitungen auf der anderen Seite in einem ausgewogenen Verhältnis zueinander stehen.

Als Instrument des Risiko- und Maßnahmenmanagements eröffnet das SMEA-Verfahren die Möglichkeit, Risiken zu priosieren und die geplanten Abwehrmaßnahmen bezüglich ihrer Effektivität und Effizienz zu beurteilen. Das Verfahren lässt sich gleichermaßen für die Bearbeitung von Chancen wie von Risiken verwenden. Nachstehend könnten Sie also problemlos das Wort „Risiko“ durch „Chance“ ersetzen.

Bei der Beschreibung der Risiken ist zu beachten, dass sich Risiken in verschiedenen Eskalationsstufen unterschiedlich entwickeln können. So kann z. B. eine notwendige behördliche Genehmigung eine Woche verspätet, zwei Monate verspätet oder gar nicht erteilt werden. Dabei schließen die höheren Eskalationsstufen die unteren jeweils mit ein. Das Gesamtrisiko darf bei dieser Betrachtung dadurch aber nicht übermäßig steigen. Außerdem ist i. d. R. in den steigenden Eskalationsstufen eine gegenläufige Entwicklung von Tragweite und Wahrscheinlichkeit zu beobachten. Die Tragweite nimmt zu, die Wahrscheinlichkeit dagegen ab.

In der SMEA können sowohl Maßnahmen zur Risikovermeidung als auch zur Risikoverminderung eingearbeitet und betrachtet werden. Dabei empfehle ich Ihnen, bei wirklich verschiedenen Maßnahmen in Ihrem Formblatt zwei Zeilen zu verwenden. Anders bei Maßnahmen, die sich tatsächlich gegen beide Faktoren gleichzeitig richten und dann in einer Tabellenzeile berücksichtigt werden können.

Bei den Maßnahmen wird davon ausgegangen, dass sie wie vorgesehen wirken. Dort, wo Zweifel an der vollen Wirkung bestehen, ist nur die wahrscheinlich zu erwartende Teilwirkung anzusetzen.

Die Möglichkeit, dass sich im Anschluss an eine (gezielt ausgewählte) Maßnahme wieder unterschiedliche Folgen ergeben, wird in diesem Verfahren nicht berücksichtigt. Dazu können Sie aber das Entscheidungsbaumverfahren heranziehen.

Nehmen Sie nun am besten das entsprechende Formblatt SMEA zur Hand. Anhand der einzelnen Spalten des „SMEA"-Formblatts (der Tabelle) wird Ihnen im Folgenden die Vorgehensweise erläutert. Zur Dokumentation der einzelnen Schritte und der Ergebnisse der „SMEA" stehen Ihnen dann weitere Formblätter zur Verfügung. Es handelt sich dabei um ein „Chancen-" bzw. ein „Risiko-Detailblatt", das Sie gemeinsam mit der „SMEA-Tabelle" verwenden.

Arbeiten mit der SMEA-Tabelle

Die Tabelle auf dem Formblatt bildet das Kernstück des Verfahrens ab. Zunächst legt sie eine Nummerierung von Risiken zugrunde. Die Risiko-Nummer (Spalte 1 im Formblatt) kann sowohl ordnende als auch klassifizierende Funktion haben. Sie ermöglicht z. B., die Verbindung zu den entsprechenden Detailblättern herzustellen, wenn diese für genauere Beschreibungen verwendet werden. Das kann auch dort notwendig sein, wo es gilt, auf Abhängigkeiten oder andere Kausalitäten zwischen einzelnen Risiken hinzuweisen. Ebenso kann mit der Risiko-Nummer eine Klassifizierung verbunden werden. So kann ein Hauptrisiko — z. B. eine wichtige Genehmigung, die nicht wie geplant erteilt werden könnte — je nach Eskalationsstufe mit einer Haupt- und verschiedenen Unternummern versehen werden.

Als nächstes beschreiben Sie das Risiko und betrachten die Ursache und die Auswirkungen (Spalte 2 des Formblatts). Hier sollte sowohl eine qualifizierte (in Worten) wie eine quantifizierte (mit messbaren Größen versehene) Beschreibung des Risikos und seiner Auswirkungen erfolgen. Die Quantifizierung kann sowohl in finanziellen Werten (z. B. Angabe der möglichen Schadenshöhe in Euro/US-Dollar) als auch in nichtfinanziellen Werten (z. B. „Termin verschiebt sich um 2 Wochen", „Ausfallrate steigt 20 % über Toleranz" usw.) erfolgen. Beschreiben Sie dabei sowohl die Ursache für eine künftige, mögliche und dann gegenüber der Planung nachteilige Situation als auch die Situation selbst.

Die Beschreibung eines Risikos führt Sie hier häufig an die Anfänge und Ziele des Projekts zurück. Denn die Frage „Wo könnte eine negative Abweichung entstehen?" ist natürlich abhängig von der Antwort auf die Frage „Was war ursprünglich eigentlich gewollt?". Ist eine Terminverzögerung an sich ein Nachteil (z. B. weil man in einem Musterprojekt auch die besondere Leistungsfähigkeit nachweisen wollte) oder entsteht der Nachteil erst durch die daraus folgende Vertragsstrafe?

Wenn Sie Tragweiten bestimmen wollen (Spalte 3 im Formblatt), dann haben Sie dazu allgemein zwei Möglichkeiten: Entweder wird als Tragweite nur der finanziell messbare Schaden in die Beurteilung einbezogen, oder der Begriff der Tragweite wird weiter gefasst und beinhaltet neben den finanziellen auch noch andere, nicht in Geld zu bewertende mögliche Nachteile.

Die erstgenannte Variante ermöglicht Ihnen auch eine betriebswirtschaftliche und projektübergreifende Betrachtung. In Geld ausgedrückte und eventuell über die Wahrscheinlichkeit gewichtete Risiken lassen Wirtschaftlichkeitsrechnungen bezüglich des Einsatzes finanzieller Mittel für einzelne Maßnahmen zu. Außerdem lassen sie sich addieren, um für ein Projekt oder eine Mehrzahl von Projekten Rückstellungen zu bilden.

Bei der zweiten Variante wird der mögliche finanzielle Schaden als Untermenge der Tragweite angesehen, die zwar sehr wichtig ist, aber noch durch weiterführende Betrachtungen ergänzt werden kann. So sind z. B. ein verärgerter Kunde oder ein demotiviertes Projektteam Risiken, die Sie möglichst vermeiden wollen und die durchaus ernst zu nehmen und somit auch gegeneinander abzuwägen sind. Beispielsweise wird ein finanzieller Schaden von 10.000 EUR, der lediglich in einem Mehraufwand besteht, von geringerer Bedeutung sein als ein anderer Schaden, der sich ebenfalls mit 10.000 EUR beziffern lässt und zusätzlich noch von einem großen Imageverlust oder Ärger mit dem Endkunden begleitet ist.

Das Formblatt 4.3 können Sie für beide Varianten verwenden. Für die erste Variante können Sie eine feste Relation zwischen finanziellen Werten und daraus folgenden Punkten festlegen. Diese könnte dann z. B. so aussehen:

- 2.000 EUR bis 10.000 EUR → 3 Punkte
- 10.000 EUR bis 30.000 EUR → 5 Punkte
- über 30.000 EUR → 7 Punkte

Bei höheren Summen können Sie dann einfach die Punktzahl weiter erhöhen. Zu den Grundlagen der Bewertung sei auf Kapitel 2 zurückverwiesen. Die absoluten Werte und die Zuordnungen von Punkten müssen Sie ohnehin bei jedem Verfahren anpassen. Denn die Verfahren dienen dem Einsatz bei Projekten verschiedener Größenordnung, und so kann ein Risiko von 30.000 EUR bei einem kleineren B-Projekt von relativ hoher, bei einem großen A-Projekt von eher geringer Bedeutung sein.

Die zweite Variante kann ebenso berücksichtigt werden, nämlich indem die Vergabe der Punkte sowohl die finanziellen als auch die sonstigen Kriterien berücksichtigt. Die aufgrund der finanziellen Einstufung erreichten Punktzahlen können z. B. durch Extrapunkte für materiell nicht messbare negative Faktoren ergänzt werden. So kann dann letztlich auch ein Risiko mit einem finanziellen Schaden von z. B. 5.000 EUR, aber erheblicher negativer Öffentlichkeitswirkung, höher eingestuft werden, als eines, das ausschließlich mit einem finanziellen Aufwand von z. B. 15.000 EUR verbunden ist. Die nach Bedeutung und Tragweite (Kritizität) zusätzlich zu vergebenden Punkte könnten dann etwa folgender Skala entsprechen:

- außerordentlich hoch: 10 Punkte
- sehr hoch: 8 Punkte
- hoch: 5 Punkte
- eher gering: 3 Punkte
- gering: 2 Punkte
- fast bedeutungslos: 1 Punkt

Sie könne auch für die Bewertung der finanziellen Risiken 1-7 Punkte „reservieren" und drei weitere als Zusatzpunkte für die nicht-materiellen. Abschließend sei noch angemerkt, dass bei der Bewertung der Tragweiten der einzelnen Risiken innerhalb eines Projekts auch deren Relation untereinander eine Rolle spielt.

Schwieriger als die Bestimmung von Tragweiten ist meist die Ermittlung von Wahrscheinlichkeiten (Spalte 4 des Formblatts). Um ebenso sinnlosen wie langwierigen Diskussionen innerhalb Ihres Projektteams vorzubeugen, können Sie für die Wahrscheinlichkeit, dass ein Risiko eintritt, ein vereinfachendes Schema wie das folgende zur Klassifizierung vorschlagen:

- fast sicher: 9 Punkte
- wahrscheinlich: 7 Punkte
- durchaus möglich: 5 Punkte
- gering, aber möglich: 3 Punkte
- unwahrscheinlich: 1 Punkte

Im Allgemeinen sollten Sie nur solche Risiken näher betrachten, die innerhalb einer Bandbreite von unter 90 % (9 Punkte) und über 10 % (1 Punkt) liegen.

Risiken mit z. B. 90 %-iger oder höherer Wahrscheinlichkeit sollten nicht mehr als Risiken gelten, sondern als Fakten. Denn die gesamte Projektplanung kann selten mit größerer Durchschnittsgenauigkeit als 90 % erfolgen.

Solche im Zuge der Risikoanalyse neu erkannten Umstände gehen also nicht mehr in die Risikobetrachtung ein, sondern in die Planung (Sie erinnern sich, dass die Betrachtung von Risiken eine Parallele zur Planung darstellt).

Risiken mit einer Wahrscheinlichkeit von unter 10 % (1 Punkt) können einfach unberücksichtigt bleiben, es sei denn, sie sind bei der Tragweite mit mindestens 7 Punkten bewertet worden.

Im nächsten Schritt betrachten Sie das Risikopotenzial ,aus dem später die entsprechende Priorität der Maßnahmen abgeleitet wird. Hierbei wird das Risikopotenzial in der Regel als Produkt von Tragweite und Wahrscheinlichkeit errechnet (im Formblatt Spalte 3 multipliziert mit Spalte 4). Beide Faktoren gehen dann also gleichberechtigt in diese Bewertung ein. Im Einzelfall ist aber auch die höhere Gewichtung eines der beiden Faktoren denkbar, wenn z. B. überhaupt möglichst wenig „schief gehen" soll und deshalb der Faktor „Wahrscheinlichkeit" höher gewichtet wird. Die so ermittelte Zahl (Spalte 5 des Formblatts) wird dann als Ausdruck für das Potenzial des Risikos vor Maßnahmen angesehen, und zwar zunächst einmal absolut und dann anschließend auch als Prioritätskennzahl gegenüber den anderen Risiken im Projekt.

Ein zweiter Wert neben dem Potenzial ist für die Priorität des Risikos im Vergleich zu den anderen Risiken des Projekts anzugeben (Spalte 6). Er kann z. B. nach den Werten des Potenzials in absteigender Reihenfolge vergeben werden. Ebenso ist es denkbar, Kategorien zu bilden, in die Risiken bestimmter Ausprägung fallen. So könnten etwa Risiken mit hoher Wahrscheinlichkeit und hoher Tragweite in die Kategorie 1 der Prioritäten fallen, Risiken, bei denen eine der beiden Ausprägungen hoch, die andere mittel ist, in die Kategorie 2 usw.

Im nächsten Schritt analysieren und beschreiben Sie die Maßnahmen (Spalte 7 des Formblatts). In den Feldern dieser Spalte des Formblatts beschreiben Sie die möglichen Maßnahmen in Worten. Dabei sind prinzipiell präventive, also schadensverhindernde, und korrektive, also schadensmindernde, Maßnahmen zu unterscheiden. Erstere haben in der Regel Einfluss auf die Eintrittswahrscheinlichkeit eines Risikos, die zweitgenannten auf die Tragweite bei seinem Eintreten. Kombinationen zwischen beiden Wirkungen sind dabei möglich.

Die Formulierung der Maßnahme sollte möglichst Bezug nehmen auf die Ursachen (im Formblatt Spalte 2). Wünschenswert ist auch die Beschreibung von erwarteten Wirkungen, sowohl qualitativ als möglichst auch quantitativ. Wo Sie eventuell Zweifel an der Wirksamkeit einer Maßnahme haben, sollten Sie dies mit einem entsprechenden Hinweis berücksichtigen. Einzugehen ist ebenfalls auf Faktoren wie ein bestehendes oder neues Restrisiko als Begründung für die restliche Tragweite.

Diese restliche Tragweite (Spalte 8) ist die Tragweite nach der Wirkung der Maßnahme. Hier wird die Situation gegenüber der ersten Beschreibung (Spalte 2 des Formblatts) noch einmal neu bewertet. Die neue Bewertung ergibt sich nunmehr aus der neuen Situation. Dabei sind prinzipiell die gleichen Betrachtungen anzustellen und Kriterien zu verwenden wie zuvor.

Ähnlich verhält es sich mit der nochmaligen Bewertung der Situation bzgl. der Wahrscheinlichkeit nach der Maßnahme (Spalte 9). Ausgangspunkt ist auch hier die erste Bewertung (Spalte 4), die nun wiederholt wird.

Als nächstes betrachten Sie die Änderung des Potenzials (Spalte 10 oben). Hier wird das Risikopotenzial nach den gleichen Regeln wie zuvor (Spalte 5), also in der Regel als Produkt aus Tragweite und Wahrscheinlichkeit, dargestellt (Spalte 8 multipliziert mit Spalte 9). Der so ermittelte Wert zeigt dann das Risikopotenzial nach der Maßnahme in Spalte 10 an.

Dann ermitteln Sie die Differenz aus dem Risikopotenzial vor Maßnahmen (Potenzialzahl aus Spalte 10 minus erster Potenzialzahl aus Spalte 5). Dieser Wert gibt den (erwarteten) Rückgang des Risikopotenzials aufgrund der Maßnahme an, also deren Effektivität (Spalte 11). Sofern andere Maßzahlen verwendet wurden, z. B. die Einordnung in Risikoklassen, wird entsprechend die Veränderung angezeigt. Ein Risiko der ursprünglichen Klasse 1 kann so nach der Maßnahme nur noch in die Klasse 3 einzuordnen sein.

Nun beziffern Sie noch die Kosten (in EUR) oder den Aufwand (in Stunden), die für die Maßnahme notwendig werden (Eintrag in Spalte 12). Diese Positionen werden auch in Relation zum Effekt gemäß Spalte 11 gesetzt, um so einen Eindruck von der Effizienz der Maßnahme zu gewinnen. Sie erreichen das bspw., indem Sie die Frage nach dem Aufwand, der nötig ist, einen Risikopunkt zu beseitigen, beantworten und zeigen, wo knappe Mittel eingesetzt werden sollten.

Zum Schluss betrachten Sie noch Termine, Verantwortliche und ähnliche Faktoren, wie z. B. Abhängigkeiten, Auslöser usw. (Spalte 13).

Wenn Sie allen diesen Schritten gefolgt sind, haben Sie schon einmal eine komplette Übersicht, die Sie nun noch um einige detaillierte Angaben ergänzen können.

Die SMEA-Detailblätter ergänzend einsetzen

Für die SMEA und die nachfolgend vorgestellt erweiterte SMEA können unterstützend Detailblätter eingesetzt werden. Am besten eignet sich hierfür das *Risiko-Detailblatt zur SMEA*. Die Felder bzw. Spalten-Nrn. des Formblatts stimmen mit der Vorgehensweise des Verfahrens „SMEA erweitert“ überein, nicht mit der SMEA.

Im Risiko-Detailblatt können Sie zunächst die „Projekt-Kategorie“ festlegen, indem Sie eine Kategorisierung in A-, B- oder C-Projekte vornehmen. Unter „Status“ bestimmen Sie dann, ob das Risiko neu (N), geändert (G), bestehend (B) oder abgeschlossen (A) ist. Mit der Nummer des Risikos bei „korrespondiert mit“ können Sie auf mögliche Zusammenhänge mit anderen Risiken verweisen.

Die finanziell gewichtete Tragweite ist nun das Produkt aus der finanziellen Tragweite bei Eintreten (also bei 100 %) und der Wahrscheinlichkeit. Beim einzelnen Risiko ist dies ein nur hypothetischer Wert, da das Risiko in der Regel entweder eintritt oder nicht, aber kaum mit der errechneten gewichteten Tragweite eintritt. Sinnvoll wird dieser Wert erst dann, wenn Sie ihn für alle zu berücksichtigenden Risiken, z. B. zur Bildung von Rückstellungen, heranziehen.

Nach der Maßnahme kann eine Rest-Tragweite existieren bzw. kann durch die geänderte Situation eine neue Tragweite eintreten So schließt z. B. der Abschluss einer Versicherung den Totalverlust aus, dafür muss aber im Schadensfall eine Selbstbeteiligung bezahlt werden.

Rest- bzw. Neu-Wahrscheinlichkeit bestimmen Sie analog zur Rest- bzw. Neu-Tragweite. Der gesamte finanzielle Nutzen einer Maßnahme ergibt sich aus der Situation vor der Maßnahme minus der Situation nach der Maßnahme abzüglich der für die Maßnahme notwendigen Kosten. Im Detailblatt können Sie dazu ebenfalls Angaben machen. Die übrigen Felder des Formblatts sollten selbsterklärend sein.

Ein SMEA-Chancenmanagement-Detailblatt ist analog zu dem für Risiken aufgebaut. Lediglich die Berechnung im letzten Feld (finanzielle Differenz vor und nach der Maßnahme) unterscheidet sich, da als Situation nach der Maßnahme die Situation vor der Maßnahme zuzüglich deren Kosten betrachtet wird.

Die praktische Arbeit mit der Tabelle und den Detailblättern kann folgendermaßen ablaufen: In einer ersten Tabelle stellen Sie alle Risiken zusammengefasst dar und unterziehen Sie nach Tragweite und Wahrscheinlichkeit in den Spalten der Felder 3 und 4 einer ersten Bewertung nach der Skalierung „hoch“, „eher hoch“, „eher gering“ oder „gering“.

Im nächsten Schritt legen Sie Risiko-Deckblätter für die relevanten Risiken an. Auf die entsprechenden Deckblätter wurde bereits vorstehend verwiesen. Dabei berücksichtigen Sie dann nur noch die Risiken, die Sie vorher mindestens einmal mit „hoch“ oder zweimal mit „eher hoch“ bewertet haben. Auch sollten Sie berücksichtigen, dass Risiken unterschiedliche Ausprägungen, z. B. als „Normalfall“ oder als „pessimistischer Fall“ haben können, wobei sich Tragweite und Wahrscheinlichkeit häufig umgekehrt proportional zueinander verhalten. In diesem Fall wird das Risiko zweimal aufgenommen. In der finanziellen Gesamtbewertung ist allerdings zu beachten, dass diese beiden Alternativen einander ausschließen.

Wenn bspw. ein Risiko in seiner schweren Form eintritt, etwa beim Autofahren ein Auffahrunfall mit 80 km/h, so schließt dieses Risiko das geringere mit ein, also etwa die Folgen eines solchen Unfalls mit 40 km/h. Anders betrachtet bedeutet das aber auch: Wenn der Unfall einmal eingetreten ist und sich mit 40 km/h ereignet hat, dann kann er sich nicht mehr mit 80 km/h ereignen.

In der Summenzeile der Tabelle im Formblatt sind deshalb gleichbedingte Risiken, die mehrfach angeführt werden — z. B. aus einer normalen und einer pessimistischen Betrachtung —, nicht doppelt zu rechnen. Hier ist entweder die Berücksichtigung des wahrscheinlich normalen Falls möglich oder eine unterschiedliche Gewichtung, indem Sie z. B. den normalen Fall mit 80 % und den pessimistischen Fall mit 20 % werten.

Die Tabelle und die Detailblätter für ausgewählte Risiken — und analog Chancen — bilden dann zusammen die Grundlage der weiteren Planung und Realisierung von Maßnahmen.

Das erweiterte SMEA-Verfahren

Mit dem erweiterten SMEA-Verfahren können Sie betriebswirtschaftliche Faktoren in das Risikomanagement einbeziehen. Dazu ist anzumerken, dass im Risikomanagement, speziell in der Risikobewertung, zwei gleichberechtigte, aber im Detail unterschiedliche Sichtweisen bestehen. Daraus folgen verschiedene Anforderungen an die Aussagen, die einzelne Verfahren ermöglichen sollen.

Erstens gibt es die auf das einzelne Projekt bezogene, projektmanagementorientierte Sicht, die eine Bewertung einzelner Risiken und der entsprechenden Maßnahmen zu deren Minderung oder Vermeidung zum Gegenstand hat. Die Bewertung der mit diesen Risiken verbundenen Tragweite erfolgt dann, wie bereits beschrieben, teilweise unabhängig von unmittelbar messbaren finanziellen Schäden.

Zweitens gibt es die kaufmännisch-buchhalterische Sicht, in der es notwendig sein kann, Betrachtungen über Risiken anzustellen, mit dem Ziel, ausreichende Rückstellungen zu bilden. Aus dieser Sicht ergibt sich auch die Berichterstattung nach den Vorschriften des HGB, des KonTraG oder den US-GAAP, die finanzielle Bewertungen und statistikorientierte Betrachtungen von Risiken erfordern (siehe dazu auch Kapitel 3).

„Statistisch" bedeutet hier, dass es für ein einzelnes Risiko mit einer bestimmten Wahrscheinlichkeit eventuell nur die Alternative „tritt ein" oder „tritt nicht ein" gibt, ein anteiliges Eintreten in Höhe einer geschätzten Wahrscheinlichkeit jedoch ausgeschlossen ist. Entsprechend ist eine monetäre Bewertung mit einem Erwartungswert, der mittels der Tragweite in Geld multipliziert mit der Wahrscheinlichkeit einen Betrag für die Risikobewertung ergibt, für das einzelne Risiko wenig sinnvoll. Sinnvoll kann allerdings die Summe der Erwartungswerte mehrerer solcher Risiken in einem Projekt sein, die zeigt, inwieweit ein Projektergebnis aus der Kalkulation zu korrigieren ist und inwieweit Rückstellungen zu bilden sind.

Im erweiterten SMEA-Verfahren sind beide Betrachtungen, also sowohl die der einzelnen Situation als auch die übergreifende, berücksichtigt und damit Aussagen in beiden Richtungen möglich.

Nehmen Sie nun einmal die Formblätter mit den Tabellen für das erweiterte SMEA-Verfahren und das dazugehörige Detailblatt zur Hand. Die beiden Formblätter bilden das erweiterte SMEA-Verfahren exakt ab. Es wird deshalb im Folgenden anhand der Felder und Spalten beschrieben, was es Ihnen ermöglicht, direkt in die praktische Arbeit einzusteigen.

Einige Zeilen der Übersichtstabelle reichen auch hier manchmal nicht aus, um Risiken und mit ihnen zusammenhängende Faktoren ausreichend zu beschreiben. Wie schon bei der einfachen SMEA-Tabelle können Sie dieses Problem dadurch lösen, dass Sie für jedes erhebliche, ausführlich zu beschreibende Risiko ein einzelnes Detailblatt anlegen und dann die Inhalte sämtlicher Detailblätter zusammengefasst in den Spalten einer Risiko-Sammeltabelle als Risikoübersicht aufzeigen.

Die Besonderheiten der erweiterten SMEA-Tabelle

Prinzipiell entspricht die erweiterte SMEA-Tabelle der im vorstehenden Abschnitt beschriebenen einfachen. Nachstehend werde ich deshalb in erster Linie auf die eigentlichen Erweiterungen eingehen und dabei spaltenweise vorgehen. Die Hinweise gelten für die entsprechenden Felder des Detailblatts analog. Beginnen Sie mit der Situation vor Maßnahmen.

1. Nummer (Nr.): Tragen Sie die laufende Nr. in der Tabelle zur Kennzeichnung des einzelnen Risikos ein.

2. Risikobeschreibung: In der Tabelle (Risiko-Übersicht) reichen Stichwörter. In der Langfassung auf dem einzelnen Risiko-Deckblatt wird die Beschreibung um folgende Punkte ergänzt (verbal):

- Ausprägung des Risikos
- Ursache
- Auswirkung

Dabei ist auch bei Verwendung des Formblatts wieder eine möglichst präzise Beschreibung vorzunehmen und eine genaue Unterscheidung zwischen den einzelnen Aussagen zu treffen. Die Suche nach und die Bewertung von Maßnahmen fällt Ihnen dann wesentlich leichter. Im Detailblatt ist zusätzlich der Verweis auf den Zusammenhang bzw.

die Korrespondenz zu einem weiteren Risiko vorgesehen. Dies kann das gleiche Risiko, aber z. B. in normaler und pessimistischer Betrachtungsweise sein. Ebenso ist ein Querverweis auf ein Risiko möglich, das sich zusammen mit dem genannten verstärkt oder auch ausschließt.

3. Auswirkung finanziell (Tf t EUR/$): Hier ist die finanzielle Auswirkung bei Eintreten des Risikos gemeint.

4. Wahrscheinlichkeit (W): Die Bewertung des Faktors „Wahrscheinlichkeit" wird wieder mit 1-9 Punkten vorgenommen. Als Anhaltspunkt für die Bemessung der Wahrscheinlichkeiten können folgende Werte dienen:

- bis 90 % = sehr hoch
- 50 bis 80 % = eher hoch bis hoch
- 20 bis 50% = gering bis eher gering
- unter 10 % = sehr gering

Der Einfachheit halber könnte ein Punkt für 10 %, zwei Punkte für 20 % stehen usw.

5. Tragweite finanziell (Tf gew. t EUR/$): Hier tragen Sie die Tragweite der finanziellen Auswirkung (Spalte 3) in — mit der Wahrscheinlichkeit gewichteten — tausend EUR- oder US-$-Beträgen ein. Ermittelt wird dieser Wert als Produkt von Feld 3 mal Feld 4 dividiert durch zehn. Der Wert wird später in der weiteren Bearbeitung für die buchhalterische Risikobetrachtung zur Bildung von Rückstellungen u. ä. herangezogen.

6. Tragweite (T): Die Tragweite wird mit 1-9 Punkten bewertet. Sie ergibt sich zunächst aus Feld 5, kann je nach Einschätzung aber darüber hinaus noch größer eingeschätzt werden. Für die detailliertere Bewertung in der Tabelle bietet sich für den Faktor „Tragweite" in seiner finanziellen Ausprägung die in Tabelle 14 dargestellte Punkte-Skalierung von 1 bis 9 an.

Finanzielles Risiko zu Projektvolumen	Finanzielles Risiko absolut	Punkte
über 1,0 %	über 200 tEUR	9
bis 1,0 %	bis 200 tEUR	7-8
bis 0,5 %	bis 100 tEUR	4-6
bis 0,2 %	bis 30 tEUR	1-3

Tabelle 14: Mögliche Punkte-Skalierung für die Tragweite von Risiken im erweiterten SMEA-Verfahren

Diese Verteilung kann übrigens auch umgekehrt verwendet werden, wenn mit einer einfacheren Gewichtung, wie etwa „hoch – eher hoch – eher gering – gering", gearbeitet werden soll. Als Anhaltspunkt für die Bemessung der Tragweite kann dann gelten, dass z. B. ein finanzielles Risiko ab 3 Punkten gemäß der folgenden Aufstellung zur Bewertung „mittel", ein Risiko ab 6 Punkten zur Bewertung „hoch" führt.

Zurück zur Tabelle in Formblatt: Zusätzlich zur Bewertung der Tragweite anhand messbarer Geldbeträge kann eine Berücksichtigung von nicht monetären Faktoren zur vollständigen Beschreibung des Risikos notwendig werden. Im Einzelfall kann es auch gar nicht möglich sein, das Risiko insgesamt in Geld anzugeben.

Hier ergänzen Sie die Bewertung der Tragweite um Ihre subjektive Einschätzung, die Sie mit entsprechenden (Zusatz-) Punkten ausdrücken. Die Einschätzung des einzelnen Risikos sollten Sie dabei immer im Kontext zu den übrigen Risiken des Projekts sehen.

7. Risikopotenzial gesamt (RiskPot. ges.): Hier drücken Sie das Risikopotenzial in 1–81 Punkten aus, die das Produkt der Multiplikation von Feld 4 mit Feld 6 sind. Das so ermittelte Risikopotenzial liefert die Basis für eine Bildung von Rangfolgen der Risiken, um darauf die spätere Planung von und Entscheidung über Maßnahmen abzuleiten. Damit nun zur Situation nach Maßnahmen.

8. Beschreibung der Maßnahme: In der Tabelle (Risiko-Übersicht) reichen wiederum Stichwörter. In der Langfassung auf dem einzelnen Risiko-Detailblatt kann die Beschreibung detaillierter erfolgen. Außerdem ist ein Querverweis auf andere Risiken und Maßnahmen möglich, die damit in Zusammenhang stehen, also z. B. sich gegenseitig verstärken oder ausschließen. Bei der weiteren Betrachtung gehen Sie auch hier davon aus, dass die Maßnahmen wie vorgesehen wirken und die Risiken im Hinblick auf ihre Tragweite und/oder Wahrscheinlichkeit entsprechend beeinflusst werden. Sollte diese Annahme nicht uneingeschränkt gelten, ziehen Sie auch hier am besten andere Verfahren zur komplexeren Betrachtung, wie etwa das Entscheidungsbaumverfahren, heran.

9. Kosten der Maßnahme in Euro oder US-Dollar absolut (Kosten t EUR/$): Bei mehrfacher Berücksichtigung eines Risikos gelten die Aussagen und Vorschläge zu Feld 5 analog.

10. Restliche finanzielle Auswirkung (Rest Tf in t EUR/$): Trotz der Maßnahmen bzw. danach können restliche oder andere finanzielle Auswirkungen bei Eintritt des Risikos bestehen. Diese sollten Sie in Euro- oder US-Dollar-Beträgen vermerken. Die Aussagen zu Feld 5 gelten dabei analog.

10a. Finanzielle Situation nach Maßnahmen (nur im Detailblatt): Hier finden Sie ein Rechenfeld zur Darstellung der finanziellen Situation nach den Maßnahmen. Sie rechnen durch Addition der Kosten der Maßnahmen und des finanziellen Restrisikos (Felder 9 plus 12). Die Aussagen zu Feld 5 gelten hierfür analog.

11. Rest-Wahrscheinlichkeit (Rest W): Es besteht eine Rest-Wahrscheinlichkeit für das Eintreten des unter 2 beschriebenen Risikos trotz der ergriffenen Maßnahmen. Bei Maßnahmen, die sich gegen die Auswirkungen des unter 2 beschriebenen Risikos richten, fällt die Bewertung der Felder in den Spalten 10 oder 14 entsprechend geringer aus. Maßnahmen gegen die Wahrscheinlichkeit wirken sich allein in Spalte 11 aus, kombiniert wirkende Maßnahmen dagegen in allen genannten Spalten. Zur Ermittlung gelten die Aussagen zu Feld 4 analog.

12. Rest-Tragweite finanziell gewichtet (Rest Tf gew. t EUR/$): Hier bezeichnen Sie wiederum die Rest-Tragweite der finanziellen Auswirkung in nach der Wahrscheinlichkeit gewichteten Euro- oder US-Dollar-Beträgen, ermittelt als Produkt von Feld 10 mal Feld 11 dividiert durch zehn. Dieser Wert ist in der weiteren Bearbeitung für die buchhalterische Risikobetrachtung wichtig. Die Aussagen zu Feld 5 gelten analog.

13. Verbesserung finanziell (Verbess. Tf t EUR/$): Hier bezeichnen Sie die Verbesserung der finanziellen Risikosituation durch die Maßnahme, ermittelt aus der Differenz von Punkt 5 minus 10a (im Deckblatt) bzw. Feld 5 minus der Summe der Felder 9 plus 12 [5 - (9+12)] in der Risiko-Übersicht).

Achtung

Aus buchhalterischer Sicht und innerhalb des Reportings sind die Summen der Felder 5, 12 und 13 besonders wichtig, da Sie aus ihnen die aus dem Projekt zu bildenden Rückstellungen ermitteln können.

14. Rest-Tragweite (Rest T): Die Rest-Tragweite bewerten Sie mit 1-9 Punkten, da sich diese Tragweite zunächst aus Feld 12 ergibt, je nach Ihrer Einschätzung aber auch höher ausfallen kann.

15. Rest-Risikopotenzial ges. (Rest-RiskPot. ges.): Das gesamte Rest-Risikopotenzial ermittelt Sie, indem Sie das Produkt aus Feld 11 und Feld 14 bilden.

16. Verbesserung des Risikopotenzials ges. (Verbess. RiskPot. ges.): Die Verbesserung des gesamten Risikopotenzials bzw. der Risikosituation berechnen Sie als Differenz der Punkte aus Feld 7 und Feld 15. Dieser Wert gibt Ihnen als Projektmanager Anhaltspunkte bzgl. der Wirksamkeit von Maßnahmen und Entscheidungshilfen für deren Umsetzung. Dabei gilt: je größer die Differenz, desto wirksamer die Maßnahme.

17. Kosten je Verbesserungs-Pkt. (Kst./Pkt.): Hier errechnen Sie die relativen Kosten der Verbesserung in Feld 13, als Ergebnis der Division des Wertes in Feld 9 durch den Wert in Feld 16. Sie ermitteln so Anhaltspunkte für eine Entscheidung, in welcher Reihenfolge – gerade auch bei limitierten Budgets – Maßnahmen in Angriff genommen werden sollten. Weiterhin können Basisinformationen, z. B. für Nutzwert-Analysen zur Realisierung von Maßnahmen bei beschränktem Budget, gewonnen werden.

18. Bemerkungen (Bem.): Hier bleibt schließlich Raum für Ihre Anmerkungen, z. B. zu Verantwortlichen, Terminen, Erfolg, Controlling-Maßnahmen usw.

Achtung

Nutzen Sie das erweiterte SMEA-Verfahren, wenn Bewertung und Behandlung von Risiken sowohl Bestandteil des Projektmanagements als auch erforderlich für übergreifende Berechnungen im Rahmen des Controllings und Reportings sind, insbesondere zur Bildung von Rückstellungen. Lohnend ist der Aufwand für dieses Verfahren vorwiegend bei mittleren und größeren B- sowie bei A-Projekten.

Die Nutzenwert- und Sensitivitäts-Analyse in der Maßnahmenplanung

Nachdem Sie nun verschiedene Verfahren zur Planung und Beurteilung von Maßnahmen kennen gelernt haben, möchte ich Ihre Aufmerksamkeit noch einmal näher auf deren Auswahl lenken. Diese ist vor allem dann bedeutsam, wenn nur begrenzte Mittel zur Bearbeitung von Risiken zur Verfügung stehen. Als Instrument hat sich hier die Nutzenwert- und Sensitivitäts-Analyse bewährt. Die nachfolgenden Ausführungen dazu beziehen sich schwerpunktmäßig auf Risiken, wobei Chancen immer mit zu bedenken sind.

Zunächst bilden Sie Prioritäten, um Maßnahmen anschließend gestaffelt bearbeiten zu können.

Dazu können Sie folgendes Frageschema verwenden:

- Welche Maßnahmen beseitigen die existenzbedrohenden Risikopotenziale?
- Welche Maßnahmen beseitigen die absolut größten Risikopotenziale?
- Welche Maßnahmen beseitigen die in Bezug auf die Kosten und Wirkung der Maßnahmen relativ größten Risikopotenziale?

Die beiden letzten Fragen beziehen sich auf Effektivität und Effizienz der Maßnahmen. Effektivität bedeutet konkret, dass mit der Maßnahme eine größtmögliche Wirkung erzielt wird, während Effizienz für ein bestmögliches Verhältnis von Ergebnissen und den dazu notwendigen Aufwendungen steht.

Im Folgenden werden Sie auch anhand von Beispielrechnungen sehen, dass der Vergleich der Staffelung nach diesen beiden Größen zu jeweils unterschiedlichen Ergebnissen führen kann. Diese sind dann weiter zu analysieren. So kann sich z. B. die Frage ergeben, ob Sie knappe Mittel zur Risikobekämpfung besser in eine einzige große Maßnahme investieren, oder ob es effizienter ist, mehrere kleine durchzuführen.

In den Tabellen 15 und 16 sehen Sie beispielhaft die Analyse verschiedener Risiken, die hier nicht näher definiert werden, sondern in der ersten Spalte lediglich mit Nummern gekennzeichnet sind. Im ersten Beispiel sind die Risiken nach den absolut höchsten Punkte-Differenzen sortiert, die mit den Maßnahmen jeweils zu erzielen sind, also nach ihrer Effektivität. Die Sortierung erfolgte hierbei in absteigender Reihenfolge.

In der Spalte daneben sind zunächst angenommene fiktive Veränderungen durch Punkte-Differenzen nach Maßnahmen aufgelistet, daneben die mit diesen Maßnahmen verbundenen Kosten.

Die Spalte rechts davon gibt an, welchen Euro-Betrag die Beseitigung eines Risikopunkts verursacht, ermittelt aus der Division des Geldbetrags durch die Punkte-Differenz einer Maßnahme. Hiermit wird das Verhältnis von Einsatz und Wirkung ermittelt, also die Effizienz der Maßnahme.

Die letzte Spalte schließlich gibt die Rangfolge an, die sich ergibt, wenn Risiken und Maßnahmen nicht mehr nach ihrer absoluten Wirkung beurteilt werden, sondern nach ihrer soeben errechneten Effizienz. Diese Spalte (ganz rechts) zeigt also die relative Rangfolge an, die anders ist als die der absoluten Rangfolge in der ersten Spalte (ganz links). Wenn man so will, werden Kosten und Wirkung der Maßnahmen in Relation gestellt, also nach dem Optimum gesucht.

Risiko-Nr.	**Punkte-differenz**	**Betrag in tEUR**	**Betrag/Punkte**	**Rel. Rang**
1	65	30	0,46	1
2	48	50	1,04	4
3	42	35	0,83	3
4	30	45	1,50	7
(kumuliert)	(185)	(160)		
5	27	15	0,55	2
6	15	17	1,13	5
7	8	10	1,25	6
8	7	15	2,14	8

Tabelle 15: Beispiel zur Berechnung der Effizienz einer Maßnahme nach absoluter Punkte-Differenz. Bei Einsatz von 160 TEUR (Risiken 1-4 kumuliert) erfolgt z. B. eine Reduktion um 185 Risiko-Punkte.

Würden Sie sich jetzt entschließen, die ersten vier Maßnahmen der Risiken mit den Nummern 1-4 zu ergreifen, dann könnten Sie damit eine Differenz von insgesamt 185 Risikopunkten erzielen. Dafür müsste der Betrag von insgesamt 160 tEUR aufgewendet werden, für 212 Risikopunkte läge der Betrag dagegen bei 175 tEUR.

In Tabelle 16 sind jetzt die Risiken und Maßnahmen gemäß der eben errechneten relativen Rangfolge sortiert. Risiko 1 bleibt also an erster Stelle, Risiko 5 rutscht von Rang 5 auf Rang 2 usw.

Risiko-Nr.	Punkte-differenz	Kumuliert	Betr.in tEUR	tEUR Kum.
1	65	65	30	30
5	27	92	15	45
3	42	134	35	80
2	48	182	50	130
6	15	197	17	147
7	8	205	10	157
4	30	235	45	202
8	7	242	15	217

Tabelle 16: Risiken (aus der vorstehenden Tabelle) nach relativem Rang. Beim Einsatz von 130 tEUR (kumuliert für Risiken 1, 5, 3 und 2) erfolgt z. B. eine Reduktion um 182 Risiko-Punkte.

Hier könnten Sie also jetzt eine Reduktion um kumuliert 182 Risikopunkte mit dem Einsatz von nur 130 tEUR (ein minus von 19 %) erreichen. Zusätzlich könnten Sie mit dem etwa gleichen Aufwand (157 tEUR in Tabelle 14 anstelle von 160 tEUR in der Reihenfolge von Tabelle 13) auch noch die Risiken Nr. 6 und Nr. 7 bearbeiten.

Das evtl. jetzt nicht mehr unmittelbar berücksichtigte Risiko Nr. 4 muss dann anders bearbeitet werden, z. B. durch genaue Beobachtung oder vertraglichen Ausschluss. Es wird erkennbar, dass in diesem Beispiel die Verwendung des Geldes für Maßnahmen gegen die Risiken effizienter wird, wenn sich die Maßnahmen auf mehrere kleine Risiken richten.

Achtung

Sie müssen bei der Beurteilung von Maßnahmen deren Effizienz und Effektivität gleichermaßen betrachten. Lassen Sie sich dabei von großen Zahlen nicht blenden – es kann effizienter sein, sich von „Kleinkram" zu befreien und die verbleibende Management-Kapazität auf die wenigen verbleibenden Hauptrisiken zu konzentrieren.

Das FMEA-Verfahren

Eine Anleihe aus dem Werkzeugkasten des Qualitätsmanagements machen Sie, wenn Sie das FMEA-Verfahren im Risikomanagement einsetzen. FMEA steht für „Fehler-Möglichkeits- und Einflussanalyse“ bzw. „Failure Mode and Effects Analysis“ (teils auch „Failure Mode, Effects and Criticality Analysis“ — FMEAC genannt). Die Besonderheit der FMEA liegt darin, dass den bisherigen Faktoren zur Ermittlung des Risikopotenzials, also der Tragweite und der Wahrscheinlichkeit, ein weiterer hinzugefügt wird, nämlich die Zeitdauer bis zum Entdecken des Risikos. (Die Größe „Fehler“ im Qualitätsmanagement wird also durch die Größe „Risiko“ im Risikomanagement ersetzt.) Die bisher bei der Formulierung der Tragweite implizit unterstellte Zeitdauer bis zur Entdeckung eines Risikos wird damit jetzt als eigener Faktor behandelt.

Da die FMEA ein eingeführtes, in der Fachliteratur beschriebenes Verfahren ist, werde ich dessen Begriffe hier unverändert übernehmen. Die Begriffe im Risikomanagement sind demgegenüber teilweise etwas andere, auf die Unterschiede wird hingewiesen.

Das Verfahren ermöglicht Ihnen eine zusätzliche Perspektive, auf die Sie nicht verzichten sollten. Außerdem wird mit seiner Anwendung auch die Bandbreite von Gegenmaßnahmen um die Verwendung als Präventiv-Maßnahmen aufgrund von Frühwarnindikatoren erweitert.

In der Tabelle zur FMEA (die für sich selber spricht) bearbeiten Sie nacheinander folgende Spalten:

1. Nr.: Laufende Nummer des Risikos
2. Prozessschritt im Projekt, Projektziel, zu realisierendes Objekt: Wo kann das Risiko eintreten?
3. Mögliches Risiko: Nennung und Beschreibung
4. Ursache: Ursache des Risikos
5. Wirkung: Auswirkungen: Was passiert, wenn das Risiko eintritt?
6. Folgen für das Projekt: Folgen und Tragweite
7. Beeinflussbarkeit durch ... Wer kann (ohne besondere Maßnahmen) dagegen wirken?
8. A/B/E/R:
   A = Auftreten = Wahrscheinlichkeit
   B = Bedeutung = Tragweite
   E = Entdeckung (Zeitdauer bis E neu)
9. bewertet mit jeweils einer Zahl von 1 für sehr niedrig bis 9 für sehr hoch, R = Risikopotenzial (Produkt aus A x B x E)
10. Mögliche Maßnahme
11. Verbesserter Zustand (verglichen mit 2., 3. und 5.)
12. A/B/E/R: wie bei 8, bewertet nach der Maßnahme
13. Entscheidung, Kosten, Verantwortlicher

Den Faktor Zeitdauer im Risikomanagement können Sie sich gut anhand eines Beispiels deutlich machen, das Sie aus der Fahrschule kennen: Die Zeit vom Auftreten einer Gefahrensituation bis zum Stillstand eines Fahrzeugs in folgende Abschnitte unterteilt:

- Erkennen der Gefahr nach der persönlichen Reaktionszeit (Zeit bis zum Betätigen der Bremse)
- Bremsansprechzeit (Zeit, bis die Bremse zu wirken beginnt)
- Bremszeit und daraus folgend der Bremsweg

Zusammen ergeben sie die Gesamtdauer. Die prinzipiell gleiche Überlegung ist bei der Abschätzung der Wirksamkeit von Maßnahmen gegen Risiken im Projekt anzustellen. Im Extremfall können Sie (anders als beim Bremsen des Autos) zu der Entscheidung kommen, auf die Maßnahme zu verzichten, da ihre Wirkung zu spät einträte und der erwünschte Effekt nicht mehr gegeben wäre.

Das FMEA-Verfahren berücksichtigt als zusätzliches Kriterium bei der Analyse und Beurteilung eines Risikos den Zeitraum bis zu dessen Entdeckung. Dementsprechend werden Maßnahmen auch auf die Frage hin beurteilt, ob sie durch eine Verkürzung der Entdeckungszeit zu einer Entschärfung des Risikos beitragen können.

Das Entscheidungsbaumverfahren

Bisher wurde davon ausgegangen, dass Maßnahmen gegen Risiken so wirken, wie Sie es sich von ihnen versprochen haben. Dies ist aber leider möglicherweise nicht der Fall. Zwar können Sie zwischen Handlungsalternativen wählen, im Anschluss daran können sich die Dinge aber verschieden entwickeln. Im Folgenden stelle ich Ihnen deshalb eine Arbeitsweise vor, die die Entscheidungsfindung bei unsicheren Wirkungen von Maßnahmen bzw. bei möglichen Wirkungsvarianten berücksichtigt.

Im so genannten Entscheidungsbaumverfahren wird ein Diagramm angewendet, das Zusammenhänge zwischen Entscheidungen und daraus folgenden Ereignissen in einer Baumstruktur systematisch veranschaulicht. Dieses Diagramm ist ein wichtiges Werkzeug für die Risikoanalyse und Maßnahmenplanung bei zunehmender Komplexität. Es ermöglicht eine Übersicht über alle Maßnahmen und deren nicht sicher vorhersehbare Wirkungen, die wiederum in verschiedenen Kombinationen auftreten können.

Zur Bestimmung möglicher Ergebnisse werden immer Erwartungswerte verwendet. Ein wesentlicher Nutzen des Entscheidungsbaumes ist es, Handlungsalternativen aufzuzeigen und die empfehlenswertesten sichtbar zu machen.

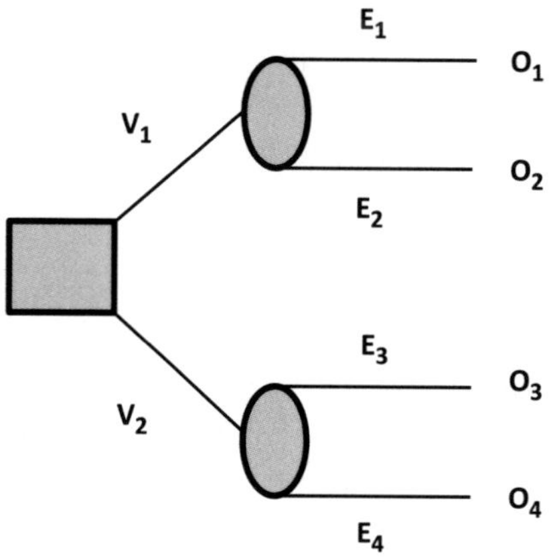

Abb. 17: Prinzip des Entscheidungsbaums

Dabei gelten folgende Regeln: Entscheidungen werden mit Kästchen (als sogenannte Entscheidungsknoten), Ereignisse mit Kreisen und Wirkungen mit Pfeilen dargestellt. Grundlegende Entscheidungen werden links eintragen. Alle möglichen Szenarien werden in von den Ereignissen wegführenden Wegen dargestellt. Allen Wegen werden dabei Wahrscheinlichkeiten zugeordnet und für jedes Szenario ein Erwartungswert bestimmt. Anschließend erfolgt die Berechnung von rechts nach links. Dabei werden einfach die Erwartungswerte aller zu einem Entscheidungsknoten führenden Wege ergänzt. Ziel der Berechnung ist es, den vorteilhaftesten Weg – die „Entscheidungskette" – zu bestimmen, gemessen z. B. an den finanziellen Auswirkungen. Abbildung 17 zeigt Ihnen das Grundschema des Entscheidungsbaums.

Das Vorgehen können Sie sich gut anhand eines Beispiels verdeutlichen: Angenommen, Sie arbeiten in der Projektgruppe eines Unternehmens an der Entwicklung eines neuen Gerätes, das nach der Fertigstellung vom Kunden abgenommen werden muss. Dem Kunden ist sowohl die technische Funktion als auch die Ergonomie wichtig. Letztere könnten Sie vorab testen, wenn Sie einen Prototyp bauen.

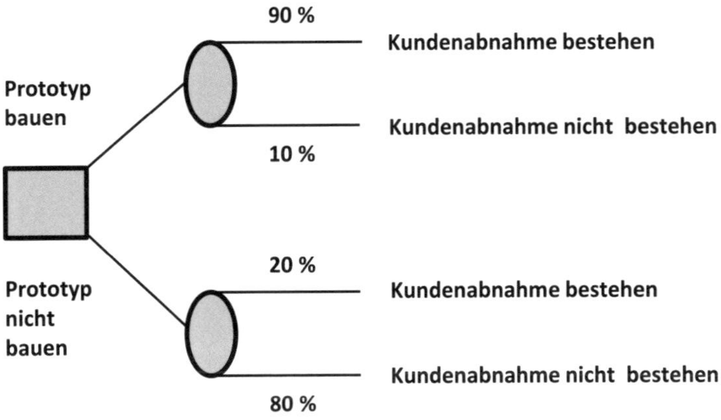

Abb. 18: Beispiel für die Darstellung von Alternativen und Wahrscheinlichkeiten in einem Entscheidungsbaum

Durch den Bau eines Prototyps steigen also Ihre Chancen auf sofortige Abnahme des Endergebnisses. Kommt es zudem noch zu Änderungswünschen des Kunden, werden auch diese einfacher zu realisieren sein. Andererseits ist der Bau des Prototyps auch mit hohen Kosten verbunden.

Insgesamt ist die Situation wie folgt: Sie haben die Alternativen, einen Prototyp zu bauen, das kostet 98.000 EUR, oder nicht zu bauen, das kostet 0 EUR.

Außerdem bestehen folgende Rahmenbedingungen: Die Chance für das Bestehen der Abnahme beträgt 90 % mit Prototyp (d. h. umgekehrt mit 10% Wahrscheinlichkeit wird dann nicht abgenommen) und 20% ohne Prototyp (d.h. mit 80 % Wahrscheinlichkeit wird nicht abgenommen). Abbildung 18 zeigt diese Situation im Entscheidungsbaum.

Die zusätzlichen Kosten für Nacharbeiten werden nun auf 20.000 EUR mit Prototyp und auf 250.000 EUR ohne Prototyp geschätzt. Die Rechnung sieht dann so aus wie in Abbildung 12 dargestellt.

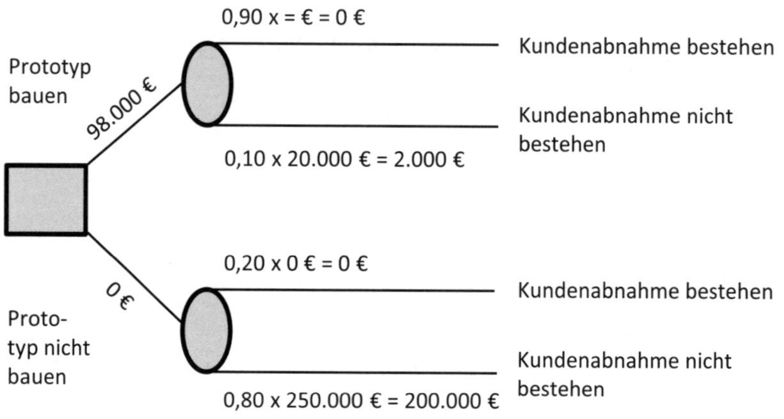

Erwartungswert mit Prototyp: 0 € + 2.000 € + 98.000 € = 100.000 €

Erwartungswert ohne Prototyp: 0 € + 200.000 € + 0 € = 200.000 €

Abb. 19: Beispiel für die Darstellung von Alternativen, Wahrscheinlichkeiten und Kosten in einem Entscheidungsbaum

Um die günstigste Alternative zu ermitteln, wurden die Wahrscheinlichkeiten in den Ästen des Entscheidungsbaums ergänzt (wobei auch noch weitere Verästelungen möglich wären). Wichtig ist, dass die Wahrscheinlichkeiten der Äste sich an jeder Verzweigung zu 100 % addieren.

Begonnen wurde von links nach rechts. Zunächst war zu entscheiden, den Prototyp zu bauen oder nicht. Ob aber anschließend die Kundenabnahme bestanden würde oder nicht, weiß man nicht und kann dafür lediglich Wahrscheinlichkeiten schätzen.

Gemäß den Voraussetzungen endet jeder Ast in einer bestimmten Situation, z. B. wird der Prototyp gebaut und die Kundenabnahme später bestanden oder nicht. Sie können leicht erkennen, dass Sie Wirkungen von Maßnahmen somit wesentlich differenzierter betrachten können. Beispielsweise werden Sie erwarten, dass Sie durch den Bau und die Vorstellung des Prototyps so viele Informationen vorab bekommen, dass Überarbeitungskosten, wenn sie überhaupt anfallen, nur sehr gering ausfallen.

In diesem Beispiel würden Sie aus dem Entscheidungsbaumverfahren die Empfehlung folgern, den Prototyp zu bauen, da aus dieser Variante hinsichtlich der Kosten der geringere Erwartungswert folgt.

Achtung

Verwenden Sie das Entscheidungsbaumverfahren immer dort, wo sich aus verschiedenen Handlungsalternativen nicht nur eine Folge, sondern zwei oder mehr Folgen ergeben können, die wiederum mit verschiedenen Wahrscheinlichkeiten belegt sind. Auch hier ersetzen Sie das bloße Gefühl für die wahrscheinlich richtige Handlungsweise durch strukturiertes Denken und einen nachvollziehbaren Entscheidungsprozess.

4.6 Maßnahmen, Termine und Prozesse integriert planen und managen

Risiken und Chancen im Projekt sind nicht statisch, deshalb ist auch deren Management ein dynamischer Prozess. Im Folgenden soll es darum gehen, wie Sie unterschiedliche Risikosituationen zunächst planen, dann darstellen und schließlich managen. Der Fokus liegt auch diesmal wieder auf Risiken, verbunden mit dem Hinweis, dass Sie Chancen analog betrachten können.

Für die nachfolgenden Aussagen gehe ich davon aus, dass es eine ausgearbeitete Terminplanung für Ihr Projekt gibt. Der Einfachheit halber wird unterstellt, dass Ihre Terminplanung in MS Project erfolgt. Dieses Programm hat zwar unter Projektleitern seine Kritiker, und die haben für ihre Einstellung sicherlich auch nachvollziehbare Gründe. Aber MS Project ist bezogen auf die Zahl der verkauften Anwendungen mit Abstand der Marktführer. Viele andere Programme sind außerdem relativ ähnlich aufgebaut, sodass sich die hier getroffenen Aussagen leicht übertragen lassen.

Die Netzplantechnik und die daraus folgende Terminplanung als Balkenplan liefern aus sich heraus bereits Hinweise zu möglichen Risiken. Das geschieht, wie schon an anderer Stelle beschrieben, z. B. durch die Darstellung kritischer und subkritischer Pfade. Ebenso können den Vorgängen Ressourcen zugeordnet und somit Kapazitätsbedarfsplanungen erstellt werden.

Risiken im Zeitablauf managen

Im Folgenden lernen Sie einen weiterführenden Ansatz zur Verbindung von Risikomanagement und Terminplanung kennen. Dieser besteht darin, Vorgängen aus der Terminplanung bestimmte Risikopotenziale zuzuordnen und diese dann zeitstreckenbezogen darzustellen.

Sie beginnen damit, einzelne — sicher nicht alle — Vorgänge des Netz- oder Balkenplans in MS Project (bzw. Ihrem Planungsinstrument) anhand folgender Leitfragen zu überprüfen:

- Wie risikobehaftet sind die Annahmen, die für die Dauer und evtl. die Kosten gemacht wurden, für diesen Vorgang?
- Welche Risikopotenziale birgt dieser Vorgang darüber hinaus noch?

Die Risikopotenziale geben Sie nun in Punkten an. Deren Ableitung aus den Faktoren „Tragweite" und „Wahrscheinlichkeit" wurde oben bereits mehrfach beschrieben.

Sofern es Risiken gibt, die nicht bestimmten Vorgängen zuzuordnen sind, werden dazu zusätzliche Risiko-Vorgänge als „Scheinvorgänge" eingefügt. Diese dienen als Platzhalter bzw. Darstellungsmöglichkeit für eben diese Risiken. Da hier nicht mehr Terminplanung betrieben wird, müssen die Regeln der sauberen Terminplanung dazu auch nicht mehr streng beachtet werden. Es ist somit möglich, den Risikovorgängen Abhängigkeit zu realen Vorgängen zuzuordnen oder ebenso sie mit festen Terminen in die Planung einzuordnen — je nach Gegebenheiten.

In MS Project können Sie dann die gleiche Funktion wie bei der Zuordnung von Ressourcen verwenden. Es wird eine Ressource „Risiko" angelegt und entsprechend zugeordnet. Ebenso ist es denkbar, verschiedene Risikoarten festzulegen und diese dann differenziert zuzuordnen. Allerdings sei daran erinnert, dass die Arbeit mit Ressourcen die Arbeit in MS Project häufig nicht einfacher macht. Daran ändert sich natürlich auch nichts, wenn die Ressourcen jetzt „Risiken" heißen.

Die anfallenden Risikopotenziale werden nun auf der Zeitstrecke für einzelne Abschnitte dargestellt. Ergebnis ist ein „Risikogebirge" , vergleichbar mit einem „Kapazitätsauslastungsdiagramm" aus der Rechnung mit Ressourcen (siehe Abbildung 20). Dieses „Risikopotenzial-Gebirge" zeigt, welche Zeiträume mit wie viel Risikopotenzial belastet sind und wann vielleicht nur noch geringe Restrisiken bestehen.

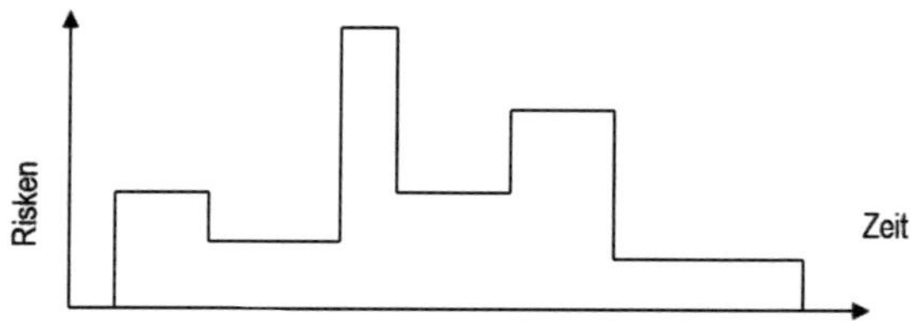

Abb. 20: Darstellung der Risiken in Zeitabschnitten als „Risikopotenzial-Gebirge"

Diese Erkenntnisse setzen Sie dann wiederum in neue Maßnahmen um. Selbstverständlich werden Sie als Projektleiter dann Ihren Jahresurlaub nicht am Beginn der Zeit mit den größten Risiken antreten und vielleicht werden Sie für die Zeit bis zum Ablauf von Claim- und Einspruchsfristen einen eigenen Claimmanager ernennen.

Sie können jetzt aber auch Maßnahmen erneut als Vorgänge einplanen und mit Kosten und Kapazitäten koppeln. In Folge sind dann daraus Aussagen zur Entwicklung der Kostenbelastung aus den Maßnahmen bzw. zur Kapazitätsbelastung der für die Risikovorsorge Verantwortlichen möglich.

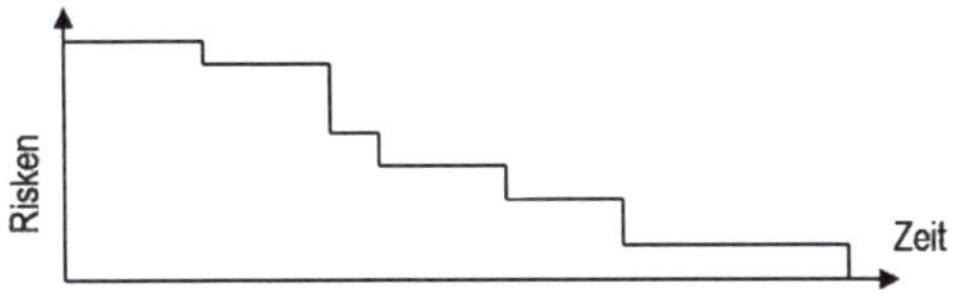

Abb. 21: Kontinuierliche Abnahme des Gesamtrisikos im Zeitablauf des Projekts

Ebenso können natürlich neue Risiken dazu kommen, die erst im Projektverlauf entstehen oder erkannt werden. Entsprechend wird dann die Risikosumme angepasst.

Im nächsten Schritt stellen Sie dann das jeweilige Risikopotenzial für die einzelnen Zeiträume in absteigender Reihenfolge, sozusagen „negativ kumuliert", dar. Das ist vergleichbar mit einem Gesamtbudget, das Schritt für Schritt aufgebraucht wird. Damit kann das sich verändernde – idealerweise dauerhaft abnehmende – Gesamtrisiko im Projekt dargestellt werden. (Vgl. dazu Abbildung 21) Denn durch den Projektfortschritt entfallen ja stets Risiken. Wenn beispielsweise alle Lieferungen eingetroffen sind, entfällt das Lieferrisiko.

Achtung

Ordnen Sie Risikopotenziale Vorgängen zu bzw. ergänzen Sie zusätzliche Vorgänge eigens für Risiken. Sie können dann Risikolinien für einzelne Projektzeiträume (z. B. wochenweise) ebenso wie die Gesamtentwicklung des Risikopotenzials darstellen und bearbeiten.

Gewinnen Sie Terminsicherheit mit der „gekapselten Projektstruktur"

Die „gekapselte Projektstruktur" ist eine Vorgehensweise der Terminplanung, bei der Sie einzelnen Abschnitten bereits Zeitreserven hinzufügen. Bei nicht allzu großen Terminverschiebungen in einer einzelnen Phase verschieben sich dann nicht gleich Vorgänge im gesamten Projekt.

Josef Schwab beschreibt in seinen Büchern zur Projektplanung mit MS Project die Strukturierungs- und Planungssystematik der „gekapselten" Projektstruktur. Diese Vorgehensweise ist als Maßnahmenbündel zur Reduzierung von Terminrisiken im Projekt hervorragend geeignet, sodass ich sie hier zur Ergänzung kurz vorstellen möchte.

In einem sehr komplexen, finanziell bedeutsamen und organisatorisch anspruchsvollen Projekt habe ich selbst erlebt, wie es gelungen ist, die planerischen Herausforderungen mit dieser Arbeitsweise zu erfüllen und in der Abwicklung leichter beherrschbar zu machen.

Die gekapselte Projektstrukturierung wird durch eine klare Struktur der Phasen (evtl. auch Objekte) erleichtert. Außerdem sollten möglichst keine, zumindest keine wesentlichen Verbindungen zwischen den Phasen bestehen.

Außerdem sollte nicht unbedingter Zwang zur Abwicklung so schnell wie unter allen Umständen möglich bestehen. Unter der Planungsprämisse „Abwicklung so schnell wie irgend möglich" müssten nämlich andere Verfahren, z. B. das der „kritischen Kette" („critical chain"), zum Einsatz kommen. Mit diesem würde sich die Gefahr eines Terminverzugs einerseits erhöhen (weil die Termine sehr eng gepackt sind), andererseits auch wieder verringern (weil dem Team der kritischen Kette möglichst optimale Arbeitsbedingungen gegeben sein sollen).

Der Grundgedanke der gekapselten Projektstruktur berücksichtigt die Tatsache, dass es im Projekt immer wieder zu kleineren, manchmal auch größeren Planungsänderungen kommen wird, und zwar entweder bereits in der Detailplanung, spätestens aber bei der Projektabwicklung.

Planen Sie ein Projekt vollständig, so tritt bei Planungsänderungen folgender Effekt ein: Jede Änderung an Terminen einzelner Vorgänge kann Änderungen bei nachfolgenden Vorgängen auslösen (bei Vorgängen auf dem kritischen Pfad ist das sogar zwangsläufig der Fall). Jede Terminänderung macht also Teile der weiteren Planung obsolet. Damit besteht keine Planungssicherheit mehr.

Sachlich entsteht das Risiko der Terminabweichungen, auf der psychologischen Ebene kommt aber noch das Risiko hinzu, dass die Planung insgesamt nicht mehr ernst genommen wird.

Wenn Sie einmal von einer phasenorientierten Projektstruktur ausgehen, so realisieren Sie die gekapselte Projektstruktur in der Planung wie folgt: Sie planen einzelne Phasen dergestalt, dass diese zunächst einen Phasenstart-Vorgang haben. Von dem ausgehend entwickeln sich alle Folgevorgänge, um dann schließlich in einen Phasen-Ende-Vorgang zu münden. Beide, Phasenstart und Phasen-Ende, sind Meilensteine. Der Termin für den

Phasenstart wird als fester Termin vergeben, der für das Phasen-Ende aus den dazwischen liegenden Vorgängen errechnet.

Jetzt wird eine Pufferzeit dazu gerechnet und durch einen weiteren Meilenstein (in MS Project einen Stichtag) dargestellt. Dieser entspricht dem anschließend gesetzten Startmeilenstein der Folgephase. Terminverschiebungen innerhalb der Phase bleiben damit solange ohne Auswirkungen auf die Termine der Folgephase, wie der Puffer der Phase nicht verbraucht wird.

Die Anwendung von MS Project und anderen Programmen unterstützt die gekapselte Projektstruktur. Bei MS Project ist z. B. die Verwendung eines Meilensteins und eines Stichtages, gekoppelt an den Soll-Start der Folgephase, gut umsetzbar. Bleibt der errechnete Termin unter dem Stichtag, passiert gar nichts. Rückt er nach hinten, erscheint ein Warnhinweis.

Achtung

Planen Sie immer mit einer „gekapselten Projektstruktur“, sofern Ihr Projekt nicht als oberstes Ziel die kürzest mögliche Abwicklungszeit hat. Versehen Sie Phasen mit Puffern! Terminänderungen wirken sich dann innerhalb einer definierten Größe nur auf die Termine der Phase, nicht auf das gesamte Projekt aus.

4.7 Fazit

- Betreiben Sie Risikomanagement proaktiv und verlassen Sie sich nicht auf ein reines Krisenmanagement.
- Rechnen Sie damit, dass trotz bereits intensiver Phasen der Diskussion und Definition der Projektziele in der Vergangenheit die Diskussion über Risiken Sie noch einmal an den Ausgangspunkt zurückführt.
- Planen Sie Szenarien und entwickeln Sie schon im Vorfeld eine Notfallplanung mit klaren Handlungsanweisungen.
- Untersuchen Sie bereits im frühen Stadium des Projekts das Risikopotenzial und mögliche Maßnahmen, indem Sie Fragen nach Bedrohungen, Schwachstellen und zu erwartenden Schäden stellen sowie nach Alternativen suchen.
- Nutzen Sie PERT- und Entscheidungsbaum-Verfahren zur Auswahl von Maßnahmen.
- Bewerten Sie die Wirkung von Maßnahmen mit der im RuM und CuM-Verfahren beschriebenen Vorgehensweise sowie mit SMEA und FMEA.
- Arbeiten Sie mit einer „gekapselten Projektstruktur“, um mehr Terminsicherheit zu gewinnen.

5 Schritt 5: Maßnahmen auswählen und Erfahrungen sichern

Nachdem Sie Risiken und Chancen im Projekt erkannt und beurteilt haben, Maßnahmen ableiten konnten und dabei die kaufmännischen und rechtlichen Aspekte berücksichtigt haben, müssen Sie nun entscheiden, welche Maßnahmen umgesetzt werden sollen. Diese sind dann zu überwachen, ihre Wirkung und ihr Erfolg zu dokumentieren und die Erfahrungen sind für weitere Projekte zu dokumentieren und nutzbar zu machen.

„Es gibt nichts Gutes, außer: Man tut es" – hier kann Erich Kästner nur Recht gegeben werden. Nicht zuletzt wollen Sie aus dem Projekt lernen, denn schließlich ist es langweilig, immer wieder die gleichen Fehler zu machen.

5.1 Projektübergreifende Aspekte

Als Projektleiter streben Sie den Erfolg des Projekts an, und zwar in technischer, terminlicher und wirtschaftlicher Hinsicht. Der persönliche Erfolg eines Projektleiters wird über den (Einzel-)Erfolg dieses seines Projekts definiert – nur dieser Erfolg steht für ihn zunächst im Vordergrund. Somit muss der Projektleiter als „Projekt-Egoist" agieren. Andere Projekte oder projektübergreifende Betrachtungen betreffen ihn aus dieser Sicht zunächst einmal gar nicht oder nur am Rande, wenn sie das eigene Projekt touchieren.

Der Gesamterfolg einer Organisationseinheit, eines Bereichs oder eines Unternehmens leitet sich nun aber aus der Gesamtheit der Einzelerfolge aller Projekte ab. Entscheidend dafür ist nicht das Maximum des einzelnen Projekts, sondern die Summe und das Maximum der Ergebnisse aus allen Projekten.

Als Projekt-Egoist muss der Projektleiter für sein Projekt nur das Beste verlangen: die fähigsten Mitarbeiter, den schönsten Teamraum usw. Ebenso müsste er nach maximaler Risikovorsorge trachten, denn je mehr hier getan wird, desto größer werden seine Aussichten auf Erfolg. Allerdings werden die anderen Projektleiter solche Forderungen ebenfalls stellen. Allgemeine Maximalforderungen führen aber keineswegs zum Optimum über alle Projekte. Ebenso müssen dem Streben nach Sicherheit die dadurch entstehenden zusätzlichen Kosten gegenübergestellt werden.

Projektleiter (PL) als Auftragnehmer und Business-Manager (BM) als Auftraggeber:

Die Beachtung der projektübergeordneten Aspekte obliegt zunächst dem geschäftsverantwortlichen Business-Manager, der einen Bereich mit abgegrenzter Ergebnisverantwortung leitet (diese Funktion wird gleich noch näher erläutert). Damit trägt er auch die Verantwortung für das (wirtschaftliche) Ergebnis des gesamten Geschäfts aus Projekten in seinem Verantwortungsbereich, und dies ist, wie oben bereits geschildert, die Summe aus den Einzelerfolgen aller. Als wirtschaftliches Ergebnis wird einmal das Ergebnis einer tatsächlichen geschäftlichen Tätigkeit mit unternehmensexternen oder -internen Kunden angesehen. Ebenso zählt dazu aber auch das Ergebnis der Projekte aus der Verwendung eines Budgets, z. B. die Erfolge einer Entwicklungsabteilung ohne unmittelbaren wirtschaftlichen Geschäftserfolg.

In der Regel werden Business-Manager und Kunde nicht identisch sein. Der Kunde ist vielmehr End-Auftraggeber an die ausführende Organisationseinheit, geführt vom Business-Manager, in der der Projektleiter angesiedelt ist und für die er dann den Auftrag, das Projekt, erfüllt.

Als Business-Manager innerhalb einer Organisation können beispielsweise fungieren:

- Der Leiter eines Geschäftsbereichs mit mehreren Projekten und Projektleitern bei verschiedenen Kunden im Verlauf des Jahres. Sein Verantwortungsbereich arbeitet wie eine bilanzierende Einheit (oder ist eine solche), und am Ende des Geschäftsjahres wird ein wirtschaftliches Betriebsergebnis ermittelt.
- Der Leiter einer Entwicklungsabteilung, für die ein bestimmtes Jahresbudget zur Verfügung steht und aus der (verkaufsfähige) Produkte entstehen sollen. Der Erfolg wird z. B. daran gemessen, wie viele marktfähige Produkte aus den eingesetzten Mitteln entstanden sind.
- Der Leiter der Fachabteilung eines Unternehmens, in der gleichzeitig in bestimmter Zeit und mit einem bestimmten Budget ein Projekt abgewickelt werden soll (z. B. Einführung eines neuen Software-Moduls im Rechnungswesen).

Beim Business-Manager liegt die Verantwortung und Entscheidungsgewalt bei Risiken. Das gilt für die Formulierung der generellen Risikostrategie für das gesamte Projekt wie auch für die einzelnen Risiken. Generelle Entscheidungen sind auch solche zum Risikoverhalten allgemein, zum Procedere der Information, zur Abwicklung des Risikomanagements und zur Vorgabe von Maßzahlen, z. B. die Vorgabe, dass nur Risiken eingegangen werden, denen eine gleichrangige Chance gegenübersteht, oder dass Risiken generell besser nicht eingegangen werden und eher auf den Auftrag verzichtet wird. Der Business-Manager entscheidet auch über regelmäßige Sitzungen zum Projekt und legt bestimmte Eskalationsstufen fest.

Der Business-Manager (BM) ist häufig der unmittelbare Auftraggeber für den Projektleiter (PL). Beide, BM und PL, schließen in diesem Fall die „Projektleitervereinbarung“ als Basis für ihre Zusammenarbeit ab. In dieser werden die gegenseitigen Rechte und Pflichten im Projekt vereinbart und die Erwartungen aneinander festgelegt.

Eine solche (schriftliche!) „Projektleitervereinbarung" wird auch „Projektcharter" genannt oder auch „Projektauftrag", wobei dieser Begriff mir persönlich nicht gefällt — ein Auftrag ist unilateral, eine Vereinbarung definiert aber auch Pflichten für den Auftraggeber. In dieser Projektleitervereinbarung werden die Rahmendaten zum Projekt ebenso dokumentiert wie einzelne Entscheidungen — auch über Risiken. Das Projektcontrolling wacht dann darüber, dass alles dies auch eingehalten wird.

Spätestens hier kann es zu einem Zielkonflikt zwischen PL und BM kommen. Die in der PL-Vereinbarung festgelegten Ziele sind die Messgrößen, an denen später der Erfolg des PL gemessen wird. Gelingt es ihm also, möglichst viele risikoverhindernde und -mindernde Maßnahmen durchzusetzen und die dafür notwendigen Vorgänge zu bewerten und einzuplanen, steigen damit seine Chancen auf ein erfolgreiches Projekt. Die damit verbundenen zusätzlichen Kosten aber sind, da sie ja von vornherein eingeplant werden, nicht in seiner Verantwortung. Wenn dadurch also z. B. das wirtschaftliche Ergebnis (der Gewinn) des Projekts geringer wird, ist das so geplant und festgehalten und wenn dieses Ergebnis mit dem Projekt auch erwirtschaftet wird, ist das Projekt ein Erfolg.

Der BM wünscht sich zwar auch ein erfolgreiches Projekt, muss aber aus der Minderung des Gewinns aus dem Projekt an dieser Stelle eine Minderung des Gesamtergebnisses seines gesamten Verantwortungsbereiches akzeptieren. Somit strebt er nicht ein Maximum an Vorsorge an, sondern ein Optimum zwischen zusätzlicher Sicherheit und zusätzlichen Kosten.

Dort, wo Projekte über einzelne Verantwortungsbereiche hinaus zu beurteilen und zu priorisieren sind, liegt die Entscheidungsgewalt darüber entweder (einzeln) z. B. bei einem Gesamt-Geschäftsführer oder bei einem Steuerungsgremium, Lenkungsausschuss (Steering-Committee) oder ähnlichen Institutionen. Diese betrachten, beurteilen und setzen die Prioritäten nicht nur für einzelne Projekte oder Programme (mehrere Projekte mit einer gemeinsamen Klammer, z. B. verschiedene Entwicklungsprojekte für das Einhalten einer neue Abgasnorm für LKWs, das Projekte in der Entwicklung der Motorsteuerung, der Abgaswege und des Katalysators und vielleicht noch der Diesel-Einspritzung nach sich zieht, sondern des gesamten Projekt-Portfolios, als der Summe aller Projekte im Unternehmen.

In diesen Gremien werden dann auch die Maßnahmen für die einzelnen Projekte ausgewertet und bewertet und die Entscheidungen getroffen, die die Interessen des Unternehmens als Ganzem optimieren.

5.2 Risikomanagement und Controlling

Mit dem Projektcontrolling betreiben Sie eine Form von Risikomanagement. Indem Sie Ist- gegen Sollwerte abprüfen und rechtzeitig Maßnahmen zur Steuerung ableiten, begrenzen Sie Risiken. Es ist nicht die Frage, ob in einem Projekt Controlling stattfinden sollte, sondern lediglich, wie dieses Controlling aufzubauen ist. Inhaltlich wird häufig zwischen betriebswirtschaftlichem und prozesstechnischem Controlling unterschieden. Das erstere hat die Entwicklung von Aufwand und Kosten zum Gegenstand, das zweite den Projektfortschritt und die Zielerreichung. Betriebswirtschaftliches Controlling ist auf Risiken und Chancen aus kaufmännischer und vertraglicher Sicht gerichtet, fach- und prozesstechnisches Controlling auf die aus Termin- und Leistungsfortschritt.

Häufig ist es dabei so, dass für das betriebswirtschaftliche Controlling im Unternehmen extra Organisationseinheiten etabliert sind (dann meist als „Controlling" bezeichnet) oder dass diese Funktion von der Buchhaltung oder der Kostenrechnung mit wahrgenommen werden. Die Organisation des fach- und prozesstechnischen Controllings dagegen muss u.U. durch den BM und den PL erfolgen.

Achtung

Das englische Wort „Controlling" oder „to control" liegt im deutschen Sprachgefühl nahe bei „Kontrolle" oder „kontrollieren" – das mögen viele nicht und lehnen Controlling deshalb instinktiv ab. Das ist aber doppelt verkehrt:

Einmal bedeutet „Controlling" den Dreiklang von „Planen", „Prüfen" und „Steuern". Eine Planung, die später nicht überprüft wird, ist sinnlos, eine Prüfung ohne Planung nicht möglich (wie soll ein Ist-Wert beurteilt werden, wenn der Soll-Wert dazu fehlt?) und eine Prüfung ohne Konsequenzen, also ohne steuernde Maßnahmen, ist sinnlos.

Außerdem muss dem „Controllten" bewusst sein, dass der „Controllende" dasselbe Ziel hat wie er, nämlich ein am Ende erfolgreiches Projekt. Ist das Verständnis dafür geschaffen, wird das Controlling nicht nur geduldet, sondern gefordert werden, denn vier Augen sehen einfach mehr als zwei.

Zunächst einmal ist Controlling im Projekt eine Ihrer Teilaufgaben als Projektleiter im Rahmen der Projektleitungsfunktion. Diese Funktion wird auch als „projektinternes Controlling" bezeichnet. Projektinternes Controlling organisiert und realisiert also auch projektinternes Risikomanagement.

Der Business-Manager als Führungskraft des Projektleiters gibt diesem Vorgaben und Direktiven für sein Projekt. Gemäß den Grundsätzen einer ordentlichen (Personal-)Führung gehört es zu den Pflichten einer Führungskraft, anschließend auch zu überwachen, dass die Vorgaben eingehalten werden und ggf. steuernd einzugreifen, also zu „controllen". Diese Funktion wird hier „projektexternes Controlling" genannt.

Das projektexterne Controlling obliegt immer dem Business-Manager. Realistisch gesehen wird dieser es aber nicht alleine für alle Projekte seines Verantwortungsbereichs wahrnehmen können. Die Grenze liegt in einem Geschäftsgebiet bei etwa acht Projekten — mit entsprechend vielen, jeweils hauptamtlichen Projektleitern —, die von einem Business-Manager noch verfolgt, beurteilt und entschieden werden können. Darüber hinaus wird es notwendig sein, dass der Business-Manager diese Funktionen und Aufgaben an projektexterne Controller delegiert. Diese sind seine „Projektbrille" und unterstützen und beraten ihn bei seinen Entscheidungen, ohne diese allerdings vorwegzunehmen.

Achtung

Wenn keine eigene Abteilung besteht, dann organisieren Sie das externe Controlling am besten zunächst aus dem Kollegenkreis der Projektleiter heraus. Die Funktion des Controllers wird dabei im Wechsel von einem Projektleiter für einen anderen wahrgenommen. Auf jeden Fall sollte der Controller genügend Fachwissen mitbringen, damit sie tatsächlich mit konstruktiver Kritik dem Projektleiter Unterstützung bieten.

Ein wesentlicher Teil des Controlling-Prozesses bezieht sich auf das Controlling der Risiken und der Gegenmaßnahmen. Dies beginnt bereits bei der Risiko-Identifikation und -Analyse, wo der Projektleiter Unterstützung durch den oder die Controller erfahren sollte.

Aus betriebswirtschaftlicher Sicht können dies z. B. Hinweise auf Risiken aus vertraglichen Modalitäten oder nachteiligen Zahlungsbedingungen sein. Aus dem prozesstechnischen Controlling können Hinweise auf vielleicht zu optimistische Terminplanung oder Lücken in den kalkulierten Leistungen kommen, die dann zu ergänzen sind. Dabei soll es möglichst nicht bei reiner Kritik bleiben, sondern der Controller sollte auch Hinweise zur Verbesserung geben.

Als Projektleiter sollten Sie das Controlling nicht als lästige „Kontrolle" sehen, sondern als Hilfe. Am Ende zählt der Projekterfolg insgesamt — unabhängig von der Frage, ob und wie oft der Projektleiter Hinweise auf mögliche negative Abweichungen bekommen hat. Somit ist die Organisation und Realisation des Projektcontrollings eine Entscheidung zugunsten aktiven Risikomanagements.

Auf den möglichen Zielkonflikt, dass Business-Manager und Projektleiter zwar prinzipiell das gleiche Interesse, nämlich den Erfolg des Projekts haben, der Projektleiter mit steigenden Aufwendungen für Maßnahmen seine Chancen auf den Projekterfolg erhöht, damit aber das Gesamt-Geschäftsergebnis des Business-Managers reduziert wird, wurde vorstehend bereits hingewiesen (obwohl für letzteren ein gescheitertes Projekt wahrscheinlich noch teurer wird).

Zur Lösung dieses Konflikts tragen die Controller bei. Als neutrale Dritte ist es ihre Aufgabe, hier für einen vernünftigen Interessenausgleich zu sorgen. Auch an dieser Stelle wird deutlich, dass der Controller eine Unterstützung für den Projektleiter ist, sowohl bei der Analyse von Risiken als auch bei der Durchsetzung der Maßnahmen. Ist dies akzeptiert, wird der Projektleiter das Controlling nicht mehr als lästig empfinden, sondern wird es sogar einfordern, weil es ihm hilft, erfolgreich zu arbeiten.

Projektstatus- und Projektentscheidungs-Sitzungen (PSS/PES) durchführen

Was Sie nun über Entscheidungsprozesse lesen werden, entspricht leider noch nicht dem allgemeinen Standard in Unternehmen und Institutionen, die Projektmanagement betreiben. Es ist dennoch die in jedem Fall empfehlenswerte Vorgehensweise. Bei diesem Vorgehen soll sichergestellt werden, dass alle, aber auch nur diejenigen in die Entscheidungsfindung eingebunden werden, die etwas dazu beitragen müssen bzw. sollen.

In Projektstatus- und Projektentscheidungs-Sitzungen können Sie diesen Anforderungen gerecht werden. Es handelt sich dabei um strukturierte und institutionalisierte Projektmanagement-Sitzungen. In einer Projektstatus- und Projektentscheidungs-Sitzung (PSS/PES) werden managementbezogene Anforderungen seitens des Projektleiters und des geschäftsverantwortlichen Entscheiders (Business-Managers) vorgebracht, verbindlich entschieden und protokolliert.

Fachtechnische Probleme werden dabei nur angesprochen, soweit dies zum Verständnis von Managementfragen nötig ist. Bei Bedarf können getrennte technische Projektbesprechungen vereinbart werden. In der Regel ziehen Sie zu diesen dann weitere Fachleute hinzu, während andere Teilnehmer der PES/PSS, z. B. Business-Controller, darin nicht benötigt werden. Für die PSS/PES ist eine Standard-Tagesordnung sinnvoll, die innerhalb von insgesamt ca. 90–120 Minuten zu bewältigen sein sollte.

Wichtig für eine solche Sitzung ist insbesondere eine gute Vorbereitung durch den Projektleiter. Es reicht also nicht, wenn Sie als Projektleiter Probleme oder Risiken nur benennen, sondern Sie müssen auch Hinweise und Ideen für eine mögliche Lösung geben. Zu einer solchen Sitzung sollte deshalb etwa eine Woche vorher eingeladen werden und die Planungsunterlagen sollten beigefügt sein.

Grundsätzlich empfiehlt es sich bei jeder größeren Besprechung, diese von einer Person moderieren zu lassen. Dies gilt auch für die PSS/PES. In einer solchen Sitzung können Teilnehmer dann durchaus unterschiedliche Ziele verfolgen und ihre Themen kontrovers diskutieren. Ein Beispiel dafür liefert der bereits angesprochene, mögliche Interessenkonflikt bezüglich der Intensität von Maßnahmen zur Risikovorsorge, wie er zwischen Projektleiter und Business-Manager entstehen kann. Daraus wird übrigens auch ersichtlich, warum keiner dieser beiden Personen die Moderation übernehmen sollte!

Aufgabe des Moderators ist es, während der Sitzungen Zwischenergebnisse abzufragen und das Gesamtprotokoll zu erstellen. Die Moderation durch den Projektleiter ist ausnahmsweise möglich, wenn Projektteam und Projektleiter gemeinsam an einer fachlichen Lösung arbeiten.

Grundsätzlich wird unterschieden zwischen zeitabhängigen Sitzungen (z. B. „jeden Montag 9.00 Uhr“), ergebnisabhängigen Sitzungen („wenn eine bestimmte Eskalationsstufe bei den Risiken überschritten ist“) und ereignisabhängigen Sitzungen („folgendes Risiko ist unerwartet aufgetreten“). Bei den PES/PSS wird es sich in der Regel um Sitzungen des zweiten, aber auch um solche des drittgenannten Typs handeln. Besonders das Auftreten von neuen Risiken oder das Überschreiten von Eskalationsstufen lösen diese aus. Hier wird auch noch einmal deutlich, wie wichtig deren Formulierung ist.

Projektentscheidungs-Sitzungen sind immer nötig, wenn tatsächlicher Entscheidungsbedarf besteht. Dazwischen sind projekt- und ergebnisabhängige Sitzungen (in der Regel vom Projektleiter) einzuberufen. Alternativ fordert sie der Business-Manager (z. B. im Krisenprojekt). Das Kick-off-Meeting zum Projektstart ist deshalb noch keine Entscheidungssitzung, da hier zwar Aufgaben besprochen und zugeordnet werden, aber eben noch keine Entscheidungen fallen, allein schon, weil es an dafür notwendigen Unterlagen fehlt. Und was Risiken und Chancen betrifft, so sind diese erst einmal zu analysieren und es sind Maßnahmen zu planen.

Die Ergebnisse der tatsächlichen Start-Sitzung nach der Projektplanung bilden auch die Grundlage für die Projektleiter- oder Projektmanagervereinbarung, in der Projektleiter und Business-Manager die Grundlagen und Projektziele schriftlich festhalten. In dieser Vereinbarung werden die Verbindlichkeit der Planung als Grundlage für die weitere Projektbearbeitung festgelegt und außerdem weitere, nicht in der Planung explizit ausgewiesene Faktoren bestimmt. Wichtig ist, dass diese Vereinbarung schriftlich geschlossen wird. Sie ist von beiden, Projektleiter und Business-Manager, zu unterschreiben.

Sie können dabei auch projektübergreifende Faktoren festschreiben. Sollten sich die Umstände und Anforderungen während des Projektverlaufs ändern, korrigieren Sie daraufhin die Projektleitervereinbarung und legen neue Maßstäbe zur Projektbeurteilung und Erfolgsmessung fest.

Mögliche Konflikte

Ein Beispiel für die Entscheidungsfindung sowie die Vorgehensweise zwischen Business-Manager und Projektleiter ist die Lösung einer Konfliktsituation: Es kann sich im Projektverlauf ergeben, dass ein Projekt (P1) in eine Krise gerät und daher von der ursprünglich geplanten Vorgehensweise abgewichen werden muss. Der Grund kann sein, dass aufgetretene Risiken mehr Geld- oder Personaleinsatz verlangen, erhebliche Änderungswünsche des Kunden das Projekt verändern, Verspätungen in der Projektabwicklung eintreten oder das Projekt technische Probleme aufwirft.

So kann es notwendig werden, einen ursprünglich für ein anderes Projekt (P2) vorgesehen Mitarbeiter dort abzuziehen und in P1 einzusetzen. Für den Projektleiter von P2 bedeutet dies natürlich Nachteile für sein Projekt, für die er nicht mehr verantwortlich ist. Aus übergeordneter Sicht entscheidet der Business-Manager des Geschäftsbereichs (GB 1), dass der durch die Versetzung bei P2 entstehende Nachteil geringer ist als der, der ansonsten bei P1 entstünde. Die Situation zwischen beiden Projekten und damit der Erfolg der Projekte im GB 1 insgesamt werden also optimiert.

5.3 Wie Sie Ihr Wissen bewahren: Erfahrungs-Management

Erfahrungen zu erfassen, zu verarbeiten und für zukünftige Projekte nutzbar zu machen, ist besonders wichtig für einen ordentlichen und geordneten Projektabschluss. Hier schließt sich auch ein Kreis: Regeln und einheitliche Methoden zum Projekt- und Risikomanagement haben den Sinn, Vorgänge wiederholbar und damit Erfahrungen verwertbar zu machen. Die Voraussetzung dafür ist allerdings, dass Sie sich auch wirklich mit dem abgelaufenen Projekt auseinander setzen sowie die Erfahrungen auswerten und dokumentieren.

Jedes Projekt verlangt also nach einem geordneten Abschluss (Project-close-out). Ziel eines geordneten Projektabschlusses sowie einer entsprechenden Abschlusssitzung ist vor allem eine konstruktiv-kritische Analyse. Leitfragen dazu lauten etwa:

- Was sollte mit dem Projekt erreicht werden, was davon haben Sie erreicht?
- Warum haben Sie bestimmte Erfolge erzielt, warum haben Sie anderes nicht erreicht?
- Wo lagen Sach- und Methodenfehler, was können Sie zukünftig besser machen?
- Was lernen wir daraus für zukünftige einzelne Projekte?
- Was lernen wir für unsere Projektorganisations- und Abwicklungssystematik generell?

Um hier Antworten zu finden, ist eine offene Unternehmenskultur notwendig, die eine Diskussion von Problemen und Fehlern ohne Schuldzuweisung erlaubt. Machen Mitarbeiter hingegen die Erfahrung, dass sie auch für beinahe gemachte Fehler ebenso „bestraft" werden wie für die, die sie tatsächlich machen, wird das die Kommunikationsfreude entscheidend dämpfen (wobei auch hier die „Strafe" unangemessen ist; jeder Mensch darf Fehler machen, nur nicht zweimal den selben und nicht mit Absicht).

Ein Beispiel für eine vorbildliche Unternehmenskultur ist dagegen dies: Ein noch unerfahrener Projektleiter hat durch ein Versehen im Projekt einen Schaden von einigen tausend Euro verursacht und zu vertreten. Deswegen völlig zerknirscht, trägt er dem vorgesetzten Business-Manager seine Kündigungsgedanken vor. Die Antwort des Business-Managers: „Sie bleiben. Wir haben geraden ein paar tausend Euro in Ihre Ausbildung investiert." So geht es auch.

Die alleinige Dokumentation und Archivierung reicht als passives Verhalten allerdings nicht aus. Vielmehr ist es notwendig, einen aktiven Prozess und Mechanismus zur Weitergabe von Erfahrungen einzuführen. „Knowledge-Management" ist mehr als nur ein modisches Schlagwort für „Erfahrung sichern" und „zur Verfügung stellen". Möglichkeiten und Wege dazu bieten sich durch die strukturierte und möglichst gleichartige Verarbeitung der Vorgänge.

Achtung

Etablieren Sie formalisierte Abläufe, um Fehler zu vermeiden und Geschehnisse nachvollziehbar zu machen. Entwickeln Sie dafür, z. B. mithilfe von Kenngrößen und Klassifizierungen, einen gewissen Abstraktionsgrad, der es erleichtert, Erfahrungen projektübergreifend zu verwerten und bereits erreichte Wissensstände zu reaktivieren.

Checkliste: Wie weit sind Sie im Management von Risiken und Chancen?	
Gibt uns bei uns eine Organisations- und Arbeitsanweisung, in der Risiko- und Chancenmanagement verbindlich festgelegt sind?	
Gibt es eine Liste aller allgemeinen und projektspezifischen Risiken?	
Ist ein fortlaufender Risikoentdeckungsprozess installiert? Werden Zusagen nur mit Hinweisen auf Unsicherheiten gegeben?	
Gibt es sowohl Zielvorgaben (engagiert) als auch Abschätzungen zur Umsetzung (realistisch)?	
Gibt es ständig überwachte Eintrittsindikatoren für Risiken?	
Gibt es Pläne zur Risikoverminderung und Eventualfälle?	
Werden die Risiken der Höhe nach evaluiert?	
Gibt es eine Nutzwertschätzung für das Projekt?	
Gibt es eine Versionsplanung für den Notfall?	

5.4 Fazit

- Als Basis der Zusammenarbeit zwischen Business-Manager und Projektleiter sollten diese eine schriftliche „Projektleitervereinbarung" abschließen.
- Betrachten Sie Controlling nicht als lästige Kontrolle, sondern als Hilfe, um erfolgreich zu arbeiten.
- Führen Sie Projektstatus- und Projektentscheidungs-Sitzungen (PSS/PES) durch. Dabei sollten in der Regel weder der Projektleiter noch der verantwortliche Business-Manager als Moderator agieren.
- Sorgen Sie für einen geordneten Projektabschluss, bei dem Sie Ihre Erfahrungen erfassen, verarbeiten und für zukünftige Projekte nutzbar

6 Typische Risiken und Chancen in Projekten identifizieren

Nachstehend werden Suchfelder beschrieben, in denen Sie Risiken anhand bestimmter Themenschwerpunkte identifizieren können. Die Themen stellen also keine Checkliste dar, sondern sind als „systematisierte Anleitung zum freien Nachdenken" gedacht. Sie bilden ein Bindeglied zwischen Checklisten mit geschlossenen Fragen und den in Kapitel 1 vorgestellten Kreativitätstechniken.

Die Suchfelder sind hier in acht Hauptbereiche aufgeteilt:

- Technik (technische Machbarkeit)
- Projektdurchführung (Hilfsmittel und Logistik)
- Verträge
- Zulieferer, Subunternehmer
- Personal, Organisation
- Kommerzielles
- Überregionale und politische Voraussetzungen
- Besonderheiten im Ausland

6.1 Typische Risikofelder

Die folgende Risiko- und Chancenanalyse ist durchgehend nach dem Muster Risiko-Thema, Fragen und ggf. Beispiele aufgebaut.

6.1.1 Risikofeld Technik und technische Machbarkeit

Thema: Eindeutigkeit und Vollständigkeit der Projekt- und Zielbeschreibung

Fragen: Sind die Ziele mit dem direkten Auftraggeber, der die fachlichen Anforderungen bestimmenden Instanz und dem zukünftigen Anwender abgestimmt? Sind deren Vorstellungen identisch?

Beispiel: Ein IT-Projekt wird aufgrund kundeninterner Kapazitätsprobleme an einen externen Dienstleister vergeben. Es handelt sich dabei um ein System zur Organisation der Abrechnung von Service-Leistungen. Direkter Auftraggeber ist die IT-Abteilung des Kunden, die fachlichen Aspekte regelt das Rechnungswesen, während die Anwendung selbst durch die Abteilung Kundenservice erfolgt. Es ist leicht vorstellbar, dass alle drei Gruppen unterschiedliche Vorstellungen haben.

Thema: Funktionale oder technische Aufgabenbeschreibung, eindeutige Festlegung von vor- und nachgelagerten Prozessen gegenüber dem Projektergebnis, In- und Output

Fragen: Welche Form wurde für die Beschreibung der Leistungen gewählt? Handelt es sich um bereits kundenseitig vorformulierte (technische) Lösungen oder um Beschreibungen der Funktionalität? Steht fest, wie das spätere Projektergebnis sich in die übergeordnete Organisation beim Anwender einbinden lassen wird?

Achtung

Die Begriffe „technische Beschreibung" und „funktionale Beschreibung" der Lösung haben nichts mit „Genauigkeit" oder „Ungenauigkeit" zu tun. Auch eine funktionale Beschreibung kann sehr genau sein, sie zeichnet aber das Bild aus der Sicht des Anwenders, der eine andere Perspektive hat als die das Projekt Realisierenden.

Beispiel: Der Handy-Nutzer fordert eine Telefonbuch-Funktion mit detaillierten Leistungsmerkmalen in seinem Gerät; der Handy-Entwickler kann diese in der SIM-Karte, in einem extra Chip oder anders realisieren.

Thema: Genauigkeit und Eindeutigkeit des Lasten- oder Pflichtenheftes und des Verzeichnisses zu erbringender Leistungen. (Das Problem beginnt hier damit, dass schon diese Begriffe nicht eindeutig, teilweise sogar widersprüchlich angewendet werden. Bezeichnungen wie „Lastenheft" und „Pflichtenheft", „Leistungs- und Anforderungsbeschreibung" gehen von Branche zu Branche, teils sogar von Anwender zu Anwender anders.)

Fragen: Wie groß sind die Spielräume für Auslegungen? Sind Ziele und Voraussetzungen des Projekts eindeutig in Verträgen, Leistungsverzeichnissen, Spezifikationen oder ähnlichem schriftlich niedergelegt?

Beispiel: Dies ist relativ einfach beim Projekt einer technischen Anlage („die verwertbare Produktion muss sich belaufen auf ..."), schwieriger bei einem Marketing-Projekt („der Bekanntheitsgrad des neuen Produkts im Gebiet Nielsen IV soll sich belaufen auf ...") und fast unmöglich z. B. bei einer Informationsveranstaltung („die Besucher sollen einen Eindruck bekommen von ...").

Thema: Grundsätzliche technische Machbarkeit

Fragen: Wird die mit dem Projektergebnis geforderte oder erwartete Leistung und Funktionalität erreicht werden? Gibt es u. U. einander widersprechende technische oder funktionale Anforderungen? (Auch wenn technische Probleme nicht die häufigste Ursache für das Scheitern von Projekten ist, kommt es doch vor, dass sich Projekte als nach gegenwärtigem Stand der Technik nicht realisierbar erweisen.)

Thema: Reifegrad der Technik, Erfahrungen mit der Technik

Fragen: Sind die für die Lösung vorgesehenen Techniken (Techniken hier i. w. S., also ggf. auch organisatorische Lösungen) erprobt? Gab es Anwendungen in anderen Fällen? Wie sind die Erfahrungen?

Thema: Garantiewerte, verfahrenstechnische Garantien und andere Zusagen

Fragen: Welche Leistungsmerkmale und andere Prüf- und Abnahmekriterien sind festgelegt? Wie kann deren Erreichen festgestellt werden? Unter welchen Voraussetzungen soll das Projektergebnis arbeiten, welchen Input verlangt es für seine Arbeit?

Thema: Erfahrungsstand des Kunden

Fragen: Wie erfahren ist der Kunde? Weiß er selbst, was er will? Sind seine Anforderungen stabil? Wird er für uns ein adäquater Ansprechpartner sein oder versteht er sogar mehr von der Problematik als wir?

Thema: Schnittstellen zu fremder Technik (von Dritten zu erbringende Teilleistungen im Projekt)

Fragen: Wird im Projekt ein Teil der Gesamtleistung von anderen erbracht? Arbeiten diese nicht unter unserer Regie, sondern der eines Gesamt-Projektleiters? Welche Abhängigkeiten bestehen? Sind die Nahtstellen zwischen unseren Leistungen und den Leistungen anderer abgegrenzt?

Thema: Schnittstellen zu vorhandener Technik (fremdgeschaffene Voraussetzungen)

Fragen: Wird abhängig vom Projekt unsere Leistung als Teil einer bereits vorhandenen Gesamtleistung eingebracht? Sind die Nahtstellen zwischen unseren und den vorhandenen Leistungen klar? Gibt es Dokumente oder Ansprechpartner? Werden die Techniken überhaupt zusammenpassen?

Beispiel: Eine bestehende technische Anlage soll eine neue Steuerung erhalten, die vorhandenen DV-Programme sollen unter einem neuen Betriebssystem laufen, der neue Abwicklungsmodus soll in die bisherige Büroorganisation passen. Wird das funktionieren?

Thema: Besondere Anforderung aus Referenz-, Konkurrenz- und anderen Gründen

Fragen: Gibt es weitere, nicht bei den Projektzielen direkt definierte Anforderungen oder Erwartungen? Findet das Projekt z. B. eine besondere Beachtung in der Öffentlichkeit? Soll es als Referenz in der Fachwelt oder beim Kunden dienen?

Thema: Strategische Position des Projektziels im Unternehmen

Frage: Wie wird das Projekt unternehmensintern eingeordnet? (Ein Projekt, aus dem die strategische Entwicklung des Unternehmens abgeleitet wird, findet sicherlich leichter auch interne Unterstützer als eines, das ungeliebt ist und „nebenher" abgewickelt wird.)

6.1.2 Risikofeld Projektdurchführung, Hilfsmittel und Logistik

Thema: Mit dem Kunden abgestimmte und von diesem verstandene Projektabwicklung

Fragen: Werden die von uns unterstellte Form der Abwicklung und die Regelungen dazu auch vom Kunden und von anderen Partnern anerkannt? Müssen wir uns anderen Regeln beugen?

Thema: Klare Schnittstellen bei den Verantwortungsbereichen, Entscheidungsbefugnissen und Terminen

Fragen: Besteht eine eindeutige, anerkannte und gelebte Gesamtorganisation im Projekt? Können Entscheidungen eindeutig und schnell genug getroffen werden? Sind die Termine allgemein bekannt und anerkannt?

Thema: Klare Abstimmungen bzgl. Einzelheiten und besonderen Leistungen im Projektablauf

Fragen: Sind die wichtigen Einzelheiten im Projektablauf für alle Beteiligten klar und eindeutig geregelt? Werden je nach Projekttyp und -inhalt klare Genehmigungs-, Review- und Freigabeprozeduren vorgegeben (z. B. zu Beistellungen und Vorleistungen)?

Thema: Klare Regeln zur Dokumentation (Form, Sprache)

Fragen: Sind die Regeln zur Dokumentation klar? Bestehen z. B. bestimmte Vorstellungen zur Form und Formatierung der Dokumentation, werden bestimmte Programme und Versionen gefordert (nicht nur für schriftliche Dokumente, sondern z. B. auch für die Terminplanung)? Sind Anzahl der Dokumente und Sprache vereinbart und festgeschrieben?

Thema: Realistische Terminplanung

Fragen: Sind die geplanten Termine realistisch und werden sie vom Projektleiter anerkannt? Entstammen sie einer aus den Aufgaben und der Projektstruktur abgeleiteten Aufwandsschätzung und Kalkulation? Gab es externe (z. B. politische) Vorgaben und Einflussnahmen?

Thema: Logistikfragen (Transporte und Lagerungen), Zugangsmöglichkeiten

Fragen: Sind unsere Arbeiten vor Ort oder beim Kunden geregelt? Wie sind die Möglichkeiten des Zugangs und vorherigen Zutritts zum Ort der Leistungserbringung? Wie können wir von uns zu tätigende Beistellungen einbringen? Werden wir Zugriff auf Kundeneinrichtungen im angenommenen Maße haben (bspw. Zugriff auf den Kundenrechner zum Test einer eigenen Software, Möglichkeit des Tests einer Komponente unter realen Bedingungen)?

Thema: Regelungen für die Zeit nach dem Projekt

Fragen: Gibt es klare Vorstellungen über Zuverlässigkeit, Wartbarkeit und Ersatzteilversorgung des zu liefernden Projektergebnisses? Bestehen klare Regeln zu Einsatz und Verbleib von im Projekt eingesetzten Werkzeugen?

Beispiel: Teilweise ist es üblich und sinnvoll, z. B. bei Projekten im Anlagenbau, eingesetzte Spezialwerkzeuge im Anschluss an das Projekt ins Kundeneigentum übergehen zu lassen. – Nur wo liegen die Grenzen, wenn sie nicht vereinbart sind? Gibt es klare Regeln zu Gewährleistungsfrist und nachfolgender Zeit (Follow-On-Service), einschließlich der Betreuung in der Betriebsphase (eigene Verantwortung und Erwartungen an Unterauftragnehmer und Zulieferer)?

Thema: Grad der Abhängigkeit vom Auftraggeber

Fragen: Wie abhängig sind wir vom Auftraggeber? Wie erfolgreich werden wir uns ggf. wehren können? Wie „erpressbar“ sind wir?

6.1.3 Risikofeld Verträge

Es wäre ein Irrtum anzunehmen, dass das Thema „Verträge" nur dort wichtig ist, wo tatsächlich (schriftliche) Abmachungen zwischen externen Partnern, z. B. dem Auftraggeber und dem Auftragnehmer, in einem Projekt bestehen. Absprachen mit vertraglichem Charakter existieren vielmehr in jedem Projekt. Auch die interne Fachabteilung kann der Auftraggeber für ein Projekt sein, das durch eine ebenfalls interne Organisationsabteilung abzuwickeln ist. Auch eine intern wirkende Produktentwicklung arbeitet an Projekten, deren Entwicklungsergebnisse dann vom Vertrieb weiterverkauft werden sollen.

Der Themenkreis „Verträge" hat einen zweifachen Charakter. Zunächst einmal bieten Verträge den Rahmen, in den die Inhalte im Einzelnen eingebracht werden. Die Richtigkeit und Klarheit der Formulierungen, die Gliederung und Logik sind damit Qualitätsmerkmale für Verträge. Die Fragen zu Vertragsinhalten werden in den einzelnen Punkten dieses Abschnitts bearbeitet. Hier wird es eher auf den Fachkenner ankommen als auf den Juristen

Zum zweiten ist bei Verträgen zu berücksichtigen, dass bestimmte Formulierungen Rechtswirkungen entfalten können, die dem juristischen Laien nicht immer bewusst sind. Hier ist der Jurist gefragt, solche Konsequenzen zu erkennen.

Als Beispiel seien hier in Bezug auf eine Vertragsauflösung die Begriffe „rückgängig machen" und „aufheben" genannt. Für den Laien scheinbar gleich, gibt es juristisch erhebliche Unterschiede in der Wirkung. Beim „Rückgängig machen" gilt der Vertrag anschließend als nie geschlossen. Beim „Aufheben" bleiben dagegen bestimmte Wirkungen des Vertrages für den Zeitraum zwischen Vertragsschluss und Aufhebung erhalten.

Thema: Eindeutiges Angebot mit Bindefristen, Ausschlüssen usw.

Fragen: Ist unser Angebot im Vorfeld des Projekts eindeutig und fehlerfrei? Kann daraufhin der Vertrag zustande kommen? Sind unsere Leistungen und deren Grenzen eindeutig beschrieben? Was ist, wenn der Auftraggeber so wie von uns angeboten abschließt (Ausschluss der Möglichkeit von Nachverhandlungen)?

Thema: Eindeutiger, schriftlicher, rechtlich verbindlicher Kundenvertrag

Fragen: Sind der oder die Verträge terminlich einwandfrei zustande gekommen? Besteht Kongruenz zwischen den Allgemeinen Geschäftsbedingungen? Bestehen eindeutige Regeln bei häufig besonders sensiblen Punkten? (Dazu gehören Fragen nach Regeln zu Haftungen — Ingenieurfehler, Montage- und Inbetriebsetzungs-Fehler —, auch für Folge- und andere Schäden, Obergrenzen und Ausschlüsse. Ebenso wichtig sind Regeln zu besonderen Anforderungen an Qualität und Standard von Ausführungen und Dokumentation sowie Bezugnahmen auf fremde Standards.)

Thema: Verträge mit Subunternehmern, Konsorten

Fragen: Sind die Verträge mit anderen Beteiligten von gleicher Qualität? Konnten an uns gestellte Anforderungen an Subunternehmer weitergegeben werden, wenn diese sie verantworten (z. B. bzgl. der Gewährleistung)?

Thema: Regeln für den Fall von Vertragsstörungen

Fragen: Gibt es Regeln zu Konsequenzen bei Vertragsstörungen, zu Verzugsentschädigungen und anderem Schadensersatz? Gibt es Regeln zur Vollstreckbarkeit, zu Gerichtsbarkeit, Gerichtsstand und Schiedsgerichten? Gibt es besondere (womöglich generalisierende) Klauseln, Einschränkungen, Rücktrittsrechte? Welche Risiken können dem Projekt daraus entstehen? (Dabei ist sowohl der Fall der erwarteten als auch der Fall der möglichen konsequenten Inanspruchnahme der Regelungen durch die andere Partei zu berücksichtigen.)

Thema: Regeln zu Vertragsänderungen

Fragen: Bestehen Regeln zu Vertragsänderungen? Welche Regeln und Maßnahmen bestehen bei nicht zum ursprünglichen Vertrag konformer Abwicklung? Sind geregelte Verfahren für Änderungen der Leistung vereinbart („Changeorder-" und „Claim-Management-Verfahren")? In diesem Zusammenhang: Besteht die Möglichkeit des Einsatzes eines erfahrenen „Quantity-Surveyors" oder Claim-Managers bei der Gegenseite? (Daraus kann ein großes Risikopotential folgen, wenn seitens unseres Projekts keine entsprechende personelle und organisatorische Gegenposition aufgebaut ist.)

Thema: Sonstigen Regeln

Fragen: Sind Regeln für vorläufige und endgültige Abnahmen (PAC und FAC — Provisional oder Preliminary Acceptance Certificate, Final Acceptance Certificate), Rücknahmen von Garantien, Regeln für Gewährleistung usw. getroffen? Wie sehen diese aus und welche Risiken (oder Chancen) erwachsen uns daraus? Ist der Vertrag fachkundig geprüft worden, sowohl bzgl. seiner technischen, kaufmännischen und abwicklungsbezogenen Inhalte als auch bzgl. seines juristischen Rahmens? Ist die Prüfung in allen Teilen des Vertrages bis zum Schluss intensiv erfolgt? Ist das „Kleingedruckte" mit geprüft?

6.1.4 Risikofeld Zulieferer, Subunternehmer

Thema: Einsatz von Subunternehmern

Fragen: Ist der Einsatz von Subunternehmern mit dem Kunden abgeklärt? Wird der Einsatz von bestimmten Subunternehmern kundenseitig gefordert? Welche Möglichkeit der Steuerung und Einflussnahme bestehen unsererseits in diesem Fall?

Thema: Haftung für den Subunternehmer

Fragen: Sind die Regelungen zur Haftung für Subunternehmer abgeklärt und abgesichert? Wie lauten Regelungen zu Ausschluss bzw. Weitergabe von Haftungen und Gewährleistungen?

Thema: Einzelne Regelungen beim Einsatz von Subunternehmern

Fragen: Bestehen eindeutige Regeln zu Nebenkosten (Reisen, Dokumentationen), Regeln für Zwischenabnahmen, Vereinbarungen über Rücknahmen, Nachlieferungen u.ä.?

Thema: Regelungen zu Rechten Dritter

Fragen: Welche Regeln bestehen zu Schutzrechten, Patenten und sonstigen Rechten Dritter? Ist ggf. sichergestellt, dass diese nicht verletzt werden?

Thema: Regelungen für die Zeit nach der Projektabwicklung

Fragen: Bestehen Regelungen über Garantie, Wartung, Ersatzteilhaltung der Subunternehmer? Bestehen Vereinbarungen zu Abnahmen und Abarbeitung von Mängellisten, Vereinbarungen über Rücknahmen und Nachlieferungen? Konnten im Minimum die von uns gegenüber unserem Auftragnehmer eingegangenen Verpflichtungen weitergegeben werden, wenn diese sich auf Leistungsteile von Subunternehmern beziehen?

Thema: Nebenleistungen von Subunternehmern und Lieferanten

Fragen: Bestehen Regelungen zu Ausbildungs-, Betreuungs- und anderen Aufgaben, sind die Ergebnisse solcher Maßnahmen eindeutig festgeschrieben?

Thema: Bonität der Partner

Fragen: Können berechtigte Forderungen gegenüber Subunternehmern ggf. auch durchgesetzt werden? Bestehen z. B. Garantien zur Fertigstellung (bankbürgschaftsgesichert) bzw. zur Gewährleistung (durch Gewährleistungsversicherungen abgesichert)?

Thema: Regelungen bei Ausfall von Fremdpersonal

Fragen: Hat der Subunternehmer Vorsorge für den Ausfall seines Personals getroffen? Was geschieht z. B. in dem Fall, dass wir Schlüsselpersonal fremd einkaufen (müssen), wenn es hier zu Ausfällen kommt?

Thema: Schäden durch Fremdpersonal

Fragen: Bestehen Regelungen und Maßnahmen zur Vorsorge gegen fahrlässige, grob fahrlässige und vorsätzliche Schäden durch Fremdpersonal? Welche Möglichkeiten bestehen, solche Forderungen auch durchzusetzen?

6.1.5 Risikofeld Personal/Organisation

Thema: Projektleitung

Fragen: Ist der Projektleiter für seine Aufgabe befähigt und erfahren genug und ist ausreichende Verfügbarkeit gewährleistet? (Fordert dieses Projekt vielleicht den zu 100 % engagierten Projektleiter, aber die dafür vorgesehene Person hat parallel noch zwei andere Projekte dieser Qualität zu bewältigen? Je komplexer und u. U. mit Problemen belastet Projekte sind, desto größer sind die Ansprüche an den Projektleiter. Werden hier wenig erfahrene Projektleiter eingesetzt, wächst die Gefahr des Scheiterns.)

Thema: Projektinterne Organisation

Fragen: Besteht eine eindeutige projektinterne Organisation? Sind die Verfügbarkeit der dem Projekt zugeordneten Mitarbeiter geregelt (Vollzeit oder definiert zeitweise)? Hat der Projektleiter die notwendigen Führungskompetenzen (fachliche, dispositive und disziplinarische Führungskompetenz)? Wie ist das Durchsetzungsvermögen des Projektleiters (z. B. bei stabsartig organisierten Projekten)? Ist die Verfügbarkeit des eigenen Personals kontinuierlich gesichert? Welche sonstigen Kompetenzen hat der Projektleiter (z. B. im Einkauf)?

Thema: Vorsorge bei Personalausfall

Fragen: Bestehen Regelungen und Vorsorgemaßnahmen bei Personalausfall (Stellvertretung, insbesondere beim Projektleiter, bei Teilprojektleitern und anderen Erfahrungsträgern)?

Thema: Projektexterne Organisation

Fragen: Besteht eine eindeutige projektexterne Organisation? Wie lauten die Regeln zu Entscheidungsträgern im Unternehmen und zum Kunden? Wie sind die Entscheidungswege, welche Instrumente und organisatorischen Regeln gibt es zur Entscheidungsfindung?

Thema: Befugnisse Dritter

Fragen: Welche Regelungen zu Befugnissen von Kundenberatern, Consultants, Ing.-Büros, Planern usw. gibt es? Sind deren Einflussmöglichkeiten und Verantwortungen eindeutig geregelt und akzeptabel?

6.1.6 Risikofeld Kommerzielles

Thema: Finanzielle Kalkulation

Fragen: Wurde eine realitätsnahe Kalkulation erstellt? Mussten besondere Vorgaben (z. B. aus vertrieblichen Gründen) erfüllt werden? Kann der Projektleiter die Kalkulation vertreten?

Thema: Kostenänderungen

Fragen: Wurden die Möglichkeiten von Preissteigerungen, Lohnkostensteigerungen, Währungsrisiken (in verschiedenen möglichen Richtungen) usw. berücksichtigt?

Beispiel: Eine deutsche Firma sollte eine Anlage nach Südostasien liefern, für die Zahlung nach Leistungsfortschritt vereinbart war. Die ersten zwei Raten wurden in Landeswährung, die dritte damals noch in DM bezahlt. Es kam zu einer Verzögerung in der Ablieferung und somit zu einer Verspätung in der Verpflichtung zur Zahlung der dritten Rate. Eben in diese Zeit der Verspätung fiel die asiatische Währungskrise, sodass der zu zahlende DM-Betrag für den Kunden (unverschuldet) wesentlich teurer zu werden drohte. Letztlich musste seitens des Lieferanten ein Nachlass gewährt werden, weil der Kunde zwar keine Kurssicherung betrieben hatte, der Schaden aber durch die Verzögerung des Lieferanten entstanden war, der seinerseits hier natürlich für den in DM zu zahlenden Betrag ebenfalls keine Kurssicherung betrieben hatte. Insgesamt eine unerwartete Konstellation, da an und für sich gerade die Schlusszahlung in der eigenen Währung als bzgl. der Wechselkurse risikolos angesehen wird.

Thema: Bonität der Partner

Fragen: Wurde die Bonität von Kunden, von anderen Projektpartnern und insbesondere von Konsorten geprüft? Könnte der Eintritt in ein spätes, stilles Konsortium mit entsprechender Mithaftung für Konsorten gefordert werden?

Beispiel: Ein ebenso unsauberer wie leider immer wieder vorkommender „Trick" wird wie folgt betrieben: Ein finanziell potentes Unternehmen wird als möglicher Subunternehmer im Projekt eines weniger soliden Generalunternehmers (GU) angefragt und bietet entsprechend an. Kurz vor Vergabe des Auftrags und nachdem bereits erhebliche Angebots- und Vorlaufkosten angefallen sind, wird dann anstelle der Mitarbeit als Subunternehmer der Eintritt in ein „stilles Konsortium" mit dem GU gefordert. Konsequenz: Für das angefragte Unternehmen ergeben sich plötzlich durch die Einbindung in ein Konsortium zusätzliche Haftungsrisiken, die vorher nicht berücksichtigt und für die keine Vorsorge betrieben wurde; im Fall der Ablehnung droht aber der Verlust des Auftrags.

Thema: Pönalen

Fragen: Sind kundenseitig Pönalen (Vertragsstrafen für Terminverzug) auf End- und Zwischentermine gefordert? Decken diese Pönalen alle Schadensersatzansprüche gegen uns ab oder können darüber hinaus und zusätzlich andere Schäden geltend gemacht werden? Sind unsere Pönale-Vereinbarungen zu unseren Subunternehmern kongruent (bzgl. Fristen, Höhe) mit den Forderungen, die an uns gestellt werden können?

Thema: Zahlungsbedingungen

Fragen: Sind Regeln über Voraussetzungen und Fälligkeit von (Teil- und Abschluss-)Zahlungen eindeutig? Sind „Back-to-back-Verträge" geschlossen worden und wenn ja, zu welchen Bedingungen?

Beispiel: Ein typischer „Back-to-back-Vertrag" kann als Hauptaussage beinhalten, dass der Unterauftragnehmer alle Verpflichtungen und Bedingungen akzeptiert, die der Hauptauftragnehmer (Generalunternehmer) dem Endkunden gegenüber eingegangen ist. Die aus Sicht eines Unterauftragnehmers mögliche negative Wirkung eines solchen Vertrages kann darin bestehen, dass damit die Zahlung des Generalunternehmers an den Unterauftragnehmer nicht nur von dessen Leistung abhängig ist, sondern auch von der Zahlung des Endkunden an den Generalunternehmer. Somit muss der Unterauftragnehmer zwar leisten, daraus leitet sich aber noch kein Anspruch auf unmittelbare Zahlung ab.

Thema: Sonstige Regelungen

Fragen: Sind Regeln zu Versicherungen und Lieferbedingungen eindeutig? Besteht Kongruenz zwischen den Versicherungen und den Regeln zu Gefahrenübergängen? Können neue zusätzliche Regeln, z. B. zu Unfallschutz, Arbeitssicherheit u. ä., Auswirkungen auf die finanzielle Kalkulation haben? Sind solche Änderungen absehbar oder zu befürchten? Sind die Folgen von Änderungen berücksichtigt?

6.1.7 Risikofeld projektexterne Bedingungen und Voraussetzungen

Thema: Externe Voraussetzungen

Fragen: Sind alle rechtlichen und anderen normativen Voraussetzungen erfüllt?

Achtung

Zu solchen Genehmigungsverfahren gehören neben gesetzlichen Regeln und Ausführungsbestimmungen auch verbindliche Normen (inkl. z. B. Werksnormen des Kunden) sowie allgemein anerkannte Regeln der Technik und Ausführung.

Thema: Projektexterne Einflüsse

Fragen: Sind die möglichen Einflüsse aus innerbetrieblicher und öffentlicher Meinungsbildung und Einflussnahme (Stakeholder) berücksichtigt? Können sich Einflüsse aus dem sozialen, politischen und wirtschaftlichen Umfeld ergeben?

Thema: Umfeld und Bedingungen aus Kundensicht

Fragen: Was sind die Motivation und die Bedingungen für das Projekt aus Kundensicht? Können sich Rahmenbedingungen hier so ändern, dass daraus geänderte Verhaltensweisen, verschärfte Anforderungen oder Verlagerung von Risiken auf uns folgen? Können sich Änderungen bei den geforderten Projektergebnissen ergeben? (Im Extremfall: Kann für den Kunden eine Situation entstehen, in der er das Projektergebnis gar nicht mehr will, z. B. weil es für ihn nicht mehr in der anfangs vorgesehenen Weise verwertbar ist?)

Beispiel: Der Kunde eines Bauprojekts plante, das erstellte Gebäude lukrativ zu vermieten. Während der Projektabwicklung fallen die Mietpreise mit dem Ergebnis, dass das Objekt die vom Auftraggeber erwartete Rendite nicht mehr erreicht. Die mögliche Konsequenz ist, dass der Auftraggeber versucht, den Projektabschluss möglichst hinauszuzögern, um somit die fällige Übernahme, Schlusszahlung usw. zu vermeiden. In dieser Situation spielen z. B. formal korrekte Abwicklung, Abnahmen u. ä. plötzlich eine ganz andere Rolle, als wenn beide Seiten an einem reibungslosen und schnellen Abschluss interessiert wären.

Thema: Überregionale und regionale politische Voraussetzungen

Fragen: Gibt es unterstellte oder in die Projektplanung eingearbeitete Voraussetzungen und Bedingungen politischer Art? Gibt es besondere Förderer oder Gegner des Projekts? Ist das Projekt „politisch gewollt" und wird so unterstützt? Wird es im Gegenteil bei Änderungen nicht mehr unterstützt, kann es z. B. zu einem Wegfall finanzieller Förderungen kommen?

Thema: Auswirkung anderer (paralleler) Projekte

Fragen: Werden beim Kunden direkt oder in seinem Aufmerksamkeitsbereich andere Vorhaben durch uns oder unsere Partner abgewickelt, bei denen mögliche negative Entwicklungen auch Auswirkungen auf unser Projekt haben könnten? (Dies könnte sich seitens unseres Kunden in allgemeinem Unmut ausdrücken bis hin zu höherer Sensibilität gegenüber tatsächlichen oder vermeintlichen Fehlern unsererseits. Diese wiederum könnten ihren Ausdruck auch in einer kritischeren Beurteilung sowie verstärkten Auflagen und Kontrollen unserer Leistungen finden.)

6.1.8 Risikofeld Auslandsgeschäft

Projekte im Ausland oder mit ausländischen Partnern können zusätzliche abwicklungstechnische, juristische oder mentale Probleme mit sich bringen, von denen nachfolgend einige Möglichkeiten angesprochen werden.

Thema: Vertragliche Regeln

Fragen: Gibt es eine Hierarchie der Verträge und Vertragssprachen? Sind vertragliche Regeln in verschiedenen (fremden) Sprachen eindeutig? Sind die Begriffe soweit möglich kongruent?

Achtung

Wenn das nicht so ist, sollte dem Vertrag ein möglichst umfassender Katalog mit Definitionen vorangestellt werden. Dieser kann bei großen Verträgen leicht mehr als hundert Begriffe umfassen. So mühsam diese Arbeit am Anfang sein mag, sie lohnt sich später in der Projektabwicklung und erst recht bei wiederholten Projekten.

Thema: Besondere oder abweichende Bedingungen

Fragen: Gibt es besondere oder abweichende Bedingungen (z. B. bei den Rechtsgrundlagen), eine erweiterte Haftung, Regelungen bei Vertragsauflösungen?

Thema: Umgang mit Institutionen

Fragen: Gibt es Besonderheiten im Umgang mit staatlichen oder privaten Institutionen wie Ämtern, Behörden, aber auch Berufsverbänden, Gewerkschaften, Bürgervertretungen u. ä.?

Thema: Kalkulation von speziellen Nebenkosten

Frage: Beinhaltet die Kalkulation spezielle Nebenkosten wie Zölle, Steuern, Abgaben? Können diese sich während der Projektlaufzeit ändern?

Thema: Besondere Bedingungen

Fragen: Bestehen besondere Einfuhr- und Ausfuhrbedingungen bzw. -verbote (sowohl auf Seiten des exportierenden als auch des importierenden Landes)? Sind besondere Ein- und Ausreisebedingungen zu beachten (generell oder bezogen auf einzelne Personen oder Personengruppen)? Können sich diese nachteilig ändern?

Thema: Sprach- und entfernungsbedingte Kommunikationsprobleme

Fragen: Sind alle möglichen Beschränkungen und Besonderheiten aus räumlicher Entfernung berücksichtigt, z. B. Zeitverschiebungen, verschiedene Normen o. ä.

Thema: Kompensations- und ähnliche Geschäfte

Fragen: Sind mit dem Projekt andere Projekte oder Geschäfte verbunden, z. B. sollen der Preis oder Teile davon über andere Geschäfte, Lieferungen aus dem Projekt o. ä. bezahlt werden?

Beispiel: Der Kunde kauft eine technische Anlage, um damit landeseigne Rohstoffe zu veredeln. Zur Bezahlung der Anlage werden Lieferungen aus der mit der Anlage erzielten Produktion vereinbart. Das zusätzliche Risiko des Auftragnehmers liegt dann im Verkauf dieser Produkte.

Thema: Spezielle Klauseln und Versicherungen

Fragen: Sind die speziellen Risiken über besondere Regeln und Maßnahmen bei höherer Gewalt (Force-Majeure-Klauseln) im Projektvertrag oder durch Versicherungen (Kreditversicherung, Hermesdeckung) abgesichert?

Thema: Weitere Besonderheiten im Auslandsprojekt

Fragen: Sind örtliche Gegebenheiten (Umwelt, Klima, Temperaturen, Luftfeuchte), Mentalitäten, ethnische oder religiöse Besonderheiten, die das Projekt beeinflussen könnten, in der Projektplanung berücksichtigt?

6.2 Typische Chancenfelder

Die Suche nach Chancen gestaltet sich gegenüber der Suche nach Risiken schwieriger. Anscheinend ist es leichter, Risiken zu identifizieren, als Chancen, vielleicht auch, weil man von vornherein eher optimistisch plant. Für mögliche Chancen im Projekt werden im Folgenden einzelne Suchfelder und mögliche Einzelfragen genannt, die typisch für den Anlagenbau sind, auf andere Anwendungsgebiete aber übertragen werden können.

6.2.1 Chancenfeld Spezifikation und Technik

Thema: Mitgestaltung der Ausschreibungen

Fragen: Können wir die Definition der vom Kunden angefragten Leistungen bereits im Vorfeld der Ausschreibung beeinflussen? Kann das so geschehen, dass dadurch Lösungsansätze oder Komponenten gefordert werden, die von uns bei anderen Projekten bereits entwickelt und erprobt wurden? (Die Wirkung bestünde in Einsparungen bei Zeit und Kosten. Evtl. können in die Ausschreibung auch Merkmale eingearbeitet werden, die nur oder besonders gut durch uns erfüllbar sind. Dabei ist später darauf zu achten, dass die Mitbewerber auch tatsächlich anbieten, was ausgeschrieben wurde!)

Thema: Interpretation funktionaler Ausschreibungen

Fragen: Ist die Ausschreibung so gestaltet, dass uns vorteilhafte Gestaltungsfreiräume bzgl. der anzuwendenden technischen Lösungen bleiben?

Thema: Einsatz eigener/bekannter Standards

Fragen: Können wir bei oder nach der Auftragserteilung bzw. -bestätigung auf Spezifikationen so Einfluss nehmen, dass wir die uns bekannten Lösungen zum Einsatz bringen können (Wirkung wäre wie oben)?

Thema: Einkaufsvorteile durch Standardisierung/Abstimmung mit anderen, Verwendung von Standard-Komponenten

Fragen: Können wir so Einfluss nehmen, dass von uns auch für andere Projekte eingekaufte Vorprodukte zum Einsatz kommen können? (Die Wirkung liegt im Erzielen von Einkaufsvorteilen wegen größerer Mengen, Vereinfachung der Ersatzteilhaltung, beim Service und bei der Dokumentation.)

Thema: Anreichern der ursprünglichen Leistung mit besonderen eigenen Stärken bzw. vorhandenen Lösungen

Fragen: Können wir Fähigkeiten zu besonderen Leistungen unsererseits ins Projekt mit einbringen? (Dazu gehört auch besonderes Know-how im Projektmanagement, z. B. bei der Erstellung von Terminplänen mit Angaben zu Art, Verantwortlichen und Zeitpunkt von Zulieferungen. Die Wirkung wäre, dass wir unentbehrlicher werden. Dem Kunden wird das Gefühl vermittelt, hierdurch zusätzliche und exklusive Leistungen zu erhalten. Außerdem ergibt sich für uns die Möglichkeiten der Einflussnahme auf die Planung, z. B. der Termine und Zulieferungen. Schließlich kann so sichergestellt werden, dass die Anforderungen an andere Projektbeteiligte so deutlich ausgearbeitet sind, dass sie erfüllt werden, und wenn nicht, dass wenigstens das Möglichste dazu getan wurde.)

6.2.2 Chancenfeld Abwicklung des Projekts

Thema: Zusammenarbeit

Fragen: Besteht die Möglichkeit einer besonders engen Zusammenarbeit mit dem Kunden und anderen Beteiligten von Projektbeginn an? Kann eine gemeinsame Definition der Projektziele mit Kunden und Anwendern erfolgen? Die Wirkung liegt in der Möglichkeit zur Entwicklung von Synergien ähnlich wie in den Vorphasen.

Thema: Einbindung von Nutzern

Fragen: Sind der direkte Auftraggeber und der spätere Nutzer identisch? Können durch frühzeitige Einbindung der späteren Nutzer zusätzliche Erkenntnisse erlangt und dem Projekt so größere Erfolgschancen gegeben werden? (Eine zusätzliche Wirkung wird darin liegen, dass die spätere „Hemmschwelle“ bei der Einführung gesenkt wird. Menschen lieben im Allgemeinen keine Veränderungen, wenn sie keinen zusätzlichen Nutzen für sich darin sehen. Diesen gilt es zu vermitteln.)

Thema: Abwicklungsstandards

Fragen: Können die eigenen Abwicklungsstandards im Projekt als allgemeingültig durchgesetzt werden, z. B. bei der Bearbeitung von Mehrungen und Claims? (Die Wirkung liegt dann darin, dass zunächst überhaupt die Chance auf eine geordnete Abwicklung geschaffen wird, außerdem noch in einer uns bekannten und bei uns bewährten Weise.)

Thema: Standards zu Projektplanung und Projektmanagement

Fragen: Können die eigenen Standards zur Projektplanung und zum Projektmanagement durchgesetzt werden? („Management“ gilt dabei auch z. B. für Projekt-Besprechungen, Dokumentation, Entscheidungsprozess im Projekt. Die Wirkung wäre ähnlich der oben.)

Thema: Zusätzliche Planungs- und Managementfunktionen

Fragen: Kann im Laufe des Projekts, bei dem evtl. nur ein Teil bearbeitet wird, die Übernahme von Planungs- und Managementfunktionen für den Kunden über den Umfang des eigenen Projekts hinaus erreicht werden? Kann in diesem Fall vielleicht die Funktion einer „Assistenz für die Gesamt-Projektleitung“ erreicht werden? (Die Wirkung läge in mehr Einflussnahme auf das Projekt, evtl. sogar der Generierung zusätzlichen Umsatzes für Dienst- und Beratungsleistungen.)

Thema: Öffentliche Meinung

Fragen: Können wir zusätzliche unternehmensexterne und -interne Unterstützung für unser Projekt gewinnen? Können „Meinungsbildner" im Projekt eine Hilfe sein und uns gegen eventuelle Widrigkeiten schützen?

Teil 4: Methodenwissen

Teil 4:

Methodenwissen

Einleitung

Wenn man sich mit dem Thema Methoden im Projektmanagement beschäftigt, steht man zunächst einer unüberschaubaren Fülle von praktischen Ratgebern, wissenschaftlicher Literatur, Internetseiten, Guidelines, Methodenbibliotheken, Vorlagen Softwaresystemen oder einzelnen Applikationen gegenüber. Projektmanagement ist eine ideale „Spielwiese", um Methoden zu diskutieren, die in ganz anderen Zusammenhängen entstanden sind, aber durchaus im Kontext von Projekten ihre Berechtigung haben können. So sind in unterschiedlichen Bereichen wie

- Qualitätsmanagement,
- Wissensmanagement,
- Organisationslehre,
- Mitarbeiterführung (mit Motivations- und Kreativitätstechniken),
- Systemanalyse,
- Entscheidungstheorie,
- Controlling,
- Philosophie,
- Soziologie,
- Jura oder
- Linguistik

jeweils einzelne Methoden oder ein Methodenportfolio entwickelt worden, die sich wieder in den Abhandlungen über Projektmanagement wiederfinden. Wie ein Staubsauger saugt die Projektmanagement-Lehre alle Methoden auf, die in verwandten oder auch weit entfernten Feldern zu finden sind, und versucht sie für das Projektmanagement zu adaptieren. Man kann sicher sein: Wenn in irgendeinem der angesprochenen Felder signifikante Fortschritte erzielt wurden, erfolgt nicht sehr viel später eine Übertragung auf das Projektmanagement. So findet sich aus dem Bereich des Controllings die Balanced Scorecard als Project Scorecard wieder oder die Planungsrechnung in adaptierter Form als Earned-Value-Analyse.

Woher kommt diese Aufnahmebereitschaft? Sie beruht auf der Komplexität des Projektmanagements. Die Führung eines Projekts entspricht im Wesentlichen der Führung eines Unternehmens oder einer Institution. Menschen, Prozesse und Techniken sind so zu koordinieren, dass in einem definierten Zeitraum, unter bestimmten Restriktionen, explizit formulierte Ziele zu erreichen sind. All die Methoden, die nötig sind, ein Unternehmen zu führen, sind potenziell auch Methoden, die im Projektmanagement Anwendung finden können. Die notwendigen Modifikationen an den Methoden sind dann bedingt durch Kriterien wie Größenordnung, Spezialisierung, Zeitbegrenzungen etc.

Deshalb ist es geradezu eine Notwendigkeit, dass sich die Projektmanagement-Lehre in benachbarten Gefilden umschaut: So verhindert man Stagnation. Insbesondere bringt es der technologische Fortschritt mit sich, dass Methoden, die bisher nur in akademischen Zirkeln diskutiert wurden, plötzlich in Gebieten angewendet werden, die bislang zu aufwendig, zu umständlich oder gar nicht realisierbar waren. Fortschritte in den Internettechnologien (Web-Services, Semantic Web) sowie in Datenanalysetechniken (OLAP und Data Mining), die komfortablere Benutzung von Wissensmanagementsystemen, all das bedarf der Evaluierung und der Überprüfung, ob in diesen technologischen Weiterentwicklungen nicht auch Nutzen für das Projektmanagement liegt.

Die Entscheidung, welche Methoden in einem Projekt wann zum Einsatz kommen, hängt von einer Reihe von Faktoren ab:

- **Projektgröße:** *Handelt es sich um kleinere (< 5 Mitarbeiter, < 2 Personenjahre), große (> 50 Mitarbeiter,* > 50 Personenjahre) oder mittlere Projekte?
- **Projektart:** *Investitionsprojekte, Entwicklungsprojekte, Organisationsprojekte, IT-Projekte.*
- **Risiko:** Insbesondere die sogenannten „Mission Critical Projects“, also diejenigen Projekte, die unter keinen Umständen schief gehen dürfen, weil sie sonst die Existenz der Organisation ernsthaft gefährden, bedürfen besonderer Methoden.
- **Branche:** Eine Reihe Methoden sind branchenspezifisch. Bei Projekten im Anlagenbau werden andere Methoden benötigt als in der Softwareentwicklung.
- **Projektphase:** In der Phase der Projektklärung kommen andere Methoden zum Einsatz als in der Projektabwicklung. Es gibt jedoch auch Methoden, die sich in jeder Phase des Projekts einsetzen lassen, beispielsweise die Kreativitätsmethoden.
- **Methodologie:** Methodologien bündeln Methoden zu einem abgestimmten Methodenportfolio. Beispiele solcher Methodologien sind Critical Chain von Eliyahu M. Goldratt, Goal directed Project Management von Erling S. Anderson, Kristoffer V. Grude und Tor Haug, Earned Value Project Management oder Systemisches Projektmanagement. Versuche, die Methoden des Lean Managements auf die Projektabwicklung zu übertragen, haben zur Unterscheidung von agilen Methoden und schwergewichtigen Methoden geführt. Schwergewichtige Methoden sind demnach die traditionellen Vorgehensweisen, wie sie beispielsweise das Project Management Institut oder die Deutsche Gesellschaft für Projektmanagement vertritt. Methodologien wie SCRUM oder Extreme Programming vertreten agile Prinzipien.
- **Projektkultur:** Nicht jede Methode eignet sich für Firmen, die gerade damit beginnen, ein systematisches Projektmanagement aufzubauen.
- **Technologisches Umfeld:** Manche Methoden benötigten ein gewisses Maß an technischer Infrastruktur, um sinnvoll eingesetzt werden zu können. Die Netzplanung beispielsweise ist ohne Softwareunterstützung ein mühsames Unterfangen.
- **Einprojekt- oder Mehrprojektumgebungen:** Mehrprojektumgebungen bringen über das Management von Einzelprojekten hinaus zusätzliche spezifische Anforderungen mit sich.

Die große Anzahl von Methoden und die besonderen Voraussetzungen, die beim Einsatz einer Methode beachtet werden müssen, machen eine sorgfältige Auswahl der Methoden nötig.

Bei der Auswahl und der Beschreibung der Methoden für dieses Buch waren folgende Gründe maßgebend:

Die Methoden sollen

- das ganze Spektrum eines Projektlebenszyklus' abdecken,
- sich in der Praxis bewährt haben,
- sowohl einfache als auch komplexe Aufgabenstellungen behandeln,
- sowohl für Anfänger im Projektmanagement als auch für gestandene Projektmanager einen Nutzen bieten,
- exemplarischen Charakter für das jeweilige Anwendungsgebiet haben,
- neueste technologische Möglichkeiten berücksichtigen.

Alle Methoden werden nach einem einheitlichen Schema beschrieben:

1. Kurzbeschreibung der Methode
2. Beschreibung der Methode
3. Anwendung der Methode
4. Fazit und Erkenntnisse

Der Darstellungsumfang der Methode ist so gewählt, dass ein Praktiker in der Lage sein sollte,

- Ziele und Nutzen der Methode zu beurteilen,
- Anwendungsgebiete und Anwendungsgrenzen der Methode zu kennen,
- Stärken und Schwächen der Methode zu berücksichtigen und
- die Methode — sofern sie nicht sehr komplex ist — unmittelbar anwenden zu können.

Wir sind uns bewusst, dass viele interessante Methoden nicht behandelt werden konnten. Wir hoffen aber, die Auswahl so getroffen zu haben, dass sie vielen Praktikern hilft, die eigene Methodenkompetenz zu erweitern.

Wir behandeln Methoden, Techniken und Verfahren pragmatisch als standardisierte, vereinfachte Vorgehensweisen und Arbeitsabläufe, die Teammitarbeiter bei der Projektarbeit unterstützen und zu wirksamer Arbeit bei geringem Zeitaufwand führen. Die Leistungsfähigkeit von Methoden kann mit den folgenden Kriterien gemessen werden:

- Ergebnisqualität/Vertrauenswürdigkeit
- Aufwand für Durchführung (Zeit, Kosten)

- Benutzerfreundlichkeit/Handhabung
- Änderbarkeit/Anpassungsfähigkeit
- Nachvollziehbarkeit

Wir behandeln die Methoden systematisch unter zwei Aspekten: den Methodenarten und den Phasen, in denen sie primär zum Einsatz kommen.[1]

Methodenarten

Grundlegende Aufgabenstellungen, die zum Einsatz von PM-Methoden führen sollten, sind:

- **Erkennen, analysieren** von Problemen, Aufgaben, Zielen, Istständen, Situationen, Abweichungen und Informationsgewinnung ;
- **Suchen** von geeigneten Maßnahmen, Lösungen, Zielen und zur Planung ;
- **Vorhersagen** (Prognosen) von zukünftigen, möglichen Entwicklungen oder Störungen;
- **Bewerten** von alternativen Maßnahmen zur Entscheidungsvorbereitung, Auswahl oder Informationsverarbeitung;
- **Entscheiden** nach festgelegten Regeln; Entscheidung vorbereiten und organisieren;
- **Planen** von Struktur und Ablauf eines Projekts;
- **Umsetzen** von Planungen und Realisieren der Maßnahmen.

Auf diesem Fundament aufbauend unterscheiden wir nach den Methodenarten, die im Folgenden kurz erläutert werden sollen.

Kreativitätsmethoden

Die Lösung eines Problems wird dann als kreativ empfunden, wenn sie abseits der „ausgetretenen Pfade" gefunden wird, aber gleichzeitig auch zuverlässig und praktisch durchgeführt werden kann. Die Lösung muss „funktionieren", sonst handelt es sich lediglich um eine originelle, nicht um eine kreative Idee. Um zu einer solchen Lösung zu kommen, bedient man sich verschiedener Methoden, der Kreativitätsmethoden.

Wir unterscheiden intuitive von diskursiven Kreativitätsmethoden. Intuitive Kreativitätsmethoden fördern Gedankenassoziationen und liefern in einem kurzen Zeitraum sehr viele Lösungsvorschläge. Die bekannteste intuitive Kreativitätsmethode ist das Brainstorming. Diskursive Kreativititätsmethoden gehen den Weg eines systematischen Lösungsprozesses durch Abwandlung, Verfremdung oder Umkehrung von zu lösenden Problemen.

---

[1] Vergleiche dazu die Methodenwebseite der deutschen Gesellschaft für Projektmanagement Günter Drews: Beschreibung des Methodenwürfels http://www.gpm-infocenter.de/PMMethoden/EinfuehrungMethodenarten.

Analysemethoden

Analysemethoden sind Methoden zum Erkennen von Strukturen und zum Bearbeiten von Problemen. Es sind strukturierte, methodenunterstützte Vorgehensweisen. Mit den Analysemethoden werden Bestandsaufnahmen durchgeführt. Systeme bzw. die vorhandenen Systemelemente werden festgestellt und strukturiert. Sie dienen z. B. auch zur Abgrenzung von Systemen und deren Umwelt.

Von der Aufgabe her können unterschieden werden: Methoden zur Analyse von Zielen, zur Situationsanalyse bzw. Beschreibung aktueller Zustände, aber auch Methoden zum Erkennen externer Einflussgrößen und deren Wirkungen auf Systeme.

Prognosemethoden

Prognosemethoden dienen zur Darstellung und Vorhersage zukünftiger Zustände von Systemen. Dies wird erreicht durch Fortschreibung und Trendentwicklung von Istdaten in die Zukunft. Die Aussagen sind dann realistisch, wenn alle Annahmen über das Systemverhalten und die Änderungen der Einflussgrößen auch wirklich eintreffen. Stärkere Systemänderungen werden bei diesen Methoden im Regelfall nicht berücksichtigt. Man geht von weitgehend konstantem Systemverhalten aus. Prognosen sind denkbar bezüglich der Voraussage bestimmter Ereignisse, möglicher Entwicklungen und Trendentwicklungen.

Entscheidungs- und Bewertungsmethoden

Mehrere ähnliche Alternativen stehen zur Auswahl, mehrere Personen sind am Entscheidungsprozess beteiligt: Problemfelder und Randbedingungen sind oft recht komplex und unübersichtlich, Zielkonflikte müssen beachtet und Kompromisse, die für alle am Prozess Beteiligten akzeptabel sind, sollten gefunden werden. Dies macht transparente Entscheidungsprozesse und klare, verständliche Bewertungsmethoden erforderlich.

Bewertungsmethoden sind formale, systematische, standardisierte und objektive Entscheidungshilfen zum transparenten Vergleich von Alternativen. Gegenüber rein gefühlsbetonten, subjektiven Bewertungsmethoden bieten sie den Vorteil der späteren Nachvollziehbarkeit und erreichen damit eine höhere Akzeptanz bei den Beteiligten.

Die Teams bereiten in der Projektarbeit die Auswahl von Alternativen vor und sind damit am Entscheidungsprozess indirekt beteiligt. Nach der Bewertung werden Entscheidungen von den dafür autorisierten „Machtpositionen“ wie Geschäftsführung, Lenkungsausschuss oder Projektleitung getroffen.

Kommunikationsmethoden

Zu den Kommunikationsmethoden zählen wir die Methoden, die vorwiegend — aber nicht ausschließlich — dem Informations- und Kommunikationsmanagement dienen. Zu den Methoden des Informationsmanagements zählen die Methoden zur

- Feststellung des Informationsbedarfs,
- Festlegung der Informationsquellen und
- Definition der Informationsverwendung.

Methoden des Kommunikationsmanagements unterstützen die aktive und zielgerichtete Verwendung der Information. Die Analyse der Stakeholder als Adressaten der Kommunikation, die Beschreibung der Kommunikationsziele, der Kommunikationswege und Kommunikationsinhalte gehören zu den Methoden des Kommunikationsmanagements.

Planungsmethoden

Zu den Planungsmethoden gehören Methoden zur Planung

- des Liefer- und Leistungsumfangs; dies wird gewährleistet durch die Strukturplanung, die den vollständigen Liefer- und Leistungsumfang des Projektes abdeckt;
- der Aufwände mit den geeigneten Schätzmethoden;
- der Termine vom einfachen Balkendiagramm zur komplexen Netzplanung;
- der finanziellen Mittel, Kosten, Umsätze, Liquidität und Gewinn;
- der Projektorganisation und der Projektprozesse.

Steuerungsmethoden

Zu den Steuerungsmethoden zählen wir Methoden, den Projektstatus bezüglich des Liefer- und Leistungsumfangs, der Termine, der Finanzmittel, der Projektorganisation und des Vertragszustandes zu evaluieren, Abweichungen festzustellen, mögliche Auswirkungen zu prognostizieren und Maßnahmen zu ergreifen, um Abweichungen von den Zielvorgaben gegenzusteuern.

Steuerung eines Projektes bedeutet im Wesentlichen, das Projekt „entlang des Vertrags" zu managen, also weder weniger noch mehr zu liefern als das, was vertraglich vereinbart wurde.

Achtung

Der Einsatz von Projektmanagement-Methoden hat gegenüber gefühlsbetonten, eher „bauchorientierten“ Entscheidungen den Vorteil, dass der Prozess verständlich und transparent dokumentiert ist. Damit entsteht eine höhere Glaubwürdigkeit. Fehlentscheidungen werden reduziert. Bei späteren Änderungen des Umfeldes ist alles nachvollziehbar und anpassbar.

Projektmanagement-Methoden gehen in der Regel immer systematisch strukturiert aufgebaut und schrittweise vor. Projektmanagement-Methoden ersetzen nicht subjektive Bewertungen. Der Methodeneinsatz führt nicht automatisch immer zur „besten Lösung“, u. U. wird mit der Methode das gleiche Ergebnis erreicht wie mit Zufallsentscheidungen bzw. Entscheidungen „von oben“. Aber die Gruppe hat das Gefühl, dass der erarbeitete Kompromiss zu diesem Zeitpunkt für alle die beste Lösung ist, und steht auch deshalb hoch motiviert hinter diesem selbst erarbeiteten Ergebnis.

Projektmanagement-Methoden sind nur Hilfsmittel, keine 100-Prozent-Garantie für das richtige Ergebnis, die richtige Lösung oder Entscheidung.

Projektmanagementphasen

Die Beschreibung der Methoden gliedern wir nach dem Phasenkonzept der DIN 69901-2 die folgende Projektmanagement-Phasen unterscheidet:[2]

- Initialisierung
- Definition
- Planung
- Steuerung
- Abschluss

Initialisierung

Die Phase der Projektinitialisierung beschreibt den Weg von der Projektidee zum konkreten Projektauftrag. In dieser Phase des Projekts existiert nur eine erste Idee bzw. eine Kundenanfrage, die in den nächsten Schritten bearbeitet bzw. weiter ausgearbeitet werden muss. Ziel dieser Phase ist somit die Klärung, wer die Verantwortung für die ersten Schritte im Projekt trägt und wie das Projekt organisiert wird.

[2] Vergleiche auch dazu die Methodenwebseite der deutschen Gesellschaft für Projektmanagement http://www.gpm-infocenter.de/PMMethoden/EinfuehrungProjektphasen.

Dazu gehören u.a. die

- Festlegung eines Verantwortlichen für die Bearbeitung der nächsten Schritte im Projekt, evtl. der spätere Projektleiter.
- Auswahl der Prozesse. Je nach Komplexität des Projektes kann man sich für ein Minimalkonzept oder für ein umfangreicheres Prozessmodell entscheiden.
- Skizzierung der Ziele, die mit dem Projekt verfolgt werden müssen und welche Voraussetzungen bzw. Randbedingungen gelten.
- Aufbereitung aller Unterlagen, die für die Freigabe des Projekts nötig sind.
- Aufnahme des Projektes in eine offizielle Projektliste.

Definition

Diese Phase konkretisiert den Projektauftrag durch die Festlegung der formalen und inhaltlichen Rahmenbedingungen. Inhaltlich wird der Projektumfang durch eine detailliertere Zieldefinition, die Definition der Erfolgskriterien, die Beschreibung der Grobstruktur und die Abgrenzung von Projektinhalten festgelegt.

Zu den formalen Projektfestlegungen gehören die:

- Informations- und Kommunikationsstruktur
- Bildung des Kernteams
- grobe Abschätzung der Aufwände
- Definition des Umgangs mit Risiken im Projekt
- Festlegung der Rahmenbedingungen für Verträge

Planung

Die Vorgaben der Projektdefinition werden in konkrete Pläne umgesetzt. Kernstück ist der Projektstrukturplan mit der Festlegung der Arbeitspakete. Aus dem Projektstrukturplan werden Aufwandspläne, Kosten- und Finanzmittelpläne, Ablaufpläne und Terminpläne entwickelt. Qualitätspläne, Kommunikationspläne, Risikoplanung, Planung der Projektorganisation legen das Projektumfeld fest. Gegebenenfalls werden mit Lieferanten Verträge abgeschlossen.

Steuerung

Projektsteuerung heißt, das Projekt entlang den erstellten Plänen zu managen. Über das Berichtswesen wird die geplante der tatsächlichen Projektleistung gegenübergestellt und bei Abweichungen geeignete Maßnahmen ergriffen. Vereinbarte Liefer- und Leistungsumfänge werden abgenommen. Mögliche Nachforderungen gegenüber Kunden und Lieferanten müssen geltend gemacht werden. Auf eine Teamentwicklung bezüglich Produktivität und Wissenserweiterung ist zu achten. Die Kommunikation mit den Stakeholdern des Projektes wird gemäß Kommunikationsplanung durchgeführt.

Abschluss

Die Projektabschlussphase dient der kontrollierten Beendigung des Projektes. Es ist zu prüfen, ob alle vertraglichen Leistungen erfüllt und abgenommen sind. Das Projekt wird systematisch ausgewertet, um für nachfolgende Projekte die Kalkulationsbasis zu verbessern. Das erworbene Wissen muss in geeigneter Form archiviert und weiteren Projekten zur Verfügung gestellt werden. Die Mitarbeiter sind rechtzeitig auf die Projektbeendigung vorzubereiten.

Methode	Phase				
	Initialisierung	Definition	Planung	Steuerung	Abschluss
ABC-Analyse	▒	■	▒	▒	▒
Analogiemethode		▒	■		
Aufwandstrendanalyse				■	
Balanced Scorecard		■	▒	▒	
Brainstorming	■	▒	▒		
Brainwriting	■	▒	▒		
Delphi-Methode	▒	▒	■		
Earned-Value-Analyse				■	▒
Entscheidungsbaum		■	▒	▒	
Fehlerbaumanalyse			▒	■	
Fehlermöglichkeits- und Einflussanalyse			▒	■	
Interdependenzanalyse		■	▒		
Kommunikationsplanung		▒	■		
Kosten-Nutzen-Analyse		■	▒		▒
Kosten-Wirksamkeits-Analyse		■	▒		▒
Leistungsbewertung				■	▒
Meilensteintrendanalyse				■	▒
Methode 6-3-5	■	▒	▒		
Mitarbeiterplanung		▒	■		
Morphologie	■		▒		
Netzplantechnik			■	▒	
Nutzwertanalyse		■	▒		
OLAP (Online Analytical Processing)			▒	■	▒
Paarweiser Vergleich		■	▒		
Parametrische Schätzung		▒	■		
Projektpuffer-Verfahren				■	
Projektabschluss					■
Relevanzbaum			▒	■	
SCRUM		▒	■	■	
Staggering			▒	■	
Stakeholderanalyse	▒	■			
Strukturplanung Bottom-up		▒	■		
Strukturplanung Top-down		▒	■		
SWOT-Analyse	■	▒			▒
Terminierung				■	
Ursache-Wirkungs-Diagramm			▒	■	
Verantwortlichkeitsmatrix		■	▒	▒	
Wikis	▒		▒	■	▒
Wirkungsmatrix		▒	■		

Abb. 1: Methoden-Phasen-Zuordnung

Es gibt natürlich Methoden, die in mehr als einer Phase eingesetzt werden können. Die obige Aufstellung zeigt die primäre Einsatzphase (schwarz hinterlegtes Feld) und weitere mögliche Phasen, in denen die Methode sinnvoll zur Anwendung gebracht werden kann.

1 Methoden in der Phase der Projektinitialisierung

1.1 Brainstorming

Kurzbeschreibung der Methode	
Methodenart	**Projektklärung/Such-, Kreativitätsmethode**
Geeignet für	Ideenfindung zu einem vorgegebenen Thema in einer größeren Gruppe
Ziel	Im Team viele neue Ideen innerhalb begrenzter Zeit finden; im Team Probleme lösen.
Benötigte Hilfsmittel/ Beteiligte	Metaplanwand, Moderator, Protokollführer; 5 – 15 Teilnehmer; Regeln für die Durchführung
Zeitaufwand	Relativ wenig Zeitaufwand nötig: Vorbereitung, Durchführung und Aufbereitung der Ergebnisse dauern 2 bis 3 Stunden.
Vorteile	Die Methode braucht wenig Aufwand zu Vorbereitung, Durchführung und Aufarbeitung der Ergebnisse. Es sind keine Experten mit speziellen Fachkenntnissen erforderlich. Quantität kommt vor Qualität.
Nachteile	Die Methode führt zu unstrukturierter Ideensammlung. Die Ergebnisqualität ist nicht besonders hoch, in der Regel unvollständig und vom Zufall bestimmt. Die Gruppenstärke sollte nicht über 15 Teilnehmern liegen. Einseitig zusammengestellte Teilnehmerfelder können kritisch sein und zu einseitige Lösungen erbringen. Die Motivation der Gruppe zur Mitarbeit kann problematisch sein. Die Regeln des Brainstormings müssen eingehalten werden. An toten Punkten während des Brainstormings ist der Moderator gefordert, das Team durch geeignete Anregungen zu unterstützen.

1.1.1 Beschreibung der Methode

Die Brainstorming-Methode wurde von Alex Osborne erfunden und vonCharles Clarkweiterentwickelt und ist mittlerweile weit verbreitet. Osborne orientierte sich an der indischen Technik „*Prai-Barshana*“, die es seit etwa 400 Jahren gibt. Er benannte sie nach der Idee dieser Methode, nämlich „using the brain to storm a problem“. Brainstorming ist der Klassiker unter den Kreativitätsmethoden.

Ihre Stärke ist Nutzung der Kreativität vieler, in unterschiedlichen Bahnen denkender Menschen. Eine Gruppe ausgewählter Teilnehmer bringt innerhalb kurzer Zeit durch spontane Ideenäußerung, ohne ablehnende Kritik viele Ideen hervor. Eine gemischte Zusammensetzung der Gruppe ist positiv, gerade fachfremde Teilnehmer wirken inspirierend. Experten sehen manchmal den Wald vor lauter Bäumen nicht mehr, sehen Produkte nur auf der Ebene technischer Details. Fachfremde stoßen eher auf bisher unbeachtete, übersehene Lösungswege. Zur reinen Ideenfindung ist Fachwissen nicht unbedingt nötig. Unkonventionelle Ideen lassen sich entwickeln und möglicherweise hinderliche Denkstrukturen durchbrechen. Bereits vorhandene Ideen, bekanntes Wissen kann neu strukturiert, mit anderen Ideen kombiniert werden und zu neuen Lösungen führen.

Beim Brainstorming inspirieren sich die Teilnehmer durch ihre Beiträge gegenseitig. Assoziationen werden ausgelöst, zu neuen Ideenkombinationen verarbeitet. Bereits geäußerte Ideen beeinflussen die Überlegungen der anderen Teilnehmer, sowohl positiv als auch negativ. Durch diesen gruppendynamischen Prozess werden insgesamt mehr Ergebnisse produziert, als wenn jeder für sich alleine arbeiten würde. Durch die unterschiedlichen Sichtweisen und Hintergrundwissen der Teilnehmer ergeben sich neue Ansatzpunkte, Fragestellungen und Lösungen.

Tipp

Die ideale Gruppengröße für ein Brainstorming liegt zwischen 5 und 15 Personen. Die Mindestzahl ist nötig, damit viele Ideen aufkommen können, die Maximalanzahl, damit auch noch Zeit zum Nachdenken, zum sich inspirieren lassen, bleibt. Ab einer gewissen Gruppengröße kann zu viel Hektik entstehen, Moderator und Protokollführer könnten den Überblick verlieren.

Die Brainstorming-Methode eignet sich für Probleme geringer Komplexität, dort wo ganz einfach nur Ideen gesucht werden. Ein Brainstorming bietet sehr gute Ergebnisse zur Findung eines Slogans, eines neuen Produktnamens oder einer Zielformulierung. Man kann davon ausgehen, dass nach der festgelegten Zeit mindestens eine funktionierende Lösung im Raum steht.

1.1.2 Anwendung der Methode

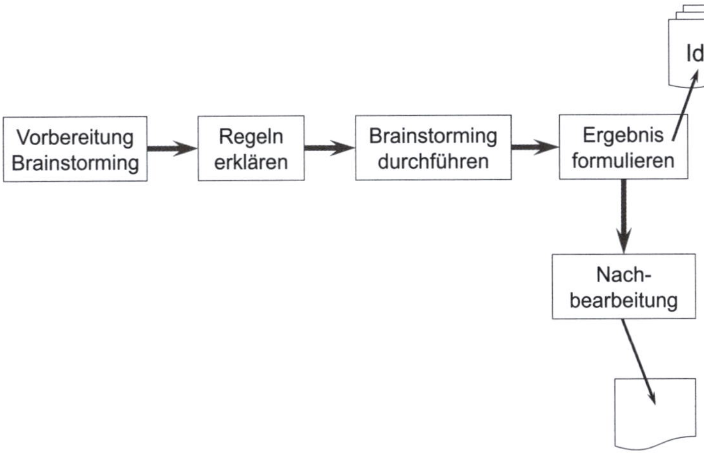

Abb. 2: Ablauf Brainstorming

1. Schritt: Vorbereitung

Problem definieren, Thema festlegen:

Jeder Brainstorming-Sitzung geht eine Problemanalyse durch den Sitzungsleiter, der meist auch der Moderator ist, voraus. Wenn das Thema, das Problem soweit geklärt ist, wird die Fragestellung möglichst einfach und für alle Teilnehmer klar verständlich formuliert. Komplexere Probleme sollten schon im Vorfeld in übersichtliche Teilprobleme untergliedert und getrennt voneinander bearbeitet werden.

Beispiel: Praktische Problemanalyse

Um ein praktisches Beispiel für ein Problem zu nennen: „Verpackungsbehälter von Speisequark werden nach dem Quarkverzehr in den Müll entsorgt."

Die Problemanalyse sähe dann folgendermaßen aus: „Jährlich werden 160 Millionen Speisequarkbehälter (500 ml) aus Polystyrol (PS), je 30 g, hergestellt. Dafür braucht man 5.000 t Rohpolystyrol, das die Umwelt hinterher belastet. Für die Erzeugung des Rohstoffs werden erhebliche Energiemengen benötigt. Die Fragestellung für das geplante Brainstorming heißt dann: „Was kann mit leeren Speisequarkbehältern alles gemacht werden?"

Teilnehmer auswählen:

Ein qualitativ hochwertiges Brainstorming-Ergebnis ergibt sich am besten in einer Arbeitsgruppe, deren Mitglieder über unterschiedliche Kenntnisstände und Erfahrungshintergründe verfügen. Dann kann das Problem aus vielen verschiedenen Blinkwinkeln betrachtet werden. Experten sind nicht zwingend erforderlich, sie gehen meist zu routiniert und detailliert an die Fragestellung heran und produzieren oft nur Ideen, die bereits anerkannt sind.

Termin abstimmen:

Stimmen Sie mit den gewünschten Teilnehmern Termin und Dauer des Brainstormings ab.

Ort festlegen:

Reservieren Sie für das Brainstorming einen passenden, genügend großen Raum. Eine Anfahrtsbeschreibung kann nützlich sein.

Teilnehmer einladen:

Teilen Sie den ausgewählten Teilnehmern mit der Einladung im Vorfeld Thema und Problem sowie den erwarteten Verlauf des Brainstormings mit. Manchmal ist es jedoch vorteilhaft, die Fragestellung nicht vor der Brainstorming-Sitzung bekannt zu geben, damit die Spontaneität und Unvoreingenommenheit der Teilnehmer nicht beeinflusst wird.

Moderator festlegen:

Für den Ablauf des Brainstormings spielt der Moderator eine wichtige Rolle. Er sollte ein erfahrener Brainstormer sein und sich mit den Problemen der Gruppendynamik auskennen. Er ist für den Ablauf zuständig, überwacht die Einhaltung der Regeln, verschiebt bei Bedarf Detailaspekte, unterstützt zurückhaltende Menschen, inspiriert und motiviert die Gruppe durch zusätzliche Fragen, Bilder, Videos oder Erzählungen.

Er hilft außerdem der Gruppe, tote Punkte zu überwinden. Hin und wieder muss der Moderator eingreifen, um die Diskussion nicht entgleisen zu lassen oder weniger redegewandte Teilnehmer zu Wort kommen zu lassen. Der Moderator muss durchsetzungsstark sein, aber auch Einfühlungsvermögen besitzen. Der Moderator bereitet das Arbeitsmaterial vor. Er sollte jedoch nicht das Protokoll führen.

Protokollführer bestimmen:

Qualitativ hochwertige Brainstormings brauchen unbedingt einen Protokollführer. Der Protokollführer darf nicht aktiv am Brainstorming teilnehmen. Seine Aufgabe ist es, sämtliche Vorschläge und Ideen mittels Flipchart oder Metaplankarten zu visualisieren.

Hilfen zur Anregung des Ideenflusses erarbeiten:

Zu Beginn der Brainstorming-Sitzung wird allen Teilnehmern Thema und Fragestellung ausführlich ebenso erläutert wie ggf. die Regeln des Brainstormings. Die Effizienz des Brainstormings kann darunter leiden, wenn die Regeln nicht eingehalten werden.

Hilfsmittel vorbereiten:

Brainstorming braucht übliche Hilfsmittel, wie z. B. Flipchart, Metaplantafeln, Kärtchen, Stifte bzw. Overheadprojektor und Overheadfolie. Dies Material ist bereitzustellen. Bei Computer, Beamer, Mikrophon sollte die Funktion vorher überprüft und Probleme müssen einkalkuliert werden. Ersatzlösungen sollten bereitstehen.

Den Raum vorbereiten:

Der Raum sollte eine angenehme und ungestörteAtmosphäre haben. Das Raumklima muss stimmen, die Beleuchtung angemessen sein. Auch Bilder sowie Hintergrundmusik können anregend wirken und die Kreativität fördern. Bauarbeiten, Lärm oder starke Gerüche können den Verlauf des Brainstormings erheblich stören.

2. Schritt: Durchführung

Regeln erklären:

Dies sind die Regeln des Brainstormings: Jede Idee ist willkommen, gleichgültig wie verrückt oder realistisch. Jede „Spinnerei" kann bei anderen wertvolle Ideen auslösen. Gerade die verrückten, absurden, revolutionären, phantastischen Einfälle sind gewünscht. Es kommt auf die Menge der Vorschläge an, nicht auf deren Qualität. Jede Idee wird protokolliert. Ideenklau ist erwünscht. Fremde Gedankengänge dürfen aufgegriffen, ergänzt und weiterentwickelt werden. Keine Idee darf unter den Tisch fallen. Es gibt keinen Urheberschutz. Kritik und Selbstkritik an den vorgebrachten Ideen sind streng verboten. In der Phase des Ideensammelns wird nicht diskutiert.

Tipp

„Das haben wir noch nie so gemacht", „Das haben wir schon immer so gemacht", „Das geht doch gar nicht", „Das geht doch überhaupt nicht" sind Killerphrasen, die in einem Brainstorming nichts verloren haben!

Selbst offensichtlicher Unfug, unkonventionelle Vorgehensweisen können zu tollen neuen Ideen inspirieren. Verstöße gegen Brainstorming-Regeln beeinflussen das Ergebnis meist negativ. Das Brainstorming-Ergebnis ist eine echte Teamleistung.

Brainstorming durchführen:

Die Brainstorming-Sitzung läuft moderiert ab. Die Teilnehmer nennen spontan Ideen zur Lösungsfindung, wobei sie sich im optimalen Fall gegenseitig inspirieren und untereinander Gesichtspunkte in neue Lösungsansätze und Ideen einfließen lassen. Die Ideen werden protokolliert. Während der Brainstorming-Sitzung hat der Moderator die Aufgabe, die Gruppe zu stimulieren und zu ermutigen. Er sollte unsichere oder zögernde Teilnehmer unterstützen und darauf achten, dass alle zu Wort kommen. Dies kann zum Beispiel durch einen Wechsel der Perspektive geschehen. Das Problem wird umformuliert, vergrößert, verkleinert oder mit anderen Fragestellungen in Verbindung gebracht. Der Moderotor sollte dafür sorgen, dass nicht schon zu Begin Detailfragen angesprochen werden, sondern dass eher aus einer breit angelegten Sichtweise auf das Problem eingegangen wird. Und schließlich sollte der Moderator auch mit eigenen Worten zusammenfassen und Pausen bestimmen.

Das Ergebnis könnte dann folgendermaßen aussehen:

Trinkbecher
Eingefrierbehälter
Aufbewahrungsbehälter
Sortierbehälter für Schrauben
Spielzeug für Kindergarten
Wandisolation
Hochwasserschutz (Dammbau)
Auftriebskörper im Bootsbau
Gartenkäfernest

Abb. 3: Brainstorming-Ergebnisse

Ergebnis formulieren, zusammenfassen:

Abschließend werden die im Brainstorming erarbeiteten Ideen thematisch sortiert. Der Moderator liest sämtliche Ideen vor und die Teilnehmer machen Vorschläge zur Klassifizierung: in „Heiße Ideen", die sofort verwertbar und bearbeitbar sind; in „Gute Ideen" mit Entwicklungspotential, die im Ideenspeicher zur späteren Verwendung archiviert werden; und in „Unbrauchbare Ideen", die wahrscheinlich keine guten Lösungen bringen und aussortiert werden können.

3. Schritt: Abschluss

Nachbereitung:

Nach dem Brainstorming werden die in der Sitzung gesammelten Ideen geordnet und protokolliert. Das Protokoll wird an die Teilnehmer des Brainstormings und an Fachleute verteilt, die eine finale Entscheidung treffen und Ideen zur Weiterarbeit aufgreifen müssen. Die finale Auswertung der Ergebnisse wird in der Regel nicht in dieser Sitzung durchgeführt, sondern getrennt durch Fachleute.

1.1.3 Fazit und Erkenntnisse

Die Methode braucht relativ einfache Vorbereitung und ist nicht aufwendig in der Durchführung. Durch die Gruppendynamik und gegenseitige Anregungen entstehen in kurzer Zeit viele Ideen. Die Ergebnisqualität der Gruppenarbeit wird geprägt von den Teilnehmern und ihrem Zusammenspiel.

Wenn die Gruppe zu viele Teilnehmer hat, dann sollten Vorarbeiten in mehreren kleineren Gruppen geleistet werden. Die Ideen aus diesen Kleingruppen-Brainstormings können anschließend im Plenum weiterentwickelt werden.

Tipp

Bei heiklen Problemstellungen kann das Brainstorming auch schriftlich, als „Brainwriting" durchgeführt werden. Die Teilnehmer tragen ihre Ideen nicht öffentlich vor, sondern schreiben auf Kärtchen, die der Moderator anonymisiert vorträgt. Mögliche Kritik kann dann nicht auf persönlicher Ebene erfolgen. Diese Methode ist allerdings nicht so erfolgreich, da nicht spontan und dynamisch neue Ideen entwickelt werden können.

Im Brainstorming können auch negative gruppendynamische Konflikte auftreten. Neue Ideen werden blockiert, spontane und kreative Einfälle gehemmt. Der Moderator muss solche Konflikte rechtzeitig erkennen und bei der Lösung unterstützen oder die Brainstorming-Sitzung sogar abbrechen.

Jede Gruppe wird hin und wieder vom Thema abschweifen. Hier muss dann der Moderator regulieren. Zurückhaltende Menschen äußern ihre Vorschläge nicht immer sofort – wenn ihnen die Idee zu verrückt scheint oder sie vermuten, dass die Idee von den anderen nicht akzeptiert oder belächelt wird. Hier ist wieder der Moderator gefragt.

Achtung

Eine ungezwungene Atmosphäre ist für ein erfolgreiches Brainstorming sehr wichtig. Auch hierarchisch höher gestellte Teilnehmer haben gleiche Priorität bei Wortmeldungen und die gleiche Redezeit.

Wenn viele Ideen entwickelt wurden, kann die Nachbearbeitung sehr aufwendig werden. Die Mehrzahl der geäußerten Ideen ist nicht brauchbar. Von ihnen muss man sich trennen können.

1.2 Brainwriting

Kurzbeschreibung der Methode	
Methodenart	**Projektklärung/Such-, Kreativitätsmethode**
Geeignet für	Ideenfindung zu einem vorgegebenen Thema in einer größeren Gruppe
Ziel	Im Team viele neue Ideen innerhalb begrenzter Zeit finden; im Team Probleme lösen.
Benötigte Hilfsmittel/ Beteiligte	Moderator, Protokollführer, Metaplanwand, Regeln für die Durchführung
Zeitaufwand	Je 2 bis 3 Stunden für die Vorbereitung, Durchführung und Aufbereitung der Ergebnisse
Vorteile	Die Methode kann über (große) räumliche Entfernungen hinweg durchgeführt werden. Gruppendynamische Spannungen können damit vermieden werden. Die Teilnehmer können sich an das Thema herantasten. Gegenüber dem mündlichen, direkten Brainstorming bietet Brainwriting mehr Anonymität. Impulsiv geäußerte Kritik unterbleibt (Körpersprache, kritisches Gemurmel o. Ä.). Ein individuelles Arbeitstempo ist möglich.
Nachteile	Weniger Spontaneität als beim Brainstorming

1.2.1 Beschreibung der Methode

Brainwriting ist die schriftliche Variante des Brainstormings und diesem in sehr vielen Punkten ähnlich und kann für die Lösung gleicher Aufgaben eingesetzt werden. Die Methode hat zusätzlich den Vorteil, auch über (große) räumliche Entfernungen durchgeführt werden zu können. Es wird ebenfalls in der Gruppe gearbeitet, um unkonventionelle Ideen zu entwickeln, Erfahrungen und Gedankengänge vieler Personen mit einzubeziehen, assoziieren, neu zu strukturieren und zu kombinieren. Wie beim Brainstorming kann man auch hier davon ausgehen, dass nach der festgelegten Zeit mindestens eine funktionierende Lösung gefunden wird.

Der Einsatz von Brainwriting ist auch dann sinnvoll, wenn die Gruppe noch nicht für ein direktes, mündliches Brainstorming bereit ist. Damit können gruppendynamische Spannungen vermieden werden, die Teilnehmer können sich an das Thema herantasten.

Tipp

Brainwriting kann auch übers Internet (via E-Mail, Chat, Konferenzschaltung, Webformular) durchgeführt werden. Es ist allerdings damit zu rechnen, dass die Beteiligung geringer ausfällt, die Resonanz verzögert erfolgt.

Gegenüber dem mündlichen, direkten Brainstorming bietet Brainwritingmehr Anonymität. Das ist wichtig bei heiklen Themen, wenn sich die Teilnehmer z. B. aus unternehmenspolitischen oder Rivalitätsgründen heraus zurückhalten. Ein wichtiger, gruppendynamischer Vorteil ist, dass impulsiv geäußerte Kritik unterbleibt (Körpersprache, kritisches Gemurmel o. Ä.), gerade bei schüchternen Menschen kann auch solche unbeabsichtigte Kritik zu Unsicherheit führen. Die Teilnehmer werden in ihren Gedankengängen nicht gestört oder unterbrochen, es ist ein individuelles Arbeitstempo möglich, ohne von fremden Ideen beeinflusst zu werden. Das Brainwriting bietet die Möglichkeit, rationell Ideen zu sammeln.

1.2.2 Anwendung der Methode

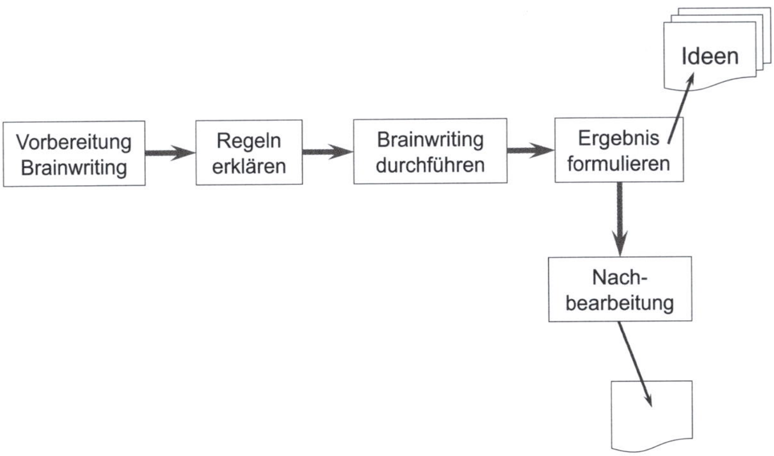

Abb. 4: Ablauf Brainwriting

1. Schritt: Vorbereitung

Das Brainwriting wird wie ein gewöhnliches Brainstorming vorbereitet. Den Teilnehmern muss ausreichend und geeignetes Material zum Notieren der Einfälle zur Verfügung gestellt werden. Dies kann sein: Papier, Kärtchen, Folien, Stifte, Overheadprojektor, Pinnwand, Flipchart o. Ä.

2. Schritt: Durchführung

Brainwriting wird so ähnlich wie Brainstorming durchgeführt. Das Thema, Problem bzw. die Fragestellung wird definiert und jedem Teilnehmer mitgeteilt. Eine aktuelle Aufgabe wäre z. B.: „Wie können wir die Dauer unseres Projekts verkürzen?" Die Ideen werden zunächst schriftlich gesammelt. Das Brainwriting besteht nun darin, dass die Teilnehmer ihre Lösungsvorschläge schriftlich festhalten, pro Kärtchen eine Idee und diese dann an den Moderator weiterreichen. Dieser nummeriert die Vorschläge um den Überblick zu erleichtern, wenn später auf die geäußerten Vorschläge Bezug genommen wird.

Die Lösungsvorschläge werden anschließend für alle Teilnehmer frei zugänglich auf Metaplanwänden visualisiert — je nach Bedarf in die Mitte eines Tisches gelegt, an eine Pinwand geheftet oder auf einer Gruppenhomepage veröffentlicht werden. Nun kann eine gewohnte Brainstorming-Diskussion um die hervorgebrachten Vorschläge stattfinden. Das Ergebnis könnte folgendermaßen aussehen:

Mitarbeiter besser schulen
Die richtigen Mitarbeiter
Optimale Kommunikation zulassen
Optimale Tools einsetzen
Störungen vermeiden
Lieferanten wechseln
CAD-Arbeitsplätze erhöhen
Patent kaufen
mehr Lob vom Projektleiter
Pufferzeiten nutzen
Leistung reduzieren
Keine Änderungen akzeptieren
Mehr Ressourcen einsetzen
Arbeitspakete nach extern verlegen
Mehrarbeit / Überstunden erledigen
Teilprodukte zukaufen
GF sollte sich um das Projektteam stärker kümmern

Abb. 5: Brainwriting-Ergebnisse

3. Schritt: Nachbereitung

Wie beim gewöhnlichen Brainstorming werden auch hier viele unbrauchbare Ideen entwickelt. Die „heißen Ideen“ müssen von den uninteressanten getrennt werden. Auch das Konzept des „Ideenspeichers“ kann beim Brainwriting übernommen werden.

Einige Varianten

Aus der Brainwriting-Methode wurden bisher einige Variationen abgeleitet. Jede Variante hat ihre spezifischen Stärken und speziellen Einsatzbereiche; die wichtigsten: „Methode 6-3-5", „Kartenabfrage“ und „Galeriemethode“.

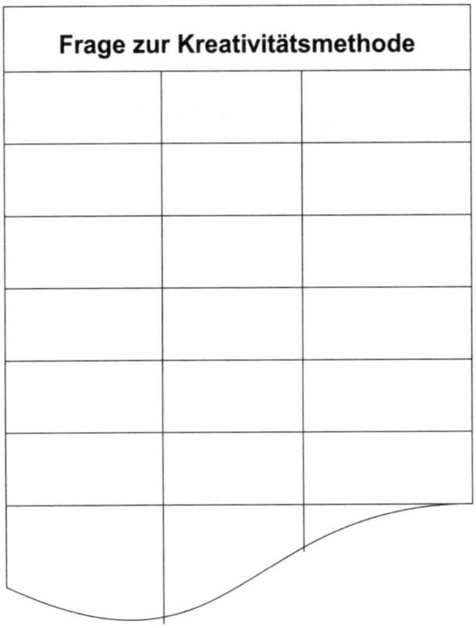

Abb. 6: Brainwriting-Beispiel

a) **Methode 6-3-5**: 6 Personen verfassen (auf einer Seite) je 3 Ideen, die von den 5 anderen weiterentwickelt werden. Mit dieser Methode erhält man schnell eine große Zahl hoch entwickelter Vorschläge (s. Kapitel 1.3).
b) **Kartenabfrage:** Die Ideen werden auf Kärtchen geschrieben und an einer Pinnwand (Metaplan) befestigt. Alle Vorschläge sind auf einen Blick sichtbar und können logisch gruppiert werden.
c) **Galeriemethode:** Die Teilnehmer entwickeln ihre Ideen auf großformatigen Blättern. Diese werden für alle sichtbar an Pinwänden/Raumwänden befestigt. Die Teilnehmer können sich so eingehender mit den Ideen beschäftigen, als dies bei der Kartenabfrage möglich ist.

d) **Collective Notebook:** Die Ideen werden in einer von einem Koordinator angelegten „Ideensammelstelle“ zentral, frei zugänglich und über eine konkrete Zeitdauer gesammelt. Die Dauer kann von wenigen Stunden bis zu mehreren Tagen reichen. Das Medium kann ein Notizbuch, ein Webformular oder ein E-Mail-Verteiler sein. So kann ein Brainwriting über große Entfernungen durchgeführt werden oder „nebenher laufen“. Jeder Teilnehmer hat die Möglichkeit, länger zu überdenken und zu optimieren.

1.2.3 Fazit und Erkenntnisse

Durch die hohe Ähnlichkeit mit der Brainstorming-Methode ergeben sich auch ähnliche Erfahrungen. Vieles kann deshalb direkt vom Brainstorming abgeleitet werden. Durch die schriftliche Durchführung ist eventuell weniger Spontaneität als beim mündlichen Brainstorming möglich. Die Teilnehmer haben mehr Zeit, ihre Einfälle zu überdenken und werden nicht so direkt durch die Gruppe angeregt und beeinflusst.

Achtung

Die Beeinflussung ist beim normalen Brainstorming auf jeden Fall wesentlich stärker. Wie beim Brainstorming kann die Nachbearbeitung sehr aufwendig werden, wenn nämlich sehr viele Vorschläge geäußert wurden.

1.3 Methode 6-3-5

Kurzbeschreibung der Methode	
Methodenart	**Projektklärung/Kreativitätsmethode**
Geeignet für	Problemfelder mit geringer bis mittlerer Komplexität; kann auf ein Brainstorming folgen, um bestimmte oberflächliche Themen und Ideen zu vertiefen.
Ziel	Viele neue, ungewöhnliche Ideen in einer Gruppe, in relativ kurzer Zeit gewinnen.
Benötigte Hilfsmittel/ Beteiligte	Moderator, maximal 6 Teilnehmer, Regeln müssen der Gruppe bekannt sein.
Zeitaufwand	Je ca. eine Stunde für Vorbereitung, Durchführung und Auswertung der Ergebnisse
Vorteile	Ideen können nicht wie beispielsweise beim Brainstorming zerredet und wegdiskutiert werden. Zwischen den Teilnehmern besteht Chancengleichheit. Inspiration durch Ideen anderer. Es können viele Ideen in kurzer Zeit entwickelt werden und die Grundideen lassen sich vorteilhaft weiter entwickeln.

Kurzbeschreibung der Methode	
Methodenart	**Projektklärung/Kreativitätsmethode**
Nachteile	Direktes Feedback ist nicht möglich. Starrer Ablauf durch Flussrichtung und Regeln. Die geringe Bearbeitungszeit kann die Kreativität stören. Die Qualität der Ergebnisse hängt von den Teilnehmern ab. Es werden auch sehr viele unbrauchbare Ideen entwickelt.

1.3.1 Beschreibung der Methode

Die Methode 6-3-5 ist eine Kreativitätstechnik um neue Ideen, Lösungsvorschläge in der Gruppe zu erarbeiten. Mit 6-3-5 können in kurzer Zeit sehr viele Ideen erarbeitet werden. 6-3-5 wurde 1968 von Prof. Bernd Rohrbach entwickelt. Basis hierzu bildet die Brainwriting-Technik, also das schriftlich durchgeführte Brainstorming. Der Name „Methode 6-3-5" ist abgeleitet aus den 6 Teilnehmern der Arbeitsgruppe, von denen jeder einzelne 3 eigene Ideen bzw. Lösungsvorschläge entwickelt, die von den 5 nachfolgenden Gruppenteilnehmern ergänzt oder weiterentwickelt werden. Mit dieser Methode entstehen innerhalb von ca. 30 Minuten maximal 108 Ideen (6 Teilnehmer x 3 Grundideen x 6 Bearbeitungsschritte).

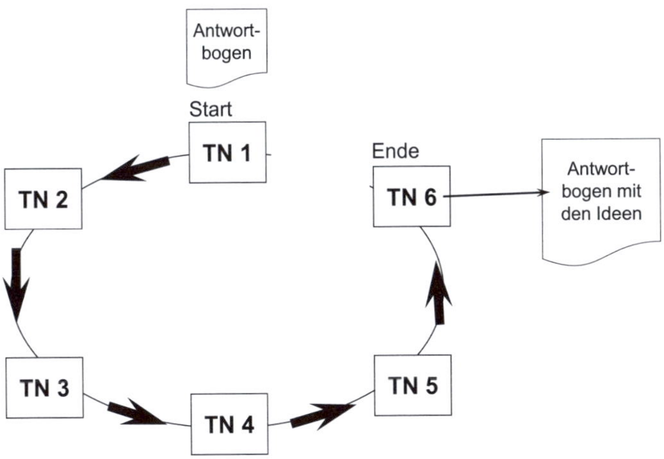

Abb. 7: Methode 6-3-5

Die optimale Gruppengröße beträgt 6 Teilnehmer. Bei den Ideen handelt es sich um originale, ursprüngliche und um abgeleitete, weiterentwickelte Ideen. Jeder Teilnehmer kann sich mit den Ideen der anderen ungestört und unbeeinflusst auseinandersetzen. Es gibt auf dieser Stufe keine Kommentare. Es können unterschiedlichste Sichtweisen und Ansätze in die Problemlösung mit eingearbeitet werden.

1.3.2 Anwendung der Methode

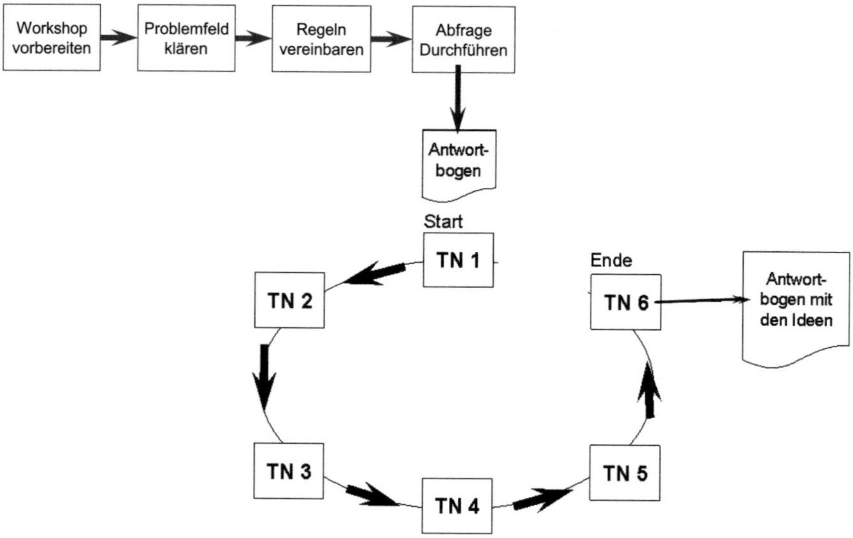

Abb. 8: Ablauf Methode 6-3-5

1. Schritt: Workshop vorbereiten

Zu den vorbereitenden Schritten gehört es, die Fragestellung für die Kreativitätssitzung klar, einfach und verständlich zu formulieren. Bei einem praktischen Beispiel wäre dies: „Wie können wir unsere Teamarbeit verbessern?"

Suchen Sie 6 geeignete Teilnehmer mit möglichst unterschiedlichem Wissens- und Erfahrungshintergrund aus und vereinbaren Sie deren Teilnahme. Suchen Sie den Raum für den Workshop aus, der einen großen, wenn möglich runden Tisch mit 6 Sitzplätzen hat. Der Moderator notiert auf das Flipchart lesbar und verständlich die Fragestellung des Ideenfindungsprozesses. Für jeden Teilnehmer ist ein Antwortbogen DIN-A4 vorbereitet. Das Blatt erhält ein Raster aus vertikal 3 Spalten und horizontal 6 Zeilen, also insgesamt 18 Kästchen.

2. Schritt: Problemfeld klären

Die eigentliche Methode „6-3-5" beginnt damit, dass den Teilnehmern die Ziele der Ideenfindung erläutert werden. Die Fragestellung muss allen Teilnehmern verständlich sein, etwaige Unklarheiten sollten zuvor ausdiskutiert werden.

Bei dem aktuellen Beispiel muss allen Teilnehmern klar sein, dass die Arbeit im Team nicht optimal läuft und dass es Verbesserungspotentiale gibt. Diese sollten aufgespürt werden um z. B. Doppelarbeiten zu vermeiden, schneller zu werden oder weniger Fehler zu machen.

3. Schritt: Regeln vereinbaren

Danach werden die Regeln des Kreativitätsprozesses besprochen und mit den Teilnehmern vereinbart. Legen Sie die generelle Vorgehensweise fest und vereinbaren Sie die Bearbeitungsdauer je Schritt. Je nach Schwierigkeitsgrad des Problems sollte je Bearbeitungsschritt etwa drei bis fünf Minuten Zeit gewährt werden. Das muss ausreichen, um in Ruhe jeweils drei Ideen zu formulieren und zu notieren. Die Richtung zur Weitergabe der ausgefüllten Antwortbogen muss vereinbart werden.

4. Schritt: Abfrage durchführen

Der eigentliche Kreativitätsprozess startet mit der Verteilung der vorbereiteten DIN-A4-Antwortbögen an die Teilnehmer. Jetzt hat jeder Teilnehmer die Aufgabe, seine ersten drei Ideen in die erste Zeile des Antwortbogens zu notieren. Nach der vereinbarten Bearbeitungszeit gibt jeder Teilnehmer seinen Antwortbogen in der vereinbarten Richtung an den Nachbarn weiter. Im nun folgenden Schritt sind weitere Ideen zu notieren oder die bereits genannten Grundideen der Vorgänger aufzugreifen, zu ergänzen und weiterzuentwickeln. Die Methode wird beendet, sobald jeder Teilnehmer jedes Blatt einmal bearbeitet hat.

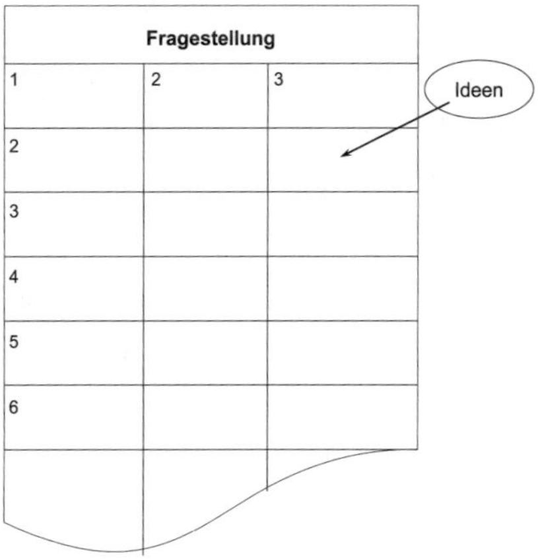

Abb. 9: Antwortbogen

5. Schritt: Ergebnis des Workshops

Auf den 6 Antwortbögen finden sich nun je 3 Grundideen mit 15 Erweiterungen. Innerhalb kurzer Zeit sind nun ca. 108 Ideen entstanden. So sieht nun z. B. ein ausgefüllter Antwortbogen aus:

Was können wir in unserer Teamarbeit verbessern?		
Kritik konstruktiv und offen äußern	Aufgaben klarer verteilen	Job rotation
Wissen besser austauschen	Prozesse dokumentieren	Konflikte ausleben
Prozesse aktualisieren	Teamarbeiter stärker fördern	Vertreterregelung definieren + leben
Termine konkret vereinbaren	Alle Teammitarbeiter einbeziehen	Übergreifende Urlaubsplanung einführen
Projektleiter sollte stärker ausgleichen	Meinungsverschiedenheiten zulassen	Loyalität zum Team stärker erkennen lassen
Kein Sieger- / Verlierer-Denken im Team	Selbstorganisation des Teams zulassen	Aktiver Zuhören

Abb. 10: Ergebnisbogen „Verbesserung der Teamarbeit“

1.3.3 Fazit und Erkenntnisse

6-3-5 lässt sich recht einfach handhaben. Die Methode eignet sich besonders bei Problemen mit geringer bis mittlerer Komplexität. Grundideen, die zuvor mittels Brainstorming bzw. Brainwriting entwickelt wurden, lassen sich hiermit systematisch vertiefen.

Bedingt durch die Vorgehensmethodik werden sehr viele, auch ungewöhnliche Ideen entwickelt. Direktes Feedback auf Ideen ist nicht vorgesehen und auch nicht möglich. Der starre Ablaufmechanismus in Reihenfolge und Bearbeitungsdauer kann die Kreativität behindern. Dadurch, dass die Ideen schriftlich, also fast anonym erfasst werden, können außergewöhnliche Ideen nicht kaputt diskutiert werden. Oft werden die Ideen durch Hinzufügen weiter ausgereift.

Tipp

Damit die ursprünglichen Grundideen nicht korrigiert werden, ist nur ein Durchgang vorgesehen. Jeder Teilnehmer sieht sein eigenes Blatt nur einmal, und zwar am Anfang. Die Entscheidung, welche dieser Ideen geeignet sind, welche die besten und welche ungeeignet sind, muss mittels nachgeschalteter Bewertungsmethoden beantwortet werden.

1.4 Morphologie

Kurzbeschreibung der Methode	
Methodenart	**Projektklärung/Such-, Kreativitätsmethode, Ideenfindungstechnik**
Geeignet für	Systematische Erfassung aller möglichen alternativen Konzepte (Kombinationen) für ein System
Ziel	Fehlende Lösungsmöglichkeiten identifizieren und generieren.
Benötigte Hilfsmittel/ Beteiligte	Unterstützung durch Moderator; exakt definierter Problembereich; von einzelnen und Teams anwendbar
Zeitaufwand	Je nach Problem 30 Minuten bis zu 2 Stunden; je mehr Lösungsmöglichkeiten, desto zeitintensiver ist die Auswertung der Ergebnisse.
Vorteile	Mit der Methode wird eine umfassende Übersicht aller denkbaren, möglichen und unmöglichen Lösungsmöglichkeiten (Kombinationen) entwickelt. Ein hoher Aufwand führt zu hoher Qualität der Ergebnisse.
Nachteile	Die Methode bringt eine sehr hohe Lösungsvielfalt. Darunter finden sich auch viele unsinnige „Lösungen". Mit der Zahl der Lösungsmöglichkeiten steigt der Aufwand zur Bewertung. Für die Bewertung ist Erfahrung und Fachwissen erforderlich.

1.4.1 Beschreibung der Methode

Die Morphologie ist eine Kreativitätstechnik. Sie hilft bei komplexen Problembereichen, viele mögliche Lösungen vorurteilslos zu identifizieren und dabei neuartige Lösungswege zu generieren. Die Morphologie wird intensiv bei der Entwicklung von Produkten eingesetzt. Die wichtigste Aufgabe heißt hierbei: Neue Ideen, neue Lösungswege für Produkte finden. Die Methode geht ursprünglich auf den Autor J. Arnold und den Schweizer Astrophysiker Fritz Zwicky (1898–1974) zurück.

Alle Lösungsvorschläge werden vorurteilslos erfasst, visualisiert und entsprechend der Merkmale eingeordnet. Das Ergebnis wird als Matrix, bestehend aus Kombinationen im „Morphologischen Kasten" abgebildet. Die Matrix bildet das Kernstück der mehrdimensionalen morphologischen Analyse. Komplexe Problembereiche lassen sich systematisch erfassen und nahezu vollständig beschreiben. Alle möglichen Lösungskombinationen eines Problemfeldes lassen sich darstellen. Aus der großen Zahl von Lösungsmöglichkeiten müssen die unsinnigen Kombinationen ausgeschieden werden. Die identifizierten Lösungskombinationen müssen auf Schlüssigkeit und Realisierbarkeit hin bewertet werden. Die Ergebnisqualität ist dann hoch, wenn die Spezialisten sorgfältig und lückenlos recherchiert haben.

1.4.2 Anwendung der Methode

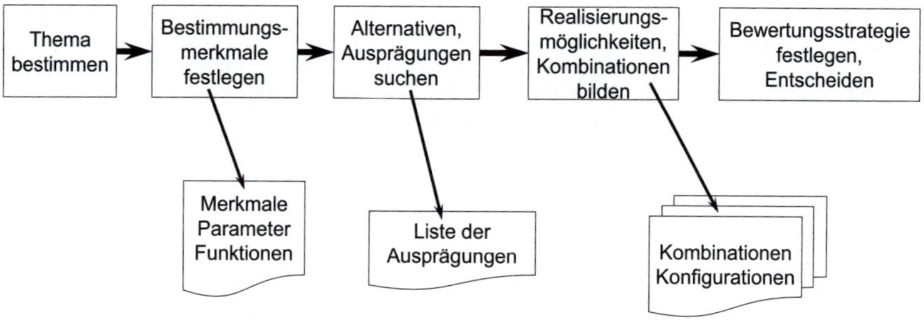

Abb. 11: Ablauf Morphologie

1. Schritt: Thema bestimmen

Der Problembereich muss allen klar sein. Die Fragestellungen sind möglichst allgemein und verständlich zu beschreiben. Offene, allgemein formulierte Fragestellungen zu Beginn erweitern das Problemfeld. Dabei fördert ein breiter Fokus der Abfrage eher origineller Ideen und Lösungen aus den Grenzbereichen als zu enge Fragestellungen. System, Systemzweck und die vorhandenen Elemente (Teile) bzw. Funktionen, die das System ausreichend genug beschreiben, müssen definiert werden. Die wesentlichen Strukturelemente müssen bekannt sein.

Beispiel

Das Projektteam muss die Projektlaufzeit verkürzen. Im Wesentlichen geht es darum, Ideen zu finden, die geeignet sind, die Effizienz der Mitarbeiter zu steigern. Das Thema heißt: „Anreize zur Motivation des Teams finden“.

2. Schritt: Bestimmungsmerkmale festlegen

Im nächsten Schritt werden die Merkmale (Parameter), die das System ausreichend beschreiben, festgelegt. Die Identifikation der prägenden Parameter bzw. der einzelnen Elemente oder Funktionen ist die schwierigste Aufgabe im Morphologieprozess. Hier ist die Kreativität des Teams gefordert. Dieser Teilschritt lässt sich am besten innerhalb einer separaten Brainstorming-Sitzung bearbeiten. Die identifizierten bestimmenden Merkmale (Parameter) werden in der Matrix links, in die erste Spalte, untereinandergeschrieben. Die Merkmale müssen unabhängig voneinander und im Hinblick auf die Aufgabenstellung auch umsetzbar (operationalisierbar) sein.

Morphologischer Kasten	Thema:						
Merkmale, Funktionen, Systemelemente, Parameter	**Ausprägungen der einzelnen Parameter** 1	2	3	4	5	6	7
P1	A11	A12	A13	A14	A15	A16	A17
P2	A21	A22	A23	A24	A25	A26	A27
P3	A31	A32	A33	A34	A35	A36	A37
P4	A41	A42	A43	A44	A45	A46	A47
P5	A51	A52	A52	A54	A55	A56	A57
P6	A61	A62	A63	A64	A65	A66	A67
P7	A71	A72	A73	A74	A75	A76	A77
P8	A81	A82	A83	A84	A85	A86	A87
P9	A91	A92	A93	A94	A95	A96	A97
P10	A101	A102	A103	A104	A105	A106	A107
P11	A111	A112	A113	A114	A115	A116	A117

Abb. 12: Morphologischer Kasten

Die verschiedenen Bestimmungsmerkmale werden in einem ersten Brainstorming erarbeitet. Mit dem Team wurden die folgenden Merkmale festgestellt:

Führung
Wertschätzung
Kompetenz
Kultur
Arbeitsumfeld
Geld
Tools

Tabelle 1: Bestimmungsmerkmale

3. Schritt: Alternativen/Ausprägungen suchen

In diesem Teilschritt geht es darum, für alle Merkmale (Elemente) möglichst viele Alternativen und Realisierungslösungen zu suchen. Hierzu werden die Ideen bzw. Alternativen ungefiltert und unbewertet gesammelt. Die Ergebnisse dieser Gruppenarbeit werden dann in einer Rechteckmatrix visualisiert. Diese Matrix wird „Morphologischer Kasten", „Morphologisches Tableau" oder auch „Zwicky-Box" genannt. In einem zweiten Brainstorming werden mögliche Alternativen für die Bestimmungsmerkmale gesucht.

Merkmale	Anreize				
Führung	Gleichbehandlung aller im Team	Transparenz der Prozesse	Gemeinsame Unternehmungen	Engpassressourcen erkennen und entlasten	
Wertschätzung	Lob und Anerkennung	Verantwortung übertragen	Erfolge öffentlich anerkennen		
Kompetenz	Weiterbildung on the job				
Kultur	starke Firmenkultur	Ausgeprägte Teamkultur	Selbstverständnis des Teams	Informationen	Ausgeprägte Kommunikation im Team

Merkmale	Anreize				
Arbeits-umfeld	sicherer Arbeitsplatz	optimale Auslastung	Interessante Aufgaben	Fordernde Aufgaben	schöner effektiver Arbeitsplatz
Geld	Erfolgs-prämie, Bonus	Mehrar-beitsprämie	Weiter-bildungs-seminar		
Tools	Effiziente Tools für die tägliche Projektarbeit				

Tabelle 2: Bestimmungsmerkmale mit Realisierungslösungen

4. Schritt: Realisierungsmöglichkeiten kombinieren

Aus der Ergebnismenge können nun alle möglichen Kombinationen gebildet werden. Wenn bei der Ideensuche systematisch und absolut ungefiltert und ohne Bewertung kombiniert wird, dann ergibt sich eine große Anzahl von Kombinationen. Sehr viele davon sind jedoch keine wirklichen Realisierungsmöglichkeiten. Es sind rein theoretische „Lösungsmöglichkeiten" die nicht umsetzbar sind. Gründe dagegen können sein: Physik, Kultur, Kenntnisstand, Stand der Technik, Normen usw. Eine Konfiguration ergibt sich dadurch, dass aus jeder Zeile (zu jedem Merkmal) eine Lösungsvariante ausgewählt wird. Die einzelnen Lösungsvarianten verbindet man durch einen Linienzug. Dieser Linienzug markiert dann eine ganzheitliche, alternative Lösungskonfiguration.

5. Schritt: Bewertungsstrategie festlegen

Geeignete Bewertungsstrategien sollen die wirklichen, interessanten Kombinationen bzw. Konfigurationen sowie möglichst optimale Lösungen herausfiltern, die auch realisierbar sind. Dabei wird nach Machbarkeit, Funktionalität und Durchführbarkeit bewertet. Unverträgliche Kombinationen werden ausgeschlossen. Bewertet wird zum Beispiel mithilfe der Nutzwertanalyse oder der Kosten-Nutzen-Analyse. Dieser recht zeitintensive Prozess kann beschleunigt werden, wenn die Fachleute bewusst schon beim Bilden der Kombinationen von oben nach unten die jeweiligen Ausprägungen je Schritt auf Realisierbarkeit hin beurteilen.

6. Schritt: Kombinationen analysieren

Die Analyse der erzeugten Kombinationen gehört nicht mehr zur Morphologie. Sie soll die beste Lösungskombination herausfiltern. Die festgelegte Bewertungsstrategie durchleuchtet die Lösungskombinationen in gegenseitigem Vergleich und bewertet Realisierbarkeit, Durchführbarkeit, Nutzen und Kosten-Nutzen-Verhältnisse. Damit können die unsinnigen Lösungswege aussortiert werden.

Morphologischer Kasten	Thema: Menüzusammenstellung						
Merkmale, Funktionen, Systemelemente, Parameter	Ausprägungen der einzelnen Parameter						
	1	2	3	4	5	6	7
P1 Aperitif	A11 Sherry	A12 Bier	A13 Sekt	A14 Tomatensaft	A15 Campari	A16	A17
P2 Vorspeise	A21 Krabben	A22 Salat	A23 Pastete	A24 Wurstplatte	A25	A26	A27
P3 Suppe	A31 Spargelcreme	A32 Tomaten	A33 Bouillon	A34 Nudelsuppe	A35 Kartoffelsuppe	A36	A37
P4 Fleischgericht	A41 Rostbraten	A42 Gulasch	A43 Kotelett	A44 Fisch	A45 Hähnchen	A46	A47
P5 Beilagen	A51 Kartoffeln	A52 Reis	A52 Pommes frites	A54 Nudeln	A55 Klöse	A56	A57
P6 Gemüse / Salat	A61 Bohnen	A62 Möhren	A63 Lauch	A64 Spargel	A65 Sauerkraut	A66	A67
P7 Getränk	A71 Bier	A72 Rotwein	A73 Saft	A74 Mineralwasser	A75	A76	A77
P8 Nachtisch	A81 Eis	A82 Käse	A83 Kuchen	A84 Früchte	A85 Kaffee	A86	A87
P9	A91	A92	A93	A94	A95	A96	A97
P10	A101	A102	A103	A104	A105	A106	A107
P11	A111	A112	A113	A114	A115	A116	A117

Abb. 13: Beispiel Morphologie

1.4.3 Fazit und Erkenntnisse

Die Morphologie kann auch von Einzelpersonen angewendet werden. Dies funktioniert bei der Bildung sinnvoller Kombinationen noch eher als bei der Ideenfindung. Bei komplexen Problemen ist es zweckmäßig, in einer Gruppe zu arbeiten, um die Vielseitigkeit der Lösungen zu fördern. Die günstigste Gruppenstärke liegt bei bis zu 7 Personen. Ein Moderator steuert den gesamten Gruppenprozess. Eine Morphologiesitzung dauert, je nach Problemstellung etwa 30 Minuten bis zu 2 Stunden.

Im Ablauf wechseln sich analytische und kreative Methodenschritte ab. In den kreativen Methodenschrittenz. B. mittels Brainstorming sollte die Gruppe mit breitem, ausgewogenem Hintergrundwissen ausgestattet sein. Die gute Mischung aus Spontaneität, Erfahrung und Ideenreichtum, steigert das Ideenpotential und führt damit zu qualitativ besseren Ergebnissen. Es passiert häufig, dass Lösungen, die besonders ausgefallen wirken, auf den ersten Blick nicht machbar erscheinen, sich aber nach eingehender Betrachtung als durchaus erfolgversprechend entpuppen. Die Beurteilung der Alternativen sollte also in jedem Fall erst nach der Ermittlung aller Konfigurationen vorgenommen werden.

Tipp

Im Gesamtprozess können sich auch mehrere Gruppen die einzelnen Schritte aufteilen. Dies kann Denkbarrieren vermeiden und originelle Lösungen hervorbringen. Problematisch und zeitintensiv ist die Bewertung, wenn eine sehr große Anzahl von Lösungen entstanden ist. Wenn es zur Auswahlentscheidung kommt, passiert es häufig, dass große Gruppen ineffizient arbeiten.

Durch die besondere Vorgehensweise wird eine Vielzahl von Lösungsmöglichkeiten produziert. In der Menge von Kombinationen müssen die brauchbaren erkannt werden. Diese brauchbaren Lösungen werden dann mit Bewertungsmethoden weiter untersucht.

1.5 SWOT-Analyse

Kurzbeschreibung der Methode	
Methodenart	**Projektklärung/Analysemethode**
Geeignet für	Organisationen, Projekte, Personen, die Strategien entwickeln wollen.
Ziel	Strategiefindung und Strategiebeurteilung auf unterschiedlichen Ebenen (Gesamtorganisation, Teilorganisationen, Projekte, Personen)
Benötigte Hilfsmittel/ Beteiligte	Team von Experten aus den jeweiligen Fachgebieten
Zeitaufwand	Workshops von 0,5 bis zu einem Tag; Folgeaktionen brauch u. U. mehr Zeit.
Vorteile	▪ einfach zu handhaben ▪ intuitiv verständlich ▪ auf unterschiedlichen Ebenen anwendbar ▪ aktuelle und potentielle, interne und externe Betrachtungsweise
Nachteile	▪ hohes Maß an Subjektivität ▪ keine Gewichtung der Faktoren ▪ keine Quantifizierung ▪ wenig Systematik innerhalb der SWOT-Kategorien

1.5.1 Beschreibung der Methode

Die SWOT-Analyse (ein Akronym gebildet aus **S**trengths, **W**eaknesses, **O**pportunities und **T**hreats) hat zum Ziel, Strategien innerhalb von Organisationen zu finden und zu beurteilen. Sie kann auf die Gesamtorganisation, auf Teilbereiche der Organisation und sogar auf Personen und Produkte angewendet werden. Aktuelle Stärken und Schwächen und potentielle Chancen und Risiken werden qualitativ aufgelistet und daraus dann Strategien entwickelt und Maßnahmen abgeleitet.

Das auf den ersten Blick simpel wirkende Verfahren ist rein deskriptiver Natur. In eine Zwei-mal-zwei-Matrix werden die jeweiligen Stärken, Schwächen, Chancen und Risiken des zu untersuchenden Gegenstandes aufgelistet. Die vier Kategorien können wiederum in zwei Dimensionen zusammengefasst werden:

Interne, aktuelle Analyse	
Stärken (Strengths)	**Schwächen (Weaknesses)**
▪ Stärkefaktor 1 ▪ Stärkefaktor 2 ▪ Stärkefaktor 3 ▪ ... ▪ Stärkefaktor n	▪ Schwächefaktor 1 ▪ Schwächefaktor 2 ▪ Schwächefaktor 3 ▪ ... ▪ Schwächefaktor n
Chancen (Opportunities)	**Risiken (Threads)**
▪ Chancenfaktor 1 ▪ Chancenfaktor 2 ▪ Chancenfaktor 3 ▪ ... ▪ Chancenfaktor n	▪ Risikofaktor 1 ▪ Risikofaktor 2 ▪ Risikofaktor 3 ▪ ... ▪ Risikofaktor n
Externe, potentielle Analyse	

Tabelle 3: SWOT-Analyse in einer Zwei-mal-zwei-Matrix

- Die **Stärke-/Schwäche-Dimension** behandelt die internen und aktuellen Stärken und Schwächen eines Analysegegenstandes. Sie listet diejenigen Faktoren auf, die vom oder über den Untersuchungsgegenstand direkt gesteuert werden können. Eine Stärke in diesem Sinne ist die aktuelle Potenz, einen Faktor positiv zu beeinflussen. Typische Faktoren eines Projekts können die Fähigkeit der Projektmitarbeiter sein, die Erfahrung einer Organisation mit einer Projektmethodik, das Involvement des Topmanagements, Kompetenzen des Projektleiters, im Grunde das Inventar der Erfolgsfaktoren eines Projekts.

- Die **Chancen-/Risiken-Dimension** listet diejenigen Faktoren auf, die nicht der direkten Steuerung unterliegen und auf die Zukunft gerichtet sind. Eine Chance in diesem Sinne sind externe Vorgänge, die die Potenz haben, sich zukünftig zu einer Stärke zu entwickeln. Faktoren dieser Dimension im Rahmen einer Projektabwicklung könnten sein: die Einführung eines Projektoffices in einer Organisation oder sonstige organisatorische Änderungen, Sparprogramme in einer Unternehmung, Gewinnung neuer Kundenkreise etc.

Die Beliebtheit der SWOT-Analyse ist u. a. auch darauf zurückzuführen, dass sie intuitiv zu verstehen ist, auf breit gestreute Untersuchungsgegenstände angewendet und ohne großen Aufwand an Software, Material und Schulung implementiert werden kann. Trotz dieser Simplizität sind einige Regeln zu beachten, damit Sie Ergebnisse zu erzielen, die Ihre Entscheidungen unterstützen und die Sie in Aktionen umsetzen können.

- **Abgrenzung des Gegenstandes:** Der Untersuchungsgegenstand muss definiert und gegen andere Bereiche abgegrenzt sein. Die Dimensionen intern und extern, beeinflussbar und nicht direkt beeinflussbar spielen eine wichtige Rolle bei der Auflistung der Faktoren, z. B. bei der Beurteilung, welche Faktoren in die Dimension Stärke/Schwäche und welche in die Dimension Risiko/Bedrohung gehören.
- **Notwendige Gründlichkeit:** Die rein deskriptive Darstellung verleitet zu einer raschen Formulierung. Die jeweiligen Stärken und Schwächen müssen mit Fakten untermauert sein.
- **Detaillierung**: Die SWOT-Analyse soll nicht nur auf eine hohe Abstraktionsstufe beschränkt sein (Unternehmen oder Gesamtprojekt), sondern auch auf Teilbereiche ausgedehnt werden, um Widersprüche aufzudecken und eine Konsolidierung zu ermöglichen.
- **Klarheit über den Maßstab**: Stärken und Schwächen sind relativ. So kann je nach Maßstab ein Faktor in der Stärkeliste oder in der Schwächeliste erscheinen. Stärken oder Schwächen werden immer nur aussagekräftig in Bezug auf etwas anderes, entweder in Bezug auf einen Mitbewerb oder in Bezug auf Ziele.

1.5.2 Anwendung der Methode

Aus der Beschreibung der SWOT-Analyse geht hervor, dass die Erstellung einer SWOT-Analyse ein iterativer Prozess ist, bevor Entscheidungen und Aktionen daraus abgeleitet werden können.

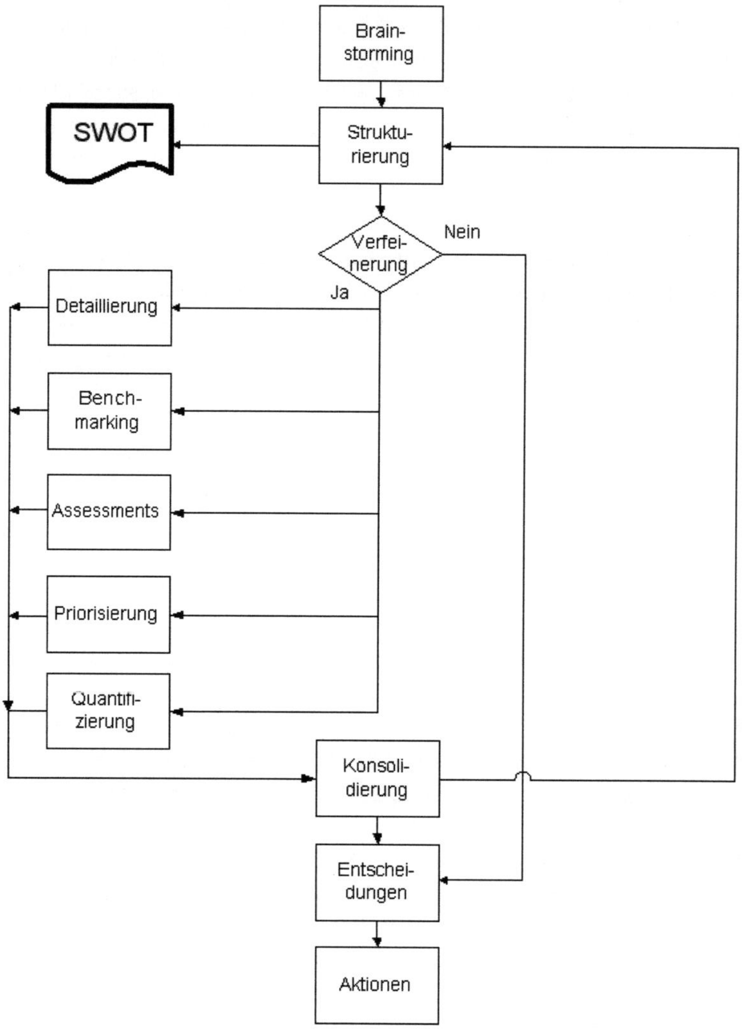

Abb. 14: SWOT-Ablauf

1. Schritt: Brainstorming

Ausgangspunkt kann ein Brainstorming mit den maßgeblichen Mitarbeitern sein, um den ersten Entwurf einer SWOT-Analyse zu erstellen.

2. Schritt: Detaillierung

Eine erforderliche Verfeinerung kann durch eine Detaillierung der SWOT-Analyse in Subsystemen erfolgen. Falls Vergleichsdaten notwendig sind, werden Benchmarks erforderlich. Bei einigen Faktoren sind vielleicht thematische Vertiefungen, weitere Analysen erforderlich. Eventuell sind Priorisierungen der Faktoren notwendig oder Quantifizierungen, um die Stärken-/Schwächen-Einordnung zu untermauern.

3. Schritt: Konsolidierung

Nach einer Konsolidierung erfolgt eine Überarbeitung der ursprünglichen SWOT-Analyse. Aus diesem Grunde ist auch die Form der Darstellung der SWOT-Analyse eine beliebte Management-Summary, da sie die Gesamtschau der internen, externen, beeinflussbaren und nicht beeinflussbaren Faktoren und zukünftigen Chancen und Risiken komprimiert und auf die wichtigsten Aussagen reduziert darstellt.

4. Schritt: Entscheidungen

Entscheidungen, welche Strategien zur Verbesserung der aktuellen Situation und dem Erhalt zukünftiger Chancen eingeschlagen werden sollen, können auch aus der SWOT-Darstellung systematisiert werden.

	Stärken (S)	**Schwächen (W)**
Chancen (O)	**S-O Strategien: Ausbauen.** Interne Stärken einsetzen und externe Chancen nutzen. Offensivstrategie	**W-O Strategien: Aufholen** Interne Schwächen eliminieren und neue externe Möglichkeiten zu nutzen
Risiken (T)	**S-T Strategien: Absichern** Interne Stärken nutzen und externe Risiken vermeiden	**W-T Strategien: Meiden** Interne Schwächen abbauen und externen Bedrohungen ausweichen. Defensivstrategie

Tabelle 4: SWOT-Strategien

Beispiel: SWOT-Analyse für Projekte

Dieses Beispiel für eine SWOT-Vorlage ist aus dem Bereich Projektmanagement.

Zu Leitfragen in der Stärken-/Schwächen-Dimension kann man sich an Benchmarking-Modellen orientieren. Das gibt einen systematischen Anhaltspunkt zur weiteren Vertiefung. Was jeweils in der Stärke- oder Schwächekategorie erscheint oder für die betreffende Organisation nicht relevant ist, unterliegt zunächst dem subjektiven Urteil der an der SWOT-Analyse Beteiligten.

Unser Beispiel entnimmt die Faktoren dem Benchmark-Programm PMDELTA.

Faktoren für die Stärken/Schwächen-Dimension. Projektinterne, direkt beeinflussbare Faktoren	Faktoren für die Chancen/Risiken-Dimension. Externe, nicht direkt beeinflussbare Faktoren
▪ Zieldefinition ▪ Projektstrukturierung ▪ Organisation ▪ Personalmanagement ▪ Vertragsmanagement ▪ Nachforderungsmanagement ▪ Konfigurationsmanagement ▪ Änderungsmanagement ▪ Aufwandsermittlung ▪ Kostenmanagement ▪ Einsatzmittelmanagement ▪ Ablauf-/Terminmanagement ▪ Multiprojektkoordination ▪ Risikomanagement ▪ Informations-/Berichtwesen ▪ Controlling ▪ Logistik ▪ Qualitätsmanagement ▪ Dokumentation	▪ organisatorische Änderungen außerhalb des Projekts ▪ Aufbau eines Projektoffices ▪ Funktions-/Prozessorientierung ▪ Merger/Akquisition ▪ Verlagerungen ins Ausland ▪ Erschließung neuer Kundenkreise ▪ technologische Entwicklungen (neue Produkte, neue Werkzeuge) ▪ Firmenpolitik wie: Kostensparprogramme, Einstellungsstopp oder umgekehrt ▪ Änderungen in den Subunternehmerbeziehungen ▪ Erschließung neuer Märkte ▪ allgemeine wirtschaftliche Entwicklung

Tabelle 5: **SWOT-Kriterien für Projekte**

1.5.3 Fazit und Erkenntnisse

Neben den unbestreitbaren Stärken der SWOT-Analyse, die es zu einem der beliebtesten Werkzeuge hat werden lassen, gibt es auch inhärente Schwächen:

- hohes Maß an Subjektivität
- keine Gewichtung der Faktoren
- keine Quantifizierung
- wenig Systematik innerhalb der SWOT-Kategorien
- keine systematische Abgrenzung des Untersuchungsgegenstands

Unterstützung erhält die SWOT-Analyse meist in Form von Vorlagen, die vorgefertigte Fragen für einen infrage kommenden Untersuchungsgegenstand vorformulieren und damit einen schnelleren Einstieg in die Untersuchung ermöglichen.

Dies kann als Ausgangspunkt für ein sogenanntes „SWOT-Inventar" dienen, das die für eine Firma relevanten Fragestellungen auflistet und kontinuierlich auf die aktuelle Relevanz überprüft.

2 Methoden in der Phase der Projektdefinition

2.1 ABC-Analyse

Kurzbeschreibung der Methode	
Methodenart	**Projektklärung/Entscheidungsfindung**
Geeignet für	Analyse zur Feststellung der Wichtigkeit bestimmter Elemente; Prioritäten setzen, Rangfolge bilden.
Ziel	Konzentrationsschwerpunkte herausfinden, Prioritäten festlegen, das Wesentliche vom Unwesentlichen trennen.
Benötigte Hilfsmittel/ Beteiligte	Aussagefähiges Datenmaterial über Stückzahlen, Stückzahlumschlag je Zeiteinheit, Umsätze, Deckungsbeiträge, Lagerhaltung je nach Anwendungsfall. EXCEL-Arbeitsmappe zur Berechnung und grafischen Darstellung
Zeitaufwand	Je nach Problemfeld und Menge der Teile von 2 bis 3 Stunden bis mehrere Tage
Vorteile	Nachvollziehbare transparente Methode; Ergebnis der mathematischen Berechnung kann in leicht verständliche Grafik umgesetzt werden; komplexere Problemfelder sind einfach darstellbar; filtert die wesentlichen Funktionen heraus; ist vom Objekt unabhängig.
Nachteile	Bildet nur die IST-Situation ab; wenn das Kriterium zur Entscheidung ungünstig gewählt wurde, ist das Ergebnis nicht aussagefähig; bewertet wird nur nach messbaren, nicht qualitativen Gesichtspunkten; einseitig auf ein Kriterium ausgerichtet.

2.1.1 Beschreibung der Methode

Die ABC-Analyse zeigt, welche der untersuchten Elemente einen großen Anteil am Gesamtwert tragen. Denn meist erbringen wenige Elemente einen hohen Wertanteil, viele andere Elemente zusammen nur einen geringen Wertanteil. Die Methode wurde 1951 vom Amerikaner Lorenz (General Electric) zur Analyse von Einkommensentwicklungen entworfen. Sie bildet die aktuelle Situation ab, Handlungsempfehlungen für die Zukunft können dennoch daraus abgeleitet werden.

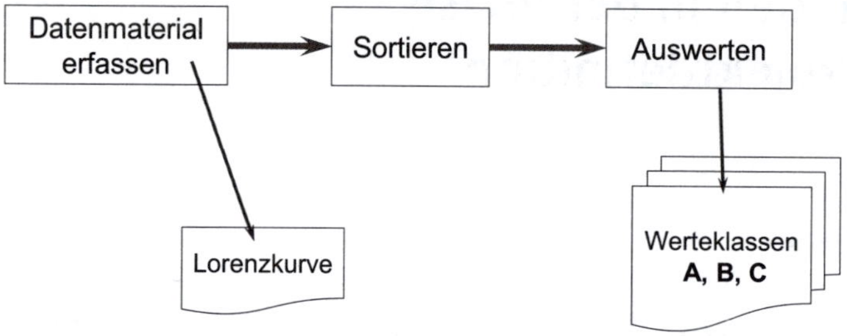

Abb. 15: Ablauf der ABC-Analyse

Die zur Klassifizierung erforderlichen Objekte bzw. Elemente sind beispielsweise Materialgruppen, Erzeugnisgruppen, Produkte, Kunden, Lieferanten, Kostenträger oder Prozesse. Die ABC-Analyse kann große Datenmengen klassifizieren, ordnen und in die drei Klassen A, B und C einteilen – dadurch erhält das Verfahren auch seinen Namen.

Die ABC-Analyse kann vielfältig eingesetzt werden. Kunden können nach ihrem anteiligen Umsatz oder Deckungsbeitrag, Produkte nach den Verkaufszahlen oder Lieferanten nach dem Einkaufsvolumen klassifiziert werden. Bezogen auf die Materialwirtschaft lassen sich die Klassen folgendermaßen charakterisieren:

Klasse	Beschreibung	Bedeutung	Mengenanteil	Wertanteil
A	hochwertige, umsatzstarke Elemente	sehr wichtig/ interessant	ca. 10 – 20 %	ca. 60 – 80 %
B	Elemente mit mittlerem Wert/ durchschnittlichem Umsatz	Durchschnittliche Bedeutung	ca. 15 – 30 %	ca. 15 – 30 %
C	Niederwertige, umsatzschwache Elemente	geringe Bedeutung, uninteressant	ca. 50 – 75 %	ca. 5 – 10 %

Tabelle 6: ABC-Klassen

A-Teile sind Elemente, die hochwertig und umsatzstark sind, deren Verbrauch konstant ist und die mit einer sehr hohen Vorhersagegenauigkeit disponiert werden können. Diese Teile müssen intensiv betreut werden. A-Teile sollten mit Hilfe von Markt-, Preis- und Kostenstrukturanalysen, durch gründliche Vorbereitung und genaue Terminierung der Bestellung, durch genaue Bestandsführung und -überwachung, exakte Festlegung der Sicherheitsbestände und mit aufwendigen Dispositionsverfahren unter Anwendung der Wertanalyse bearbeitet werden.

B-Teile unterliegen stärkeren Schwankungen. Es sind mittelwertige Materialien mit durchschnittlichem Umsatz. Man geht von einer mittleren Vorhersagegenauigkeit aus. Im Einkauf muss mit diesen Teilen differenziert umgegangen werden.

C-Teile sind niedrigwertige, umsatzschwache Materialien. Ihr Verbrauch kann nur schwer vorhergesagt werden und verläuft völlig unregelmäßig. Durch ihre große Anzahl bei relativ geringem Wert erstrecken sich Rationalisierungsmöglichkeiten vor allem auf die Vereinfachungen in der Bestellabwicklung, Lagerbuchführung, Bestandsüberwachung sowie in der Disposition.

Klasse	Kundenanteil	Umsatzanteil
A	20 %	80 %
B	30 %	15 %
C	50 %	5 %

Tabelle 7: Kundensegmentierung mit der ABC-Analyse

Typisches Beispiel hierfür ist die Paretoverteilung, die 80/20-Regel, benannt nach dem Italiener Vilfredo Pareto (1848–1923). In der Realität fallen die Verteilungen jedoch nicht so gleichmäßig aus. Mit der Lorenzkurve lassen sich die Ergebnisse der ABC-Analyse grafisch hervorragend visualisieren. Die kumulierten Wertanteile werden in Relation zum Mengenanteil dargestellt. Zum Beispiel: 20 Prozent der Elemente binden 75 Prozent des Werts. Darstellungen in Säulendiagrammen sind auch üblich.

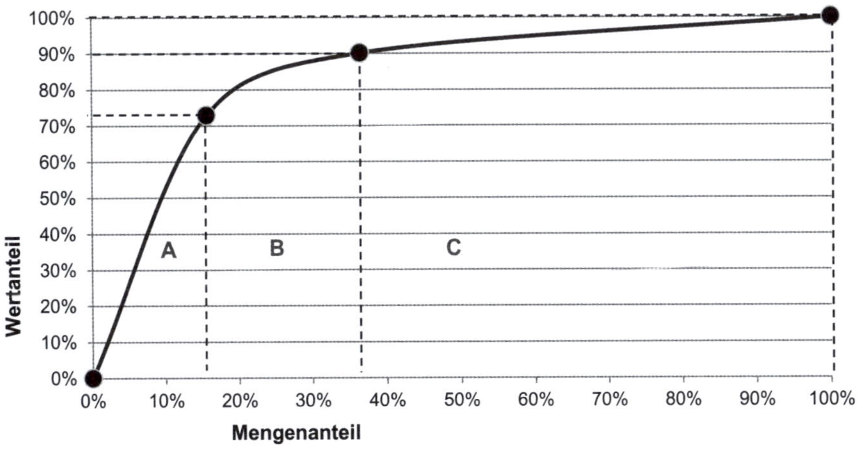

Abb. 16: Lorenzkurve

Einsatzmöglichkeiten

Die ABC-Analyse wird vor allem in der Betriebswirtschaft eingesetzt. Bei der Materialbeschaffung und -verteilung und in der Lagerhaltung müssen aufgrund der Vielzahl der zu bewirtschaftenden Materialien Schwerpunkte gesetzt werden. Die ABC-Analyse verschafft zum Beispiel einen Überblick über die Zusammensetzung des Lagers. Einzelteile werden nach ihrem Wert klassifiziert. Die Beschaffungsaktivitäten sind auf diejenigen Materialgruppen zu konzentrieren, die einen hohen Anteil am Gesamtwert haben. Die Gruppen können eingeteilt werden nach Anzahl und Wert der beschafften bzw. verbrauchten Materialpositionen, der Bestellungen, der Lieferantenrechnungen, des Umsatzwertes der Lieferanten, der Reklamationen, der Bestandswerte bzw. der Entnahmehäufigkeit.

Grundsätzlich funktioniert die Methode jedoch überall dort, wo Wertepaare sortiert und in eine Rangordnung gebracht werden müssen. Anhand dieser Einordnung kann man sich ein grobes Bild der Ist-Situation verschaffen und daraus weitere Vorgehensweisen ableiten. Die ABC-Analyse wird hauptsächlich in den folgenden Bereichen angewendet:

Materialwirtschaft	Marketing	Projektmanagement
▪ für Lagerhaltung und -planung ▪ Lieferanten bewertet nach Einkaufsvolumen ▪ Bewertung von Baugruppen, Einzelteilen, Einkaufsvolumen, gegliedert nach Materialgruppen	▪ Segmentierung der Kunden nach Umsatz, Deckungsbeitrag ▪ Produkte, gegliedert nach Verkaufszahlen	▪ Arbeitspakete, gegliedert nach Budgetanteil, Vorgangsarten mit den größten Verzögerungen ▪ Projektgröße ▪ Priorisierung der Projektaufgaben nach Dringlichkeit, Projektrisiken

Tabelle 8: Anwendungsbereiche der ABC-Analyse

	Klasse A	Klasse C
Disposition	Bestandsvermeidung	Bestellung in kostenoptimalen Losgrößen
	Exakte Disposition (Termin/Menge, u. U. JIT)	Einfache Dispositionsverfahren
	Exakte Bestandsführung	Geringer Aufwand bei Bestandsüberwachung und -führung
	Auftragsbezogene Bewirtschaftung	Vorratsbezogene Bewirtschaftung

	Klasse A	Klasse C
Bestell-abwicklung	Intensive Preisverhandlungen	Rahmen-/Abrufverträge
	Schneller Rechnungsdurchlauf (Einhaltung von Skontofristen)	Einfache Bestellabwicklung
Inventur	Permanente Inventur	Stichprobeninventur

Tabelle 9: Handlungsempfehlungen der Materialwirtschaft

2.1.2 Anwendung der Methode

Als Beispiel dient folgende Situation: Die Lagerhaltung in einem Produktionsprozess soll optimiert werden. Aufgrund der sich ergebenden Rangordnung sollen Rationalisierungsmaßnahmen geplant werden. Zur Entscheidungsvorbereitung wird eine ABC-Analyse durchgeführt.

1. Schritt: Datenmaterial erfassen

Der Datensatz besteht in der Regel aus zweidimensionalen Wertepaaren. Typische Wertepaare können sein: Kosten — Nutzen, Kunden — Umsatz, Artikel — Bestand (Anzahl), Ressourcen — Kosten. Nachdem festgelegt wurde, welche Objekte auf welches Merkmal hin untersucht werden sollen, müssen die entsprechenden Daten ermittelt und gesammelt werden. Die Daten werden tabellarisch erfasst. Die folgende Tabelle zeigt die monatlichen Abrufe der Produktionsmittel aus dem Lager.

Artikel	Verbrauch	Stückpreis	Gesamtpreis
1	100.000	3,00	300.000
2	37.500	18,00	675.000
3	180.000	1,00	180.000
4	105.000	36,00	3.780.000
5	250.000	2,80	700.000
6	10.000	20,00	200.000
7	20.000	40,00	800.000
8	55.000	5,00	275.000
9	175.000	1,40	245.000
10	97.500	38,00	3.705.000
	1.030.000		**10.860.000**

Tabelle 10: Monatliche Abrufe

Anschließend wird der prozentuale Anteil jedes Objekts am Gesamtwert berechnet. Bei Bedarf sollte auch der prozentuale Anteil an der Gesamtmenge berechnet werden.

Artikel	Verbrauch	Stückpreis	Gesamtpreis	Anteil Preis	Anteil Menge
1	100.000	3,00	300.000	2,76 %	9,71 %
2	37.500	18,00	675.000	6,22 %	3,64 %
3	180.000	1,00	180.000	1,66 %	17,48 %
4	105.000	36,00	3.780.000	34,81 %	10,19 %
5	250.000	2,80	700.000	6,45 %	24,27 %
6	10.000	20,00	200.000	1,84 %	0,97 %
7	20.000	40,00	800.000	7,37 %	1,94 %
8	55.000	5,00	275.000	2,53 %	5,34 %
9	175.000	1,40	245.000	2,26 %	16,99 %
10	97.500	38,00	3.705.000	34,12 %	9,47 %
	1.030.000		**10.860.000**		

Tabelle 11: Mengen- und Wertanteile

2. Schritt: Sortieren

Diese Wertepaare werden zunächst nach Größe sortiert, danach kumuliert und in Klassen eingeordnet. Die Sortierung erfolgt absteigend nach dem prozentualen Anteil am Gesamtwert.

Artikel	Verbrauch	Stückpreis	Gesamtpreis	Anteil Preis	Anteil Menge
4	105.000	36,00	3.780.000	34,81 %	10,19 %
10	97.500	38,00	3.705.000	34,12 %	9,47 %
7	20.000	40,00	800.000	7,37 %	1,94 %
5	250.000	2,80	700.000	6,45 %	24,27 %
2	37.500	18,00	675.000	6,22 %	3,64 %
1	100.000	3,00	300.000	2,76 %	9,71 %
8	55.000	5,00	275.000	2,53 %	5,34 %
9	175.000	1,40	245.000	2,26 %	16,99 %
6	10.000	20,00	200.000	1,84 %	0,97 %
3	180.000	1,00	180.000	1,66 %	17,48 %
	1.030.000		**10.860.000**		

Tabelle 12: Nach prozentualen Wertanteilen sortiert

Der Gesamtwert wird zusätzlich in einer extra Spalte kumuliert. Die zu lagernden Artikel werden nach der Dimension Gesamtwert in die Klassen A, B, C eingeteilt. Damit ergibt sich der erste grobe Überblick über die Werte der einzelnen Artikel.

Artikel	Verbrauch	Stückpreis	Gesamtpreis	Anteil Preis	kumuliert	Anteil Menge	kumuliert
4	105.000	36,00	3.780.000	34,81 %	34,81 %	10,19 %	10,19 %
10	97.500	38,00	3.705.000	34,12 %	68,92 %	9,47 %	19,66 %
7	20.000	40,00	800.000	7,37 %	76,29 %	1,94 %	21,60 %
5	250.000	2,80	700.000	6,45 %	82,73 %	24,27 %	45,87 %
2	37.500	18,00	675.000	6,22 %	88,95 %	3,64 %	49,51 %
1	100.000	3,00	300.000	2,76 %	91,71 %	9,71 %	59,22 %
8	55.000	5,00	275.000	2,53 %	94,24 %	5,34 %	64,56 %
9	175.000	1,40	245.000	2,26 %	96,50 %	16,99 %	81,55 %
6	10.000	20,00	200.000	1,84 %	98,34 %	0,97 %	82,52 %
3	180.000	1,00	180.000	1,66 %	100,00 %	17,48 %	100,00 %
	1.030.000		10.860.000				

Tabelle 13: Datensätze mit den kumulierten Werten

3. Schritt: Auswertung

Die sortierten Daten werden den drei Klassen A, B und C zugeteilt.

Artikel	Verbrauch	Gesamtpreis	Anteil Preis	kumuliert	Anteil Menge	kumuliert	
4	105.000	3.780.000	34,81 %	34,81 %	10,19 %	10,19 %	
10	97.500	3.705.000	34,12 %	68,92 %	9,47 %	19,66 %	A
7	20.000	800.000	7,37 %	76,29 %	1,94 %	21,60 %	
5	250.000	700.000	6,45 %	82,73 %	24,27 %	45,87 %	
2	37.500	675.000	6,22 %	88,95 %	3,64 %	49,51 %	B
1	100.000	300.000	2,76 %	91,71 %	9,71 %	59,22 %	

Artikel	Verbrauch	Gesamtpreis	Anteil Preis	kumuliert	Anteil Menge	kumuliert	
8	55.000	275.000	2,53 %	94,24 %	5,34 %	64,56 %	C
9	175.000	245.000	2,26 %	96,50 %	16,99 %	81,55 %	
6	10.000	200.000	1,84 %	98,34 %	0,97 %	82,52 %	
3	180.000	180.000	1,66 %	100,00 %	17,48 %	100,00 %	
	1.030.000	10.860.000					

Tabelle 14: Artikel in Werteklassen eingeteilt

Achtung

Dabei muss beachtet werden, dass die prozentualen Anteile in der Regel nicht unbedingt der idealtypischen Verteilung entsprechen!

Die grafische Aufbereitung hilft bei der Einteilung. Sie veranschaulicht die Ergebnisse. Anhand der ausgewerteten Daten können dann Handlungsempfehlungen für die verschiedenen Elemente und Objekte entwickelt werden.

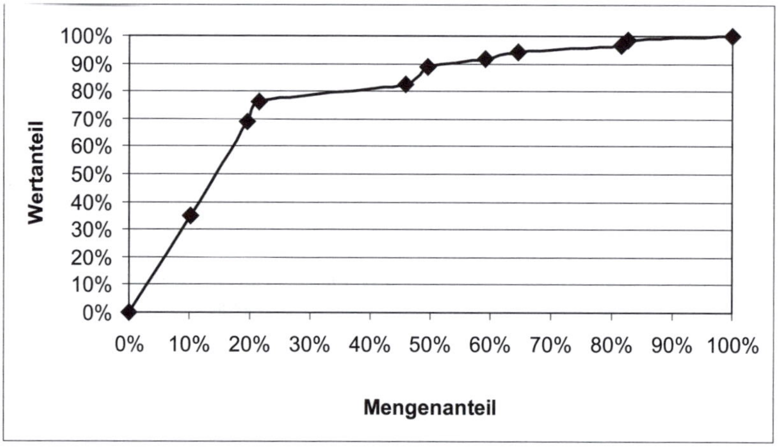

Abb. 17: Lorenzkurve Beispiel

2.1.3 Fazit und Erkenntnisse

Die ABC-Analyse erzeugt übersichtliche Ergebnisse und kann mit jeder Tabellenkalkulation durchgeführt werden. Sie lässt sich in Unternehmen jeder Art und Größe und in allen Funktionsbereichen anwenden. Der Methodeneinsatz ist vom Objekt unabhängig. Ergebnisse können übersichtlich und grafisch dargestellt werden. Auch lassen sich komplexe Probleme mit vertretbarem Aufwand durch Beschränkung auf die wesentlichen Faktoren analysieren.

Tipp

Mit der ABC-Analyse ist es möglich, Rationalisierungsschwerpunkte zu setzen und unwirtschaftliche Anstrengungen zu vermeiden, um die Wirtschaftlichkeit zu steigern. Die ABC-Analyse ist deswegen eine wichtige Methode bei der Rationalisierung.

Nachteilig könnte die grobe Einteilung in drei Klassen sein, die einseitige Ausrichtung auf nur ein Bewertungskriterium und die Tatsache, dass keine qualitativen Faktoren berücksichtigt werden (können).

2.2 Balanced Scorecard

Kurzbeschreibung der Methode	
Methodenart	**Projektabwicklung/Controlling**
Geeignet für	Mittlere und große Projekte, alle Projektarten
Ziel	▪ Erweiterung des Kennzahlenspektrums über rein finanzielle Kennzahlen hinaus ▪ Verknüpfung des strategischen mit dem operativen Bereich
Benötigte Hilfsmittel/ Beteiligte	Spreadsheets, Softwareprogramme
Zeitaufwand	Hoch; die Einführung einer Balanced Scorecard ist ein eigenes Projekt.
Vorteile	▪ Die Balanced Scorecard passt sehr gut in eine Unternehmenskultur der zielorientierten Führung (Management by Objectives). Sie lässt sich in ein konsistentes Konzept einbetten, das von der Mitarbeiterführung über den Technologieeinsatz bis zur Projektmethodik reicht. ▪ Erweiterung des Kennzahlenspektrums über rein finanzielle Kennzahlen hinaus ▪ Messbarkeit von „weichen Faktoren“ ▪ Isolierte Anwendung in einzelnen Projekten ist möglich
Nachteile	▪ Sehr hoher Aufwand, wenn die Balanced Scorecard in ein Gesamtkonzept eingebettet wird.

2.2.1 Beschreibung der Methode

Die Balanced Scorecard ist ein von Norton und Keppler in den neunziger Jahren entwickeltes Controlling- und Managementsystem. Ein Unternehmen wird nach der Balanced Scorecard nicht nur über die finanziellen Kennzahlen gesteuert, sondern es werden in einer mehrdimensionalen Betrachtung weitere betriebliche Dimensionen in den Steuerungsprozess einbezogen.

Die Strategie eines Unternehmens wird in Ziele für die ausgewählten Dimensionen übersetzt, diese Ziele werden mit Messzahlen und den operationellen Vorgaben für diese Messzahlen versehen und ein Aktivitätenplan für die Erreichung der Ziele wird aufgestellt. Ein Rückkopplungsprozess überprüft das Erreichen der Ziele, stellt Abweichungen fest und leitet gegebenenfalls Steuerungsmaßnahmen ein.

Auf diese Weise sind Einzelmaßnahmen immer in einen strategischen Zusammenhang gestellt, sodass auch für das operationale Personal transparent ist, wie die einzelnen Aktivitäten strategisch zusammenhängen.

Die Methode hat sich als sehr erfolgreich und einflussreich erwiesen, sodass sie in unterschiedlichen Branchen und unterschiedlichen Applikationen modifiziert Verwendung findet.

Adaptionen der Balanced Scorecard auf die Belange des Projektmanagements sind zum Teil unter den Namen „Project Scorecard" in die Projektmanagement-Diskussion eingeführt.

Erweitertes Kennzahlenschema

Qualitative oder weiche Faktoren spielen im Projektmanagement neben den harten Faktoren eine gleichberechtigt wichtige Rolle. Während die Methoden der Aufwandstrendanalyse, Meilensteintrendanalyse, Earned-Value-Analyse und das Projektpuffer-Verfahren nach Goldratt die harten Faktoren im Projektmanagement steuern und im Wesentlichen den monetären Aspekt im Blick haben, bleiben die qualitativen und weichen Faktoren außerhalb einer systematischen Kontrolle. Diese eindimensionale Betrachtung ist ein offensichtlicher Mangel.

Eine ähnliche Verkürzung auf rein finanzielle Messgrößen lässt sich auch für Kennzahlensysteme zur Steuerung eines Unternehmens feststellen, das ROI (Return-on-Invest)-Kennzahlensystem von DuPont beispielsweise basiert ausschließlich auf monetären Größen.

Demgegenüber stellt die Balanced Scorecard eine Erweiterung des Kennzahlenschemas über finanzielle Kenngrößen hinaus dar. Das von Robert S. Kaplan und David P. Norton in den 90er Jahren entwickelte Controlling- und Managementsystem betrachtet ein Unternehmen aus unterschiedlichen Dimensionen oder Perspektiven, wobei die vier „klassischen" Dimensionen — Finanzen, Kunden und Markt, interne Prozesse, Lernen und Wachstum — am häufigsten verwendet werden.

- Die finanzielle Dimension kontrolliert die Ansprüche der Kapitalgeber. Hier kommen die entsprechenden Steuerungsgrößen des Finanzbereiches zum Ansatz wie ROI-Betrachtungen.
- Die Kundenperspektive kann Kennzahlen wie Kundenzufriedenheit, Marktanteile, Kundenprofitabilität enthalten, aber auch Kennzahlen für Serviceeigenschaften, wie Liefertreue, Image des eigenen Unternehmens oder des Produkts beim Kunden.
- Die Prozessperspektive befasst sich mit der Qualität und Effizienz der eigenen Geschäftsprozesse. Kennzahlen wie Durchlaufzeiten, Prozesskosten, Produktivität etc. haben hier ihren Platz.
- Die Innovations- und Lernperspektive verdeutlicht die Wichtigkeit des menschlichen Faktors: Wie innovativ, wie lernbereit sind die Mitarbeiter des eigenen Unternehmens? Kennzahlen wie Anzahl der Verbesserungsvorschläge, Patente, Weiterbildung, aber auch das Durchschnittsalter der Produkte, Umsatzanteil an Neuprodukten haben hier ihren Platz.

Die Methode ist aber so flexibel, dass auch mehr als vier und andere als die „klassischen" Dimensionen Verwendung finden — je nach den jeweiligen Erfordernissen des Anwendungsgebietes.

Die Balanced Scorecard ist als Instrument des strategischen Managements zu sehen, das heißt, dass die Steuerungsgrößen aus der Strategie und der für diese Strategie wichtigen kritischen Erfolgsfaktoren abgeleitet sind. Die daraus zu entwickelnden Kennzahlen müssen so gewählt werden, dass der Zielerreichungsgrad messbar ist und Abweichungen frühzeitig erkennbar sind.

Insofern ist die Balanced Scorecard auch ein Hilfsmittel des Change Managements, da sie den Rückkopplungsprozess von der Strategie bis zur Überprüfung des Umsetzungserfolges systematisch implementiert. Dieser Rückkopplungsprozess umfasst die Phasen:

- Festlegung der Dimensionen oder Perspektive
- Definition von strategischen Zielen
- Abbildung eines Ursache-Wirkungs-Zusammenhangs der strategischen Ziele
- Entwicklung der Messgrößen für jedes strategische Ziel
- Festlegung der operativen Ziele (Vorgaben)
- Entwicklung von Initiativen und Maßnahmen
- Erstellung eines Umsetzungsplanes
- Überprüfung

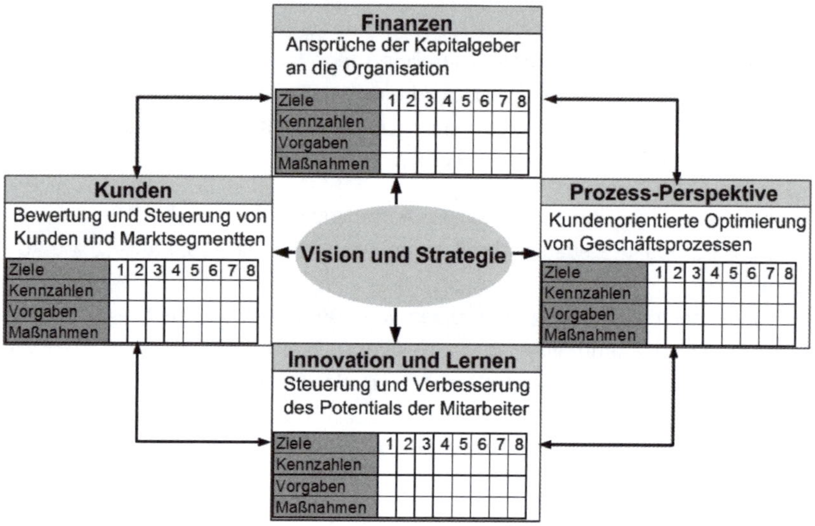

Abb. 18: Balanced Scorecard

Die einzelnen Kennzahlen können nicht losgelöst voneinander betrachtet werden. Deshalb gibt die Balance Scorecard auch Rechenschaft über die Abhängigkeiten der Kennzahlen voneinander in einer Ursachen-Wirkungs-Kette. Die Mitarbeiterkompetenz in der Innovationsdimension wirkt sich auf die Prozessqualität in der Prozessdimension aus, diese wiederum auf die Liefertreue in der Kundendimension und im Endeffekt auf den Gewinn in der Finanzdimension.

2.2.2 Anwendung der Methode

Beispiel: Project Scorecard

Es ist naheliegend, die Balanced Scorecard auf Projekte anzuwenden. Das Management eines Projekts weist dieselben Elemente auf, wie das Management einer Unternehmung. Wenn für eine Unternehmung eine Balance Scorecard existiert, übernimmt die Project Scorecard die Strategie aus der Unternehmens-Scorecard. Falls keine gesamte Scorecard existiert, spricht nichts dagegen, mit einer Project Scorecard isoliert zu beginnen.

Man kann mit den vier klassischen Dimensionen der Balanced Scorecard starten, falls nicht besondere Projektspezifika es nahe legen, andere oder zusätzliche Dimensionen zu verwenden.

Die Steuerungsgrößen für die Finanzperspektive bekommt man zum Teil aus Messkriterien, wie sie unter den harten Zielen des Projektmanagements besprochen wurden, zusätzlich zu Umsatzgrößen und Liquiditätskennzahlen.

Kunden (für die Kundenperspektive) können sowohl externe als auch interne Kunden sein.

Für die Prozessperspektive ist entscheidend, wie gut die Projektmanagement-Prozesse (Planungs-, Steuerungs-, Kommunikations-, Administrationsprozesse) abgewickelt werden.

Für die Innovationsperspektive können Kriterien wie Einträge in Wissensdatenbanken, Teilnahme an Fortbildungen, Anzahl von Verbesserungsvorschlägen herangezogen werden.

Dimension	Ziel	Metrik/Methoden der Erfassung
Finanzielle Dimension	Erwirtschaftung eines Deckungsbeitrags von X EUR	Deckungsbeitrag
		Fertigstellungsgrad
	Liquidität 1. Grades muss bei X % liegen	Liquidität 1. Grades
Kunden-perspektive	Einhaltung des geplanten Endtermins	Pufferverbrauch nach Goldratt
	Einhaltung der Liefertreue für die Lieferumfänge von X %	Meilensteintrend
		Earned Value, SPI (Schedule Performance Index)
		Termintreue
	Erreichung der Kundenzufriedenheit von X laut normiertem Fragebogen	normierter Fragebogen
		Eigen-/Fremdbeurteilung
	Antwortzeit auf Kundenanfragen darf X Std. nicht überschreiten	Antwortzeiten
	Unterschreiten eines %-Satzes fehlerhafter Funktionen von X %	Ratio Anzahl der Funktionen zu der Anzahl der fehlerhaften Funktionen
Prozess-perspektive	hohes Niveau der Projektplanung	Vorhandensein eines Struktur- und Ablaufplans
	zuverlässige Rückmeldung der Projektdaten	Pünktliches Reporting von Ist- und Forecast-Daten
	transparente Struktur der Projektorganisation	Vorhandensein einer Projektcharter
Innovations-perspektive	Erreichung einer Zufriedenheit der Mitarbeiter von X (nach normiertem Fragebogen)	normierter Fragebogen
	Erhöhung des Kompetenzgrades der Mitarbeiter	z. B. nach einer SkillMatrix, in der die Levels der Mitarbeiter beschrieben sind
	Bereitstellung des Wissens in der Wissensdatenbank	Anzahl der Beiträge in der Knowledge-Datenbank pro Mitarbeiter

Tabelle 15: Project Scorecard

2.2.3 Fazit und Erkenntnisse

Die Balanced Scorecard passt sehr gut in eine Unternehmenskultur der zielorientierten Führung (Management by Objectives). Sie lässt sich in ein konsistentes Konzept einbetten, das von der Mitarbeiterführung über den Technologieeinsatz bis zur Projektmethodik reicht.

- In der Mitarbeiterführung können die Zielvereinbarungen in die Balanced Scorecard eingebettet werden.
- Die Projektmethodik Goal Directed Projektmanagement lässt sich mit diesem Konzept gut vereinbaren.
- Mit den OLAP-Konzepten steht auch eine Technologie bereit, die Kennzahlen in einer für Controlling und Management geeigneten Form aufzubereiten.

Wichtig

Der Aufwand, der mit der Einführung der Balanced Scorecard verbunden ist, darf nicht unterschätzt werden. Die Einführung ist eines der anspruchvollsten Projekte in einer Unternehmung.

Die isolierte Einführung in Projekten im Rahmen der Project Scorecard ist durchaus möglich. Dies sollte aber von der Projektgröße abhängig gemacht werden.

2.3 Entscheidungsbaum

Kurzbeschreibung der Methode	
Methodenart	**Projektklärung/Suchmethode, Prognosemethode**
Geeignet für	Prognose von Lösungen und Lösungsmöglichkeiten
Ziel	Beste Strategie aus einer Zahl möglicher Strategien herausfinden, mit deren Hilfe ein vorgegebenes Ziel am ehesten erreicht werden kann.
Benötigte Hilfsmittel/ Beteiligte	Kenntnis über Entscheidungspunkte; Daten über die Eintrittswahrscheinlichkeit von Entscheidungen
Zeitaufwand	Gering; systematische Analysen brauchen je nach Umfang des Problemfeldes erheblich mehr Zeit.
Vorteile	Die Methode führt zu übersichtlicher grafischer Darstellung der alternativen Lösungswege (Strategien). Bei günstig abgeschätzten Eintrittswahrscheinlichkeiten kann die Ergebnisqualität sehr hoch sein.
Nachteile	Die Ergebnisqualität ist sehr stark abhängig von den abgeschätzten Eintrittswahrscheinlichkeiten. Umfangreiche Entscheidungsbäume werden durch die vielen Knotenpunkte unübersichtlich.

2.3.1 Beschreibung der Methode

Entscheidungsbäume sind eine spezielle Form, Entscheidungsregeln grafisch darzustellen. Sie zeigen in hierarchischen Netzen aufeinander folgende Entscheidungen.

Normalerweise werden die Entscheidungsbaumdiagramme „top-down“ erstellt. Die Entscheidungsabfragen beginnen oben mit einem einzelnen „Stamm“ und verzweigen sich durch die darauf folgenden Entscheidungsmöglichkeiten permanent weiter nach unten. Sie bilden dabei ein „Wurzelnetzwerk“ aus, an deren unteren Endpunkten schließlich alle relevanten Entscheidungen getroffen sind und das fertige Konzept als „Wurzelspitze“ klar ersichtlich ist.

Beim binären Entscheidungsbaum wird an jedem Knotenpunkt, an jeder „Wurzelverzweigung“, eine eindeutige Entscheidung abgefragt. Diese Fragestellung wird auch als „Entscheidungsregel“ bezeichnet. „Ja oder Nein“, „A oder B“: Diese klaren Entscheidungen, die von den Teilnehmern von Stufe zu Stufe des Baumes getroffen werden müssen, führen letztlich zum Ergebnis des Entscheidungsbaums.

Die Methode lässt sich recht einfach und mit geringem Aufwand durchführen. Die Diagramme lassen sich schnell generieren. Man setzt diese Methode ein, um Entscheidungen besser und mit weniger Fehlern behaftet treffen zu können. Die gewählten Entscheidungswege sind leicht verständlich, gut präsentierbar, klar, übersichtlich und ihr gesamter Berechnungsgang ist einfach nachvollziehbar. Die grafische Darstellung der alternativen Lösungswege und Strategien hilft, selbst den Überblick zu behalten und auch Problemfremden schnell einen Überblick vermitteln zu können.

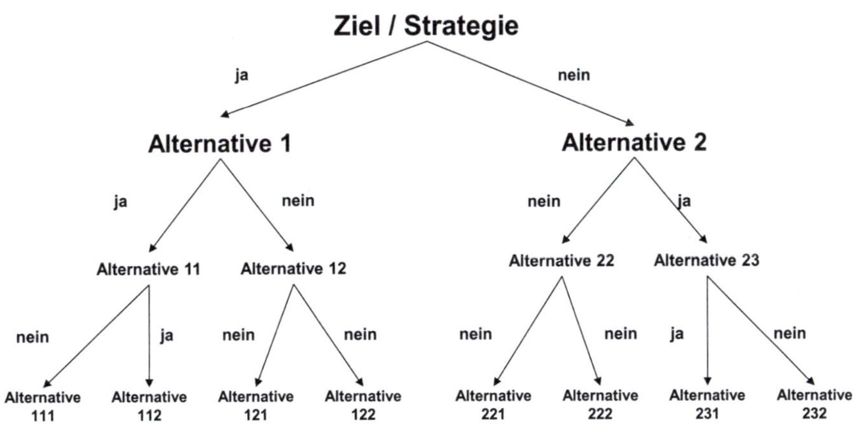

Abb. 19: Entscheidungsbaum

Alle wichtigen Entscheidungen sind auf dem Weg von der „Wurzelspitze“ (fertiges Konzept) bis hoch zum „Stamm“ (Problemstellung) gelistet und ablesbar. Man kann auch leicht erkennen, durch welche Entscheidung(en) sich die verschiedenen Lösungen unterscheiden, indem man den Baum von den jeweiligen Wurzeln bis zu deren Knotenpunkt nach oben verfolgt. Fragestellungen des gleichen Themengebiets liegen nahe beieinander, der Baum besteht aus verschiedenen Regionen, die leicht voneinander getrennt und verschieden gut aufgelöst werden können. Das ist vor allem hilfreich bei großen Bäumen, die von vielen Leuten mit unterschiedlichen Interessen bearbeitet werden.

2.3.2 Anwendung der Methode

Entscheidungsbäume finden ihre Anwendung in der Berechnung von Wahrscheinlichkeiten und der Entscheidungsfindung. Mögliche Fragen wären: „Welche Strategie sollte unser Unternehmen bezüglich des Aktienkurses durchführen? Wie wirken sich diese Entscheidungen aus?” oder „Welche Erste-Hilfe-Maßnahmen muss ich in einer speziellen Situation durchführen? Welche Auswirkungen können diese Maßnahmen haben? Wie reagiere ich im weiteren Verlauf am besten?”

Häufig werden Entscheidungsbäume auch als Basis zur Bildung neuronaler Netze verwendet.

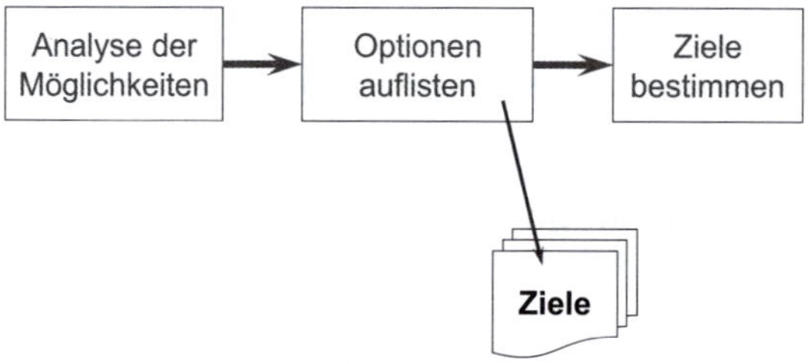

Abb. 20: Ablauf Entscheidungsbaum

1. Schritt: Analyse der Möglichkeiten

Zuerst sollten Sie systematisch analysieren, welche Strategien überhaupt zur Verfügung stehen, um die Aufgabenstellung zu lösen. Diese Strategien sind dann zu beschreiben und übersichtlich darzustellen. Sie benötigen dazu die Kenntnis über die möglichen Entscheidungspunkte.

2. Schritt: Optionen auflisten

Als Nächstes beschreiben Sie die möglichen Ereignisse, die beim Verfolgen dieser Strategien auftreten können, genauso wie die Ereigniswerte und Eintrittswahrscheinlichkeiten. Welche Möglichkeiten gibt es, und mit welcher Wahrscheinlichkeit können diese eintreten? Der Erwartungswert E eines Ereignisses ist das Produkt des Ereigniswertes W mit seiner Eintrittswahrscheinlichkeit P (also: E = W * P).

3. Schritt: Ziele bestimmen

Bestimmen Sie das bzw. die Ziele. Was soll überhaupt erreicht werden? Ein Entscheidungsbaum ist im Prinzip ein Computerprogramm/Skript, das von Menschen abgearbeitet wird. Für einen reibungsfreien Ablauf müssen sämtliche Entscheidungen definiert sein. Dann kann man überlegen, welcher Lösungsweg beschritten werden soll?

Tipp: Hilfsmittel Entscheidungsbaum

Einfache Entscheidungsbäume kann man hinreichend gut mit einem Tabellenkalkulationsprogramm, z. B. MS-Excel, erstellen und berechnen. Für umfangreichere Problemfelder sollten Sie jedoch spezielle Anwendungsprogramme wie z. B. „GNU-R“, „SPSS“ oder „SAS“ verwenden. Bei diesen professionellen Anwendungen ist bereits die Berechnung für die bekanntesten Entscheidungsbaumtypen implementiert. Die wichtigsten Baumtypen sind nach den ihnen zugrunde liegenden Algorithmen bezeichnet: „CART“ = Classification and Regression Tree; „CHAID“ = Chi-Square Automative Interaction Detectors. Gebräuchliche Tools wie „MindMapping“ oder „GAMMA“ können Entscheidungsbäume unter gewissen Einschränkungen modellieren und teilweise auch berechnen.

In der nächsten Abbildung sehen Sie ein Beispiel für einen Entscheidungsbaum.

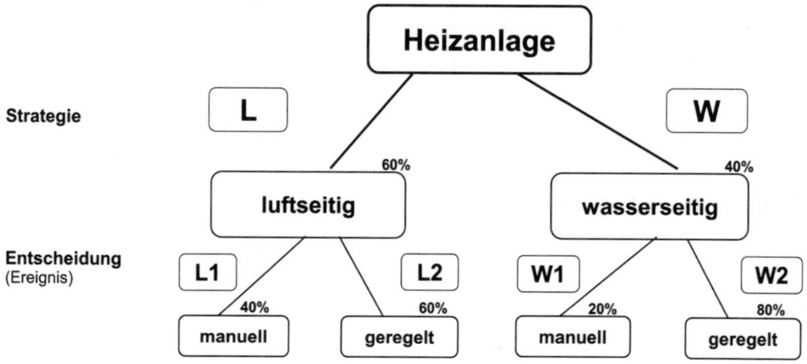

	L1	L2	W1	W2
W **Ereigniswert** = Preis (in €)	**80,00 €**	**120,00 €**	**70,00 €**	**90,00 €**
P **Eintrittswahr-**	60% x 40% **0,24**	60% x 60% **0,36**	40% x 20% **0,08**	40% x 80% **0,32**
E **Erwartungswert**	80 x 0,24 **19,2**	120 x 0,36 **7,2**	70 x 0,08 **5,6**	90 x 0,32 **28,8**
	← **26** →		← **34** →	

Abb. 21: Beispiel Entscheidungsbaum

2.3.3 Fazit und Erkenntnisse

Voraussetzung für eine sinnvolle Entscheidungsbaumdarstellung ist die genaue Kenntnis der möglichen Entscheidungspunkte (Knotenstellen im Baumdiagramm). Darüber hinaus müssen zuverlässige Daten über die Eintrittswahrscheinlichkeiten der einzelnen Entscheidungen vorliegen.

Die Qualität der Ergebnisse ist stark abhängig von den — unter Umständen nur geschätzten — Eintrittswahrscheinlichkeiten der im Entscheidungsbaum aufgenommenen Elemente. Sie kann sehr hoch sein.

Umfangreiche Entscheidungsbäume können durch ihre vielen Knotenpunkte unübersichtlich wirken. Bei einem logisch strukturierten Baum stellt dies jedoch kein Problem dar. Man erkennt lediglich beim ersten Anblick die große Menge erforderlicher Entscheidungen. Der Baum dokumentiert sämtliche möglichen Entscheidungswege, auch jene, die von anderen Gruppen getroffen werden, im Hintergrund ablaufen oder eventuell schon als Sackgassen bekannt und nur zur Fehlervermeidung dokumentiert sind.

Dank des logisch strukturierten und hierarchischen Aufbaus können Entscheidungsbaumdiagramme individuell übersichtlich gemacht werden. Der gesamte Baum für die Funktion eines PKW beschreibt neben den Daten für den Motor auch die für die Innenausrüstung. Der Motorentwickler kann einen übersichtlichen Teilentscheidungsbaum „Motor“ herausgreifen. Dieser beinhaltet alles für ihn relevante und verwirrt ihn nicht durch unnötige Detailinformationen. Der Innenausrüster erhält den Teilentscheidungsbaum „Innenausrüstung“ mit allen für ihn relevanten Informationen.

Tipp

Als Faustregel gilt, dass sich die steigende Baumgröße negativ auf das Ergebnis auswirkt. Der Baum sollte also möglichst schlank gehalten bzw. individuell für den Anwender zurechtgeschnitten werden.

2.4 Interdependenzanalyse

Kurzbeschreibung der Methode	
Methodenart	**Projektklärung/Planungsmethode, Zielplanung**
Geeignet für	Planung von Projektzielen und Maßnahmen
Ziel	Beziehungen zwischen Zielen untereinander feststellen.
Benötigte Hilfsmittel/ Beteiligte	Team; Fachleute und deren Fachkenntnisse
Zeitaufwand	Je nach Komplexität und Detailtiefe; im Team 2 Stunden bis 2 Tage
Vorteile	Verbessert das Ergebnis des Paarweisen Vergleichs durch die Berücksichtigung der Beziehungen untereinander.
Nachteile	Die Bewertung durch den Paarweisen Vergleich erweckt den Eindruck von Objektivität. Die paarweise Bewertung ist jedoch subjektiv geprägt.

2.4.1 Beschreibung der Methode

Eine Interdependenz ist eine wechselseitige Abhängigkeit zwischen Zielen. Die Interdependenzanalyse macht Beziehungen zwischen Zielen untereinander transparent. Fördert eine Maßnahme das Ziel 1 positiv, so wird Ziel 1 selbst direkt oder indirekt Ziel 2 beeinflussen. Die Interdependenzanalyse macht diese Beziehungen transparent. Sie zeigt sowohl die Richtung an, also fördernd oder behindernd, aber auch die Wirkungsstärke. Die Abhängigkeit zwischen den Zielen 1 und 2 kann nun sein: Ziel 1 fördert oder behindert Ziel 2 oder umgekehrt, Ziel 1 wird von Ziel 2 gefördert.

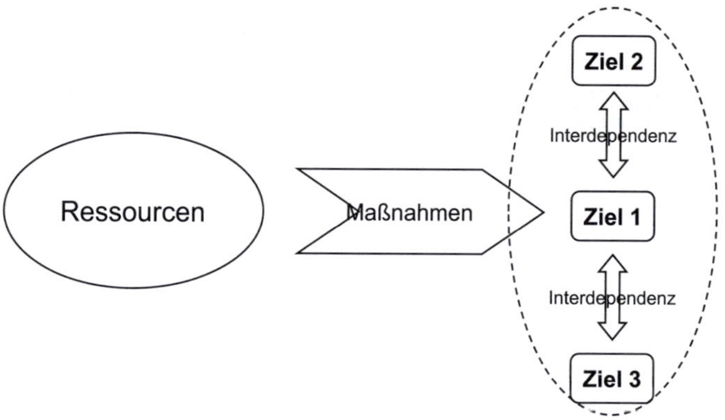

Abb. 22: System von Zielen und Maßnahmen

2.4.2 Anwendung der Methode

In einer Gemeinschaft, z. B. einer Gemeinde existieren immer viele unterschiedliche Ziele. Um Maßnahmen zur Förderung dieser Ziele umzusetzen, stehen aber nur endliche Personalressourcen und das begrenzte Haushaltsbudget zur Verfügung.

Normale Systeme haben einen hohen Komplexitätsgrad. Auf der einen Seite existieren immer viele Ziele und Unterziele. Auf der anderen existieren aber auch viele Aufgaben, Maßnahmen und Aktivitäten. Will man einen Bereich mit Maßnahmen fördern und verbessern, so werden zwangsläufig andere Bereiche negativ beeinflusst, sogar behindert.

In der Regel beeinflussen sich Ziele immer. Dies kann direkt als auch indirekt geschehen. Kosten-Nutzen-Analyse, Kosten-Wirksamkeits-Analyse oder die Nutzwertanalyse können nur „eindirektionale" Beziehungen bewerten. Sie können nur feststellen, wie eine Maßnahme bezogen auf ein Ziel wirkt. Ob sich die Förderung eines Zieles jedoch auf andere Ziele ebenfalls auswirkt, kann nicht bewertet werden.

Hier setzt die Interdependenzanalyse an und beleuchtet die unterschiedlichen Interdependenzen, Beziehungen der Ziele untereinander. Mit der Analyse lassen sich die stärker fördernden Ziele (= starke Sender) sowie stärker empfangenden Ziele (= starke Empfänger) erkennen.

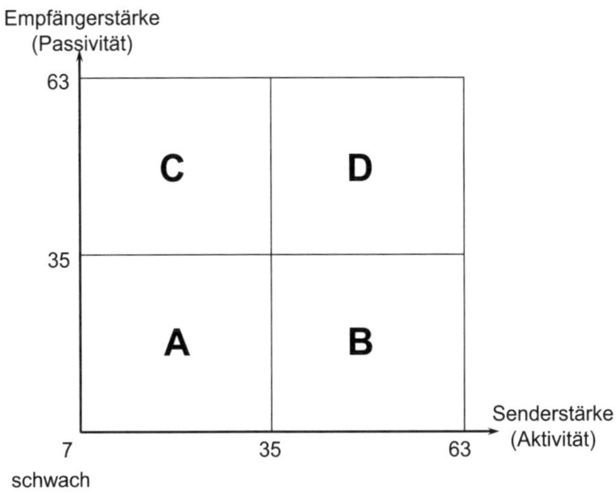

Abb. 23: Wirkungsrichtung von Maßnahmen

Muss man nun den Einsatz von Ressourcen optimieren, dann sollten nur die Maßnahmen umgesetzt werden, die selbst direkt andere Ziele fördern und dabei möglichst geringe Umfänge negativ beeinflussen. Ziel ist es, mit geringem finanziellen Aufwand ein Maximum an positiver Leistung zu erreichen, das Gesamtergebnis optimal zu gestalten, den Zufriedenheitsgrad insgesamt zu maximieren.

Hauptelement der Interdependenzanalyse ist der „Paarweise Vergleich" mit dem die Wirkungen der Maßnahmen auf Ziele untersucht werden (s. Kapitel 2.8).

1. Schritt: Ausgangssituation beschreiben

Bevor eine Interdependenzanalyse durchgeführt werden kann, muss die Situation klar, die Problematik beschrieben sein. Alternativen, Ziele, Zielelemente und Einflussfaktoren müssen bekannt, die relevanten Elemente benannt sein.

Paarweiser Vergleich

Ziel:

Verbesserung der Qualität von Teamarbeit

Frage:
Wie stark fördert Maßnahme / Ziel (1) Maßnahme / Ziel (2)?

Antwort:
stark = 9
mittel = 5
nicht = 1

Maßnahme / Aktivität /		1	2	3	4	5	6	7	8	9	10	Summe
1			8	5	1	8	6	7	3	4	3	45
2		2		2	1	1	4	3	7	6	1	27
3		5	8		1	1	1	1	1	1	1	20
4		9	9	9		9	9	9	9	9	9	81
5		1	9	9	1		4	5	2	7	3	41
6		3	6	9	1	6		7	7	2	3	44
7		2	7	9	1	5	3		4	5	3	39
8		6	3	9	1	8	3	6		4	5	45
9		5	4	9	1	3	8	5	6		8	49
10		6	9	9	1	7	7	7	5	2		53

Abb. 24: Ergebnis des einfachen Paarweisen Vergleichs

2. Schritt: Interdependenzen der einzelnen Ziele untereinander

Mit der Interdependenzanalyse werden nun die Wirkungsbeziehungen, Intensitäten und Rückkoppelungen festgestellt. Die aussagefähigen Indikatoren werden benannt. Mithilfe eines <u>weiteren</u> Paarweisen Vergleichs können die Interdependenzen der Ziele untereinander festgestellt werden. Die Abfrage der direkten Abhängigkeiten lautet dann:

„Wie stark fördert Ziel 1 das Ziel 2?"

Als Bewertungsskalen stehen zur Auswahl:

0	1	2	3	4	5	6	7	8	9
-9	-8 -7	-6 -5	-4 -3	-2 -1	0 1	2 3	4 5	6 7	8 9
-3		-2		-1	1		2		3
0	0	1	1	1	2	2	2	3	3

Abb. 25: Bewertungsskalen

Die Bewertungsskalen mit positiven Anteilen z. B. von „0" bis „3" oder von „0" bis „9" lassen sich bei der Auswertung besser summieren als andere, gemischte Skalen, z. B. von „–9" bis „+9".

behindert stark → weder noch → fördert stark

0	1	2	3	4	5	6	7	8	9

Abb. 26: Bewertungsskala für Beispiel

Die Stärke der Sender und Empfänger wird mit der Analyse bestimmt. Hierbei gibt es alle möglichen Schattierungen.

	Sender	Empfänger
A	-	-
B	+	-
C	-	+
D	+	+

Abb. 27: Sender-/Empfängerstärke von Zielen

Die Aufgabe soll sein, diejenigen Ziele, Elemente oder Maßnahmen zu finden, die sehr stark senden, ohne dabei andere Ziele zu blockieren. Der Charakter von Zielen und Maßnahmen kann theoretisch von schwachem Sender + Empfänger bis hin zu starkem Sender + Empfänger reichen.

Ziele, die zwar fördern, aber andere Ziele auch stärker behindern, werden mit einem Malus belegt und rutschen damit in der Rangfolge nach unten. Man kann also durch Bonus-/Malus-Vergabe die objektive Punktvergabe so steuern, dass eine Rangfolge entsteht, die den Förderer, den stärkeren Sender bevorzugt und die die reinen Empfänger bzw. die blockierenden Ziele aussortiert.

3. Schritt: Auswahl der relevanten Alternativen

Es werden nun Szenarien aufgebaut. „Was passiert, wenn ...?"-Strategien werden entwickelt und geeignete Maßnahmen festgelegt. Mit ihnen werden die starken Ziele gegenüber den fördernden und den behinderten Aufgaben, bezogen auf die anderen Ziele, abgefragt und bewertet. Es ergibt sich dadurch eine Art Zufriedenheitsindex für das

Gesamtsystem. Damit kann entschieden werden, dass z. B. nur Ziele ausgewählt werden, die starke Sender sind, und andere Ziele gefördert werden.

Die festgestellten Interdependenzen können in einem mathematischen Simulationsmodell (Rechenmodell) abgebildet werden. Werden nun bestimmte Zielbeiträge z. B. um 50 Prozent geändert, so werden sich alle anderen ebenfalls verändern. Mit dem mathematischen Modell können die Interdependenzen berechnet werden. Damit wird deutlich, wie sich eine gezielte Änderung des einen Zielbeitrags auf alle anderen auswirkt.

Es können gezielt diejenigen Zielelemente festgestellt werden, die mit wenig Aufwand und Mitteleinsatz ein Maximum an Zielerreichungsgrad bzw. Zufriedenheit für das gesamte System erzielen.

2.4.3 Fazit und Erkenntnisse

Die Vorteile der Interdependenzanalyse sind: Sie verbessert das Ergebnis des einfachen Paarweisen Vergleichs um die Aspekte der jeweiligen wechselseitigen Abhängigkeiten bzw. Beziehungen der Ziele untereinander.

Im Paarweisen Vergleich kann z. B. eine Maßnahme in der Rangfolge als weitaus beste bewertet worden sein. Betrachtet man nun das gesamte System, so könnte diese Maßnahme auch andere Ziele negativ beeinflussen und die Lage des Gesamtsystems sogar verschlechtern. Mit der methodischen Vorgehensweise bekommen solche Maßnahmen einen Malus.

Tipp

Zur Feststellung von Interdependenzen ist auch die „Ganzheitliche Problemlösungsmethode“ von Prof. Frederic Vester zu nennen. Erlaubt sei hier auch der Hinweis auf das PC-Werkzeug "GAMMA“ von „TATA Interactive Systems“/Tübingen (ehemals TOPSIM) sowie die Literatur zum „Vernetzten Denken“.

Nachteile der Interdependenzanalyse: Die Bewertungen im Paarweisen Vergleich, die Abfrage der beiden Wertepaare ist absolut subjektiv. Entscheidungen trifft der Bewertende selbst. Modelle, Funktionen bzw. mathematische Formel unterstützen objektiv bei der Bewertung. Die Entscheidung danach erfolgt wieder objektiv durch eine Entscheidungsregel. Das Endergebnis erweckt den Eindruck einer absolut objektiven genauen methodischen Vorgehensweise. Ein exakter Zahlenwert gibt die Rangfolge der verschiedenen Elemente an. Durch die subjektive Abfrage auf der Paarebene erhält man jedoch starke subjektive Einflüsse.

2.5 Kosten-Nutzen-Analyse

Kurzbeschreibung der Methode	
Methodenart	**Projektklärung/Bewertungsmethode**
Geeignet für	Teil der Investitionsrechnung
Ziel	Aus einer Vielzahl verschiedener Alternativen (Maßnahmen, Prozesse) diejenige mit dem günstigsten Verhältnis aus Kosten und Nutzen herausfinden; Vorteilhaftigkeit einer Alternative darstellen/beweisen; Rangfolge alternativer Maßnahmen entsprechend dem Verhältnis aus Gesamtnutzen zu Gesamtkosten feststellen.
Benötigte Hilfsmittel/ Beteiligte	In Geldeinheiten bewertete alternative Maßnahmen bzw. Kosten und Nutzen der einzelnen Maßnahmen; definierte Diskontierungs- und Investitionsregeln
Zeitaufwand	Relativ geringer Zeitaufwand
Vorteile	Das Rechenmodell ist transparent und nachvollziehbar. Qualitative und quantitative Entscheidungskriterien werden in einem Rechenmodell verarbeitet. Direkte Kosten können klar und transparent abgebildet werden.
Nachteile	Es können nur Kostenwerte miteinander verglichen werden. Nicht alle Nutzenarten sind immer klar darstellbar und in Geld bewertbar. Das Ergebnis ist durch die subjektive Nutzenbewertung des Entscheiders subjektiv geprägt. Monetäre Aspekte werden in der Regel zu hoch bewertet. Der vermutlich zu erreichende Nutzen ist schwierig zu prognostizieren. Zielkonflikte zwischen den einzelnen Kriterien können auftreten.

2.5.1 Beschreibung der Methode

Die Kosten-Nutzen-Analyse (KNA) ist eine Bewertungsmethode. Aus einer Vielzahl verschiedener Alternativen (Maßnahmen, Prozesse oder Projekte) soll diejenige mit dem günstigsten Verhältnis zwischen Kosten und Nutzen herausgefunden werden. Mit der KNA werden die Kosten von Alternativen in einem Rechenmodell ins Verhältnis zu den Nutzenanteilen, die durch diese Maßnahmen ausgelöst werden, gesetzt und bewertet.

Abb. 28: Bewertungsmodell Kosten-Nutzen-Analyse

Das Ergebnis ist eine Rangfolge der Alternativen entsprechend dem Verhältnis aus Gesamtkosten zu Gesamtnutzen. Damit der Kosten-Nutzen-Vergleich in einem Rechengang ausführbar ist, müssen sowohl die Kosten als auch der Nutzen unbedingt in Geldeinheiten bewertet werden. Dadurch können nur die Nutzenanteile ausgewählt und berücksichtigt werden, die auch sinnvoll in Geldwerten messbar sind. In diesem Fall ist der Nutzen „positiv" als „Einnahme", die auszugebenden Kosten „negativ" als Ausgaben zu deklarieren. Bei der Bewertung kann sowohl die Wirkung einzelner Maßnahmen als auch die Wirkung ganzer Maßnahmenbündel auf ein System berücksichtigt werden.

2.5.2 Anwendung der Methode

Die Vorgehensweise der Kosten-Nutzen-Analyse entspricht der der Kosten-Wirksamkeits-Analyse mit einer Ausnahme: Bei der KNA müssen alle Werte in Geld ausgedrückt werden. Im Beispiel (s. u.) sollen die künftigen Kosten des laufenden Betriebs mit den derzeitigen Betriebskosten verglichen werden. Das neue System soll kostengünstiger arbeiten. Dafür muss eine gemeinsame Bezugsgröße festgelegt werden. In diesem Fall wäre es die Zahl der Einscannformate DIN A4. Man geht von der aktuellen Zahl der Scandokumente pro Tag aus und prognostiziert z. B. ohne Zuwachs in die Zukunft. Damit kann die derzeitige manuelle Abwicklung mit einem verbesserten zukünftigen Prozess bewertet werden.

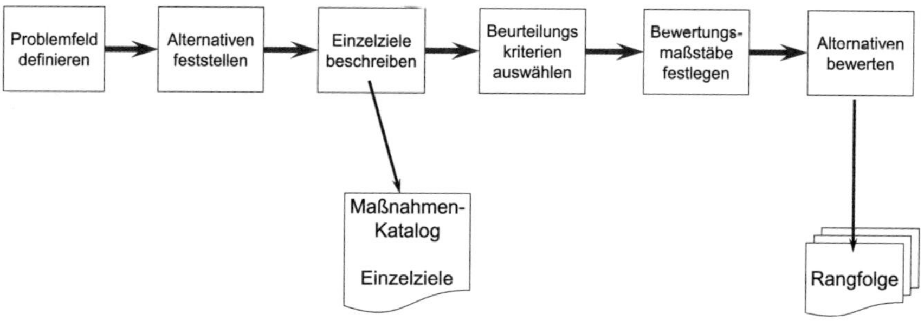

Abb. 29: Ablauf Kosten-Nutzen-Analyse

1. Schritt: Problemfeld definieren

Beschreiben Sie im ersten Schritt die zur Entscheidung vorliegende Situation, das Problemfeld, ausreichend genau. Dies könnte z. B. sein: „Dokumente scannen"

2. Schritt: Alternativen feststellen

Danach suchen Sie die zur Auswahl anstehenden Alternativen und legen diese fest. Bei dem oben geschilderten Problemfeld „Dokumente scannen“ könnten dies z. B. die folgenden Alternativen sein: „manuell, automatisch, ...”

3. Schritt: Einzelziele beschreiben

Dann müssen die einzelnen Ziele des Zielsystems konkretisiert und bei Bedarf auch gewichtet werden. Bezogen auf das Beispielproblemfeld „Dokumente scannen“ wäre dies dann z. B.: „800 Dokumente, DIN A4, einseitig, pro Tag scannen“.

4. Schritt: Beurteilungskriterien auswählen

Um die Alternativen nach den Einzelzielen bezogen auf Kosten und Nutzen bewerten zu können, müssen die relevanten Messkriterien die dieses „System“ hinreichend gut beschreiben und bewerten lassen, bestimmt werden. Beim „Dokumente scannen“ könnten dies z. B. sein: Maschineninvestitionen, Zinsaufwand, Platzbedarf, Fläche, Rohstoffkosten, Personalaufwand, Personalkosten, Gemeinkosten, Betriebskosten, Auslastung, Gewährleistungskosten, Versicherungskosten, Anwaltskosten, Gerichtskosten, Patentkosten, usw. Auch zukünftige Entwicklungen und Kostenentwicklung sollten Sie bei Bedarf mit einbeziehen.

5. Schritt: Bewertungsmaßstäbe festlegen

Für die konkrete Messung brauchen Sie nun Bewertungsmaßstäbe, die auf alle Kriterien anwendbar sind. Außerdem sollten Sie das Rechenmodell, die Berechnungsformel zur Feststellung der Kosten-Nutzen der einzelnen Alternativen, bestimmen. Direkte Nutzen können meist in Kosten erfasst und in Kostendifferenzen (Erhöhungen, Reduzierung) ausgedrückt werden. Das Gleiche gilt auch für relative Nutzenarten, die zum Beispiel erst durch Einsparung zukünftiger Kosten ausgelöst werden, wie etwa eine Kostenreduzierung aufgrund späteren Wachstums in der Branche oder Rohstoffpreiserhöhungen.

Bei den sekundären Nutzenarten wird es dagegen oftmals schwer, geeignete Kostenwerte zu finden. Immaterielle Vorteile können meist nicht quantifiziert werden. Hier muss eine Transformation in Kostenwerte stattfinden. Es müssen also nichtmonetäre Werte wie zum Beispiel „Schönheit, Lebensqualität, Bedienerfreundlichkeit, Umweltfreundlichkeit, Wartungsfreiheit, Servicefreundlichkeit“ in Kostenwerte umgesetzt werden. Gelingt dies nicht, so muss die Nutzwertanalyse (NWA) angewendet werden (s. Kapitel 2.7).

6. Schritt: Alternativen bewerten

Anschließend bewerten Sie die Alternativen einzeln. Für jede Alternative muss die Frage beantwortet werden, wie hoch die Kosten zur Realisierung sind und wie der Nutzen nach der Umsetzung ausfällt. Der Vergleichszeitraum ist eine wesentliche Randbedingung bei der Kosten-Nutzen-Betrachtung. Oft muss die gesamte Lebenszyklusdauer angesetzt werden, da kürzere Zeiträume die Vergleichsrechnung verfälschen würden. Übliche Lebenszyklen von Automobilteilen liegen z. B. bei 25 Jahren. Verzinsungen und Abschreibungen spielen bei der Betrachtung eine wesentliche Rolle.

Wichtig ist, dass Sie sowohl die direkten Kosten und Nutzenwirkungen in der näheren und ferneren Zukunft als auch die Nebeneffekte verschiedenster Art bewerten. Sehr oft werden Maßnahmen zur Änderung von Prozessen oder ganzen Systemen in Projekten realisiert. Dann sollten Sie auch die Projektkosten zur Realisierung in die KNA mit einbeziehen. Welche Abschnitte müssen berücksichtigt werden? Sind z. B. Kosten für Akquisition, Realisierung, Entwicklung im Projekt, Betriebsdauer, Außerdienststellung, Entsorgung des Systems relevant für die Kostenkalkulation? Aufgrund der Ergebnisse ergibt sich eine Rangfolge zwischen den „wertigen“ und „ungeeigneten“ Alternativen.

Beispiel: Kosten-Nutzen-Analyse

Prozess: Dokumente einscannen (800 A4-Dokumente je Tag)			
A1 (manuell):		A2 (automatisch):	
Personalaufwand: 2 Min. je DIN A4 = 1600 Min/Tag = 27 Std./Tag = 4 Mitarbeiter , je 6,7 Std./Tag		Personalaufwand: 1 Min. je DIN A4 = 800 Min/Tag = 13,5 Std./Tag = 2 Mitarbeiter , je 6,7 Std./Tag	
4 Scanner/4 PC = 6.000 EUR Invest 24 qm Bürofläche		2 Scanner/2 PC = 6.000 EUR Invest 12 qm Bürofläche	
Kostenrechnung p.a.			
Maschineninvest	1.500,00	Maschineninvest	1.500,00
Zinskosten	75,00	Zinskosten	75,00
Gemeinkosten, Büro	2.880,00	Gemeinkosten, Büro	1.440,00
Personalkosten	140.000,00	Personalkosten	70.000,00
	144.455		73.015
Kostenreduzierung:			**71.440**

Tabelle 16: Beispiel Kosten-Nutzen-Analyse

Bei unserem Beispiel ist rechnerisch gesehen die Alternative A2 wesentlich günstiger als A1, womit allerdings noch nichts automatisch entschieden ist. Der Anwender selbst muss am Ende des Bewertungsprozesses mit Sachverstand entscheiden.

2.5.3 Fazit und Erkenntnisse

Die KNA kann nur Kostenwerte miteinander vergleichen. Direkte Kosten können in der Regel klar und transparent in Geldwerten abgebildet werden. Nutzenarten sind nicht immer klar darstellbar. Zum Vergleich müssen sie aber in Geldwerten abgebildet sein. Nun können nicht alle Nutzenanteile sinnvoll in Geldwerten gemessen werden. Bei der Abschätzung der einzelnen Nutzenanteile können Schwierigkeiten auftreten. Ideelle Werte wie beispielsweise Qualität, Image, Betriebsgeräusch, Kundenzufriedenheit oder Durchlaufzeit machen Probleme bei der monetären Bewertung. An dieser Stelle geben wir Ihnen noch den Hinweis auf die verschiedenen Nutzenarten:

Nutzenarten

Nutzenkategorie	Kostenarten	Differenzkosten
direkt	Materialeinsparung, Personaleinsparung, Zinsminderung, ...	können direkt errechnet werden
relativ	Kosten aus Wachstum, Änderungen, Anpassungen, ...	können über Umwege berechnet werden
schwer erfassbar	Immaterielle Vorteile bzw. Sekundärnutzen	können in der Regel nicht berechnet werden

Tabelle 17: Nutzenarten

Hier muss man sich mit fingierten Preisen oder durch Zuordnung von Geldwerten behelfen. Durch den Zwang, monetäre Größen zur Bewertung heranzuziehen, werden oft die quantifizierbaren „festen“ Größen, die monetären Aspekte, zu hoch bewertet und die „weichen“ Größen unterbewertet. Manchmal ist die Bewertung und Beurteilung sogar zweifelhaft. Damit ist diese Methode nur beschränkt einsetzbar, denn viele Nutzenanteile sind eben nur ideell und nicht monetär bewertbar.

Tipp

In der Regel kann die KNA nur „stationäre“ Situationen sinnvoll vergleichen. Sind zeitlich variierende Zu- und Abflüsse von Einnahmen, Ausgaben, Verzinsungen, Abschreibungen, kalkulatorischen Kosten wichtiger Einflussgrößen jedoch entscheidend, dann müssen dynamische Investitionsrechnungen wie z. B. die Kapitalwertmethode, die Annuitätenmethode oder die Methode des inneren Zinssatzes genutzt werden.

Der Rechengang innerhalb der Kosten-Nutzen-Analyse ist recht einfach und überschaubar. Die Bewertung einer Nutzengröße in Geld ist jedoch immer subjektiv. Damit wird auch das Ergebnis der Analyse subjektiv gefärbt. Der Vergleich von Kosten und Nutzen führt auf die Rangfolge der Alternativen zwischen „wertig" und „ungeeignet".

Wenn bei der Analyse außer den Kosten auch Eigenschaften bewertet werden müssen, deren Nutzenanteile nicht monetär bewertet und verglichen werden können, dann müssen andere Methoden wie z. B. die Nutzwertanalyse herangezogen werden. Mit der NWA (s. Kapitel 2.7) können sowohl monetäre als auch nicht-monetäre Werte in einem einzigen Rechenansatz verarbeitet werden.

2.6 Kosten-Wirksamkeits-Analyse

Kurzbeschreibung der Methode	
Methodenart	**Projektklärung/Bewertungsmethode**
Geeignet für	Vergleich einzelner Alternativen, Maßnahmen oder gesamter Maßnahmenbündel (Projekte); Bewertung von Alternativen und übersichtliche Darstellung
Ziel	Ermittlung der besten Alternative oder des besten Maßnahmenbündels (auch Projekts) herausfinden, und zwar im Hinblick auf die günstigsten Kosten und maximale Wirksamkeit; außerdem die Maximierung des Ertrags oder der Wirksamkeit einzelner Maßnahmen oder eines Projekts bei vorgegebenem Budget/Kosten
Benötigte Hilfsmittel/ Beteiligte	Beschreibung von Alternativen, Maßnahmen, Zielsystem; Wichtigkeit der einzelnen Ziele, Kosten der einzelnen Maßnahmen ist bekannt; relevante Daten über deren Wirksamkeit (Nutzen) liegen vor.
Zeitaufwand	Je nach Problemfeld und Zahl der zu bewertenden Alternativen
Vorteile	Mathematische Rechenmodelle zur Bewertung der einzelnen Maßnahmen sind einfach zu handhaben; gute Visualisierung der Ergebnisse im Kosten-Wirksamkeits-Diagramm.
Nachteile	Es werden nur Kosten mit den daraus resultierenden Wirkungen (Nutzen) verglichen. Quantitative Effekte können direkt nicht berücksichtigt werden.

2.6.1 Beschreibung der Methode

Die Kosten-Wirksamkeits-Analyse ist eine Bewertungsmethode zum Vergleich von Alternativen. Verglichen werden die Kosten einzelner Maßnahmen oder ganzer Maßnahmenbündel mit der damit erreichten Wirksamkeit (Erträgen). Oft heißt das Ziel, diejenige Alternative herauszufinden, die mit dem geringsten einzusetzenden volkswirtschaftlichen Aufwand (Kosten) den größten Nutzen (Wirksamkeit, Zielerreichungsgrad) erzielt.

Die einzelnen Alternativen werden bezogen auf Kosten und Wirksamkeit jeweils getrennt analysiert. Die Messwerte müssen dabei nicht unbedingt alle in Geldwerten gemessen werden, können also unterschiedlich sein. Meist werden die Alternativen bezogen auf die verursachenden Kosten monetär bewertet; bezogen auf die Wirksamkeit wird in der Regel ein nicht-monetärer Wert ermittelt.

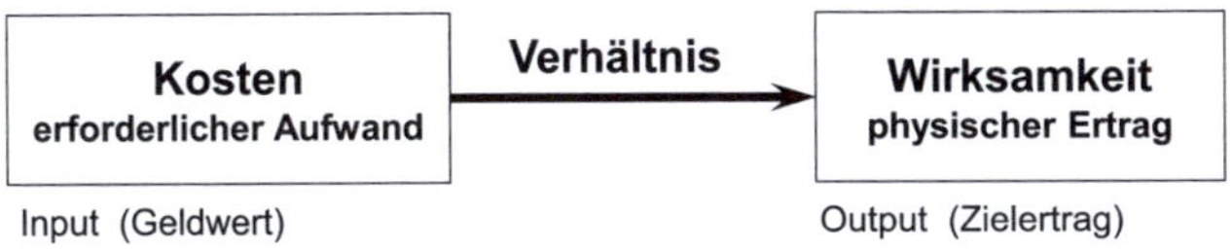

Abb. 30: Wirksamkeitsmodell

Zum Beispiel können damit vorgegebene Budgets, bezogen auf ihre Wirksamkeit (Ertrag), maximiert werden. Voraussichtliche Kosten und Zielerträge der einzelnen Alternativen werden mit einfacher mathematischer Formel erfasst. Die Kosten-Wirksamkeits-Analyse ist allerdings nur eine Voranalyse. Die Methode führt nicht direkt zu einem abschließenden Ergebnis. Die finale Entscheidung kann nur vom Anwender getroffen werden, der Kosten und Wirksamkeiten gegeneinander abwägt und dann aufgrund des Verhältnisses zwischen Input und Output entscheidet.

2.6.2 Anwendung der Methode

Die KWA lässt sich in den sechs unten abgebildeten Schritten abwickeln.

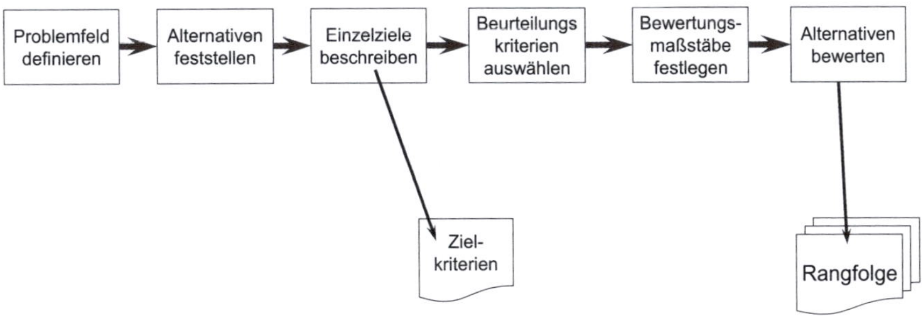

Abb. 31: Ablauf Kosten-Wirksamkeits-Analyse

1. Schritt: Problemfeld definieren

Im ersten Schritt beschreiben Sie die zur Entscheidung vorliegende Situation, das Problemfeld, ausreichend genau. Im Projekt könnte sich z. B. die folgende Forderung, ausgelöst durch den Kunden, ergeben: Aus Kostengründen und Markteintrittstermin muss die Projektdauer von 35 auf 29 Monate (ca. 15 Prozent), der Personalaufwand um 5.000 Stunden (ca. 10 Prozent) reduziert werden. In der Engpassanalyse sind die folgenden Elemente identifiziert worden:

1	Dauerprüfstand	Kapazität nicht ausreichend
2	CAD-Arbeitsplätze	Kapazität nicht ausreichend
3	Fach-Entwickler	Engpassressource
4	Teamzusammenarbeit	zeitintensiv, umständlich

Tabelle 18: Elemente einer Engpassanalyse

2. Schritt: Alternativen feststellen

Danach sollten Sie die zur Auswahl anstehenden Alternativen suchen und festlegen. Bei dem oben geschilderten Problemfeld könnten dies z. B. die Alternativen sein:

	Element	Alternative
1	Dauerprüfstand	zusätzlichen Prüfstand anschaffen
		Prüfungen extern durchführen lassen
2	CAD-Arbeitsplätze	zusätzliche CAD-Arbeitsplätze anschaffen
		Mehrschichtbetrieb einführen
		Leistungsprämie
3	Fach-Entwickler	Know-how einkaufen
		Mehrarbeit anordnen
4	Teamzusammenarbeit	Projektteam zusammenführen
		über Geld anspornen
		Kommunikation verbessern

Tabelle 19: Kostenalternativen

3. Schritt: Einzelziele beschreiben

Dann müssen die einzelnen Ziele des Zielsystems konkretisiert und bei Bedarf auch gewichtet werden. Bezogen auf das Beispielproblemfeld wäre dies dann z. B.:

	Element	Zielbeschreibung	
1	Dauerprüfstand	zusätzlichen Prüfstand anschaffen	
		Prüfungen extern durchführen lassen	
2	CAD-Arbeitsplätze	zusätzliche CAD-Arbeitsplätze anschaffen	2 CAD-Arbeitsplätze
		Mehrschichtbetrieb einführen	
		Leistungsprämie	
3	Fach-Entwickler	Know-how einkaufen	Patent kaufen
		Mehrarbeit anordnen	
4	Teamzusammenarbeit	Projektteam zusammenführen	gemeinsamen Projektraum einrichten
		über Geld anspornen	Leistungsprämie einführen
		Kommunikation verbessern	spezielles Tool für Datenablage und Information nutzen

Tabelle 20: Einzelziele beschreiben

4. Schritt: Beurteilungskriterien auswählen

Um die Alternativen nach den Einzelzielen bezogen auf Kosten und Wirksamkeit bewerten zu können, müssen Sie nun Messkriterien bestimmen. Beim aktuellen Beispiel sind jedoch keine Formeln zum Transfer von nichtmonetären Werten in Geldwerte erforderlich.

5. Schritt: Bewertungsmaßstäbe festlegen

Damit gemessen werden kann, braucht man nun für alle Kriterien geeignete Bewertungsmaßstäbe. Mit der Auswahl des Rechenmodells wird die Berechnungsformel zur Feststellung der Kosten-Wirksamkeit der einzelnen Alternativen bestimmt.

	Alternativen		Wirksamkeit	Aufwand in Stunden	Aufwand / Kosten	Kosten in EUR
1	Dauerprüfstand	Zusätzlichen Prüfstand anschaffen	Zeitersparnis	150	Zusatzkosten fürs Projekt	12.000
		Prüfungen extern durchführen lassen	Zeitersparnis	1.000	Keine Mehrkosten	0
2	CAD-Arbeitsplätze	Zusätzliche CAD-Arbeitsplätze anschaffen	Mehrleistung	2.400	Systempreis für 6 Monate	10.000
		Mehrschichtbetrieb bei 3 Arbeitsplätzen, über 6 Monate einführen	Mehrleistung	2.200	Zusatzkosten über 6 Monate	18.000
		Leistungsprämie für 6 Mitarbeiter, 6 Monate lang	Mehrleistung	1.200	Zusatzkosten	4.800
3	Fach-Entwickler	Know-how einkaufen	Zeitersparnis	3.000	Patentkosten	500.000
4	Teamzusammenarbeit	Projektteam zusammenführen	Zeitersparnis	600	Umzugs- und Einrichtungskosten	18.000
		Über Geld anspornen	Zeitersparnis	600	Zusatzkosten	28.000
		Kommunikation verbessern	Zeitersparnis	300	Systempreis für 12 Monate	5.000

Tabelle 21: Bewertungsmaßstäbe festlegen

6. Schritt: Alternativen bewerten:

Anschließend bewerten Sie die Alternativen einzeln. Aufgrund der Ergebnisse ergibt sich eine Rangfolge zwischen den „guten" (Kosten-Wirksamkeit 0) und den „schlechten" (Kosten-Wirksamkeit 167) Alternativen. Der Anwender muss am Ende des Bewertungsprozesses entscheiden und nicht die Methode.

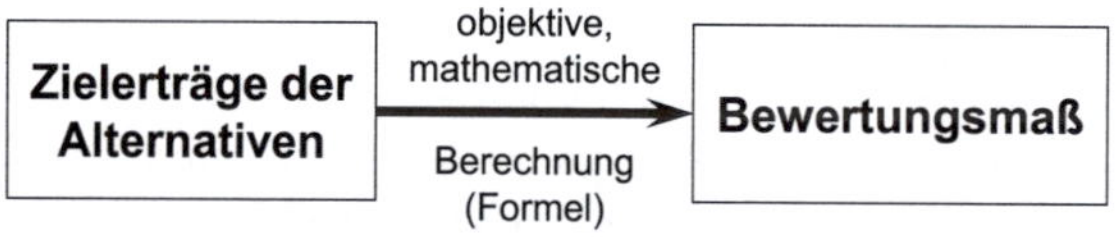

Abb. 32: Bewertungsmodell

Hier sehen Sie das Bewertungsergebnis der Kosten-Wirksamkeits-Analyse:

Rang	Alternativen		Aufwand Stunden	Kosten in EUR	Kosten/ Wirksamkeit
1	Dauerprüfstand	Prüfungen extern durchführen lassen	1.000	0	0,0
2	CAD-Arbeitsplätze	Leistungsprämie für 6 Mitarbeiter, 6 Monate lang	1.200	4.800	4,0
3	CAD-Arbeitsplätze	Zusätzliche CAD-Arbeitsplätze anschaffen	2.400	10.000	4,2
4	CAD-Arbeitsplätze	Mehrschichtbetrieb bei 3 Arbeitsplätzen, über 6 Monate einführen	2.200	18.000	8,2
5	Teamzusammenarbeit	Kommunikation verbessern	300	5.000	16,7
6	Teamzusammenarbeit	Projektteam zusammenführen	600	18.000	30,0
7	Teamzusammenarbeit	Über Geld anspornen	600	28.000	46,7
8	Dauerprüfstand	Zusätzlichen Prüfstand anschaffen	150	12.000	80,0
9	Fach-Entwickler	Know-how einkaufen	3.000	500.000	167,0

Tabelle 22: Bewertungsbeispiel Kosten-Wirksamkeits-Analyse

2.6.3 Fazit und Erkenntnisse

Wenn viele mögliche Alternativen zur Auswahl stehen, dann lässt sich das Ergebnis der Kosten-Wirksamkeits-Analyse am besten im Kosten-Wirksamkeits-Diagramm visualisieren. Die auf der x-Achse dargestellten Kosten werden begrenzt durch das Maximalbudget, die auf der y-Achse dargestellte Wirksamkeit durch die Mindestwirksamkeit.

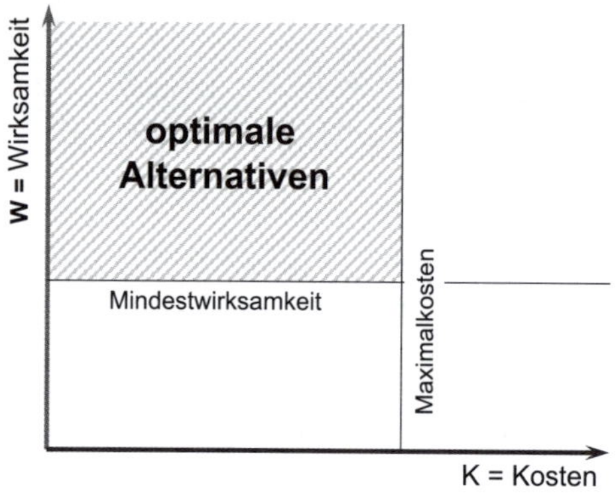

Abb. 33: Kosten-Wirksamkeits-Diagramm

Bei der Kosten-Wirksamkeits-Analyse werden die Werte für Kosten und Wirksamkeit zu einem einzigen Punktwert, entsprechend vorgegebener Wertigkeiten, zusammengeschmolzen. Die einzelnen Bestandteile sind nicht mehr feststellbar. Das Verhältnis aus K (Kosten) und W (Wirksamkeit, Nutzen) zeigt die günstigen Alternativen auf.

Die Alternativen, welche die höchste Wirksamkeit (Nutzen) erreichen, also bei der Kostenbetrachtung günstig abschneiden, kommen in die nähere Auswahl. Die Methode zeigt die günstigen Alternativen auf, bietet jedoch unmittelbar keine Entscheidung. Die finale Entscheidung muss der Auftraggeber treffen.

2.7 Nutzwertanalyse

Kurzbeschreibung der Methode	
Methodenart	**Projektklärung/Bewertungsmethode, Alternativenvergleich**
Geeignet für	Vorbereitung von Entscheidungssituationen, wenn mehrere, nicht unbedingt monetär messbare Kriterien relevant sind; Vergleich unterschiedlicher Alternativen, die nicht unbedingt mit Skalen direkt messbar sein müssen.
Ziel	Ermittlung der besten Alternative aus einer Zahl vorhandener Lösungen; Vorbereitung der Entscheidung
Benötigte Hilfsmittel/ Beteiligte	Genau beschriebene alternative Maßnahmen; System von Zielen mit festgelegten Gewichten; festgelegte und gewichtete relevante Zielkriterien (z. B. Kosten, Personalaufwand)

Kurzbeschreibung der Methode	
Methodenart	**Projektklärung/Bewertungsmethode, Alternativenvergleich**
Zeitaufwand	Hoher zeitliche Aufwand (vor allem, wenn viele alternative Ziele und Lösungen bewertet werden müssen und die Methode exakt ausgeführt werden soll)
Vorteile	Diese Methode ist ein transparenter Bewertungs- und Entscheidungsprozess für komplexe, mehrdimensionale Alternativen. Die Ergebnisschritte der Methode werden exakt dokumentiert und sind dadurch nachvollziehbar. Es kann von einzelnen und mehreren Personen bewertet werden. Die Rangfolge der alternativen Maßnahmen (nach Präferenzvorgabe des Entscheiders) erfolgt durch Angabe der Nutzwerte (= Zielerfüllungsgrad) der einzelnen Maßnahmen.
Nachteile	Das Messen mit Skalen signalisiert den Anschein hoher (Rechen-)Genauigkeit und Exaktheit. Starke subjektive Einflüsse kommen durch die festzulegenden Faktoren und Gewichtungen in den Rechengang. Jedoch werden alle Kriterien gleichmäßig subjektiv, verhältnismäßig bewertet.

2.7.1 Beschreibung der Methode

Die Nutzwertanalyse ist eine Bewertungsmethode. Sie dient der systematischen Entscheidungsfindung, wenn zwischen mehreren komplexen Alternativen ausgewählt werden muss. Dabei werden sowohl messbare, objektive als auch nicht messbare, subjektive, gefühlsbetonte Kriterien wie z. B. die „Kundenzufriedenheit" in einem Rechenansatz verarbeitet.

Die NWA ist das Mittel der Wahl, wenn mehrere Alternativen zur Auswahl stehen und eine einfache Entscheidung aufgrund komplexer Zusammenhänge nicht möglich ist.

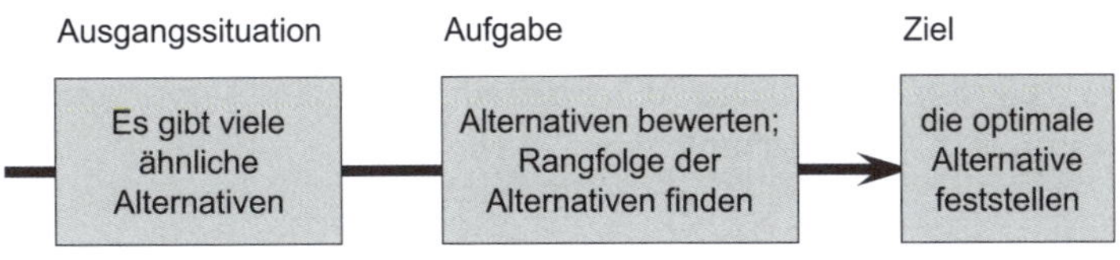

Abb. 34: Aufgabe der Nutzwertanalyse

Die Wahl des nächsten Urlaubsortes oder der Ersatz einer defekten Digitalkamera stellt uns regelmäßig vor Entscheidungen, die oftmals nur recht schwer zu lösen sind: Es gibt einfach zu viele gleichwertige Alternativen zur Auswahl. Erschwerend kommt hinzu, dass die Unterschiede zwischen den einzelnen Produkten oder Möglichkeiten oft kaum wahrnehmbar sind. Trotzdem muss eine klare Entscheidung getroffen werden. Wie soll man nun aus dieser unübersehbaren Vielfalt die optimale Lösung erkennen? Professionelle Produktbewertungen in Verbraucherzeitschriften, wie z. B. der „Stiftung Warentest", versuchen uns bei der Auswahl zu unterstützen. Um zu brauchbaren Entscheidungsempfehlungen zu kommen, setzen die Verbraucherberater hierfür die Nutzwertanalyse (NWA) ein.

Bewertung auch der weichen Faktoren

Die verschiedenen Investitionsrechenverfahren können monetäre, tatsächlich messbare „harte", objektive Kriterien wie z. B. Entwicklungskosten, Ausgaben, Erträge, Umsatz, Preis, Instandhaltungskosten, Unterhaltungskosten, mit nur einem quantifizierbaren monetären Zielkriterium hinreichend gut erfassen und bewerten. Nichtmonetäre „weiche", subjektive, gefühlsbetonte Nutzenarten wie z. B. Image, Qualität, Kundenzufriedenheit, Schönheit, Handhabung, die jedoch meist eine wesentlich höhere Bedeutung haben als die monetären Merkmale, können mit diesen gängigen Bewertungsverfahren nicht bewertet werden.

Messbare Kriterien „harte", objektive Kriterien	z. B.: „Entwicklungskosten in EUR"
Nicht messbare Kriterien "weiche", subjektive, gefühlsbetonte Kriterien	z. B.: „Kundenzufriedenheit"

Tabelle 23: Kriterien der Nutzwertanalyse

Die Nutzwertanalyse löst diese Problemstellung, indem sie bei der Beurteilung alle entscheidungsrelevanten (Ziel-)Kriterien in einem Rechenansatz berücksichtigt, über Messskalen in dimensionslose Zahlenwerte umsetzt und so zu einer Gesamtbewertung kommt. Die Zielerträge der einzelnen Alternativen werden zu einem dimensionslosen Punktwert (Scoring) zusammengefasst. Das Ergebnis der Nutzwertanalyse ist eine Rangordnung der Alternativen, entsprechend deren Nutzwerten, bezogen auf die Erreichung des (Gesamt-)Zieles. Die Nutzwertanalyse ist durch den strukturierten Ablauf sehr transparent und auch noch nach Jahren nachvollziehbar.

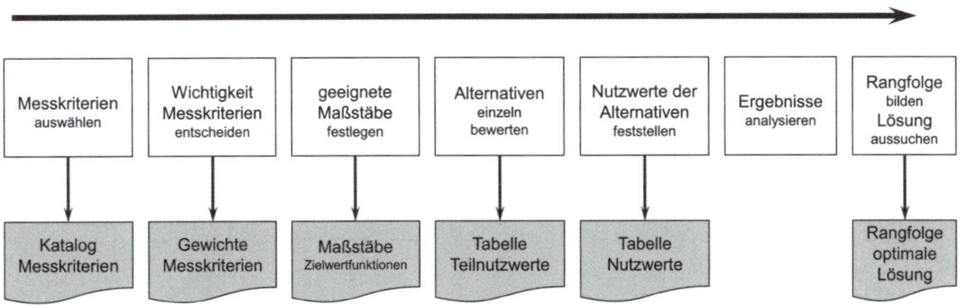

Abb. 35: Ablauf Nutzwertanalyse

2.7.2 Anwendung der Methode

1. Schritt: Messkriterien auswählen

Mit dem konkreten Ziel der NWA, z. B. „die beste Alternative herausfinden“, steht fest, welche Ergebnisse und Kenntnisse gefordert sind. Weiterhin müssen eventuelle „Muss-Forderungen“, Minimalforderungen oder „K.O.-Kriterien“, die von allen Alternativen auf jeden Fall unbedingt erfüllt werden müssen, bekannt sein; z. B. Preis < 1.500 EUR, Gewicht < 25 kg, Farbe, Image, angenehmes Gefühl usw. Darauf werden Kriterien gesucht, die den Leistungsumfang, die Merkmale bzw. Eigenschaften der zu vergleichenden Alternativen, Teile, Ideen, Maßnahmen ausreichend gut beschreiben.

Wichtig

Die relevanten Kriterien müssen messbar sein. Solche Mess- bzw. Zielkriterien können z. B. sein: Kosten/Preis, Gewicht, Bauraum/Größe, Kapazität, Schönheit, Handhabung usw.

Alternativen werden in der Regel von mehreren solcher Zielkriterien (= Zielsystem, Zielbaum) beschrieben. Der oder die Entscheider bestimmen zunächst diese Zielkriterien (= subjektiv). Für alle Bewerter gilt dann dieselbe Liste der Zielkriterien. Gleiche Eigenschaften sollen nicht durch mehrere unterschiedliche Kriterien beschrieben werden. Beispielsweise darf „Größe“ nicht durch die Angabe der Länge in „cm“ und zusätzlich durch eine Aussage wie „klein“, „mittel“ oder „groß“ beschrieben werden. Hierbei geht man zuerst von den Oberbegriffen aus, die dann in ein bis zwei weiteren Stufen tiefer detailliert werden (= System von Zielen/Kriterien, Zielsystem). Damit wird ein System von Zielen (=Zielbaum) der Kriterien erstellt.

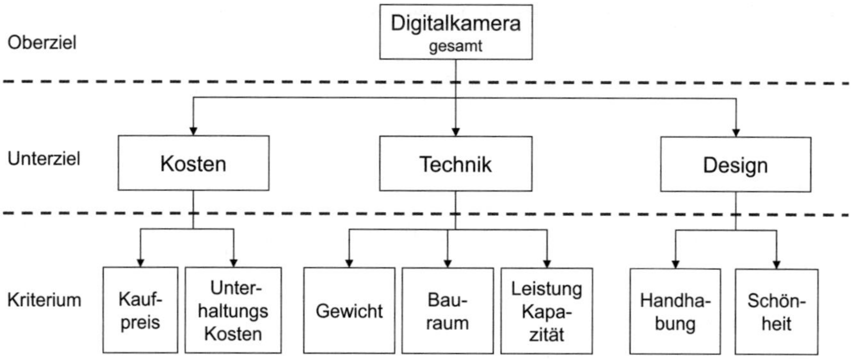

Abb. 36: Kriterienbaum (Zielbaum)

2. Schritt: Wichtigkeit einzelner Messkriterien festlegen

Meist sind die Messkriterien nicht alle gleich wichtig. Deshalb wird die Bedeutung der einzelnen Kriterien, relativ zueinander, durch Gewichtungen festgelegt, entweder als Prozentwert oder als Faktor. Die wichtigeren Kriterien werden mit einem Zuschlag, einer höheren Gewichtung versehen als die unwichtigen. Über diese Gewichtungen kommt der einzige subjektive Einfluss in den Bewertungsgang der Nutzwertanalyse. Da jedoch alle Alternativen gleich betroffen sind, kann trotzdem von einer recht objektiven Bewertung gesprochen werden.

Kriteriengewichtung

	Prozentwert	Faktor
Kosten/Preis	20 %	4
Gewicht	10 %	2
Bauraum/Größe	25 %	5
Kapazität	15 %	3
Schönheit	10 %	2
Handhabung	20 %	4

Tabelle 24: Wichtigkeit der Kriterien

Die Gewichtungen müssen zusammen 100 Prozent ergeben. Es wird von oben nach unten gesplittet. Die Summe jeder Stufe muss wieder 100 Prozent ergeben. Einzelgewichte unter einem Oberziel ergeben immer 100 Prozent. Der Aufbau des Ziel-, Kriteriensystems aus Ober- und Unterzielen schafft Transparenz und verhindert, dass gleiche Eigenschaften durch mehrere ähnliche Kriterien beschrieben werden.

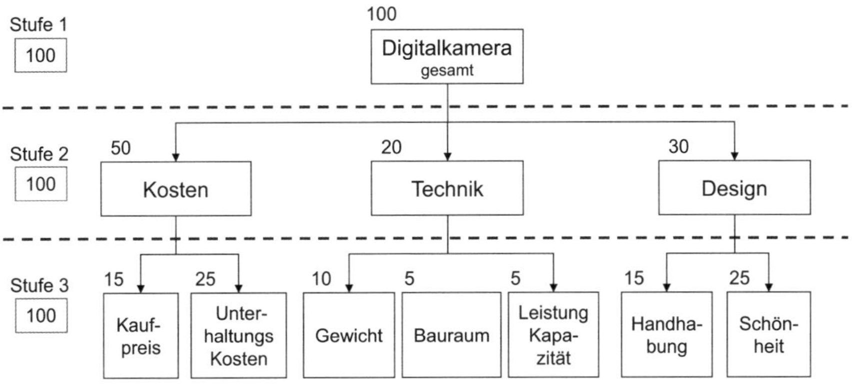

Abb. 37: Beispiel Kriteriengewichtung

3. Schritt: Maßstäbe zum Messen festlegen

Maßstäbe zum Messen
Bewertungsskala
Grafik (Zielwertfunktion)
Mathematische Formel

Tabelle 25: Maßstäbe zum Messen

Die Bewertung der Alternativen erfolgt auf der untersten Ebene der Kriterien. Für jedes Zielkriterium werden nun geeignete Maßstäbe zum Messen festgelegt. Messskalen, Wertmaßstäbe werden gebraucht, um den Erfüllungsgrad der Merkmale, die Zielerreichung der einzelnen Kriterien konkret messen bzw. bewerten zu können. Im Wesentlichen unterscheidet man zwischen Bewertungsskalen, Grafiken und mathematischen Formeln.

Bewertungsskalen

Punktskala	1 = schlecht 10 = sehr gut
Rangskala	1. Platz 10. Platz
Notenskala	1 = sehr gut 6 = sehr ungenügend

Tabelle 26: Bewertungsskala

Bewertungsskalen können Punktskalen von 1 bis 10, Rangskalen von Rang 1 bis Rang 10 oder Notenskalen von sehr gut bis ungenügend sein.

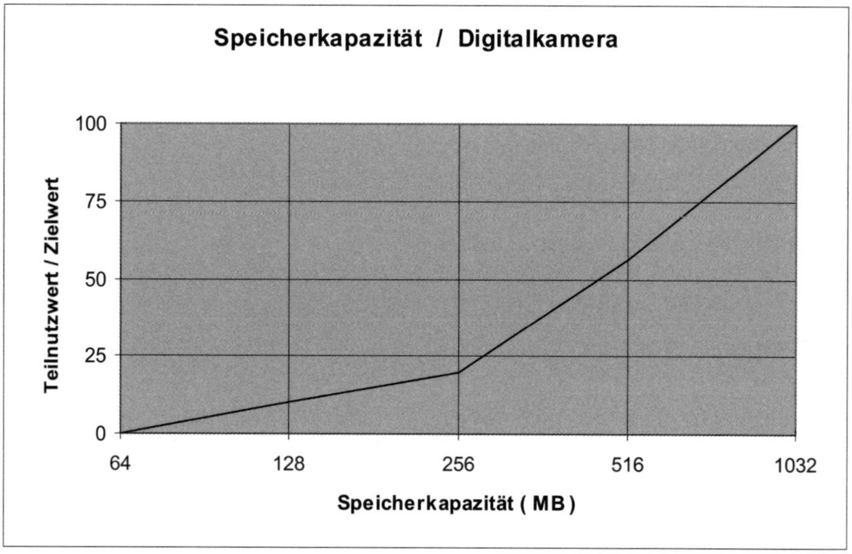

Abb. 38: Zielwertfunktion

Grafiken sind auch „Zielwertfunktionen“, denen eine mathematische Formel zugrunde liegt und bei denen die Bewertung durch den Ungeübten jedoch recht einfach durchführbar ist.

Skalen-typ	kardinal	nominal	ordinal	Intervall	Verhältnis
Aussage		gleich, verschieden	größer, kleiner	gleich + verschiedene Intervalle	gleich + verschiedene Summen, Vielfache, Quotienten
Beispiel	1, 2, 3	Farbskala	Härteskala	Temperatur	Länge, Gewicht
		sehr gut —gut — schlecht	Mittelwert, Rangkorrelation	Streuung, Korrelation, arithmetisches Mittel	geometrisches Mittel

Tabelle 27: Beispiel Zielwertfunktion

4. Schritt: Einzelne Alternativen bewerten

In diesem Schritt werden die Alternativen bewertet. Die Erreichung der Ziele der einzelnen Kriterien wird gemessen. Durch Summenbildungen ergeben sich Nutzwerte von Kriterien und Alternativen. Die Gesamtbewertung (= Nutzwert) ergibt sich aus der Summe der Nutzwerte jedes einzelnen Bewerters. Wenn die Bewerter nicht gleiches Gewicht oder Stimmrecht haben, dann gehen die Werte der einzelnen Bewerter mit den individuellen Gewichtungen in das gesamte Bewertungsergebnis ein.

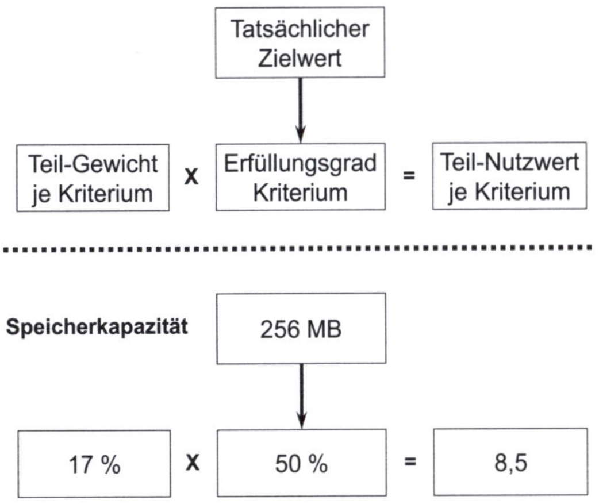

Abb. 39: Beispiel für das Bewertungsschema

Wenn die zu bewertenden Kriterien, die Gewichte der einzelnen Kriterien sowie der Bewerter zueinander feststehen und die Messkahlen festgelegt sind, können die Bewerter mit den Skalen die einzelnen Kriterien bewerten.

Für jedes Kriterium wird die Zuordnung von Zielwert und dem zugehörigen Zielertrag über die Nutzenfunktion festgelegt. Anhand der Messindikatoren werden nun die Alternativen bewertet. Mit der Bewertung wird festgestellt, wie gut solche (Teil-)Zielkriterien erfüllt werden, die Zielerträge (= Zielerreichungsgrad) jeder Alternative.

Hierzu wird der Zielertrag mit Hilfe der Zielkriterien gemessen. Die Bewertung erfolgt für jedes Zielkriterium einzeln. Bewertungsverfahren wie Rang-, Punktskala, Schulnoten bieten sich an, reduziert auf dimensionslose Zahlen, die einfach miteinander addiert werden können.

Tipp

Wenn Gruppen bewerten sollen, muss geklärt werden, ob alle Gruppenmitglieder das gleiche Stimmrecht erhalten. Sollen z. B. innerhalb einer Familie alle vier Mitglieder 25 Prozent Stimmanteil bekommen oder sollen die Eltern je 35 Prozent, die beiden Kinder je 15 Prozent erhalten? Soll dieses Stimmrecht nun für alle Kriterien gelten oder soll differenziert werden? Bei den Finanzkriterien könnten z. B. die Stimmen der Eltern ein höheres Gewicht erhalten, bei allen anderen Kriterien könnten alle gleichberechtigt sein.

Eine mögliche Bewertergewichtung in einer Familie könnte nun folgendermaßen aussehen:

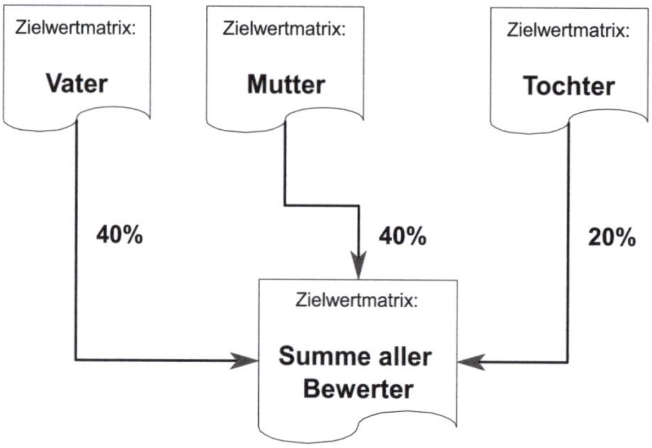

Abb. 40: Beispiel individuelle Gewichtungen

5. Schritt: Nutzwerte der Alternativen feststellen

Die Teilnutzwerte müssen nun noch durch Summenbildung zusammengefasst werden. Damit entstehen die Bewertungsergebnisse, die „Nutzwerte" der Alternativen. Der Nutzwert zeigt an, wie gut eine Alternative die Kriterien entsprechend den Wertmaßstäben erfüllt.

6. Schritt: Bewertungsergebnisse analysieren und optimieren

In der nachfolgenden Analyse werden Gründe für das unterschiedliche Abschneiden der verschiedenen Alternativen identifiziert. Die Ergebnisse werden auf Plausibilität überprüft. Besonders die maximalen und minimalen Teilnutzwerte von Kriterien müssen durchleuchtet werden. Mit EXCEL-Arbeitsmappen können hier schnelle und sichere Analysen durchgeführt werden.

Eine Simulation wird sich zur Optimierung des Gesamten anschließen. Die Frage: Was muss verändert werden, damit eine bestimmte „Lieblingsalternative" doch noch zur besten Bewertung wird?, ist durchaus legitim, z. B. bei der Digitalkamera der um 15 Prozent günstigere Preis gegen die von 556 MB auf 128 MB reduzierte Speicherkarte. Die Analyse verdeutlicht Stärken und Schwächen. Der Aufwand in Euro, um ein Kriterium deutlich zu verbessern, lässt sich ableiten. Beispielsweise ergibt eine Wohnung mit Filzboden den Faktor 0,3. Mit Parkettfußboden klettert der Faktor auf 0,8. Nun stellt sich die Frage, was die Erhöhung um diese 0,5 kostet und ob es den Aufwand dann auch wert ist.

Durch die Analyse lassen sich geeignete Maßnahmen ableiten, um Alternativen gezielt zu fördern bzw. deren Nutzwert nachhaltig zu verbessern. Wenn z. B. eine alternative Wohnung durch den Filzbodenbelag nur eine Gesamtbewertung von 0,35 erhält, durch die Aufwertung mit Parkettbelag aber auf 0,55 steigt, dann kann diese Maßnahme in Geld bewertet werden und die Maßnahme „Parkett verlegen" simuliert werden.

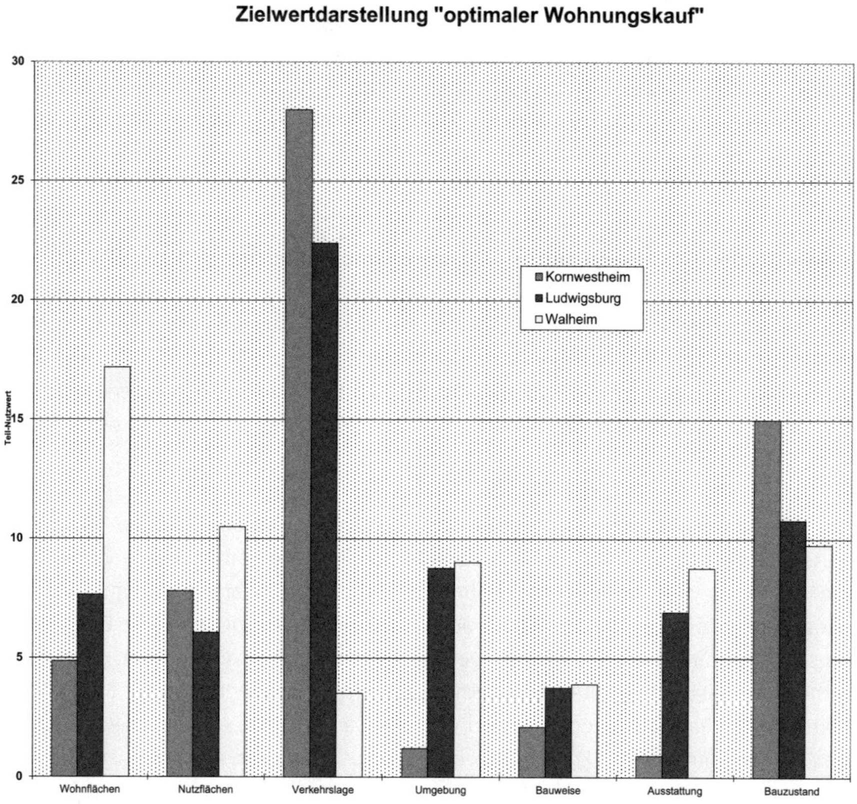

Abb. 41: Bewertungsergebnis

7. Schritt: Rangfolge der Alternativen bilden

Über die Nutzwerte lässt sich eine Rangfolge der Alternativen von der besten bis zur schlechtesten Alternative bilden. Das Ergebnis ist die Rangfolge der Maßnahmen, nach der Präferenzvorgabe des Entscheiders, und zwar durch Angabe der Nutzwerte (= Zielerfüllungsgrad) der einzelnen Maßnahmen, die ausdrückt, wie stark eine Alternative das Zielsystem beeinflusst.

2.7.3 Fazit und Erkenntnisse

Mit dem Rechenansatz der Nutzwertanalyse wird ein objektives Sachurteil über verschiedene relevante Kriterien hergestellt. Das Messen der Merkmale mit einer Skala signalisiert hohe Genauigkeit und Exaktheit. Durch die anschließende subjektive Gewichtung, die in den mathematischen Formeln hinterlegt ist, fließen jedoch auch subjektive Einflüsse der Bewerter in den Bewertungsprozess ein. Nutzwertanalysen können schnell über 50 Kriterien und 10 verschiedene Alternativen zum Bewerten umfassen. Übersicht bei den komplexen Rechenschritten können einfache EXCEL-Arbeits-mappen schaffen.

Tipp

Die NWA kann auf eine breitere Basis gestellt werden, wenn die einzelnen Schritte jeweils vom Projektteam gemeinsam abgestimmt werden. Das Ergebnis ist dann ausgewogener.

2.8 Paarweiser Vergleich

Kurzbeschreibung der Methode	
Methodenart	**Projektklärung/Auswahlmethode**
Geeignet für	Planung von Projekten, Zielplanungen
Ziel	Aus einer Vielzahl von teilweise gleichwertigen Alternativen mit einfacher Fragetechnik die optimale, die beste Lösung herausfinden.
Benötigte Hilfsmittel/ Beteiligte	Team, Fachleute
Zeitaufwand	Abhängig von der Zahl der zu vergleichenden Alternativen: bei 10 Alternativen ca. 1 Stunde, bei 100 Alternativen ca. 10 Stunden
Vorteile	Der Paarweise Vergleich ist eine einfache Methode, um aus einer Vielzahl gleichwertiger Alternativen die optimale und beste Lösung heraus zu finden. Mit Zunahme der Anzahl von Elementen wird der subjektive Einfluss durch die Bewertenden geschwächt.
Nachteile	Alle Bewertungen im Paarweisen Vergleich sind absolut subjektiv. Durch die Bewertungsskalen erweckt das Endergebnis aber den Eindruck einer objektiven, genauen Vorgehensweise.

2.8.1 Beschreibung der Methode

Es sind mehrere Eigenschaften, Ziele oder Maßnahmen vorhanden und es soll die optimale gefunden werden: Mit dem Paarweisen Vergleich richten Sie den Fokus auf die wichtigsten Ziele, die beste Lösung, die wichtigste Eigenschaft. Diese Methode hilft bei der Einschränkung auf das Wesentliche. Mit dem „Paarweisen Vergleich" wird jedes der alternativen Elemente mit jedem anderen einzeln verglichen. Jede mögliche Paarung wird abgefragt und mittels festgelegter Skala bewertet. Mögliche Bewertungsskalen können sein:

0	1	2
–2	0	+2
1	2	3

Tabelle 28: Bewertungsskalen

Der Bewertungsprozess kann von Einzelnen oder von Teams durchgeführt werden. Jeder Teilnehmer wird zunächst alleine bewerten. Die Einzelergebnisse werden zu einer Gesamtbewertung zusammengefasst. Damit ergibt sich eine Reihenfolge über alle Ideen. Das Ergebnis dieser Methode ist eine Rangskala der zur Auswahl stehenden Eigenschaften, Maßnahmen bzw. Ziele. Aus der Rangskala muss der Entscheider dann die für ihn wichtigen Elemente herausziehen und festlegen. Der Paarweise Vergleich läuft typischerweise nach den folgenden Schritten ab:

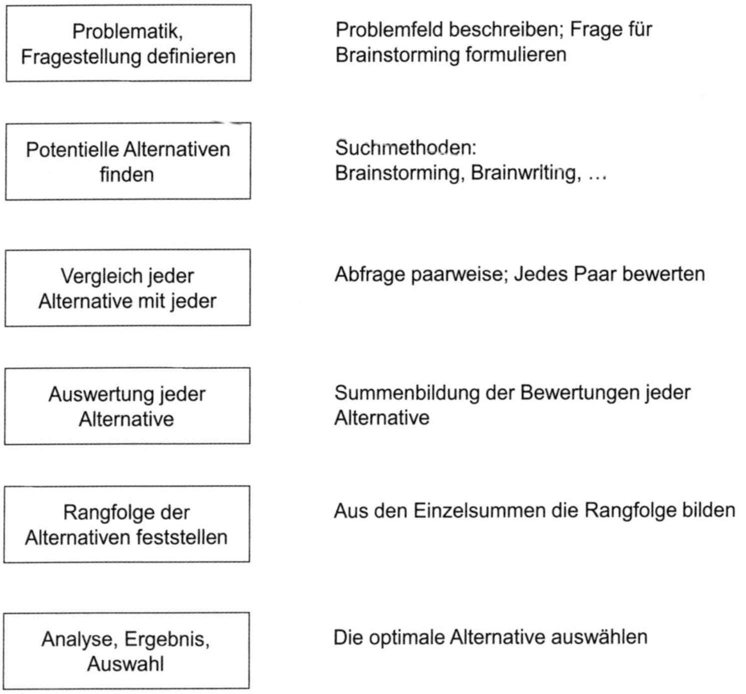

Abb. 42: Ablauf „Paarweiser Vergleich“

2.8.2 Anwendung der Methode

1. Schritt: Problematik, Fragestellung definieren

Für die Bewertung muss das Problemumfeld allen klar sein. Die typische Fragestellung zum Finden der potentiellen Elemente ist abzustimmen. Im Beispiel heißt das Ziel „Projektarbeit verbessern". Die Frage, um mögliche Maßnahmen zu finden, die zur Zielerreichung beitragen, könnte lauten: „Wie bzw. mit welchen Projektmanagement-Methoden erreichen wir eine Verbesserung der Projektarbeit?"

2. Schritt: Potentielle Alternativen finden

Im Zielbildungsprozess werden zu Beginn mittels verschiedener Suchmethoden wie Brainstorming, Brainwriting die potentiellen bzw. relevanten Elemente festgestellt. In dieser „grünen" Phase geht es nur um das Zusammenstellen möglichst vieler Alternativen. Nicht alle Ideen sind hochkarätig, es werden auch sinnlose erzeugt.

In einem Brainstorming wurden mit dem Team die folgenden Maßnahmen erarbeitet:

- standardisierte Dokumente
- Weiterqualifizierung der Führungskräfte
- standardisierte Planungsabläufe
- Routine für Besprechungen
- PM-Handbuch optimieren
- Checklisten erarbeiten
- interne Projekt-Audits durchführen
- Dokumentationswesen optimieren
- Standards für Berichtswesen verbessern
- Kommunikationssystem verbessern

Mit diesen Maßnahmen lässt sich nun das folgende Bewertungsschema aufbauen:

Abb. 43: Bewertungsskalen

3. Schritt: Vergleich jeder Alternativen mit jeder

Mit dem Paarweisen Vergleich wird dann jede Maßnahme, jedes alternative Element mit jedem anderen einzeln verglichen. Jede Paarung wird abgefragt und mit einer Skala, die für alle Elemente gleich ist, bewertet. Die stereotype Frage lautet „Ist 1 besser als 2?" bzw. „Ist 1 wichtiger als 2?" oder „Trägt 1 stärker zur Zielerreichung bei als 2?". Numerische Skalen sind besser geeignet, weil damit relativ einfach Bewertungskaskaden mit einfachen EXCEL-Listen bearbeitet werden können. Mögliche Bewertungsskalen hierfür können sein:

0	1	2	3	4	5	6	7	8	9
-9	-8 -7	-6 -5	-4 -3	-2 -1	0 1	2 3	4 5	6 7	8 9
-3		-2		-1	1		2		3
0	0	1	1	1	2	2	2	3	3

Abb. 44: Bewertungsschema

Im Beispiel werden die einzelnen möglichen Maßnahmen, die geeignet sein sollen, um die Projektarbeit zu verbessern, gegeneinander abgefragt: „Bringt uns die Maßnahme 1 (standardisierte Dokumente) der Zielerreichung näher als 2 (Weiterqualifizierung der Führungskräfte)?" Die Bewertung in diesem Beispiel lautete: „gleich" also „1". Aus den ersten Paarabfragen ergaben sich die folgenden Ergebnisse:

1 oder 2?	gleich	1
1 oder 3?	nein	0
1 oder 4?	nein	0
1 oder 5?	nein	0

Tabelle 29: Ergebnisse der Paarabfragen

Ziel:

" Projektarbeit verbessern "

Problem: Wie / mit welchen PM-Methoden erreichen wir eine verbesserte Projektarbeit ?

Frage:
Bringt uns die Maßnahme (1) der Zielerreichung näher als Maßnahme (2) ?

Antwort:
ja = 2
gleich = 1
nein = 0

	Maßnahme / Aktivität /	1	2	3	4	5	6	7	8	9	10	Summe
1	Standardisierte Dokumente		1	0	0	0	0	1	1	1	2	6
2	Weiterqualifizierung Führungskräfte	1		1	0	1	1	1	0	1	1	7
3	Standardisierte Planungsabläufe	2	1		2	0	1	1	2	0	2	11
4	Routine für Besprechungen	2	2	0		2	0	1	1	0	2	10
5	PM-Handbuch optimieren	2	1	2	0		2	2	0	2	1	12
6	Checklisten erarbeiten	2	1	1	2	0		2	2	2	2	14
7	Interne Projekt-Audits durchführen	1	1	1	1	0	0		1	0	2	7
8	Dokumentationswesen optimieren	1	2	0	1	2	0	1		2	0	9
9	Berichtswesen Standards verbessern	1	1	2	2	0	0	2	0		1	9
10	Kommunikationssystem verbessern	0	1	0	0	1	0	0	2	1		5

Abb. 45: Bewertungsergebnis

In der Abfragematrix müssen nur die rechts der Diagonalen liegenden Felder bewertet werden. Die linken Felder können zur Überprüfung des Ergebnisses ausgefüllt werden. Bei objektiver Bewertung der Paare sollte das kongruente Ergebnis zu den einzelnen Ergebnissen der Abfragen erreicht werden.

Wenn also die Paarbewertung von 5 mit 9 zu „ja“ = 2 führt, dann müsste die umgekehrte Abfrage von 9 zu 5 auf „nein“ = „0” führen.

4. Schritt: Auswertung jeder Alternativen

Die zu vergleichenden Paare sind bewertet, die Zahlenwerte jeder einzelnen Maßnahme liegen vor. In der EXCEL-Tabelle wird die Summe jeder alternativen Maßnahme automatisch errechnet. Wenn mehrere Personen bewerten, dann müssen aus den Einzelbewertungsergebnissen noch die Durchschnittswerte berechnet werden.

5. Schritt: Rangfolge der Alternativen feststellen

Aus den Summenwerten jeder Maßnahme ergibt sich die Rangfolge, von der günstigsten zur ungünstigsten Maßnahme abwärts.

	Maßnahme / Aktivität	Summe	Rang
6	Checklisten erarbeiten	14	1
5	PM-Handbuch optimieren	12	2
3	Standardisierte Planungsabläufe	11	3
4	Routine für Besprechungen	10	4
8	Dokumentationswesen optimieren	9	5
9	Berichtswesen Standards verbessern	9	6
2	Weiterqualifizierung Führungskräfte	7	7
7	Interne Projekt-Audits durchführen	7	8
1	Standardisierte Dokumente	6	9
10	Kommunikationssystem verbessern	5	10

Abb. 46: Rangfolge der Alternativen

6. Schritt: Analyse, Ergebnisse, Auswahl

Im Bereich der Auswahl ist der Bewerter oder das Team gefordert. Mit dem vorliegenden Bewertungsergebnis und der Entscheidungsrichtlinie kann nun die Vorgehensweise zur Umsetzung der verschiedenen Maßnahme festgelegt werden.

2.8.3 Fazit und Erkenntnisse

Vorteile: Der Paarweise Vergleich ist eine einfache Methode, um aus einer Vielzahl gleichwertiger Alternativen die optimale, beste Lösung herauszufinden. Die Erfahrungen zeigen, dass mit Zunahme der Anzahl von Elementen der subjektive Einfluss durch die Bewertenden geschwächt wird. Die Vielzahl der Abfragen führt im Endergebnis eher zu besseren Durchschnittswerten.

Nachteile: Die Bewertungen im Paarweisen Vergleich, die Abfrage der beiden Wertepaare, ist absolut subjektiv. Jede Entscheidung trifft der Bewerter aus seiner persönlichen Sicht. Modelle, Funktionen bzw. mathematische Formel unterstützen objektiv bei der Bewertung. Die Entscheidung danach erfolgt wieder objektiv durch eine Entscheidungsregel. Das Endergebnis erweckt den falschen Eindruck, dass es auf einer absolut objektiven, genauen, methodischen Vorgehensweise beruhe.

2.9 Stakeholderanalyse

Methodenart	Projektplanung/Analysemethode, Problemerkennung
Geeignet für	Risikoanalyse und Risikomanagement, Erkennen des relevanten Projektumfeldes
Ziel	Die potentiell Beteiligten und Betroffenen eines Projekts identifizieren.
Benötigte Hilfsmittel/Beteiligte	Projektleiter und Team; eventuell Spezialisten
Zeitaufwand	Je nach Umfang des Projekts und der Qualität der Analyse recht aufwendig
Vorteile	Mit dem Erkennen der potentiellen Stakeholder eines Projekts können Maßnahmen zur Führung der verschiedenen Stakeholder geplant und eingeleitet werden. Positive Effekte auf Projektverlauf und Projektziele können genutzt werden. Negative Einflüsse auf das Projekt können reduziert werden.
Nachteile	Es lassen sich nicht immer alle Stakeholder erkennen. Die Stakeholder fluktuieren.

2.9.1 Beschreibung der Methode

Personen oder Personengruppen, die am Projekt direkt beteiligt sind, am Projektablauf interessiert oder von den Auswirkungen der Projektziele oder Projektergebnisse betroffen sind, werden Stakeholder genannt. Stakeholder wollen Einfluss auf den Projektverlauf haben und die Projektziele mit gestalten. Der Einfluss solcher Stakeholder auf das Projekt kann sich von „fördernd“ über „neutral“ bis hin zu „die Projektziele verhindernd“ erweisen.

Die Stakeholderanalyse gehört zu den Tools des Risikomanagements. Mit ihr wird das Projektumfeld untersucht. Stakeholder werden identifiziert und daraus Chancen und Risiken für das Projekt abgeleitet. Mit diesen Erkenntnissen können Projekt und Umfeld gezielt gesteuert werden.

Die möglichen Interessenkonflikte der Stakeholder mit dem Projekt können sowohl zu Chancen als auch zu Risiken bezogen auf die Realisierung der Projektziele führen. Nur wer die potentiellen Projektförderer und Projektgegner kennt, kann fördernde Chancen nutzen und bremsende Risiken abwehren.

Der „Kunde“ ist der ideale positive Stakeholder eines Projekts. Er hat ein starkes Interesse am Projekterfolg, den Projektzielen und dem Projektablauf. Seine Interessen können über vielfältige Methoden und Maßnahmen erfasst und gesteuert werden.

Direkte Abfrage	Fragebogen, Telefoninterview
Workshop	gemeinsam durchführen
Feedback	Bewertung von Leistung, Qualität, Fortschritt
Medieninfo	Gezielte Pressemitteilungen

Tabelle 30: Abfragemethoden Stakeholder

Schon das aktive Durchführen der Stakeholderanalyse an sich fördert in der Regel die Projektarbeit proaktiv. Die Betroffenen und Beteiligten erkennen, dass man sich um sie kümmert, dass ihre Ängste und Erwartungen ernst genommen werden und dass sie sich aktiv in Veränderungen einbringen können. In solchen Situationen wird die Zahl der Projektgegner naturgemäß geringer sein, als wenn im Projektumfeld der Eindruck entsteht, dass ein Projekt durchgezogen wird mit Zielen und Ergebnissen, die keiner will.

2.9.2 Anwendung der Methode

Die Stakeholderanalyse läuft in der Regel gemäß den folgenden Schritten ab:

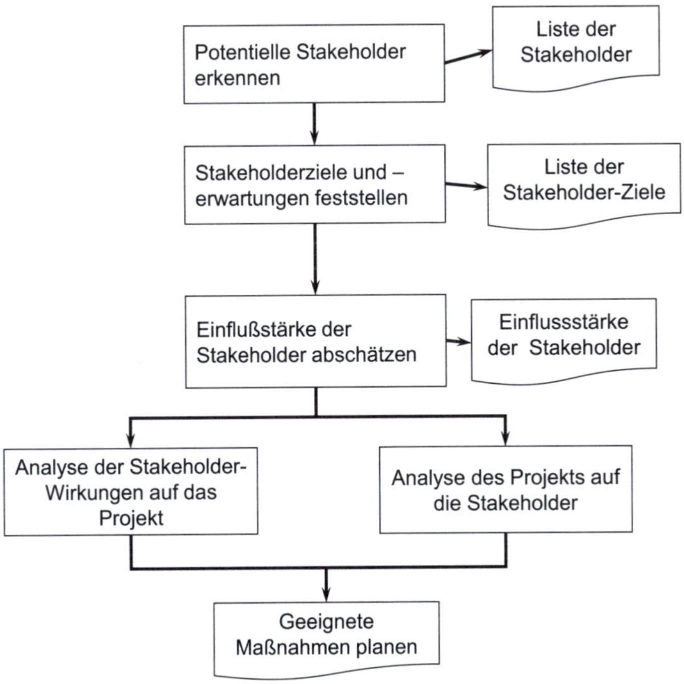

Abb. 47: Ablauf der Stakeholderanalyse

1. Schritt: Potentielle Stakeholder erkennen

Aus der Umfeldanalyse können notwendige Informationen über Art und Anzahl der Stakeholder fließen. Stakeholder können sowohl aus dem Projekt selbst oder aus dessen Umfeld kommen.

Ein guter Überblick über die relevanten Stakeholder lässt sich in einem ersten Workshop mit dem Team erarbeiten. Brainstorming oder Kartenabfrage dürften die üblichen Arbeitsmethoden hierfür sein. Typische Stakeholder in einem Projekt sind:

- Einkäufer des Kunden
- Techniker des Kunden
- Testabteilung des Kunden
- Lieferanten von Vorprodukten

- Entwickler
- Testingenieure
- Nutzer, Produktanwender
- Auftraggeber, Kunde
- Betriebsrat, Personalrat, Gewerkschaften
- Auftraggeber, Kunde
- Management, Geschäftsführung
- Banken, Versicherungen, Geldgeber
- Projektpartner, Berater, Gutachter
- Betroffene, Bevölkerung, Nutzer, Politiker
- Berufsverbände, Kammern, Interessenverbände

Typische Fragestellungen, um die potentiellen Stakeholder festzustellen, können sein:

- Wer fördert die Projektarbeit?
- Wer hat Interesse, dass die Projektziele erreicht werden?
- Wer hat zusätzliches Wissen, das die Projektarbeit fördern könnte?
- Wer muss Meilensteinen, Projektschritten zustimmen?
- Wer könnte die Projektarbeit behindern oder bremsen?
- Wer ist am Projekt interessiert?
- Für wen ändert sich etwas durch die Projektarbeit?
- Wer wird gebraucht zur Mitarbeit?
- Wer kann „Stimmung" für oder gegen das Projekt machen?
- Wer hat Erwartungen an die Projektarbeit?
- Wer hat Erwartungen an die Projektergebnisse?

Beispiel: Einführung von SAP

Für ein aktuelles Beispiel „Einführung von SAP als Standard-Software" wurden im Workshop die folgenden Stakeholder identifiziert:

- Kunden
- Geschäftsführung
- Vertriebsabteilung
- IT-Abteilung
- Entwicklungsabteilung
- Team
- Projektleiter
- Betriebsrat
- Lieferanten
- Controlling

2. Schritt: Stakeholderziele und -erwartungen erkennen

Die günstigste Vorgehensweise, um Wünsche, Bedürfnisse, Ziele, Erwartungen und Befürchtungen der Stakeholder festzustellen, ist, einen gemeinsamen Workshop durchzuführen. In diesem Workshop kann das Team direkt von den Stakeholdern alle nötigen Informationen erhalten. Menschen wollen ernst genommen und frühzeitig in den Prozess eingebunden werden. Dadurch sichern sie dann optimale Unterstützung während der Projektarbeit zu. Vermutungen, Abschätzungen und Annahmen werden dadurch verhindert.

Im Workshop können die Stakeholder ihre eigenen Ziele, aber auch ihre Ziele und Wünsche an die Projektarbeit, formulieren.

Das Projekt hat damit die Chance, die Zufriedenheit aller Stakeholder nachhaltig zu sichern. Bei Projektabschluss können dann keine unzufriedenen Stakeholder mehr auftauchen, die das Projektergebnis schlecht finden, schlecht reden und am Ende doch noch auf das Scheitern des Projekts hinwirken können. Typische Wünsche und Befürchtungen von Stakeholdern, bezogen auf das Projekt, können sein:

- Arbeitsplatzsicherheit, Zukunft
- Arbeitsumfang, Intensität, Arbeitsbelastung
- interessante Arbeit
- Kompetenzen
- Verantwortungsniveau
- Gehaltsniveau
- Aufstiegsmöglichkeiten
- soziale Kontakte
- Lernvolumen für Neues

Die Rückkoppelung der erfassten Ergebnisse an die Workshop-Teilnehmer ist sehr wichtig. Stakeholder wollen permanent eingebunden sein. Stakeholdern sollte das Gefühl gegeben werden, dass sie dabei sind, dass ihr Rat gebraucht wird und dass sie sich direkt in die Projektarbeit einbringen können.

Tipp

Kunden sind besondere Stakeholder. Sie sollten immer intensiv in die Prozesse, die Projektarbeit einbezogen werden. Ihre Wünsche, ihre Zufriedenheit sollte laufend abgefragt werden.

3. Schritt: Einflussstärke der Stakeholder ermitteln

Wenn die wesentlichen Stakeholder bekannt sind, dann kann für diese Stakeholder eine Betroffenheitsanalyse durchgeführt werden. Oft spricht man auch von „Wirkungsanalyse".

Das Stakeholderverhalten wird nun abgefragt:

- Wird der Stakeholder fördernd aktiv, verhält er sich neutral oder sogar konträr zum Projekt?
- Können beim Stakeholder Stärken oder Schwächen beobachtet werden, die ausgenutzt werden können?
- Wie sieht es mit der Stärke seines Einflusses aus?
- Wie ist sein Gewicht?
- Werden sich die Einflüsse über die Projektlaufzeit verändern?
- Welche Macht und Einflussmöglichkeiten stehen den Stakeholdern zur Durchsetzung ihrer Ziele zur Verfügung?
- Welche Einflussmöglichkeiten stehen den verschiedenen Stakeholdern zur Durchsetzung ihrer Ziele zur Verfügung?

Hierfür gibt es vielfältige Checklisten. Mit dem folgenden Schema kann gearbeitet werden:

Betroffenheitsaspekt	Art der Betroffenheit		Stärke der Betroffenheit		
	positiv	negativ	sehr schwach	mittel	sehr stark

Abb. 48: Ablauf Einflussstärke der Stakeholder

Tipp

Die Strategien der potentiellen Stakeholder zu kennen, ist sehr wichtig für das Projekt. Mit diesen Informationen können geeignete Maßnahmen zur Steuerung der Stakeholder entwickelt und umgesetzt werden.

Checkliste
SAP-Einführung

Stakeholder (wer ?)	Erwartungen	Einstellung des Stakeholders			Einflußstärke auf das Projekt		
		behindert	neutral	fördert	gering	mittel	hoch
IT-Abteilung	- keine zusätzliche Arbeitsbelastung - Hauptleistung Für Einführung durch Externe		o				o
Controlling	- einfach handhabbar - schnell erlernbar - löst alle bisherigen Probleme - integriert viele Funktionen			o		o	
Geschäftsführung	- schnell, genaue Berichte - liefert Zukunftssicht, vorausschauend			o			o
Kunde							
Vertrieb							
Produktentwicklung							
Betriebsrat							
Lieferant							
Projektteam							

Abb. 49: Stakeholder-Erwartungen/-Einfluss

4. Schritt: Stakeholder einbeziehen

Alle Aktionen, die durchgeführt werden, um die Stakeholder einzubeziehen, gehören zum Projektmarketing. Eine offene Informationspolitik im Projekt fördert auch die ehrliche, offene Mitarbeit aller.

Der Projektsteuerungsprozess beinhaltet das permanente Verfolgen der Stakeholderanalyse über die gesamte Projektlaufzeit. So wie sich die Projektziele ändern können, werden sich auch Stakeholder verändern. Bekannte Stakeholder fallen weg, neue Stakeholder kommen hinzu. Die ursprünglich geäußerten Ziele und Erwartungen der Stakeholder verändern sich. Aber auch Einstellungen der Stakeholder und deren Einflussstärken werden sich über längere Entwicklungsprozesse verändern. Deshalb muss die Stakeholderanalyse in vertretbaren Abständen überprüft und aktualisiert werden.

2.9.3 Fazit und Erkenntnisse

Mit der Stakeholderanalyse werden die potentiellen Beteiligten und Betroffenen eines Projekts erkannt. Ihre Ziele, Wünsche und Strategien bezogen auf die Projektarbeit und die Projektziele werden damit transparent und „öffentlich". Maßnahmen zur Steuerung der Stakeholder können strategisch erarbeitet werden und im Projektmarketing umgesetzt werden. Bestenfalls wird eine Aktivierung der Unterstützungspotentiale erreicht und den Projektgegnern und deren Argumenten der Wind aus den Segeln genommen.

2.10 Verantwortlichkeitsmatrix

Kurzbeschreibung der Methode	
Methodenart	**Projektplanung/Organisationsplanung**
Geeignet für	Alle Projektarten
Ziel	Festlegung von Rollen und Verantwortlichkeiten
Benötigte Hilfsmittel/ Beteiligte	Einfache Textverarbeitung oder Projektplanungswerkzeuge, bei denen die Möglichkeit besteht, Rollen und Verantwortlichkeiten zu definieren.
Zeitaufwand	Abhängig von der Projektgröße; für kleinere bis mittlere Projekte ca. 2–8 Stunden
Vorteile	differenzierte Darstellung der Verantwortlichkeiten in einer einfachen und übersichtlichen Form Zeitersparnis durch Formalisierungen geeignet für unterschiedliche Hierarchiestufen einer Organisation
Nachteile	Gefahr der Unübersichtlichkeit, wenn die Verantwortlichkeiten zu sehr differenziert werden.

2.10.1 Beschreibung der Methode

Ziel der Methode ist es, innerhalb einer Organisation bestimmten Rollen oder Personen definierte Verantwortlichkeiten zuzuweisen. Welche Rollen definiert werden, hängt vom Ausschnitt der Organisation ab, den man betrachten möchte. Man kann Rollen festlegen für das Gesamtunternehmen, für eine Abteilung oder ein Projekt. Für die Definition der Verantwortlichkeiten verwendet man normierte Begriffe, die eine differenzierte Betrachtung dessen erlauben, wer welche Verantwortung in welcher Ausprägung übernimmt.

Die Beschreibung der Verantwortlichkeiten wird als Matrix aufgebaut. In den Zeilen stehen Personen, Personengruppen oder betriebliche Funktionen, in den Spalten werden die Aufgaben eingetragen. Hat man eine Projektorganisation beispielsweise mit Lenkungsausschuss, Projektleitung, Analysten, Programmierer, Key User, Anwender usw. festgelegt, so würden diese Personengruppen in den Zeilen erscheinen und in den Spalten deren Aufgaben.

Ist ein Projektstrukturplan vorhanden, der die Arbeitspakete definiert, würden in den Zeilen die Verantwortlichen für das Arbeitspaket benannt und die Spalten die Arbeitspakete zeigen. Für die Ausprägung Verantwortlichkeiten gibt es unterschiedliche Merkmale. So ist ein Mitarbeiter für die Ausführung des Arbeitspaketes verantwortlich, oder ein anderer hat für das Arbeitspaket beratende Funktion. Ein weiterer Mitarbeiter wiederum verantwortet das Budget, ein nächster muss lediglich über das Arbeitspaket informiert sein. Diese Abstufungen der Verantwortung werden mit Abkürzungen in die Zellen der Matrix eingetragen. Definitionen, die sich eingebürgert haben, sind:

- X: führt die Arbeit aus
- D: entscheidet alleine und definitiv über eine Aufgabe
- d: entscheidet mit über eine Aufgabe
- P: managt die Aufgabe
- V: überprüft die Aufgabe
- T: weist in eine Aufgabe ein
- C: muss als Berater herangezogen werden
- I: muss informiert werden
- A: steht als Berater zur Verfügung

Diese Definition der Verantwortlichkeiten muss innerhalb einer Organisation festgelegt und einheitlich verwendet werden.

Tipp

Zu achten ist darauf, dass nicht zu viele, sehr fein definierte Verantwortlichkeiten festgelegt werden, da die Matrix dann leicht zu unübersichtlich werden kann.

Als ein einfaches und robustes Modell hat sich die sogenannte RACI-Matrix etabliert, da sie mit vier sehr einfachen Begriffen auskommt:

- R — Responsible: verantwortlich für die Durchführung
- A — Accountable: verantwortlich für die Entscheidungen im kaufmännischen und im rechtlichen Sinne
- C — Consulted: eine Person (Rolle), die zur Beratung herangezogen werden muss
- I — Informed: jemand, der informiert werden muss

2.10.2 Anwendung der Methode

1. Schritt: Auswahl des Organisationsausschnittes

Wählen Sie einen Organisationsausschnitt fest, für den Rollen und Verantwortlichkeiten festgelegt werden müssen (Gesamtunternehmen, Abteilung, Projekt, Prozess, Teilprojekt).

2. Schritt: Definition der Rollen

Wird die Verantwortlichkeitsmatrix für ein Projekt definiert, können Sie auf die Stakeholderanalyse zurückgreifen, um Personen oder Personengruppen zu bestimmen, die in irgendeiner Form in das Projekt involviert sind.

3. Schritt: Definition der Aufgaben

Die Aufgaben können Sie teilweise aus dem Projektstrukturplan entnehmen, wenn die Arbeitspakete betroffen sind. Teilweise müssen Aufgaben aber auch explizit definiert werden: Welches sind die Aufgaben des Lenkungsausschusses, welches die Aufgaben der Projektleitung, welches die Aufgaben der Qualitätskontrolle usw.

4. Schritt: Festlegung der Verantwortlichkeitsmerkmale

Hier können Sie auf die genannten Merkmale der RACI-Matrix zurückgreifen (s. o.).

5. Schritt: Genaue Definition (Normierung) der Verantwortlichkeitsmerkmale

Beispielsweise ist zu definieren, was „Accountable“ konkret bedeutet: Es könnte jemand sein, der für einen Verantwortungsbereich eine Entscheidungsgewalt hat, die sich auf ein Budget beziehen kann, auf Personalverantwortung, auf eine Unterschriftsberechtigung, auf die Abnahme eines Liefer- und Leistungsumfangs usw.

6. Schritt: Kommunikation der Verantwortlichkeitsmatrix

Ein guter Zeitpunkt für die Kommunikation der Verantwortlichkeitsmatrix ist das Kick-off Meeting.

Beispiel: Pflichtenhefterstellung für einen E-Shop

Die Vertriebsabteilung eines Unternehmens möchte mit einem Online-Shop einen neuen Vertriebskanal etablieren und stellt dazu einen Projektantrag. Man einigt sich darauf, als ersten Schritt ein Pflichtenheft zu erstellen. Eine Projektorganisation mit Lenkungsausschuss und Projektleitung wird etabliert und Fachleute aus unterschiedlichen Abteilungen dem Projekt zugeordnet:

- ein Systemanalytiker für die Definition der Anforderungen
- ein Designer für die ergonomischen und werbetechnischen Aspekte der Benutzeroberfläche
- die IT-Abteilung für die technische Infrastruktur

Eine Stakeholderanalyse hat zusätzliche Abteilungen und Personen ermittelt, die in irgendeiner Form von diesem Projekt betroffen sind oder eine aktive Rolle in diesem Projekt übernehmen sollten. Zusätzlich wird noch ein externer Dienstleister hinzugezogen, der beraten soll, wie moderne Online-Shops gestaltet werden.

Die Projektleitung erstellt eine Verantwortlichkeitsmatrix nach dem RACI-Schema.

	Projektplan erstellen	Best Practices ermitteln	Anforderungen erheben	Funktionales Konzept erstellen	Ergonomisches Design erstellen	IT-Infrastruktur konzipieren	Sicherheitskonzept erstellen	Review Pflichtenheft	Abnahme Pflichtenheft
Lenkungsausschuss	A	I	I	I	I	I	I	I	A
Projektleitung	R	A	A	A	A	A	A	A	R
System-Analyse	C	R	R	R	I	I	I	C	I
Design	C	I	I	I	R	I		C	I
IT-Abteilung	C	I	I	I	I	R	I	C	I
Qualitätssicherung		I	I					R	I
Verkaufsabteilung	C	I	I	C	C	I	I	C	I
ERP-Verantwortlicher	C	I	I	C		C		C	I
Sicherheitsbeauftragter	C	I	I				R	C	I
Externer Berater		C							
Betriebsrat	I								

Abb. 50: RACI-Matrix

2.10.3 Fazit und Erkenntnisse

Die Verantwortlichkeitsmatrix zeigt differenziert in übersichtlicher Weise Rollen und Verantwortlichkeiten auf. Die Vorteile sind:

- übersichtliche Darstellungsweise
- normierte Begriffe für Verantwortung — dadurch, dass die Verantwortlichkeiten differenziert erfasst werden, besteht die Notwendigkeit, sie eindeutig zu definieren
- projektübergreifende Gültigkeit — wenn die Begriffe in einer Organisation normiert sind, braucht man sie nicht für jedes Projekt neu zu erfinden
- Die Darstellung kann für unterschiedliche Organisationseinheiten in derselben Form verwendet werden: für ein Unternehmen, für eine Abteilung, für ein Projekt, für ein Teilprojekt.
- Sie baut auf vorangegangenen Analysen und Planungen auf. So fließen der Projektstrukturplan und die Stakeholderanalyse in die Erstellung der Verantwortlichkeitsmatrix ein.

Tipp

Man muss sich jedoch davor hüten, die Verantwortlichkeiten zu sehr zu differenzieren. Dadurch könnte die Verantwortlichkeitsmatrix den Vorteil der Übersichtlichkeit einbüßen.

3 Methoden der Projektplanung

3.1 Analogiemethode

Kurzbeschreibung über die Methode

Methodenart	Projektplanung/Aufwandsplanung
Geeignet für	Projekte, die in ähnlicher Form bereits durch die eigene Organisation durchgeführt worden sind oder für die empirisches Material vorliegt.
Ziel	Schätzung des Aufwandes für Teilprojekte oder Projektphasen
Benötigte Hilfsmittel/Beteiligte	Projektdatenbank (elektronisch oder auf Papier), empirische Studien
Zeitaufwand	Geringer Zeitaufwand
Vorteile	Die Ergebnisse liegen zu einem frühen Zeitpunkt im Projekt vor. Der Aufwand ist gering.
Nachteile	Die Zahlen lassen sich nicht optimal vergleichen. Es bestehen hohe Voraussetzungen bezüglich der Qualität der Daten und des Reportings.

3.1.1 Beschreibung der Methode

Bei den Analogiemethoden vergleicht man das zu schätzende Projekt mit einem oder mehreren bereits abgeschlossenen, ähnlichen Projekten, die

- ein gleiches oder ähnliches Anwendungsgebiet bzw. Aufgabenstellung haben,
- die gleiche oder ähnliche Größe haben oder
- gleiche oder ähnliche Randbedingungen.

Quellen dafür sind entweder eigene Erfahrungsdatenbanken, empirische Untersuchungen oder Benchmarks.

Die Zahlen liegen bei externen Studien meist nicht auf Arbeitspaketebene vor, sondern auf der aggregierten Stufe von Teilprojekten oder Phasen. Eine Verfeinerung bis hinunter auf Arbeitspaketebene muss dann mit einer der anderen Schätzmethoden vorgenommen werden (beispielweise Expertenschätzung).

3.1.2 Anwendung der Methode

Aus dem Bereich der SAP-Einführungen gibt es beispielsweise die BeFITT-Studie (Benefit Focus in IT-enabled Transformations). Darin geht es um ein Forschungsprojekt der FH-Konstanz in Zusammenarbeit mit der Unternehmensberatung Cap Gemini (veröffentlicht von Heiko Mauterer).

Auf der Basis von 185 befragten Firmen wurden folgende Aufwände für eine SAP/R3-Einführung ermittelt:

Beispiel: SAP-Einführung

SAP-Modul	Ø Berateraufwand (PT)	Ø Einführungsdauer (Monate)
Finanzbuchhaltung (FI)	68	10,6
Kostenrechnung (CO)	77	11,6
Materialwirtschaft (MM)	126	13
Produktionsplanung (PP)	134	13,7
Auftragsabwicklung (SD)	152	13,5

Tabelle 31: Aufwände für eine SAP-Einführung Legende: PT=Personentag

Methodisch kann hier auch eine Bottom-up- oder Top-down-Vorgehensweise gewählt werden.

- Top-down-Vorgehensweise: Der Gesamtaufwand wird anhand von ähnlichen Projekten prozentual auf die einzelnen Phasen oder Produktteile heruntergebrochen. Dies kann zu einer groben Abschätzung eines Projekts vorgenommen werden, wenn zu Anfang noch nicht alle Arbeitspakete definiert sind. Aus Erfahrung weiß man aber im Anlagenbau beispielsweise, wie sich die Aufwände prozentual über die einzelnen Phasen verteilen. Ähnlich ist das bei Softwareengineering-Projekten, in denen man aus Erfahrung weiß, wie sich prozentual die Aufwände über die Phasen Analyse, Design, Coding und Testing und Implementierung verteilen.
- Bottom-up: Bietet sich bei standardisierten Projektstrukturplänen an, wenn historische Daten für die einzelnen Arbeitspakete vorliegen.

Beispiel: Aufwandsverteilung

Das Beispiel zeigt eine mögliche Aufwandsverteilung für einen Top-down-Ansatz bei der Aufwandszuteilung. In ähnlichen Projekten hat man festgestellt, wie sich der Aufwand über die Phasen eines Projekts verteilt. Dementsprechend kann, je weiter die Projektstrukturierung vorangeschritten ist, der Aufwand auf die einzelnen Arbeitspakete verteilt werden. Es bietet sich jedoch an, zur Sicherheit auch eine Bottom-up-Analyse durchzuführen und beide Analysen abzustimmen, um Unklarheiten zu eliminieren.

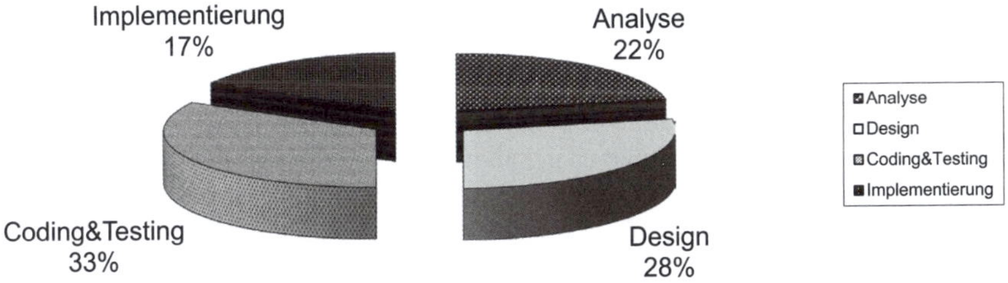

Abb. 51: Aufwandsverteilung

3.1.3 Fazit und Erkenntnisse

Die Analogiemethode führt in einem bekannten Umfeld schnell zu Schätzergebnissen. Wenn die Daten in der eigenen Organisation erhoben wurden, lassen sich auch meist noch die Begleitumstände des Projekts nachvollziehen, sodass die „nackten" Daten bewertet werden können. Zu den Faktoren, die den Aufwand beeinflussen, gehören bei einem Projekt nicht nur die konkrete Aufgabenstellung, sondern auch noch eine Reihe weiterer Faktoren, wie Qualität des Teams, Kundenbeziehung und Projektumgebung.

Diese Faktoren lassen sich oft nicht aus Projektdatenbanken entnehmen, sodass sich die Daten der abgelaufenen Projekte u. U. nicht eins zu eins auf das eigene Projekt anwenden lassen. Auch setzt diese Art des Verfahrens ein hohes Maß an Reportingehrlichkeit voraus. Reportingtricks, welche die Zahlen eines Projekts schönfärben, sind im Projektmanagement-Umfeld leider auch ein nicht seltenes Phänomen.

Bei externen Daten ist es noch schwieriger zu beurteilen, ob die Randbedingungen auf das eigene Projekt zutreffen. Oft sind nur Durchschnittszahlen von Branchen, Firmengrößen usw. verfügbar, welche die Aussagekraft auf das eigene Projekt einschränken.

3.2 Delphi-Methode

Kurzbeschreibung der Methode	
Methodenart	**Projektklärung/Prognosemethode; Projektplanung/Aufwandsplanung**
Geeignet für	Zielbildung, Kosten- und Aufwandschätzungen, systematische mehrstufige schriftliche Meinungsbildung mit Expertenteams, technologische Prognosen zukünftiger Möglichkeiten, Forschungs-/Entwicklungsplanung.
Ziel	Abstimmung von Expertenmeinungen über die Wahrscheinlichkeit vorhersehbarer zukünftiger Ereignisse bzw. Entwicklungen
Benötigte Hilfsmittel/ Beteiligte	Exakt definiertes Problemfeld; Experten mit entsprechendem Erfahrungshintergrund
Zeitaufwand	Hoher Zeit- und Kostenaufwand, wenn das Verfahren über mehrere Stufen bzw. Runden läuft; zusätzlicher Aufwand für kontrollierte Rückkopplung und Bekanntgabe der Ergebnisse aus den jeweiligen Vorrunden
Vorteile	Die Zahl der beteiligten Experten steigert die Ergebnisqualität, ebenso die Anonymität der Experten. Mehrstufige Befragung mit statistischer Auswertung der Antworten und kontrollierter Rückkopplung der Expertenaussagen an die Befragten führt zu hohem Lerneffekt und Know-how-Bildung und dadurch auch leichterer Annäherung an gemeinsamen Konsens zur Meinungsbildung.
Nachteile	Die Mittelwertbildung täuscht eine hohe Aussagegenauigkeit vor. Die Ergebnisqualität hängt von der Zusammensetzung des Expertenkreises ab. Zu starke Einzelpersönlichkeiten können Meinungsfokussierung beeinflussen. Überzeugende Argumente werden sich durchsetzen. Fehlende Reflektion und Hinterfragen der Ergebnisse können sich nachteilig auswirken. Das Interesse der Befragten nimmt nach einigen Befragungsrunden ab.

3.2.1 Beschreibung der Methode

Die Delphi-Methode ist genauso wie auch die Delphi-Studie oder Delphi-Befragung ein strukturiertes, systematisches, mehrstufiges Verfahren zur Befragung von Experten. Sie ist eine Methode zur Schätzung und Prognostizierung und dient dazu, zukünftige Ereignisse, Trends oder technische Entwicklungen möglichst gut einschätzen zu können.

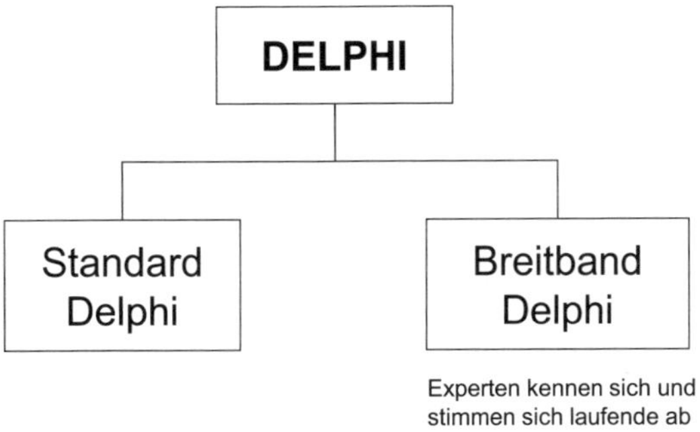

Abb. 52: DELPHI-Methode

Dieses Befragungsverfahren wurde von der RAND-Corporation ca. 1964 entwickelt und wird seitdem häufig, wenn auch in variierter Form, für die Ermittlung von Prognosen/Trends sowie für Meinungsbildungen angewendet, vor allem für technologische Prognosen bei der Forschungs- und Entwicklungsplanung. Im Projektplanungsprozess wird es zur Zielbildung und Prognose von Alternativen eingesetzt. Die Methode ist besonders geeignet bei Projekten, deren Aufwand unklar ist.

Hauptmerkmale der Methode sind:

- Anonymität der Befragten
- Teilnehmer haben keinen Kontakt zueinander
- Mehrstufigkeit der Befragung
- statistische Auswertung der Antworten
- kontrollierter Rückfluss von Informationen und neue Bewertung

Die Delphi-Methode kann in zwei Ausprägungen durchgeführt werden:

- als Standard-Delphi, wenn die Experten völlig unabhängig voneinander ohne Abstimmungsprozesse schätzen (ungewollte Meinungsbildungen sollen damit verhindert werden);
- als Breitband-Delphi, wenn sich die Experten im Verlauf des Prognoseprozesses durch zusätzliche Diskussionen und Abstimmungsrunden miteinander abstimmen.

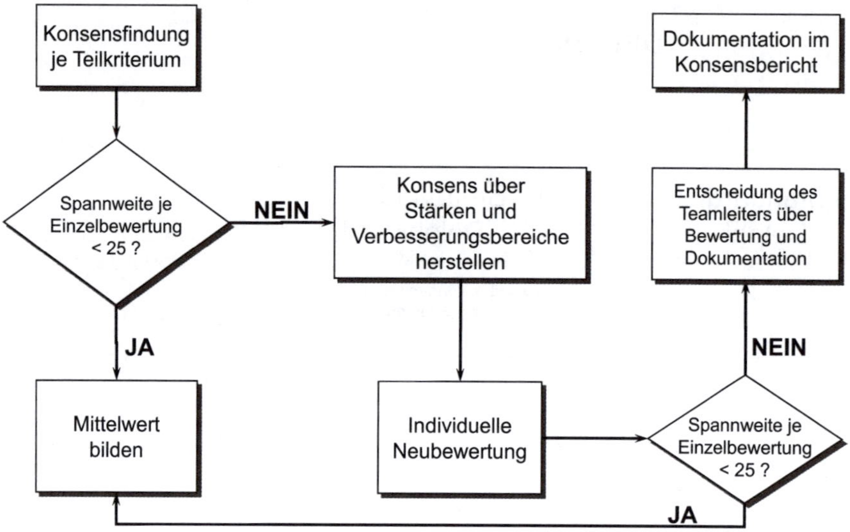

Abb. 53: DELPHI-Methodenarten

3.2.2 Breitband-Delphi-Methode

Breitband-Delphi bietet folgende Vorteile: Durch Kommunikation, diverse Interaktionen der Experten untereinander, können Defizite im Know-how ausgeglichen werden. Die Gefahr von Fehleinschätzungen ist geringer. Realistische Schätz- und Prognosewerte dürften eher erzielt werden. Die Konsensbildung wird durch die gruppendynamischen Prozesse beschleunigt. Die Ergebnisqualität der Konsenswerte ist mitunter höher. Die Breitband-Delphi-Methode eignet sich besonders zum Schätzen großer komplexer Projekte bzw. Aufgaben.

3.2.3 Anwendung der Methode

Einer Gruppe von Experten wird ein Fragenkatalog vorgelegt. Die schriftlichen Antworten, Schätzungen, Ergebnisse etc. werden aufgelistet und mit Hilfe einer speziellen Mittelwertbildung zusammengefasst und den Fachleuten anonymisiert erneut für eine weitere Diskussion, Klärung und Verfeinerung der Schätzungen vorgelegt. Dieser kontrollierte Prozess der Meinungsbildung erfolgt gewöhnlich über mehrere Stufen. Das Endergebnis ist eine aufbereitete Gruppenmeinung, die die Aussagen selbst und Angaben über die Bandbreite vorhandener Meinungen enthält.

Der Meinungsbildungsprozess besteht aus den Elementen: Generation, Korrektur, teilweise Anpassung oder Verfeinerung, Mittelwertbildung bzw. Grenzwertbildung. Störende Einflüsse werden durch die Anonymisierung, den Zwang zur Schriftform und der Individualisierung eliminiert. Die Strategie der Delphi-Methode besteht aus: Konzentration auf das Wesentliche, mehrstufiger, teilweise rückgekoppelter Editierprozess, sicherere, umfassendere Aussagen durch Zulassen statistischer fuzzyartiger Ergebnisse. Ein häufiges Problem: Die Experten wechseln ihre einmal geäußerte Meinung in den folgenden Runden trotz Anonymität nicht, so dass der Zusatznutzen weiterer Runden oft klein ist.

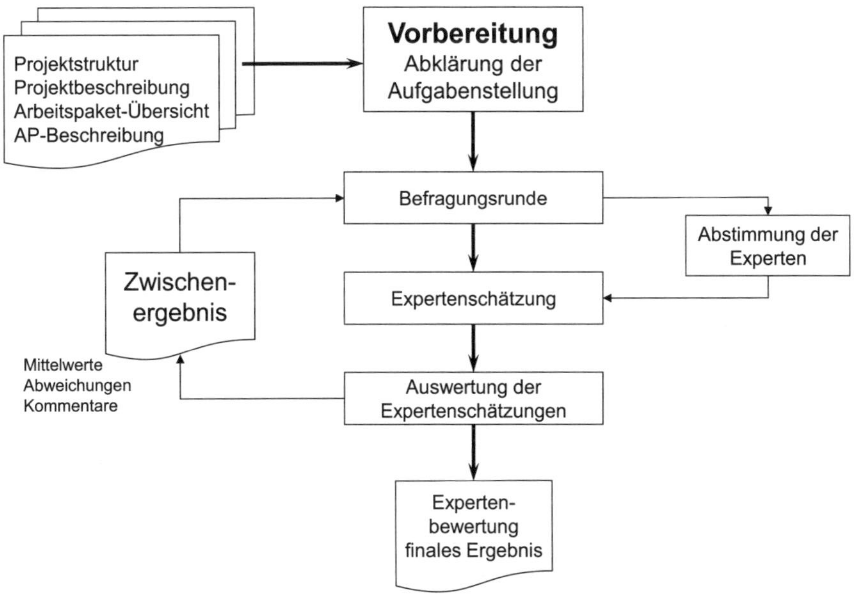

Abb. 54: Ablauf DELPHI-Methode

1. Schritt: Vorbereitung

Beschreiben Sie das Problemfeld. Definieren Sie die Beurteilungskriterien. Wählen Sie Experten aus und stimmen Sie die Befragung mit ihnen ab; ebenso Ablauf und Termine.

2. Schritt: Befragung

Erstellen Sie einen Fragebogen und verteilen diesen nach einem Test an die Teilnehmer der ersten Befragungsrunde. Die Verteilung selbst läuft meist elektronisch ab, per E-Mail oder auch direkt über eine Internetseite. Dadurch kann der Verlauf recht zügig abgewickelt werden. Normalerweise haben die am Delphi beteiligten Experten keinen Kontakt untereinander.

3. Schritt: Auswertung

Analysieren Sie die Befragungsergebnisse, werten Sie sie statistisch aus und verteilen sie diese zur Information wieder an die Teilnehmer. Wesentlicher Bestandteil der Ergebnisse ist das erreichte Konsensmaß, beschrieben durch Median- und Quartilsabstand. Damit können die Teilnehmer ihre vorangegangenen Schätzungen überprüfen und für die folgende Runde überarbeiten.

4. Schritt: Ergebnis

Nach einigen Runden wird sich der Konsensprozess stabilisiert, sich die überzeugendsten Argumente und Prognosen durchgesetzt haben und die Expertenmeinungen fokussiert sein. Ein „gemeinsames" Ergebnis lässt sich darstellen.

Beispiel: Delphi: Project Excellence Award der GPM

Ein bekanntes Beispiel für die aktuelle Anwendung von Delphi ist der Project Excellence Award der GPM, der jährlich durchgeführt wird. Ein Team, bestehend aus 5 Assessoren, bewertet die Leistung des Projekts. Es geht darum, nach vorgegebenen Kriterien die durchlaufenen Projektmanagement-Prozesse und die erreichten Projektziele zu bewerten. Dieses Assessmentverfahren läuft nach den Kriterien der Breitband-Delphi-Methode ab: Einzelassessments der Experten, dazwischen Abstimmungsschritte der Assessoren, um Konsens und ein gemeinsames Bewertungsergebnis zu erreichen.

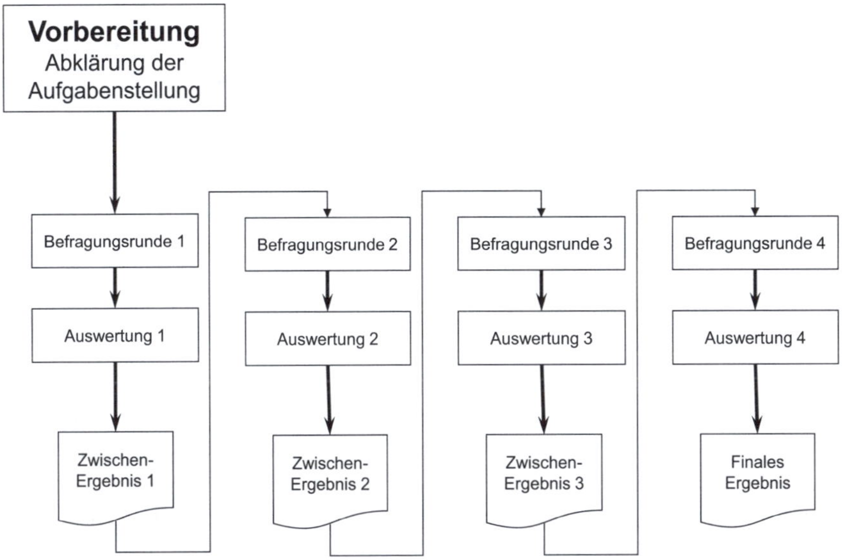

Abb. 55: Ablauf Konsensbildung

Beispiel: Aufwandsplanung von Arbeitspaketen

- Aus Projektbeschreibung und Projektstrukturplan werden Delphi-Arbeitsunterlagen, Projektplanungsunterlagen für einzelne Teilprojekte und die Arbeitspakete erstellt.
- Den Experten werden die Ziele von Projekt, Teilprojekten und Arbeitspaketen erläutert.
- Experten schätzen auf Arbeitspaketebene; Abstimmung untereinander ist nicht zulässig (Ausnahme bei Breitband-Delphi).
- Auswertung der Schätzwerte: Mittelwerte, Abweichungen, Kommentare. Die erreichten Werte werden an die Experten verteilt.
- Experten überdenken die ursprünglichen Schätzungen. Abstimmung untereinander ist nicht zulässig (Ausnahme bei Breitband-Delphi).
- Finale Wertebildung nach dem letzten Schätzdurchgang

Beispiel: Prognose über zukünftige Sensoranwendung im PKW

- *Befragungsrunde 1.* Die Experten werden gebeten, Entwicklungen zu benennen, die nach ihrer Meinung innerhalb der nächsten 20 Jahre möglich sind.
- *Auswertung der Befragungsrunde 1.* Es wird eine Liste der in der ersten Befragungsrunde genannten Entwicklungen zusammengestellt.
- *Befragungsrunde 2.* Der Katalog, der in der ersten Befragungsrunde genannten Entwicklungen, wird den Teilnehmern zugesandt, mit der Bitte anzugeben, wann ihrer Meinung nach diese Entwicklungen mit fünfzigprozentiger Wahrscheinlichkeit eintreten werden.
- *Auswertung der Befragungsrunde 2.* Für jede Entwicklung werden durch Verwertung der Antworten der zweiten Befragungsrunde der Median und der Quartilsabstand errechnet.
- *Befragungsrunde 3.* Die Teilnehmer der Befragung erhalten den Katalog der Entwicklungen und für jede Entwicklung Angaben über Median und Quartilsabstand und werden gebeten, ihre Aussagen im Lichte dieser Ergebnisse zu überprüfen. Wenn sie nach dieser Überprüfung weiterhin der Meinung sind, dass der Eintrittszeitpunkt außerhalb des Quartilsabstandes liegt, werden sie aufgefordert, Begründungen für ihr Urteil abzugeben.
- *Auswertung der Befragungsrunde 3.* Es erfolgt wieder eine Berechnung des Medianes und des Quartilsabstandes für jede Entwicklung. Die Entwicklungen, für die ein genügender Konsens festgestellt werden kann oder bei denen die Erreichung eines befriedigenden Konsens nicht wahrscheinlich ist, können aus der weiteren Befragung herausgenommen werden.
- *Befragungsrunde 4.* Hier werden den Teilnehmern die Ergebnisse der 3. Runde (Median und Quartilsabstand) und die Gründe der Teilnehmer, die bei bestimmten Entwicklungen nicht mit der Mehrheitsmeinung übereinstimmen, mitgeteilt.
- *Auswertung des finalen Ergebnisses könnte sein:* Abstandsmessung, Solar, Regensensor, Luftdruck, Fahrerzustand, Individuelle Fahrerkennung, Diebstahlsicherung, Luftdruck, Straßenbeschilderung.

3.2.4 Fazit und Erkenntnisse

Das Verfahren durchläuft in der Regel mehrere Iterationsschleifen bis zur Konsensbildung. Abnehmendes Interesse der Befragten nach einigen Befragungsrunden kann öfter festgestellt werden. Beantwortungsschwierigkeiten durch die Abhängigkeiten zwischen den Problembereichen können vorkommen. Oftmals ist es auch recht schwierig, die richtige Zusammensetzung der Delphi-Gruppe zu finden.

3.3 Kommunikationsplanung

Kurzbeschreibung der Methode	
Methodenart	**Projektplanung/Organisationsplanung**
Geeignet für	Kommunikation in mittleren und größeren Projekte
Ziel	Steuerung des Informationsflusses: Wer erhält welche Information auf welchem Wege mit welchem Ziel?
Benötigte Hilfsmittel/ Beteiligte	Textverarbeitung, Tabellenkalkulation bzw. Projektplanungs-werkzeug (bei komplexen Kommunikationsbeziehungen)
Zeitaufwand	Abhängig von der Projektgröße; für mittlere Projekte ca. 1 Tag
Vorteile	Strukturierte Planung der Kommunikation Zeitersparnis durch Formalisierungen Vollständige Einbeziehung der Stakeholder Reflexion der Ziele der Kommunikation und der einzusetzenden Mittel
Nachteile	Gefahr der Überplanung

3.3.1 Beschreibung der Methode

Die Kommunikationsplanung hat zum Ziel, den Kommunikationsbedarf sämtlicher Personen, die an einem Projekt beteiligt, sind zu erfassen, zu qualifizieren und in einer geeigneten Form zum richtigen Zeitpunkt zu befriedigen.

Kommunikation ist ein komplexer, vielschichtiger Prozess. Es sind zwei Gruppen involviert: jemand, der eine Nachricht sendet, und jemand, der sie empfängt. Transportiert wird zunächst ein sachlicher Inhalt, beispielsweise sagt ein Beifahrer zu seinem Fahrer: „Die Ampel ist rot!" Die Reaktion des Fahrers: „Fahr' ich oder fährst Du?" zeigt, dass in einem Kommunikationsprozess mehrere Ebenen involviert sind, ansonsten wäre diese Reaktion auf eine sachliche Information („Die Ampel ist rot!") rational nicht erklärbar.

Es sind also bei der Kommunikation noch viele weitere Ebenen zu unterscheiden:

- Auf der Senderseite – die Ausdrucksebene: In welchem Ton wurde die Information gesendet, etwa rein sachlich oder vorwurfsvoll oder schon leicht hysterisch?
- Auf der Empfängerseite – die Appellebene: Beispielsweise kann die Information in der Form ankommen: „Bist Du blind, halte doch!" oder „Ich unterstütze Dich!"
- Für Sender und Empfänger – die Beziehungsebene: Handelt es sich um ein Ehepaar, das eine jahrelange harmonische Beziehung hat, oder ist die Situation wegen des jüngsten Ehekrachs sowieso schon sehr angespannt?

Um diesen komplexen Vorgang zu operationalisieren, bietet sich das Kommunikationsmodell von Laswell an: „Wer sagt was, zu wem über welchen Kanal mit welchem Effekt?"

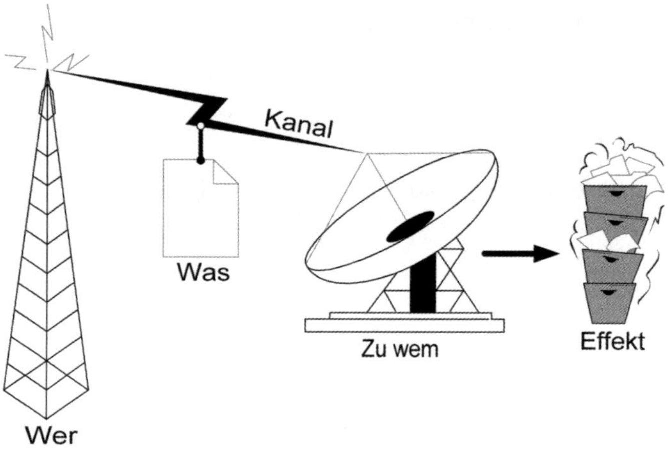

Abb. 56: Kommunikationsmodell in Anlehnung an Laswell

Dieses Modell bietet den Vorteil, dass ein komplexer Vorgang in überschaubare Teilbereiche heruntergebrochen und damit jeder Teilbereich einfacher handhabbar wird. Da jeder Sender zudem noch ein potentieller Empfänger ist (und umgekehrt) handelt es sich hier auch nicht um ein mechanistisches Modell, sondern es schließt die Wechselwirkung von Sender und Empfänger mit ein. Wir ergänzen dieses Modell noch um eine zeitliche Komponente, da der richtige Zeitpunkt wichtig ist, zu dem eine Information gesendet wird.

3.3.2 Anwendung der Methode

1. Schritt: Bestimmung, wer die Information sendet

Meist tut dies die Projektleitung. Es kann aber durchaus sein, dass bestimmte Informationen über den Lenkungsausschuss übermittelt werden, beispielsweise die Ernennung des Projektleiters.

2. Schritt: Festlegung der Kommunikationsinhalte – was wird gesendet?

Die Bandbreite ist sehr groß: Projektinhalte, Projektpläne, Events, Projektfortschritt, Risikoanalysen, Kosten-Nutzen-Analysen, Success Stories usw.

3. Schritt: Zielgruppenbestimmung – an wen geht die Information?

Hier müssen alle Personen und Personengruppen berücksichtigt werden, die in der Stakeholderanalyse aufgeführt sind.

4. Schritt: Auswahl der geeigneten Kommunikationswege

Es bietet sich an, einen sogenannten „Mobilisierungsbaukasten" zu erstellen. Neben den gängigen Methoden wie Mails, Internetseite, Briefe, Fax, Telefonate müssen weitere Kanäle einbezogen werden: Meetings, Meetingkaskaden, Videos, Filme, Pressemitteilungen und zunehmend die modernen Web-2.0-Instrumente wie Wikis, RSS-Feeds, Podcasts.

5. Schritt: Effekt – was soll die Kommunikation bewirken?

Einen Effekt zu erreichen, ist das eigentliche Kommunikationsziel. Das Kommunikationsziel können wir danach differenzieren, inwieweit wir einen Empfänger in das Projekt involvieren wollen oder müssen. Eine Abstufung kann folgendermaßen vorgenommen werden:

- Informieren: Jemand muss nur wissen, worum es geht.
- Verständnis erwecken: Jemand muss verstehen, worum es geht, und die Hintergründe und Zusammenhänge erkennen.
- Einsicht: Jemand muss die Notwendigkeit eines Projekts einsehen.
- Unterstützung: Wir wollen von jemandem, dass er unser Projekt als Ganzes oder in bestimmten Teilbereichen unterstützt.
- Verpflichtung (Commitment): Wir wollen, dass jemand das Projekt oder Teile davon zu seiner Sache macht.
- Eigenverantwortung (Ownership): Wir wollen, dass jemand das Projekt positiv und aktiv, auch nach außen, vertritt.

6. Schritt: Zeitplanung

Der Kommunikationsplan muss mit dem Projektterminplan synchronisiert werden.

Beispiel: Kommunikationsplanung: Einführung einer ERP-Software

Die Einführung einer ERP-Software (Enterprise Resource Planning Software) ist ein Projekt, das beinahe alle Bereiche eines Unternehmens erfasst. Dementsprechend groß ist die Anzahl der Stakeholder mit unterschiedlichen Interessen. Eine kritische Funktion nehmen bei der Einführung dieser Systeme die Endanwender ein. Für die Endanwender ist das Kommunikationsziel unterschiedlich, je nach der Phase, in der sich das Projekt befindet. Sicher ist nur, dass die Endanwender nach Abschluss des Projekts Verpflichtung für die Bereiche der Software übernehmen, die sie betreffen.

Diesen Prozess von der reinen Informiertheit vor Projektstart über alle Verantwortungsstufen hinweg bis zur Übernahme der Verpflichtung ist eine große Herausforderung. Oft scheitert die Einführung solcher Systeme daran, dass die Endanwender zu sehr in eine Konsumentenhaltung verfallen und das System nicht aktiv unterstützen. Das Key-User-Prinzip der Einführung soll Abhilfe schaffen.

Key User sind ausgewählte Mitarbeiter aus den Fachabteilungen, die in das Projektteam von Anfang an integriert werden. Das Key-User-Prinzip bedeutet, dass im Laufe des Projekts die Verantwortung für die Software schrittweise von externen Beratern über die Key User an die Endbenutzer übertragen wird. Dieses Prinzip muss durch Kommunikation unterstützt werden.

Zunächst können Betriebszeitungen oder Rundschreiben dazu dienen, das Projekt anzukündigen und Verständnis für dessen Einführung erwecken, indem auf notwendige Produktivitätsverbesserungen aufmerksam gemacht wird. Abteilungsbesprechungen vermitteln dann Einsicht in die Notwendigkeit, und zwar indem sie auf die spezifische Situation in den Abteilungen eingehen.

In der Phase der Projektklärung nehmen die Key-User-Inputs ihrer Kollegen auf (entweder formalisiert durch Fragebögen oder in Gesprächen.) Verständnis wird somit in Unterstützung überführt. Ist ein Prototyp erstellt, kann dieser benutzt werden, den Endanwendern frühzeitig zu demonstrieren, in welcher Form ihre Inputs in das Projekt eingeflossen sind. Dazu können besondere Demo-Räume benutzt werden.

Der Schritt von der Unterstützung zur Verpflichtung wird in der Endphase der Implementierung durch geeignete Schulungsmaßnahmen und durch konkrete Zielvereinbarungen mit den Mitarbeitern unterstützt.

3.3.3 Fazit und Erkenntnisse

Die Kommunikationsplanung nach dem Sender-/Empfänger-Modell von Laswell bietet ein pragmatisches Modell, den Kommunikationsprozess planbar zu machen. Es baut sehr gut auf Analysen und Planungen auf, die bereits in vorangegangenen Projektphasen gemacht wurden (Stakeholderanalyse, Projektterminierung). Sie zwingt auch dazu, sich systematisch Gedanken über Kommunikationswege zu machen und führt zu einem möglichen Mobilisierungsbaukasten. Eine weitere Stärke liegt darin, dass man die Kommunikationsziele beschreiben und sich Gedanken darüber machen muss, welcher Effekt mit der Kommunikationsmaßnahme erzielt werden soll. Dies führt zu einer zielgerichteten Kommunikation.

Die Grenzen dieser Art der Kommunikationsplanung liegen darin, dass das Modell zunächst von rational handelnden Beteiligten ausgeht. Die unterschiedlichen Formen von individuellem Kommunikationsverhalten, sei es aus übersteigertem Ehrgeiz, auf Basis schlechter Erfahrungen aus vergangenen Projekten oder aufgrund pathologischen Verhaltens, werden hier in der Planung nicht berücksichtigt. So kann es durchaus sein, dass eine Person, die man zunächst nur informieren möchte, sich in der Selbsteinschätzung nicht ausreichend in den Kommunikationsprozess einbezogen fühlt und evtl. vom neutralen Beobachter zum Gegner des Projekts wird.

3.4 Mitarbeiterplanung

Kurzbeschreibung der Methode	
Methodenart	**Projektplanung/Ressourcenplanung**
Geeignet für	Alle Projekte
Ziel	Mitarbeiter mit der passenden Qualifikation zur passenden Zeit mit der erforderlichen Verfügbarkeit einzuplanen
Benötigte Hilfsmittel/ Beteiligte	Spreadsheets (für kleinere Projekte), Projektplanungstool (für mittlere und größere Projekte)
Zeitaufwand	Abhängig von der Projektgröße
Vorteile	notwendige Voraussetzung, um Termine im Projekt bestimmen zu können Kontrolle bzw. Modifikation der Aufwandsplanung Ausgangspunkt für eine Projektplanoptimierung, mit Hilfe der Zuordnung von Ressourcen
Nachteile	Keine

3.4.1 Beschreibung der Methode

Die Mitarbeiterplanung als Teil der Ressourcenplanung hat zum Ziel, Mitarbeiter so einzuplanen, dass sie mit den richtigen Aufgaben betraut sind, zur in Frage kommenden Zeit verfügbar sind und nicht überlastet werden. Weitere Ziele, beispielsweise die gleichmäßige Auslastung der Mitarbeiter, und auch weiche Ziele, wie die Erhöhung der Mitarbeiterzufriedenheit durch Zuordnung der richtigen Aufgaben, Ausbildungsanforderungen usw., können mit der Ressourcenplanung verfolgt werden.

Unter Ressourcen verstehen wir nach DIN 69901:2009-01 Mitarbeiter, Sachmittel so wie Organisationseinheiten. Im Folgenden werden wir die Planung der Ressource „Mitarbeiter“ darstellen.

Die Ressourcenplanung erfolgt zunächst in einer Grobplanung, die besagt, wie viele Mitarbeiter überhaupt in einem Projekt benötigt werden. Eine weitere Detaillierung erfolgt dann nach der Qualifikation der Mitarbeiter. Eine genaue Zuordnung der Mitarbeiter zu konkreten Arbeitspaketen wird in der Ressourcenfeinplanung vorgenommen.

3.4.2 Anwendung der Methode

1. Schritt: Grobplanung der Ressourcen

Sind der gesamte Aufwand und die Zeitdauer eines Projekts als Randbedingungen festgelegt, so lässt sich der Ressourcenbedarf zunächst grob mit Hilfe der verfügbaren Projektarbeitszeit pro Mitarbeiter bestimmen:

Verfügbare Projektarbeitszeit

Jahrestage	365 Tage
Sa, So, Feiertage	–110 Tage
Urlaub/Krankheit	–39 Tage
Weiterbildung	–6 Tage
Projektarbeitstage	210 Tage
Bei einem 7-Stunden-Arbeitstag	1.470 Std.
abzüglich Overhead-Tätigkeiten	–270 Std.
Verfügbare Projektarbeitszeit pro Jahr	1.200 Std.
Verfügbare Projektarbeitszeit pro Monat	100 Std.

Tabelle 32: Verfügbare Projektarbeitszeit

Wird ein Projekt mit einem Budget von 3.000 Stunden geplant und soll es innerhalb von einem Jahr beendet sein, benötigt man in der ersten groben Annäherung im Durchschnitt 6.000/1.200 = 5 Mitarbeiter.

2. Schritt: Detaillierung nach Phasen

Eine weitere Detaillierung erfolgt anschließend nach Phase und Qualifikation der Mitarbeiter.

Cocomo-Aufteilung nach Phasen

	Phase					Aufwand	
Monat	1	2	3	4	5	Monat (PM)	Gesamt (PMkum)
1	0,8	0,8	0,0	0,0	0,0	0,8	0,8
2	0,4	0,6	0,0	0,0	0,0	1,0	1,8
3	0,0	1,3	0,0	0,0	0,0	1,3	3,1
4	0,0	1,0	0,5	0,0	0,0	1,5	4,7
5	0,0	0,0	2,2	0,0	0,0	2,2	6,8
6	0,0	0,0	1,9	0,3	0,0	2,2	9,0
7	0,0	0,0	0,0	2,2	0,0	2,2	11,2
8	0,0	0,0	0,0	2,2	0,0	2,2	13,5
9	0,0	0,0	0,0	1,5	0,6	2,1	15,5
10	0,0	0,0	0,0	0,0	1,8	1,8	17,3
11	0,0	0,0	0,0	0,0	1,1	1,1	18,5

Tabelle 33: Aufteilung des Aufwandes nach Phasen

Bei der Aufwandschätzung haben wir ein Beispiel einer parametrischen Schätzung nach Cocomo gezeigt. Das Projekt hatte einen geschätzten Aufwand von 18,5 Personentagen und eine geschätzte Projektdauer von 10,6 Monaten. Legt man ein Phasenmodell von 5 Phasen (Anforderungen, Produkt Design, Detail Design, Programmierung und Testen, Implementierung) zugrunde, verteilt sich der Gesamtaufwand zeitlich gemäß der obigen Aufstellung.[1]

Die Phase Anforderungen erstreckt sich über die Monate 1 und 2 und benötigt einen Aufwand von 1,2 Personenmonate. Daraus lässt sich entnehmen, dass man mehr als

[1] Die Aufstellung wurde mit der Software Costar erzeugt, das Schätzungen auf der Basis von Cocomo II ermöglicht. Eine Demo-Version ist verfügbar und hat die volle Funktionalität, ist aber auf einen Softwareumfang von 5.000 Zeilen begrenzt.

einen Analytiker benötigt. Eine weitere Detaillierung erfolgt dann in der Ressourcenfeinplanung.

Mit dieser Vorgehensweise kommt man dann zu einem „Kapazitätsgebirge“, das für jede Ressource oder auch Ressourcengruppe (je nach Detaillierungsgrad) die Auslastung im Zeitablauf aufzeigt und dem internen Angebot gegenüberstellt. Dies ist insbesondere in einer Multiprojektumgebung wichtig, wenn dieselben Ressourcen oder Ressourcengruppen in mehreren Projekten eingeplant sind. Überlastungen im Zeitverlauf werden dabei deutlich.

3. Schritt: Feinplanung auf Arbeitspaketebene

Basis hierfür ist die Arbeitspaketplanung. Entsprechend den identifizierten Aufgaben bzw. Arbeitsinhalten sowie den Anforderungen hinsichtlich Qualifikation und Zeit werden Mitarbeiter mit bestimmten Kenntnissen und Fähigkeiten gebraucht.

Mithilfe der Arbeitspaketliste, der ermittelten Aufwände und der Arbeitspaketinhalte werden die erforderlichen Mitarbeiter ausgewählt. Kriterien sind dabei:

- Können/Kompetenzen
- Funktionen (Projektmitarbeiter, Projektleiter)
- Verfügbarkeit
- Kapazität/Quantität

Jedem Arbeitspaket wird nun eine oder mehrere Ressourcen zugeordnet und evtl. mit einem Prozentsatz versehen, der aussagt, zu wieviel Prozent seiner verfügbaren Arbeitszeit ein Mitarbeiter sich diesem Arbeitspaket widmen kann. Aus der Summe der Zuordnungen errechnet sich, wann welcher Mitarbeiter oder welche Mitarbeitergruppe mit welchem Aufwand in welchem Zeitraum eingeplant ist. Unstimmigkeiten mit Überlastungen werden im Rahmen der Terminierung abgeglichen.

3.4.3 Fazit und Erkenntnisse

Die Einplanung der Mitarbeiter in den Projektablauf hat sowohl einen menschlichen als auch einen planerischen Aspekt.

Wichtig

Die richtigen Mitarbeiter mit den richtigen Arbeiten zu beauftragen, ist einer der wichtigsten Erfolgsfaktoren im Projekt!

Planerisch stellt die Ressourcenplanung die hohe Anforderung, Quantität (Aufwand) und Qualität (Projektinhalt) in Übereinstimmung zu bringen. Manchmal kommen weitere erschwerende Bedingungen hinzu, wenn beispielweise noch eine gleichmäßige Auslastung der Mitarbeiter gefordert ist. Mitunter werden zeitliche Lücken in der Beschäftigung nicht toleriert. Deshalb können sich durchaus in der Feinplanung Abweichungen von der Grobplanung ergeben.

Die Feinplanung als Bottom-up-Planung stellt somit auch ein Kontrollinstrument der Grobplanung dar.

Tipp

Die Ressourcenplanung ist auch die geeignete Stelle, um „weiche" Ziele im Projektmanagement zu verfolgen, beispielsweise die Erhöhung der Mitarbeitermotivation und Erhöhung des Ausbildungsstandes.

Im Rahmen einer Multiprojektumgebung bekommt die Mitarbeiterplanung eine zusätzliche Dimension: Dieselben Mitarbeiter können in mehreren Projekten eingeplant werden. Dies muss sowohl in der Anfangsplanung als auch bei Änderungen im laufenden Projekt berücksichtigt werden.

3.5 Netzplantechnik

Kurzbeschreibung der Methode	
Methodenart	**Projektplanung/Ablaufplanung**
Geeignet für	Mittlere bis größere Projekte
Ziel	Darstellung des Ablaufs eines Projekts
Benötigte Hilfsmittel/ Beteiligte	Spreadsheets (für kleinere Projekte), Projektplanungstool (für mittlere und größere Projekte)
Zeitaufwand	Abhängig von der Projektgröße; eine Zeitersparnis ist durch den Einsatz von Standardprojektplänen möglich.
Vorteile	Die Netzplanung ist eine Voraussetzung, um sich Termine bei mittleren und größeren Projekten automatisch errechnen zu lassen. Die Verwendung der elementaren Anordnungsbeziehungen lassen Optimierungsmöglichkeiten im Ablauf erkennen.
Nachteile	Je detaillierter ein Strukturplan, desto höher ist die Komplexität des Netzplanes. Dies führt zu erhöhtem Aufwand bei der Erstellung und Pflege des Netzplanes, vor allem dann, wenn während der Projektabwicklung die unvermeidlichen Änderungen am Projektplan eingebaut werden müssen.

3.5.1 Beschreibung der Methode

Mit dieser Methode können Sie den hierarchischen, statischen Aufbau des Projektstrukturplanes in eine dynamische Struktur überführen. Während der Strukturplan den Aufbau eines Projekts abbildet, zeigt der Netzplan den Ablauf eines Projekts.

Die Blätter des Projektstrukturplanes, die Arbeitspakete, werden in der Netzplanung als Vorgänge angeordnet, die in logischer Beziehung zueinanderstehen. Diese logischen Beziehungen sind die Anordnungsbeziehungen.

In der DIN 69900:2009-01 sind die elementaren Anordnungsbeziehungen beschrieben als Normalfolge, Anfangsfolge, Endfolge und Sprungfolge.

Normalfolge

Nr.	Vorgänger	Vorgangsname	Dauer
1		Arbeitspaket 1	2 Tage
2	1	Arbeitspaket 2	2 Tage

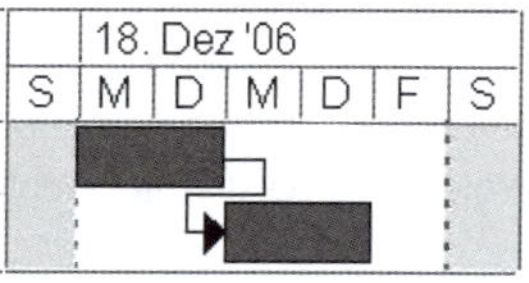

Abb. 57: Normalfolge

Beispiel: Normalfolge

- Arbeitspaket 1: Karosserie säubern
- Arbeitspaket 2: Karosserie lackieren
- Normalfolge: Es kann erst lackiert werden, wenn die Karosserie gesäubert ist

Das Arbeitspaket 2 kann erst beginnen, wenn Arbeitspaket 1 fertiggestellt ist. Das wird dadurch ausgedrückt, dass für das Arbeitspaket 2 ein Vorgänger angegeben wird. Diese Beziehung wird auch Ende-Anfang-Beziehung (EA) genannt.

Anfangsfolge

Nr.	Vorgänger	Vorgangsname	Dauer
4		Arbeitspaket 1	2 Tage
5	4AA	Arbeitspaket 2	2 Tage

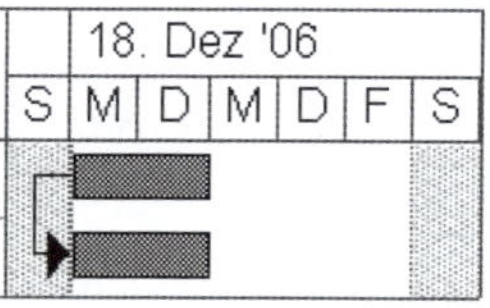

Abb. 58: Anfangsfolge

Beispiel: Beispiel: Anfangsfolge

- Arbeitspaket 1: Spezifikation erstellen
- Arbeitspaket 2: Codieren
- Anfangsfolge: Man kann die Codierung und die Spezifikation parallel beginnen.

Arbeitspaket 1 und Arbeitspaket 2 beginnen parallel. Jedoch kann Arbeitspaket 2 erst beginnen, wenn Arbeitspaket 1 gestartet wurde. Zwischen den beiden Arbeitspaketen besteht eine Anfang-Anfang-Beziehung. Es ist auch möglich, zwischen den beiden Arbeitspaketen einen Zeitversatz einfügen (s. nächste Abbildung).

Nr.	Vorgänger	Vorgangsname	Dauer	18. Dez '06						
				S	M	D	M	D	F	S
4		Arbeitspaket 1	2 Tage							
5	4AA+1 Tag	Arbeitspaket 2	2 Tage							

Abb. 59: Anfangsfolge mit Zeitversatz

Hier ist der Beginn der Arbeitsfolge 2 vom Beginn der Arbeitsfolge 1 abhängig, beginnt aber um einen Tag versetzt.

Endefolge

Nr.	Vorgänger	Vorgangsname	Dauer	18. Dez '06						
				S	M	D	M	D	F	S
7		Arbeitspaket 1	2 Tage							
8	7EE	Arbeitspaket 2	2 Tage							

Abb. 60: Endefolge

Beispiel: Endefolge

- Arbeitspaket 1: Elektrische Leitungen verlegen
- Arbeitspaket 2: Elektrische Leitungen prüfen
- Endefolge: Die Prüfung der elektrischen Leitungen kann erst beendet werden, wenn das Arbeitspaket „Elektrische Leitungen verlegen“ beendet ist.

Arbeitspaket 2 kann erst beendet werden, wenn Arbeitspaket 1 beendet ist. Diese Beziehung wird auch Ende-Ende-Beziehung genannt.

Sprungfolge

Nr.	Vorgänger	Vorgangsname	Dauer
10		Arbeitspaket 1	2 Tage
11	10AE	Arbeitspaket 2	2 Tage

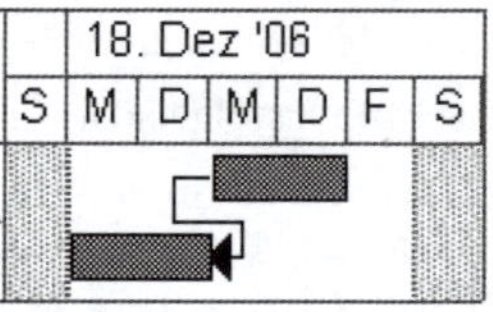

Abb. 61: Sprungfolge

Beispiel: Sprungfolge

Man kann sich diese Beziehung mit der Ablösung eines Wachdienstes verdeutlichen:

- Arbeitspaket 1: Neuer Wachdienst
- Arbeitspaket 2: Alter Wachdienst
- Der alte Wachdienst kann erst dann beendet werden, wenn der neue Wachdienst angetreten ist.

Arbeitspaket 2 kann erst dann beendet werden, wenn Arbeitspaket 1 angefangen hat. Diese Beziehung wird auch Anfang-Ende-Beziehung (AE) genannt.

3.5.2 Anwendung der Methode

Die konkrete Vorgehensweise bei der Ablaufplanung ist vom Einsatz des jeweiligen Werkzeuges abhängig. Bei Verwendung vom MS-Project können Sie in folgenden Schritten vorgehen:

1. Eingabe der Arbeitspakete des Projektstrukturplans
2. Kenntlichmachen der Hierarchiestufen: Welche Vorgänge welchen übergeordnet sind, wird bei MS-Project durch Einrücken der untergeordneten Vorgänge dargestellt.
3. Eventuell zusätzliche Meilensteine aufnehmen. Meilensteine sind Vorgänge mit der Dauer von null.
4. Je nach Planungsart, Eingabe der Zeitdauer oder Eingabe des Aufwandes (siehe auch Methode der Terminierung)
5. Verbindung der Vorgänge (Arbeitspakete) mit den elementaren Vorgangsbeziehungen
6. Kritische Prüfung des Ablaufs bezüglich Optimierungspotenzial:
   a) Können Abläufe, die sequenziell geplant sind, parallel abgewickelt werden?
   b) Sind Überlappungen möglich?
   c) Können Umwege vermieden werden?
   d) Kann man Vorgänge weglassen?
   e) Wird der Plan zu komplex? Sollte man ihn besser in Teilpläne zerlegen?
7. Kontrolle des Ergebnisses im Gantt-Chart

3.5.3 Fazit und Erkenntnisse

Die Darstellung des Ablaufs in den elementaren logischen Ablaufbeziehungen ist eine Voraussetzung, um die Vorteile einer automatischen Errechnung der Termine durch Projektplanungswerkzeuge vornehmen zu können. Diese Form der Ablaufplanung bietet auch einen Ansatz, den Ablauf eines Projekts schon in einem Planungsstadium zu optimieren, in dem über die konkreten Termine noch keine Aussage getroffen ist.

Bei kleineren Projekten wird es genügen, sich auf zwei Ablaufbeziehungen zu beschränken: die sequenzielle und die parallele Anordnung der Abläufe. Dabei ist es nicht nötig, sich die Termine automatisch berechnen zu lassen. Eine einfache Darstellung der Termine in einem Balkendiagramm genügt.

Tipp

Schwierig kann die Netzplanung dann werden, wenn der Plan zu detailliert und zu komplex ist. Dies macht die Planung schwerfällig und aufwendig, insbesondere dann, wenn während des Projektablaufs Änderungen in den Projektplan eingepflegt werden müssen. Eine gründliche Kenntnis des eingesetzten Projektplanungstools ist auf jeden Fall Voraussetzung, um nicht unliebsame Überraschungen bei der automatischen Planung zu erleben.

3.6 Parametrische Schätzung

Kurzbeschreibung der Methode	
Methodenart	**Projektplanung/Aufwandsplanung**
Geeignet für	Alle Projektarten, eingeschränkt für Forschungsprojekte
Ziel	Schätzung des Aufwandes für Arbeitspakete anhand mathematischer Formeln
Benötigte Hilfsmittel/ Beteiligte	Papier und Bleistift (bei einfachen Formeln), Rechenprogramm (bei komplexeren Zusammenhängen)
Zeitaufwand	Je nach Projektgröße und gewähltem Verfahren kleiner bis hoher Zeitaufwand
Vorteile	Die Vorteile liegen in der Schnelligkeit, Objektivität, Nachvollziehbarkeit, Transparenz, Anpassbarkeit sowie in der einfachen Anwendung.
Nachteile	Zum Teil gibt es komplexe Berechnungsformeln, in die viele Faktoren eingehen. Die Herleitung der Formel ist mathematischen Laien manchmal schwer zu vermitteln, und deshalb stößt man in der Praxis auf Widerstände.

3.6.1 Beschreibung der Methode

Parametrische Schätzverfahren oder auch algorithmische Schätzverfahren sind Verfahren, die aus empirischen Daten zu ermitteln versuchen, welche Parameter auf den Projektaufwand und auf die Projektlaufdauer Auswirkungen haben und diese in einen mathematischen Zusammenhang bringen. Algorithmische Verfahren werden in vielen Bereichen angewandt: im Anlagenbau, im Flugzeugbau, in der Softwareentwicklung usw.

Ein einfaches Beispiel für Parametrische Schätzungen ist die Schätzung des Arbeitspakets „Wände streichen". Mit Sicherheit geht in die Projektdauer der Parameter „zu streichende Fläche" ein. Wenn man aus seiner Erfahrungsdatenbank weiß, dass es 15 Minuten dauert, um einen Quadratmeter Wand zu streichen, lässt sich die Zeitdauer für 20 Quadratmeter leicht errechnen. Zusätzliche weitere Parameter, wie Berufspraxis des Malers, verwendete Farbe, Beschaffenheit der Wand, gehen ebenfalls in die Zeitschätzung mit ein.

3.6.2 Anwendung der Methode

Für das Verfahren der parametrischen Schätzung wird häufig das Modell Cocomo II genutzt, das im folgenden Beispiel und der dazugehörigen Tabelle anschaulich erklärt werden soll.

Beispiel: Cocomo II (Constructive Cost Model)

Das Cocomo wurde 1981 von Barry Boehm eingeführt und seit dieser Zeit ständig fortentwickelt, um auf neue Technologien, Methoden und Prozesse im Bereich des Softwareengineerings entsprechend zu reagieren. Die letzte Version trägt die Bezeichnung Cocomo II:

Auf der Basis von ca. 250 Projekten wurde ein funktionaler Zusammenhang zwischen Systemgröße (gemessen in die Anzahl der Befehle, der Source Lines of Code), dem Erstellungsaufwand und der Projektdauer ermittelt. Weitere Parameter, die in die Formel eingehen, sind: Kostentreiber (Cost Driver) und Scale-Faktoren zur Beschreibung der Projektkomplexität.

Aufwand und Zeit nehmen exponentiell mit der Anzahl der Befehle zu, wobei der Exponent aus den Scale Drivers ermittelt wird.

Schätzung des Aufwands und der Zeitdauer

- **Aufwand = 2.94 * EAF * (KSLOC) E**
  - KSLOC: Kilo Source Lines of Code (Anzahl der Befehle)
  - EAF: Effort Adjustment Factor (ein Faktor, der aus den Kostentreibern abgeleitet wird)
  - E: Exponent (der aus den Komplexitätsfaktoren (Scale Driver) gewonnen wird)

- **Dauer = 3.67 * (Aufwand)SE**
  - Aufwand: Der Aufwand aus der Cocomo-II-Aufwandsgleichung

SE: Schedule Exponent (der Exponent der Zeitdauergleichung, der aus den Komplexitätsfaktoren gewonnen wird).

Die Exponenten werden aus den Scale Drivers ermittelt, wobei jeder Scale Driver nach den Komplexitätsgraden als sehr niedrig, niedrig, normal, hoch, sehr hoch oder außerordentlich hoch bewertet wird. Je nach Bewertung bekommen die Scale Drivers einen Faktor zugeordnet. Die Summe dieser Faktoren plus eines Basisfaktors ergibt den Exponenten. Die Scale Drivers sind:

- Precedentedness: Bekanntheitsgrad der Aufgabenstellung für das Team
- Development Flexibility: Flexibilität der Anforderungen — wie streng sind die Anforderungen, müssen alle ausnahmslos erfüllt werden? Die Skala reicht von „rigoros“ bis „allgemeine Zielvorstellung“.
- Architecture/Risk Resolution: Bis zu welchem Grad ist die Architektur des Systems definiert?
- Team Cohesion: Beschreibung der Beziehung zwischen den Stakeholdern des Projekts; das reicht von „sehr schwieriger Interaktion“ bis zu „reibungsloser Interaktion“.
- Process Maturity: Entwicklungsstadium der Projektkultur — diese wird mit dem CMM-Level (Cabability Maturitiy Model Level) eins bis fünf skaliert.

Haben beispielsweise alle Scale Drivers den Komplexitätsgrad „normal (nominal)", so ergibt das eine Summe aller Scale-Faktoren von 18,97. Der Exponent E errechnet sich dann zu 18,97/100 + 0,91(Basisfaktor) = 1,0997.

Cocomo II kennt Cost Drivers in den Kategorien Persönlichkeit, Produkt, Plattform und Projekt.

Im Einzelnen sind das:

Auch bei den Cost Drivers gibt es fünf Skalierungsstufen, die den Cost-Driver-Faktor bestimmen. Werden beispielsweise im Flugzeugbau sehr hohe Anforderung an die Software gestellt, so geht dieser Cost Driver mit dem Faktor 1,26 in die Formel ein. Normale Anforderungen gehen mit dem Faktor 1 ein.

Beispiel: Ein Programm, das sowohl bei den Cost Drivers als auch bei den Scale Drivers normale Anforderungen stellt und 5000 Lines of Code benötigt, hat nach der Formel einen geschätzten Aufwand von:

Aufwand = $2.94 * (1) * (5)^{1,0997}$ = 18,5 Personenmonate

und wird voraussichtlich eine Zeitdauer in Anspruch nehmen von:

Dauer = $3.67 * (18,5)^{0,3179}$ = 10,6 Monate[2]

[2] Der Exponent SE für die Errechnung der Zeitdauer wird nach einer etwas anderen Formel gewonnen als die beschriebene Formel für den Exponenten E des Aufwandes (SE=0,28+(0,2*(E-0,91)=0,3179, wobei E = 1,0997 ist).

Persönliche Faktoren	Produkt-Faktoren	Plattform-Faktoren	Projekt-Faktoren
Fähigkeit der Analysten	erforderliche Zuverlässigkeit	geforderte Antwortzeiten	Einsatz von Softwarewerkzeugen
Erfahrung mit der Applikation	Größe der Datenbank	Speicherbegrenzungen	Entwicklung an mehreren Standorten
Fähigkeiten der Programmierer	Komplexität des Softwareproduktes	Stabilität der Systemkonfiguration	enger Zeitplan
Erfahrungen mit der Plattform	Wiederverwendbarkeit		
Erfahrung mit der Programmiersprache und den Entwicklungswerkzeugen	Anforderungen an die Dokumentation während des Life Cycles		
Teamkontinuität			

Tabelle 34: Cocomo Cost Drivers

3.6.3 Fazit und Erkenntnisse

Parametrische Schätzungen bieten eine schnelle Methode, um zu Zeit- und Aufwandschätzungen in einem Projekt zu kommen. Voraussetzung ist, dass der empirisch festgestellte Zusammenhang auf einer genügend breiten und sauber gepflegten Datenbasis abgeleitet wurde.

So abstrakt die Rechenmodelle (zum Beispiel bei Cocomo) auf den ersten Blick erscheinen mögen, sind sie doch ein gutes Hilfsmittel, das transparent zu machen, was die Schätzung beeinflusst.

Tipp

Beispielsweise sind die Scale Drivers und die Cost Drivers sehr geeignet, sich darüber explizit Rechenschaft darüber abzulegen, was in die Aufwandschätzung eingegangen ist. Wenn sich Bedingungen ändern, können die Auswirkungen auf Zeit und Aufwand schnell nachgewiesen werden. Das Schätzverfahren wird objektiviert.

Ein weiterer Vorteil ist die Anpassbarkeit. Die Formel kann individuellen Bedürfnissen leicht angepasst werden.

Nachteilig ist, dass die Herleitung der Formel mathematischen Laien nur schwer zu vermitteln ist, da meist das statistische Rüstzeug dafür fehlt. Was nicht durchschaut wird, macht misstrauisch. Deshalb werden in der Praxis die ermittelten Zahlen oft angezweifelt, insbesondere dann, wenn die Aufwandszahlen vermeintlich zu hoch liegen.

3.7 Staggering

Kurzbeschreibung der Methode	
Methodenart	**Projektplanung/Terminierung**
Geeignet für	Alle Projektarten
Ziel	Terminierung nach dem Projektengpass, Vermeidung von unproduktiver Parallelarbeit
Benötigte Hilfsmittel/ Beteiligte	Spreadsheets; für größere Projekte: Software (die Goldratts Critical-Chain-Methode unterstützt)
Zeitaufwand	Abhängig von der Projektgröße
Vorteile	Diese Methode reduziert die Komplexität der Planung, da man sich auf den Projektengpass konzentriert. Sie verhindert, dass die Engpassressource durch paralleles Arbeiten an unterschiedlichen Aufgaben unproduktiv eingesetzt wird.
Nachteile	Der Einsatz dieser Methode ist nicht unabhängig von anderen Methoden. Sie entfaltet ihre volle Wirkung erst, wenn man sich innerhalb der Methodologie der Critical Chain bewegt.

3.7.1 Beschreibung der Methode

Eine spezielle Methode, mit den Engpassressourcen in einem Projekt umzugehen, wird im Rahmen der Critical-Chain-Methode thematisiert. Die Critical-Chain-Methode versucht in den Projekten diejenigen Parallelarbeiten zu vermeiden, die eine Ressource dazu zwingen, ein angefangenes Arbeitspaket zugunsten eines anderen zu unterbrechen und das Erstere nach dieser Unterbrechung wieder aufzunehmen. Die Unterbrechungen der einzelnen Arbeitspakete führen dazu, dass bei den Wiederaufnahmen der Arbeit zusätzliche Rüstzeiten entstehen, aber auch — und das ist noch gravierender — dass sich die Durchlaufzeiten aller Arbeitspakete verlängern.

Das Ziel der Methode ist es, die Komplexität einer Planung dadurch zu reduzieren, dass man sich auf den Engpass in einem Projekt konzentriert. Der Engpass ist die am meisten belastete Ressource. Es kommt also darauf an, diesen Engpass so zu planen, dass er möglichst produktiv eingesetzt werden kann. Alle anderen Ressourcen müssen sich diesen Anforderungen unterwerfen. Gleichmäßige Auslastung aller Ressourcen ist hier kein Planungsziel.

3.7.2 Anwendung der Methode

Um die Verlängerung der Durchlaufzeiten zumindest für die kritischen Ressourcen (diejenigen, die am stärksten ausgelastet sind) zu verhindern, empfiehlt die Critical Chain folgende Vorgehensweise:

1. Identifizieren Sie die am meisten belastete Ressource.
2. Planen Sie die Arbeit nach dieser Ressource, und berücksichtigen Sie deren begrenzte Kapazität.
3. Planen Sie die Tätigkeiten so, dass diese Ressource nicht im gleichen Zeitraum an unterschiedlichen Arbeitspaketen arbeitet (kein „Multitasking" für die Engpassressource!).
4. Planen Sie alle Arbeitspakete um diese Ressource herum.

Das bedeutet, dass der Taktschläger die Engpassressource ist, die optimal geplant werden muss. Es ist dabei im Projektverlauf unerheblich, wenn die anderen Ressourcen teilweise nicht ausgelastet sind.

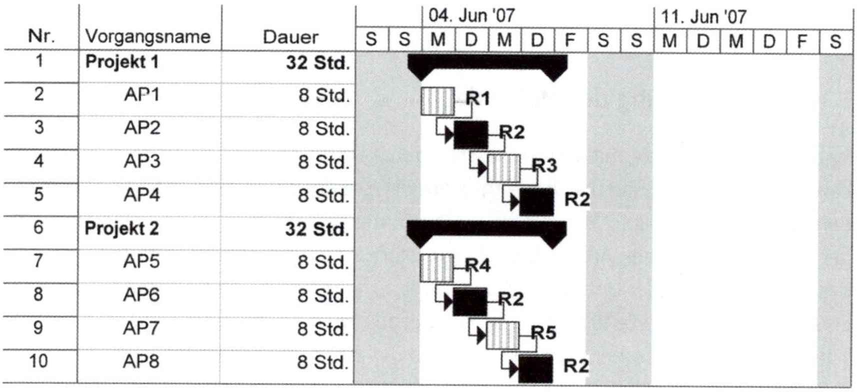

Abb. 62: Überlastung von Ressourcen

Beispiel: Staggering

In einer Multiprojektumgebung werden zwei Projekte mit den Arbeitspaketen AP1 bis AP8 parallel abgewickelt. Die einzelnen Arbeitspakete können nur nacheinander abgearbeitet werden.

1. Schritt: Man erkennt, dass die Ressource R2 an zwei Tagen (Dienstag und Donnerstag) doppelt verplant ist. Die anderen Ressourcen sind nicht überlastet.

2. Schritt: R2 wird so eingeplant, dass die Überlastung nicht durch paralleles Arbeiten an AP2 und AP6 (AP4 und AP8) aufgefangen wird.

3. Schritt: Damit R2 als Engpassressource seine Arbeitspakete hintereinander abwickeln kann, ist es in diesem Falle nur notwendig, den Beginn von AP6 um einen Tag zu verschieben.

Die Durchlaufzeit des Projekts 1 bleibt 4 Tage, die Durchlaufzeit des Projekts 2 ebenfalls 4 Tage, und zwar dadurch, dass mit AP5 auch einen Tage später begonnen werden kann.

Der Endtermin von Projekt 2 verschiebt sich um einen Tag auf den Freitag.

Verglichen mit der Alternative Parallelarbeit bietet Staggering in diesem Beispiel den Vorteil, dass Rüstzeiten nur einmal anfallen und nicht bei jeder Neuaufnahme der Arbeit (in diesem Beispiel vier Mal) Dies hätte dazu geführt, dass

- die Durchlaufzeiten für beide Projekte sich auf 5 Tage erhöht hätten,
- bei R2 entweder Überstunden angefallen wären,
- oder der Endtermin sich sogar um zwei Tage für das zweite Projekt verschoben hätte.

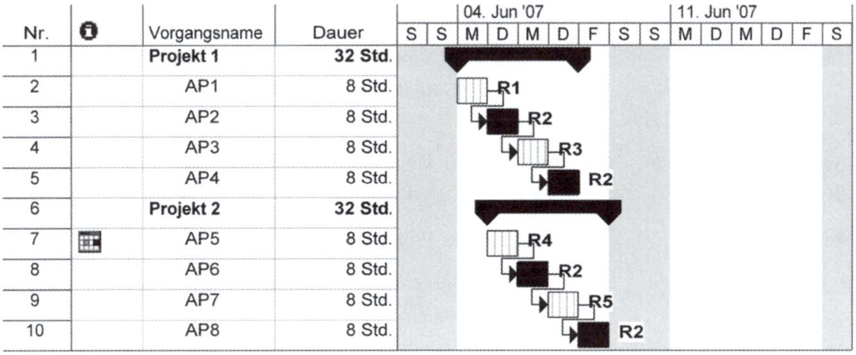

Abb. 63: Staggering der Engpass-Ressource

3.7.3 Fazit und Erkenntnisse

Die Methode des Staggerings erweitert das Methodenspektrum eines Projektmanagers. Es zeigt eine Möglichkeit auf, komplexe Terminierungsvorgänge zu vereinfachen, indem man Schwerpunkte setzt. Die Anwendung der Methode setzt aber einiges an Überzeugungsarbeit voraus. Die beteiligten Mitarbeiter müssen erkennen,

- dass paralleles Arbeiten derselben Person an unterschiedlichen Arbeitspaketen vermieden werden muss;
- dass gleichmäßige Auslastung der Ressourcen (außer der Engpassressource) kein Projektziel ist;
- dass man sich auf den Engpass konzentrieren muss.

Tipp

Seine volle positive Auswirkung entfaltet diese Methode erst im Zusammenhang mit weiteren Methoden der Critical Chain.

Problematisch ist auch, dass bei größeren Projekten die Auswahl der in Frage kommenden Software zur Unterstützung der Methode auf eine Handvoll Produkte limitiert ist.

3.8 Strukturplanung Bottom-up

Kurzbeschreibung der Methode	
Methodenart	**Projektplanung/Strukturplanung**
Geeignet für	Alle Projektarten
Ziel	Vollständige Ermittlung der Arbeitspakete eines Projekts und hierarchische Gruppierung in für die Projektsteuerung sinnvolle Stufen
Benötigte Hilfsmittel/ Beteiligte	Spreadsheets (für kleinere Projekte), Projektplanungstool (für mittlere und größere Projekte)
Zeitaufwand	Abhängig von der Projektgröße
Vorteile	Die Strukturplanung Bottom-up lässt sich auf jeden konkreten Einzelfall gut abstimmen.
Nachteile	Im Vergleich zur Top-down-Methode ist die Bottom-up-Methode aufwendig. Es gibt keinen systematischen Einfluss von Best Practices.

3.8.1 Beschreibung der Methode

Die Bottom-up-Vorgehensweise erreicht eine Projektstrukturierung dadurch, dass alle Einzelelemente eines Projekts erfasst und zu sinnvollen Einheiten aggregiert werden. Die Elemente können je nach gewählter Vorgehensweise entweder Tätigkeiten, Produkte, Prozesse, Kommunikationsbeziehungen oder Funktionen sein. Ziel ist es, aus den Einzelelementen zu einer Gesamtstruktur zu kommen und die Einzelelemente so zu fassen, dass sie in der Form von Arbeitspaketen im weiteren Planungsprozess vervollständigt werden können.

Zur Erfassung der Elemente kommen vorwiegend die Methoden zum Einsatz, wie sie im Kapitel 3 bei den Analysemethoden beschrieben wurden. Beispielsweise geht man bei einer Bottom-up-Prozessanalyse so vor, dass Aktivitäten in Tätigkeitskatalogen erfasst werden und diese dann in sinnvolle übergeordnete Einheiten aggregiert werden, bis man zu den Haupt-, Mega- oder den End-to-End-Prozessen kommt. Das Resultat ist eine hierarchische Struktur, die sich leicht in einen Projektstrukturplan transformieren lässt. Es ist lediglich zu entscheiden, welche Aktivitäten zu Arbeitspakten zusammengefasst werden, die somit die Blätter des Projektstrukturplanes bilden.

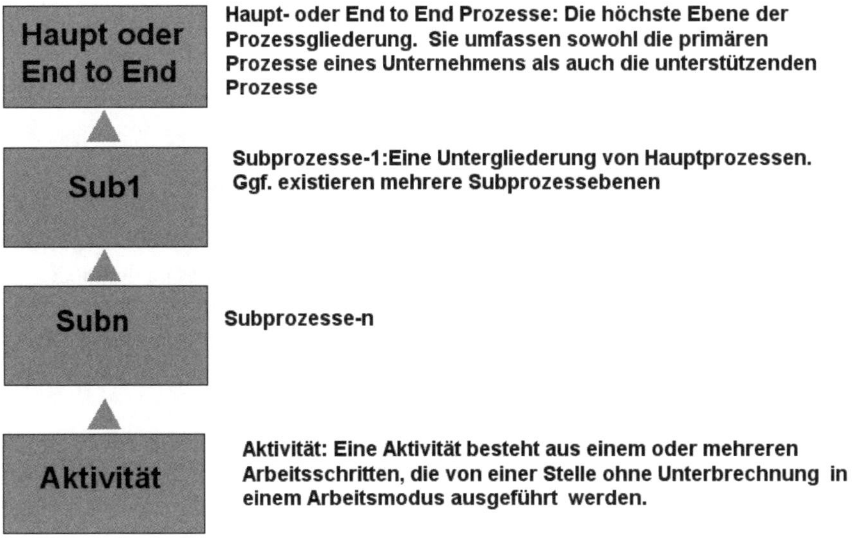

Abb. 64: Prozessebenen

Prozessbeschreibungen

Generell kann ein Prozess als strukturierter Ablauf mit dem Input-Transform-Output-Schema definiert werden. Wie ein Prozess im Detail erfasst werden kann, beschreibt der VDMA (Verband Deutscher Maschinen- und Anlagenbau) in seiner Broschüre: „Prozesse beschleunigen und gewinnorientiert steuern" mit den folgenden zwölf Regeln:

Prozessmerkmal	Beschreibung
Prozessidentifikation	▪ Wie wird dieser Prozess bezeichnet? ▪ Wo beginnt der Prozess und wo endet er?
Prozesseigner	▪ Wer ist für die Beschreibung und die Weiterentwicklung des Prozesses verantwortlich?
Prozessbeteiligte	▪ Wer übernimmt eine Aufgabe in diesem Prozess? ▪ Welche Funktion hat diese Person?
Prozessziel	▪ Was ist die Aufgabe dieses Prozesses? ▪ Welchen Nutzen hat dieser Prozess für den Kunden und das Unternehmen? ▪ Wie können die Ziele gemessen und verfolgt werden?
Kunde (intern/extern)	▪ Wer profitiert von den Ergebnissen (dies können sein: Verantwortliche eines Folgeprozesses, ein Folgeprozess an sich, der Gesetzgeber, der Käufer, Benutzer, Anwender eines Produkts)?
Prozesseingaben	▪ Was löst den Prozess aus?
Prozessregelungen	▪ Welche Vorgaben und Regeln gibt es für den Prozess (Verfahren, Anweisungen, Richtlinien, Methoden, Kriterien)? ▪ Welchen Einfluss haben diese Regeln auf den Prozess?
Prozessergebnis	▪ Was ist das Ergebnis des Prozessablaufs (dies kann ein Produkt, eine Dienstleistung, eine Entscheidung sein)? ▪ Wie wird das Ergebnis geprüft?
Nachweise und Dokumentation	▪ Welche Dokumente und Aufzeichnungen werden für den Prozess benötigt? ▪ Welche Dokumente und Aufzeichnungen werden von dem Prozess erzeugt?
Kennzahlen zur Steuerung	▪ Mit welchen Kenngrößen wird der Prozess gesteuert (dies sind klassischerweise Termin, Kosten- oder Zeitgrößen)?
Wechselwirkung	▪ Welche anderen Prozesse haben Einfluss auf diesen Prozess? ▪ Welche Prozesse werden von diesem Prozess beeinflusst?
Prozesslieferant	▪ Wer muss für diesen Prozess die notwendigen Vorarbeiten leisten (dies können sein: Verantwortliche eines Folgeprozesses, ein Folgeprozess an sich, der Gesetzgeber, der Käufer, Benutzer, Anwender eines Produkts)?

Tabelle 35: Prozessidentifikation

3.8.2 Anwendung der Methode

1. Schritt: Auswahl

Wählen Sie zunächst das Strukturierungselement (Prozess, Funktion, Produkt, Tätigkeit) aus.

2. Schritt: Erfassung

Nehmen Sie eine vollständige, zunächst unstrukturierte Erfassung aller Elemente vor. Wenn es ein Pflichten-/Lastenheft gibt, ist dieses als Ausgangspunkt zu nehmen. Müssen Anforderungen erst noch definiert werden, kommen vorzugsweise die Suchmethoden aus Kapitel 3 zum Einsatz wie Brainstorming, Brainwriting usw.

3. Schritt: Gruppierung

Gruppieren Sie die unstrukturierten Elemente. Gleichartige Elemente werden zusammengefasst. Die übergeordnete Struktur ist nicht vorgegeben, sondern wird aus gleichartigen Einzelelementen entwickelt.

4. Schritt: Prüfung der Struktur

Sind die Elemente auf der untersten Ebene zu detailliert oder zu grob? Ergeben sich zu viele Hierarchiestufen, d. h. wird die Struktur zu komplex? Ist die Struktur widerspruchsfrei, d. h. lassen sich die Einzelelemente eindeutig einordnen oder können sie auch anderen Hierarchiepfaden zugeordnet werden? Ist die Struktur extrem unsymmetrisch, d. h., sind die Pfadlängen der Hierarchiepfade sehr unterschiedlich?

5. Schritt: Überarbeitung der Struktur

Bei Bedarf überarbeiten Sie die Struktur.

6. Schritt: Definitive Festlegung der Arbeitspakete

Die Arbeitspakete, die Sie nun festlegen, sollten die berühmten W-Fragen beantworten: Wer macht was, wann, wo, mit welchem Aufwand, in welcher Qualität? Diese Informationen müssen im weiteren Planungsprozess bereitgestellt werden. Die Arbeitspaketdefinition sollte folgende Kriterien erfüllen:

- Jedes Arbeitspaket hat einen Verantwortlichen.
- Jedes Arbeitspaket wird beschrieben.
- Arbeitspakete sollten bezogen auf den Aufwand nicht zu klein geplant werden: Es hat keinen Sinn, ein Arbeitspaket zu planen, das nur vier Stunden umfasst, da der Aufwand für dessen Planung und Steuerung zu aufwendig wäre.
- Arbeitspakete sollten bezogen auf den Aufwand (verglichen mit der gesamten Projektdauer) aber auch nicht zu groß geplant werden, da sonst die Aussagen aus dem Controlling nicht mehr transparent genug werden.
- Risikoreiche Projektaufgaben sollten in kleinere Arbeitspakete zerlegt werden. Routinearbeiten kann man in größere Arbeitspakete zusammenfassen.

Beispiel: Erstellung eines E-Shops

Soll im Rahmen eines Projekts ein Produkt erstellt werden, so liegt es nahe, die Aktivitäten zu ermitteln, die dazu nötig sind, um das Produkt zu liefern – und zwar ausgehend von den Bestandteilen des Produkts.

Ein E-Shop beispielsweise kann aus den Teilen Produktkatalog, Warenkorb, Recherchefunktionen, Belegerstellung, Bezahlung, Kundenprofilverwaltung, Zugriffsstatistiken, Sicherheitsfunktionen und Integration zur Warenwirtschaft bestehen. Dazu kommt noch die Bereitstellung der notwendigen IT-Infrastruktur (Hardware und Software).

Notwendige Tätigkeiten im Rahmen der Erstellung sind Analyse, Design, Test und Implementierung sowie die erforderlichen Aktivitäten der Projektplanung und -steuerung. Eine sinnvolle Gruppierung ergäbe sich, indem man die Produktteile in Anwenderfunktionen (Produktkatalog, Warenkorb, Recherchefunktionen, Belegerstellung, Bezahlung), Verwaltungsfunktionen (Kundenprofilverwaltung, Zugriffsstatistiken, Sicherheitsfunktionen, Integration zur Warenwirtschaft) und IT-Infrastruktur strukturiert und daneben Projektmanagement-Aktivitäten aufführt.

Aus dem obigen Beispiel resultiert folgender Projektstrukturplan:

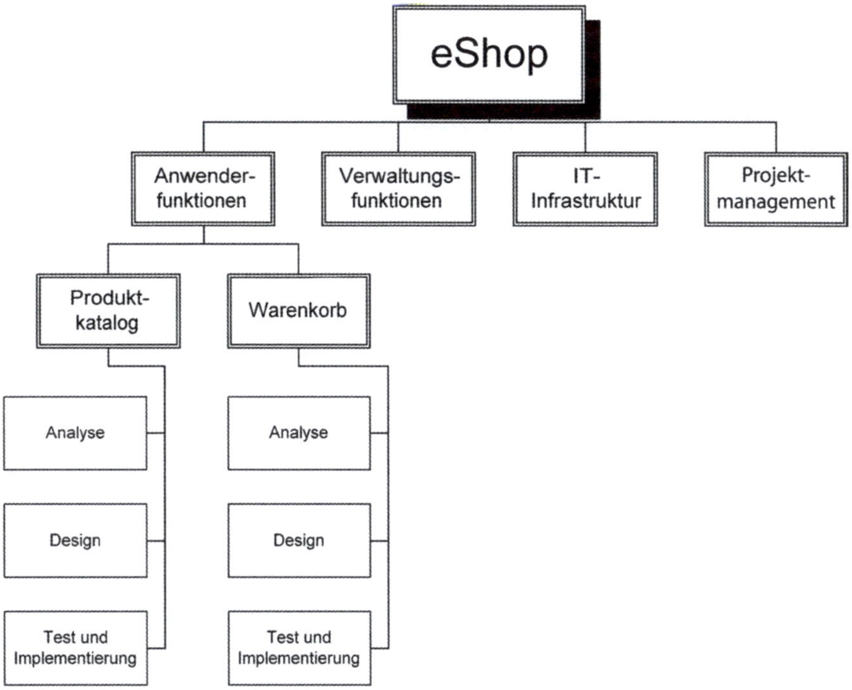

Abb. 65: Bottom-up-Projektstrukturplan

3.8.3 Fazit und Erkenntnisse

Der Vorteil der Bottom-up-Methode ist, dass sie auf den jeweiligen konkreten Fall abgestimmt ist. Es wird vermieden, dass zu schnell einem Projekt eine vorgegebene Struktur übergestülpt wird und dabei wichtige Details übersehen werden.

Nachteilig ist der unter Umständen sehr hohe Aufwand, der mit dieser Vorgehensweise verbunden ist. Istanalysen sind manchmal ebenso aufwendig wie die Erarbeitung von Soll-Konzeptionen. Nachteilig kann auch sein, dass man sich nicht an Best Practices orientiert, sondern im „eigenen Saft schmort". Die Vollständigkeit kann bei der Bottom-up-Vorgehensweise nicht gewährleistet werden, da man nur eine Antwort auf das bekommt, wonach man gefragt hat.

3.9 Strukturplanung Top-down

Kurzbeschreibung der Methode	
Methodenart	**Projektplanung/Strukturplanung**
Geeignet für	Alle Projektarten, außer Pionierprojekten, für die normalerweise keine Modelle existieren (für diese Projekte bietet sich die Bottom-up-Strukturplanung an).
Ziel	Vollständige Ermittlung der Arbeitspakete eines Projekts und hierarchische Gruppierung in für die Projektsteuerung sinnvolle Stufen
Benötigte Hilfsmittel/ Beteiligte	Spreadsheets (für kleinere Projekte), Projektplanungstool (für mittlere und größere Projekte)
Zeitaufwand	Abhängig von der Projektgröße
Vorteile	Diese Methode lässt sich schnell umsetzen und man kann auf Best Practices zurückgreifen.
Nachteile	Es besteht die Gefahr, auf eine nicht geeignete Normierung zurückzugreifen sowie der Bedürfnisse des Einzelfalls zu vernachlässigen.

3.9.1 Beschreibung der Methode

Die Top-down-Strukturplanung hat zum Ziel, anhand eines vorgefertigten Modells (Prozessmodell, Phasenmodell, Prototyp, Organisationsmodell usw.) von der Gesamtschau zu den Einzelelementen vorzustoßen, also vollständige und konsistente Arbeitspakete zu bekommen. Die Top-down-Strukturplanung ist eine modellbasierte Vorgehensweise. Da man sich dabei an bewährten Modellen orientiert, erhofft man sich schnellere vollständigere und qualitativ bessere Ergebnisse.

Modelle existieren von unterschiedlichen Institutionen (Verbänden, Unternehmensberatungen, Hochschulen, staatlichen Einrichtungen usw.) für unterschiedliche Projektarten, die sich zum Teil als De-facto-Standard etabliert haben. Im Rahmen einer prozessorientierten Vorgehensweise bei Projekten im öffentlichen Bereich hat sich beispielsweise das V-Modell durchgesetzt, denn es stellt für die Vergabe öffentlicher Aufträge oftmals eine Voraussetzung dar. Der VDMA (Verband Deutscher Maschinen- und Anlagenbau) hat ein Prozessmodell für den Anlagenbau entwickelt.

Hersteller von ERP-Systemen entwickeln eigene Prozess- und Phasenmodelle, um eine optimale Vorgehensweise bei der Implementierung ihrer Systeme sicherzustellen. SAP beispielsweise hat ASAP entwickelt und zu dieser Vorgehensweise auch die notwendige Tool-Unterstützung bereitgestellt.

Eines der bekanntesten Prozessmodelle einer Unternehmung ist das Modell der Wertschöpfungskette nach Porter. Wertschöpfung wird hier verstanden als die Differenz zwischen dem Wert des Outputs und dem Wert des Inputs, indiziert durch den Transformationsprozess. Das Prozessmodell zeichnet die Wertschöpfungskette nach und unterscheidet in die primären Prozesse der physischen Herstellung und des Vertriebs eines Produkts und den sekundären Prozessen, die sicherstellen, dass die primären Prozesse überhaupt stattfinden können.

Primäre Prozesse sind auf der hoch aggregierten Stufe:

- Eingangslogistik
- Operation
- Ausgangslogistik
- Marketing und Vertrieb
- Kundendienst

Die sekundären Prozesse sind:

- Unternehmensinfrastruktur
- Personalwirtschaft
- Technologieentwicklung
- Beschaffung

Jeder dieser Hauptprozesse wird wieder unterteilt in weitere Subprozesse. Abgewandelt findet sich dieses Modell in zahlreichen Prozessmodellen wieder.

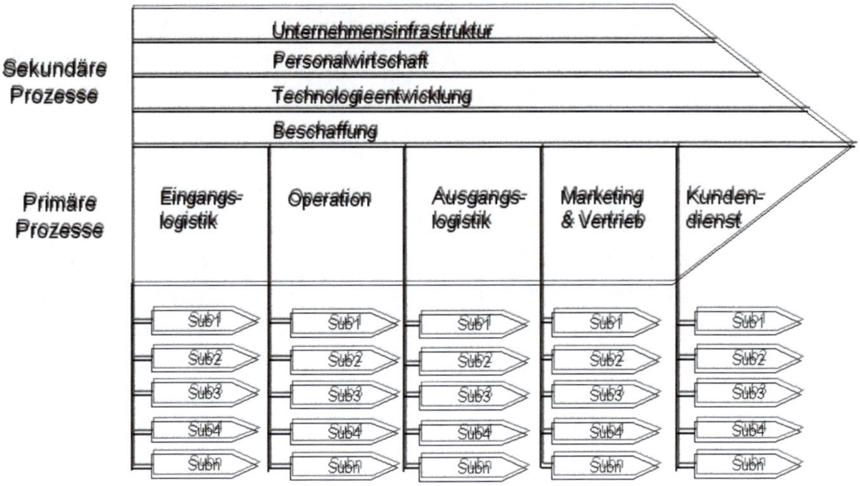

Abb. 66: Modell der Wertschöpfungskette

3.9.2 Anwendung der Methode

1. Schritt: Auswahl des Modells

Hierbei spielen verschiedene Kriterien eine Rolle, wie Projektgröße, Projektart, Branche, Verbreitung des Modells, Werkzeugunterstützung, Methodologie, Fähigkeiten der eigenen Projektorganisation, Kundenwünsche, um zu entscheiden, ob das betreffende Modell für die eigene Problemstellung verwendet werden kann.

2. Schritt: Auswahl der Werkzeuge für die Modellierung

Um sich manuelle Arbeit und eventuelle Medienbrüche für die weiteren Projektphasen zu ersparen, ist es empfehlenswert, sich frühzeitig um den Einsatz eines geeigneten Werkzeugs für die Modellierung zu kümmern.

3. Schritt: Anpassung des Modells an die konkrete Aufgabenstellung

Werden bei einem Modell alle Teile benötigt? Fehlen Teile? Sind Elemente genau genug spezifiziert?

4. Schritt: Anpassung des Sprachgebrauches

Modelle müssen für unterschiedliche Anwendungsfälle verwendbar sein. Deshalb sind sie oft in Sprache und Abstraktionsgrad generisch gehalten. Um in der eigenen Umgebung verständlich zu sein, ist es meist nötig, Begrifflichkeiten zu übersetzen und den abstrakten Begriffen einen konkreten Inhalt zu geben.

5. Schritt: Festlegung des Detaillierungsgrades

Um das richtige Mittel zwischen Komplexität und Genauigkeit zu finden, ist ein pragmatischer Detaillierungsgrad festzulegen.

6. Schritt: Prüfung

In diesem Schritt prüft man das Modell auf Konsistenz und Vollständigkeit.

7. Schritt: Festlegung der Arbeitspakete

Dieser Schritt erfolgt genau so wie bei der Bottom-up-Methode: Die Arbeitspakete werden festgelegt und sollten die berühmten W-Fragen beantworten: Wer macht was, wann, wo, mit welchem Aufwand, in welcher Qualität?

Beispiel: Einführung SAP

Bei der Einführung von Enterprise Resource Planning Systemen (ERP) kann man sich an den Vorgehensmodellen der Hersteller orientieren. SAP beispielsweise schlägt das Vorgehensmodell ASAP vor. Die Einführung erfolgt in einem Fünf-Phasen-Modell: Projektvorbereitung, Soll-Konzeption (auch Business Blueprint genannt), Realisierung, Vorbereitung des Produktivbetriebes und Produktivstart. Jede dieser Phasen ist in weitere Teilprozesse untergliedert und wird von SAP mit Softwarewerkzeugen, Materialien sowie einer engen Verknüpfung zur Applikationssoftware unterstützt.

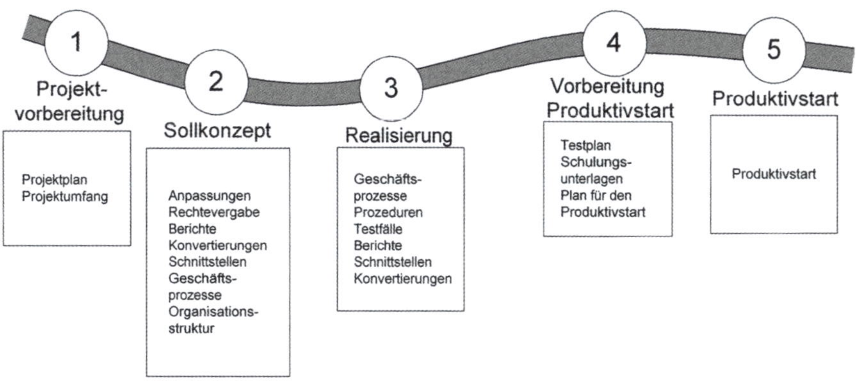

Abb. 67: ASAP, die Einführungsmethode von SAP

3.9.3 Fazit und Erkenntnisse

Die modellbasierende Vorgehensweise erfreut sich zunehmender Beliebtheit. Gründe dafür sind:

- Sie trägt zur produktiveren Projektabwicklung bei, da sich der Anwender an vorgegebenen Strukturen orientieren kann.
- Sie basiert auf einer Vielzahl von gleichartigen Projekten und berücksichtigt einmal gemachte Erfahrungen.
- Nicht jeder Projektleiter muss das Rad neu erfinden. Er kann sich an Modellen orientieren.
- Best Practices sind in Modellen implementiert.
- Auf Basis von Modellen können Werkzeuge und Anwendungsbeispiele zur Unterstützung entwickelt werden.
- Auf Basis von Modellen lässt sich die Ausbildung der Projektmitarbeiter gezielter vornehmen.

Problematisch bei der Verwendung von Modellen kann sein, dass das verwendete Modell zu weit von der Wirklichkeit entfernt ist. Die dann notwendige Anpassung kann aufwendiger sein als die Erstellung des Bottom-up-Strukturplans. Eine modellbasierende Vorgehensweise kann auch zur Betriebsblindheit führen. Man greift zu schnell auf Vorgefertigtes zurück, und die Modelle erweisen sich als Kreativitätsbremse.

3.10 Terminierung

Kurzbeschreibung der Methode	
Methodenart	**Projektplanung/Terminierung**
Geeignet für	Mittlere bis größere Projekte, keine Forschungsprojekte
Ziel	Festlegung von Terminen und Puffern; Aufzeigen des Kritischen Pfades im Projekt
Benötigte Hilfsmittel/ Beteiligte	Spreadsheets (für kleinere Projekte); Projektplanungstool (für mittlere und größere Projekte)
Zeitaufwand	Abhängig von der Projektgröße
Vorteile	Bei mittleren und größeren Projekten ist es kaum mehr möglich, die vielen Parameter manuell zu berücksichtigen, welche die Termine bestimmen. Deshalb ist eine systematische, normierte und softwareunterstützte Methode wie diese vorteilhaft.
Nachteile	Die Terminierung kann unter Umständen eine sehr komplexe Aufgabe werden.

3.10.1 Beschreibung der Methode

Ziel der Terminierung ist es, mit den Ergebnissen der Aufwands-, Ablauf- und Ressourcenplanung die Termine eines Projekts zu bestimmen, die zeitlichen Puffer zwischen den Arbeitspaketen festzulegen und den Kritischen Pfad durch den Projektplan zu definieren.

Folgende Parameter müssen dabei geklärt sein:

- Liegt der Endtermin fest? Dies ist bei der weitaus größten Anzahl kommerzieller Projekte der Fall.
- Welche der drei Parameter, Zeit, Aufwand und Ressourcen hat Priorität bei der Planung?

Im Zuge der Aufwands- und Ressourcenplanung werden außerdem Aufwand und/oder Zeitdauer der Arbeitspakete geschätzt und Ressourcen zugeordnet.

Mit Aufwand, Dauer und Ressourcen ist jedoch ein Projektplan überbestimmt. Je zwei dieser Parameter bestimmen den dritten Parameter. Wenn man ein Arbeitspaket von 10 Tagen in einer Dauer von 5 Kalendertagen abarbeiten möchte, benötigt man dafür zwei Ressourcen. Die Vorgehensweise bei der endgültigen Fertigstellung des Projektplans hängt also wesentlich davon ab, welcher dieser drei Parameter (Aufwand, Zeit, Ressourcen) die Priorität hat, also als feste Rahmenbedingung gilt.

In der Critical-Chain-Methode wird der Endtermin eines Projekts als der Engpass eines Projekts gesehen. Damit ist die Zeitdauer ein fixer Parameter. Als Nächstes werden die Arbeitspakete um die meistbelastete Ressource herum geplant. Mit dem Endtermin und der Verfügbarkeit der Engpassressource sind somit zwei Parameter fixiert.

Bei Zeit- und Materialprojekten von Dienstleistungsunternehmen dagegen wird ein bestimmter Aufwand über eine festgelegte Zeit geplant. Geschuldet wird dabei nicht ein Ergebnis, sondern Zeit und Aufwand. Die Rechnung wird nach Aufwand erstellt. Hier sind es die Parameter Zeit und Aufwand, die Priorität haben.

Bei internen Projekten bestimmt oftmals die Verfügbarkeit der Mitarbeiter die Rahmenbedingungen eines Projekts, beispielsweise bei Mitarbeitern, die neben der Tagesarbeit noch in Projekten arbeiten, die sogenannten „Key User". Hier sind die Ressourcen der Parameter, der nicht geändert werden kann. Wenn dann auch noch der Aufwandsrahmen in Form eines Budgets festliegt, dann ermittelt sich daraus die Zeit, die das Projekt in Anspruch nimmt.

In der Terminplanung gilt es nun, diese drei Parameter unter der Berücksichtigung der Prioritäten abzugleichen. Dies ist eine ähnliche Problematik wie in der klassischen Produktionsplanung und Steuerung (PPS-Systeme). Hier wird klassisch zunächst mit unendlichen Ressourcen geplant, um dann im zweiten Schritt einen Kapazitätsabgleich vorzunehmen.[3]

Bei komplexen Projekten ist dieser Abgleich nicht mehr manuell durchzuführen. Dafür wird die Netzplantechnik verwendet, und zwar mit einer entsprechenden Softwareunterstützung.

In der DIN 69900:2009-01 werden drei Arten von Netzplänen unterschieden:

- Ereignisknoten-Netzplan (EKN)
- Vorgangspfeil-Netzplan (VPN)
- Vorgangsknoten-Netzplan (VKN)

Der Vorgangsknoten-Netzplan bietet die meiste Information für eine Projektsteuerung. In ihm erscheinen die Arbeitspakete als Knoten im Netzwerk mit allen wichtigen Eckdaten. Wir werden uns deshalb in der Beschreibung auf diese Netzplanart beschränken.

Abb. 68: Der Vorgangsknoten

Die Daten, die ein Vorgangsknoten enthalten kann, sind:

- eindeutige Identifizierung des Arbeitspaketes: eine fortlaufende Nummer, ein sprechender Code oder ein Code, aus dem die hierarchische Gliederung hervorgeht
- Vorgangsdauer in einer passenden Zeiteinheit (beispielsweise in Arbeitstagen)

[3] Moderne PPS-Systeme planen inzwischen mit beschränkten Kapazitäten, also eine Simultanplanung von Material und Kapazitäten. Diese Systeme sind auch unter dem Namen „Advanced Planning Systems“ am Markt zu finden.

- kurzer Klartext für die Beschreibung des Arbeitspaketes
- zugeordneten Ressourcen
- Aufwand[4]
- Termine
- frühester Anfangstermin: der früheste Zeitpunkt, zu dem eine Aktivität logischerweise starten kann
- spätester Anfangstermin: der späteste Zeitpunkt, zu dem eine Aktivität gestartet werden kann, ohne nachfolgende Termine zu verschieben
- frühester Endtermin: der früheste Zeitpunkt, zu dem eine Aktivität logischerweise beendet sein kann
- spätester Endtermin: der späteste Zeitpunkt, zu dem eine Aktivität beendet sein muss, ohne nachfolgende Termine zu verschieben

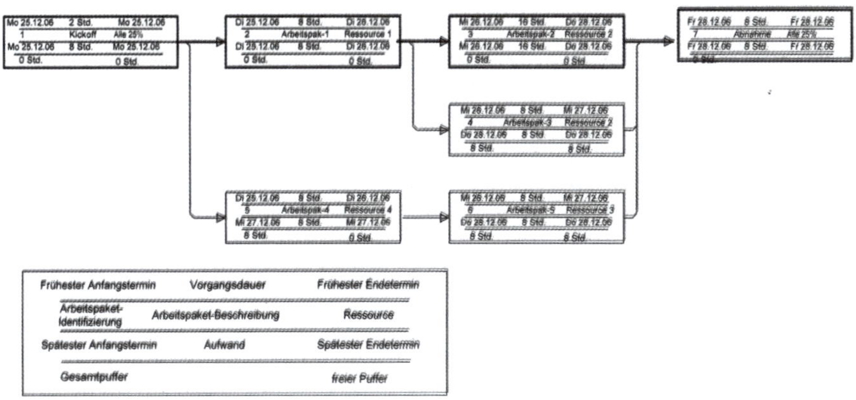

Abb. 69: Vorgangsknoten-Netzplan

3.10.2 Anwendung der Methode

1. Schritt: Vorwärts- und Rückwärtsterminierung

Im Vorgangsknoten-Netzplan erscheinen die Arbeitspakete als Knoten im Netzwerk. Die Vorgangsbeziehungen sind im Beispiel als Ende-Anfang-Beziehungen festgelegt. Wenn man zunächst mit unendlichen Kapazitäten plant, also eine Terminierung nur mit den

4 In der DIN 69900:2009-01 werden Ressourcen und Aufwand nicht im Vorgangsknoten gezeigt. Wir haben sie jedoch aufgenommen, da mit Aufwand, Dauer und zur Verfügung stehenden Ressourcen die vorgangsbezogenen Parameter aufgeführt sind.

Schätzwerten (oder auch Werten von externen Vorgaben) für die Vorgangsdauer vornimmt, so kann man die Ecktermine über die Netzplanung ermitteln.

Die Ecktermine für die Arbeitspakete sind die frühesten und die spätesten Anfangs- und Endtermine. Dies sind Kalendertermine. Deshalb benötigt man noch einen für das Projekt gültigen Kalender, der definiert, welches die Arbeitstage sind, ob in Schichten gearbeitet wird, um welche Uhrzeit eine Schicht beginnt, wann sie endet und ggf. welche Pausen berücksichtigt werden müssen.

Durch die Vorwärtsterminierung bekommt man die frühesten Termine eines Arbeitspaketes. Ausgehend vom Termin des ersten Arbeitspakets werden mit Hilfe der Vorgangsdauer und des Projektkalenders berechnet, wann ein Arbeitspaket frühestens beginnen und wann es frühestens enden kann. Da das Kick-off Meeting 2 Stunden dauert und am 25.12.06 um 10 Uhr endet, können die nachfolgenden Arbeitspakete 1 und 4 frühestens am 25.12.06 um 10 Uhr beginnen. Da sie ihrerseits jeweils eine Vorgangsdauer von 8 Stunden haben, enden sie frühestens am 26.12.06 um 10 Uhr, vorausgesetzt unser Projektkalender legt fest, dass am ersten und zweiten Weihnachtsfeiertag gearbeitet wird. Ist der früheste Projektendtermin berechnet, der 28.12.2006, dann wird von diesem Termin ausgegangen und jetzt rückwärts gerechnet. Damit wird bestimmt, wann die Arbeitspakete spätestens beginnen und spätestens enden müssen, damit das errechnete früheste Projektende erreicht werden kann.

2. Schritt: Ermittlung der Puffer

Ergeben sich zwischen den frühesten Terminen und spätesten Terminen Differenzen, so hat das Arbeitspaket einen Spielraum, der Puffer genannt wird. Arbeitspakete 3, 4 und 5 haben jeweils einen Puffer von einem Tag.

Inwieweit ein Arbeitspaket über seine Puffer frei verfügen kann, zeigt eine differenzierte Betrachtung der Puffer. Man unterscheidet einen Gesamtpuffer und einen freien Puffer.

Der Gesamtpuffer errechnet sich aus der Differenz der spätesten Termine und der frühesten Termine. Er beträgt für die Arbeitspakete 3, 4 und 5 jeweils 8 Stunden. Es ist diejenige Zeit, um die der jeweilige Vorgang verzögert werden kann, ohne den Endtermin zu gefährden. Als freier Puffer ist derjenige Puffer definiert, über den ein Arbeitspaket frei verfügen kann, ohne seinen Nachfolger zu beeinflussen.

Nehmen wir in unserem Falle an, dass das Arbeitspaket 4 seinen Gesamtpuffer von einem Tag aufgebraucht hat. Arbeitspaket 5 ist dann dahin gehend beeinflusst, dass es seine frühesten Termine nicht mehr wahrnehmen kann. Der freie Puffer für das Arbeitspaket 4 ist deshalb 0. Er errechnet sich aus der Differenz des frühesten Anfangstermins von Arbeitspaket 5 und seines eigenen frühesten Endtermins.

Die Arbeitspakete 3 und 5 haben dagegen auch einen freien Puffer von 8 Stunden.

3. Schritt: Ermittlung des Kritischen Pfads

Bei Arbeitspaketen, die keinen Gesamtpuffer haben, wirkt sich jede Zeitverzögerung auf den Endtermin aus. Die Kette derjenigen Aktivitäten, deren Puffer 0 ist, wird der Kritische Pfad genannt. Er verdient natürlich besondere Aufmerksamkeit der Projektleitung.

4. Schritt: Ressourcenabgleich

Die Zuordnung von Ressourcen zu den einzelnen Arbeitspaketen kann bei dieser Vorgehensweise zu Überlastung einzelner Ressourcen führen. In unserem Beispiel ist dem Arbeitspaket 2 und dem Arbeitspaket 3 jeweils die gleiche Ressource zugeordnet. Da beide Aktivitäten parallel geplant sind, führt das zur Überlastung der Ressource 2. Am Dienstag und Mittwoch ist die Ressource 2 mit 12 bzw. 10 Stunden eingeplant. Wie darauf jetzt zu reagieren ist, hängt von den speziellen Projektgegebenheiten ab:

- Man kann, falls möglich, die Termine verlängern. Manche Projektmanagement-Werkzeuge lassen einen automatischen Abgleich zu, das sogenannte Ressourcelevelling, das die Termine entsprechend der Verfügbarkeit der Ressourcen automatisch verschiebt.
- Man könnte prüfen, ob es möglich ist, andere Ressourcen zuzuordnen.
- Dienstag und Mittwoch kann man evtl. mit jeweils zwei Überstunden abdecken und das Abnahmemeeting am Donnerstag um zwei Stunden nach hinten verschieben.

				25. Dez '06					
Nr.	Ressourcenname	Arbeit	Einzelheiten	M	D	M	D	F	S
2	**Ressource 2**	**28 Std.**	Arbeit	2h	12h	10h	4h		
	Kickoff	*2 Std.*	Arbeit	2h					
	Arbeitspak-2	*16 Std.*	Arbeit		6h	8h	2h		
	Arbeitspak-3	*8 Std.*	Arbeit		6h	2h			
	Abnahme	*2 Std.*	Arbeit				2h		

Abb. 70: Ressourcenauslastung

Weitere Methoden des Ressourcenabgleichs könnten sein:

- Arbeitspakete im zulässigen Zeitfenster schieben oder stückeln
- Arbeitspakete (Leistungen) bewusst weglassen
- Arbeitspakete in eine andere Phase verschieben
- externe Einsatzmittel (Personal) beschaffen
- Überstunden

- prüfen, ob Parallelarbeiten dort möglich sind, wo man sequenzielle Abläufe geplant hat
- prüfen, ob Prozessoptimierungen bei den Arbeitspaketen möglich sind
- Sicherheitspuffer überprüfen

Es hängt vom jeweiligen Projekt ab, welche Maßnahmen gewählt werden können, um einen brauchbaren Ausgangsprojektplan zu erhalten, der ein Optimum für die drei Zielkategorien des magischen Dreiecks (Qualität, Aufwand, Zeit) ermöglicht.

3.10.3 Fazit und Erkenntnisse

In mittleren und größeren Projekten ist es aufgrund der zahlreichen Parameter, welche die Terminplanung bestimmen, nicht mehr möglich, ohne ein systematisches Vorgehen und Softwareunterstützung zuverlässige Terminaussagen zu bekommen. Dennoch sollte man in der Planungsphase beachten,

- damit die Planung nicht zu komplex wird — verzichten Sie lieber auf eine Ebene der Detaillierung, als dass Sie unüberschaubaren Projektplan bekommen;
- dass man sich mit einem gewissen Maß an Ungenauigkeit zufriedengibt. Einen Projektplan bis zum letzten Tag auszureizen, ist nicht nötig. Wenn ein Plan zu 90 Prozent stimmt, kann man sich damit zufriedengeben. Man muss sich immer vor Augen halten, dass die Aufwandsangaben Schätzungen sind und keine naturwissenschaftlich ermittelten Fakten.

3.11 Wirkungsmatrix

Kurzbeschreibung der Methode	
Methodenart	**Projektklärung/Analysemethode, Entscheidungsfindung**
Geeignet für	Systemanalyse, Beurteilung der möglichen Wirkung von Maßnahmen, Erstellen eines Projektportfolios zur Systemoptimierung
Ziel	Entscheidungshilfen für die Beurteilung der Auswirkungen von Maßnahmen
Benötigte Hilfsmittel/ Beteiligte	Expertenteams, einfache Spreadsheets, bei komplexen Projekten empfiehlt sich der Einsatz von Software.
Zeitaufwand	Ein- bis Zwei-Tages-Workshops; Zeit auch für Nachfolgeaktionen und Überprüfungen

Kurzbeschreibung der Methode	
Methodenart	**Projektklärung/Analysemethode, Entscheidungsfindung**
Vorteile	Einfach zu verwenden ist die Methode deshalb, weil sie mit Papier und Bleistift durchzuführen ist und deshalb auch als Vesters Papiercomputer in der Literatur bekannt ist.
Nachteile	Die Akzeptanz dieser Vorgehensweise hängt davon ab, dass grundsätzliche Zusammenhänge, wie sie die Systemtheorie darstellt, geschult und akzeptiert werden.

3.11.1 Beschreibung der Methode

Mit der Wirkungsmatrix liegt eine einfache Methode vor, mit der sich Wirkungen und Wirkungsintensitäten auf Ziele und Einflussfaktoren bestimmen und klassifizieren lassen.

Ziel der Wirkungsmatrix ist es, Entscheidungshilfen bei der Beurteilung der Auswirkungen von Maßnahmen zu erhalten. Die Beteiligten erarbeiten sich ein Verständnis über das komplexe Beziehungsgeflecht von aktiver und passiver Beeinflussung und können daraus ihre Schlüsse hinsichtlich des Risikos und der Wirkung von Aktionen ziehen. Die Wirkungsmatrix ist als Teil des komplexen Sensitivitätsmodells von Vester entstanden, das zur Erfassung, Analyse, Planung und Beeinflussung komplexer sozialer Systeme dienen soll und durch einige auf dem Markt befindliche Softwarepakete unterstützt wird (vgl. Internetquellen im Anhang).

Ausgangspunkt ist die Ermittlung von Einflussfaktoren und Zielen, die auf ein System wirken. Die Wirkung der Einflussfaktoren wird jeweils in zwei Richtungen betrachtet: welche Wirkung ein Einflussfaktor auf andere Faktoren hat und von welchen Faktoren er wiederum beeinflusst wird. Die Intensität der Wirkung lässt sich auf einer zu einer Skala etwa von 0 = kein Einfluss bis 3 = sehr starker Einfluss bewerten. Daraus lassen sich Kennzahlen für die passive und aktive Wirkung von Faktoren aufstellen. In einer Portfolio-Darstellung mit der Passiv-Kennzahl und der Aktiv-Kennzahl lassen sich die Einflussfaktoren klassifizieren. Diese Klassifizierung gibt Anhaltspunkte dafür, über welche Maßnahmen am ehesten Systemveränderungen zu erzielen sind, welche Maßnahmen keinen Einfluss haben und welche Maßnahmen ein hohes Risikopotenzial bergen, weil sie in ein komplexes Beziehungsgeflecht eingebunden sind.

3.11.2 Anwendung der Methode

Systematisch wird nach den Empfehlungen des Gamma-Entwicklungsteams[5] in folgenden Schritten vorgegangen:

1. Schritt: Problem erfassen

Ermitteln Sie die wichtigsten Einflussgrößen auf ein System.

2. Schritt: Modellierung des Systems

Stellen Sie die diese Einflussgrößen in einem Wirkungsnetz dar.

3. Schritt: Analyse des Systems

Nehmen Sie eine Analyse unter unterschiedlichen Aspekten wie Wirkungsketten, Rückkopplungen, Portfolio-Analyse der Kennzahlen vor.

4. Schritt: Eingriffe bestimmen

Bestimmen Sie, welche Eingriffe die größte Wirkung und welche keine Wirkung haben.

5. Schritt: Umsetzung

Setzen Sie die Maßnahmen in Projekten um.

[5] Gamma ist eine Software, mit der eine Wirkungsmatrix erstellt werden kann.

Die Anwendung der Methode wird an folgendem Praxisbeispiel deutlich:

Beispiel: Bestandsmanagement

Im Rahmen eines Projekts im Bereich Geschäftsprozessmanagement wird analysiert, welche Zusammenhänge die Höhe der Lagerbestände beeinflussen. Dann sollen Maßnahmen ergriffen werden, mit deren Hilfe die Höhe der Bestände gesenkt werden kann. Es werden *Einflussfaktoren* identifiziert, von denen man annimmt, dass sie maßgebend für die Höhe der Lagerbestände sind. Diese Einflussfaktoren können sowohl Ziele als auch Aktionen, Maßnahmen, Bedingungen, Regeln, Prozeduren etc. sein.

Aus den verschiedenen Bereichen des Unternehmens wird eine Liste der Einflussfaktoren zusammengestellt, und es gilt herauszufinden, wo die besten Ansatzpunkte sind, eine Bestandsreduzierung anzugehen, ohne andere Bereiche und Ziele im Unternehmen zu gefährden.

Dazu wird eine *Wirkungsmatrix* erstellt.

Die zusammengestellten Einflussfaktoren (Systemelemente) werden sowohl als Zeilen als auch Spalten in eine Matrix eingetragen.

- Die *Zeilenrichtung* gibt die aktive Beeinflussung an,
- die *Spaltensicht* die passive Beeinflussbarkeit.
- Die *Intensität des Einflusses* wird numerisch angegeben, wobei 0 keinen Einfluss bedeutet, und 3 den stärksten Einfluss.

	A	B	C	D	E	F	G	H	I	J	K	L	M	N	O	P	AS	P
A		3	2	0	1	3	0	3	0	0	2	0	0	0	0	0	14	518
B	3		2	3	1	0	1	2	3	3	1	0	0	0	0	0	19	608
C	0	0		1	3	0	0	0	0	0	2	0	1	0	0	0	7	210
D	3	2	2		1	1	0	1	0	1	0	1	0	0	2	0	14	378
E	3	2	3	1		2	0	1	0	2	1	0	0	0	0	0	15	330
F	2	3	2	3	3		1	3	1	0	0	1	0	0	0	0	19	190
G	3	2	1	3	1	1		2	1	3	2	1	0	0	1	0	21	252
H	3	3	3	1	2	2	2		3	2	1	1	1	0	0	1	25	525
I	3	2	3	3	2	0	2	3		2	2	2	0	0	1	0	25	400
J	3	2	2	2	1	0	0	0	0		0	0	0	0	1	0	11	220
K	2	2	1	3	2	0	2	1	1	2		0	0	2	1	0	19	209
L	3	2	1	1	1	1	1	1	1	1	0		1	2	2	2	20	140
M	3	3	3	0	2	0	2	1	3	1	0	1		1	0	0	20	200
N	3	3	3	1	1	0	0	1	3	2	0	0	3		0	1	21	189
O	1	1	1	3	0	0	0	1	0	0	0	0	1	1		3	12	132
P	2	2	1	2	1	0	1	1	0	1	0	0	3	3	3		20	140
PS	37	32	30	27	22	10	12	21	16	20	11	7	10	9	11	7		
Q	0,4	0,6	0,2	0,5	0,7	1,9	1,8	1,2	1,6	0,6	1,7	2,9	2,0	2,3	1,1	2,9		

Tabelle 36: Wirkungsmatrix

Legende zur Tabelle	
A	Bestandshöhe
B	Liefertreue
C	Logistikkosten
D	Dispositionsart
E	Einkaufslosgrößen
F	Wiederbeschaffung
G	Vertriebs-Forecast
H	Servicegrad
I	Bestellpolitik
J	Lagerbestandsführung
K	Bedarfsschwankungen
L	Produktvielfalt
M	Produktqualität
N	Störanfälligkeit
O	ERP-System
P	Mitarbeiterwissen
Q	Aktivitätsgrad

Berechnungsformeln zur Tabelle Wirkungsmatrix:

PS: Passiv-Summe

AS: Aktiv-Summe

Q = AS/PS Aktivitätsgrad

P = AS*PS Vernetzungsintensität

Erläuterungen zur Wirkungsmatrix

Beispiel aktiv in Zeilenrichtung:
Einfluss des Servicegrades (Zeile H) auf die Logistikkosten (Spalte C) mit der starken Wirkung von 3.

Beispiel passiv in Spaltenrichtung:
Logistikkosten (Spalte C) werden deshalb vom Servicegrad (Zeile H) mit der starken Wirkung von 3 beeinflusst.

Umgekehrt beeinflussen die Logistikkosten den Servicegrad nicht (Zeile C, Spalte H).

Danach wird für jeden Einflussfaktor jeweils eine Aktivsumme (Zeilensummierung) und eine Passivsumme (Spaltensummierung) gebildet.

Eine *hohe Aktivsumme* bedeutet einen hohen Einfluss im System, das heißt, ändert man an einem Faktor mit einer hohen Aktivsumme etwas, hat das einen starken Einfluss im System. Servicegrad und Bestellpolitik des Kunden haben hier eine hohe Aktivsumme. Bei Faktoren mit kleiner Aktivsumme muss sich an diesem Einflussfaktor sehr viel ändern, bevor irgendwelche Einflüsse im System wirksam werden.

Eine *hohe Passivsumme* zeigt an, dass sich dieser Faktor sensibel reagiert, wenn sich irgendwo im System was ändert. Bestandshöhe, Liefertreue und Logistikkosten sind derart sensible Variablen. Eine niedere Passivsumme zeigt an, dass sich im System schon sehr viel tun muss, bevor sich dieser Faktor ändert.

Um die Steuerungsmöglichkeiten besser beurteilen zu können, genügt alleine die Kenntnis der Aktiv- und Passivsumme nicht. Sie geben noch nicht darüber Auskunft, bei welchen Verbesserungen es sich eher um eine Symptombekämpfung handelt, welche Variablen so träge sind, dass sie auch starke Veränderungen auffangen oder welche so kritisch sind, dass man sie mit Samthandschuhen anpacken müsste.

Um zu Aussagen dieser Art zu kommen, werden weitere Indikatoren gebildet: das Produkt aus Aktivsumme und Passivsumme und der Quotient aus Aktivsumme und Passivsumme.

Ein hohes Produkt zeigt die Vernetzungsintensität, ein Maß, wie ein Einflussfaktor in das Systemgeschehen eingebunden ist.

Das Verhältnis von Aktivsumme zu Passivsumme ergibt eine Aussage über den Aktivitätsgrad. Ein hoher Quotient zeigt, dass ein Einflussfaktor eine stärkere Auswirkung auf andere Komponenten hat, als wiederum auf ihn selbst eingewirkt wird.

Mit den höchsten Werten der Produkte und der Quotienten werden Ordinate und Abszisse skaliert. Auf diese Weise entsteht eine Portfoliodarstellung mit vier Feldern aus Aktivitätsgrad und Vernetzungsintensität.

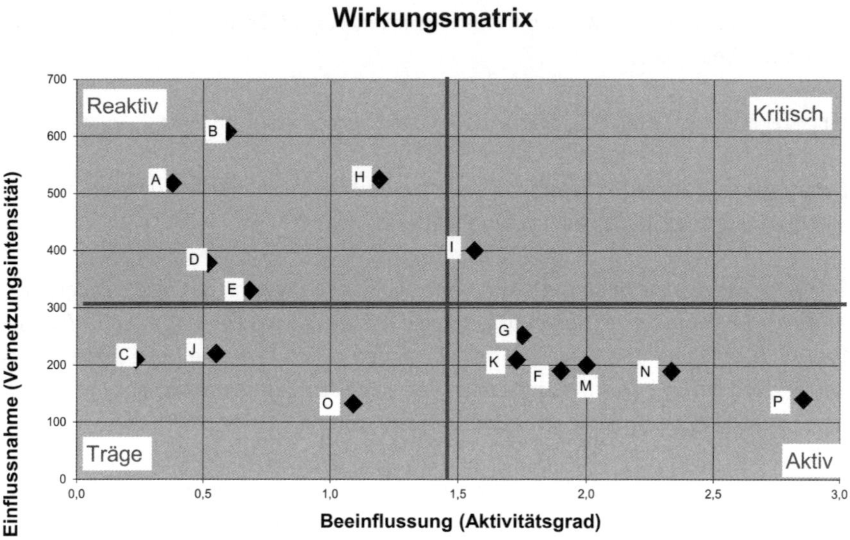

Abb. 71: Wirkungsmatrix Interpretation

Damit können vier Typen unterschieden und folgendermaßen interpretiert werden:

Reaktives Feld: Diese Einflussfaktoren sind stark vernetzt, geben aber die Wirkungen, die einen Einfluss auf sie haben, nicht entsprechend weiter. Zustandsveränderungen im Gesamtsystem zeigen sich an diesen Faktoren sehr deutlich, weshalb sie auch oft als Indikatorengrößen verwendet werden. In unserem Beispiel sind die Kennzahlen A: Höhe der Bestände und B: Liefertreue solche reaktiven Faktoren. Direkt bei diesen Faktoren anzusetzen, kommt einer Symptombekämpfung gleich, ohne nachhaltige Auswirkungen. Es sind die darunter liegenden Ursachen für zu hohe Bestände und mangelnde Liefertreue zu entdecken und an diesen anzusetzen.

Kritisches Feld: Solche Faktoren üben einen sehr hohen Einfluss aus, sind aber auch selbst sehr vielen Einflüssen ausgesetzt. Sie können Entwicklungen beschleunigen. Die Gefahr bei diesen Faktoren sind unkontrollierte Rückkopplungen. Deshalb ist ein Systemeingriff hier nur mit Vorsicht möglich und nur unter sorgfältiger Analyse der möglichen Nebenwirkungen. In unserem Beispiel ist die Bestellpolitik des Kunden ein solcher kritischer Einflussfaktor. Unbekümmerter Druck auf den Kunden, seine Bestellpolitik zu ändern, kann zu kritischen Systemzuständen führen.

Träges Feld: Diese Komponenten sind sowohl schwach vernetzt als auch wenig aktiv. Hier lohnt es sich normalerweise nicht, den Hebel für Veränderungen anzusetzen. In unserem Beispiel sind die Logistikkosten, die Lagerbestandsführung und das ERP-System solche Faktoren. Jedoch ist zu beachten, dass diese Faktoren zwar wenig Aktivitäten entwickeln, aber manche können sich als „Wolf im Schafspelz“ entpuppen, wenn sie mit einer stark aktiven Komponente in Verbindung stehen. Das ERP-System könnte möglicherweise ein solcher „Wolf“ sein, da es den aktivsten Faktor „Know-how“ der Mitarbeiter stark beeinflusst.

Aktives Feld: Das sind schwach vernetzte, aber aktive Komponenten. Durch die schwache Vernetzung sind die Nebenwirkungen besser abzuschätzen und das aktive Potenzial lässt sich als Hebelwirkung einsetzen. Wenn man sich im Projektverlauf die Möglichkeiten der „Early Wins“ zunutze machen will, wird man sicher unter diesen Faktoren fündig. Z. B. sind die Wiederbeschaffungszeiten, mit denen der Einkauf (Faktor F) arbeitet, manchmal nicht mehr auf dem neuesten Stand und werden aus Tradition beibehalten. Bei der Änderung dieses Planungsparameters lassen sich oftmals signifikante Auswirkungen auf die Höhe der Lagerbestände feststellen.

3.11.3 Fazit und Erkenntnisse

Die Wirkungsmatrix ist ein sehr gutes analytisches Hilfsmittel, um Hinweise zu bekommen, worauf sich ein Manager einlässt, wenn er bestimmte Maßnahmen ergreift und an welchen Stellen zu welchem Zeitpunkt sinnvolle Eingriffsmöglichkeiten vorhanden sind. Die Methode unterstützt ein systematisches und transparentes Vorgehen und gewährleistet jederzeit einen Nachvollzug der getroffenen Entscheidungen.

Tipp

Der Einsatz der Methode setzt keine große organisatorische und technische Infrastruktur voraus. Für einen regelmäßigen und praktischen Einsatz empfiehlt es sich jedoch, geeignete Software einzusetzen.

4 Methoden der Projektsteuerung

4.1 Aufwandstrendanalyse

Kurzbeschreibung der Methode	
Methodenart	**Projektabwicklung/Controlling**
Geeignet für	Projektarten, bei denen die Einhaltung des Aufwandes die entscheidende Rolle spielt.
Ziel	Bewertung der erbrachten Leistung im Verhältnis zum Aufwand
Benötigte Hilfsmittel/ Beteiligte	Zeiterfassungsformulare (Papier oder elektronisch), Spreadsheets oder Projektmanagement-Software (bei größeren Projekten)
Zeitaufwand	Gering (bei gut strukturierten Projekten
Vorteile	Die ermittelte Kennzahl (Fertigstellungsgrad) sagt aus, wie produktiv der verausgabte Aufwand eingesetzt wurde.
Nachteile	Bei der Schätzung des Restaufwandes ist ein gewisses Maß an Subjektivität vorhanden. Der Fertigstellungsgrad gibt keine Auskunft über den Status der Projekte hinsichtlich der Termine.

4.1.1 Beschreibung der Methode

Die Aufwandstrendanalyse hat zum Ziel, die Leistung in einem Projekt im Verhältnis zum erbrachten Aufwand zu bewerten. Dazu bedient sie sich des Mittels der Restwertschätzung. Die Restwertschätzung gibt Auskunft darüber, wie sich ein Projekt im Verhältnis von verausgabten Aufwänden zu erzielten Leistungen verhält. Die erzielte Leistung wird indirekt aus einer subjektiven Schätzung des Restaufwandes gefolgert. Als Kennzahl wird der Fertigstellungsgrad des Projekts bezüglich des Aufwandes ermittelt.

	Start	**KW 1**	**KW 2**	**KW 3**	**KW 4**
Ist-Aufwand		10	10	10	10
geschätzter Restaufwand	200	190	180	175	165
voraussichtlicher Gesamtaufwand	200	200	200	205	205

Tabelle 37: Restwert

Die Aufwandstrendanalyse geht von den geplanten Aufwandsdaten der Arbeitspakete aus. Diesen geplanten Daten werden die Istdaten gegenübergestellt, zusätzlich einer Schätzung des voraussichtlichen Restaufwandes, der noch nötig ist, um dieses Arbeitspaket zu beenden. Daraus lassen sich absolute und relative Kennzahlen nach folgendem Kennzahlensystem ableiten, um die Abweichung im Fertigstellungsgrad für die aktuelle Periode zu erkennen:

- Ist-Aufwand der aktuellen Periode n plus dem kumulierten Ist-Aufwand der vorherigen Periode (n-1) ergeben den aktuellen kumulierten Ist-Aufwand. Ist-Aufwand der aktuellen Periode + kumulierter Ist-Aufwand der Vorperiode + erwarteter Restaufwand der aktuellen Periode ergeben den erwarteten Gesamtaufwand der aktuellen Periode.
- Der Ist-Fertigstellungsgrad ergibt sich als Quotient von kumuliertem Ist-Aufwand und erwartetem Gesamtaufwand.
- Der Planfertigstellungsgrad ergibt sich als Quotient des kumulierten Planaufwandes und des Planaufwandes.
- Die Abweichung im Fertigstellungsgrad errechnet sich als Differenz von Ist-Fertigstellungsgrad und Planfertigstellungsgrad.

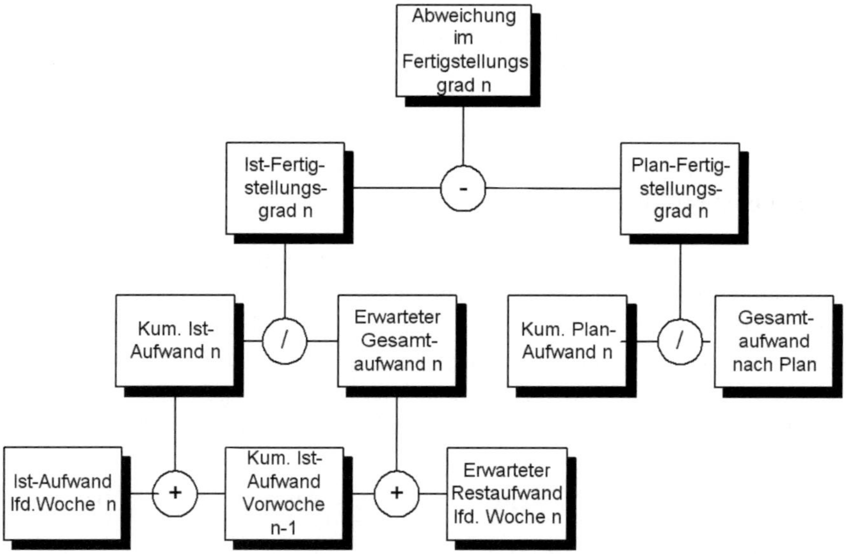

Abb. 72: Abweichungen im Fertigstellungsgrad

4.1.2 Anwendung der Methode

Beispiel: Restaufwandschätzung

Ein Projekt, das mit 200 Personentage veranschlagt war, meldet am Ende der ersten Woche einen Ist-Aufwand von 10 Personentagen zurück, verbunden mit einer Restwertschätzung von 190 Personentagen. Die Ausgangslage beim Projektstart ist das veranschlagte Budget von 200 Personentagen. Dies kann so interpretiert werden, dass die 10 verausgabten Tage das Projekt auch um 10 Tage vorangebracht haben, also die volle Leistung erzielt wurde.

Anders die Situation am Ende der dritten Woche: Hier werden ebenfalls 10 Tage Aufwand zurückgemeldet. Ein Vergleich der Restwertschätzung mit der zweiten Woche zeigt jedoch, dass die Restwertschätzung von der dritten Woche im Vergleich zur Restwertschätzung der zweiten Woche sich nur um 5 Tage vermindert hat.

Dies bedeutet, dass die 10 Tage, die in der dritten Woche verausgabt wurden, das Projekt nur um 5 Aufwandstage vorangebracht haben, also nur die Hälfte der Leistung in der subjektiven Bewertung der Beteiligten erbracht wurde.

Diese Methode kann nun verwendet werden, um weitere Kennzahlen bezüglich des Projektfortschrittes zu ermitteln.

	Plandaten	
1	Gesamtaufwand nach Plan (PT)	200,0

		KW 1	KW 2	KW 3	KW 4	KW 5	KW 6	KW 7	KW 8	KW 9	KW 10
	Aufwandskennzahlen operativ										
4	Gesamtaufwand nach Plan und genehmigten Änderungen (PT)	**200,0**	**200,0**	**200,0**	**200,0**	**200,0**	**200,0**	**200,0**	**200,0**	**200,0**	**200,0**
	genehmigte Änderungen pro Periode										
5	Ist-Aufwand lfd. Woche (PT)	X	20,0	20,0	20,0	20,0	20,0				
6	Kumulierter Ist-Aufwand (PT)	20,0	**40,0**	**60,0**	**80,0**	**100,0**	**120,0**				
7	Erwarteter Restaufwand (ETC) in PT	180,0	160,0	150,0	140,0	120,0	90,0				
8=6+7	Erwarteter Gesamtaufwand (PT)	**200,0**	**200,0**	**210,0**	**220,0**	**220,0**	**210,0**				
9	Kumulierter Plan-Aufwand pro Woche (PT)	20,0	40,0	60,0	80,0	100,0	120,0	140,0	160,0	180,0	200,0

Abb. 73: Beispiel Aufwandskennzahlen

		KW 1	KW 2	KW 3	KW 4	KW 5	KW 6
	Abweichungsanalyse nach Aufwand						
16=8-4	Abweichung Aufwand absolut (PT)	0	0	10	20	20	10
17=16/4	Abweichung Aufwand in %	0,00%	0,00%	5,00%	10,00%	10,00%	5,00%
	Fertigstellungsgrad nach Aufwand						
20=6/8	Ist-Fertigstellungsgrad n. Aufwand in %	10,00%	20,00%	28,57%	36,36%	45,45%	57,14%
21=9/4	Plan-Fertigstellungsgrad n. Aufwand in %	10,00%	20,00%	30,00%	40,00%	50,00%	60,00%
22=20-21	Abweichung Fertigstellungsgrad in %	0,00%	0,00%	-1,43%	-3,64%	-4,55%	-2,86%

Abb. 74: Abweichungsanalyse

Beispiel: Aufwandstrendanalyse

Das Beispielprojekt ist mit 200 Personentagen (PT) Aufwand veranschlagt (Zeile 1: Gesamtaufwand nach Plan), die innerhalb von 10 Wochen abgearbeitet werden sollen. Es wird davon ausgegangen, dass die Aufwände planmäßig linear zu je 20 Tagen pro Woche anfallen (Zeile 9: kumulierter Planaufwand pro Woche) und dass sich durch Änderungsanträge keine Erhöhung des Planaufwandes ergibt. (Zeile 4: kumulierter Planaufwand ist unveränderlich 200 Personentage). Wir befinden uns aktuell am Ende der sechsten Woche und jede Woche wurden planmäßig 20 Personentage gearbeitet. Jeweils zu den aktuellen Istdaten der jeweiligen Woche (Zeile 5) werden die erwarteten Restaufwände reportet (Zeile 7).

In der absoluten Darstellung ist erkennbar, dass die Ist-Aufwände in der dritten und vierten Woche nicht in voller Höhe dem Projektfortschritt zugutekamen, erkennbar daran, dass der erwartete Gesamtaufwand steigt, ebenso wie die absolute Abweichung des Aufwandes.

In KW 6 jedoch scheint sich eine Trendwende anzubahnen. In der Abweichungsanalyse lässt sich diese Tendenz prozentual ablesen.

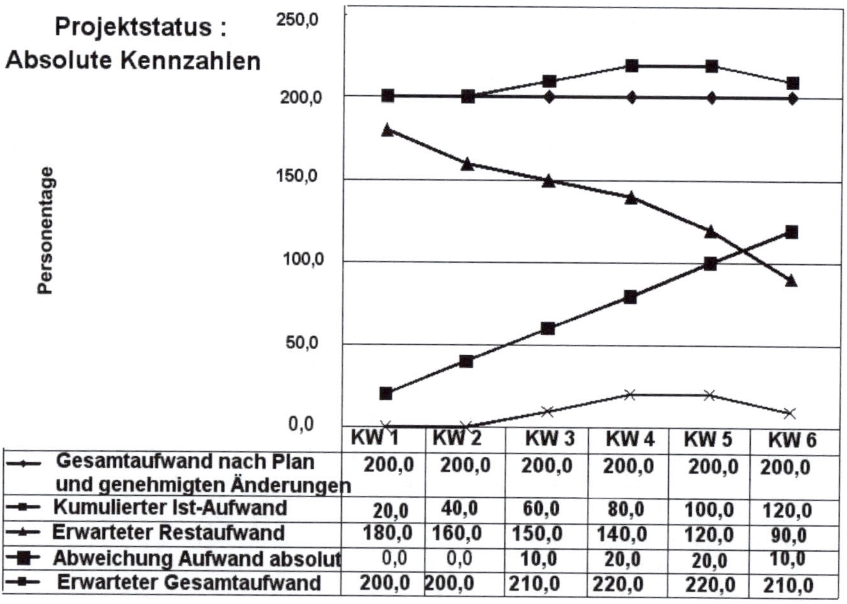

	KW 1	KW 2	KW 3	KW 4	KW 5	KW 6
Gesamtaufwand nach Plan und genehmigten Änderungen	200,0	200,0	200,0	200,0	200,0	200,0
Kumulierter Ist-Aufwand	20,0	40,0	60,0	80,0	100,0	120,0
Erwarteter Restaufwand	180,0	160,0	150,0	140,0	120,0	90,0
Abweichung Aufwand absolut	0,0	0,0	10,0	20,0	20,0	10,0
Erwarteter Gesamtaufwand	200,0	200,0	210,0	220,0	220,0	210,0

Kalenderwochen

Abb. 75: Analyse des Fertigstellungsgrades absolut

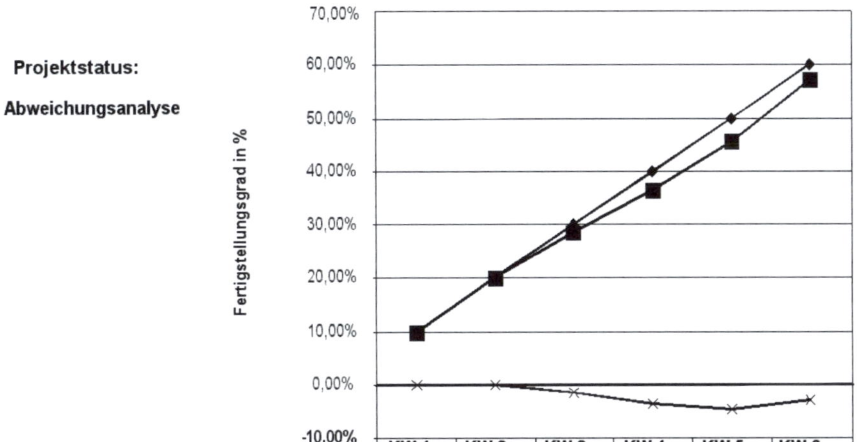

	KW 1	KW 2	KW 3	KW 4	KW 5	KW 6
Ist-Fertigstellungsgrad Aufwand %	10,00%	20,00%	28,57%	36,36%	45,45%	57,14%
Plan-Fertigstellungsgrad Aufwand %	10,00%	20,00%	30,00%	40,00%	50,00%	60,00%
Abweichung Fertigstellungsgrad %	0,00%	0,00%	-1,43%	-3,64%	-4,55%	-2,86%

Kalenderwochen

Abb. 76: Analyse des Fertigstellungsgrades prozentual

4.1.3 Fazit und Erkenntnisse

Die Aufwandstrendanalyse gibt Auskunft darüber, wie produktiv der Aufwand im Verhältnis zur erbrachten Leistung verausgabt wurde. Die ermittelte Kennzahl ist der Fertigstellungsgrad. Der zeitliche Verlauf dieses Fertigstellungsgrades gibt einen guten Einblick in den Projektverlauf. Er beruht im Wesentlichen auf drei Zahlen, die auf einfache Weise zu erheben sind: dem Planaufwand, dem Ist-Aufwand und einer gesonderten Restwertschätzung.

Tipp

Diese Analyse ist besonders bei denjenigen Projekten wertvoll, bei denen die Einhaltung des Aufwandes die erste Priorität hat (Zeit- und Materialprojekte haben häufig diese Prioritätensetzung).

Die Restwertschätzungen unterliegen einem gewissen Maß an Subjektivität, die es bei der Beurteilung des Projektstatus zu berücksichtigen gilt. Mit dem Fertigstellungsgrad können sowohl die Arbeitspakete als auch die verschiedenen Aggregierungsstufen des Projektstrukturplans (einschließlich des Gesamtprojekts) beurteilt werden. Beim Aufwand kann man, im Gegensatz zu den Terminen, gut mit aggregierten Zahlen arbeiten, da es hierbei unerheblich ist, ob ein Arbeitspaket auf dem Kritischen Pfad liegt oder nicht.

4.2 Earned-Value-Analyse

Kurzbeschreibung der Methode	
Methodenart	**Projektabwicklung/Controlling**
Geeignet für	Mittlere und große Projekte, nicht für Forschungsprojekte
Ziel	Simultane Messung aller drei Dimensionen des magischen Dreiecks; Voraussagen über den voraussichtlichen Termin und den voraussichtlichen Aufwand am Ende des Projekts
Benötigte Hilfsmittel/ Beteiligte	Zeiterfassungsformulare (Papier oder elektronisch), Spreadsheets oder Projektmanagement-Software (bei größeren Projekten)
Zeitaufwand	Gering bei gut strukturierten Projekten
Vorteile	Die Vorteile der Earned-Value-Analyse liegen in der Verknüpfung der Kennzahlen für die harten Ziele Aufwand, Zeit und Leistung. Die Anwendung zwingt zu einer strukturierten Vorgehensweise.
Nachteile	Die Begrifflichkeiten sind abstrakt und schwer vermittelbar. Vor allem die deutsche Übersetzung der Begriffe ist nicht einheitlich. Für Terminvoraussagen sind nur die Arbeitspakete auf dem Kritischen Pfad relevant. Dies berücksichtigt die Earned-Value-Analyse nicht.

4.2.1 Beschreibung der Methode

Die Earned-Value-Analyse wurde im United States Department of Defensive (DoD) um 1965 entwickelt und ist seither in den USA die bevorzugte Controllingmethode bei Projekten im öffentlichen Bereich. Im deutschsprachigen Raum ist diese Methode unter dem Begriff Arbeitswertanalyse adaptiert.

In Ergänzung zu den drei bereits behandelten Methoden (Aufwandstrendanalyse, Meilensteintrendanalyse, Projektpuffer-Methode) stellt die Earned-Value-Analyse den Versuch dar, alle drei Dimensionen des magischen Dreiecks simultan zu messen und Voraussagen über den voraussichtlichen Termin und den voraussichtlichen Aufwand am Ende des Projekts zu machen.

Sie bedient sich dazu Kategorien ähnlich der Plankostenrechnung: dem Ist-Aufwand, dem Planaufwand und dem Soll-Aufwand, oder wenn der Aufwand mit Preisen bewertet ist, den Istkosten (Ist-Preis*Istmenge), den Plankosten (Planpreis*Planmenge) und den Sollkosten. (Planpreis * bewertete Istmenge).

In der Earned-Value-Analyse werden die Sollkosten als Earned Value bezeichnet, also diese Kosten, die sich das Projekt entweder durch konkrete Abnahmen oder mit einer Prozentbewertung „verdient" hat, wie in den beiden Bewertungsmethoden, der Completed-Contract- oder der %-Completion-Methode beschrieben wurde.

Mit diesen drei Kategorien ermittelt die Earned-Value-Analyse die Kostenabweichung (Cost Variance) im Projekt und auch ein Maß für die Zeitabweichung (Schedule Variance). Die Kostenabweichung errechnet sich aus der Differenz der Sollkosten zu Istkosten und ist intuitiv erfassbar als tatsächliche Kosten zu den Kosten, wie sie nach der erbrachten Leistung hätten anfallen dürfen. Die Zeitabweichung ermittelt sich aus der Differenz von Sollkosten – Plankosten und bedarf der Erklärung, warum man daraus eine Zeitabweichung schließt.

4.2.2 Anwendung der Methode

Zur Erklärung der Prinzipienskizze benutzen wir die Begriffe des Project Management Body of Knowledge des Projekt Management Instituts (PMI).

	Bezeichnung	Bedeutung
PV	Planned Value	Plankosten = Planpreis * Planmenge
AC	Actual Cost	Ist-Kosten = Ist-Preis * Ist-Menge
EV	Earned Value	Soll-Kosten = Planpreis * Ist-Menge (bewertete Ist-Menge)
CV	Cost Variance	Kostenabweichung . CV = EV - AC
SV	Schedule Variance	Zeitabweichung SV = EV - PV
CPI	Cost Performance Indicator	Kostenindikator: CPI = EV/AC
SPI	Schedule Performance Indicator	Zeitindikator: SPI = EV/PV
BAC	Budgeted Cost at Completion	geplante Kosten bei Fertigstellung
EAC	Estimation at Completion	voraussichtliche Gesamtkosten bei Fertigstellung

Tabelle 38: Abkürzungen Earned Value Management

Die X-Achse der nächsten Abbildung zeigt die Kosten (in Euro), die Y-Achse die Termine. Bei den Kurven handelt es sich immer um kumulierte Werte. Das Projekt beginnt im Januar und endet gemäß Plan im Oktober. Die aktuelle Periode, zu der die Messzahlen erhoben wurden, ist der Mai. Die gepunktete Linie zeigt die Plankosten (PV) bis zum geplanten Projektende von 1200 kEUR. Die Strich-Punkt-Linie stellt die Istkosten (AC) und die durchgezogene Linie die Sollkosten (EV) dar. Zum Berichtszeitraum sind Istkosten von 650 kEUR angefallen, die Plankosten betragen 600 kEUR und die Sollkosten 450 EUR.

Die Frage lautet: Ist das Projekt noch im grünen Bereich oder läuft es bereits aus dem Ruder?

Die Kostenabweichung CV beträgt EV-AC = 450kEUR – 650kEUR = –200kEUR. Obwohl die Istkosten vom Budget nur leicht abweichen (um 50 kEUR) ist die tatsächliche Projektsituation viel kritischer, wenn man den Ist-Aufwand in Bezug zum Soll-Aufwand, der ja ein indirektes Maß für die erzielte Leistung ist, in Betracht zieht. Hier ist die Abweichung viermal so groß.

Die Zeitabweichung SV beträgt EV-PV = 450 kEUR – 600 kEUR = –150 kEUR. Dies ist in Geldwert ausgedrückt ein Maß für die Abweichung im Zeitplan. Was dies in Monaten bedeutet, kann man sich dadurch anschaulich machen, indem man durch den EV-Wert des Monats Mai (Messzeitpunkt) eine Parallele zur x-Achse zieht. Dort, wo diese Parallele die Plankurve schneidet, ist der Zeitpunkt, zu dem nach Plan eigentlich die erforderliche Leistung hätte erreicht werden sollen, also etwa Mitte April. Das Projekt ist also zwei Wochen im Zeitverzug.

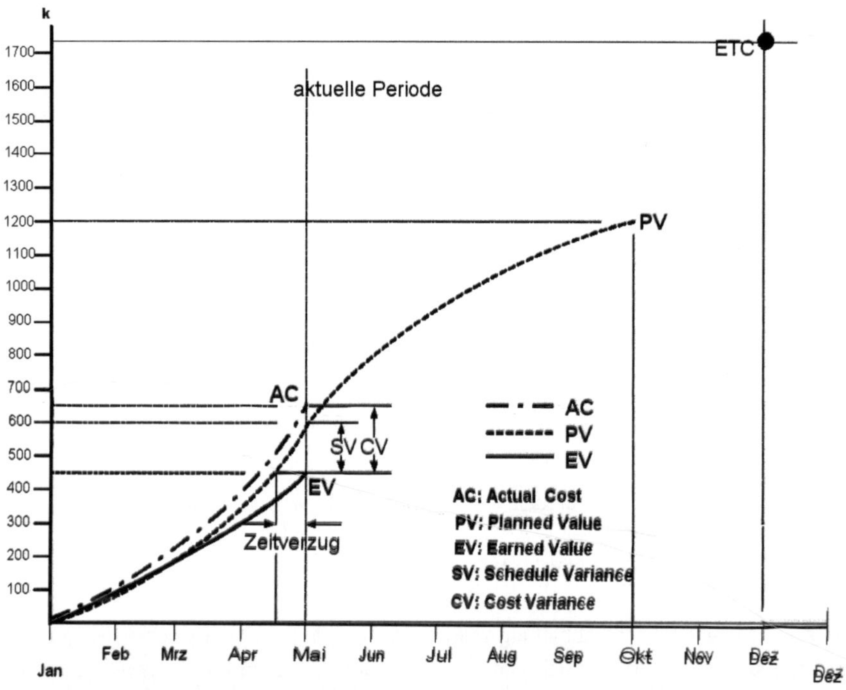

Abb. 77: Earned-Value-Analyse

Prognose

Was bedeutet dies nun für die voraussichtlichen Werte für Zeit und Aufwand am Projektende?

Hier gibt es folgende Möglichkeiten:

- *Fall 1:*Man betrachtet die bisherigen Abweichungen als atypisch und ist der Meinung, dass ab Mai wieder planmäßig gearbeitet werden kann. Der prognostizierte Endtermin würde dann Mitte Oktober liegen und die Kosten bei 1400 kEUR.
- *Fall 2:* Das Projektteam schätzt die Abweichungen als typisch ein und kommt zu der Einschätzung, dass sich diese Abweichungen auch linear in die Zukunft projizieren lassen. In diesem Fall kann man die Zeit- und Kostenindikatoren für die Prognose verwenden.
- CPI = EV/AC = 450/650 = 0,69. Für jeden ausgegebenen EUR wurden 69 EURcent erlöst.
- SPI = EV/PV = 450/600 = 0,75. An jedem Tag werden nur 75 Prozent der budgetierten Leistung erreicht.
- Fall 3: Aufgrund des aktuellen Projektverlaufs kommt das Projektteam zu einer neuen Schätzung der Termine und des Aufwands. Die neuen Endaufwände und Endtermine werden in diesem Fall nicht errechnet. Es kann also sein, dass das Projektteam Möglichkeiten sieht, die Endaufwände und Endtermine wie im Budget vorgesehen zu halten (31.12. als Endtermin und 1200 kEUR als Endkosten). Oder es wird ein neues Kosten- und Zeitbudget erstellt. Man kann damit die neuen Performance-Indikatoren errechnen, die erreicht werden müssen, um für die Restlaufzeit das neue Budget zu erfüllen.

Die unterschiedlichen Fälle können mit einer einzigen Formel

$$EAC = AC + \frac{BAC - EV}{PI}$$

abgedeckt werden:

PI ist ein Performance-Indikator, der frei wählbar ist. Gebräuchliche Performance-Indikatoren sind:

- *Fall 1: PI = 1: Bisherige Abweichungen sind atypisch*

$$EAC = AC + \frac{BAC - EV}{1} = 650 + \frac{1200 - 450}{1} = 1400$$

- Fall 2: PI = CPI: *Abweichungen sind typisch*

$$EAC = AC + \frac{BAC - EV}{CPI} = 650 + \frac{1200 - 450}{450/650} = 1733$$

- *Fall 3:* Neues Budget. Falls man ein neues Budget festlegt, z. B. 1500 kEUR, kann man errechnen, wie der neue Kostenindikator aussehen muss um dieses Budget zu erreichen:

$$PI = \frac{BAC - EV}{EAC - AC} = 650 + \frac{1200 - 450}{1500 - 650} = 0{,}88$$

Um das neue Budget zu erreichen, dürfte der Kostenindikator von 0,88 nicht unterschritten werden. Würde kein neues Budget festgesetzt, müsste ein Kostenindikator von 1,36 erreicht werden (EAC ist dann = 1200 zu setzen).

Die Ermittlung der voraussichtlichen Zeit ist umstritten, da sie an Voraussetzungen geknüpft ist, wie sie in der Praxis selten vorkommen, nämlich an einen linearen Zusammenhang von Zeit und Aufwand. Der Normalfall in Projekten ist jedoch, dass am Anfang und am Ende des Projekts der Aufwand unterproportional und in der Mitte des Projekts überproportional verteilt ist, was zur typischen S-Kurve des kumulierten Aufwands über die Zeit führt.

Viele Autoren verzichten deshalb auf den Termin-Forecast auf Basis der Performance-Indikatoren und verweisen auf andere Methoden, wie die Ermittlung des Kritischen Pfades, um den voraussichtlichen Endtermin zu bestimmen.

Autoren, die auf Basis des SPI den voraussichtlichen Endtermin bestimmen, führen zwei weitere Begriffe ein:

PAC	Plan at Completion	geplanter Fertigstellungszeitraum
TAC	Time at Completion	voraussichtlicher Fertigstellungszeitraum

Tabelle 39: Weitere Earned-Value-Abkürzungen

Für den Fall 2 bedeutet ein SPI von 0,75, dass man mit jedem Tag 25 Prozent in Verzug ist. Das voraussichtliche Projektende errechnet sich dann aus:

$$TAC = \frac{PAC}{SPI} = \frac{36\ Wochen}{0{,}75} = 48\ Wochen$$

Der voraussichtliche Endtermin für den Fall 2 wird also in der Kalenderwoche 48 sein, mit Kosten von 1733 kEUR.

Earned-Value-Analyse

Das Fallbeispiel ist aus der Softwareentwicklung entnommen und zeigt ein einfaches Wasserfallmodell mit 9 Aktivitäten, die alle bis auf die Aktivität 6 nacheinander abgearbeitet werden. Lediglich Aktivität 6 (Unit Test) beginnt zeitversetzt parallel zu Aktivität 5 (Programmierung). Der geplante Aufwand ist 46 Tage, die geplante Dauer beträgt 10 Wochen.

Nr.	Aktivität	Plan (Tage)	Geplante Dauer (Wochen)
1	Machbarkeitsstudie	3	1
2	Anforderungen	3	1
3	Produkt-Design	5	1
4	Feindesign	5	1
5	Programmierung	10	2
P	Unit Test	5	2
7	Integration	5	1
8	Acceptance Test	5	1
9	Implementierung	5	1
	Summe	**46**	

Tabelle 40: EV-Beispiel: Planung von Aufwand und Zeit

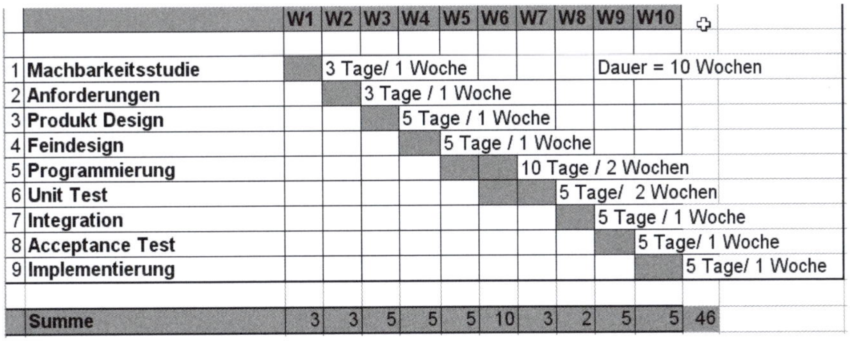

Abb. 78: EV-Beispiel: Balkendiagramm

Am Ende der vierten Woche wird der Projektfortschritt nach der 0/100 Methode ermittelt. Lediglich abgenommene Aktivitäten werden als erbrachte Leistungen bewertet, angefangene Aktivitäten werden nicht bewertet. Die Aktivitäten 1 bis 3 sind abgenommen, wobei Aktivität 3, Produkt-Design, einen Tag Aufwand mehr benötigt hat als geplant. Der Earned Value kann aber nicht höher sein als der Planwert. Die Aktivität 4 ist noch nicht beendet, obwohl sie bereits das Budget von 5 Tagen aufgezehrt hat. Der Earned Value ist deshalb 0.

Nr.	Aktivität	Plan	Dauer	Ende	Ist	Status	EV
1	Machbarkeits-studie	3	1	W 1	3	erledigt	3
2	Anforderungen	3	1	W 2	3	erledigt	3
3	Produktdesign	5	1	W 3	6	erledigt	5
4	Feindesign	5	1	W 4	5	begonnen	0
	Heute	16		Wo. 4	17		11
5	Programmierung	10	2	W 6			
6	Unit Test	5	2	W 7			
7	Integration	5	1	W8			
8	Acceptance Test	5	1	W 9			
9	Implementierung	5	1	W10			
	Summe	**46**					

Tabelle 41: EV-Beispiel: Bewertung Legende: Plan: geplanter Aufwand in Tagen; Dauer: geplante Dauer in Wochen; Ende: terminiertes Endedatum; Ist: Ist-Aufwand in Tagen, EV: Earned Value in Tagen

Wird der Aufwand über die Zeit verteilt und die Performance-Indikatoren CPI und SPI errechnet, erkennt man, dass beide Indikatoren unter eins liegen und somit einen Kostenüberlauf und einen Zeitverzug signalisieren.

	W 1	W 2	W 3	W 4	W 5	W 6	W 7	W 8	W 9	W 10	W...	W 15
Planaufwand	3	3	5	5	5	10	3	2	5	5		
kum. Plan-aufwand	3	6	11	16	21	31	34	36	41	46		
Ist-Aufwand	3	3	6	5								
Ist-Aufwand kumuliert	3	6	12	17								
EV	3	3	5									
EV- kumuliert	3	6	11	11								
EAC				**15**								**71**

Tabelle 42: EV-Beispiel: Berechnung von Aufwand und Endetermin

Aus dieser Tabelle lassen sich die Performance-Indikatoren errechnen sowie die Forecasts für Aufwand und Dauer zum voraussichtlichen Projektende:

CPI = EV-kumuliert/Ist-Aufwand kumuliert = 11/17 = 0,65 SPI = EV-kumuliert/Planaufwand kumuliert = 11/16 = 0,69

Voraussichtliche Kosten = Planaufwand/CPI = 46/0,65 = 71 PT Voraussichtliche Dauer = Plandauer/SPI = 10/0,69 = 15 Wochen

4.2.3 Fazit und Erkenntnisse

Die Vorteile der Earned-Value-Analyse liegen in der Verknüpfung der Kennzahlen für die harten Ziele Aufwand, Zeit und Leistung. Die Anwendung zwingt zu einer strukturierten Vorgehensweise. Sie baut auf dem Projektstrukturplan auf. Sie ist in den Bewertungsmöglichkeiten der Leistung so flexibel, dass sie in einem breiten Projektspektrum angewendet werden kann. Auch in der Reaktion auf festgestellte Planabweichung lässt die Methode Spielräume zu.

Die Grenzen der Earned-Value-Analyse liegen darin,

- dass sie sich ausschließlich auf die harten Kennzahlen im Projekt konzentriert und weitere Dimensionen nicht berücksichtigt;
- dass alle Aktivitäten gleich berücksichtigt werden und kein Unterschied gemacht wird zwischen Aktivitäten, die auf dem Kritischen Pfad liegen, und denjenigen, die nicht darauf liegen.

Ein weiterer Nachteil liegt darin, dass die Begrifflichkeit zunächst sehr abstrakt klingt und deshalb nicht leicht vermittelbar ist.

4.3 Fehlerbaumanalyse

Kurzbeschreibung der Methode	
Methodenart	**Projektklärung/Analyse und Darstellung von Prozessen, Risikoanalyse**
Geeignet für	Darstellung der Wahrscheinlichkeit eines Ausfalles in einem Prozess bzw. Schritt; Vergleich alternativer Systeme
Ziel	Risikoanalyse zur rechtzeitigen Erkennung und Beseitigung von Schwachstellen sowie zum Vergleich alternativer Systeme
Benötigte Hilfsmittel/ Beteiligte	Produktstruktur, Systemelemente, Kenntnis über Abhängigkeiten und Prozesse; spezielle Rechenprogramme für die Wahrscheinlichkeitsbestimmung sind vorteilhaft.
Zeitaufwand	Je nach Problemumfeld von gering (für Teilbereiche) bis sehr hoch (für komplette Systemumfänge)
Vorteile	Die Ergebnisse können transparent und nachvollziehbar visualisiert und grafisch dokumentiert werden.
Nachteile	Diese Methode ist nicht geeignet, um Prozesse und Strukturen festzustellen; diese müssen bekannt sein. Die Ausfallwahrscheinlichkeit eines kompletten Bauteiles muss in der Regel bekannt sein, die der einzelnen Ausfallarten oft nicht. Steigende Baugröße wirkt sich negativ auf die Übersichtlichkeit des Ergebnisses aus.

4.3.1 Beschreibung der Methode

Mit dieser von H. Watson 1961 entwickelten Methode kann die Wahrscheinlichkeit des Auftretens von Systemausfällen und deren mögliche Folgen ermittelt werden. Sie ist eine Sicherheits- bzw. Zuverlässigkeitsanalyse zur Identifizierung von Fehlverhalten an Systemen und Anlagen, die durch unterschiedlichste Störgrößen verursacht werden können. In der englischsprachigen Literatur ist die Methode als „Fault Tree Analysis (FTA)" bekannt. Sie hat auch Eingang in die DIN gefunden und wird in DIN 25424, Teil 1 beschrieben. Die wichtigsten Begriffe werden dort erläutert: Ausfall/Versagen, Ausfallart/Versagensart, unerwünschtes Ereignis und Ausfallkombination. Für die grafische Darstellung des Fehlerbaumes definiert die Norm spezielle Bildzeichen, z. B. für Verknüpfungen, Kommentare, Eingang und Ausgang. Weiterhin gebräuchlich ist die Bezeichnung „Gefährdungsbaumanalyse".

Die Fehlerbaumanalyse ermittelt die logischen Verknüpfungen von Komponenten- oder Teilsystemausfällen, die zu einem unerwünschten Ereignis führen und stellt sie übersichtlich grafisch dar. Man kann mit ihr nicht nur die Ausfallursachen, sondern auch deren funktionale Zusammenhänge visualisieren. Ein Risiko wird beschrieben als Eintrittswahrscheinlichkeit eines Ereignisses und den daraus resultierenden Konsequenzen, zum Beispiel den Folgen eines Systemausfalls. Das Zusammenwirken dieser beiden Größen wird im Fehlerbaum visualisiert. Die Fehlerbaumanalyse ist universell einsetzbar. Sie kann sowohl präventiv als auch zur Dokumentation und Visualisierung bereits vorhandener Probleme genutzt werden.

Die Fehlerbaumanalyse wird häufig bei der Planung von Industrieanlagen, vor allem in der Verfahrenstechnik und im vorbeugenden Brandschutz eingesetzt. Die Automobilindustrie nutzt Fehlerbäume während der Produktentwicklung zur Vorbereitung der FMEA (Failure Mode and Effects Analysis). Aber auch die Flugsicherung nutzt die Methode, um die definitive Sicherheit zu bestimmen und zu sichern. In der Softwareentwicklung wird sie eingesetzt, um Programmfehler zu analysieren.

4.3.2 Anwendung der Methode

Für die Erstellung eines Fehlerbaums sind folgende Arbeitsschritte durchzuführen:

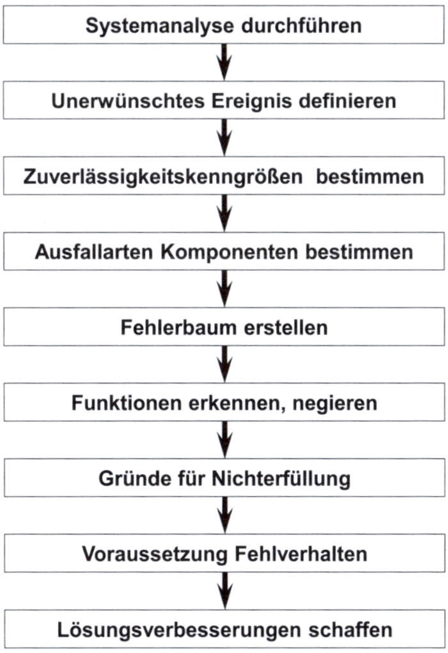

Abb. 79: Ablauf Fehlerbaumanalyse

1. Schritt: Systemanalyse durchführen

Zuerst machen Sie sich einen Überblick über die Funktionsabläufe, die Umgebungsbedingungen und die Abhängigkeiten. In unserem Beispiel „Projektarbeit" sind die folgenden Elemente feststellbar:

1	Kunde
2	Lieferant
3	Projektleiter
4	Teammitarbeiter
5	Lenkungsausschuss

Von allen vorhandenen Elementen sollten Sie die Leistungsziele und Eigenschaften kennen und die Schnittstellen beschreiben.

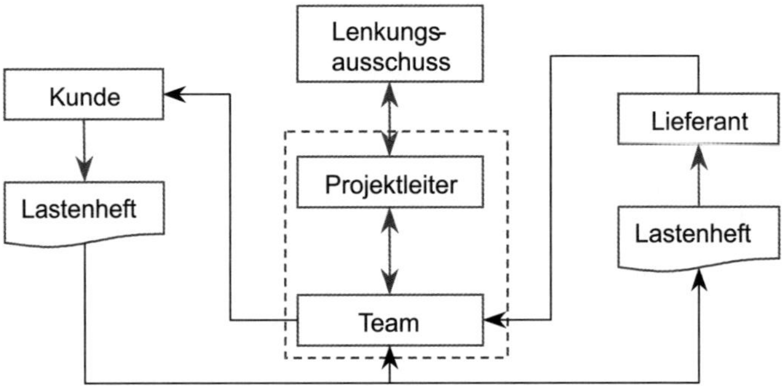

Abb. 80: Systemanalyse „Projektarbeit"

2. Schritt: Definition des unerwünschten Ereignisses und der Ausfallskriterien

Definieren Sie nun das unerwünschte Ereignis und beschreiben Sie die Ausfallkriterien. Dabei sollten Sie eher globaler, allgemeiner, übergeordneter beschreiben. Für unser praktisches Beispiel wäre das: „Projektarbeit stoppt". „Phasenfreigabe wird nicht erteilt" als unerwünschtes Ereignis hätte dagegen eine ganz andere Qualität. Diese Beschreibung wäre detaillierter und würde bereits eine Lösungsrichtung festlegen und ist deshalb als TOP-Ereignis weniger geeignet.

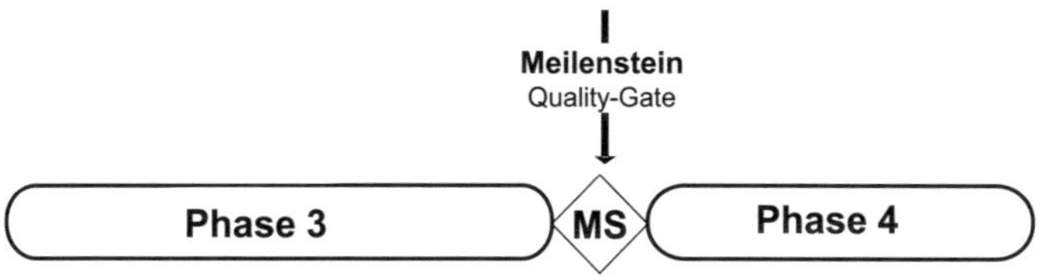

Abb. 81: LA-Freigabe am Quality Gate

3. Schritt: Bestimmen von Zuverlässigkeitskenngrößen und Zeitintervallen

Bei einer quantitativen Fehlerbaumauswertung wird zwischen der Ausfallwahrscheinlichkeit über eine definierte Zeitspanne und der Nichtverfügbarkeit zu einem beliebigen Zeitpunkt unterschieden. Will man solche quantitativen Aussagen für das „TOP-Ereignis" ableiten, so sind die entsprechenden Daten über die Basisereignisse erforderlich.

Bei dem Beispiel „Projektarbeit stoppt" müssen Sie nun die relevanten Daten beschaffen. Dies könnten sein:

- Ausfallwahrscheinlichkeit
- Nichtverfügbarkeit
- Lieferverzug
- Nichtlieferung

Was heißt überhaupt „Projektarbeit stoppt"? Gilt der Stopp für eine begrenzte Zeit, z. B. für vier Wochen? Oder sogar mit unbegrenzter Dauer, da es für einen Teilschritt im Moment keine Lösung gibt?

4. Schritt: Ausfallarten der Komponenten bestimmen

Erfassen Sie sämtliche Ausfallarten der Komponenten. Für eine detaillierte Fehlerbaumanalyse reicht es nicht aus, verschiedene Ausfallarten untergeordneter Bauteile auszuwählen. Ausfallarten von Bauteilen können völlig unterschiedliche Auswirkungen auf das „TOP-Ereignis" haben und müssen an den relevanten Stellen im Fehlerbaum eingetragen werden. Wenn keine genauen Daten verfügbar sind, kann man auch vom „worst case" ausgehen und die gesamte Ausfallswahrscheinlichkeit eines Bauteils für alle seine Ausfallarten annehmen. In unserem Beispiel könnten dies sein:

- Lastenheft Kunde nicht termingerecht abgeliefert
- Kundenfreigaben nicht termingerecht
- Projektleiter ist krank geworden

- Teammitarbeiter stehen nicht zur Verfügung
- Lenkungsausschuss steht nicht zur Verfügung
- Projektwirtschaftlichkeit nicht gegeben
- geforderter Projektfortschritt ist nicht erreicht
- Lieferanten liefern nicht termingerecht
- Projektstopp
- Lieferausfall
- Lieferverzug/-verzögerung

5. Schritt: Erstellen des Fehlerbaums

Starten Sie die Darstellung des Fehlerbaumes mit dem unerwünschten Ereignis („TOP-Ereignis"). Gehen Sie bei der grafischen Darstellung vom unerwarteten Ereignis aus. Untersuchen Sie, ob sich das beschriebene Ereignis auf den Ausfall eines Systemelements zurückführen lässt. Ein Beispiel: Das unerwartete Ereignis ist „die Projektarbeiten sind gestoppt". Das TOP-Ereignis heißt dann: „Projektarbeit stoppt".

Abb. 82: LA-Fehlerbaum

6. Schritt: Funktionen erkennen und negieren

Ein unerwünschtes Ereignis wird also impliziert, und im Anschluss wird nach allen kritischen Auslösern gesucht. Visualisieren Sie die Funktionsstruktur und die erforderlichen Nebenfunktionen.

Dann negieren Sie alle erkannten Funktionen nacheinander. Es wird angenommen, sie könnten nicht erfüllt werden. Unter Verwendung allgemeiner Leitlinien mit den Hauptmerkmalen Funktion, Wirkprinzip, Haltbarkeit, Formänderung und Sicherheit sammeln Sie nun mögliche Ursachen eines Fehlverhaltens oder Störgrößeneinflüsse: „Welche Bedingungen, Ereignisse führen zum Stopp der Projektarbeiten?"

		Funktionen erkennen	Funktionen negieren
1	Kunde	Lastenheft liefern	LH wird nicht termingerecht geliefert
		Entwicklungsstand freigeben (Design freeze)	Design freeze wird nicht termingerecht erteilt
2	Lieferanten	Musterteile liefern	Musterteile werden nicht termingerecht geliefert
		Werkzeuge liefern	Werkzeuge werden nicht termingerecht geliefert
3	Projektleiter	Kunde und Team führen	erreicht nicht die erforderlichen Kundenaktionen
4	Teammitarbeiter	Projektaufgaben erledigen	Team arbeitet nicht nach Plan
5	Lenkungsausschuss	Budget freigeben	gibt erforderliches Budget nicht frei
		neue Phase freigeben	nimmt den Projektstand nicht ab; gibt die zukünftige Phase nicht frei

Abb. 83: Funktionen erkennen/negieren

7. Schritt: Gründe für Nichterfüllung suchen

Jetzt erfassen Sie alle Möglichkeiten, weshalb eine Funktion nicht erfüllt sein könnte. Das kann z. B. eine nicht eindeutige Funktionsstruktur, nicht optimale Haltbarkeit oder nicht ideale Gestalt sein.

		Funktionen erkennen	Funktionen negieren	Gründe für Nichterfüllung
1	Kunde			Zu wenig Kapazität; Prioritäten zu gering
				Interne Abstimmungen aufwendig, langwierig
2	Lieferanten			Prioritäten zu gering
				Kapazitäten reichen nicht aus
3	Projektleiter			Kann Wichtigkeit / Dringlichkeit von Entscheidungen nicht klar machen
4	Teammitarbeiter			Kapazitäten und Prioritäten nicht o.k.
5	Lenkungsaus-schuss			akzeptiert nicht mangelnde Wirtschaftlichkeit / Budgeterhöhung
				erreichte Projektergebnisse erfüllen nicht die Kundenvorstellungen

Abb. 84: Gründe für Nichterfüllung

8. Schritt: Voraussetzungen für Fehlverhalten identifizieren

Nun müssen Sie feststellen, welche Bedingungen und Ereignisse das Fehlverhalten auslösen. Diese Erkenntnisse werden mittels logischer UND- bzw. ODER-Verknüpfungen und den Gesetzen der Booleschen Algebra kombiniert.

Die folgenden Bedingungen und Ereignisse sind notwendig und ausreichend, damit ein Projekt gestoppt werden kann. Trifft eine „UND-Bedingung" zu, so kann die Projektarbeit u. U. trotzdem weiter gehen. „ODER-Bedingungen" dagegen führen zum Stopp des Projekts.

		Funktionen erkennen	Funktionen negieren	Gründe für Nichterfüllung	Voraussetzungen für Fehlverhalten
1	Kunde				mangelnde Einsicht bezogen auf Wichtigkeit
					fehlender Druck
2	Lieferanten				fehlende Informationen bezüglich Wichtigkeit / Dringlichkeit
					fehlende Informationen bezüglich Wichtigkeit / Dringlichkeit
3	Projektleiter				Kommunikation gestört
4	Teammitarbeiter				Fachabteilungen (Linien) machen eigene Terminpolitik
5	Lenkungsaus-schuss				sieht sich als Controller, nicht als Entscheider / Unternehmer
					erhält Druck von Kunden und Geschäftsführung

Abb. 85: Voraussetzungen für Fehlverhalten

9. Schritt: Lösungsverbesserungen suchen

Erarbeiten Sie Maßnahmen, Lösungen oder zusätzliche Kontrollmaßnahmen, mit deren Hilfe man dem Eintreten des „TOP-Ereignisses“ wirkungsvoll vorbeugen kann.

		Funktionen erkennen	Funktionen negieren	Gründe für Nichterfüllung	Voraussetzungen für Fehlverhalten	Lösungsverbesserungen
1	Kunde					Lastenheft durch Team und Kunden gemeinsam entwickeln
						Zeitlich begrenzte Risikoübernahme durch den Kunden
2	Lieferanten					Offene Kommunikation mit dem Lieferanten
						Offene Kommunikation mit dem Lieferanten; Kunde trägt Risiken
3	Projektleiter					Offen mit Kunde über Problemfelder sprechen und in Risiken einbinden
4	Teammitarbeiter					PL erhält mehr Verantwortung und Durchsetzungevermögen auf Team / Linie
5	Lenkungsausschuss					zusätzliche Kapazitäten zur Kostenoptimierung freigeben
						Druch rechtzeitig auf Linienabteilung bezogen auf Kapa und Priorität

Abb. 86: Lösungsverbesserungen

4.3.3 Fazit und Erkenntnisse

Wie auch beim Entscheidungsbaum kann sich eine steigende Baumgröße durch ihre vielen Knotenpunkte ungünstig auf das Ergebnis auswirken. Wegen des hohen Arbeitsaufwands für vollständige komplexe Analysen wird die Fehlerbaumanalyse in der Praxis meist nur auf die wichtigen Zonen und kritischen Abläufe beschränkt.

Tipp

Wichtig ist, dass die Denkweise der Methode von den bearbeitenden Personen verinnerlicht und auch ohne formalen Aufwand angewandt wird.

Durch die grafische Darstellung des Ergebnisses im „Fehlerbaum“ entsteht eine transparente, nachvollziehbare Dokumentation.

Bei der Bestimmung von Zuverlässigkeitskenngrößen für Basisereignisse kommt oft erschwerend hinzu, dass zwar die Ausfallwahrscheinlichkeiten des kompletten Bauteils, jedoch nicht die der einzelnen Ausfallarten bekannt sind.

4.4 Fehlermöglichkeits- und Einflussanalyse

Kurzbeschreibung der Methode	
Methodenart	**Projektklärung/Analysemethode, Risikoanalyse**
Geeignet für	Entwicklung neuer Produkte, Prozesse und Dienstleistungen; Beurteilung der Sicherheit von Bauteilen, Prozessen und Dienstleistungen.
Ziel	Frühzeitig potenzielle Fehlerquellen in einem System oder Produkt erkennen; diese Fehler vermeiden, Risiken minimieren und Entwicklungszeiten und -kosten verringern.
Benötigte Hilfsmittel/ Beteiligte	4–7 Experten (Team); Formulare und eventuell spezielle FMEA-Software; Erfahrungswerte aus der Vergangenheit
Zeitaufwand	Abhängig von der Komplexität des Systems; Teilbereiche und einzelne Fragestellungen können schnell bearbeitet werden; umfangreiche Problemstellungen brauchen einige Tage im Expertenteam.
Vorteile	Das Verfahren kann relativ gute, verwertbare Ergebnisse produzieren. Die sehr gute Ergebnisdokumentation macht es transparent, übersichtlich und stets nachvollziehbar.
Nachteile	Erfolge hängen vom Erfahrungsstand und der Kreativität bzw. der offenen Zusammenarbeit des Teams ab. Mit steigender Zahl potenzieller Fehlerquellen wird die Methode unübersichtlich.

4.4.1 Beschreibung der Methode

Mit der FMEA sollen mögliche Schwachstellen und Fehlerursachen vorausschauend erahnt werden. Die Methode ist universell anwendbar und nicht an spezielle Produkte, Branchen oder Anwendungen gebunden. Im Fokus stehen dabei nicht nur Produkte, sondern auch Dienstleistungen und Fertigungsprozesse.

Potenzielle Fehler, deren mögliche Ursachen und Auswirkungen werden systematisch analysiert und bewertet. Dazu wird im Vorfeld simuliert, was alles schief laufen kann, welche Auswirkungen dies haben kann und wie dies nach Möglichkeit verhindert werden kann. Die FMEA begleitet den gesamten Entwicklungszyklus von Produkten, Prozessen oder Dienstleistungen und versteht sich so als „mitwachsendes“ Dokument.

Konstruktions- / Prozeß-FMEA												
Merkmal System Prozeß Qualifiz. Merkmal	Potentielle Fehler denkbare Fehler	Potentielle Folgen des Fehlers denkbare Fehleraus -wirkung	Potentielle Fehler ursache denkbare Fehlerur-sachen	Risikobeurteilung					verbesserter Zustand			
				Auf-treten	Bedeu-tung	Entdek-kung	Risiko-Prioritäts -zahl	Empfohlene Abstell-maßnahme / Verantwortlich, Termin	Auf-treten	Bedeu-tung	Ent dek-kung	Risiko-Prioritäts -zahl
				A	B	E	RPZ		A	B	E	RPZ

Abb. 87: FMEA-Formular-VDA86

FMEA-Dokumente dienen der Information des Managements und werden auch oft an Kunden weiter gegeben. Wichtig ist, dass alle Beteiligten den „wahren“ Sinn der FMEA verstanden haben und auch danach handeln. Das FMEA-Formular alleine, ohne den tatsächlich gelebten Prozess, hat nur geringen Wert. Der tatsächlich gelebte Prozess ist das wichtige und entscheidende Element.

Als Methodenwerkzeug in den 60er Jahren in den USA für die ersten Projekte der NASA entwickelt, stellt die FMEA das zentrale Werkzeug im Bereich von Produkt- und Prozessentwicklung dar. Die Methodik wurde Ende der 70er Jahre bei FORD/USA zuerst im Automobilbau eingesetzt. In Deutschland wurde diese Methode erstmals 1980 als „Ausfall-Effekt-Analyse“ in der DIN 25 448 genormt. Heute wird sie in der Automobilindustrie standardmäßig bei der Produktentwicklung, insbesondere bei sicherheitskritischen Bauteilen und zur Qualitätssicherung eingesetzt. Die Methode ist dort unter den aktuellen Standards der VDA, QS 9000, HACCP sowie ISO 9000ff. beschrieben.

Die Automobilindustrie hat festgestellt, dass der Einsatz der FMEA zu spürbar reduzierten Störungen bei Produktionsanläufen führt und Produktionsanlaufkosten deutlich senkt. Beteiligt man den Kunden aktiv bei der Erstellung einer FMEA, so steigt die Kundenzufriedenheit, die Zahl möglicher Kundenreklamationen sinkt um ein Vielfaches.

Bei Entwicklung, Fertigung und Montage neuer Produkte sind zurzeit die Methoden System-FMEA-Produkt sowie System-FMEA-Prozess üblich. Der ursprüngliche Methodenansatz, bestehend aus Konstruktions-, Prozess- und System-FMEA wird kaum noch angewandt. Außer diesen bereits genannten FMEA-Arten können jedoch beliebige weitere formuliert werden, so z. B. eine FMEA für das ganze Projekt, die von etlichen Anwendern zur Risikovorsorge bezogen auf das Gesamtprojekt eingesetzt wird, oder eine spezielle FMEA für Logistikabläufe.

Begriff	Erklärung
Fehler	die Einschränkung, Nicht-Erfüllung einer Funktion
Folge	Die Fehlerfolge beschreibt die Auswirkung des Fehlers
Ursache	beschreibt die Erzeugung des Fehlers
Maßnahmen	Maßnahmen werden unterteilt nach Prüfmaßnahmen (P) und Vermeidungsmaßnahmen (V). Sie beziehen sich auf die jeweilige Fehlerursache
A = Auftreten	A = U — d (V) Wie wahrscheinlich ist es, dass die Fehlerursache unter Berücksichtigung der Vermeidungsmaßnahme auftritt?
B = Bedeutung	welche Bedeutung hat die Fehlerfolge, wenn der Fehler aufgetreten ist?
E = Entdeckungs-wahrscheinlichkeit	E = 10 — d (P) Angenommen der Fehler ist aufgetreten, mit welcher Wahrscheinlichkeit kann die Fehlerursache falls nicht möglich) der Fehler entdeckt werden?

Tabelle 43: Wesentliche Begriffe zur FMEA

System-FMEA

Die System-FMEA (ab 1996) ist die konsequente Weiterentwicklung von Konstruktions-FMEA und Prozess-FMEA, mit dem Ziel vorhandene Schwachstellen kompletter Produkte und nicht nur einzelner Bauteile zu verbessern. Mit System-FMEA-Produkt und System-FMEA-Prozess wird das funktionsgerechte Zusammenwirken einzelner Komponenten eines komplexen Systems untersucht. Dabei werden Sicherheit und Zuverlässigkeit des geplanten Systems sowie die Einhaltung von gesetzlichen Vorschriften überprüft. In einer System-FMEA werden Schnitt- und Verbindungsstellen insbesondere auch externe Schnittstellen zu Kunden und Lieferanten untersucht.

Die System-FMEA kann darüber hinaus für einen Systemvergleich sowie zur Entscheidung bezüglich einer Systemauswahl herangezogen werden. Alle Systemelemente werden konsequent strukturiert; funktionale Zusammenhänge aller Elemente aufgezeigt und beschrieben; mögliche Fehlfunktionen aus den geforderten Funktionen abgeleitet (simuliert); logische Verknüpfungen von Fehlfunktionen unterschiedlicher Elemente erkannt und beschrieben.

K- und P-FMEA

K- und P-FMEA waren ab Mitte der 80er Jahre bis etwa 1996 im Einsatz. Ursprüngliche Mängel dieser Methodik sind mit Einführung der System-FMEA behoben.

Mit der **Konstruktions-FMEA** (K-FMEA, Produkt- bzw. Design-FMEA) werden alle denkbaren und möglichen Ausfälle eines Bauteils, eines Produkts untersucht und bewertet.

Tipp

Die Konstruktions-FMEA ist besonders wirkungsvoll bei neuen Bauteilen bzw. Werkstoffen, die noch im Entwurfsstadium sind. Es sind für alle risikobehafteten Bauteile des Produkts geeignete Maßnahmen zur Vermeidung potenzieller Fehler zu planen.

Mit der Prozess-FMEA (P-FMEA) werden alle denkbaren potenziellen Fehler in den einzelnen Prozessschritten, bereits während der Produktentwicklung untersucht und bewertet. Spezifische Prozesse in Fertigung, Montage, sowie Prüfung werden im Rahmen der Produktionsplanung analysiert. Aufgabe der Prozess-FMEA sind Eignung und Sicherheit der Herstellverfahren, deren Qualitätsfähigkeit sowie Prozessstabilität und die Ermittlung von Prozesssteuerungsmerkmalen zu untersuchen. Sie baut auf den Ergebnissen der K-FMEA auf. Mit geeigneten Maßnahmen ist die Prozessfähigkeit zu optimieren.

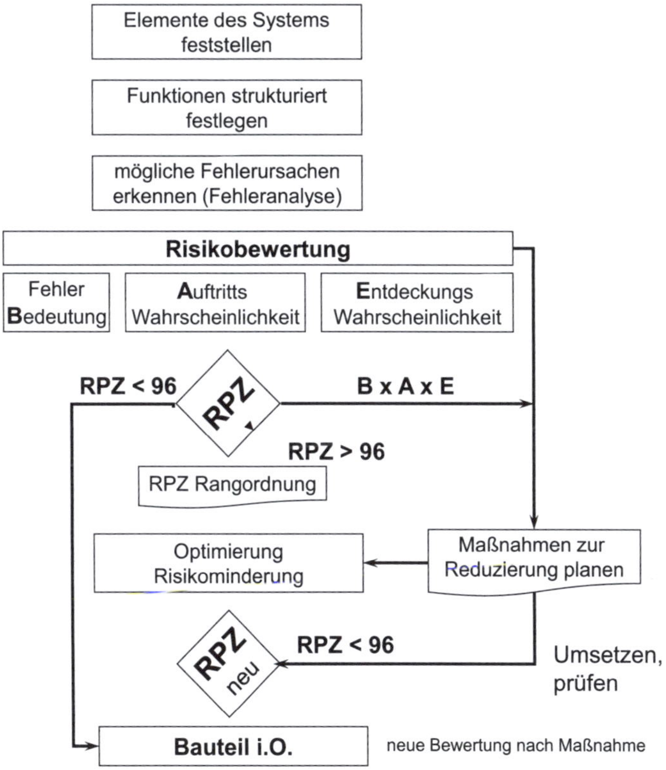

Abb. 88: FMEA-Ablauf-VDA86

4.4.2 Anwendung der Methode

Die FMEA wird üblicherweise in interdisziplinären Teams bearbeitet. Schlagkräftige Teams setzen sich aus vier bis maximal sieben Fachleuten zusammen. Diese Spezialisten kommen, je nach Aufgabenstellung und Produkt bzw. dem Inhalt des Projekts, fachlich aus Entwicklung (Produkt- und Prozessentwicklung), Qualitätssicherung, Einkauf, Fertigung oder Vertrieb und bringen jeweils ihre Erfahrungen in die Methode ein. Damit fördert die FMEA auch die Zusammenarbeit der an einer Entwicklung beteiligten unterschiedlichen Fachdisziplinen. Außerdem bietet sie eine ideale Basis zur Dokumentation von Expertenwissen im Unternehmen. Treibendes Instrument der Methode ist das FMEA-Formular.

Fehler-Möglichkeits- und Einfluß-Analyse

☐ System-FMEA Produkt / Design-FMEA ☐ System-FMEA Prozeß / Process-FMEA

Typ/Modell/Fertigung:	Zeichnungs-Nr. Änderungsstand:	Team:	erstellt:
FMEA-Systemelement:	Zeichnungs-Nr. Kunde Änderungsstand:		freigegeben:

Zeile	mögliche Fehlerfolgen	B	∇ = CC ◇ = SC	Mögliche Fehler	Mögliche Fehlerursachen	Vermeidungsmaßnahmen	A	Entdeckungsmaßnahmen	E	RPZ	Status	Verantwortlich	Termin	Bemerkungen
1										#######				
2										#######				
3										#######				
										#######				
										#######				
										#######				
										#######				
										#######				
										#######				
										#######				
										#######				
										#######				
										#######				
										#######				
										#######				
										#######				
										#######				

Abb. 89: FMEA-Formular

1. Schritt: Elemente des „Systems“ feststellen

Als Erstes ist es nötig, dass das Team das zu betrachtende System abgrenzt und eine übersichtliche Struktur für das Ganze findet: Am besten wird es top-down gegliedert, vom Gesamtsystem zu den Teilsystemen, bis zu den kleinsten austauschbaren Einheiten. Alle wesentlichen zu untersuchenden Elemente sollten systematisch, möglichst grafisch dargestellt werden. Das Team untergliedert das Produkt systematisch, nach Bauteilen und nach Forderungen. Input hierfür kommt aus der Bauteileliste, der Stückliste, kundenspezifischen Forderungen, Lastenheft, aus dem aktuellen Konstruktionsstand, CAD-Modell, Produktstruktur, aus der virtuellen Zerlegung in Teile und Elemente sowie aus Erfahrungen ähnliche FMEAs.

2. Schritt: Funktionen strukturiert erfassen

Das Team untergliedern das Produkt systematisch nach den geforderten Funktionen bzw. Schnittstellen und beschreibt die Prozesse bis zu jeder einzelnen Tätigkeit, z. B. einem Montageprozess, ebenso das Zusammenwirken der Teilsysteme, Schnittstellen und die Wechselwirkungen, aber auch die Funktionen des Gesamtsystems. Außerdem erstellt es strukturierte Prozessbäume.

3. Schritt: Mögliche, potenzielle Fehlerursachen erkennen

Die Teilnehmer sammeln systematisch alle denkbaren Fehlerursachen, listen sie konsequent auf und untersuchen mögliche Auswirkungen und Ursachen. Sie führen eine Fehler- und Risikoanalyse durch. Bekannte Kreativitätsmethoden wie z. B. Brainstorming, MindMapping, Metaplanmethodik und andere helfen bei der Suche. Die Fehlermöglichkeiten werden konsequent strukturiert, damit anschließend übersichtlicher und effizienter weiter gearbeitet werden kann. Dazu werden dann mögliche Folgen und Ursachen erörtert und grob analysiert. Fehlerursachen oder auch Maßnahmen sind sehr oft für mehrere Bauteile oder Prozesse relevant. Kontrollmaßnahmen, die zur Entdeckung potenzieller Fehler beitragen und deren Auswirkungen verringern können, werden im Formular vermerkt.

4. Schritt: Risikobewertung durchführen, das Risikopotenzial feststellen

Die folgenden Fragen sind nun detailliert mit Werten zwischen 1 und 10 zu bewerten.

		1	**2 bis 5**	**6 bis 8**	**10**
Auftretenswahrscheinlichkeit des Fehlers	A	unwahrscheinlich	sehr gering	mäßig	hoch
Bedeutung = Auswirkung des Fehlers auf den Kunden	B	kaum wahrnehmbar	Unbedeutend, geringe Belästigung	schwere Auswirkung, Verärgerung	äußerst schwere Auswirkung
Wahrscheinlichkeit der Entdeckung vor Auslieferung an den Kunden	E	hoch	mäßig	gering	unwahr scheinlich

Tabelle 44: Bewertungsschema B/A/E

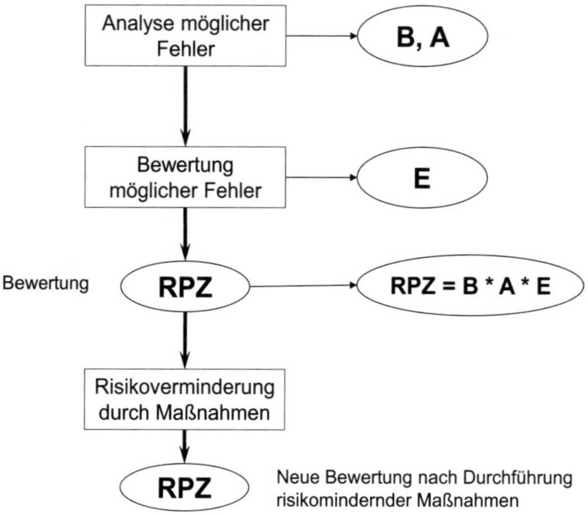

Abb. 90: FMEA-Prozessschritte

Die Multiplikation dieser drei Werte führt zur Risikoprioritätszahl RPZ = A * B * E. Die RPZ-Werte können zwischen 1 = kein Risiko und 1.000 = hohes Risiko liegen. Sie ist eine dimensionslose Größe und ein Maß für das mit einer möglichen Fehlerursache verknüpfte Risiko. Entsprechend der RPZ wird nun eine Auswahl der potenziellen Fehlerursachen getroffen, für die unbedingt Abstellmaßnahmen überlegt werden müssen.

5. Schritt: Optimierung/Risikominimierung

Für die besonders risikoreichen Fehler werden zu deren Vermeidung geeignete Maßnahmen formuliert. Üblicherweise werden die Abstellmaßnahmen entsprechend der Bedeutung des möglichen Fehlers, also nach der RPZ, in eine Rangordnung gebracht. In den nächsten Schritten arbeiten die Teilnehmer potenziell geeignete Abstellmaßnahmen aus, legen Verantwortlichkeiten fest und schließlich die Aktivitäten, Prozessschritte und Maßnahmen zur Verringerung der RPZ.

Diese Simulation kann auch an einem „Virtuellen Prototyp" durchgeführt werden. Hierbei sind auf jeden Fall Fehler vermeidende Maßnahmen den Fehler entdeckenden Maßnahmen vorzuziehen. RPZ = 96 ist zunächst der Richtwert. RPZ > 96 müssen mit Maßnahmen und Aktivitäten für Termin und Durchführung versehen werden. Danach sind Maßnahmen zur Vermeidung zu beschreiben und zu untersuchen (virtuell, durch Simulation).

Risikokomponentenliste

	Ablage	erstellt / Datum	bearbeitet / Datum

Projekt/Typ/Model: Model-/Zeichnungs-Nr.:

Nr.	Komponente / Schnittstelle	Beschreibung Produkt / Prozess / Einsatz	Risiko	Risiko-Bew. Urspr.	Risiko-Bew. Neu	Massnahme	Verantw.	Termin	Stand

Abb. 91: Risikokomponentenliste

6. Schritt: Erneute Bewertung nach fiktiver Umsetzung der Maßnahmen

Die Teilnehmer setzen einzelne Verbesserungsmaßnahmen fiktiv um. Danach nehmen sie eine erneute Beurteilung der Fehlerbedeutung, der Auftretens- sowie der Entdeckungswahrscheinlichkeit des verbesserten Zustandes vor und berechnen die RPZ neu. Mit der Differenz zwischen den Risikoprioritätszahlen für den derzeitigen und den verbesserten Zustand kann der Erfolg der eingeführten Maßnahmen quantifiziert werden. Falls das Restrisiko noch nicht akzeptabel erscheint, muss durch Planung zusätzlicher präventiver Abstellmaßnahmen weiter optimiert werden.

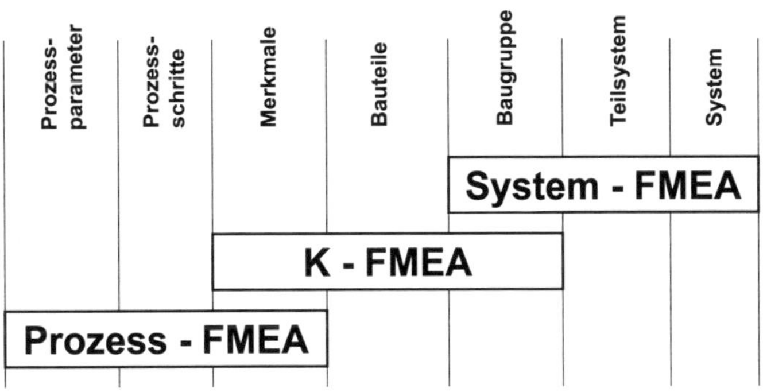

Abb. 92: Aufbau FMEA-Systematik

4.4.3 Fazit und Erkenntnisse

Der Erfolg einer FMEA hängt vom Erfahrungsstand und der Kreativität bzw. der offenen Zusammenarbeit des Teams ab. Die FMEA fördert systematisches Vorgehen, den Informationsfluss und die Kommunikation im Team. Durch die Dokumentation ist der Weg stets nachvollziehbar und prüfbar. Früher musste die FMEA komplett von Hand berechnet werden. Multiplikation mit Faktoren zwischen 1 und 10 macht eine manuelle Berechnung einfach möglich.

Unübersichtlichkeit kommt lediglich durch größere Mengen potenzieller Fehlerquellen ins Spiel. Inzwischen stehen einige ausgefeilte Softwaretools zur Verfügung. Damit kann dann komfortabler gearbeitet werden, einzelne Standardbausteine aufgebaut werden. Das Rad muss also nicht immer wieder neu erfunden werden. Trotzdem wickeln aber auch noch heute viele versierte Fachleute den gesamten FMEA-Prozess per MS-EXCEL-Arbeitsmappe ab.

Tipp

Basisstruktur für die methodische Vorgehensweise der FMEA ist die Fehlerbaumanalyse (Fault Tree Analysis).

4.5 Leistungsbewertung

Kurzbeschreibung der Methode	
Methodenart	**Projektabwicklung/Controlling**
Geeignet für	Alle Projektarten, außer Forschungsprojekte
Ziel	Ein Maß zu finden, die erbrachte Leistung in einem Projekt (Aufwand, Zeit, Leistung) zu bewerten, und zwar simultan und anhand objektiver Kriterien.
Benötigte Hilfsmittel/ Beteiligte	Zeiterfassungsformulare (Papier oder elektronisch), Spreadsheets oder Projektmanagement-Software (bei größeren Projekten)
Zeitaufwand	Gering bei gut strukturierten Projekten
Vorteile	Erst im Zusammenspiel von Plandaten, Istdaten und Restwertdaten lässt sich der Projektstatus zuverlässig ermitteln. Der Restaufwand in einem Projekt ist zudem diejenige Kenngröße, die noch beeinflusst werden kann, im Gegensatz zu den Ist-Aufwänden.
Nachteile	Außer bei der reinen „Completed-Contract-Methode" spielt in der Leistungsbewertung ein gewisses Maß an Subjektivität mit. Berühmt-berüchtigt sind die Aktivitäten, die über einen längeren Zeitraum einen Fertigstellungsgrad von 90 % melden.

4.5.1 Beschreibung der Methode

Das „Magische Dreieck“ im Projektmanagement beschreibt den Zusammenhang zwischen den messbaren Zielgrößen im Projekt: Aufwand, Zeit und Leistung. Eine vertraglich vereinbarte Leistung ist mit einem vereinbarten Aufwand in einer vereinbarten Zeit zu erbringen.

Man spricht in diesem Zusammenhang auch von den „harten“ Zielen im Projektmanagement und meint damit, dass diese Ziele messbar seien und eine Abweichung davon in irgendeiner Form mit Sanktionen versehen ist.

Die Messbarkeit der harten Ziele ist beim Aufwands- und Zeitziel unmittelbar einsichtig. Wenn ein vereinbartes Datum überschritten ist, kann das nicht wegdiskutiert werden. Wenn das Budget zu einem bestimmten Zeitpunkt überläuft, lässt sich das auch anhand von harten Zahlen nachweisen.

Schwieriger ist es schon, die Leistung mit objektiv messbaren Kriterien zu erfassen. Ein Leistungsumfang ist Vertragsbestandteil und wird verbal beschrieben, im Gegensatz zu den anderen beiden Zielen, die sich numerisch beschreiben lassen. Je komplexer der Liefer- und Leistungsumfang ist, desto schwieriger ist es, zwischen Leistungsempfänger und Leistungsgeber einen Konsens über die gelieferte Leistung zu erzielen. Ausgeklügelte Abnahmeprozeduren beweisen, dass dies am Ende eines Projekts schon schwierig genug ist, viel schwieriger ist es aber, dies während der Laufzeit eines Projekts festzustellen.

Über den Status eines Projekts kann man aber nur verlässlich Auskunft geben, wenn man Zeit, Aufwand und Leistung simultan betrachtet.

Welche Möglichkeiten hat man nun, das magische Dreieck simultan zu steuern? Folgende Voraussetzungen sind zu schaffen:

- Zunächst muss geklärt werden, ab wann eine Leistung als erbracht gilt, beziehungsweise ob Zwischenstände bewertet werden können.
- Bei Abweichungen sind eventuelle Preisabweichungen zu eliminieren.

Im Prinzip gibt es dazu zwei Alternativen: die „Completed-Contract-Methode“ und die „%-Completion-Methode“.

Completed-Contract-Methode und Varianten

Die eindeutigste Methode ist die Completed-Contract-Methode. Erst wenn man vom Kunden eine Abnahme erteilt bekommen hat und deshalb der erbrachte Liefer- und Leistungsumfang nicht mehr rückabwickelbar ist, gilt eine Leistung als erbracht. Solange dies nicht der Fall ist, wird die Leistung als nicht erbracht bewertet. Dies ist auch die einzige Methode, die nach den Bilanzierungsregeln des HGB für langfristige Auftragsfertigung möglich ist. Nun wird man jedoch in einem Projekt keinen Kunden dazubekommen können, so viele Teilabnahmen zu unterschreiben, wie man es für die Projektsteuerung benötigt (unabhängig von der bilanziellen Bewertung).

Diese Aufgabe muss folglich in einem Projekt vom Projektleiter oder Lenkungsausschuss übernommen werden, vorbehaltlich einer noch ausstehenden Endabnahme. Transparenten Abnahmekriterien kommt hier eine wichtige Bedeutung zu.

Bewerten kann man die Leistung dann je nach internen Gegebenheiten im Projekt und für interne Controllingzwecke nach folgenden Methoden:

- 0/100-Methode: Dies ist die reine Completed-Contract-Methode. Eine Bewertung erfolgt erst, wenn die Arbeit abgeschlossen ist. Angearbeitete Aktivitäten werden nicht berücksichtigt. Bei der Anwendung dieser Methode ist zu beachten, dass die Dauer der Arbeiten normalerweise einen Berichtszeitraum nicht überschreiten soll. Hat man einen vierwöchigen Berichtszeitraum, sollten die Aktivitäten nicht länger als diese vier Wochen sein. In der untenstehenden Abbildung „Aktivitätendauer und Berichtszeitraum" liegt lediglich die Tätigkeit A im aktuellen Berichtszeitraum. Wenn die Aktivitäten länger als die Berichtszeiträume sind, kann man angepasste Methoden verwenden, z. B. 25/75 oder 50/50. Diese Methoden sind vergleichbar mit den Gepflogenheiten bei Zahlungsmeilensteinen, dass beispielsweise zu Projektbeginn 30 Prozent Anzahlungen erfolgen und der Rest bei der Endabnahme.
- 25/75-Methode bedeutet, dass man bei Beginn der Arbeit die Aktivität zu 25 bewertet und bei Abschluss die restlichen 75 Prozent.
- Gewichtete Meilensteine: Dieses Verfahren kann auch verwendet werden, wenn Aktivitäten länger als die Berichtsdauer sind. Hier unterteilt man die langen Aktivitäten in Meilensteine, von denen dann einer oder mehrere innerhalb eines Berichtszeitraums liegen, und bewertet diese Meilensteine. Tätigkeit D wird in der Abbildung „Aktivitätendauer und Berichtszeitraum" mit vier Meilensteinen versehen, jeweils mit einem Wert von 25 Prozent.

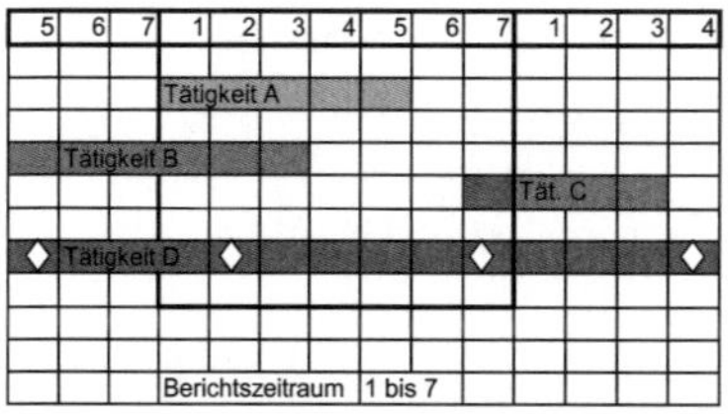

Bewertung	Aufgabe A	Aufgabe B	Aufgabe C	Aufgabe D	Summe
0/100	5	6	0	0	11
25/75	5	4,5	1	0	10,5
50/50	5	3	2	0	10
Meilenstein	5	6	0	7	18
%-Completion	5	3	1	7	16

Abb. 93: Aktivitätendauer und Berichtszeiträume

%-Completion-Methode

Die %-Completion-Methode ist die Bewertungsmöglichkeit eines Projekts, auf deren Basis nach IFSR (International Financial Reporting Standards) bilanziert werden darf. In der Projektabwicklung kann damit der Projektfortschritt erfasst und indirekt eine Maß für die erbrachte Leistung gefunden werden.

Drei Arten kommen innerhalb des Projektmanagements zum Einsatz:

- Die Schätzung eines Restaufwandes für die Fertigstellung der Leistung. Das bedeutet, dass das Berichtswesen eines Projekts drei Zahlen für jede Leistung reporten muss: die Planwerte, die Istwerte und die Restwerte. Der Restwert ist die einzige der drei Größen, die noch zu managen ist, und stellt damit für den aktuellen Projektstatus die wichtigste der drei Zahlen dar. Plandaten und Istdaten sind historische Daten, die lediglich statistischen Wert haben. Indirekt kommt aus dem Restwert eine Leistungsbewertung zum Ausdruck: Vermindert sich die Restwertschätzung einer Berichtsperiode genau um die Istleistung, bedeutet das, dass die aktuelle Arbeit, die in das Projekt gesteckt wurde, das Projekt auch um exakt diese Arbeit vorangebracht hat. Ist die Verminderung des Restwertes kleiner als die Istleistung, bedeutet das, dass in der subjektiven Einschätzung der Mitarbeiter, nicht die ganze Ist-Arbeit dem Projektfortschritt zugutekam. Hat ein Mitarbeiter 5 Tage an einem Projekt gearbeitet, aber seine Restwertschätzung gegenüber der Vorwoche hat sich nur um 3 Tage vermindert, heißt das, dass zwar 5 Tage gearbeitet wurden, das Projekt aber nur 3 Tage vorankam. Setzt sich dieser Trend auch in der nächsten Woche fort, ist Handlungsbedarf vorhanden.
- Eingabe eines Prozentwerts für den Fertigungsstellungsgrad: Dies ist gleichbedeutend mit der Abgabe einer Restschätzung, hat jedoch den Nachteil, dass es subjektiv schwieriger ist, einen Fertigstellungsgrad zu schätzen, als den Fertigstellungsgrad in einem Restaufwand auszudrücken. Die Aktivitäten, die über einen längeren Zeitraum immer einen 90-Prozent-Fertigstellungsgrad berichten, sind leider häufig anzutreffen. Manche Projektmanagement-Werkzeuge bieten auch die Möglichkeit, den Fertigstellungsgrad automatisch aus den Plan- und Istwerten zu errechnen. Diese Funktion konterkariert das Verfahren, die Leistung in die Überwachung einzubeziehen. Die Lieferung eines Fertigstellungsgrads muss eine bewusste und begründete Entscheidung der Mitarbeiter sein.
- Parametrische Hilfsgrößen wie Mengen, verbrauchte Energie oder eine prozentuale Abhängigkeit von anderen Aktivitäten: Mit diesen Hilfsgrößen kann ebenfalls der prozentuale Fortschritt einer Aktivität gemessen werden.

4.5.2 Anwendung der Methode

Angenommen, an den Aktivitäten in der Tabelle „Bewertungsmethoden" arbeitet jeweils ein Mitarbeiter, so ergibt sich nach den unterschiedlichen Bewertungsmethoden der Leistung folgendes Bild:

Bewertung	Aufgabe A	Aufgabe B	Aufgabe C	Aufgabe D	Summe
0/100	5	6	0	0	11
25/75	5	4,5	1	0	10,5
50/50	5	3	2	0	10
Meilenstein	5	6	0	7	18
%-Completion	5	3	1	7	16

Tabelle 45: Bewertungsmethoden

Beispiel: Die Leistung von Aufgabe B wird nach der 25/75-Methode zu 75 Prozent im aktuellen Berichtszeitraum bewertet: 75 % von 6 = 4,5

Bei der Meilensteinbewertung werden die Aufgaben, die nicht in Meilensteine unterteilt sind, mit der 0/100-Regel bewertet. Dadurch, dass sich Aktivität D über drei Berichtsperioden erstreckt, ergeben sich für die Bewertungen auf Basis der Completed-Contract-Methode für den aktuellen Berichtszeitraum ungünstige Werte.

4.5.3 Fazit und Erkenntnisse

Erst mit der Erfassung der Leistung kann man in einem Projekt den Projektstatus einigermaßen zuverlässig ermitteln. Bei einem Projekt, das in der Hälfte der Zeit die Hälfte des Budgets aufgebraucht hat, kann nicht ermittelt werden, ob das Projekt noch im grünen Bereich ist, solange keine Aussage darüber existiert, ob auch die Hälfte der Leistung erbracht wurde.

Außer bei der reinen Completed-Contract-Methode spielt jedoch in der Leistungsbewertung ein gewisses Maß an Subjektivität mit. Berühmt-berüchtigt sind diejenigen Projekte, die über einen längeren Zeitraum einen Fertigstellungsgrad von 90 Prozent melden. Daraus resultieren dann die „Open-end-Projekte". Wie wir gesehen haben, spielen auch die unterschiedlichen Arten der Bewertung eine Rolle, und nicht jede Art der Bewertung ist für jede Projektart geeignet. Man muss sich also sowohl bei der Projektplanung als auch bei der Bewertung des Projektfortschritts über die Basis der Leistungsbewertung und deren Auswirkungen im Klaren sein.

4.6 Meilensteintrendanalyse

Kurzbeschreibung der Methode	
Methodenart	**Projektabwicklung/Controlling, Prognose**
Geeignet für	Alle Projekte, bei denen ein Meilensteinplan existiert.
Ziel	Darstellung des Trends von Meilensteinterminen und dessen Exploration in die nähere Zukunft; Darstellung des Projektfortschritts
Benötigte Hilfsmittel/ Beteiligte	Projektplanung mit definierten Meilensteinterminen und den dazugehörigen zu erreichenden Inhalten, Ergebnissen und Zielen
Zeitaufwand	Geringer Aufwand für die Darstellung des Meilensteinverlaufs
Vorteile	Die Ergebnisse sind einfach darstellbar und übersichtlich zu visualisieren. Die Erkenntnisse können schnell erfasst werden.
Nachteile	Das Ergebnis dokumentiert den tatsächlichen Termin- und Meilensteinverlauf nachträglich. Der Trend wird abgeschätzt. Die Aussagekraft ist gering. Das Ergebnis bezieht sich auf das gesamte Projekt. Es sind keine Detailinformationen verfügbar. Eine Extrapolation ist schwierig.

4.6.1 Beschreibung der Methode

Mit der Meilensteintrendanalyse wird der Zusammenhang von Leistung und Terminen dargestellt. Mit der periodisch vorgenommenen Überprüfung der Termine und der Neuschätzung eines voraussichtlichen Endtermins werden Projektverläufe analysiert. Die Analyse der spezifischen Verläufe ergibt Hinweise für die Maßnahmen zur Steuerung der Projekte.

Während die Aufwandstrendanalyse den Zusammenhang von Aufwand (bzw. Kosten) und der Leistung erfasst, stellt die Meilensteintrendanalyse den Zusammenhang von Leistung und Terminen dar. Nach DIN 69900:2009-01 ist ein Meilenstein als Ereignis von besonderer Bedeutung definiert, wobei unter Ereignis ein Ablaufelement, das das Eintreten eines bestimmten Zustandes beschreibt, verstanden wird.

Meilensteine können deshalb den Abnahmetermin eines wichtigen Arbeitspaketes darstellen, das Ende eine Phase markieren, einen Synchronisationspunkt im Ablauf, Zahlungstermine, Teilabnahmen oder Abnahmen wichtiger Leistungsumfänge darstellen. Ihre ausgeprägteste Form finden Meilensteine in Meilensteinnetzplänen, welche die Abhängigkeiten unterschiedlicher Arten von Meilensteinen voneinander darstellen.

4.6.2 Anwendung der Methode

Folgendermaßen wird bei der Meilensteintrendanalyse vorgegangen:

- Aufstellen eines Meilensteinplanes (evtl. in Form eines Netzplans) mit geplanten Endterminen
- periodische Überprüfung der Termine, z. B. wöchentlich oder monatlich
- Abgabe eines neuen Forecasts für den Meilensteinendtermin
- Verfolgung der Änderungen der Schätztermine von Periode zu Periode
- Interpretation des Verlaufes der Schätzung

Bei Abweichungen sollten Maßnahmen zur Steuerung ergriffen werden.

Für die Meilensteintrendanalyse hat sich folgende Darstellungsform bewährt: Vertikal werden die geplanten und periodisch überprüften Meilensteintermine eingetragen und horizontal die jeweiligen Perioden der Überprüfung. Die Hypotenuse zeigt an, wann ein Meilenstein planmäßig beendet sein sollte.

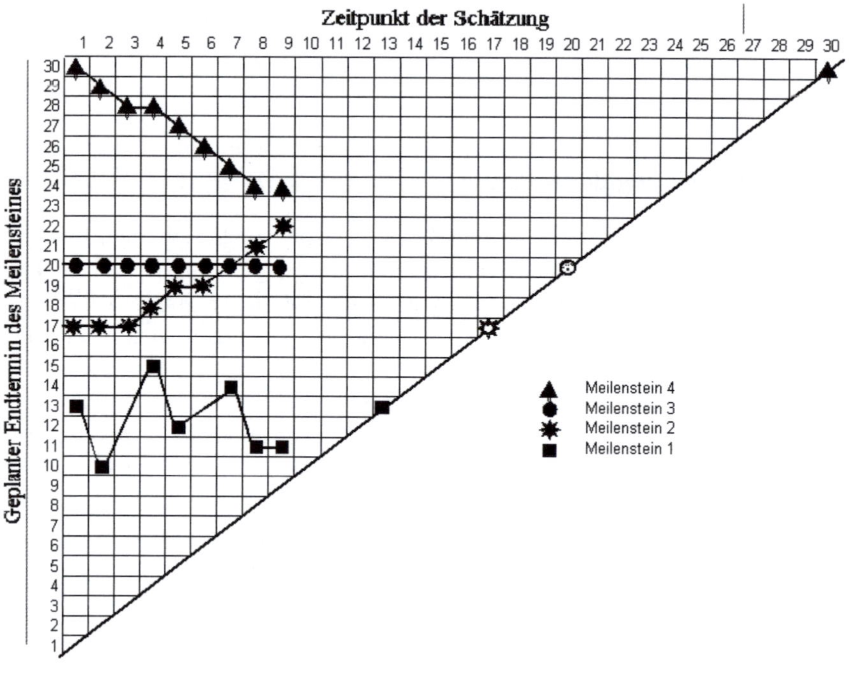

Abb. 94: Meilensteintrendanalyse

Aus der Abbildung geht hervor: Es ist geplant, den Meilenstein 1 in KW 13, den Meilenstein 2 in KW 17, den Meilenstein 3 in KW 20 und den Meilenstein 4 in KW 40 beendet zu haben. Ob eine logische Abhängigkeit zwischen diesen Meilensteinen besteht oder ob sie unabhängig voneinander sind, geht aus dieser Darstellungsform nicht hervor. Man sieht lediglich, wie sie zeitlich zueinander liegen.

Wöchentlich werden die Meilensteintermine überprüft. Nach der 5. Woche ergibt sich eine neue Einschätzung der Meilensteinendtermine: Meilenstein 1: KW 12; Meilenstein 2: KW 19; Meilenstein 3: KW 20; Meilenstein 4: KW 27.

Die Trends der periodischen Schätzung der Meilensteinendtermine lassen sich folgendermaßen interpretieren:

- horizontale Linie: unveränderliche Schätzung der Endtermine. Der Meilenstein läuft planmäßig (Meilenstein 3).
- fallende Linie: Meilenstein wird früher beendet als geplant (Meilenstein 4).
- steigende Linie: Meilenstein wird später beendet als geplant (Meilenstein 2).
- Zick-Zack-Linie: Meilensteinschätzungen sind unzuverlässig (Meilenstein 1).

Falls die Meilensteine in der Abbildung voneinander abhängig sind, würde dieses Projekt erhebliche Probleme bekommen. Nach der Woche 9 zeigt sich, dass der Meilenstein 1 in seiner Vorhersage unzuverlässig ist und dass sich Meilenstein 2 erheblich verzögert. Dass Meilenstein 3 planmäßig verläuft und Meilenstein 4 sogar früher als geplant fertig wird, ist zunächst ohne Auswirkungen, wenn die Termine mit Meilenstein 2 nicht korrigiert werden können.

4.6.3 Fazit und Erkenntnisse

Die Meilensteintrendanalyse ist eine sehr einfache und anschauliche Methode, Zeit und Leistung eines Projekts in der subjektiven Einschätzung der Projektbeteiligten zu verfolgen und Abweichungen vom Plan frühzeitig festzustellen. Durch den Zwang, periodisch die Planung infrage zu stellen, ergibt sich ein höheres Maß an Zuverlässigkeit als durch einen reinen Soll-Ist-Vergleich.

Nachteile dieser Methode sind:

- Sie trifft keine Aussage über den Aufwand und lässt dadurch eine Dimension des magischen Dreiecks außer Acht.
- Historische Daten gehen nicht in die Bewertung ein, z. B. das tatsächliche Erreichen bestimmter Teilziele, das ein gewisses Maß an Objektivierung in die subjektiven Restschätzungen einbringen würde.

- Meilensteine im Projektmanagement sind generell ambivalent: einerseits ein Synchronisationspunkt wichtiger Ereignisse, zum anderen aber auch ein potenzieller Bremsklotz im Projektablauf. Die Meilensteintrendanalyse birgt die Gefahr, verschwenderisch mit Meilensteinen umzugehen und sie alleine aus Controllingzwecken einzurichten und nicht aus einer sachlichen Notwendigkeit heraus.
- Die Methode zeigt keine Abhängigkeiten von Meilensteinen und insbesondere nicht die Meilensteine, die auf dem Kritischen Pfad liegen und deren kritischer Verlauf besondere Bedeutung für den Terminverzug des gesamten Projekts hat.

4.7 OLAP (Online Analytical Processing)

Kurzbeschreibung der Methode	
Methodenart	**Projektabwicklung/Controlling**
Geeignet für	Mittlere und große Projekte, alle Projektarten
Ziel	Ermöglichung eines Online-Zugriffes auf Kennzahlen, deren Analyse in unterschiedlichen Dimensionen und unterschiedlichem Detaillierungsgrad
Benötigte Hilfsmittel/ Beteiligte	Datenbanken, Softwareprogramme, Spezialisten, die multidimensionale Datenbanken erstellen können.
Zeitaufwand	Zur erstmaligen Einrichtung sehr hoch; im laufenden Betrieb werden Aufwände reduziert, da viele Standardberichte eingespart werden können und Daten schneller zur Verfügung stehen.
Vorteile	▪ Online-Zugriff ▪ flexible Kombination unterschiedlicher Kennzahlen ▪ Analyse der Kennzahlen in unterschiedlichen Dimensionen ▪ flexible „Navigation“ durch die Datenbestände
Nachteile	▪ zur Einrichtung ein einmaliger sehr hoher Aufwand, insbesondere in der Schaffung einer konsistenten Datenbasis ▪ Einsatz von Software ist unabdingbar ▪ Schulung von Mitarbeitern in einer neuen Denkweise

4.7.1 Beschreibung der Methode

OLAP-Methoden werten Daten aus, die in multidimensionalen Datenbanken gespeichert sind. Multidimensionale Datenbanken bestehen aus den Kennzahlen und den Dimensionen, unter denen diese Kennzahlen analysiert werden können. Kennzahlen sind beispielsweise Planaufwand, Ist-Aufwand, Fertigstellungsgrad, Cost Performance Indicator (CPI), Schedule Performance Indicator (SPI), Pufferverbrauch usw. Dimensionen sind die

Perspektiven, unter denen es interessant sein kann, die Kennzahlen zu analysieren. Im Projektmanagement sind sicher folgende Dimensionen von Interesse:

- Zeit: Wie entwickelt sich der CPI über die Zeit?
- Work Breakdown Structure: Bei welchem Arbeitspaket ist der höchste Aufwand angefallen?
- Kostenstruktur: Welche Kostenart verursacht die meisten Kosten?
- Teamstruktur: Welche Fachgruppe ist überlastet?
- Mulitiprojektumgebung: Welche Projekte verursachen die Planabweichungen?

Aus didaktischen Gründen stellt man eine multidimensionale Datenbank meist in Form eines Würfels, eines Cubes, mit drei Dimensionen dar. Ein Würfel in diesem Sinne kann jedoch aus mehr als drei Dimensionen bestehen. Dies lässt sich aber grafisch nicht mehr veranschaulichen.

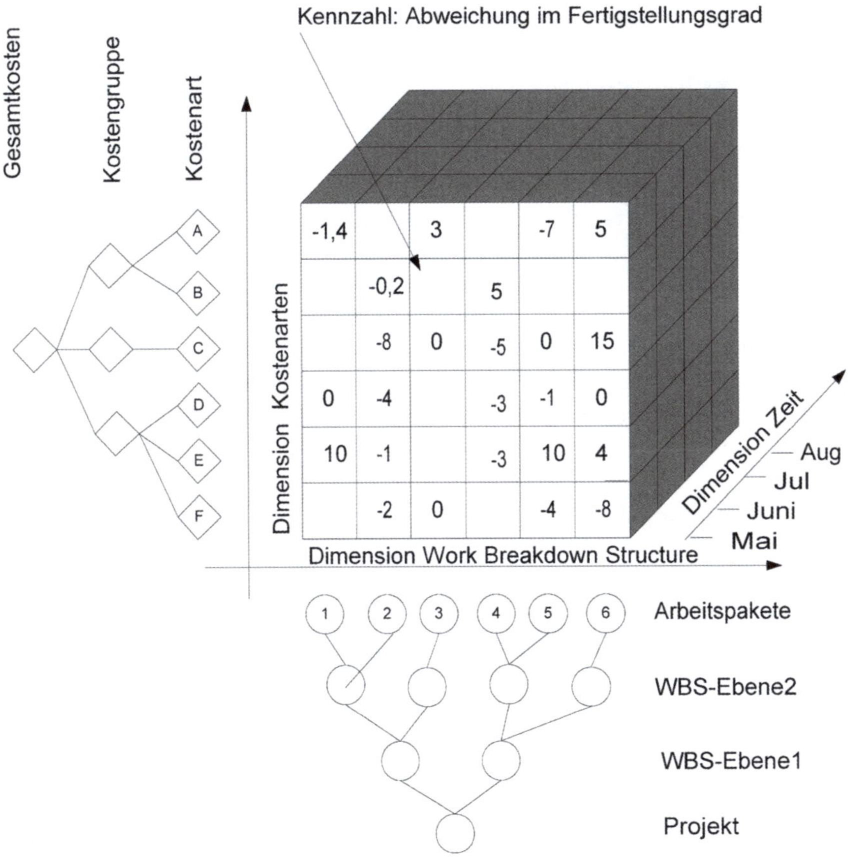

Abb. 95: OLAP-Cube

Die Grafik skizziert das Beispiel eines Cubes, mit dem es möglich ist, die Abweichung vom Fertigstellungsgrad unter den Dimensionen Zeit, Projektstruktur und Kostenstruktur zu analysieren. Die Kostenart E trug im Arbeitspaket 1 im Mai zu einer Abweichung von +10 Prozent im Fertigstellungsgrad bei. Wenn die Kostenart E die Bedeutung von internen Dienstleistungen hat und das Arbeitspaket 1 die Erstellung eines Pflichtenheftes ist, bedeutet das, dass man 10 Prozent über der geplanten Fertigstellung liegt.

Dimensionen sind hierarchisch strukturiert. Dies lässt zu, dass man die Daten anhand der Hierarchiestufen entlang verdichtet oder detailliert.

Detaillierung und Verdichten sind zwei der Navigationsmethoden, die sich im Zusammenhang mit den OLAP-Methoden eingebürgert haben. Zusammen mit Slicing, Dicing und Pivotierung bilden sie die Navigationsmethoden, die in den meisten OLAP-Werkzeugen implementiert sind:

- Drill Down: das Herunterbrechen (Detaillieren) der Information in kleinere Einheiten
- Roll up: das Aggregieren (Verdichten) der Information zu größeren Einheiten
- Slicing: das „Herausschneiden" von Informationsscheiben, z. B. alle Produktgruppen eines Jahres; das bedeutet das Setzen von Filtern, um kleinere Informationseinheiten zu bekommen
- Dicing: eine Sonderform des Slicing; als Filter werden dabei Intervalle gesetzt, das Ergebnis ist wiederum ein kleinerer Würfel, der schneller analysiert werden kann
- Pivotierung: das Vertauschen von Dimensionsachsen

Das Ziel der Einführung von OLAP (Online Analytical Processing) ist es, das Berichtswesen so flexibel zu gestalten, dass Manager und Controller im Online-Dialog unterschiedliche Kennzahlen in unterschiedlichen Dimensionen analysieren, detaillieren oder verdichten können. Das starre Berichtswesen, das derzeit hauptsächlich auf einer Reihe von Standardreports beruht, wird durch ein flexibles Ad-hoc-Instrument erweitert.

4.7.2 Anwendung der Methode

Ein Beispiel soll den Umgang mit OLAP-Würfeln verdeutlichen.

Dem Projektstrukturplan des Beispiels liegt der Vorschlag des VDMA zugrunde, wie die Phasen von Projekten im Maschinen- und Anlagenbau zu gestalten und aufzubauen sind (vgl. Hilpert u. a.). Die Hauptphasen dieses Modells sind:

- Vorklärungsphase
- Angebotsphase
- Übergabephase
- Auftragsphase
- Auswertungsphase

Diese Phasen sind weiter in Hauptaktivitäten unterteilt. Unser Modell ist bis auf diese Ebene detailliert.

Das Beispiel selber wurde für Übungszwecke mit den Open Source-Tools Mondrian, Jpivot und der Microsoft Datenbank Access implementiert (vgl. Internetquellen). Als Kennzahlen wurden Planaufwand, Ist-Aufwand, Forecast und Gesamtaufwand gewählt, als Dimensionen die Zeit, die Projektstruktur, die Kostenarten und die Projekte.

Der Vorgang des Navigierens und der Analyse wird in Schritten dargestellt:

1. Schritt

Als Eingangsauswertung erstellt man zunächst eine Übersicht aller Projekte. Hier ist sofort zu sehen, dass der voraussichtliche Gesamtaufwand den geplanten Aufwand überschreitet, sodass eine nähere Analyse, woher diese Abweichung kommt, notwendig wird.

Projektmanagement Data Warehouse

	Kennzahlen			
Multiprojekt	Planaufwand	Istaufwand	Forecast	Gesamtaufwand
+Alle Projekte	4023515	2387715	1667000	4054715

Abb. 96: Gesamtaufwand

2. Schritt

Der zweite Schritt wird sein, sich die Projekte anzuschauen, die die Abweichung verursachen. Eine Drill-Down-Operation über die Projektdimension gibt darüber Aufschluss. Dazu genügt ein einfaches Klicken auf das Kreuz vor „Alle Projekte“. Es lässt sich erkennen, dass dafür einzig und allein das Projekt „Fabrikhalle Oslo“ verantwortlich ist. Der Ist-Aufwand ist beinahe so hoch wie der Planaufwand. Beunruhigend ist der Forecast, der noch einmal beinahe die Höhe des Planaufwands ausmacht. Da dieser Aufwand aber erst in der Zukunft anfallen wird, gibt es vielleicht Möglichkeiten einzugreifen, wenn man sich nähere Informationen über das Projekt besorgt.

Projektmanagement Data Warehouse

	Kennzahlen			
Multiprojekt	Plan	Ist	ToDo	Total
-Alle Projekte	4023515	2387715	1667000	4054715
Automobil Schweißanlagen				
B512	2000000	1500000	500000	2000000
Degerlocher Ei				
Dubai Solar	500000	10000	490000	500000
Fabrikhalle Oslo	38515	37715	32000	69715
Gleisbau München - Stuttgart	1000000	500000	500000	1000000
Hildesheim Gießerei				
Mannheim Chemie				
Mautstationen	45000	10000	35000	45000
Montagehalle Nürnberg				
Peking Staudamm	100000	40000	60000	100000
Stuttgart, Verschwelung	40000		40000	40000
Weil am Rhein Staudamm	300000	290000	10000	300000

Abb. 97: Drill Down in der Dimension Projekte

3. Schritt

Die nähere Analyse soll zeigen, bei welchen Kostenarten die Kosten überlaufen. Deshalb nimmt man zu der Dimension Projekte die Dimension Kostenarten hinzu. Dies geschieht durch eine einfache Operation über den ersten Button, der anzeigt, welche Dimensionen zur Auswahl stehen; diese kann man dann selektieren oder die Selektion wieder rückgängig machen. Hat man die Kostenarten hinzugefügt, sieht man, dass es die Dienstleistungen sind, die den Aufwand explodieren lassen, und ein Drill Down durch die Dienstleistungen zeigt, dass es die internen Kosten sind.

Projektmanagement Data Warehouse

		Kennzahlen			
Multiprojekt	Kostenarten	Plan	Ist	ToDo	Total
Fabrikhalle Oslo	-Kostenarten	38515	37715	32000	69715
	-Dienstleistungen	38000	37200	32000	69200
	Dienstleistungen extern	6000	6200	1000	7200
	Dienstleistungen intern	32000	31000	31000	62000
	+Material	500	500		500
	+Reisekosten	15	15		15

Abb. 98: Analyse nach Kostenart

4. Schritt

Die Frage ist nun, bei welchen Arbeitspaketen der ungeplante Aufwand entstehen wird. Dazu nimmt man die Dimension Projektstruktur hinzu und detailliert diese wieder bis auf die Ebene der Arbeitspakete. Man erkennt, dass es sich offensichtlich um ein Angebotsprojekt handelt, da nur die Vorklärungs- und Angebotsphase Ist-Daten enthalten, und dass die Vorklärungsphase abgeschlossen ist. Das Arbeitspaket Angebotsbearbeitung ist dasjenige Arbeitspaket, das für den größten Teil der Abweichungen verantwortlich ist.

Projektmanagement Data Warehouse

		Kennzahlen			
Multiprojekt	WBS	Plan	Ist	ToDo	Total
Fabrikhalle Oslo	-Projektstruktur	38515	37715	32000	69715
	-Vorklärungs-Phase	12515	22715		22715
	Freigabe	1000	1000		1000
	Projektbeurteilung	11515	21715		21715
	-Angebots-Phase	26000	15000	32000	47000
	Angebotsabgabe	500		500	500
	Angebotsauswertung	1000		1000	1000
	Angebotsbearbeitung	15000	15000	21000	36000
	Angebotskalkulation	2000		2000	2000
	Kostenplanung	2000		2000	2000
	Projektstrukturierung	1000		1000	1000
	Terminplanung	1000		1000	1000
	Vertragsabschluss	500		500	500
	Vertragsgestaltung	3000		3000	3000
	+Übergabe-Phase				
	+Auftrags-Phase				
	+Auswertungs-Phase				

Abb. 99: Analyse nach den Dimensionen Projekt und Phase

5. Schritt

Um abzuschätzen, welche Zeit noch bleibt, um Maßnahmen einzuleiten, ist es notwendig, sich die Zeitdimension anzuschauen. Nimmt man die Zeitdimension hinzu, erkennt man, dass der geplante Aufwand hauptsächlich im Februar entstehen wird. Schnelle Entscheidungen sind deshalb nötig.

Projektmanagement Data Warehouse

		Kennzahlen			
Multiprojekt	**Time**	• **Plan**	• **Ist**	• **ToDo**	• **Total**
Fabrikhalle Oslo	**-2006**	38515	37715	32000	69715
	-Q1	38515	37715	32000	69715
	Januar	11515	21715		21715
	Februar	19000	16000	24000	40000
	März	8000		8000	8000
	+Q2				
	+Q3				
	+Q4				

Abb. 100: Analyse Dimensionen Projekt und Zeit

4.7.3 Fazit und Erkenntnisse

Die OLAP-Methoden haben sich in anderen Zusammenhängen als dem Projektmanagement durchaus bewährt und sind aus dem Instrumentarium von Controlling und Management nicht mehr wegzudenken. Immer mehr und mehr Personen werden auch darin geschult, solche Methoden zu verwenden und sind damit vertraut. Der Einsatz ist jedoch an eine Reihe von Voraussetzungen gebunden:

- das Vorhandensein von operativen Systemen, die die Daten liefern (Projektmanagement-Systeme, Zeiterfassungssysteme, ERP-Systeme)
- Implementierung von Prozessen der Projektabwicklung
- Einführung von Standardprojektstrukturplänen

Alles in allem sind hohe Voraussetzungen an die Projektkultur geknüpft. Zudem darf bei der Implementierung der Aufwand für die Transformation der Daten aus den operativen Systemen nicht unterschätzt werden. Hier liegt erfahrungsgemäß bei Data-Warehouse-Projekten der meiste Aufwand.

4.8 Projektpuffer-Verfahren

Kurzbeschreibung der Methode	
Methodenart	**Projektabwicklung/Controlling**
Geeignet für	Projektarten, bei denen die Einhaltung des Termins die entscheidende Rolle spielt.
Ziel	Feststellung, welche Projekte bezüglich der Termine in eine kritische Zone kommen und wie ggf. eingeleitete Korrekturmaßnahmen wirken.
Benötigte Hilfsmittel/ Beteiligte	Zeiterfassungsformulare (Papier oder elektronisch), Spreadsheets oder Projektmanagement-Software (bei größeren Projekten)
Zeitaufwand	Gering (bei den Projekten, die bereits nach der Critical-Chain-Methode aufgesetzt wurden)
Vorteile	Diese Methode bietet ein differenziertes Kontrollinstrument hinsichtlich der Termine. Da diese Methode für die Terminkontrolle die Arbeitspakete auf der kritischen Kette betrachtet, bekommt man ein gutes Frühwarnsystem, ob der Endtermin eines Projekts eingehalten werden kann oder in Gefahr ist.
Nachteile	Diese Methode setzt voraus, dass man sich innerhalb des Ansatzes der Critical Chain bewegt.

4.8.1 Beschreibung der Methode

Das Projektpuffer-Verfahren basiert auf dem Projektmanagement-Ansatz der Kritischen Kette, den Goldratt in den 80er Jahren in seinem Buch „The Critical Chain" publiziert hat. Es ist analog der Meilensteintrendanalyse ein Verfahren, das die Dimensionen Zeit und Leistung zueinander in Verbindung bringt. Kontrolliert werden hier nicht Meilensteine, sondern die Fertigstellungstermine der Arbeitspakete.

Der Projektpuffer ist ein Sicherheitspuffer an Zeit, der in einem Projekt den Endtermin gegen Unwägbarkeiten absichern soll und der nach einer Daumenregel von Goldratt mit etwa 1/3 der Laufzeit eines Projekts dimensioniert wird.

Gegenüber der Meilensteintrendanalyse verfeinert das Projektpuffer-Verfahren das Kontrollinstrumentarium dadurch, dass es die Abhängigkeiten der Arbeitspakete voneinander betrachtet und nur zunächst die Arbeitspakete heranzieht, die direkten Einfluss auf den Endtermin des Projekts haben, also die Arbeitspakete, die auf der Kritischen Kette liegen.

Die Planung eines Projektpuffers resultiert aus der Überlegung, dass die einzelnen Aktivitäten nicht mit Sicherheitspuffer geplant werden sollen, da die Gefahr besteht, dass die Sicherheitspuffer auf Arbeitspaketebene verschwendet werden, und zwar dadurch, dass

- zu spät mit der Aufgabe angefangen wird („Student Syndrom"),
- parallel an anderen Aufgaben gearbeitet wird („Bad Multitasking"),
- genau die Zeit gebraucht wird, die veranschlagt wurde („Parkinson Law"), oder
- nur Zeitverluste weitergegeben werden, aber Zeitgewinne diffundieren.

Dagegen sollte ein Arbeitspaket ohne Sicherheitspuffer geschätzt werden (Goldratt geht davon aus, dass die Hälfte der Zeitschätzungen auf Sicherheitszuschlägen beruhen), und wenn das Arbeitspaket zur Abarbeitung freigegeben ist, zügig und unbehindert von parallelen Aufgaben abgearbeitet werden.

Da die Arbeitspakete ohne Sicherheiten geplant sind, liegt es in der Natur der Sache, dass einige Arbeitspakete nicht in der geschätzten Zeit fertiggestellt werden, sondern länger benötigen. Diese Arbeitspakete „konsumieren" dann den Projektpuffer, aber nur, wenn sie ein Glied der Kritischen Kette sind. Die Kritische Kette ist analog dem Kritischen Pfad als die längste Kette von voneinander abhängigen Arbeitspaketen definiert, aber unter Berücksichtigung der Abhängigkeiten von Ressourcen.

4.8.2 Anwendung der Methode

Zur Messung des Projektfortschritts benutzt Goldratt drei Kriterien:

- die periodisch gemeldeten tatsächlichen oder vorausgesagten Endtermine der Arbeitspakete, analog der Aufwandstrendmethode oder der Meilensteintrendanalyse, nur dass hier nicht Aufwand oder Meilensteine kontrolliert werden, sondern Arbeitspakete und deren Endtermine
- die Zeitdauer des Projektpuffers
- die Zeitdauer der Arbeitspakete auf der Kritischen Kette

Daraus werden folgende Kennzahlen gewonnen:

- der Prozentsatz bereits abgearbeiteter Arbeitspakete auf der Kritischen Kette
- der Prozentsatz des bereits konsumierten Projektpuffers
- das Verhältnis von abgearbeiteter Kritischer Kette zu konsumiertem Projektpuffer
- die Rate, in der die Konsumtion des Projektpuffers voranschreitet

Am Prozentsatz der abgearbeiteten Kritischen Kette wird der Projektfortschritt gemessen, der Status eines Projekts dagegen am Verhältnis des benötigten Projektpuffers zum

Abarbeitungsstand der Kritischen Kette. Ein Projekt, dessen Kritische Kette zu 70 Prozent abgearbeitet ist, das aber lediglich 50 Prozent des Projektpuffers konsumiert hat, ist im grünen Bereich. Dagegen ist ein Projekt, das 40 Prozent der Kritischen Kette abgearbeitet, aber bereits 70 Prozent des Projektpuffers aufgebraucht hat, im roten Bereich anzusiedeln. Für den Projektmanager geht es nun darum, das Arbeitspaket zu identifizieren, das den höchsten Pufferverbrauch verursacht hat, um Korrekturmaßnahmen einzuleiten.

Tipp

Die Konsumtionsrate des Projektpuffers wird für die Beurteilung herangezogen, ob ein Projekt unter Kontrolle ist und ob Korrekturmaßnahmen den gewünschten Effekt erzielt haben. Es kann somit als Frühwarninstrument fungieren.

Der Projektpuffer ist so dimensioniert, dass er ein Drittel der Projektlaufzeit ausmacht. Während einer beliebigen Periode könnte deshalb bei „normalem" Projektverlauf ein Drittel der benötigten Zeit auf den Pufferverbrauch entfallen. Bei einer Periode von drei Wochen wäre deshalb ein Pufferverbrauch von einer Woche zu erwarten. Ist die Konsumtionsrate größer als ein Drittel, hat das Projekt ein Problem und es tendiert zum roten Bereich. Ist die Konsumtionsrate kleiner als ein Drittel, ist das Projekt unter Kontrolle.

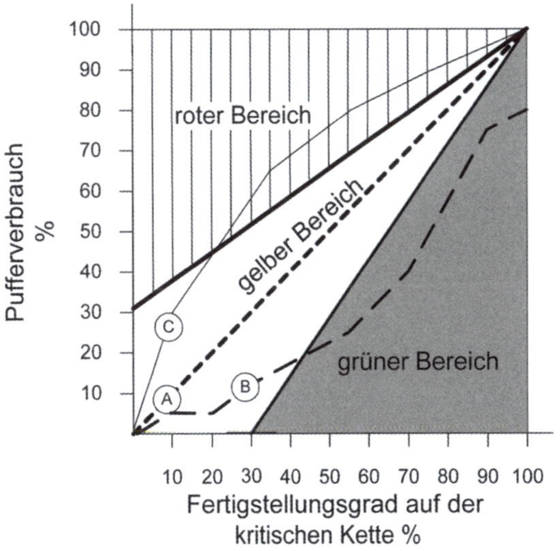

Abb. 101: Projektkennzahlen der Kritischen Kette[1]

[1] In Anlehnung an: Hillebrand, Norbert; Milkereit, Kai; Dr. Passenberg, Jörg; Stiegler, Klaus: GPM-Forum 2005 Tagesseminar Critical Chain Projektmanagement, 27. September 2005

Beispiel: Ampelfunktion der Kritischen Kette

Am Verhältnis von abgearbeiteter Kritischer Kette zu konsumiertem Projektpuffer lässt sich der Projektstatus mit der beliebten Ampelfunktion darstellen. Ein Projekt, das zu jedem Zeitpunkt soviel Pufferverbrauch aufweist, wie es die Kritische Kette abarbeitet, bewegt sich auf der 45°-Linie (Projekt A, gepunktete Linie). Man kann nun eine Vereinbarung treffen, wie sehr ein Projekt von dieser Ideallinie abweichen darf, um den Status grün, gelb oder rot zu bekommen. Zu Anfang wird der Korridor breiter sein, da die Unsicherheit am Projektanfang größer ist.

Projekt B ist ein Projekt, das nach 40 Prozent der Abarbeitung der Kritischen Kette seinen grünen Status bis zum Projektende beibehält. Bei Projekt C bedarf es erheblicher Anstrengungen, um vom Status rot doch noch zu einem befriedigenden Ende zu kommen.

4.8.3 Fazit und Erkenntnisse

Die Stärke dieser Art, den Projektfortschritt zu kontrollieren, liegt darin, dass nicht der Durchschnittswert aller Aktivitäten herangezogen wird, sondern nur der Fortschritt derjenigen Aktivitäten, die auf der Kritischen Kette liegen. Diese Aktivitäten sind es ja, die für einen Zeitverzug verantwortlich sind. Insofern ist diese Methode aussagekräftiger als die Meilenstein- oder Aufwandstrendanalyse und Earned-Value-Analyse, die alle Aktivitäten gleichrangig behandeln.

Die Darstellung in Form einer Ampelfunktion ist sehr anschaulich und wird auch in anderen Controlling-Zusammenhängen verwendet. Diese Methode setzt jedoch voraus, dass man sich auch der Projektplanungsmethoden des Critical-Chain-Ansatzes bedient. Sicherheitspuffer werden dementsprechend nicht auf Aktivitätenebene angelegt, sondern auf Projektebene.

4.9 Relevanzbaum

Kurzbeschreibung der Methode	
Methodenart	**Projektklärung/Bewertungsmethode, Alternativenvergleich**
Geeignet für	Bewertung von Alternativen und deren übersichtliche Darstellung
Ziel	Maximierung des Ertrages bzw. der Wirksamkeit einzelner Maßnahmen oder eines Projekts, und zwar bei vorgegebenem Budget bzw. Kosten
Benötigte Hilfsmittel/ Beteiligte	Gute Sachkenntnis über die einzelnen Elemente und deren Wichtigkeit bzw. Relevanz in Bezug auf die Zielerreichung
Zeitaufwand	Je nach Problemstellung im vertretbaren Rahmen

Kurzbeschreibung der Methode	
Methodenart	**Projektklärung/Bewertungsmethode, Alternativenvergleich**
Vorteile	Mit dem Relevanzbaum lassen sich die Hierarchien der einzelnen relevanten Elemente abbilden. Die Elemente werden durch Relevanzbeziehungen von Ebene zu Ebene verknüpft.
Nachteile	Die Auswahl der Bewertungskriterien und die Gewichtung der einzelnen Elemente/Kriterien ist subjektiv und damit nicht eindeutig. Wenn der Problembereich sehr komplex ist und aus einer hohen Zahl relevanter Elemente besteht, die berücksichtigt werden müssen, dann wird der Relevanzbaum unübersichtlich.

4.9.1 Beschreibung der Methode

Der Relevanzbaum ist eine Bewertungsmethode. Er eignet sich besonders für die Bewertung von Alternativen, zur Zielbildung und um Systeme oder Probleme übersichtlich zu strukturieren.

Mit dem Relevanzbaum wird die Suche und Bewertung von Alternativen für die Zielerreichung visualisiert und dadurch wesentlich vereinfacht. Die Elemente bzw. Ergebnisse des Systems werden in einem Netzwerk dargestellt, das aus mehreren, unterschiedlichen hierarchisch angeordneten Ebenen besteht. Diese Ebenen sind durch Relevanzbeziehungen (Zweck-Mittel-Beziehungen) miteinander verknüpft. Die Anordnung erfolgt jeweils nach der Abfrage, welches Element am geeignetsten erscheint, um das übergeordnete Ziel zu erreichen. Jedes Element wird in der nächstunteren Ebene in ihm unmittelbar untergeordnete Elemente aufgefächert.

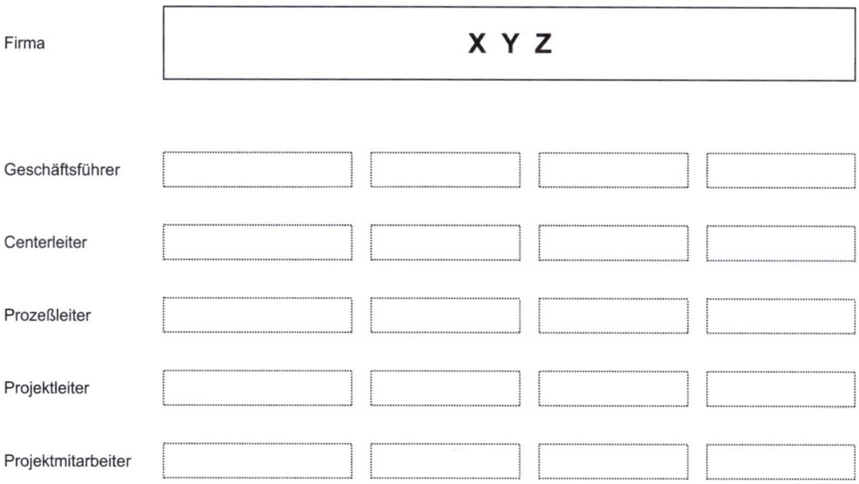

Abb. 102: Relevanzbaum

Ein großer, allgemeiner Begriff an der Spitze des Relevanzbaumes wird durch die einzelnen Ebenen hindurch so weit zerlegt und damit übersichtlich dargestellt, bis alle relevanten Details an den Wurzeln des Baumes erkennbar sind.

Mithilfe der Relevanzbaummethode lassen sich komplexe Zusammenhänge relativ einfach visualisieren. Die übersichtliche grafische Darstellung der im Relevanzbaum enthaltenen Elemente und deren Beziehung untereinander helfen bei der Analyse des Problemfeldes. Auch Problemfremde können sich schnell in die Problematik einfinden.

Die Methode bietet Relevanzprofile, d. h. Abfolgen von Elementen auf jeder Ebene, die zur Berücksichtigung bzw. Realisierung des jeweils übergeordneten Elements, Ziels bzw. Teilziels am geeignetsten erscheinen. Die Relevanzbaumanalyse kann zur systematischen Problemspezifizierung genutzt werden und kann Risiken und Chancen aufzeigen.

4.9.2 Anwendung der Methode

Der Relevanzbaum kann also gut eingesetzt werden zur Findung und Entwicklung von Alternativen, der Problemstrukturierung, Systembildung und Zielbildung. Die mit dieser Methode beantwortbaren Fragen können z. B. sein: „Wie wollen wir weiter vorgehen?", „Wo hakt es derzeit?" oder „Was wollen wir erreichen?" In Problemlösungs- bzw. Planungsprozessen bietet der Relevanzbaum einen hohen Nutzen.

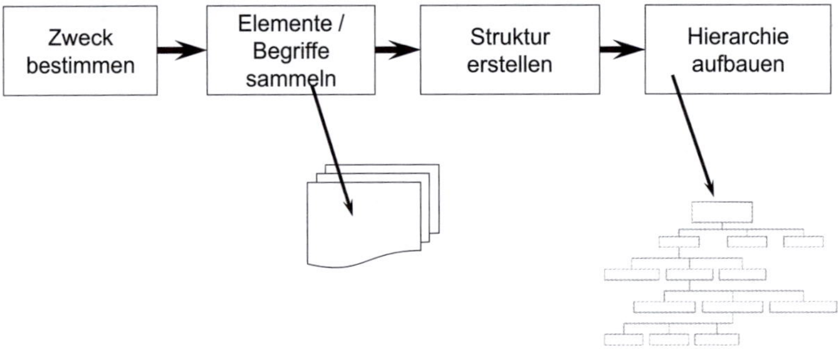

Abb. 103: Ablauf Relevanzbaum

1. Schritt: Zweckbestimmung

Zu aller erst muss der Zweck des Relevanzbaumes bestimmt werden: was genau wollen Sie damit erreichen? Es kann hilfreich sein, zu Beginn ein Szenario („Drehbuch") zu verfassen, in dem Sie die zukünftigen Ziele, die Beschränkung zu erwartender technischer Möglichkeiten o. Ä. beschreiben.

2. Schritt: Begriffe sammeln

Der nächste Schritt besteht darin, die Elemente bzw. Begriffe, die in den Relevanzbaum eingetragen werden sollen, zunächst noch unsortiert zu sammeln. Elemente eines Relevanzbaumes können z. B. Technologien, Systeme, Maßnahmen, Probleme, Ziele oder das Personal einer Firma sein. Für den Problembereich wird eine sich baumartige verzweigende Struktur aufgebaut, die von über- zu untergeordneten Bewertungspunkten immer mehr ins Detail geht und das Problem so in seine einzelnen Elemente auffächert.

3. Schritt: Struktur erstellen

Anschließend legen Sie eine für diese Elemente geltende Struktur fest. Nach welchen Ebenen bzw. Begriffen soll später sortiert werden? Wie sind diese Ebenen hierarchisch anzuordnen? Nach welchen Kriterien wird bewertet und wie wird gewichtet?

4. Schritt: Hierarchie aufbauen

Am Schluss sortieren Sie die gesammelten Elemente entsprechend der entwickelten Hierarchie in den Relevanzbaum ein. Bewerten Sie die Alternativen hinsichtlich ökonomischer Relevanz, Dringlichkeit und Realisierbarkeit.

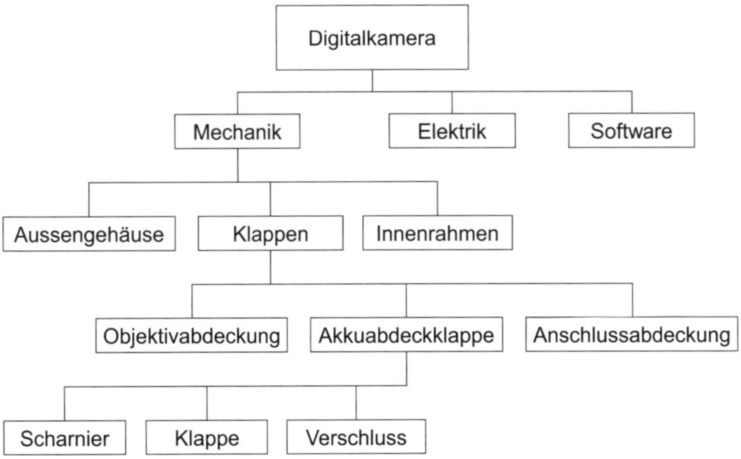

Abb. 104: Beispiel Relevanzbaum

4.9.3 Fazit und Erfahrungen

Für die Erstellung eines Relevanzbaumes ist ausreichend Sachkenntnis über die (Ziel-) Elemente und deren Wichtigkeit, Relevanz in Bezug auf die Zielerreichung erforderlich. Wenn der Problembereich sehr komplex ist und aus einer hohen Zahl relevanter Elemente besteht, die berücksichtigt werden müssen, wird der Relevanzbaum recht schnell unübersichtlich groß.

Tipp

Sinnvolle Kriterien zur Bewertung der Relevanz der Elemente zu finden und die hierarchische Zuordnung angemessen zu beurteilen, kann schwierig sein. Es muss klar sein, wonach bewertet werden soll. Die Gewichtungen der Elemente müssen festliegen. Dieser Prozess ist subjektiv geprägt und führt je nach Beurteiler u. U. zu unterschiedlichen Ergebnissen.

4.10 Ursache-Wirkungs-Diagramm

Kurzbeschreibung der Methode	
Methodenart	**Projektklärung/Analysemethode**
Geeignet für	Darstellung von Ursache-Wirkungs-Beziehungen in einer Grafik
Ziel	Erkennen von logischen Zusammenhängen zwischen Ursachen und Wirkungen
Benötigte Hilfsmittel/ Beteiligte	Moderator, Teamarbeit, beschriebenes und nach Haupt- und Nebenursachen gegliedertes Problemfeld
Zeitaufwand	Je nach Komplexität 1 bis 2 Stunden
Vorteile	Die Ergebnisse und Zusammenhänge können einfach, übersichtlich und leicht verständlich visualisiert werden. Die Ergebnisse sind unmittelbar präsentierbar und bilden die Basis für weiterführende Teamarbeit.
Nachteile	Die Darstellung komplexer Problemstellungen ist in der Regel umfangreich und unübersichtlich. Zeitliche Abhängigkeiten können nicht erfasst werden. Die Methode ist eher zur Visualisierung und weniger zur aktiven Analyse geeignet.

4.10.1 Beschreibung der Methode

Das Ursache-Wirkungs-Diagramm ist eine Methode zur grafischen Darstellung von Ursache-Wirkungs-Beziehungen. Es ist ein einfaches Hilfsmittel in Form einer Fischgräte zur systematischen Darstellung von Problemfeldern und zur Ermittlung von auslösenden Problemursachen. Hierbei werden die möglichen Ursachen, die ganz bestimmte Wirkungen auslösen, in Haupt- und Nebenursachen gegliedert. Anschließend folgt eine grafische Strukturierung der Ursachen, um eine übersichtliche Gesamtbetrachtung zu ermöglichen. Auf diese Weise können alle Problemursachen identifiziert und deren Abhängigkeiten voneinander dargestellt werden. Dies bereitet die Ausgangsbasis für weiterführende Problemanalysen. Der Schwerpunkt liegt dabei eindeutig auf einer leicht verständlichen Visualisierung.

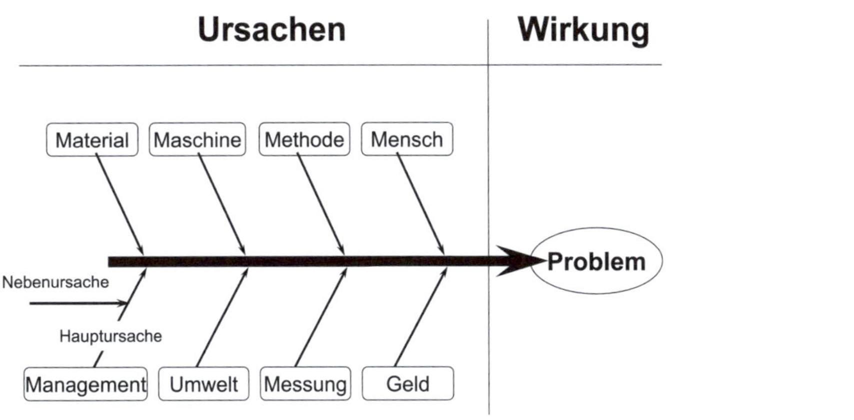

Abb. 105: Ursache-Wirkungs-Diagramm

Das Ursache-Wirkungs-Diagramm, Anfang der 1950er Jahre vom japanischen Chemiker Kaoru Ishikawa entwickelt, wurde später nach ihm „Ishikawa-Diagramm“ benannt. Anfangs wurde das Ursache-Wirkungs-Diagramm zur Analyse von Qualitätsproblemen und deren Ursachen eingesetzt. In der Zwischenzeit ist diese Methode auf viele andere Problemfelder übertragen worden. Dadurch findet man sie heute weltweit verbreitet.

Für das Ursache-Wirkungs-Diagramm, englisch: cause and effect diagram, gibt es inzwischen mehrere Bezeichnungen. Nach seinem Erfinder wird es Ishikawa-Diagramm genannt. Ebenso geläufig ist aber auch „Fischgrät-Diagramm“ bzw. „Fishbone Diagram“. Senkrecht angeordnet könnte es einen Baum darstellen, deshalb wird es auch oft als „Fehlerbaum-Diagramm“ bezeichnet.

Ishikawa entwickelte außerdem zahlreiche weitere Methoden und Tools, die heute vorwiegend im Qualitätsmanagement eingesetzt werden.

4.10.2 Anwendung der Methode

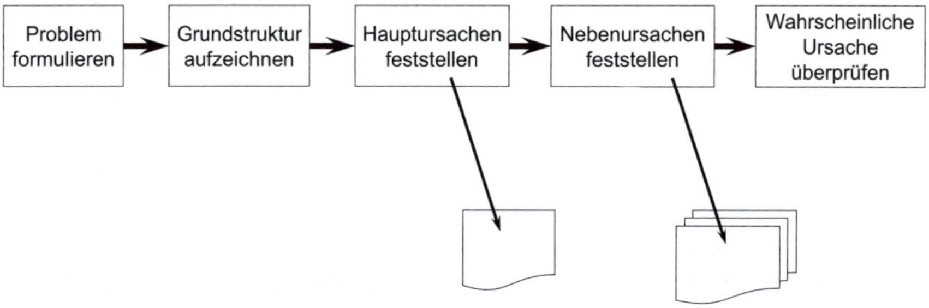

Abb. 106: Ablauf Ursachen-Wirkungs-Diagramm

1. Schritt: Problem formulieren

Im ersten Schritt müssen Sie auch hier klären, worum es geht und wie das Problem aussieht. Dann skizzieren Sie grob die Struktur des Problemfeldes. Die Prozesse müssen ausreichend beschrieben werden. Wählen Sie als Arbeitstitel eine klare Formulierung.

2. Schritt: Grundstruktur aufzeichnen

Dann zeichnen Sie die Grundstruktur des Ishikawa-Diagramms auf, ein horizontaler Basispfeil nach rechts. Dessen Pfeilspitze markiert das zu lösende Problem, möglichst prägnant formuliert, z. B. „Leistung des Projektteams verbessern“. Das Problemfeld ist ganz grob in die Bereiche Kosten, Termin und Inhalte strukturiert. Der Arbeitstitel wäre dann: „Welche Faktoren tragen zur Leistungssteigerung des Projektteams bei?”

3. Schritt: Hauptursachen feststellen

Im folgenden Schritt geht es darum, das Beziehungsgeflecht aus Ursachen und Wirkungen der komplexen Struktur zu visualisieren und bei Bedarf zu gewichten. Hauptursachen, die zu einer bestimmten Wirkung führen, werden durch schräge Pfeile dargestellt, die auf den Basispfeil stoßen. Der Pfeil bedeutet „... trägt dazu bei, dass ....“. Zu den ursprünglichen Hauptursachen wie Material, Maschine, Methode, Mensch, Management, Umwelt, Messung und Geld kommen je nach Anwendung weitere notwendige Einflussgrößen, wie beispielsweise Prozesse, hinzu.

Bezogen auf das konkrete Anwendungsbeispiel konnten folgende Hauptursachen gefunden werden:

Material	Softwaretools
Maschine	Hardware
Methode	PM-Methoden
Mensch	Team
Management	Geschäftsführung
Umwelt	Kunde
Messung	Controlling
Geld	Budget

4. Schritt: Nebenursachen feststellen

Nun erarbeiten Sie unter Nutzung weiterer potenzieller Kreativitätstechniken die Nebenursachen. Kleinere Pfeile, auf die Linien der jeweiligen Hauptursachen ausgerichtet, markieren die Nebenursachen. Liegen diesen Nebenursachen ebenfalls Ursachen zugrunde, so kann nach außen weiter verzweigt werden. Damit ergibt sich eine immer feinere Verästelung. Die Visualisierung erleichtert es, Ursachen zu finden. Die Prüfung, ob wirklich alle möglichen Ursachen berücksichtigt worden sind, ist relativ einfach.

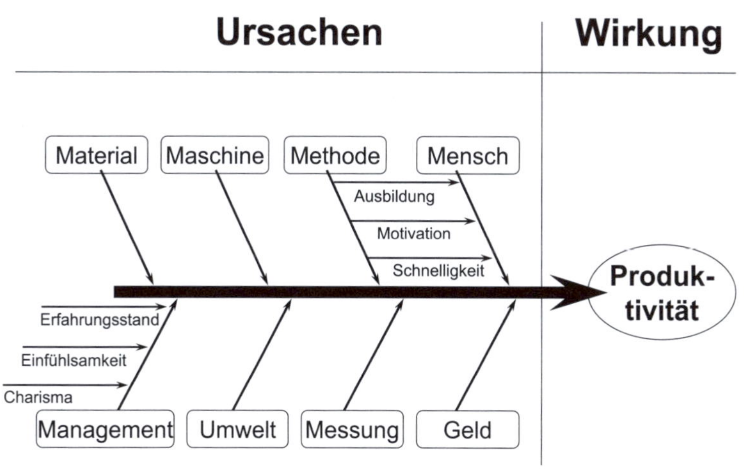

Abb. 107: Ursache-Wirkungs-Grundstruktur

5. Schritt: Wahrscheinlichste Ursache überprüfen

Gewichten Sie die identifizierten potenziellen Ursachen bezüglich ihrer Bedeutung und Einflussnahme auf das Problem. Die Ursache mit der höchsten Wahrscheinlichkeit lässt sich so leicht bestimmen. Anhand der Kenntnisse und Erfahrungen von Fachkräften wird abschließend analysiert, ob auch tatsächlich die richtige Ursache für das Problem ermittelt wurde. Damit ist dann das Ziel des Ursache-Wirkungs-Diagramms erreicht: Die Ursachen sind identifiziert und können in weiteren Schritten analysiert werden.

4.10.3 Fazit und Erkenntnisse

Das Ursache-Wirkungs-Diagramm ist so ähnlich aufgebaut wie eine MindMap. Es eignet sich für die Bearbeitung von Problemfeldern innerhalb von Arbeitsgruppen. Bei komplexen Problemstellungen wird die Methode umfangreich und unübersichtlich. Ursache-Wirkungs-Zusammenhänge sind dann grafisch nicht mehr so übersichtlich darstellbar. Wechselwirkungen und zeitliche Abhängigkeiten können ebenfalls nicht erfasst und visualisiert werden.

Tipp

Das Ursache-Wirkungs-Diagramm bildet eine hervorragende Basis für das Arbeiten mit Teams, fördert besseres Verständnis von Problemen und ihren vielseitigen Ursachen.

4.11 Wikis

Kurzbeschreibung der Methode	
Methodenart	**Projektabwicklung/Wissens-, Kommunikations- und Dokumentenmanagement**
Geeignet für	Alle Projekte, unabhängig von der Projektgröße
Ziel	Ermöglichung einer kostengünstigen, kooperativen und aktuellen Form des Wissensmanagements
Benötigte Hilfsmittel/ Beteiligte	Wiki-Software
Zeitaufwand	Ein Tag zur Implementierung, ein Tag zur Schulung
Vorteile	▪ kostengünstige Implementierung ▪ Zugriff von jedem System, das einen Internetzugang hat ▪ kooperatives Werkzeug ▪ Teamkontrolle
Nachteile	▪ ein hohes Maß an Selbstdisziplin ist nötig ▪ beim erstmaligen Einsatz in einem Projekt fehlen Richtlinien und Vorlagen

4.11.1 Beschreibung der Methode

Wikis sind einfache Autorensysteme, die es im Prinzip jedem Teilnehmer erlauben, Inhalte einer Webseite online im Browser zu editieren und zu ändern. Damit sind die Wikis eine einfache Plattform, die kooperatives Arbeiten an Texten und Hypertexten ermöglicht. Wikis können in geschlossenen Arbeitsgruppen als Wissensbasis dienen, als offenes webbasiertes Content Management System oder als Diskussionsplattform für bestimmte Themen.

Ziel der Methode ist es, Projektinhalte einfach und kostengünstig zu verwalten und durch eine geringe technologische Schwelle Mitarbeiter zu motivieren, ihr Wissen und ihre Dokumente zur Verfügung zu stellen. Der kooperative Stil der Wikis sorgt dafür, dass Wissensinhalte aktuell und durch eine Art Selbstkontrolle des Projektteams auch qualitativ überwacht sind.

Im Projektmanagement ist ein Einsatz sinnvoll bei

- der Dokumentation
- der Verwaltung von Listen (Issuse-Listen, To-Do-Listen)
- den Besprechungsprotokollen
- der Wissensbasis (Glossar, White Papers)
- der Erstellung von Lasten- und Pflichtenheften
- den FAQs (Frequently Asked Questions)

Der Begriff „wiki“ entstammt der hawaiianischen Sprache und bedeutet „schnell“. Der Erfinder der Wikis — Ward Cunningham — prägte um 1995 diesen Begriff und bezeichnete damit die „einfachste funktionsfähige Online-Datenbank“. Die größte Anwendung von Wikis stellt die offene Enzyklopädie Wikipedia dar, in deren deutschen Ausgabe bis Juli 2007 ca. 605.000 Artikel veröffentlicht sind.

Die charakteristischen Wiki-Funktionen sind nach Ebersbach:

- Editieren: Mit einfachen Grundfunktionen können Seiten erstellt werden, mit Überschriften, internen und externen Links, der Möglichkeit, Grafiken einzubinden, die Seite mit Zeitstempel und Signaturen zu versehen.
- Mit dem einfachen Einfügen von internen und externen Links ist es möglich, sowohl hierarchische Strukturen aufzubauen als auch über das einfache Einfügen von internen und externen Links quer dazu ein assoziatives Netz aufzubauen. Links werden entweder in rechteckige Klammern gesetzt oder in der sogenannten CamelCase Notation, d. h. ein Wort wird mit großen Anfangsbuchstaben geschrieben und ohne Zwischenraum zusammengesetzt.
- Versionskontrolle: Da jeder das Recht hat, Seiten zu ändern, solange sie nicht explizit für das Ändern gesperrt sind, wird eine lückenlose Versionsdokumentation mitgeführt, sodass jeder erkennen kann, wer was wie geändert hat. Es ist deshalb möglich, eine Seite wieder auf einen vorhergehenden Stand zu bringen.

- Diskussion: Zu jeder Seite gibt es eine Diskussionsseite, auf der Kommentare zu Seiten abgegeben werden können, die man zunächst nicht ändern möchte.
- Recent Changes: Zusammenstellung der Seiten, die in einem zu wählenden Zeitraum geändert wurden. Als Verfeinerung werden sogenannte Beobachtungsseiten definiert, also diejenigen Seiten, über die ein Benutzer informiert wird, wenn sich an diesen Seiten etwas geändert hat.
- Einfügen von Dokumenten und Bildern: Dies kann dazu benutzt werden, alle relevanten Dokumente an den thematisch richtigen Stellen zur Verfügung zu haben und kommentieren zu können
- Suchfunktionen: Bei einem assoziativen Aufbau kommt den Suchfunktionen eine Schlüsselrolle zu. Insofern stehen Wikis vor derselben Herausforderung, wenn auch nicht in dieser Größenordnung, wie das Internet als Ganzes. Nicht umsonst sind die Wikis ein weites Spielfeld für die Umsetzung der Philosophie des semantischen Netzes, also der Idee, die Inhalte vonseiten so aufzubereiten, dass sie maschinell verstanden werden können.
- SandBox: Sind eine Spielwiese, auf der ein Benutzer zunächst seine Seite anschauen kann, bevor er sie der Allgemeinheit zur Verfügung stellt.
- Ein Minimum an Verwaltung: Da die Benutzer weitgehend das Wiki selbst verwalten, sind die Administratorenfunktionen auf ein Minimum beschränkt.

4.11.2 Anwendung der Methode

Das bekannteste Beispiel für Software zur Erstellung und Verwaltung von Wikis ist MediaWiki, eine Open Source Software, die für die Zwecke von Wikipedia erstellt wurde.

Bei der Einführung von Wikis im Projekt kann man nach Puls folgendermaßen vorgehen:

1. Schritt: Rahmenbedingungen schaffen

Zu den Rahmenbedingungen gehören beispielsweise:

- einen Wiki-Master bestimmen
- Know-how im Projektteam aufbauen
- Themengebiete abstecken, die ins Wiki aufgenommen werden
- Form der Inhalte festlegen
- Sicherheitskonzept und Zugangsberechtigungen festlegen
- Infrastruktur serverseitig bereitstellen

2. Schritt: Generierung von ersten Inhalten

Dazu gehört beispielsweise:

- Rahmen und Namenskonventionen festlegen
- einige Pilotseiten erstellen, Erfahrungen auswerten und im Projektteam bekannt machen

3. Schritt: Wikis beobachten

- Beobachtung der Akzeptanz
- beobachten, welche Funktionalitäten genutzt werden
- Beobachtung von verwaisten Seiten
- beobachten, welche Seiten schwer auffindbar sind
- Behebung festgestellter Mängel

4.11.3 Fazit und Erkenntnisse

Wikis erfreuen sich zunehmender Beliebtheit, weil sie sehr einfach zu bedienen sind und dadurch die Hemmschwelle fällt, sie zu benutzen. Der kommunikative Aufbau mit den Möglichkeiten, Kommentare zu platzieren, hat einen hohen Aufforderungscharakter. Durch die assoziative Struktur lassen sich Inhalte viel besser verwalten als in früheren hierarchisch organisierten Directories. Die Investitionen in Software sind gering, da geeignete Software lizenzfrei als Open Source zur Verfügung steht.

Tipp

Durch die geringe technologische Schwelle und die geringen Kosten für Software, Installation und Einarbeitungsaufwand eignen sich die Wikis auch hervorragend für kleinere Projekte.

Allerdings fehlen bei einem erstmaligen Einsatz in einem Projekt evtl. Richtlinien und Vorlagen, die erst noch zu erstellen sind. Auch wird von den Projektteilnehmern ein gewisses Maß an Selbstdisziplin verlangt, damit vereinbarte Konventionen auch eingehalten werden.

4.12 SCRUM

Kurzbeschreibung der Methode	
Methodenart	**Projektplanung, Projektsteuerung**
Geeignet für	Projekte mittlerer Größenordnung, besonders für Software- und Organisationsprojekte
Ziel	Produktivitätsgewinn durch die Einführung der Prinzipien des Lean Managements in die Projektplanung und -steuerung.
Benötigte Hilfsmittel/ Beteiligte	Die üblichen PM-Werkzeuge mit spezifischen Anpassungen zur Abbildung von Produkt-Backlog und Sprints
Zeitaufwand	Bei der erstmaligen Durchführung ist der Schulungs- Coachings- und Überzeugungsaufwand nicht zu unterschätzen, da es sich um einen Paradigmenwechsel gegenüber der traditionellen Projektabwicklung handelt.
Vorteile	▪ geringerer Planungsaufwand ▪ vereinfachte Projektsteuerungsmethoden ▪ integrierter Änderungsprozess ▪ höhere Zufriedenheit der Teammitglieder durch hohe Teamautonomie und Selbstorganisation
Nachteile	▪ Schnittstellenprobleme zur Umwelt, die mit traditionellen Methoden arbeitet ▪ Ergebnisse hängen stark von der individuellen Motivation ab ▪ Tendenz zur Selbstausbeutung der Teammitglieder ▪ wenig geeignet für sicherheitskritische Anwendungen oder Projekte, die strikte Standards einhalten müssen

4.12.1 Beschreibung der Methode

SCRUM gehört zu den Spielarten des agilen Spektrums, die am weitesten verbreitet sind. Agile Methoden erschließen gemäß den Verlautbarungen des „Agilen Manifests" bessere Wege Software zu entwickeln, indem sie

- Individuen und Interaktionen höher gewichten als Werkzeuge und Prozesse,
- funktionierende Software höher als umfassende Dokumentation,
- Zusammenarbeit mit dem Kunden höher als Vertragsverhandlung,
- Reagieren auf Änderungen höher als das Befolgen eines Planes.

Agile Methoden sind jedoch nicht auf Softwareentwicklungsprojekte beschränkt, sondern kommen bei Projekten unterschiedlichster Branchen zum Einsatz, immer dann, wenn man den Grundsatz des Lean Managements „No waste" — also „keine Verschwendung", weder an Materialien, noch an Zeit, noch an Kapazitäten — in der Projektabwicklung verwirklichen möchte.

Unter den agilen Methoden findet SCRUM nach einer Studie der deutschen Gesellschaft für Projektmanagement die weiteste Verbreitung nicht zuletzt deswegen, weil sie nicht so sehr IT-spezifisch, sondern eher eine allgemeine Organisationsmethode ist. SCRUM, obwohl meist in Großbuchstaben geschrieben, ist kein Akronym, sondern ein Begriff für Standardsituationen im Rugbysport (Gedränge), wenn das Spiel nach einem Regelverstoß oder Aus wieder neu aufgenommen wird.

Die Kernelemente von SCRUM

Die Kernelemente von SCRUM, folgt man dem SCRUM-User-Guide der Webcommunity www.SCRUM.org, sind das SCRUM-Team, SCRUM-Ereignisse, SCRUM-Artefakte. Ergänzt werden die Kernelemente durch zusätzliche Techniken, wie Burndown-Chart, Planungspoker und User-Storys.

Ein **SCRUM-Team** besteht aus einem Product-Owner, dem Entwicklungsteam und einem SCRUM-Master. Der Product-Owner ist derjenige, der für den Liefer- und Leistungsumfang des Projektes in der letzten Instanz die Verantwortung trägt, sowohl inhaltlich, als auch unter Businessaspekten. Er bestimmt die Inhalte, entscheidet über Änderungen und priorisiert die Anforderungen. Das Entwicklungsteam arbeitet ausschließlich nach seinen Vorgaben. Der Product-Owner ist eine Person, kein Team. Wird der Product-Owner vom Lieferanten gestellt, vertritt er den Kunden. Es besteht aber auch die Möglichkeit, dass der Product-Owner vom Kunden selbst gestellt wird. Das Entwicklungsteam-Team erstellt das Produkt. Es setzt sich interdisziplinär zusammen, ist flach strukturiert (ohne Projektleiter oder sonstigen Hierarchien) und arbeitet selbstorganisierend. Idealerweise besteht ein SCRUM-Team aus 6 bis 8 Mitgliedern. Bei Großprojekten gibt es mehrere Entwicklungsteams. Der SCRUM-Master ist der Coach im SCRUM-Team und sorgt dafür, dass die Theorie die Regeln und die Praktiken von SCRUM verstanden und adäquat in der Praxis umgesetzt werden.

SCRUM-Ereignisse sind der Sprint mit Sprint-Planning, Daily-SCRUM, Sprint-Review und Sprint-Retrospektive. SCRUM ist eine iterative Methode, mit der ein Produkt inkrementell innerhalb einer definierten Anzahl von Sprints entwickelt wird.

Als **SCRUM-Artefakte** bezeichnet man den Product-Backlog, den Sprint-Backlog und das Inkrement. Es sind die zu liefernden Ergebnisse. Der Product Backlog enthält den gesamten Liefer- und Leistungsumfang und wird vom Product-Owner verwaltet. Die Anforderungen werden in Product-Backlog-Einträgen (Items) beschrieben, je nach Projektfortschritt konkreter oder abstrakter. Der Sprint Backlog enthält den Teil der Anforderungen, den sich das Entwicklungsteam zutraut, im Rahmen eines Sprints abzuarbeiten, um das nächste Inkrement des zu liefernden Produktes herzustellen. Das Inkrement stellt demnach alle in einem Sprint abgearbeiteten Product-Backlog-Einträge dar und sollte für sich selbst verwertbar sein.

In einigen SCRUM Abhandlungen wird auch noch die Vision als Artefakt aufgeführt. Sie gilt als eine Vorläuferin des Product-Backlogs, das eine Kurzbeschreibung des zu erstellenden Produktes inklusive der Rahmenbedingungen seiner Erstellung beinhaltet.

Der Kernprozess im SCRUM: Sprint

Der Sprint stellt den Kernprozess im SCRUM dar. Er erstreckt sich über einen Zeitraum von maximal vier Wochen, wobei die festgelegte Zeit nicht überschritten wird (Time-Boxing). Ziel des Sprints ist es, ein auslieferbares, nutzbares Inkrement des Gesamtproduktes zu erstellen. Während eines Sprints dürfen in der Regel keine Änderungen am Leistungsumfang des Sprints vorgenommen werden.

Im Sprint-Planning wird geplant, was das nächste Produkt-Inkrement beinhalten soll und welche Verfahren, Prozeduren und Methoden zur Anwendung kommen. Das Sprint-Planning erfolgt in einer Timebox von nicht mehr als 8 Stunden. Der Daily-SCRUM (manchmal auch Daily-Standup genannt) ist ein tägliches timeboxed Meeting von 15 Minuten, das zur Synchronisierung der Tagesarbeit dient.

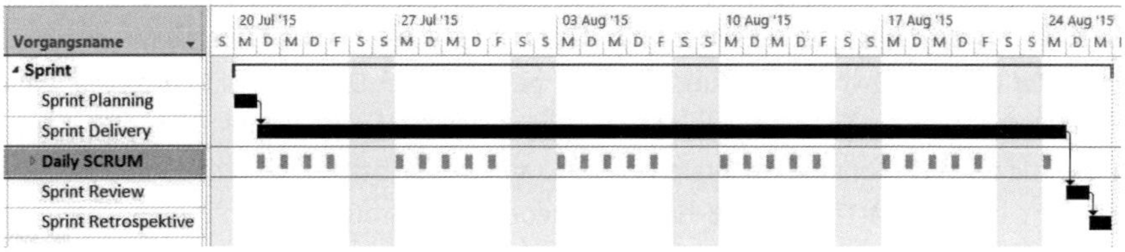

Abb. 108: Übersicht Daily-SCRUM

Am Ende eines Sprints wird ein Sprint-Review von vier Stunden vom SCRUM-Master organisiert. Alle wichtigen Stakeholder und das Entwicklungsteam nehmen daran teil. Letzteres präsentiert die erledigten Arbeiten. Der Product-Owner zeigt die Auswirkungen auf das Gesamtprodukt. Zeitplan und Budget werden überprüft und Erkenntnisse für den nächsten Sprint diskutiert. Die Sprint-Retrospektive liegt zeitlich zwischen Sprint-Review und dem nächsten Sprint. Sie dauert drei Stunden und gibt dem Team die Möglichkeit, Verbesserungspotenzial zu identifizieren.

4.12.2 Anwendung der Methode

Vom Backlog Eintrag zur Sprintauswahl (Ready)

Sämtliche Anforderungen werden unter der Oberhoheit des Product-Owners im Product-Backlog geführt. Im Fortschreiten des Projektes konkretisieren sich die Anforderungen (formuliert in Backlog-Items) soweit, dass sie mit dem Kennzeichen „Ready" realisierungsfähig sind. Die Konkretisierung kann strukturiert in Themes, Epics und User-Storys erfolgen.

Eine User-Story, als detaillierteste Ausprägung eines Backlog-Items, ist ein Format, das umgangssprachlich beschreibt, was die Anforderung beinhaltet, für wen sie ist und wie sie abgenommen werden kann. Der Product-Owner priorisiert die User-Storys und das Entwicklungsteam schätzt den Komplexitätsgrad der User-Storys mit der relativen Maßeinheit Story-Point, die im weiteren Verlauf dann in absolute Aufwände transformiert wird. Eine beliebte Methode, die im Schätzprozess zur Verfügung steht, ist der Planungspoker, eine formalisierte Vorgehensweise, die mit Hilfe von Spielkarten, zu einem Konsens über die zu vergebenden Story-Points führt. Die User-Storys mit dem Kennzeichen „Ready" stehen zur Realisierung in einem Sprint zur Verfügung. Welche und wieviel davon ausgewählt werden, entscheiden das Prioritätskennzeichen und die Summe der Story-Points, die sich das Entwicklungsteam zutraut, im Verlaufe eines Sprints abzuarbeiten.

Vom Sprinteintrag zur Fertigstellung (Done)

In der Sprint-Planung wählt das gesamte SCRUM-Team die User-Storys aus, die das nächste Inkrement bilden sollen. Die ausgewählten User-Storys werden in den Sprint-Backlog übertragen, dort weiter in ausführbare Tasks spezifiziert und den Mitgliedern des Entwicklungsteams zur selbstorganisierten Realisierung übereignet. Erledigte User-Storys bekommen den Status „Done", was auch zu einer entsprechenden Statusänderung im Product-Backlog durch den Product-Owner führt. Das Resultat aller erledigten Tasks innerhalb eines Sprints ist ein neues Inkrement des zu erstellenden Gesamtprodukts. Sprint-Review und Sprint-Retrospektive schließen den Sprint ab und der nächste Sprint startet mit einer neuen Sprint-Planung.

Überwachung

Zur Steuerung, Synchronisation und Überwachung des Sprints dienen der Daily-SCRUM und das Burndown-Chart. Im Daily-SCRUM beantwortet jedes Mitglied des Entwicklungsteams drei Fragen:

- Was habe ich gestern erreicht?
- Was werde ich heute erledigen?
- Sehe ich irgendwelche Hindernisse, die mich oder das Team an der Erledigung hindern?

Nur das Entwicklungsteam nimmt am Daily-SCRUM aktiv teil. Detailfragen können, falls notwendig im Anschluss des Meetings geklärt werden.

Das Burndown-Chart ist eine grafische Darstellung, um frühzeitig prognostizieren zu können, ob es gelingt, innerhalb des Sprints alle Tasks abzuarbeiten. Man geht idealisiert davon aus, dass am Anfang des Sprints 100% aller Story-Points abzuarbeiten sind und am Ende des Sprints der Backlog auf 0 Story-Points steht. Es wird ein linearer Zusammenhang von Zeit und Abarbeitung der Story-Points unterstellt. Abweichungen nach oben oder unten von der idealisierten Linie zeigen Verzug oder rascheren Arbeitsfortschritt an.

Zeitmanagement, Änderungsprozess und Terminplanung

Zeitmanagement: Alle Events in SCRUM sind timeboxed, auch der Sprint. Er endet nach der festgelegten Zeit (maximal vier Wochen), unabhängig davon, ob alle Tasks erledigt sind oder nicht.

Der Änderungsprozess: Änderungen am Produkt sind zu jeder Zeit möglich. Um Änderungen (neue Anforderungen, Streichungen, Inhaltsänderungen, Verbesserungen etc.) aufzunehmen, erstellt der Product-Owner einen neuen Eintrag in den Product-Backlog. Auch die in einem Sprint nicht oder nicht vollständig abgearbeiteten User-Storys fallen wieder in den Product-Backlog zurück und müssen sich, wie alte oder neue Einträge — nach einer neuen Priorisierung — um die Abarbeitung im nächsten Sprint bewerben. Auf diese Weise ist der Änderungsprozess ein integraler Bestandteil der Projektabwicklung.

Terminplanung: In SCRUM sind keine aufwendigen Netzpläne notwendig. Die Zeitschiene ergibt sich aus der Anzahl der notwendigen Sprints.

4.12.3 Fazit und Erkenntnisse

SCRUM scheint eine gelungene Übertragung der Prinzipien des Lean Managements auf die Projektabwicklung zu sein, wie folgende Tabelle der „Five Zero Laws“ des Lean Managements und deren Verwirklichung in SCRUM zeigt:

Lean Management „No waste“	
Five zero Laws des Lean Managements	**SCRUM**
zero downtime	inkrementelle Produktlieferung in kurzen Zyklen.
zero defects	Daily-SCRUM, Sprint-Review, Sprint-Retrospektive, Abnahmekriterien für ein „Done“.
zero paper	Keine komplexen Netzpläne, keine aufwendige Dokumentation, intensive Kommunikation mit dem Kunden, anstatt eines detaillierten Vertragswerks.
zero inventory	Der Sprint limitiert die Arbeit und die benötigten Ressourcen.
zero delays	Timeboxed Verfahren, Burndown-Chart.

Limitiert ist die Anwendung von SCRUM bei

- großen Projekten mit hohen sicherheitstechnischen Anforderungen,
- Projekten mit rigiden gesetzlichen Anforderungen (Produkthaftung),
- Zertifizierungsprojekten (ISO9000, ISO 27001),
- Projekte, die eine Integration von Mitarbeitern aus anderen Firmen (verlängerte Werkbank) erfordern,
- multinational zusammengesetzte Teams.

Der Gegensatz zwischen Projekten die traditionell geplant und durchgeführt werden gemäß den ausdifferenzierten Methoden (PMI, IPMA, PrinceII, V-Modell) und den Projekten, die agile Methoden verwenden, wird sich sicher in naher Zukunft in der Form einer fruchtbaren Koexistenz auflösen. Es ist gut denkbar, dass bei großen, komplexen Projekten die Rahmenplanung nach den traditionellen Methoden geschieht, ergänzt durch sinnvolle SCRUM-Inseln. Eine Analogie gibt es bereits in der Produktionsplanung und -steuerung. Dort wird der anfängliche Gegensatz zwischen Lean Management und plangesteuerter Produktion zugunsten einer Integration beider Ansätze aufgelöst.

5 Methoden des Projektabschlusses

Der Projektabschluss ist der letzte Organisationsprozess im Lebenszyklus eines Projekts. Der Projektgegenstand ist fertig gestellt und die Projektarbeit kann beendet werden. Danach ist das Projekt offiziell beendet. Folgende Punkte sind zu erledigen:

1. das Projektergebnis an den Auftraggeber übergeben
2. die abschließenden Aktivitäten planen
3. die Zeit nach dem Projekt betrachten
4. die Projektarbeit analysieren und abrechnen
5. gemachte Erfahrungen für zukünftige Projektesichern
6. die Projektorganisation auflösen

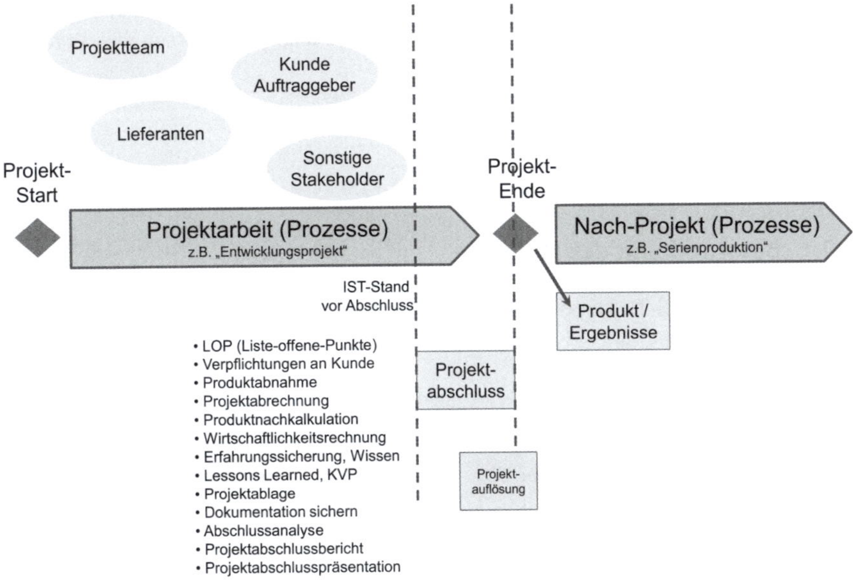

Abb. 109: Lage Projektabschluss

5.1 Übergabe des Projektergebnisses

Kurzbeschreibung der Methode	
Methodenart	**Erkennen/analysieren, bewerten, entscheiden, planen und abwickeln**
Geeignet für	Alle Projekte, unabhängig von Projektart und -größe
Ziel	Die geleistete Projektarbeit zwischen Team und Auftraggeber (Kunde) zum Abschluss bringen
Benötigte Hilfsmittel/ Beteiligte	Komplette Projektdokumentation, Vertragsunterlagen (Lastenheft, usw.)
Zeitaufwand	Kein extra Zeitaufwand erforderlich; läuft im Rahmen der normalen Projektorganisation
Vorteile	Die Projektarbeiten sauber und geordnet abschließen. Alle vertraglich vereinbarten Forderungen transparent abwickeln können. Kundenzufriedenheit erreichen.
Nachteile	Absolut keine

5.1.1 Beschreibung der Methode

Ein Projekt abschließen kann ein aufwendiger Prozess sein, bestehend aus einer Vielzahl einzelner Aufgaben/Arbeitsschritten, Methoden und kann sich über einen längeren Zeitraum erstrecken.

Projekte können planmäßig beendet, bewusst abgebrochen oder unbewusst eingestellt werden. Übernimmt das Projektcontrolling spezielle Funktionen/Aufgaben beim Projektabschluss oder müssen Projektleiter und Team alles selbst erledigen? Beim Projektabschluss gilt es, sowohl die Sachebene, die Zahlen, Daten und Fakten, als auch die Beziehungsebene, zwischen den beteiligten Menschen, zu berücksichtigen.

Projekt planmäßig beenden:
- Alle Ziele / Teilziele sind entsprechend den Vorgaben von Kunde, Auftraggeber und Steuergremium erreicht worden.

Projekte unbewusst auslaufen lassen:
- Prioritäten intern / extern sind reduziert worden
- Entscheidende Projektmitarbeiter fallen aus (Krankheit, Kündigung, anderes Team)
- Projektziele sind unrealistisch, nicht erreichbar
- Kunde / Unternehmen wurde umorganisiert

Projekt bewusst vorzeitig abbrechen (Ende mit Schrecken / Bauruine):
- Kundeninteresse ist verschwunden, niemand will das Projekt mehr
- Das verfügbare Budget ist verbraucht / Kosten unterschätzt
- Rentiert sich nicht mehr / Unwirtschaftlich
- Randbedingungen, Gesetze, Vorschriften geändert
- Laufzeit ist abgelaufen
- Mangelhafte Planungsgrundlagen, mangelhafte Planung, Fehleinschätzung
- Schlüsselfachleute verlassen das Unternehmen
- Personalkapazität ist nicht verfügbar
- Mangelhafte Zusammenarbeit Kunde / Lieferant / Team
- Nicht lösbare Probleme (Technik, Politik, ...)
- Es gibt inzwischen bessere Technologien (Tunnel statt Brücke)
- Die Projektziele sind vor dem geplanten Endtermin bereits erreicht worden

Abb. 110: Projekte abschließen

Problematik am Projektabschluss

Es kommt recht selten vor, dass das gesamte Projektteam bis zum Ende des Projekts vollständig zusammen arbeitet. Oft hat sich schon ein großer Teil des Teams zu diesem Zeitpunkt vom Projekt verabschiedet. Das Problem ist also: Wer soll nun den Projektabschluss machen? Was bringt den wenigen verbleibenden Mitarbeitern ein „phantastischer" Projektabschluss. Hinzu kommt noch, dass als Grundsatz gilt, den Aufwand für die Restarbeit auf ein Minimum zu reduzieren.

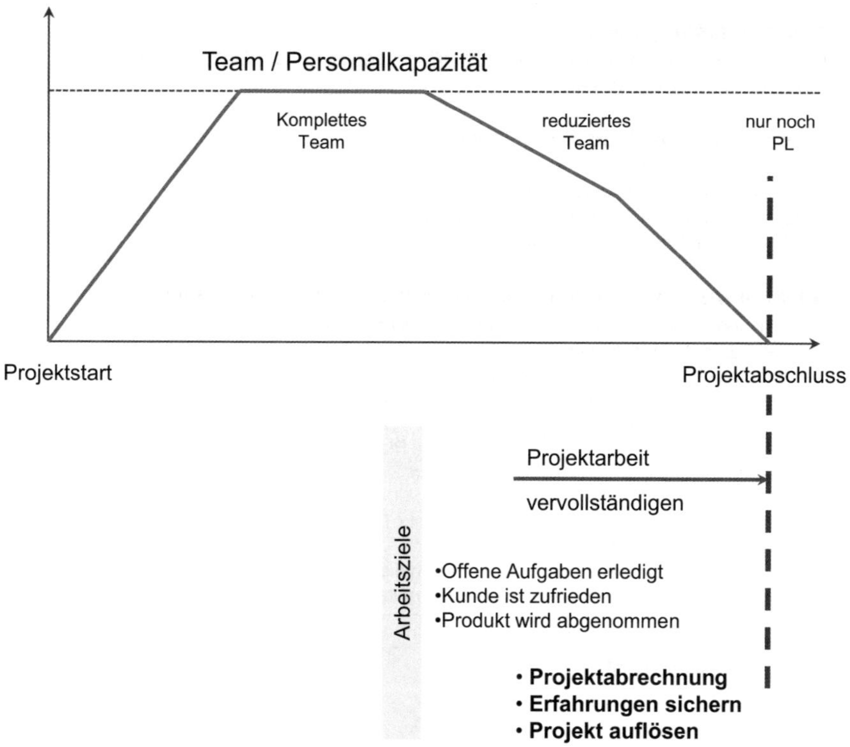

Abb. 111: Das Team am Projektabschluss

Situation der Projektarbeit am Projektende

- Auftraggeber/Kunde drängt auf Fertigstellung und Lieferung.
- Das Projekt soll möglichst schnell übergeben werden.
- Die vereinbarten Projektziele sind noch nicht alle erbracht.
- Der Auftraggeber ist mit dem erreichten Projektstand noch nicht zufrieden.
- Die Abnahme wird verweigert wegen Abweichungen, Lücken oder Mängeln am Produkt.
- Es gibt bereits viele neue Aufgaben für das Team.
- Das Projektteam löst sich langsam auf.
- Die GF fordert Abzug der verwendeten Ressourcen um Kosten zu sparen.
- Controlling/Buchhaltung drängen auf Abschlussrechnung.
- Lieferanten fordern Restzahlungen.

- Das Interesse des Auftraggebers / Kunden kann gegen Projektende nachlassen
- Das Wir-Gefühl des Teams schwächt sich ab, das Team verliert seine Identität wieder
- Stammmannschaft klingt sich langsam aus, neue Mitarbeiter kommen kurzfristig hinzu
- Teammitglieder haben Angst vor neuen ungewissen Aufgaben
- Teammitglieder springen „rechtzeitig" ab um ihre „weitere Verwendung" selbst beeinflussen zu können, um nicht am Projektende willkürlich verteilt zu werden
- viele Mitarbeiter arbeiten nur noch partiell am Projekt
- Teammitglieder springen rechtzeitig ab damit sie nicht mit einem drohenden negativen Image behaftet werden (bei eventuell ungünstigem Projektverlauf / -Abschluss)
- Teammitglieder steigen frühzeitig aus, damit sie nicht am Ende die abschließenden langweiligen Aufgaben (Dokumentation, Registratur, Abschlussbericht usw.) erledigen müssen
- Motivation am Projekt wird durch neue, attraktivere Aufgaben reduziert

Abb. 112: Situation am Projektabschluss

Am Projektende können unterschiedliche Einstellungen der Mitarbeiter beobachtet werden. Die einen wollen das Vertraute, das können Routinen, Prozesse, Aufgaben oder Mitarbeiter sein, noch eine Weile erhalten, andere dagegen das Projekt so schnell wie möglich verlassen. Die Führung will das Projektteam möglichst schnell mit einem neuen Projekt beauftragen, um kostengünstig zu handeln.

Abb. 113: Situation des Projekts im Umfeld

Motive der am Projekt beteiligten Menschen

Die Qualität des Projektabschlusses wird von der Unternehmenskultur und den am Projekt beteiligten Menschen geprägt. Wesentliche Treiber sind ihre unterschiedlichen Motive. Auch die noch verfügbaren Ressourcen im Projekt (Restbudget, Mitarbeiter, Zeit usw.) sowie die Situation am Projektende spielen eine wichtige Rolle.

Ein qualitativ hochwertiger, nachhaltiger Projektabschluss kommt zustande, wenn alle Beteiligten dabei ihre eigenen Bedürfnisse und Motive befriedigen können.

Projektleiter	Produktabnahme baldmöglichst erreichen; gute Leistungen mit dem Team erzielen; besseres Folgeprojekt bekommen; Lob von GF; GF ist zufrieden; geplante Wirtschaftlichkeit / Kennzahlen sind erreicht; Karriere machen; von seiner Führung gut beurteilt werden; Kunde ist zufrieden, äußert sich positiv, nimmt das Produkt ab; Kunde zahlt alle Forderungen; es hat keine Streitigkeiten mit dem Kunden gegeben; Lieferanten sind zufrieden, erhalten ihre Restforderungen; Arbeitsmittel freigeben; Arbeitsteam freigeben für Folgeprojekt; eigene Lessons learned für eigene zukünftige Aufgaben machen; Abschlussbericht für Dokumentation erstellen; alle Lieferantenforderungen können erfüllt werden; es gibt keine Streitigkeit mit Lieferanten.
Teammitarbeiter	Gute Beurteilung für geleistete Arbeit im Projekt; möglichst schnell aus den Projektforderungen herauskommen, da schon neue Aufgaben eingeplant sind; interessante Aufgaben in einem neuen Projekt erhalten.
Fachverantwortliche	Zusätzliches Know-how erreichen; Dokumentierte Lessons learned.
Geschäftsführung	Kunde ist zufrieden und hat einen Folgeauftrag angekündigt; Die geplante Wirtschaftlichkeit ist erreicht; Mitarbeiter sind weiter beschäftigt; mögliche Expansion auf dem Markt; der Ertrag stimmt mit den vorausgeplanten Werten überein; Imagegewinn.
Werkzeuge, Maschinen, Anlagen	Alle Projektmittel sind freigegeben worden und stehen neuen Aufgaben zur Verfügung.
Geldgeber, Banken	ROI stimmt; Firma hat weiterhin liquide Mittel.
Lieferanten	Alle noch ausstehenden Rechnungen werden von den Auftraggebern möglichst umgehend und ohne Abzüge bezahlt.
Kunde, Auftraggeber	Die vereinbarten Leistungen vom Projektteam erhalten; Alle vereinbarten Ziele werden erreicht, das Produkt kann abgenommen werden; es wird ein positives Protokoll erstellt.

Abb. 114: Typische Motive der Projektbeteiligten am Projektende

Projektabschluss nach EFQM-Modell

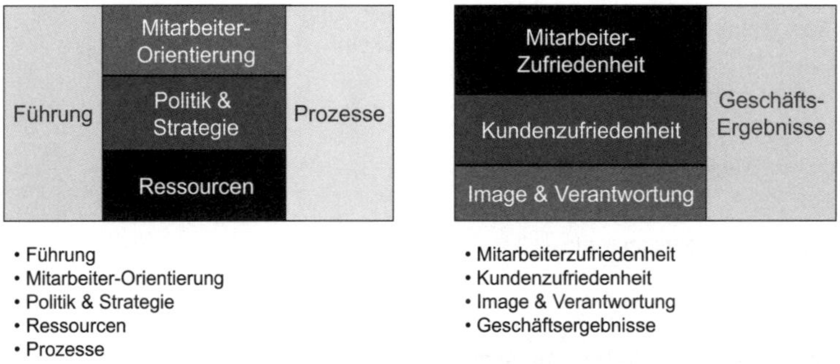

Abb. 115: Das EFQM-Modell

Projekte werden häufig nach internationalen Standards von IPMA oder EFQM mit einem Startworkshop begonnen. Randbedingungen und Ziele des Projektes werden sehr sorgfältig in Teamarbeit abgestimmt. Dann macht es aber auch Sinn, den Projektabschluss strukturiert zu planen und systematisch durchzuführen sowie den Fortschrittsgrad bzw. Erledigungsgrad am Projektende nach diesen Standards zu ermitteln.

5.1.2 Fazit und Erkenntnisse

Hierbei steht die Kundenzufriedenheit im Mittelpunkt. Es ist der Frage nachzugehen, ob das Projekt alle Forderungen des Kunden erfüllt hat. Was steht noch aus, was muss noch erledigt werden, damit der Kunde vollständig zufrieden ist, bevor das Projekt richtig abgeschlossen werden kann? Mit dieser Methode kann das Projektteam die noch fehlenden Punkte bis zur vollständigen Zufriedenheit des Kunden systematisch herausfinden und erledigen.

Projektabschluss

	Sachebene Produkt, Projekt, Technik			Beziehungsebene Projektteam, Menschen	
	Sichernde Restarbeiten	Analyse Wissen	Controlling Bewertung	Projektteam	Umfeld
Produkt	• Kundenforderungen sichern • Fehlende Leistungen realisieren • Restaufgaben erledigen • Mängel beheben • Produktübergabe • Produktabnahme • Abnahmeprotokoll	• Produktanalyse • Tests, Versuche • Abschlussanalyse • Abschlussbericht • Know How sichern • Kontin.Verbessern • Dokumente sichern • Erfahrung sichern	• Produkt bewerten • Nachkalkulation • Projektabrechnung • Wirtschaftlichkeit • Abschlussbericht	• Ängste • soziale Beziehungen gehen verloren • Wir-Gefühl • Motivation • Perspektiven, Neues • Zukunft unklar • Folgeaufgaben • Karriere • Beurteilung • Personalentwicklung • Abschlussfeier	• Beziehungen weiter pflegen? • Zufriedenheit des Kunden • Zufriedenheit der Führung • Zufriedenheit der Lieferanten • Zufriedenheit sonstiger Beteiligter • Feedback einholen
Prozesse	• Restaufgaben identifizieren • Aktivitätenliste • Prozesse analysieren • Mängel beheben • Prozesse verbessern • Projektabnahme • Nach-Projekt-Aufgaben	• Projektabschlussbericht • Projektabschluss-präsentation • Projektabschluss-dokumentation • Projektablage • Lessons learned • Projektanalyse • KVP • Projektnachbetrachtung	• Analyse Projektergebnisse • Projektleistungen • Kosten • Termine • Qualität • offene Zahlungen (Einnahmen/Ausgab.) • Abrechnung		

Abb. 116: Ebenen des Projektabschlusses

Projekte sollten bewusst und für alle Beteiligten erkennbar beendet werden. Es macht keinen Sinn, für den Projektabschluss umfangreiche Standardprozesse, selbst solche, die sinnvoll sind, zu fordern, um die Projekt-Qualität und Zertifizierung bzw. sonstige Nachweise und Absicherungsdokumente zu erfüllen. Dieser Aufwand wird dann nämlich von den Projektmitarbeitern nur belächelt und in der Praxis abgelehnt.

Stattdessen führt die Nutzung der Motive aller Beteiligten zu einem positiven Projektabschluss. Alles, was konträr zu den Motiven der Beteiligten steht, behindert die Projektarbeit eher, als dass sie die Prozesse unterstützt.

5.2 Produkt-/Projektübergabe — Produkt-/Projektübernahme

Die Verantwortung über das Produkt bzw. das Projekt wird vom „Lieferanten" (Team) an den Kunden/Auftraggeber übertragen. Lieferanten entlasten sich, der Kunde übernimmt sämtliche rechtlichen Verpflichtungen am Produkt bzw. Projekt. Die Übergabe bietet die rechtliche Grundlage zur Nutzung des Produkts (Projektinhalt) durch den Kunden und zum finanziellen Ausgleich (Bezahlung) an den/die Lieferanten.

Kurzbeschreibung der Methode	
Methodenart	**Erkennen/analysieren, bewerten, entscheiden, planen und abwickeln**
Geeignet für	Alle Projekte, unabhängig von Projektart und -größe
Ziel	Kunde nimmt die Projektarbeit an und gibt frei
Benötigte Hilfsmittel/ Beteiligte	Vereinbarte Projektdokumente, Zeichnungen, CAD-Modelle, Stückliste, Bauteileliste, Bauteilstruktur, Beschreibungen, usw.
Zeitaufwand	Ist eigentlich Bestandteil der Projektdokumentation und sollte vorhanden sein
Vorteile	Lieferant gibt die Verantwortung für Produkt und Projekt an den Kunden/Auftraggeber ab. Kunde kann das Produkt nutzen
Nachteile	Nach Freigabe kann der Kunde weitere Ansprüche nicht mehr so einfach geltend machen

5.2.1 Beschreibung der Methode

Mit der Projektübergabe werden Projektergebnisse an den Kunden/Auftraggeber übergeben. Verantwortung wird vom Projektteam auf den Kunden übertragen. Das Produkt bzw. das abgeschlossenen Projekt wird an die weiterführende Stelle, eine „Serienbetreuung" oder den Kunden übergeben.

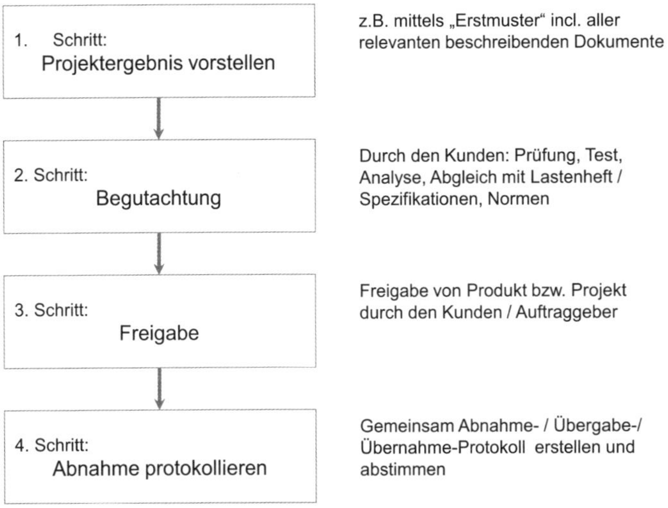

Abb. 117: Projektübergabe Prozess

5.2.2 Anwendung der Methode

1. Schritt: Projektergebnis vorstellen

„Erstmuster" werden beim Kunden/Auftraggeber mit allen beschreibenden Projektdokumenten vorgestellt. Hierzu gehören wesentliche, im Voraus vereinbarte Dokumente, wie z.B.:

- Zeichnungen, CAD-Modelle, Stückliste, Bauteileliste
- Prüfberichte, Testberichte, Protokolle
- Konfiguration, Änderungsstand, Produktbeschreibung
- Schulungsunterlagen, Trainingsmaterial
- Garantie-/Haftungsabsprachen

2. Schritt: Begutachtung

Basis der Produktabnahme ist eine Produktanalyse durch Kunde oder Projektteam. Eine Abnahmeprüfung des „fertigen" Produkts nach Lastenheft (Pflichtenheft). Produkttests werden nach vereinbarten Forderungen, Vorschriften, Spezifikationen und Normen durchgeführt, die gewonnenen Ergebnisse mittels Prüfprotokollen im Abnahmebericht dokumentiert. Bei der Projektabnahme durch den Kunden prüft dieser, ob er mit den realisierten Prozessen, der Zielerreichung zufrieden ist.

3. Schritt: Freigabe

Ziel des Projektteams/Lieferanten ist, dass der Kunden dieses „Erstmuster" freigibt. Das bedeutet, der Kunde ist mit den erreichten Leistungen im Projekt zufrieden und nimmt die Projektarbeit an/ab. Der Kunde bzw. Auftraggeber kann das Produkt in Betrieb nehmen. Oft wird dies auch durch den Start einer (Gross-)Serienproduktion begonnen. Hier wird auch festgestellt, ob alle ursprünglich geplanten Aktivitäten erledigt oder ob noch welche offen sind.

4. Schritt: Abnahme protokollieren

Das Übergabeprotokoll vom Auftragnehmer an den Auftraggeber (Kunde) oder Übernahmeprotokoll vom Auftraggeber an den Auftragnehmer dokumentiert diesen Prozess. Hier werden auch eventuell erforderliche Restarbeiten (Nacharbeiten) vereinbart.

Checkliste: **Projektabschluss - Projektübergabe - Übergabeprotokoll**

Sind die offenen Leistungen wirklich alle noch nötig, oder kann gestrichen werden?

Erfahrungen	• Sind die Projektergebnisse analysiert / bewertet? Ist der Projektabschlussbericht erstellt?
	• Wer definiert die wichtigsten Erfahrungen? Wo werden diese abgelegt und dokumentiert?
	• Ist sichergestellt, dass die gemachten Erfahrungen allen zugänglich sind? - Wenn ja, wo? (z.B. in einer Datenbank) - Was muss noch erledigt werden, wenn dies noch nicht erfüllt ist? Ist der QZP angelegt?
	• Lassen sich charakteristische Kennzahlen für Vergleiche generieren? Sind die wichtigen Kennzahlen / Vergleichswerte gebildet (Benchmark); - siehe auch Abschlussbericht
	• Ist die Nachkalkulation der Projektkosten durchgeführt worden?
	• Ist die Nachkalkulation der Produktkosten durchgeführt worden?
	• Was sollte beim nächsten Projekt anders gemacht werden? Warum? Welche Probleme gab es in der Vorgehensweise und Zusammenarbeit und warum? (KVP; Kostenreduzierungen)
	• Ist der geplante Qualitätsstand erreicht worden? Siehe Aktivitätenliste Produktentwicklung
	• Was wurde technisch erreicht? Sind die geplanten Ziele erreicht worden? Siehe Aktivitätenliste Produktentwicklung
Verpflichtungen Umfeld	• Welche Aufgaben sind vom Umfeld noch zu erledigen? Z.B. Zahlungen ???
	• Welche Verpflichtungen müssen vom Kunden noch erfüllt werden?
	• Wie werden die verschiedenen Umfeldgruppen über den Projektabschluß informiert? wer? wie? wann?
	• Gibt es offene Zahlungen an den Kunden erfolgen? Wer erledigt dies? Obligo?
	• Welche Zahlungen des Kunden stehen noch aus? Wer hakt nach? Wie?
	• Welche Verpflichtungen müssen noch von Lieferanten erfüllt werden?
	• Welche Zahlungen von Lieferanten stehen noch aus? Wer hakt nach? Wie?
	• Müssen noch Dokumente / Berichte erstellt / verteilt werden? - Projektberichte, Reviews, Testberichte
	• Sind noch Trainings / Schulungen vorzusehen / zu planen / durchzuführen?
	• Sind noch Zubehörlieferungen zu planen / durchzuführen ?
	• Müssen noch technische Dokumente erstellt werden? - Stücklisten, Zeichnungen, CAD-Modelle
	• Müssen Arbeitspläne noch erstellt werden ?
	• Besteht der Kunde auf den Leistungen? Welche können entfallen? Kann Leistungsentfall durch Preisreduzierungen verhandelt werden?
Übergabe	• Welche Arbeiten müssen noch erledigt werden? Wer erledigt?
	• Sind alle Ansprechpartner für die Serie bekannt und benannt?
	• Ist das Serienproduktionspersonal ausreichend ausgebildet?
	• Sind alle zukünftigen Aktivitäten im Hause, beim Übergang von der Industrialisierung zur Serie geplant? Sind alle Bereiche informiert? Garantie / Service / Ersatzteil / Serienbeschaffung
	• Ist geklärt, wer den Kunden in der Serie weiter betreut?

Abb. 118: Projektübergabeprotokoll

5.2.3 Fazit und Erkenntnisse

Die Projektübergabe ist ein wichtiges Instrument in der Projektarbeit, insbesondere am Projektabschluss, zur Entlastung des Projektteams. Der Projektgegenstand, das Produkt wird an den Auftraggeber übergeben bzw. der Auftraggeber übernimmt das Produkt. Ein sauberer Projektabschluss sollte auf jeden Fall im Ablauf-/Terminplan eingeplant werden. Ein besonderer Meilenstein hierfür ist vorteilhaft.

5.3 Projektabschluss planen

Zwischen den am Projekt beteiligten (Kunde, Team, Lieferanten usw.) wird abgeglichen, ob alle vereinbarten bzw. festgesetzten Ziele/Teilziele oder Leistungen/Ergebnisse am Produkt, den Objekten und den Prozessen erreicht sind. Gibt es noch Forderungen vom Kunden oder von Lieferanten? Was steht noch aus?

Die Vollständigkeit der Ergebnisse kann z.B. mittels individueller Checklisten abgeprüft werden. Wenn in der Projektarbeit laufend der Erledigungsgrad/Fortschrittsgrad festgestellt wird, dann werden alle Informationen über noch „nicht erledigte" Aufgaben, Arbeitspakete bzw. Aktivitäten von diesem System stets aktuell bereitgestellt.

Kurzbeschreibung der Methode	
Methodenart	**Erkennen/analysieren, bewerten, entscheiden, planen und abwickeln**
Geeignet für	Alle Projekte
Ziel	Die verbleibende Projektlaufzeit wird optimal genutzt
Benötigte Hilfsmittel/ Beteiligte	Arbeitspaketliste (PLAN); Lastenheft; LOP (Liste offene Punkte); Checkliste Restarbeiten am Projektschluss
Zeitaufwand	Akzeptable Planungsaufgabe, die ohnehin erledigt werden sollte
Vorteile	Die relevanten Aktivitäten können priorisiert werden; ein roter Faden entsteht; führt voraussichtlich zu hohem Grad von Kundenzufriedenheit
Nachteile	Keine Nebenwirkungen bisher bekannt

5.3.1 Beschreibung der Methode

Auf jeden Fall ist zu prüfen, ob diese einmal geplanten Aktivitäten überhaupt noch erledigt werden müssen. Möglicherweise kann der Kunde inzwischen auf die eine oder andere ursprünglich vorgesehene Leistung/Änderung verzichten. Lassen sich Argumente für Reduzierungsmaßnahmen am Projektende begründen? Manchmal kann auch ein finanzieller Ausgleich/Preisnachlass die Bereitschaft des Kunden zum Verzicht auf vormals abgesprochene Leistungen steigern. Was ist „nice-to-have“ oderkönnte auf jeden Fall wegfallen? Hat das Projektumfeld (Lieferanten, Lenkungsausschuss, Kunde usw.) noch offene Aktivitäten/Leistungen zu erbringen? Steht für diese noch offenen Aktivitäten genügend Aufwand (Stunden) bzw. genügend Restbudget zur Verfügung? Wenn nein, welche Lösungsmöglichkeiten bietet das System in solchen Fällen an?

5.3.2 Anwendung der Methode

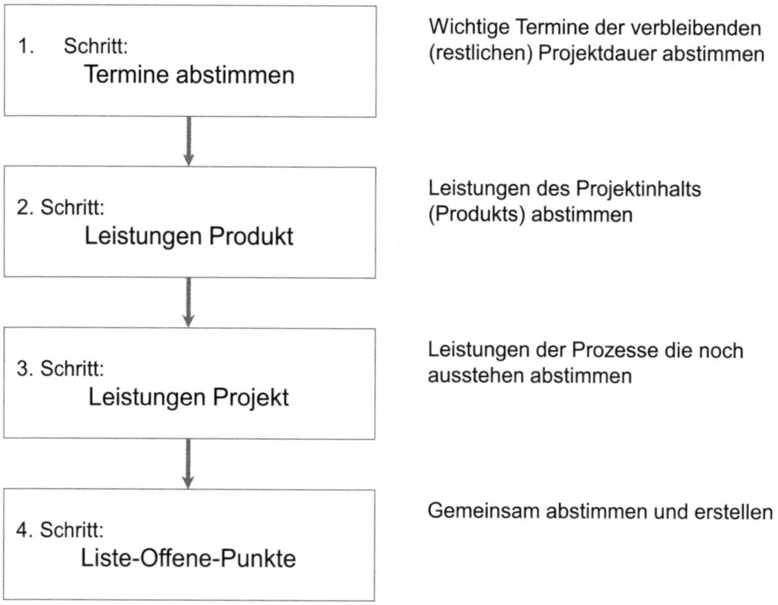

Abb. 119: Projektabschluss planen

1. Schritt: Terminschiene abstimmen

- Liefertermine mit Kunde abstimmen
- Grober Terminplan für restliche Projektdauer
- Lieferantentermine abstimmen

2. Schritt: *Leistungen des Produkts abstimmen*

- Ziele und Leistungen des Produkts mit Kunde abstimmen
- Vertragliche Vereinbarungen erfüllen
- Produkt analysieren, Bemusterung, Tests durchführen
- Mängel beseitigen
- Erstmuster liefern
- Abnahme durch Kunde/Auftraggeber

3. Schritt: Leistungen der Prozesse abstimmen

- offene, jedoch zugesicherte Leistungen, feststellen
- *Aufgaben abstimmen, definieren*
- *Ausstehende Arbeitspakete/Aktivitäten feststellen*
- Erfahrungen, Wissen, Lessons learned dokumentieren
- Projekt analysieren, Projekt bewerten
- Ausstehende technische Dokumente erstellen

4. Schritt: *LOP – Liste-offene-Punkte*

- Noch relevante Restaufgaben in einer „LOP" oder Liste-kritische-Punkte bzw. Aktivitätenliste zusammenfassen
- relevante Arbeitspakete planen; wer erledigt diese Aktivitäten, bis wann (Termine) und wie
- Behebung von restlichen Mängeln
- Realisierung von Nachforderungen
- eventuell Tests für die Erstbemusterung wiederholen

Checkliste: **Liste-Offene-Punkte / Aktivitätenliste**

lfd. Nr.	Teil-Projekt	AP-Nr	Aktivität / Aufgabe / Offener Punkt	Maßnahme	Verantwortlich	Termin	Status
1							
2							
3							
4							
5							

Abb. 120: LOP — Liste-Offene-Punkte/Liste-kritische-Punkte/Aktivitätenliste

5.3.3 Fazit und Erkenntnisse

Der Zeitraum „Projektabschluss" sollte sorgfältig geplant werden. Damit die letzten noch offenen Aktivitäten des Projekts problemlos ablaufen können und keine weiteren negativen Elemente in der Projektarbeit entstehen. Dies auch im Hinblick auf Restbudget, noch verfügbare Teammitarbeiter und Restlaufzeit. Überlassen Sie nichts dem Zufall!

Tätigkeit / Aufgabe	Bemerkungen	erstellt durch
Restaufgaben / Aktivitäten	• Vertragliche Vereinbarungen erfüllen • Mängel beheben • zugesicherte Leistungen erfüllen • bei Bedarf Wiederholungsprüfungen durchführen • Produktabnahme, Übergabeprozedur, Start der Inbetriebsetzung	PL + Team
Projektabrechnung / Projektcontrolling	• Projekterfolg (Kosten) • Kundenzufriedenheit	PL, PMO
Dokumentation	• Projektablage / Teamablage • Ergebnisdokumentation archivieren • Konfiguration am Projektabschluss dokumentieren	PL + Team
Projektanalyse	• Kennzahlen bilden • Know-how sichern, Erfahrungen • allen folgenden Projekten zur Verfügung stellen • Projekterfolg	PL + Team, PMO
Nach-Projekt-Phase	• Folgeauftrag akquirieren • Betreuungsmannschaft qualifizieren	PL
Projekt und Umfeld	• Auflösung der Umfeldbeziehungen • Kundenzufriedenheitsabfrage	PL + Team
Projektteam	• Teamzufriedenheit • Zukunft des Projektteams / Auflösung des Teams	PL, Führung
Projektabschlussbericht	• Präsentation der Projektergebnisse an LA bzw. GF	PL + Team

Abb. 121: Übersicht der abschließenden Tätigkeiten

Die abschließenden Projektarbeiten unterscheiden sich von den eigentlichen Hauptaufgaben des Projektes in der Regel dadurch, dass nichts Neues mehr entsteht, sondern überwiegend verwaltende, teilweise unattraktive (übriggebliebene) Aufgaben zu erledigen sind, die bis dahin niemand erledigen konnte/wollte. Wenn es die Ressourcenlage erlaubt, können in diesem Zeitraum vielleicht auch noch schöne „Nice-to-have-Aufgaben“ erledigt werden.

5.4 „Die Zeit nach dem Projekt“

Hierzu gehört auch die Nutzungsphase des Produkts, oft auch „Serienanlauf“ oder „Serienlaufzeit“ genannt. Bei Bedarf muss für diese „Nach-Projekt-Phase“ ein neues Projekt, ein sogenanntes „Serienprojekt“, formuliert und geplant werden. Die relevanten Bereiche des Kunden müssen über die weitere Betreuung des Produktes/Projekts informiert werden. Eine geeignete „Mannschaft“/Team für diese Serienbetreuung ist rechtzeitig bereit zu stellen und zu qualifizieren.

Kundenbetreuung

- Wer ist für die weitere Kundenbetreuung zuständig?
- Wie wird der Kunde weiter betreut?
- Eine „Mannschaft“ muss bereitgestellt und qualifiziert werden.

Garantieleistungen

- vertraglich festgelegte Garantien
- durch Gesetz bzw. Normen bestimmte Garantieleistungen

Nachfolgeprojekt

- Gibt es ein Nachfolgeprojekt für das Team, den PL?
- Wann findet es statt? Wie sieht es aus?
- PL führt Gespräche über Folgeaufträge mit dem Kunden.
- Akquisition beim Kunden.

Fazit und Erkenntnisse

Für die Zeit „nach dem Projekt“ sollte sich das Team spätestens am Projektabschluss Gedanken machen. Das Team hat bis zum Ende des Projekts den höchsten Erfahrungsstand mit Projekt und Produkt angesammelt und kann deshalb die erforderlichen Schritte „nach dem Projekt“ am besten beurteilen. Denn nach dem Projekt steht das ursprüngliche Projektteam in der Regel nicht mehr zur Verfügung. Es ist zu klären, wer die im Projekt angestoßenen Aktivitäten auf welche Art weiterführt.

5.5 Projektabrechnung

Unter der Projektabrechnung verstehen wir Bilanz zu ziehen über Zahlen, Daten und Fakten der Projektarbeit bis hierher. Dazu gehört auch die Nachkalkulation der Projektkosten sowie der aktuellen Produktkosten, wenn der Projektinhalt dieses zu entwickelnde Produkt ist. Über das Kalkulationsmodell fließen alle aktuellen Daten auch über die Wirtschaftlichkeit des Projekts sowie die aktuellen Produktkosten ein.

Kurzbeschreibung der Methode	
Methodenart	**Erkennen/analysieren, bewerten, entscheiden, planen und abwickeln**
Geeignet für	Alle Projektarten
Ziel	Feststellen von Zielerreichungsgrad und Zufriedenheit aller am Projekt Beteiligten; Wirtschaftlichkeit von Produkt und Projekt feststellen; Kennzahlen generieren
Benötigte Hilfsmittel/ Beteiligte	Kostenrechnungssystem; diverse Controllingberichte
Zeitaufwand	Bestandteil der täglichen Arbeit des Projekt-Controllings
Vorteile	▪ Zufriedenheit aller am Projekt beteiligten sicher stellen;
Nachteile	▪ Keine

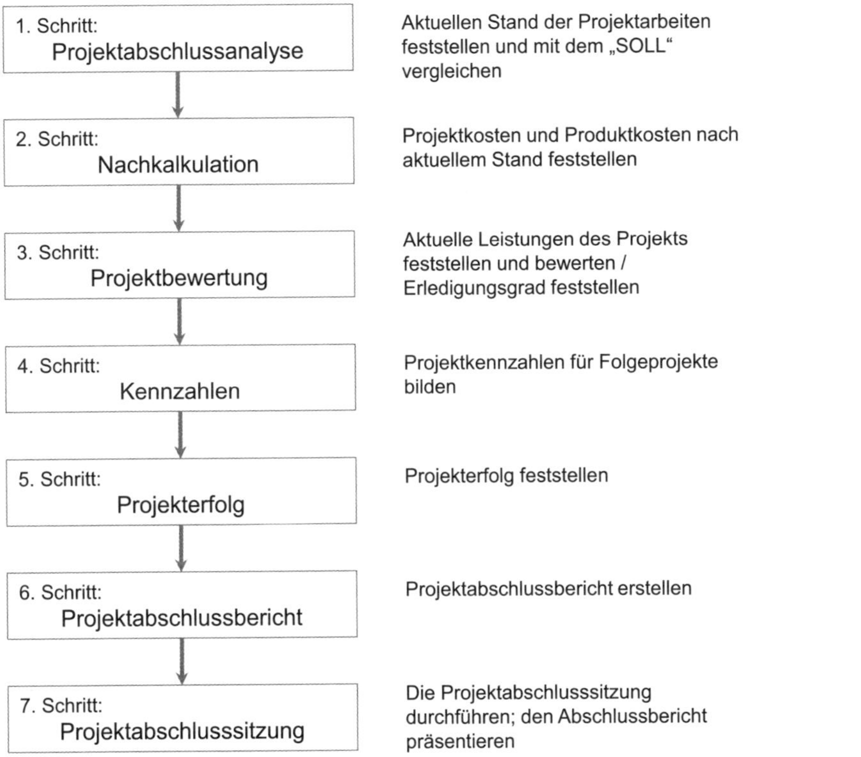

Abb. 122: Projektabrechnung Prozess

5.5.1 Beschreibung der Methode

1. Schritt: Projektabschluss-Analyse

Für wen ist eine solche Projektanalyse nützlich? Informationen, die hier gewonnen werden, fließen oft in die Nachbetrachtung der Projektarbeit ein. Benchmarks mit anderen Projekten, Teams, Firmen usw. sind hilfreich. Hier wird geklärt:

- Sind alle Ziele erreicht worden?
- Wo liegen/lagen die Stärken des Teams? Und warum?
- Welche Probleme gab es in Vorgehensweise und Zusammenarbeit? Warum?
- Was sollte beim nächsten Mal/Projekt anders/besser gemacht werden?

Eine Abweichungsanalyse kann wertvolle Informationen liefern. Warum ist das Produkt teurer geworden oder weshalb haben sich die ursprünglich geplanten Projektkosten erhöht? Als Ursachen für Abweichungen könnten festgestellt werden:

- Erhöhte Projektkosten wegen abgesprochener Änderungen
- Fertigstellungstermin verschoben, Markteintritt verspätet
- Nutzen des Produkts geringer als erwartet/geplant

2. Schritt: Nachkalkulation

In der Praxis fließen die Projektkosten in die Berechnung der Produktkosten ein. Von der Führung bzw. dem Kunden wird in der Regel der Nachweis der Wirtschaftlichkeit von Projekt und Produkt durch das Projektteam gefordert (Wirtschaftlichkeitsanalyse, Kalkulation/Nachkalkulation Produktkosten).

Zu den Aufgaben des Projektcontrollings gehören das Durchführen von Plausibilitätsprüfungen und der Nachweis, dass die geplanten Arbeitspakete entsprechend der erbrachten Leistungen von den beteiligten Mitarbeitern korrekt belastet worden sind. SOLL/IST-Vergleiche sind herzustellen.

Tendenziell werden gegen Projektende stets die noch offenen Arbeitspakete, deren Planwerte noch nicht voll ausgeschöpft worden sind, mit Aufwänden (Stunden u. Kosten) vollgebucht.

Eventuell sind Kostentreiber am Projekt zu identifizieren, die bis zum Projektende noch beeinflussbar sind.

3. Schritt: Projektbewertung

Wie werden die Projekte im Unternehmen bewertet? Gibt es ein eindeutiges Bewertungsschema für die Leistungen in den Projekten? Der Kunde bestätigt zum Beispiel „sehr gute Projektleistung“, weil die realisierten Kosten (und Preise) für den Kunden sehr günstig ausgefallen sind. Das war auch ein definiertes Ziel für das Team und des Projektleiters. Die Geschäftsführung dagegen meint „schlechtes Projekt“, weil die tatsächlichen Erträge aus dem Projekt fürs leistende Unternehmen zu bescheiden ausgefallen sind. Wer hat nun Recht und wer gibt den Ausschlag? Was sagt die Unternehmenskultur dazu aus? Wann ist das Projekt gut? Wer darf bewerten, wer hat im Unternehmen die Berechtigung dazu? Was passiert, wenn „Unwirtschaftlich“ bestätigt wird?

4. Schritt: Projektkennzahlen

In vielen Unternehmen gibt es ein Projektmanagement-Office (PMO) bzw. einen PM-Service, der aus den abgeschlossenen Projektarbeiten Kennzahlen aufbereitet, Vergleichswerte (Personalaufwand, Musterkosten, Werkzeugkosten, Änderungsaufwand) zur Schätzung, Planung und Einstufung nachfolgender Projekte bildet und durchschnittliche Aufwände für typische Arbeitspakete/Aktivitäten feststellt. Durch aktuelle Erfahrungsdaten in der Projektarbeit können Planungs-Standards angepasst werden. Das kann auf zwei Ebenen geschehen:

1. Am Produkt durch
   - Daten,
   - Informationen,
   - Produktleistungen,
   - Nutzwert für Kunde,
   - Preise und
   - Kosten.
2. Im Projekt bzw. in den Prozessen durch
   - Personalaufwand,
   - Kosten,
   - Musterkosten,
   - Werkzeugkosten,
   - Termine,
   - Termineinhaltung,
   - Termintreue,
   - Fehlerzahl und
   - Nacharbeits-/Änderungsaufwand.

5. Schritt: Projekterfolg/Kundenzufriedenheit

Der Projekterfolg lässt sich als Summe der verschiedenen Sichten der am Projekt beteiligten Menschen bewerten. Ein wichtiges Indiz stellt die Zufriedenheit von Kunde/Nutzer, die der internen Auftraggeber wie Geschäftsführung, Lenkungsausschuss sowie der beteiligten sonstigen Stakeholder wie z.B. Lieferanten und des Teams dar.

Zur Feststellung des Projekterfolges dient auch die kritische Selbsteinschätzung des Teams. Fragebögen/Checklisten zur systematischen Einschätzung sind sinnvoll und werden auch oft schon an früheren Meilensteinen zur Abfrage des Erledigungsgrads eingesetzt. Welchen Nutzen konnte jeder Beteiligte für sich aus dem Projekt ziehen? Diese Informationen sind für zukünftige Projekte der einzelnen Mitarbeiter sehr wichtig und können auch Bestandteil des Projektabschlussberichts sein.

Die Feststellung der Kundenzufriedenheit wird mittels standardisierter Fragebögen in der Regel im persönlichen Gespräch zwischen Kunde und Lieferant abgefragt. Eine Zufriedenheitsabfrage am Projektabschluss hat keine Regelkreisfunktion mehr. Es ist die zentrale Aufgabenstellung an das Projektteam, auf die Erwartungen des Kunden während der gesamten Projektarbeit einzugehen. Das kann nur funktionieren, wenn die Kundenzufriedenheit laufend abgefragt wird. Die einmalige Kundenzufriedenheitsabfrage am Projektabschluss kann nur als Rechtfertigung — Alibi in den Projektabschlussbericht einfließen.

6. Schritt: Projektabschlussbericht

Der Projektabschlussbericht ist eine zusammenfassende abschließende Darstellung von Aufgaben und erzielten Ergebnissen aus der geleisteten Projektarbeit. Unternehmen, die über die Projektlaufzeit einen Fortschrittsbericht führen, werden am Projektschluss den letzten Fortschrittsbericht anwenden und brauchen hier nichts speziell Neues generieren.

Der Projektabschlussbericht wird in der Regel dem Lenkungsausschuss (LA)während der Projektabschlusssitzung präsentiert. Der Projektleiter und das Team werden hier vom LA offiziell entlastet. Der Projektleiter präsentiert/berichtet dem Lenkungsausschuss die Ergebnisse der abschließenden Projektarbeiten auf der Sachebene und das Ergebnis der gesamten Projektarbeit mit einer Zusammenfassung des Projektverlaufs.

Der Projektabschlussbericht könnte nach EFQM folgenderweise strukturiert werden:

- Ziele/Ergebnisse
- Führung Mitarbeiter
- Mitarbeiterzufriedenheit
- Politik und Strategie
- Ressourcen, Partnerschaften
- Projekt und Umfeld
- Prozesse
- Kunde/Kundenzufriedenheit

7. Schritt: Projektabschlusssitzung(Projektreview)

Die Projektabschlusssitzung, manchmal auch Abschluss-Workshop genannt, ist die letzte Sitzung des Projektteams mit/vor dem Lenkungsausschuss (LA) und stellt den offiziellen organisatorischen Abschluss der Projektarbeit dar. Sie dient dazu, die gesamte Projektarbeit auf der rein sachlichen, technischen Ebene abzuschließen. Projektleiter und Team präsentieren dem LA mit dem Projektabschlussbericht die Ergebnisse der gesamten Projektarbeit. In der Projektabschlusssitzung sollten die folgenden relevanten Themen des Projektabschlussberichts angesprochen werden:

Themen für Projektabschlusssitzung (Projektreview / Abschlussbericht)	
1	Projektauftrag/Projektziel beschreiben
2	Planungsunterlagen
3	Projektergebnisse dokumentieren, Ist-Unterlagen bei Projektende
4	Abschlussanalyse (Gegenüberstellung von ursprünglich geplanten IST-Werten mit den im Projektverlauf aktuell erreichten PLAN-Werten bei Projektende, bezüglich Termine, Aufwände, Kosten, Produktkosten und inhaltlicher Zielerreichung / Technik, Spezifikation
5	gewonnene Erfahrungen beschreiben / Patente, Erfindungen
6	Weiteres Vorgehen / anstehende Aufgaben / Ansprechpartner zur weiteren Betreuung des Projekts (Nachprojektphase, Serienbetreuung, Serienlieferungsphase, …)
7	Projektergebnis / Projektanalyse / Projektbewertung
8	Vorsorge für die Nachprojektphase / Serienprojekt (Serienlieferungsphase)
9	Sicherstellung der gewonnenen Erfahrungen (Datenbank)
10	Zielerreichungsgrad feststellen
11	Wesentliche Kennzahlen des Produkts präsentieren
12	Information über Zufriedenheit von Kunden, Mitarbeitern, Lieferanten
13	Abweichungen feststellen und analysieren
14	Erfahrungen aus der Projektabwicklung diskutieren
15	Wichtige Ereignisse während des Projektverlaufs erklären (Störungen, Risiken,…)
16	Verbesserungen aufzeigen und nachhaltig sichern
17	Entlastung von Team und Projektleiter durch den Lenkungsausschuss
18	Dank an alle Beteiligten für deren Mitwirkung am Projekt
19	Anerkennung und Kritik
20	Rückschau: Was war gut? Was war weniger gut? Welche Ziele wurden erreicht bzw. nicht erreicht?
21	Erfahrungssicherung für künftige Projekte
22	Was kann aus dem Projektverlauf gelernt werden?
23	Welche Maßnahmen werden konkret getroffen, um Fehler nicht zu wiederholen?
24	Überführung der Projektteammitglieder in neue Aufgabengebiete
25	Abschlussfeier planen

Abb. 123: Themen für Projektabschlussbericht/Projektabschlusssitzung

5.5.2 Fazit und Erkenntnisse

Die verschiedenen Ergebnisse der „Projektabrechnung" legen die Basis für den Projektabschlussbericht und die dazu gehörige Abschlusssitzung vor dem Lenkungsausschuss/Auftraggeber (Kunden).

5.6 Projektwissen sichern

Erlebtes Wissen feststellen, Erfahrungsdaten erfassen, sichern und folgenden Projektplanungen als Orientierungshilfe zur Verfügung stellen, ist absolut sinnvoll. Seit über 20 Jahren gibt es in den größeren Unternehmen Bestrebungen, Erfahrungen strukturiert und standardisiert zu sammeln und anderen zur Verfügung zu stellen, damit das Rad nicht jedes mal wieder neu erfunden werden muss. Der Nutzen ist allerdings, bezogen auf den Aufwand, recht bescheiden.

Durch das Bewusstmachen und Sichern von Erfahrungsdaten während der Projektarbeit können die Effekte der „Lernkurve" stärker genutzt werden:

- Mögliche Risiken lassen sich schneller erkennen.
- Weniger spontane, plötzliche Risiken treten ein.
- Versteckte Fallen werden schneller entdeckt.
- Es kann effektiver und schneller gearbeitet werden.

Wer kann solche Vorhaben fördern, wer hat Motive, um eine solche Arbeit zu leisten? Der Praktikant, der junge Projektleiter, der gerade kein Projekt hat, haben hierfür langfristig keinerlei Motivation. Und wie sollten die Prozesse sinnvoll angelegt werden? Allzu starre Prozesse behindern die Projektarbeit mehr als sie nutzen. Erfahrungssicherung muss in der laufenden Projektarbeit eher im Hintergrund — eigentlich als Nebenprodukt - ablaufen und darf kein quälender Prozessschritt am Projektabschluss sein. Wie die Motive der am Projekt beteiligten Menschen aussehen, lässt sich an der folgenden Abbildung ablesen.

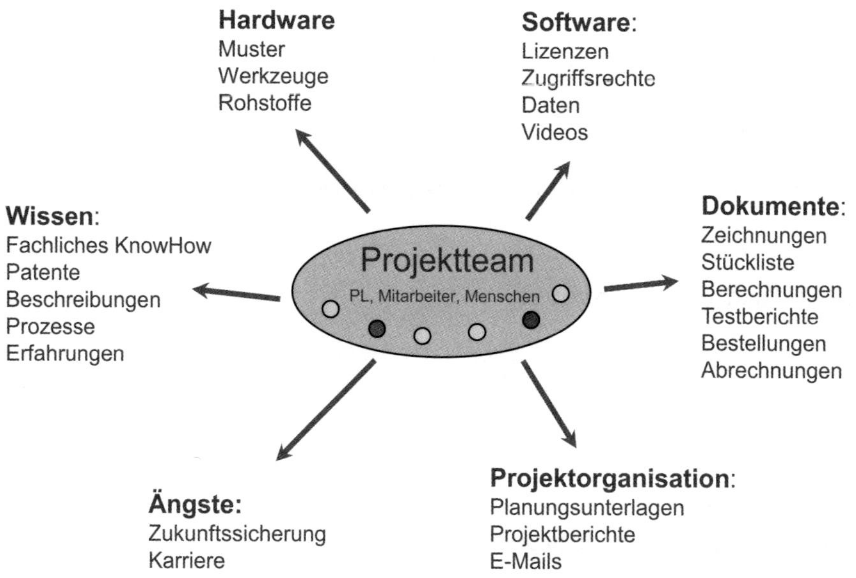

Abb. 124: Projektwissen Überblick

Fachliches Wissen am Produkt

Hier gibt es ein sehr starkes Interesse der „Fachabteilung". Der Stand der Technik, das Machbare muss präsent sein. Fachverantwortliche wollen für ihre Facharbeit Know-how sammeln um damit nachhaltig besser werden. Das Wissen soll aktuell an alle Mitarbeiter der Fachabteilung weitergegeben werden (Qualifizierung). Auch als Dokumentation zur Einarbeitung neuer Mitarbeiter ist dies geeignet. QM-Systeme fordern dies sogar. Mitarbeiter wollen eventuell selbst gemachte Erfahrungen mit einer eigenen Datenbank für ihre neuen Projekte und also auch für sich selbst sichern.

Prozess-Wissen am Projekt

Die verschiedenen Prozesse wurden vom PMO (Projekt-Management-Office) vorausgeplant. Während der Abwicklung dieser Prozesse hat das Projektteam festgestellt, dass die Vorausplanung u.U. nicht gut genug war, und hat entsprechend modifiziert, gelernt. Das PMO hat nun ein starkes Interesse, heraus zu finden, wie das Team tatsächlich gearbeitet hat und wie die Standards eventuell besser laufen könnten (Projektlernen).

Wissen über Kunden

Der Projektleiter kann vermutlich für seine weitere Karriere solches Erfahrungswissen (für sich persönlich) gebrauchen, damit er Fehler nicht noch einmal macht, Prozesse verbessern, schlanker, schneller machen kann. Hierfür wird er sich vermutlich selbst eine eigene Datenbank anlegen. Dadurch hat aber nur der Projektleiter einen konkreten Nutzen bei späteren Projekten. Trotzdem ist es sinnvoll, für sich solche Erfahrungen zu speichern. Die Frage hierbei ist: Was kann der PL aus dem vergangenen Projekt lernen?

Wissen über Lieferanten:

Hier hat der Einkauf ein starkes Motiv, Wissen und Erfahrungen zu sammeln.

Kurzbeschreibung der Methode	
Methodenart	**Erkennen/analysieren, bewerten, entscheiden, planen und abwickeln**
Geeignet für	Alle Projektarten
Ziel	Relevantes Wissen und Erfahrungen identifizieren, sichern und anderen Projekten zur Verfügung stellen
Benötigte Hilfsmittel/ Beteiligte	Projektdokumentation; Projektteam
Zeitaufwand	Sollte Bestandteil der täglichen Projektarbeit sein
Vorteile	Wissen und Erfahrungen, die in diesem Projekt gemacht wurden, stehen anderen Projekten im Unternehmen zur Verfügung; hierdurch können Zeit- und Kosten eingespart werden
Nachteile	Keine

5.6.1 Beschreibung der Methode

Während der Projektarbeit erlebtes Wissen feststellen, Erfahrungsdaten erfassen, sichern und den folgenden Projekten bzw. Projektplanungen als Orientierungshilfe zur Verfügung stellen. Zurückgelegte Phasen der Projektarbeit reflektieren. Was war sinnvoll. Was hätte besser sein können. Erfahrungen, die das Team sich erarbeitet hat, beurteilen.

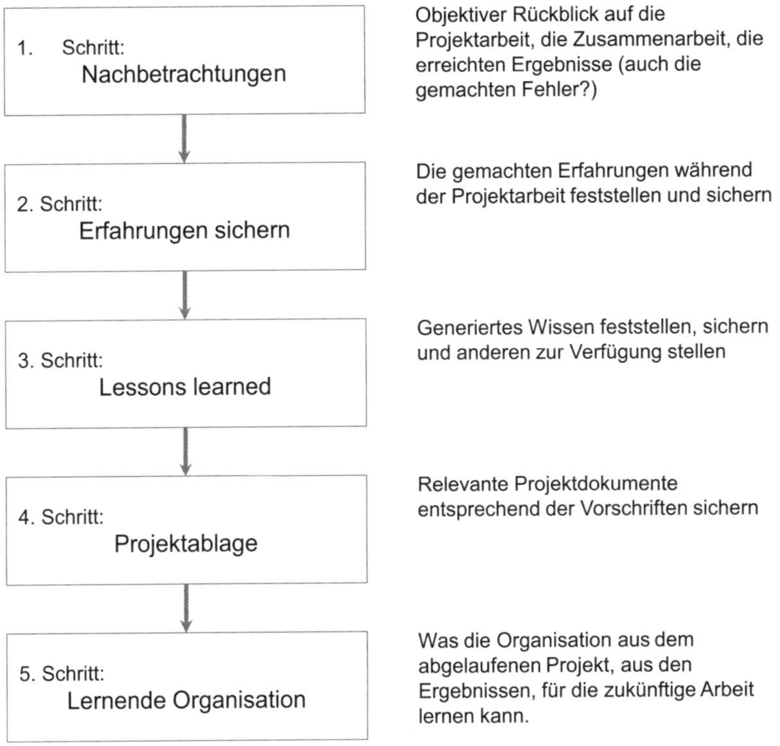

Abb. 125: Projektwissen sichern Prozess

1. Schritt: Nachbetrachtung

Bestandteile einer Nachbetrachtung der Projektarbeit sind:

- Entwicklungsergebnisse,
- Arbeitsprozesse,
- Teamprozesse und
- die eingesetzten Methoden.

Wo liegt nun der Fokus für die Nachbetrachtung der Projektarbeit? Liegt er entweder auf der Frage, was alles gut gemacht wurde und in die Routinen/Standards der Projektabwicklung eingebracht werden kann, oder fragt man sich hingegen, was alles falsch gemacht wurde und nun beim nächsten Mal besser gemacht werden muss.

Welche Probleme traten auf und wie wurden diese im Projekt gelöst? Geht es darum, die wesentlichen Erfahrungen, die das Team gemacht hat, für nachfolgende Projekte zu sichern? Kann dieses vom Team gelernte „Know-how“ späteren Projektteams zur Verfügung gestellt werden, damit ähnliche Situationen besser gemeistert werden können?

Die Fragestellung am Projektabschluss „Was haben wir alles falsch gemacht?" ist nicht mehr zielführend und nützt dem Projektteam nicht mehr wirklich. Sie verbreitet eher den Geschmack, „negative Leistungen“ aus zu forschen und Mitarbeiter zu blamieren. Wer will am Ende des Projekts denn wirklich wissen, was schlecht gelaufen ist? Braucht die Führung solche Informationen für die Beurteilungen, die Steuerung der Mitarbeiterkarrieren, wo liegen denn die tatsächlichen Motive hierfür?

Beim Team können keine Motive erkannt werden, eine gefühlte, u.U. recht gute Stimmung durch negative Meldungen, die vielleicht niemand außer den Teammitarbeitern kennt, aktiv zu verschlechtern, und damit u.U. sogar eine schlechtere Bewertung herbeizuführen.

Am Ende der Projektarbeit über diese zu reflektieren, ist wenig sinnvoll! Einerseits sind nicht mehr alle Teammitarbeiter greifbar, noch können sich die Mitarbeiter an alle Einzelheiten während der Projektlaufzeit erinnern. Die ehemaligen Projektmitarbeiter haben auch überhaupt kein Motiv mehr, um solche Nachbetrachtungen, für andere Teams, zu erledigen.

Reflektionen während der laufenden Projektarbeit machen dagegen immer Sinn. Da gibt es auch genügend Motive der Mitarbeiter, eine solche Reflexion professionell mitzumachen. Mit den Erfahrungen kann doch noch aktiv gesteuert werden, ein Mehrwert/ Nutzen fürs Projekt und die Teammitarbeiter erreicht werden.

Mit den Fragen zur Projektnachbetrachtung sollen offene Leistungen, die das Umfeld noch zu leisten hat, identifiziert werden. Offene Punkte werden auf der Aktivitätenliste oder LOP (Liste-Offene-Punkte) erfasst. Im Team ist abzuklären, wer sich um diese Punkte wie kümmert.

Ziele des Projekts:
- Sind alle vom Kunden geforderten Ziele erreicht worden?
- Sind alle Ziele der Teammitarbeiter erreicht worden?
- Sind alle Ziele des Umfelds erreicht worden?
- Hat das Projekt die geplanten Wirtschaftlichkeitskennwerte erreicht?
- Ist die Nachkalkulation Projekt (Budget / Kosten) durchgeführt?
- Ist die Nachkalkulation Produkt (Preise) durchgeführt?

Probleme:
- Sind alle vom Kunden geforderten Ziele erreicht worden?
- Gab es Probleme in der Zusammenarbeit von Team, mit Kunde und Lieferanten?

Stärken von Team, Beteiligten und Projekt:
- Wo lagen die Stärken des Projekts?
- Wo lagen die Stärken des Teams? Warum?

Schwächen von Team, Beteiligten und Projekt:
- Wo lagen die Schwächen des Projekts?
- Wo lagen die Schwächen des Teams?

Projekt Lernen:
- Was haben die Projektbeteiligten gelernt?
- Was sollte beim nächsten Projekt auf jeden Fall anders / besser gemacht werden?
- Sind die wichtigsten Erfahrungen identifiziert und dokumentiert?
- Sind alle wichtigen Dokumente erstellt und gesichert, archiviert?
- Gibt es einen Projektabschlussbericht?

Abb. 126: Fragen zur Projektnachbetrachtung

2. Schritt: Erfahrungen sichern (Datenbank)

Erfahrungsdatenbanken sind geprägt durch Hard- und Software-Systeme, durch Prozesse zum Erfassen, Sichern und Wiederfinden. Wenn das Projektarchiv nicht ausreicht, dann braucht man spezielle Datenbanksysteme, mit denen Informationen komfortabel gefunden werden kann, Google nicht unähnlich.

Aber wie sehen die Prozesse für eine spätere Nutzung durch andere Teams aus? Eine Wissensdatenbank hat schon verloren, wenn diese aktiv von den Mitarbeitern, die keine besonderen Motive hierfür haben, gefüllt werden muss. Es gibt allerdings heute intelligente Lösungen, die bereits während der laufenden Prozesse relevantes Wissen speichern, Know-how ebenso wie Daten und damit also Erfahrungen sichern. Dies alles unter den Randbedingungen, die von der Unternehmenskultur gegeben werden.

Projektwissen dokumentieren / archivieren							
Art	Dokumenttyp	Ablageort		Ablage format	Zugriffs rechte	Aufbewahrungsfrist (gesetzl.)
		Projekt ablage	Erfahrungs datenbank			
Dokumente	Verträge, Lastenheft, Spezifikationen, Aufträge - Absprachen	X	X	pdf	lesen	15 Jahre
Know how		X	X		lesen	
Prozesserfahrungen	Produktionserfahrungswissen		X		lesen	
Technik	Patente, Veröffentlichungen, Erfahrungen		X		lesen	

Abb. 127: Erfahrungen dokumentieren

3. Schritt: Lessons learned

Wem nutzt die Wissenssicherung nun wirklich? Intensive Wissenssicherung zu machen, ist eine starke Leistung, allerdings für andere, nachfolgende Projekte und Teams. Sie hilft dem gerade jetzt ablaufenden Projekt nicht mehr. Wenn das Team gut ist, gibt es einen Bonus! Wenn das Team ein anderes Team gut macht, bekommt das andere Team den Bonus! Also gibt es keinerlei Motive für eine aufwendige Wissenssicherung.

Einen „Lessons-learned-Prozess" nachhaltig im Unternehmen zu führen, funktioniert nur, indem Motive der Teammitarbeiter aktiv genutzt werden können. Teammitarbeiter müssen einen Mehrwert spüren, wenn sie sich in diesem Prozess engagieren sollen, um gemachte Erfahrungen systematisch zu sichern.

„Lessons learned" kann keine fundamentale Aufgabe für den Projektabschluss sein, sondern sollte projektbegleitend, permanent ablaufen. Die Frage nach dem, was gut war, was weniger gut und warum, sollte der Projektleiter immer dann stellen, wenn es zu nichtgeplanten Abweichungen kommt, aber nicht erst am Projektabschluss. Denn dann hat das Team noch eine Chance, zeitnah fürs Projekt und das Projektergebnis zu lernen, um besser zu werden.

Welche Art von Lessons learned und wie viel davon hält ein Projekt aus? Wie komfortabel ist dieses „System" zu bedienen? Die Frage, ob ein aufwendiger „Lessons-learned-Workshop" Sinn macht, ist von Team und Projektleiter zu beantworten.

Lernen sieht für den Projektleiter anders aus als für die Teammitarbeiter und die Linien-/Fachabteilungen. Lernen für das ganze Team macht nicht immer Sinn, da es oftmals in dieser Zusammensetzung gar nicht mehr zusammen arbeiten wird. „Lessons learned" bezogen auf fachliches Wissen ist Sache der beteiligten Fachleute bzw. der beteiligten Fachabteilungen.

Was hat das Team während des Projektablaufs gelernt? Wo lagen die Stärken des Teams? Warum? Was hat das Team bei/mit dem Projekt gelernt? Was sollte beim nächsten Mal besser gemacht werden? Welche Probleme/Risiken sind aufgetreten und werden wohl bei Folgeprojekten auch wieder auftreten? Wie wurden diese Probleme gelöst?

Aktiv Risikomanagement betreiben ist ein Teil des „Lessons learned". Risikoanalysen, Bewertungen und Ergebnisse, z.B. mit der Methode FMEA (Failure Mode and Effectiv Analysis), stellt allen an Projekten Mitarbeitenden des Unternehmens wertvolle Informationen zur Verfügung.

Wenn Standards bei der Projektplanung und Projektabwicklung genutzt wurden, wie haben sich diese bewährt? Müssen eventuell Modifikationen für spätere Projekte durchgeführt werden? Muss an das Unternehmen, an die Unternehmenskultur, angepasst werden?

Künftige Projekte werden nur dann besser laufen, wenn aus den Fehlern von abgeschlossenen Projekten gelernt werden kann sowie nachhaltige Veränderungen möglich sind und zugelassen werden (Unternehmenskultur beachten).

Zum Bereich Lessons learned gehört „Best practice", Vergleiche (Benchmarks) mit den Besten durchzuführen. Mit „Know-how-Sicherung" Wissen und Erfahrungen bewusst machen und sichern. Das „Continuous improvement" oder auch KVP, Kontinuierlicher-Verbesserungs-Prozess, treibt permanentes Verbessern von Prozessen voran.

4. Schritt: Projektablage/Archiv

Gesetzliche Vorschriften regeln Aufbewahrungsfristen für vertragsrelevante Dokumente, z.B. 15 Jahre lang für Verträge und allgemeine Projektdokumente wie z.B. Arbeitspapiere, Berechnungen, Versuchsberichte. Dazu kommen Lastenheft, Pflichtenheft, Spezifikationen, Patente, Veröffentlichungen, Absprachen, usw. Diese Daten werden oft auch nach Projektabschluss gebraucht, z.B. für die Abwicklung von Garantiefällen, Regressforderungen, zur Beweissicherung, für die Bearbeitung von Patentangelegenheiten, Störfällen, Versicherungsfällen usw. Deshalb macht es absolut Sinn, die gesamte Projektdokumentation zu archivieren.

Die folgenden Fragestellungen sind unbedingt zu klären:

- Welche Projektdokumente müssen gesichert werden?
- Was wird wie abgelegt (Art: Papier, elektronisch; Format: DINA4, „pdf", ...; Struktur)?
- Wo und wie werden die Daten gesichert, archiviert?
- Wie sieht der Schutz der abgelegten Daten aus?
- Wie sieht die Verteilung der späteren Zugriffsrechte aus?

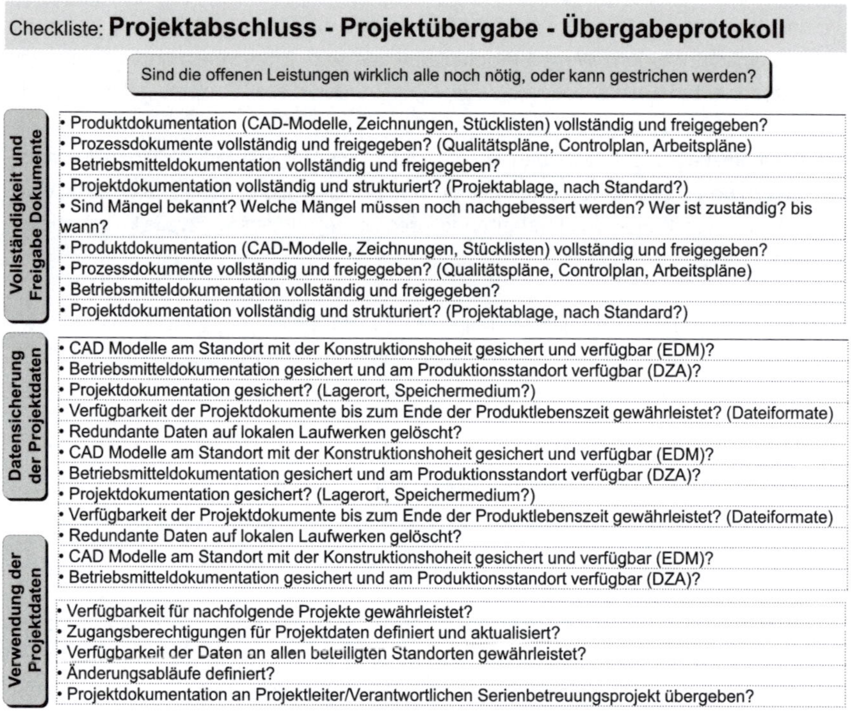

Abb. 128: Typische Fragen zur Projektdokumentation

5.Schritt: Die Lernende Organisation

Eine lernende Organisation ist in der Lage, aus gemachten Erfahrungen permanent zu lernen, eigenständig Fähigkeiten an geänderte Erfordernisse anzupassen, individuelle Kenntnisse sowie gemeinsame Werte zu bewusster Organisationsentwicklung zu nutzen. Wie kann die generierte Erfahrung eines Projekts auf andere übertragen werden? Welche Prozesse sind bereits im Unternehmen etabliert und könnten genutzt werden? Sollten neue Prozesse hierfür installiert werden? Was ist überhaupt wichtig und für alle relevant? Wie können diese Projekterfahrungen gespeichert und allen (verallgemeinert) zur Verfügung gestellt werden?

5.6.2 Fazit und Erkenntnisse

Wissen und Erfahrungen, die während der Projektarbeit gemacht wurden, sollten spätestens am Projektschluss identifiziert, gesichert und so aufbereitet werden, dass nachfolgende Projektmitarbeiter dies aktiv nutzen können. Unternehmen könnten damit die Bereiche „Nullfehler“, „Wirtschaftlichkeit“ und „Schnelligkeit“ wesentlich verbessern.

In der Praxis steht dem entgegen, dass die abschließenden Projekte/Projektteams hierfür meist gar keine Zeit/Kosten mehr haben. Oft auch keinerlei Motivation, etwas „Tolles“ für die „Anderen“ zu leisten. Hierzu bedarf es einer speziellen Kultur im Unternehmen!

5.7 Projektauflösung

Projekte müssen am Projektende aktiv aus den Systemen entfernt werden. Der „Projektabschluss“ reicht hierfür jedoch nicht ganz aus. Projektleitung, Team und PM-Office müssen noch die wichtigen Teilprozesse, die Schritte 1 bis 6, erledigen, aber auch dafür sorgen, dass der „letzte“ bleibende Eindruck des abzuschließenden Projektes positiv ist.

Kurzbeschreibung der Methode	
Methodenart	**Erkennen/analysieren, bewerten, entscheiden, planen und abwickeln**
Geeignet für	Alle Projektarten
Ziel	Das Projekt ist abgeschlossen; alle Aktivitäten sind erfolgreich erledigt; Kunde und sonstige Stakeholder am Projekt sind zufrieden mit der geleisteten Arbeit
Benötigte Hilfsmittel/ Beteiligte	Projektdokumentation; Projektteam; alle eingesetzte Hardware und Software; Project-Controlling (PM-Office)
Zeitaufwand	Ist Bestandteil der Projektarbeit
Vorteile	Die eingesetzten Ressourcen können von anderen Projekten genutzt werden; kein Kostenabfluss (Buchungen) mehr möglich;
Nachteile	Keine

5.7.1 Beschreibung der Methode

Hier müssen wichtige organisatorische Prozessschritte abgearbeitet werden, damit das abzuschließende Projekt auch wirklich „abgeschlossen“ ist. Die eingesetzten Ressourcen werden frei gegeben. Andere Projekte können nun zugreifen und nutzen. Die sozialen Beziehungen zwischen den am Projekt beteiligten Menschen (Kunde, Lieferanten, Team, sonstige Stakeholder) werden beendet bzw. deren Weiterführung abgeklärt. Das Projektteam wird „entlassen“ und steht für andere Aufgaben/Projekte zur Verfügung. Das Projekt wird in allen Systemen (PM-Planungssystem, Projekt-Kostensystem, usw.) als geschlossen gekennzeichnet bzw. tatsächlich gelöscht.

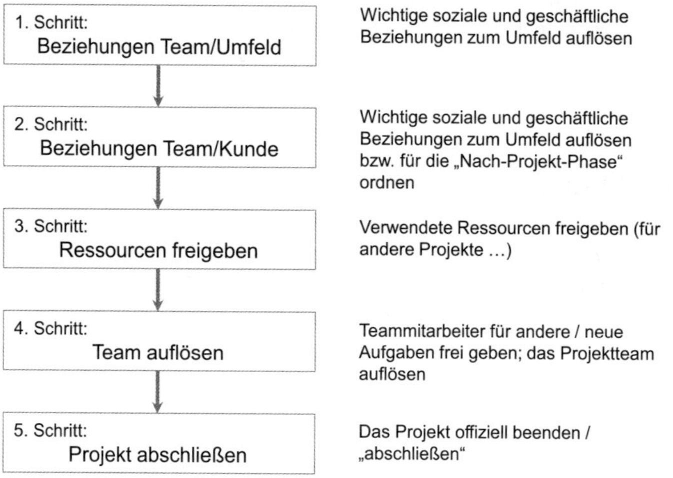

Abb. 129: Projektauflösung Prozess

1. Schritt: Freigabe von Ressourcen

Ressourcenfreigabe macht absolut Sinn um „Verschwendung“ im Sinne des Projekts zu reduzieren. Nicht alles, was noch machbar ist, ist auch sinnvoll und im Sinne des Projekts.

Durch die Freigabe aller genutzten Ressourcen wird verhindert, dass weiterhin (Nutzungs-)Kosten auf das Projekt gebucht werden. Ein Teamraum/Projektbüro wird aufgelöst. Manchmal muss auch das vorhandene Mobiliar geräumt/entsorgt werden. Eventuell ist ein Umzug zu organisieren. Typische Projektressourcen wie Werkzeuge, Literatur, Software usw. sind frei zu gegeben, damit andere Projekte diese nutzen können. In vielen Fällen müssen auch Verträge rechtzeitig gekündigt bzw. beendet werden:

- Mietverträge,
- Leasingverträge
- und Lieferverträge.

Nutzungslizenzen von spezieller, während der Projektarbeit genutzter Software sind ebenfalls wieder frei zu geben. Zugriffsrechte auf vielfältige Ressourcen sind zu löschen.

Projekt-Ressourcen freigeben				
		Ablageort		
Art	Dokumenttyp	wer erledigt	Ergebnis	Termin
	Schlüssel			
	Bücher, Literatur, Zeitschriften, Normen,			
	Zeichnungen, CAD-Bänder			
	Software, Lizenzen			
	Hardware, Rechner, Büromaschinen, Büromaterial			
	Mobiliar, Raumausstattung			
	Zugriffsrechte Software, Räume, Eintritt			
	Berechtigungsausweise, Kreditkarten			
	Kundenbeistellungen, Muster, Bauteile			
	Rohstoffe, Versuchsmaterialien			
	Werkzeuge, Maschinen, Betriebsmittel			

Abb. 130: Ressourcenfreigabe

2. Schritt: Beziehungen zwischen Projekt und Umfeld beenden

Die vom Projektteam während der Projektlaufzeit aufgebauten und gepflegten Beziehungen zu unterschiedlichen Personen, Menschengruppen im Projektumfeld müssen systematisch beendet werden. Dazu gehört deren Informationen über den geplanten Endtermin des Projekts sowie die Fortführung weiterer bestehender Aktivitäten. Außerdem muss abgestimmt werden, wer sich um die verschiedenen Beziehungen zu Lieferanten, weiteren Stakeholdern, Medien, usw. kümmert.

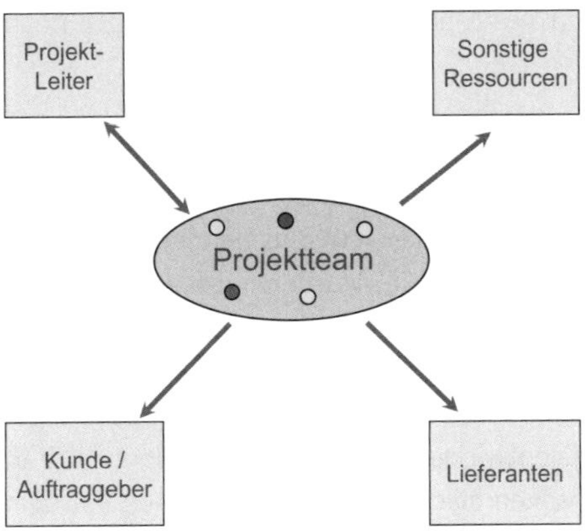

Abb. 131: Projekt und Umfeld

Während der oft hektischen und stressigen Abwicklung von Projekten entstehen häufig latente Konflikte zwischen Projektbeteiligten. Der Projektabschluss ist der späteste Zeitpunkt, um diese evtl. entstandenen Gräben wieder zu zuzuschütten. Mit Hilfe der früher erstellten Umfeldanalyse können, bezogen auf die verschiedenen Umfeldgruppen, Maßnahmen zum Projektabschluss festgelegt werden.

3. Schritt: Beziehungen zwischen Projekt und Kunde ordnen

In diesem Schritt sind folgende Dinge sauber zu lösen:

- Das Projekt an den Kunden (Nutzer) übergeben.
- Information des Kunden über die weitere Betreuung des Produkts.
- Die Schnittstelle zum Kunden beschreiben.
- Daten zur weiteren Betreuung des Kunden austauschen.
- Information an alle relevanten Bereiche der Nutzungsphase (Serienlaufzeit) des Produkts.
- Überleitung des während des Projektes entstandenen Produkts.
- Die Fragen „Was geschieht mit nachträglichen Reklamationen?“, „Wie wird die Weiterentwicklung gehandhabt?“ und „Wer ist nach Projektende für das Produkt zuständig?“ müssen geklärt sein.

4. Schritt: Auflösung des Projektteams

Mit dem Projektende ist auch das Projektteam aufzulösen. Im Sinne des Projektbudgets sollen die Teammitarbeiter rechtzeitig freigegeben und mit neuen Aufgaben versorgt werden. Andernfalls wird die Projektarbeit unnötig in die Länge gezogen, nicht unbedingt erforderliche Aufwände rückgemeldet und damit die Wirtschaftlichkeit/der Ertrag des Projektes reduziert. (Alles was bisher „nice-to-have“ war, könnte nun doch noch erledigt werden.)

Bereits im Vorfeld des Projektabschlusses führen Mitarbeiter und Projektleiter Gespräche über die weitere berufliche Orientierung/Zukunft der Teammitarbeiter. Zufriedenheit der Führung kann mittels Zielvereinbarungsgespräch, wenn ein entsprechender Prozess installiert ist, mit den Teammitarbeitern abgestimmt werden. Mitarbeiterzufriedenheit wird sehr oft über Feedbackgespräche festgestellt. Personelle Probleme, die durch die Wiedereingliederung in die Linienorganisationen entstehen, sind zu lösen. Die weitere Verwendung der Teammitarbeiter u.U. in anderen Projekten ist zu überprüfen. Führungskräfte müssen sich im Rahmen der Personalentwicklung ebenfalls über den Einsatz in weiterführenden Aufträgen/Projekten Gedanken machen. Was geschieht nun mit dem Team? Die mühsam entwickelte Soziale Kompetenz des Teams sollte nicht plötzlich vergessen werden. Deshalb wird das Projekt „feierlich“ und in aller „Würde“ beendet.

Das Projektteam erarbeitet sich über Monate eine eigene Identität, ein Zusammengehörigkeitsgefühl. Die „Soziale Kompetenz" ist die bestimmende Größe für erfolgreiche Projektarbeit. Also muss auch das soziale Gefüge beim Projektabschluss beachtet werden. Projektabschluss bedeutet für das Team auch Abschied von Vertrautem, dem Abbau persönlicher Beziehungen. Menschliche Beziehungen werden zerstört. In Teams, in denen langfristig intensiv gruppendynamisch gearbeitet wurde, muss deshalb richtige „Trennungsarbeit" geleistet werden. Das „Wir-Gefühl", die Identifikation des Teams wird zwangsläufig gegen Projektende schwächer.

Hinzu kommen typische Ängste um den Arbeitsplatz, geeignete Perspektiven im Unternehmen. Steht u.U. sogar ein Wechsel des Unternehmens, des Umfeldes, des Wohnortes, der vertrauten Umgebung an? Auch die Frage der Beurteilung kann die Leistung der Teammitarbeiter in der Abschlussphase negativ beeinträchtigen.

Ein Teamabschlusstreffen oder auch eine Abschlussfeier ist eine gute Möglichkeit, die menschliche Beziehungsebene positiv abzuschließen.

Ängste der Teammitarbeiter:
- Arbeitsplatzsicherheit in Gefahr
- Beurteilung steht noch aus
- Perspektiven fehlen
- Zukunft ist unklar; Neues wird kommen
- Negative Gerüchte sind im Umlauf
- Menschliche Beziehungen werden zerstört
- Es gibt kein „Wir" mehr

Mitarbeiter unterstützen / Aufgaben für den Projektleiter:
- Den MA Perspektiven (im Unternehmen) schaffen
- Bei der Suche nach zukünftigen Arbeitsplätzen helfen
- Wir-Gefühl verstärken

Abb. 132: Beziehungsebene

5. Schritt: Das Projekt offiziell abschließen

Der minimalste Projektabschluss wird erreicht, indem die Projekt-Nummer im Kostensystem geschlossen wird.

Es macht absolut Sinn, Projekte im Kostensystem (z.B. SAP) abzuschließen, damit erlöschen alle Zugriffsrechte der am Projekt Beteiligten auf die Daten und können keine weiteren Buchungen auf den Kostenstellen mehr erfolgen. Bewusste „wildernde" Buchungen auf Arbeitspakete, deren Budget noch nicht vollständig ausgeschöpft ist, passieren recht häufig, um Kosten anderer Projekte (die u.U. etwas „Pech" mit den Kosten hatten) zu verstecken.

Muss eine Bilanz, ein Kostenbericht über Einnahmen und Ausgaben des Projekts erstellt werden? Ein eventuell vorhandenes Projektbüro, Projektoffice muss aufgelöst werden, siehe auch oben „Ressourcen freigeben". Zur vermutlich letzten Amtshandlung des Projektleiters gehört das Entfernen des Projekts aus dem Portfolio, der Oberfläche der Systeme.

5.7.2 Fazit und Erkenntnisse

Die Projektauflösung ist der letzte wichtige Prozessschritt am Projektschluss. Damit wird verhindert, dass keine Aufwände/Kosten mehr auf das abgeschlossene Projekt gebucht werden. Bereits abgeschlossene Projekte sollen auch aus der Sicht der aktiven Projekte verschwinden, damit die unterschiedlichen Controlling-Berichte nicht verfälscht werden.

Teil 5:

Wissen teilen: Berichten und präsentieren

Teil 5:

Wissen teilen: Berichten und präsentieren

Einleitung

Aus Sicht eines Unternehmens oder einer Organisation ist das Projektberichtswesen ein wesentlicher Bestandteil der Unternehmensführung. Das System der Berichterstattung muss sicherstellen, dass zu jedem Zeitpunkt der aktuelle Stand eines Projektes und dessen voraussichtliche Projektentwicklung dargestellt werden. Gerade in unserer Zeit, in der es auf Schnelligkeit und Flexibilität im Projektgeschäft ankommt, profitieren diejenigen Unternehmen, die rasch und zielgerichtet auf Projektinformationen zugreifen und diese nutzen können.

Kundenanfragen schnell beantworten, Projektveränderungen rechtzeitig feststellen und gegensteuern, Erfahrungen und Erkenntnisse generieren und Wissen sammeln sind einige Fragestellungen, mit denen sich Organisationen beschäftigen. Das Projektberichtswesen, richtig eingesetzt, hilft diese Fragen zu beantworten und unterstützt Unternehmen im aktiven Tun.

Ein etabliertes System des Projektberichtswesens innerhalb einer Organisation schafft aus diesem Grunde einen hohen Nutzen für das Unternehmen, deren Projekte und die Projektbeteiligten.

Um Wissen teilen zu können, muss man es nicht nur festhalten, sondern auch darstellen. Dies genau ist mit dem Berichtswesen gemeint, von dem in diesem Teil des „Praxishandbuch Projektmanagement“ die Rede ist.

Fünf Elemente des Projektberichtswesens

Um ein Projektberichtswesen zu etablieren, bedarf es einiger Vorarbeiten. Dazu gehören die Elemente:

1. Strategisches Berichtswesen — Was wollen wir?
2. Operatives Projektberichtswesen — Wie setzen wir es um?
3. Zugang zu Informationen und Dokumentationen sicherstellen
4. Projektwissen verfügbar machen
5. Projektwissen nutzen

Abb. 1: Projektberichtswesen etablieren. (Im Folgenden werden die Elemente näher erläutert.)

Element 1: Strategisches Berichtswesen

Die Forderungen an ein System der Berichterstattung sind in der Unternehmensstrategie verankert, z. B. müssen bestimmte gesetzliche, steuerrechtliche oder innerbetriebliche Anforderungen an die Dokumentation und die Archivierung der Dokumente eingehalten werden. Aus der Unternehmensstrategie werden deren Forderungen in die Projektmanagementstrategie eingebunden und in einem Projektmanagementhandbuch oder -leitfaden dokumentiert. Das System des Projektberichtswesens ist idealerweise so aufbereitet, dass es jederzeit Informationen über den Erfüllungsgrad der Unternehmens- und Projektmanagementziele zur Verfügung stellen kann. Aus diesen Informationen wiederum lassen sich Kennzahlen generieren, z. B. Kennzahlen aus Kundenbefragungen, Projektperformance, Reifegrad der Projektabwicklung. Auf diese Weise lassen sich Unternehmens- und Projekterfolg messen.

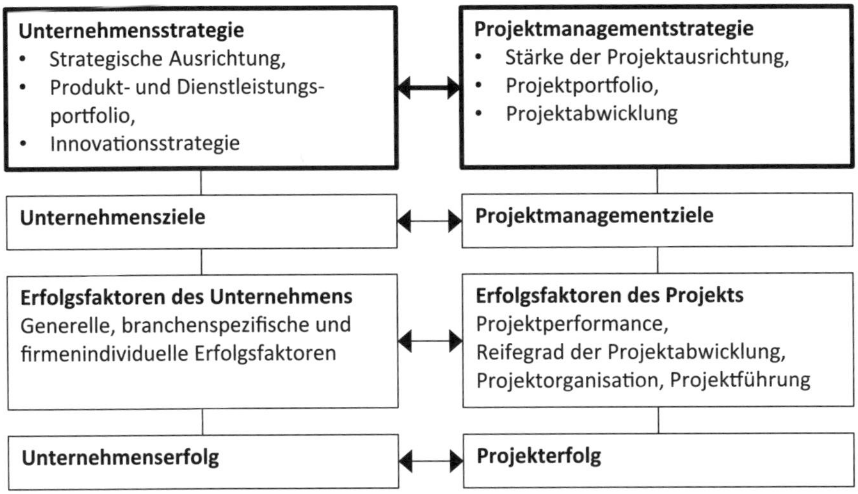

Abb. 2: Unternehmensstrategie vs. Projektmanagementstrategie

Ein System des Projektberichtswesens umfasst somit die Unternehmens-, Projektmanagement- und Projektziele, ihre entsprechenden Erfolgskriterien und Kennzahlen. Durch eine „richtige" Dokumentation können Unternehmen folgende Fragen für sich beantworten:

- Machen wir die Projekte richtig? Wie ist der Reifegrad unserer Projektabwicklung?
- Machen wir die richtigen Projekte? Wie schauen unsere Kennzahlen aus?
- Wie beeinflussen die Projekte unseren Unternehmenserfolg?

Kennzahlen für den Projekt- und Unternehmenserfolg lassen sich aus Projektinformationen und -berichten ableiten und können durchaus in Synergie zueinander gesehen werden.

Unternehmenserfolg	Projekterfolg
Kennzahlen • Gewinn • ROI • Shareholder Value • Innovationsrate, • Lösungsgeschwindigkeit • Beratungs- und Produktqualität	**Kennzahlen** • PMRIO • SPI • CPI • Leistungsbwertung • Laufzeit • Budget • Fertigstellungsgrad
Erfolgsfaktoren • generelle • branchenspezifische • firmenindividuelle • aus Kundensicht	**Erfolgsfaktoren** • Projektperformance • Reifegrad der Projektabwicklung • Projektorganisation und Teamarbeit • Projektführung
Unternehmensziele	**Projektmanagementziele**

Abb. 3: Kennzahlen Unternehmens- und Projekterfolg

Element 2: Operatives Berichtswesen

Das Projektberichtswesen umfasst die Information und Dokumentation von Projektdaten und orientiert sich an dem Informations- und Dokumentationsmanagementsystem des Unternehmens.

Es legt fest, was, wann, durch wen, an wen und in welcher Form berichtet werden soll. Die Informationen müssen bedarfs- und empfängergerecht aufbereitet und verteilt werden. Die Projektteammitglieder erhalten detailliertere Informationen als die Geschäftsführung oder das Steuerungsgremium, diesen werden die Informationen in verdichteter Form zur Verfügung gestellt. Es empfiehlt sich, das Berichtswesen zentral zu steuern. In kleineren Unternehmen kann das Projektberichtswesen durch eine/n Projektassistenten/in durchgeführt werden. In größeren Unternehmen wird meist ein Projektoffice installiert.

Die relevanten Informationen eines Projektes orientieren sich an den Vorgaben des strategischen Berichtswesens. Folgende Kriterien werden bei der Gestaltung des Berichtswesens berücksichtigt:

Kriterien für die Gestaltung des Berichtswesens

Empfängerorientiert	An wen?	▪ Geschäftsführung ▪ Lenkungsausschuss ▪ Steuerungsgremium ▪ Projektbeteiligte ▪ Lieferanten ▪ sonstige Stakeholder
Bedarfsorientiert	In welcher Form?	▪ Detailinformationen ▪ in aggregierter Form
Inhaltlich	Was?	▪ Produkt- oder ▪ projektbezogene Informationen
Zeitlich	Wann?	▪ Feste Meilensteine, besondere Ereignisse (z.B. Phasenabschluss, Abnahmen) ▪ regelmäßig und zeitnah (z.B. monatliche Statusberichte)
Verantwortlich	Durch wen?	▪ Projektleitung (ist verantwortlich für das Projektergebnis) ▪ Projektteammitglied (ist verantwortlich für Arbeitspakete)

Element 3: Informationszugang sicherstellen

Ist die Struktur des Projektberichtswesens erst einmal festgelegt, geht es nun darum sicherzustellen, dass alle Projektbeteiligten Zugang zu den Informationen und Dokumenten haben. Zum einen erfolgt dies durch eine offizielle und inoffizielle Kommunikation innerhalb des Projektteams, z. B. in Form von Statusmeetings, Produktbesprechungen, Kaffeepausen etc. Zum anderen durch Publikationen wie Status-, Arbeitspaket-, Situationsberichte, Präsentationen und dergleichen mehr. Im Sinne eines Projektmarketings können Informationen auch außerhalb des Projektteams kommuniziert werden, z. B. Projektbeiträge in Form von Blogs, Wiki oder auf der Homepage des Unternehmens.

Projektinformationen und Dokumente werden zentral archiviert, z. B. in einer Projektdatenbank oder einem Projektordner. Auch über virtuelle Projekträume können für definierte Benutzergruppen internetbasierte Daten abgelegt werden. Weitere Hinweise zur Archivierung finden Sie in Kapitel 3.5.

Element 4: Projektwissen verfügbar machen

Ziel ist es, Informationen und Dokumentationen auszuwerten und das daraus generierte Wissen verfügbar zu machen. Im aktuellen Projekt können die gewonnenen Erkenntnisse für den weiteren Projektverlauf genutzt werden und zukünftige Projekte profitieren von den Erfahrungen und dem Wissen aus der Vergangenheit. Projektmitarbeiter können auf diesem Wissen aufbauen und müssen das Rad nicht jedes Mal neu erfinden. Bezogen auf die definierten Anforderungen aus dem strategischen Projektberichtswesen können Informationen und Dokumentationen in folgenden Bereichen generiert werden:

- Reifegrad und Qualität der Projektabwicklung
- Projektperformance (Zielerreichung hinsichtlich Termine, Kosten und Leistung)
- Zufriedenheit der Stakeholder (Kunden, Auftraggeber, Projektteam usw.)
- Benchmarking — Vergleich mit den Besten (andere Projektteams, Wettbewerb)
- Projekt- und Unternehmenskennzahlen

Element 5: Projektwissen nutzen

Die Königsdisziplin ist das Nutzen des Projektwissens — der Erfahrungen, Erkenntnisse und Kennzahlen aus aktuellen und abgeschlossenen Projekten. Das Projektwissen kann zur Optimierung der Projektabwicklung und der Projektmanagementprozesse eingesetzt werden. Die Projektkennzahlen, die sich aus der Projektperformance der abgeschlossenen Projekte ableiten lassen, werden aktualisiert. Die Projektorganisation und das Projektberichtswesen nutzt dieses Wissen, um sich weiterzuentwickeln. Qualifizierungs- und Weiterbildungskonzepte für das Projektpersonal können entwickelt und eingesetzt werden. Der Einfluss von Projekten auf die Unternehmensorganisation ist nachvollziehbar und daraus kann sich ein optimiertes Produkt- und Projektportfolio ableiten lassen.

Übersicht über die Berichtsarten

Die folgende Tabelle gibt Ihnen einen Überblick über alle in Kapitel 3 erwähnten Arten von Projektberichten. Beachten Sie: Es ist keineswegs notwendig, sämtliche Formen im Rahmen eines Projekts zu verwenden, um ein funktionstüchtiges Berichtswesen zu errichten. Das Ziel ist vielmehr, Ihnen das Instrumentarium vorzustellen, so dass Sie immer zur geeigneten Berichtsform greifen und Ihre Arbeit damit effektiv gestalten können.

Überblick: Die verschiedenen Projektberichtstypen

Berichtsart	Inhalte
Projektstatusbericht	Zusammenfassung zum aktuellen Stand des Projekts (Kennzahlen, Fortschritte, Risiken)
Tages-, Wochen-, Monats-, Quartalsbericht	Ergebnisse im Berichtszeitraum und ihre Bedeutung für das Projekt
Arbeitspaketbericht	Aktueller Stand eines Arbeitspaketes
Meilensteinbericht	Informationen zum Projektstatus, die die Freigabe des Meilensteins und das Erreichen des nächsten betreffen
Phasenabnahmebericht	Informationen zum Projektstatus, die den Abschluss der aktuellen und den Übergang in die nächste Projektphase betreffen
Projektabschlussbericht	Abschlussanalyse und Dokumentation des Projektes (z. B. Wirtschaftlichkeit, Risiken, Innovationen)
Sofortbericht	Beschreibung eines Ereignisses und seiner Konsequenzen
Änderungsbericht	Beschreibung einer Änderung (z. B. Liefer- bzw. Leistungsumfang) und ihrer Konsequenzen, häufig in Verbindung mit Entscheidungsvorlage
Entscheidungsvorlage	Argumentation und Daten zur Herbeiführung einer Entscheidung

Übersicht über die Musterberichte

Die folgende Tabelle gibt Ihnen einen Überblick zu den verschiedenen Berichtsbeispielen, die wir Ihnen in Kapitel 4 vorstellen. Wir haben dafür möglichst anschauliche Beispiele herangezogen und darauf Wert gelegt, eine Mischung aus den verschiedenen Projektarten, Projektphasen und Branchen zu erzielen.

Übersicht: Die Berichtsmuster in diesem Kapitel

Berichtsmuster	Projektphase				Branche	Projektart	Berichtsart
	Ini./ Def.	Plan.	Real.	Ab.			Z = zeitgesteuert E = ereignisgesteuert
Meilensteinabnahme	X				Automobilzulieferer (Elektronik)	Produktentwicklung	E
Sofortbericht	X				Grundlagenforschung (Nanotechnologie)	Forschungsprojekt	E
Entscheidungsvorlage	X				Maschinenbau	Entwicklungsprojekt	E
Meilensteinabnahme		X			Event-Management	Organisationsprojekt	E
Phasenabnahmebericht		X			Schreibwarenhersteller	Messeauftritt	E
Sofortbericht			X		Informationstechnik	Kundenprojekt	E
Meilensteinabnahme			X		Anlagenbau (Licht- und Tontechnik)	Kundenprojekt	E
Projektabschlussbericht				X	Konsumgüter (Elektronik)	Produktentwicklung	E
Statusbericht				X	Anlagenbau (Maschinenbau)	Kundenprojekt	Z

1 Organisation des Berichtswesens

1.1 Der Informationsfluss im Projekt

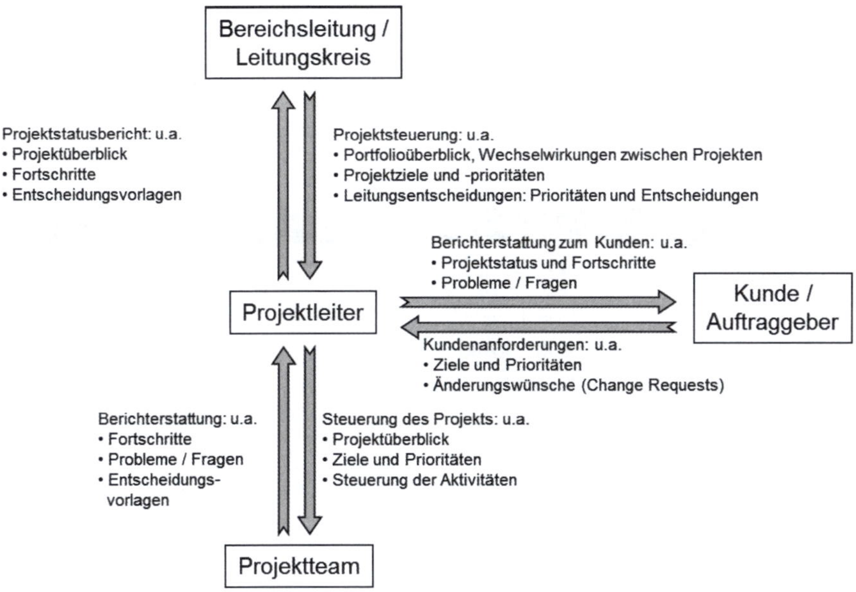

Abb. 4: Der Informationsfluss im Projekt

Ein Charakteristikum von Projekten ist die Einrichtung einer spezifischen Organisation: der Projektorganisation. Sie rekrutiert sich aus Mitarbeitern und Führungskräften der Linienorganisation, die entsprechend ihrer Rolle im Projekt ein Team bilden und an den Projektleiter berichten. Der Projektleiter berichtet an seine Auftraggeber und Kunden, die sowohl intern, aus derselben Linienorganisation, als auch extern sein können.

Die Projektberichterstattung umfasst daher sowohl die Kommunikation innerhalb des Projekts als auch zur internen Linienorganisation und zu externen Partnern und Auftraggebern. Die wesentlichen Informationsflüsse in einem Projekt sind schematisch in Abbildung 4 skizziert.

Das Projektberichtswesen ist jedoch immer nur so gut, wie es das Unternehmen selbst zulässt. Ein gängiger Irrtum im Berichtswesen ist der Ansatz „viel hilft viel“, denn die Projekte werden nicht schneller fertig, wenn die Beteiligten Berichte schreiben, statt ihre Arbeitspakete zu bearbeiten. Grundsätzlich sollte an Berichten also nur gefordert werden, was auch wirklich gelesen wird.

Tipp: Ausgewogene Berichterstattung

Generell gilt für Projektberichte: Soviel wie nötig, so wenig als möglich! Denn jede Projektberichterstattung kann nur hilfreich sein, solange sie nicht überhand nimmt und damit die Projektteammitglieder von ihrer eigentlichen Arbeit, der Umsetzung der Arbeitspakete, abhält.

Häufig legen Unternehmen ihr Berichtswesen sowie die entsprechenden Formulare und Checklisten in einem Organisations- oder Qualitätsmanagement-Handbuch fest. Ebenso können Sie auch mit dem Projektberichtswesen verfahren. Ein Projektmanagement-Handbuch beispielsweise regelt den Einsatz sowie die Form und das Layout von Projektberichten und Projektinformationen. Alle beteiligten Projektmitarbeiter sind dazu verpflichtet, diese für ihre Projektarbeit entsprechend einzusetzen. Die Mitarbeiter können so schnell auf standardisierte Vorlagen zurückgreifen.

Beispiel: Inhaltsverzeichnis für ein PM-Handbuch

1. Vorwort
2. Projekte im Unternehmen (Projektarten und -kategorien)
3. Projektbewertung und -priorisierung
4. Projektorganisation und Teamarbeit
5. Informations- und Dokumentationsmanagement
6. Phase Projektinitialisierung
7. Phase Projektdefinition
8. Phase Projektplanung
9. Phase Projektrealisierung
10. Phase Projektabschluss
11. Formulare und Checklisten
12. Unternehmensrelevante Regelungen (z. B. Qualitätsmanagement)
13. Glossar/Abkürzungsverzeichnis

Eine Projekt- bzw. Unternehmensorganisation verfolgt mehrere Ziele für die Einführung eines funktionellen Berichtswesens:

- Einheitliche Dokumente und Vorlagen
- Aussagefähige Projektinformationen
- Projektstatus zum Berichtszeitpunkt
- Eindeutig beschriebene Probleme und Risiken
- Möglichkeit von Entscheidungsvorschlägen bei Planabweichungen
- Darstellbarkeit von Kosten- und Termintrends
- Dokumentation „harter“ und „weicher“ Daten
- Datensammlung zur Auswertung der Projekterfahrungen

Tipp: Standardisierte Projektberichterstattung

Eine standardisierte Projektberichterstattung hilft dabei, sich auf den Projektinhalt zu konzentrieren, und spart sowohl dem Ersteller als auch dem Empfänger viel Zeit.

1.2 Wider den Berichtswildwuchs: der Berichtsplan

Wenn Sie das Projektberichtswesen nicht gezielt steuern, kann es bei Berichten und Informationen relativ schnell zu Wildwuchs kommen. Projektberichte haben dann plötzlich unterschiedliche Formate und Layouts. Und Informationen aller Art werden zu einem Projektbericht zusammengefasst, auch solche, die kaum von Interesse sind und die Informationsempfänger eher verwirren als informieren. Empfehlenswert ist aus diesem Grund die Erstellung eines Berichtsplanes, der als Vorlage im Projekthandbuch für alle Projekte gilt und für jedes Projekt entsprechend der Projektumfeld- oder Stakeholderanalyse ergänzt wird.

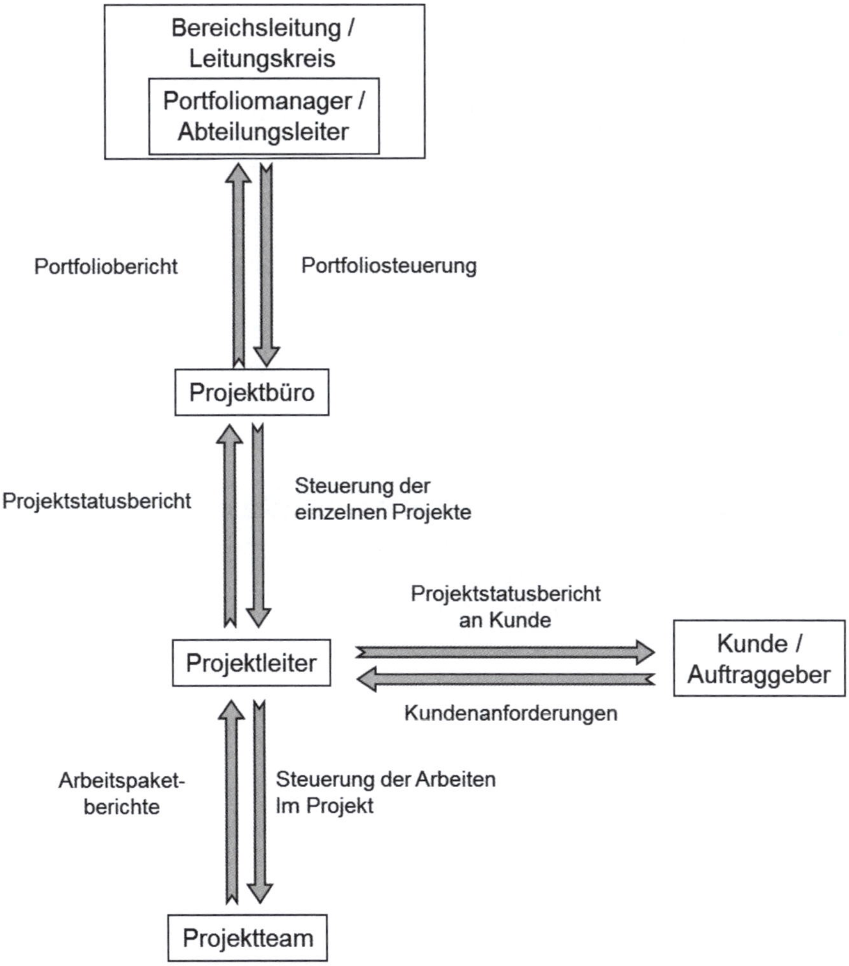

Abb. 5: Schematische Darstellung des Berichtsplans

Dieser Berichtsplan zeigt auf, was von wem an wen, wann und in welchem Format bzw. Layout verteilt wird.

Tabellarische Darstellung des Berichtsplans

Was?	Von wem?	An wen?	Wer wird außerdem informiert?	Wann?	Formatvorlage
Portfoliobericht	Projektbüro	Geschäftsleitung	Leitungskreis, Projektleiter	zum 5. jedes Monats	Portfoliobericht
Projektstatusbericht	Projektleiter	Projektbüro	Führungskraft des Projektleiters	zum 1. jedes Monats	Vorlage Projektstatusbericht
Projektstatusbericht an den Kunden	Projektleiter	Auftraggeber	Projektbüro	mit dem Auftraggeber zu vereinbaren	mit dem Auftraggeber zu vereinbaren
Arbeitspaketbericht	Aufgabenverantwortliche/r	Projektleiter	Listenführer / Stundenschreibung	wöchentlich – freitags bis 12:00	Arbeitspaketformular
...	...	...	...	...	...
Meilensteinberichte/ Abnahmen	Projektleiter	Auftraggeber	Projektbüro	bei Abnahmen und Zwischenabnahmen	Abnahmeprotokoll

Tipp: Berichtsplan mit EDV verknüpfen

Wir empfehlen Ihnen, den Berichtsplan so zu standardisieren, dass jeder Projektmitarbeiter verpflichtet ist, diesen anzuwenden. Mittels EDV können die einzelnen Formatvorlagen durch eine Link-Funktion mit dem Berichtsplan verknüpft werden. So besteht für die Projektmitarbeiter die Möglichkeit, direkt auf die benötigten Formulare zuzugreifen.

1.3 Projekte steuern: der richtige Bericht zum richtigen Zeitpunkt

Gerade innerhalb der Projektsteuerung, also wenn das Projekt realisiert wird, fließen viele Projektinformationen, die zielgerichtet kanalisiert werden müssen. Je nach Projektdauer empfiehlt es sich, einen regelmäßigen Projektüberwachungszyklus festzulegen:

Projektdauer 1 bis 3 Monate	=	14-tägiger Überwachungszyklus
Projektdauer 4 bis 12 Monate	=	monatlicher Überwachungszyklus
Projektdauer > 12 Monate	=	vierteljährlicher Überwachungszyklus

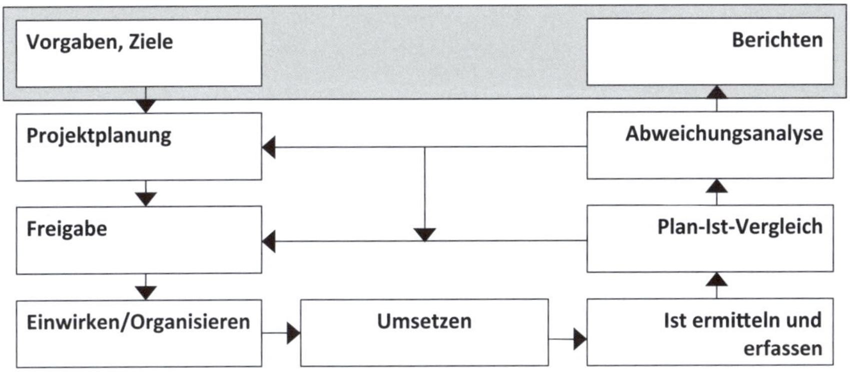

Abb. 6: Projekt-Regelkreis (aus dem Projektmanagement Fachmann der Deutschen Gesellschaft für Projektmanagement – PMF)

Auch können Sie bei Start des Projektes und zum Projektabschluss die Überwachungszyklen enger gestalten. Da erfahrungsgemäß diese Phasen besonders kritisch sind.

Beispiel: Projektüberwachung

Nachdem die Projektplanung verabschiedet wird, erfolgt die Projektrealisierung. Je nach Projektdauer wird der Projektüberwachungszyklus festgelegt. Aus der Projektüberwachung erfolgt die Analyse von eventuellen Abweichungen. Diese Abweichungsanalyse erfordert gegebenenfalls eine Projektänderung oder sogar eine Zielkorrektur. Der Projektleiter dokumentiert die Abweichungen und Änderungen und berichtet dem festgelegten Empfängerkreis über den Projektstatus.

2 Berichts- und Präsentationstypen

Aussagekräftige Berichte sind das Rückgrat für die Steuerung und die Kontrolle der Projekte. Daher zählt der Aufbau eines Berichtswesens zu den organisatorischen Aufgaben im Projektmanagement.

2.1 Zeitorientierte Projektberichte: regelmäßig Fortschritte dokumentieren

Zur Steuerung von Projekten ist ein regelmäßiger und gut strukturierter Informationsfluss unerlässlich. Zum einen müssen die Verantwortlichen in die Lage versetzt werden, Maßnahmen zeitnah zu beschließen. Zum anderen müssen die Projektpläne auf einem aktuellen Stand gehalten werden.

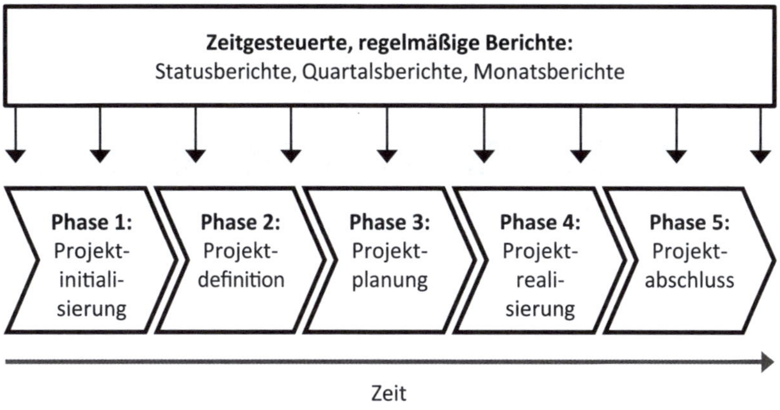

Abb. 7: Zeitgesteuerte Berichte

Abbildung 7 zeigt das Prinzip zeitgesteuerter Berichte, die regelmäßig erstellt werden. Der Berichtszyklus kann sich im Projektverlauf ändern, z. B. in „heißen“ Phasen oder in Projektkrisen, um eine engere Projektsteuerung zu gewährleisten.

Es gibt verschiedene Arten von zeitorientierten Projektberichten. Zunächst ist der Projektstatusbericht zu nennen. Er enthält die wichtigsten Aussagen über das Projekt zu einem bestimmten Zeitpunkt. Typischerweise handelt es sich um den Stand der inhaltlichen Arbeiten und etwaige Probleme in Relation zum Zeitplan sowie die angefallenen Aufwände. Er sollte inhaltlich und strukturell auf die Interessen des Empfängerkreises

(z. B. Kunde, Lenkungsausschuss, übergeordnetes Management) maßgeschneidert werden. Das gilt generell für die Inhalte und die Detailtiefe aller Ihrer Statusberichte.

Tages-, Wochen-, Monats- oder Quartalsberichte beschreiben die wichtigsten Fortschritte im Berichtszeitraum und zusätzlich den Projektstatus. Dabei ist der Berichtszeitraum von der Intensität der Projektarbeit abhängig: Je intensiver die Arbeiten und je enger der Zeitplan, desto wichtiger ist zeitnahe Entscheidungsfindung und damit häufige Berichterstattung. Oft werden auch verschiedene Zeitstaffeln parallel geführt: So kann ein Bericht auf wöchentlicher Basis kurz und knapp gehalten sein und sich wirklich nur auf die Vorgänge in diesem kurzen Zeitraum beschränken. Im Monats- oder im Quartalsbericht hingegen werden die größeren Zusammenhänge beleuchtet und es wird weniger Wert auf operative Themen gelegt. Orientieren Sie die Berichtszeiträume also an der Intensität der Projektarbeit und fragen Sie sich, wie häufig es zur Projektsteuerung notwendig ist, sich berichten zu lassen. Dies entspricht den Grundsätzen eines entscheidungsorientierten Berichtswesens.

Ein Arbeitspaketbericht ist ein kurzer, speziell auf ein Arbeitspaket oder eine konkrete Aufgabe ausgelegter Bericht. Empfänger ist die Projektleitung. Schließlich ist das Projektbesprechungsprotokoll zu erwähnen, denn meist finden Projektbesprechungen (wie z. B. Statussitzungen) regelmäßig statt, so dass sich das Besprechungsprotokoll mit wenigen zusätzlichen Erläuterungen als Bericht eignet.

Achtung: Mehrfachberichterstattung vermeiden

Nutzen Sie die vorhandene Berichterstattung und vermeiden Sie redundante Berichte (Mehrfachberichterstattung), besonders wenn Sie verschiedene Berichtsarten pflegen.

2.1.1 Initialisierungsphase: ein Vorhaben wird zum Projekt

Bei der „Geburt" eines Projekts stehen zunächst die Formulierung der Projektidee sowie die Gewinnung von Unterstützern und die Klärung von Zuständigkeiten im Vordergrund. Solange sich das Projektumfeld noch sehr stark ändert, die Projektziele noch nicht abgesteckt und die Projektbeteiligten noch nicht benannt sind, ist eine regelmäßige Berichterstattung mangels Adressaten auch nicht sinnvoll. Daher schauen wir gleich in die Definitionsphase.

2.1.2 Definitionsphase: Stakeholder proaktiv informieren und motivieren

In dieser frühen Phase des Projektes sind die Strukturen zu schaffen, die später die erfolgreiche Planung und Realisierung gewährleisten. Dabei stehen zunächst die Erstellung des Anforderungskataloges und der Projektziele, die Entwicklung der Projektorganisation und des Projektstrukturplanes im Mittelpunkt der Aktivitäten.

In der Definitionsphase von Projekten dienen zeitorientierte Projektberichte also dazu, das entsprechende Projektumfeld, die so genannten Stakeholder, zu informieren und zur Mitarbeit zu ermutigen. Stakeholder sind dabei alle Personen und Organisationen, die ein Interesse an dem Projekt haben, Einfluss darauf nehmen können oder von ihm beeinflusst werden können. Die wichtigsten Stakeholder sind stets der Kunde, der Lenkungsausschuss und die Projektmitglieder. Außerdem sind Fachabteilungen, Kaufmannschaft, andere Projektleiter und deren Teams typische Stakeholder. In der Definitionsphase sollten Sie Ihre Projektberichte proaktiv zur Einbindung Ihrer Stakeholder nutzen.

2.1.3 Planungsphase: Erste Ergebnisse zusammenfassen

Das Ziel der Planungsphase ist die Vorausschau auf die Projektrealisierung und die Erstellung eines konsistenten Zeit- und Mengengerüstes. Zu erstellen sind der Projektstrukturplan, der Projektorganisationsplan, der Zeitplan und der Meilensteinplan, der Risikoplan sowie Ressourcenpläne und der Kostenplan und gegebenenfalls auch der Umsatzplan. Wichtig ist außerdem die Klärung von so genannten Planungsprämissen. Dies sind von außen auferlegte Beschränkungen und Restriktionen (z. B. von Ressourcen).

In der Planungsphase eines Projektes dienen zeitorientierte Projektberichte daher in erster Linie der Darstellung von Fortschritten bei der Erstellung des Planungsgerüstes. Jedoch sollten, um den Berichtsumfang vertretbar zu halten, nur Verweise auf die Pläne, deren Status und ihre momentane Qualität genannt werden. Die Pläne sollten sich auf einem für die Projektmitglieder zugänglichen Laufwerk befinden und somit einsehbar sein. Nutzen Sie Ihre Projektberichte in der Planungsphase als Medium zur Zusammenfassung der Planungsaktivitäten und damit verbundener offener Fragen.

2.1.4 Realisierungsphase: Diskrepanzen zwischen Plan und Realität aufdecken

In der Realisierungsphase werden Mitarbeiter, Material und andere Projektressourcen zur Umsetzung der Pläne eingesetzt. Daher ist die wichtigste Aktivität des Projektmanagements nun die Projektüberwachung und -steuerung. Abweichungen vom geplanten Projektablauf sollen frühzeitig erkannt werden, um Maßnahmen einzuleiten.

Projektberichte leisten dabei den wichtigsten Beitrag zur Datenerhebung und -weitergabe. Sie fokussieren auf die Fortschritte seit dem letzten Bericht und insbesondere auf die akut anstehenden Fragestellungen und Probleme. Sie sollten sich dabei stets auf die Planung als Referenzgröße beziehen. Nutzen Sie Ihre Projektberichte in der

Realisierungsphase zur Abfrage und Gegenüberstellung von Planung und Realität und zur Darstellung entsprechender Maßnahmen, um das gesamte Team gleichermaßen informiert zu halten.

Der Lenkungsausschuss ist, im Gegensatz zum Projektteam, in erster Linie an der Aussage interessiert, inwiefern das Projekt planmäßig verläuft. Erst in zweiter Linie sind hier Details gefragt.

Achtung: Klare Aussagen am Berichtsanfang

Stellen Sie eine allgemeinverständliche Zusammenfassung für Ihr Management an den Anfang des Berichts. Für das Management sind klare Aussagen wichtiger als Details, es muss vornehmlich den Ist-Zustand eines Projekts einschätzen können.

Außerdem werden die Berichte archiviert und bilden den Erfahrungsschatz für die Projektabschlussanalyse. Gerade hinsichtlich des Auftretens von Projektrisiken ist es nützlich, den Projektverlauf anhand der Berichte aufzuzeichnen. Folgeprojekte können ihre Planungen und ihr Risikomanagement darauf aufbauen, daher sind die Berichte für die gesamte Organisation bedeutsam. Betrachten Sie die Projektberichte deshalb als Erfahrungsschatz für nachfolgende Projekte und archivieren Sie diese.

Kürze und Prägnanz sind dabei die wichtigsten Tugenden, denn seitenlange Texte werden nun einmal nicht gelesen. Daher ist es oft sinnvoll, auf Anlagen zu verweisen, die sich in der Projektablage finden. Beispiele dafür sind die detaillierten Pläne oder auch technische Analysen.

2.1.5 Abschlussphase: Erreichte und offene Ziele benennen

Projekte sind per Definition zeitlich, inhaltlich und mengenmäßig geschlossene Vorhaben. Daher geht es in der Abschlussphase in erster Linie darum, im Rahmen von Abnahmen das Erreichen des vereinbarten Liefer- und Leistungsumfanges nachzuweisen, um das Projekt formell beenden zu können. Insofern ist ein zeitorientierter Projektbericht zweckmäßigerweise daran ausgerichtet, die bereits erfüllten Projektziele und die Aktivitäten auf dem Weg zur Erreichung der noch nicht erfüllten Projektziele darzustellen.

Achtung: Benennung der noch offenen Ziele

Berichten Sie am Ende eines Projektes besonders über die verbleibenden Aktivitäten bis zum Projektabschluss. Es muss Klarheit darüber bestehen, welche Arbeitspakete noch abzuarbeiten sind.

2.2 Ereignisorientierte Projektberichte: Meilensteine und Änderungen

Ereignisorientierte Projektberichte werden bei Erreichen eines vorab festgelegten Arbeitsergebnisses (z. B. Meilenstein, Phasenabschluss, Abnahme, Qualifikation, Freigabe) oder bei größeren Änderungen im Projektverlauf eingesetzt. In Abbildung 8 sind Meilensteine durch Fahnen (M = Meilenstein) als Abschluss einer Projektphase und größere Änderungen als Blitze (E = Ereignis) versinnbildlicht.

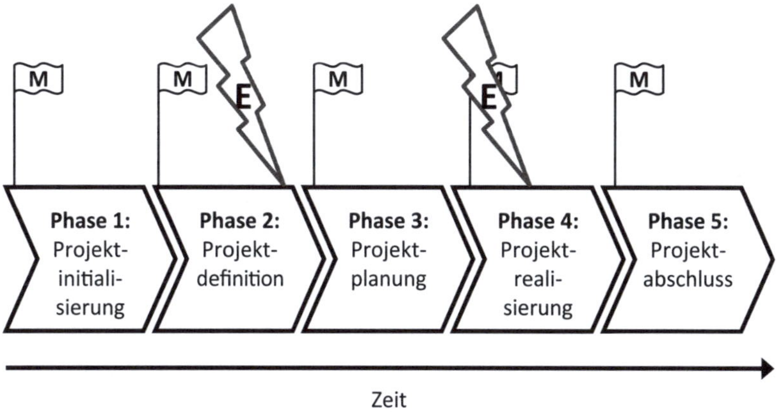

Abb. 8: Ereignisgesteuerte Projektberichte

Bei Erreichen eines Meilensteins oder eines anderen geplanten Ergebnisses wird die Gesamtsituation im Projekt dargestellt, der Übergang in die nächste Projektphase beschlossen und der Projektstatus an den Lenkungsausschuss in Form eines Meilensteinberichts weitergegeben und dokumentiert.

Ungeplante Ereignisse sind z. B. das Eintreten von Projektrisiken oder die Änderung der Projektziele. In diesen Fällen besteht Entscheidungsbedarf, wie mit der neuen Situation umgegangen werden soll.

Es lassen sich drei Arten von ereignisorientierten Projektberichten unterscheiden. Erstens der Projektmeilensteinbericht oder auch Phasenabnahmebericht. Er beinhaltet eine Rückschau auf die Projektphase und stellt die zum Erreichen des Meilensteines erzielten Ergebnisse vor. Dies sind die inhaltlichen Fortschritte, die aufgetretenen Risiken und die benötigten Ressourcen. Nutzen Sie den Meilensteinbericht zur Darstellung und Dokumentation der Gesamtsituation im Projekt.

Zweitens gibt es den Sofortbericht, der dann eingesetzt wird, wenn unverzüglich Entscheidungen getroffen werden müssen. Er beinhaltet ausschließlich Informationen, die das Ereignis, seine Konsequenzen für das Projekt und Maßnahmen bzw. Vorschläge beschreiben (siehe Kapitel 2.3 „Entscheidungsvorlagen"). Halten Sie solche Sofortberichte möglichst kurz und ganz auf das Ereignis fokussiert, um schnell und umfassend zu informieren und notwendige Entscheidungen zu erhalten.

Der Änderungsbericht wird schließlich bei Bedarf eingesetzt, z. B. bei Änderungen der Kundenanforderungen. Hier sind die Auswirkungen auf das Projekt zu beschreiben und notwendige Entscheidungen einzuholen, genauso wie beim Sofortbericht, bzw. Maßnahmen zu kommunizieren. Änderungen mit Auswirkungen auf das Projekt sollten Sie stets zeitnah und prägnant mitteilen, um Fehlleistungskosten zu vermeiden.

2.2.1 Initialisierungs- und Definitionsphase: Überblick von Anfang an per Projektsteckbrief

Vom ersten Moment der Initialisierung an sollte an „lebenden" Dokumenten gearbeitet werden, die an Interessierte und Beteiligte weitergegeben werden können und mit der fortschreitenden Klärung von Projektzielen, -inhalten und Stakeholdern immer präziser und umfangreicher werden.

Typische Meilensteine in der Initialisierungs- und in der Definitionsphase sind Entscheidungen über den Start des Projektes, wie z. B. so genannte Go/No-Go oder Bid/No-Bid-Aussagen, sowie Projektfreigaben z. B. zum Übertritt in die Planungsphase. Wichtige Inhalte eines entsprechenden Meilensteinberichts sind die Projektziele und vorgaben (z. B. Beschränkungen hinsichtlich Ressourcen) sowie die Projektaufbau- und die Ablauforganisation. Außerdem sollen die wichtigsten noch zu klärenden Punkte der Projektdefinition aufgeführt werden.

Eine häufig verwendete Form dieses Berichtes ist der so genannte Projektsteckbrief. Berichten Sie am Ende der Definitionsphase immer sowohl die Kennzahlen als auch die Strukturen (Ablauf, Organisation) des Projekts und die offenen Fragen.

2.2.2 Planungsphase: Blitzlicht auf den voraussichtlichen Projektverlauf mit allen Risiken

Das Ergebnis der Planungsphase ist ein konsistentes Gerüst von Zeiten, Mengen und Qualitäten, welches zur Zielerreichung benötigt wird. Die Gesamtheit aller Pläne ist daher eine Vorausschau auf den voraussichtlichen Projektverlauf. Sie sollte vollständig, in sich logisch, durchführbar und in Übereinstimmung mit den Projektzielen sein. Eine detaillierte Risikoanalyse ist integraler Bestandteil der Planung.

Insofern liefert der Projektbericht zum Abschluss der Planungsphase ein Blitzlicht auf den voraussichtlichen Projektverlauf, und von besonderem Interesse sind neben den anfallenden Aufwänden natürlich die zu erwartenden Risiken. Die Kernaussagen der Planung (Kennzahlen, Randbedingungen, Risiken) sollten daher explizit zusammengefasst werden, auf die Pläne selbst sollte dagegen je nach Umfang nur verwiesen werden. Vor allem sollten Änderungen der Ziele und der Konzepte im Vergleich zu vorherigen Meilensteinen (vgl. Definitionsphase) dargelegt werden. Berichten Sie am Ende der Planungsphase die Kennzahlen aus der Planung (bottom-up) im Vergleich zu den Projektzielen (top-down) sowie die Risiken des Projekts und die seit der Projektdefinition eingetretenen Änderungen.

2.2.3 Realisierungsphase: Zwischenabnahmen und Kostenkontrolle

Typische Meilensteine in der Realisierungsphase sind Zwischenabnahmen, wie z. B. die Fertigstellung bzw. Abnahme von Gewerken im Anlagengeschäft und die Fertigstellung oder Integration von wesentlichen Modulen im Systemgeschäft. Insofern dient der Bericht in der Realisierungsphase der Feststellung der erreichten Ergebnisse und gegebenenfalls noch zu erbringender Leistungen sowie der formellen Überleitung in die nächste Projektphase. Außerdem sind diese Abnahmen oft mit Änderungen im Projektteam verbunden, da bestimmte Teilprojekte erfüllt sind und die entsprechenden Teammitglieder entlastet werden sollen, während andere Teilprojekte beginnen und somit neue Mitglieder hinzukommen. Stellen Sie deshalb bei Abnahmen in der Realisierungsphase die erreichten Ergebnisse, die noch zu erbringenden Leistungen zum Übertritt in die nächste Projektphase sowie die Änderungen (z. B. im Projektteam) dar.

Meist finden Zwischenabnahmen im Rahmen von Projektstatustreffen statt, daher kann der Bericht oft direkt aus dem Protokoll abgeleitet werden. Protokolle von Statusmeetings können Sie als Basis für Ihre Projektberichte nutzen, um Aufwand zu sparen.

Natürlich treten in der Realisierungsphase auch mannigfaltige Änderungen auf, die Änderungs- oder Sofortberichte erfordern, denn Pläne können je nach Neuigkeits- und Risikograd den Projektverlauf nur mehr oder weniger akkurat vorhersagen. Zudem fallen in der Realisierungsphase die höchsten Aufwände an, so dass der Faktor Zeit oft eine entscheidende Rolle bei der Vermeidung von Fehlleistungskosten spielt. Die klassischen Beispiele hierfür sind Änderungen des Liefer- und Leistungsumfanges (so genanntes Change-Order-Management) und Verstöße gegen den vertraglich vereinbarten Liefer- und Leistungsumfang (so genanntes Claim-Management) von Lieferanten und Kunden. Außerdem kann der Eintritt unvorhersehbarer oder besonders schwerwiegender Risiken zu Projektkrisen führen.

Achtung: Schneller Berichtsfluss

Stellen Sie sicher, dass Sie Ereignisse in der Realisierungsphase schnell und zuverlässig berichtet bekommen, damit Sie reagieren können.

2.2.4 Abschlussphase: Ergebnisse analysieren und lernen für das nächste Projekt

Der letzte Meilenstein ist stets der Projektabschluss, insofern ist der Abschlussbericht auch der letzte Projektbericht. In ihm sollten die wichtigsten Ergebnisse des Projektes analysiert werden. Im Einzelnen sind das die fachlich-inhaltlichen, die wirtschaftlichen und die organisatorischen Aspekte. Außerdem ist das Ende des Projektes explizit festzustellen und das Team zu entlasten.

Ziel ist es, das Projektteam, die Entscheider und die anderen Stakeholder über die erreichten Ergebnisse in Relation zur ursprünglichen Planung zu informieren. Dabei ist von besonderem Interesse, welche Änderungen im Projektverlauf vorgenommen werden mussten und welche Risiken tatsächlich eingetreten sind. Für das Team ist der Abschlussbericht außerdem ein wichtiger Punkt der Identifikation mit dem Gesamtprojekt. Und für die Organisation ist es ein wichtiger Erfahrungsschatz für Folgeprojekte. Stellen Sie deshalb im Abschlussbericht das Erreichte dem ursprünglich Geplanten gegenüber und analysieren Sie den Projektverlauf und die eingetretenen Risiken als Erfahrungsschatz für Folgeprojekte.

2.3 Entscheidungsvorlagen: kurz und präzise

Die Entscheidungsvorlage ist eine besondere Ausprägung von Projektberichten, die in allen Projektphasen benötigt wird. Jede Entscheidungsvorlage dient nur einem einzigen Zweck: eine für den Fortgang des Projektes notwendige Entscheidung zeitnah herbeizuführen.

Bei der Aufbereitung sind der Kenntnisstand und das Informationsbedürfnis der Entscheider zu beachten. Folgende Fragen sollten beantwortet werden:

- Was ist die Ursache, die eine Entscheidung notwendig macht?
- Welche Alternativen bestehen und welche Auswirkungen haben sie auf das Projekt?
- Was passiert, wenn nicht entschieden wird?
- Welches ist die favorisierte Lösung des Projektleiters und welche Aufwände verursacht sie?

Eine gut ausgearbeitete Entscheidungsvorlage hat auf einer bis maximal zwei Folien Platz und kann in einer Minute vorgestellt werden. Die Entscheider fragen nur nach Details, wenn sie den Bedarf dazu haben. Für diesen Fall ist es hilfreich, weitere Ausarbeitungen und Pläne in Reserve zu haben.

3 Musterberichte für alle Beispielprojekte

Alle Projektbeispiele sind fiktiv, auch wenn wir versucht haben, branchennah zu bleiben. Ebenso sind die erwähnten Firmen, Organisationen und Personen frei erfunden.

Am Beginn jedes Berichtes wird kurz das Szenario geschildert, damit sich der Leser in die Projektsituation versetzen kann. Danach folgen der eigentliche Bericht und anschließend die Auswertung.

3.1 Musterberichte für die Projektinitialisierung und -definition

3.1.1 Meilensteinbericht in der Produktentwicklung (Automotive)

Der folgende Bericht dient der Abnahme der Definitionsphase bei einem Produktentwicklungsprojekt. Das Produkt ist eine elektronische Baugruppe zur Motorsteuerung von Kraftfahrzeugen. Der Projektleiter arbeitet bei einem mittelständischen Hersteller von Komponenten und Modulen für die Automobil- und Konsumgüterindustrie.

Kunden sind meist größere Konzerne, die Dienstleistungen, wie den Entwurf und die Fertigung bestimmter Baugruppen, aus Kostengründen spezialisierten Unternehmen überlassen. Wer sich bei solchen Großabnehmern als Lieferant positionieren kann, hat fast schon eine Garantie auf hohe Liefervolumina und damit die besten Voraussetzungen für gute Umsätze — wären da nicht die Einkäufer der Konzerne, die jeden Grund zum Anlass nehmen, um den Preis zu drücken. Damit sinkt die Marge oder verkehrt sich sogar ins Minus. Um jedoch aus einem defizitären Liefervertrag mit einem Großkonzern auszusteigen, sind erhebliche Nachteile in Kauf zu nehmen. Zum einen sind die Verträge stets so gestaltet, dass alle Extrakosten, so wie sie z. B. der Umstieg auf einen anderen Lieferanten verursacht, einfach an den Verursacher weitergereicht werden. Schlimmer noch, die Branche ist so klein, dass Rufschäden einen Mittelständler in den Ruin treiben können.

Aus diesen Gründen wickelt die Firma, in der der Bericht entsteht, ihre Produktentwicklungen strikt nach den Regeln des Projektmanagements ab.

Projektdefinitionsphase – Abnahmebericht –Firmenvertraulich–	
Berichtsdatum: 22.02.14	**Verfasser: Joachim Paulsen**
Produkt:	Baugruppe Z434-131
Projektnummer:	2005–A12
Kunde:	Badische Motoren Union
Projektleiter:	Joachim Paulsen, Tel. 2322
Projektkaufmann:	Ulrike Weissberger, Tel. 4321

Projektbeschreibung

Die Baugruppe Z434-131 basiert in ihrer Funktionalität auf der Version Z434-126 und ist eine Maßnahme zur Kostenreduktion des Kunden. Sie dient der Steuerung der Ottomotorengeneration Baureihe G und soll wie der Vorläufer mit den bewährten Sensor- und Regelungskonzepten des Kunden harmonieren. Gleichzeitig soll eine Reihe von Neuerungen eingeführt werden. Harte Kostenvorgaben seitens des Kunden zwingen uns, die Stückkosten erheblich zu senken, was uns zu einem komplett neuen Entwurf zwingt. Auf der anderen Seite würde die neue Baugruppe ein Produkt eines Mitbewerbers verdrängen, so dass mit deutlich erhöhtem Marktanteil zu rechnen ist.

Projektziele

- Vorgaben hinsichtlich des Produkts:
- Entwicklung der Baugruppe Z434-131 bis zur Fertigungsreife
- Lastenheft (Kundenspezifikation) A112 V1.2 vom 02.02.14
- Qualitätsspezifikation (Kundenspezifikation) Q112 V2.0
- Preissenkung um 20 % (Kundenforderung)

Termine/Meilensteine (vorläufig):

M1 Projektfreigabe zur Planungsphase am 01.03.14

- M2 Freigabe der Projektplanung zur Realisierung am 11.04.14
- M3 Prototypenlieferung am 01.08.14
- M4 Lieferung der Qualifikationsmuster am 31.10.14
- M5 Interne Lieferfreigabe am 01.12.14
- M6 Serienfreigabe durch Kunden am 15.12.14

Vorgaben hinsichtlich der Projektkosten und -aufwände:

- Design-to-Cost-Ansatz: Amortisierung der Entwicklungskosten innerhalb von 12 Monaten nach Fertigungsfreigabe aus zusätzlichem Volumen

Geschäftsziele:

- Steigerung des Umsatzes in diesem Produktsegment um 5 % im Geschäftsjahr 2015
- Steigerung des Marktanteiles in diesem Produktsegment um 11 % im Geschäftsjahr 2015

Prozessziele:

- Erfüllung der Normen DIN/EN laut Produktentwicklungshandbuch
- Projektbearbeitung nach Projekthandbuch Version 3

Projektdefinitionsphase – Abnahmebericht – F i r m e n v e r t r a u l i c h –	
Berichtsdatum: 22.02.14	**Verfasser: Joachim Paulsen**
Projektrisiken (Initiale Risikoanalyse)	
Risiko	Maßnahme
Technische Umsetzung der neuen Produktfunktionalität Hohe Reduktion der Stückkosten 15 Jahre Lieferverpflichtung Markterfolg des Kunden bestimmt Stückzahl und Umsatz Angebote von Wettbewerbern	1.) Machbarkeitsstudie zu M2 2.) Synergieuntersuchung für andere Kundenprojekte zu M2 3.) Rentabilitätsnachweis durch Detail-Produktstrukturplan zu M2 4.) Langfristige Vertragsbindung der Komponentenhersteller zu M2 prüfen 5.) Strategische Marktstudie und Umsatzplan zu M2 6.) Enge Kundenanbindung durch den Vertrieb bis zur Vertragsunterzeichnung

Checkliste: Abschluss der Definitionsphase

Projektziele (Inhalte, Termine, Aufwände) liegen vor.

Projektorganisation
Die Schlüsselpositionen für die Planungsphase sind besetzt:

Applikationsingenieur:	Claudia Meyer, Tel. 1211
Teamleiter Entwurf:	Torsten Neubürger, Tel.1233
Teamleiterin Test:	Susanne Trost, Tel. 4544
Teamleiter Fertigung:	Peter Gerber, Tel. 3433
Qualitätssicherung:	Wolfgang Trautmann, Tel. 1234

Produktstruktur
Das Lastenheft/die Spezifikation wurde analysiert und die wichtigsten Komponenten wurden bestimmt – Dokument PSP-A12-2005D.

Projektablauf
Die Meilensteine laut Entwicklungshandbuch wurden vorläufig beplant.

Eine initiale Risikoanalyse wurde durchgeführt und mit Maßnahmen belegt: Dokument Risk-A12.2005D.

Es liegen von Kundenseite alle Daten vor, um zum Meilenstein 2 ein Angebot unterbreiten zu können. Referenz ist die Checkliste aus dem Produktentwicklungshandbuch.

Freigabe zur Planungsphase durch den Lenkungsausschuss:	
Hr. Joachim Paulsen (Projektleiter)	*Datum, Unterschrift*
Fr. Ulrike Weissberger (kfm. Projektleitung)	*Datum, Unterschrift*
Dr. Karl Gansmüller (Geschäftsführer)	*Datum, Unterschrift*
Frau Paula Neumann (kfm. Leitung)	*Datum, Unterschrift*

Bewertung und Wirkung des Berichtes

In dieser frühen Projektphase werden die Weichen für Erfolg oder Misserfolg gestellt. Daher sind die Hausaufgaben der Projektleitung mit hoher Sorgfalt zu erledigen, was sich in diesem Bericht sehr gut widerspiegelt. Dazu gehört in der Definitionsphase insbesondere die Klärung der Projektziele, denn nur bei Vorlage spezifischer und terminierter Vorgaben kann zielgerichtet gehandelt werden.

Achtung: Machen Sie deutliche Angaben

Führen Sie die Projektziele explizit auf und kennzeichnen Sie gegebenenfalls noch zu klärende Punkte. Schaffen Sie gleich zu Beginn eines Projekts Klarheit, um später Probleme, die aus Ungenauigkeiten entstehen können, und damit Zeitverzug und Ressourcenverluste zu vermeiden

Des Weiteren muss eine Strukturierung des Projektes hinsichtlich Inhalten, Ablauf und Organisation vorgenommen werden, um die Eckpfeiler für die Planungsphase zu setzen. In diesem Beispiel wird ein Produkt entwickelt, so dass ein Produktstrukturplan erstellt werden muss, der die wesentlichen Hard- und Softwarekomponenten enthält. Schon in dieser Phase wird die Projektleitung zum systematischen Durchdenken des Produktes gezwungen. Sie wird daher Experten einbeziehen, die die einzelnen Komponenten realisieren und bewerten können. Das Kernteam mit den wesentlichen Verantwortungsträgern entsteht, daher werden gleichzeitig die Fundamente für die Projektorganisation gelegt. Führen Sie also die relevanten Pläne auf (Produktstrukturplan, Ablaufplanung und Organisation) und nennen Sie die wichtigsten Mitarbeiter in Ihrem Team explizit.

Die Ablaufplanung wird in diesem Beispiel durch das Projekthandbuch mit der Meilensteinsystematik vorgegeben. Daher muss sie nicht neu entwickelt werden. Vorläufige Termine für die Meilensteine können aus dem Kundentermin und der Erfahrung mit anderen Projekten zurückgerechnet werden. Auch hier sind die Experten des Kernteams wichtige Erfahrungsträger.

Ebenso bedeutsam wie die Planung ist es, in das Risikomanagement einzusteigen. Natürlich liegen zu diesem Zeitpunkt kaum gesicherte Daten für einen detaillierten Review, z. B. der Pläne, vor, jedoch müssen die Anforderungen des Kunden und die Randbedingungen des Projektes betrachtet werden. In dieser Phase geht es letztlich um die Entscheidung, ob das Projekt überhaupt durchgeführt werden soll, daher sind die Markterwartungen des Kunden sicherlich zu überprüfen.

In diesem Bericht werden die Projektrisiken diskutiert. Schöner wäre es, wenn zu den Maßnahmen auch Verantwortliche angegeben würden. Ansonsten bleiben alle Aktionen an der Projektleitung „kleben".

Checkliste: Projektdefinition	
Wird das Projekt in seinen Grundzügen beschrieben?	
Werden die Projektziele aufgeführt und sind sie komplett (Inhalte, Termine, Aufwände)?	
Wird eine Strukturierung hinsichtlich Inhalten, Organisation und Ablauf vorgenommen?	
Wird die Projektsystematik ersichtlich (Referenz auf Projekthandbuch o. Ä.)?	
Werden die Mitglieder des Kernteams explizit erwähnt?	
Werden die Projektrisiken diskutiert?	

3.1.2 Sofortbericht in der Grundlagenforschung (Nanotechnologie)

Der folgende Bericht bezieht sich auf ein Forschungsprojekt an einem größeren Institut, welches auf dem Gebiet der Nanotechnologie tätig ist. Die Auftraggeber für derartige Vorhaben sind häufig öffentliche Organisationen, wie z. B. das Bundesministerium für Forschung und Technologie oder die Europäische Union. Private Auftraggeber sind Firmen oder Konsortien der Großindustrie und des Mittelstandes, die mithilfe des Instituts ihr Produkt- und Technologieportfolio weiterentwickeln.

Das Forschungsinstitut finanziert sich ausschließlich durch Forschungsvorhaben. Da jedes der einzelnen Vorhaben individuelle Ziele hat sowie von den anderen getrennt bearbeitet und einzeln budgetiert wird, ist das Forschungsinstitut projektorientiert organisiert. Die Projektleiter sind die erfahrensten Forscher und tragen für ihre jeweiligen Projekte die inhaltliche und wirtschaftliche Verantwortung gegenüber der Institutsleitung, sind aber im Gegenzug auch mit der entsprechenden Entscheidungsbefugnis ausgestattet. Die Institutsleitung kümmert sich in erster Linie um die Kontakte auf Vorstandsebene und damit um die Akquisition lukrativer Vorhaben. Im Projektverlauf wird der Institutsleitung in regelmäßigen Abständen berichtet, und im Falle größerer Abweichungen wird sie unverzüglich eingeschaltet.

Im vorliegenden Projekt sollen mikroskopisch kleine Komponenten, wie etwa Elektromotoren, entwickelt werden. Das Projekt befindet sich in der Definitionsphase, in der die Ziele und die Konsortialstruktur der beteiligten Firmen vereinbart werden. Aufgrund der letzten Verhandlungen entscheidet sich der Projektleiter zu eskalieren.

Projektbericht – Projektdefinition & Steckbrief –	
Projekt: Projektleiter: Abteilung: Datum:	ALPHA300 Dr. Klaus Naumann Mikromechanik 9. März 2014
Projekt- beschreibung	Das Projekt ALPHA300 dient der Prozessentwicklung für eine Technologie zur Integration von mikromechanischen Komponenten und Steuer-/Auswertelogik auf einem Chip. Mögliche Anwendungen liegen in der Medizintechnik.
Innovation & Nutzen	Verkleinerung äquivalenter Komponenten des bisherigen ALPHA200-Prozesses um 30 % und Integration der Steuerlogik. Dadurch geschieht eine Erweiterung des Anwendungsspektrums auf neue Felder. Direkte Umsetzung der Technologie in Produkten der industriellen Konsortialpartner. Kostenreduktion durch Einchip-Lösungen.
Projektziele	Realisierung von 30 % Flächenreduktion gegenüber dem APLHA200-Prozess Nutzung derselben Fertigungslinien[1)] Steigerung der Prozesskomplexität < 20 % [1)] Integration von max. 300.000 Gattern je Chip mit mikromechanischer Komponente (Hybrid-Technologie) [1)] *Referenz ist der ALPHA200-Prozess*
Projektlaufzeit	4. April 2014 bis 31. Juli 2017

Weitere Konsortialpartner & Interessenten	1.) Bundesministerium für Forschung (BMBF), Berlin Interesse: Stärkung des Wirtschaftsraumes Deutschland mit Schwerpunkt auf das Technologie- und Halbleiterzentrum in Dresden 2.) Hübner Medizintechnik (HMT), Dresden Interesse: Vorentwicklung einer neuen Produktgeneration von medizintechnischen Sensoren 3.) Escalavon Technologies (EscT), Dresden Interesse: öffentliche Finanzierung der Technologieentwicklung zur späteren Fertigung 4.) Technische Universität Padua (TUP), Lehrstuhl für Mikromechanik Interesse: Akquisition von Forschungsgeldern gegen Einbringen der Test- und Prüftechnologie
Meilensteine	Vorläufiger Meilensteinplan: Projektstart am 1. April 2014 M1: Technologiekonzept: 31. Oktober 2014 M2: Einzelprozesse: 30. Juni 2015 M3: Entwurf des Testchips: 30. November 2015 M4: Auswertung des Testchips: 31. März 2016 M5: Prozessübergabe an EscT: 30. Juni 2016 M6: Entwurf Prototyp: 30. November 2016 M7: Auswertung Prototyp 31. März 2017 M8: Projektabschluss 31. Juli 2017
Projektfinanzierung	Projektbudget: 4.800.000 EUR Finanzierung durch BMBF (40 %), HMT (30 %) und EscT (30 %) EscT steuert seinen Anteil durch die Nutzung der Fertigungslinie und entsprechende Ressourcen bei. Zahlung der Barmittel nach Projektfortschritt/Meilensteinen Stand der Verhandlung: Projektbudget, Meilensteine und Zahlungsplan sind seitens der Financiers genehmigt und verabschiedet. Kritisch: Die Universität Padua verlangt für die Test- und Prüftechnik 60 % der zur Verfügung stehenden Barmittel. Mit den verbleibenden 40 % ist die Durchführung des Projektes von unserer Seite nicht mehr finanzierbar. Vorschlag seitens der Projektleitung: Da die Test- und Prüftechnik nachgelagert und technisch und zeitlich unkritisch ist, sollte ein anderer Konsortialpartner gesucht werden. Hiervon sind die Investoren (BMBF, HMT und EscT) im Rahmen weitere Verhandlungen zu überzeugen.

Bewertung und Wirkung des Berichtes

Das Projekt befindet sich in der Definitionsphase, hier werden die Weichen für den späteren Projekterfolg gestellt. In einem Bericht bzw. Steckbrief sollen die wichtigsten Eigenschaften und Parameter des Projektes übersichtlich und prägnant dargestellt werden.

In der Definitionsphase sind mindestens Projektziele, Projektablauf, Projektorganisation und eine erste Risikoanalyse zu erarbeiten.

- Projektziele meint die inhaltlichen Ziele des Projektes, wie z. B. Lieferungen und Leistungen. Hier ist es die Technologie als Ergebnis des Projekts. Hinzu kommen die Terminziele und die Aufwandsziele (Budget).
- Die Ablauforganisation wird in dem Beispiel durch den Meilensteinplan sowohl inhaltlich als auch von der Terminseite her festgelegt.
- Die Projektorganisation, auch Aufbauorganisation genannt, wird im Beispiel durch die Konsortialstruktur und ihre Rollenverteilung bestimmt. Sehr schön ist, dass die Interessen der einzelnen Konsortialpartner erläutert werden. Die Grundlage dafür ist eine Projektumfeld- oder Stakeholderanalyse.
- Hilfreich wäre es, auch die gesamte Organisation aufzuführen. (Welcher Konsortialpartner führt welchen Bereich? Wer hat die Gesamtprojektleitung?)
- Auch fehlen im Bericht Informationen zur eigenen Rolle und zur Aufstellung des Projektteams innerhalb des Institutes. Dies wäre für den Leser, hier der Institutsleitung, noch ein wichtiger Hinweis, inwieweit das Projekt tatsächlich schon startbereit ist.

Achtung: Bewertung der eigenen Rolle

Vergessen Sie nicht, im Projektsteckbrief auch die Rolle der eigenen Organisation darzustellen! Nur so lässt sich aus diesem Bericht die tatsächliche Startbereitschaft des Projekts herauslesen.

Der Verweis auf Projektrisiken fehlt in unserem Beispiel. Gerade bei innovativen Projekten in Forschung und Entwicklung sind fachlich-inhaltliche Risiken jedoch immer ein Bestandteil der Arbeit. Trotz der frühen Projektphase sollten aus den Zielen und den bisher gemachten Erfahrungen ähnlicher Projekte bereits wichtige Rückschlüsse gezogen werden.

Dieser Bericht enthält allerdings nicht nur eine reine Aufzählung von Steckbriefinformationen, sondern eine gravierende Änderung. Einer der Konsortialpartner beansprucht einen Anteil am Projektbudget, der nach Meinung der Projektleitung in keinem Verhältnis zum zu liefernden Beitrag steht. Das Institut erhält nach Meinung des Projektleiters nicht mehr genügend finanzielle Mittel, um die eigenen Leistungen zu erbringen. Daher schlägt er vor, die Struktur des Konsortiums zu ändern, allerdings ohne konkreten Vorschlag. Die Verzögerungen durch diese Komplikation so kurz vor Projektstart werden nicht ersichtlich.

Achtung: Kennzeichnung von Fort- und Rückschritten

Kennzeichnen Sie unbedingt gravierende Änderungen im Vergleich zu früheren Berichten und führen Sie deren Auswirkungen und Konsequenzen auf!

Checkliste: Projektsteckbrief	
Gibt der Projektsteckbrief einem Außenstehenden Auskunft über die wichtigsten Eigenschaften des Projekts?	
Sind die Ziele und der Nutzen des Projekts beschrieben?	
Sind einzuhaltende Randbedingungen und Beschränkungen aufgeführt?	
Ist der Projektablauf (Meilensteine) beschrieben?	
Ist die Projektorganisation aufgeführt?	
Sind die wesentlichen Projektrisiken aufgeführt?	
Kann der Projektsteckbrief laufend fortgeschrieben werden?	

3.1.3 Entscheidungsvorlage im Controlling-Projekt (Maschinenbau)

Die Firma „KLEINERT GmbH" ist ein mittelständisches Unternehmen im Maschinenbau. Sie entwickelt und fertigt landwirtschaftliche Maschinen. Das Unternehmen möchte ein Informations- und Management-System (IMS) in seinem Betrieb einführen, um die Steuerungs- und Informationsmöglichkeiten zu erhöhen, die Reaktionsgeschwindigkeit und den Service zu verbessern und damit seine Marktanteile zu erhöhen.

Von mehreren Anbietern wurden Angebote über ein IMS eingeholt. Herr Müller, Projektleiter und Chef der Abteilung Controlling, soll diese Angebote auswerten und eine Entscheidungsvorlage für die Geschäftsführung ausarbeiten. Die Entscheidungsvorlage soll folgende Punkte enthalten:

- Vergleichsdarstellung dreier Anbieter von IMS bzgl. der Kosten
- Abdeckung der strategischen Ziele Steuerung und Information, Reaktionsgeschwindigkeit, Serviceverbesserung
- Beantwortung der Frage, ob ausreichende Kapazitäten zur Realisierung dieses Projektes vorhanden sind
- Klärung, ob das notwendige Know-how vorhanden ist oder durch externe Dienstleister abgedeckt werden muss
- Klärung, ob die technischen und organisatorischen Voraussetzungen gegeben sind

Aus diesen Anforderungen heraus erarbeitet Herr Müller eine Entscheidungsvorlage für das Management-Informations-System und präsentiert diese der Geschäftsführung der „KLEINERT GmbH".

1. Entscheidungsvorlage

Projekt: Informationssystem	Datum: 14. März 2013
Entscheidungsvorlage	Ersteller: Herr Müller

Ausgangssituation:
Zur Verbesserung und transparenten Darstellung unseres Unternehmens soll ein Informationssystem eingeführt werden. Die Anforderung dazu kam von der Geschäftsführung.

Zielsetzung des Unternehmens:

- Verbesserte Steuerung der Unternehmensdaten und -informationen
- Mehr Transparenz über Unternehmensdaten und -informationen
- Verbesserte Reaktionsgeschwindigkeit gegenüber unseren Kunden und Partnern
- Verbesserung unserer Servicequalität

TOP 1: Kostenvergleich der Angebote — Gesamtkosten:
Angebot Alpha = 91.500 EUR
Angebot Beta = 100.500 EUR
Angebot Gamma = 94.000 EUR
(s. *Anlage Kostenvergleichsrechnung*)

TOP 2: Bewertung der Angebote bzgl. der Unternehmenszielsetzung:
Alpha = 7 Bewertungspunkte, Beta = 6 Bewertungspunkte,
Gamma = 8 Bewertungspunkte (s. *Anlage*)

TOP 3: Bewertung der internen Infrastruktur
Für dieses Projekt werden in der EDV keine ausreichenden Ressourcen zur Verfügung stehen.
Empfehlung: sämtliche Programmierungs- und Anpassungstätigkeiten über Externe durchführen lassen.
Zusätzliche Kosten: 50.000 EUR
Die technischen und organisatorischen Voraussetzungen sind gegeben.

TOP 4: Risikoanalyse (s. *Anlage*)

Empfehlung: Entscheidung für Angebot Gamma:
Kosten: 94.000 EUR
Erfüllung der Unternehmensziele: 8 Punkte (höchster Punktwert)
Das Projekt „Informationssystem" sollte durchgeführt werden, die interne Infrastruktur ist gegeben, die Risiken sind zu managen.
Mit der Vergabe sämtlicher Programmierungs- und Anpassungstätigkeiten belaufen sich die Gesamtkosten auf 144.000 EUR.
(*Anlage: Projektauftrag*)

Datum: 14.03.2013, Otto Müller

Außerdem liefert er folgende Anlagen mit, die bei der Bewertung der Entscheidungsvorlage helfen sollen:

2. Anlagen

2.1. Kostenvergleichsrechnung
2.2. Bewertung der Angebote
2.3. Risikoanalyse
2.4 Projektauftrag

TOP 1: Anlage Kostenvergleichsrechnung (Alle Angaben in EUR)

	Angebot Alpha	Angebot Beta	Angebot Gamma
Produktkosten „Informationssystem“	77.000	85.000	80.000
Anpassungskosten Modul X	4.500	3.000	3.500
Betreuungskosten 5 Jahre	10.000	12.500	10.500
Gesamtkosten	**91.500**	**100.500**	**94.000**

TOP 2: Bewertung der Angebote

Unternehmensziele	Alpha	Beta	Gamma
Verbesserung der Steuerung von Unternehmensdaten	2	2	2
Informationsverbesserung	2	2	2
Transparenz	1	2	2
Verbesserte Reaktionsgeschwindigkeit	1	0	1
Servicequalität	1	0	1
Summe	**7**	**6**	**8**

Legende: 2 = wird erfüllt, 1 = wird mittelmäßig erfüllt, 0 = wird nicht erfüllt

TOP 4: Risikoanalyse

Risiko	EW	TW	RPZ (EW* TW)	Vorbeugende Maßnahmen	Korrigierende Maßnahmen
Abstimmung der Programmierarbeiten mit den externen Dienstleistern ist unkoordiniert/ lückenhaft = fehlerhafte Programmierung	2	3	6	Regelmäßige Abstimmungsrunden Controlling Statusmeetings	Hotline/ „Rotes Telefon“

Legende: EW = Eintrittswahrscheinlichkeit, TW = Tragweite, RPZ = Risikoprioritätszahl; 3 = hoch, 2 = mittel, 1 = niedrig

Schlussendlich mündet alles in einen Projektauftrag, der wie folgt aussieht:

Projektauftrag	
Projektbezeichnung: „Einführung Informations- und Management-System (IMS)"	
Projektinhalt/-ziele: Entwicklung und Implementierung eines Informations- und Management-Systems im Unternehmen	
Projektumfeld: Extern: Kunden, Partner Intern: Geschäftsführung, alle Fachabteilungen, Betriebsrat	
Geplante Termine: Projektbeginn: April 2013 Projektende: Dezember 2013 Zwischentermine: ▪ vollständiges Konzept ist erarbeitet bis Ende Mai 2013 ▪ Entwicklung ist abgeschlossen im September 2013 ▪ Implementierung und Test bis Ende November 2013 ▪ Schulung aller Mitarbeiter bis Ende Dezember 2013	
Geplanter Kapazitätsaufwand: 200 Personentage	
Geplantes Budget: 144.000 Euro	
Projektbeteiligte: Projektleitung: Herr Müller, Mitarbeiter aus den jeweiligen Fachabteilungen, externer Dienstleister Fa. Gamma	
Lenkungsausschuss: Geschäftsführung	Expertenteam: Fa. Gamma
Risiken: Abstimmung mit externem Dienstleister	
Datum: 14. März 2013	. . . . Unterschrift Auftraggeber
Datum: 14. März 2013	*Otto Müller* Unterschrift Projektleitung

Bewertung und Wirkung dieser Entscheidungsvorlage

Die Entscheidungsvorlage wurde vom Projektleiter übersichtlich dargestellt. In der Zeile „Ausgangssituation" beschreibt er kurz, warum dieses Projekt initiiert wurde. Er beschreibt in der Zeile „Zielsetzung des Unternehmens" die Anforderungen der Geschäftsführung. Hier wäre es wiederum sinnvoll, diese Ziele noch konkreter, d. h. messbarer zu formulieren. Was z. B. bedeutet „verbesserte Reaktionsgeschwindigkeit“? Ist damit eine Reaktion innerhalb einer Stunde oder innerhalb von 24 Stunden gemeint? Hier gilt es, den Auftraggeber nochmals ganz konkret zu befragen und gemeinsam mit ihm die Parameter zur Ergebnismessung festzulegen.

Achtung: Projektzielfindungs-Workshop

Nehmen Sie sich genügend Zeit zur Klärung Ihres Projektauftrags! Treffen Sie sich, wenn notwendig, mit Ihrem Projektauftraggeber zu einem „Projektzielfindungs-Workshop“.

Sehr gut ist die Bewertung der Angebote gemäß der Unternehmenszielsetzung. Damit stellt der Projektleiter sicher, dass das Projekt konform zu den Unternehmenszielen ist. Bewerten Sie jede Projektidee, jeden Projektvorschlag auch nach der Unternehmenszielsetzung, aber grenzen Sie Unternehmensziele und Projektziele immer voneinander ab.

Ein ebenfalls wichtiger Punkt ist die Überprüfung der Infrastruktur im Unternehmen. Oftmals ist bei IT-Projekten die Infrastruktur wie z. B. eine geeignete Hard- und Software-Ausstattung nicht vorhanden. Die Kosten für die Investition müssen in der Projektkostenplanung berücksichtigt werden.

Die Analyse der Risiken ist Pflicht in jedem Projekt. Klären Sie also die Risiken im Vorfeld eines Projektes und überprüfen Sie die Auswirkungen auf Ihr Projekt hinsichtlich der Tragweite (Kosten, Termine und Qualität) und der Eintrittswahrscheinlichkeit. Erarbeiten Sie die möglichen Projektrisiken gemeinsam mit Ihrem Auftraggeber.

Verbesserungs- und Ergänzungsvorschläge

- Der Projektleiter hat viele wichtige Informationen für eine Entscheidung zusammengestellt. Die Risikoanalyse ist an dieser Stelle jedoch nicht ausreichend. Die Einführung eines Informations-Management-Systems kann z. B. auf Vorbehalte der Mitarbeiter stoßen (Vorwürfe der „Kontrolle“, „Überwachung“ etc.). Diese so genannten „weichen Faktoren“ müssen unbedingt berücksichtigt werden, um die Stakeholderzufriedenheit zu gewährleisten.
- Unterteilen Sie das geplante Budget in externe und interne Budgetvorgaben (Kosten).
- Mit dem Projektauftrag greift der Projektleiter der Entscheidung durch die Geschäftsführung schon vor. Es wurde aber noch keine Entscheidung durch die Geschäftsführung getroffen. Der Projektleiter hat lediglich eine Empfehlung ausgesprochen. Vielleicht findet die Geschäftsführung noch andere Gesichtspunkte, die zu berücksichtigen sind. Also immer erst die Entscheidung abwarten! Besser ist es, Informationen wie Dauer, Termine usw. in Form eines Projektvorschlags zu dokumentieren.

Checkliste: Projektbewertung	
Unterstützt das Projekt die Ziele Ihres Unternehmens?	
Sind alle möglichen Risiken bekannt, dokumentiert und bewertet?	
Wurden auch die „weichen Risiken", wie Ängste der Mitarbeiter etc., berücksichtigt?	
Wurden die externen Dienstleister überprüft? (Empfehlungen, ggf. Besuche vor Ort?)	
Reichen die Informationen aus, um eine konkrete Projektentscheidung zu treffen?	

3.2 Musterberichte für die Projektplanung

3.2.1 Meilensteinbericht im Organisationsprojekt (Eventmanagement)

Wir betrachten nun ein Projekt, welches am Ende der Planungsphase und damit an der Schwelle zur Umsetzung steht. Konkret handelt es sich um die Organisation und Durchführung einer Konferenz mit 2000 Teilnehmern. Der Auftraggeber ist ein Großkonzern, der als Startschuss zur Umsetzung seiner neuen Firmenstrategie alle Mitarbeiter eines Geschäftsbereiches zu einer zweitägigen Konferenz eingeladen hat.

Unser Projektleiter arbeitet für eine größere Firma, die sich auf diese Dienstleistung spezialisiert hat (so genanntes Eventmanagement). Sie organisiert rund 300 Großveranstaltungen im Jahr und führt die Abwicklung nach den Regeln des Projektmanagements durch. Die Firma arbeitet teilweise mit eigenen Ressourcen, die in erster Linie aber Akquisition, Kundenbetreuung, Planung, Einkauf und Organisation erledigen. Zur eigentlichen Durchführung verfügt sie über ein enormes Netzwerk erprobter Partnerfirmen, so dass ein breites Spektrum an Veranstaltungsarten schnell, zuverlässig und kostengünstig auf die Beine gestellt werden kann. Der Mehrwert des Kunden liegt im Zugang zu diesem Netzwerk von Dienstleistungspartnern aus einer Hand.

Der Projektleiter trägt die unternehmerische Verantwortung für das Projekt. Der Schlüssel zum finanziellen Erfolg liegt in der sorgfältigen Planung, Verhandlung und Beauftragung aller Leistungen mit den Partnerfirmen. Das vorliegende Projekt ist durchgeplant und kalkuliert, so dass der Projektleiter lediglich die Freigabe seines Managements benötigt, um den Startschuss zur Realisierung, d. h. zur Beauftragung der Partnerfirmen, geben zu können. Hier der Bericht zur Abnahme der Projektplanung.

Meilensteinabnahmebericht	
Datum: 03.11.2010	Verfasser: Paul Neumann
Projekt:	Strategiekonferenz „Zukunft 2020"
Veranstaltungsdatum:	22.-23.02.2014
Kunde:	Novosoft AG, Hamburg
Auftragsnummer:	A10122-R44
Meilenstein:	Planung/Auftrag
Freigabe der Phase:	Event-Vorbereitung

Projektteam	
Projektleiter:	Paul Neumann, Tel. 33433
Projektkaufmann:	Peter Geiger, Tel. 34189
Projekteinkäuferin:	Sabine Fuchs, Tel.43571
Program Office:	Beate Müller, Tel. 92833

Projektkennzahlen	
Geplante Projektdauer:	3.01.2010 bis 28.2.2014
Auftragswert:	420.000 EUR
Projektgesamtkosten:	337.000 EUR
▪ davon intern:	82.000 EUR (105 Mitarbeitertage)
▪ davon extern:	255.000 EUR
Bruttoergebnis:	**73.000 EUR (17% vom Umsatz)**
Bewertete Risiken	22.000 EUR
Ergebnis inkl. Risiken:	**51.000 EUR (12% vom Umsatz)**

Checkliste: Meilensteinfreigabe	
1. Vertrag	
Vertragsentwurf wurde vorverhandelt und vom Kunden akzeptiert.	
Ablauf und alle Leistungen sind vertraglich erfasst.	
Vorabzahlung von min. 20 % des Auftragswertes ist vereinbart.	
Vertragsentwurf wurde vom Projektkaufmann geprüft.	
2. Partnerfirmen	
Zu allen Leistungen liegen Angebote von mindestens zwei Lieferanten vor.	
Angebote wurden vom Einkauf geprüft und ausgewählt.	

3. Projektpläne	
a) Projektstrukturplan (Prüfung durch Program Office): Alle Lieferungen, Leistungen und Aktivitäten sind geplant und mit Aufwänden und Zeiten (s. *Angebote*) hinterlegt.	
b) Projektablaufplan (Prüfung durch Program Office): Für alle Aktivitäten wurden Termine geplant und von den Verantwortlichen bestätigt; das Projekt ist im Zeitrahmen durchführbar. Puffer und Kritischer Pfad wurden identifiziert.	
c) Kostenplan (Prüfung durch Projektkaufmann): Alle internen und externen Aufwände aus dem Projektstrukturplan wurden erfasst oder durch Angebote verifiziert.	
d) Zahlungsplan (Prüfung durch Projektkaufmann): Der Zahlungsplan wurde mit Zahlungszeitpunkten hinterlegt und vertraglich so festgelegt, dass die Vorleistung zu keinem Zeitpunkt mehr als 60 % vom Auftragswert beträgt.	
e) Risikoplan (Prüfung durch Projektteam): Eine Risikoanalyse wurde im Gesamtteam durchgeführt; die Risiken wurden bewertet, priorisiert und mit Maßnahmen hinterlegt; die Maßnahmen wurden bewertet und in die Projektpläne eingearbeitet.	

Freigabe durch die Geschäftsleitung

1. Vertragsfreigabe
Der Vertrag wird seitens der Geschäftsführung freigegeben.

Ja: O	Ja, mit Auflagen: O	Nein: O

Maßnahmen/Auflagen:

2. Projektfreigabe:
a) Das Projekt wird vorbehaltlich des Vertragsabschlusses mit dem Kunden zur Phase „Event-Vorbereitung“ freigegeben.

Ja: O	Ja, mit Auflagen: O	Nein: O

Maßnahmen/Auflagen:

b) Der Projektleiter wird ermächtigt, Partnerfirmen und Lieferanten im geplanten Umfang zu beauftragen.

Ja: O	Ja, mit Auflagen: O	Nein: O

Maßnahmen/Auflagen:

Datum:

Dr. Hubert Meier	Sonia Peters
(Geschäftsführer)	(kfm. Leitung)

Bewertung und Wirkung des Berichtes

Der Übergang von der Projektplanungs- in die Projektrealisierungsphase ist in diesem Beispiel wirtschaftlich von besonderer Bedeutung, da nun die vertraglichen Vereinbarungen geschlossen werden. Dies gilt sowohl für die Kundenseite als auch für die Unterauftragnehmer. Die Daten der Projektplanung dienen nun als Referenz für die Projektrealisierung.

In der Realisierungsphase gibt es dann in vielerlei Hinsicht kein Zurück mehr, denn die rechtliche Bindung von Verträgen und Aufträgen erlaubt Änderungen meist nur in sehr begrenztem Umfang. Jedes Versäumnis der Planungsphase kostet also in den meisten Fällen später Ressourcen und Geld. Je mehr Druck hierbei auf der Seite des Projektteams entsteht, umso teurer werden die Korrekturmaßnahmen. Dies gilt besonders für die kurzfristige Beauftragung externer Dienstleister, die zum einen oft ausgelastet sind und daher selbst erhöhte Kosten haben, zum anderen aber auch Notlagen ihrer Auftraggeber erkennen und mitunter schamlos ausnutzen.

Daher fokussiert der Bericht besonders auf die wirtschaftlich relevanten Fragen der Planungsphase. Er ist in drei Teile gegliedert: Die erste Seite gibt die wichtigsten Informationen zum Projekt, insbesondere zur Wirtschaftlichkeit auf dem aktuellen Stand der Planung. Die zweite Seite beinhaltet die Checkliste zum Meilensteinabschluss, und die dritte Seite die Freigabe mit eventuellen Maßnahmen.

- Ansprechend ist auf der ersten Seite die Visualisierung der Projektphasen nach der in der Firma gebräuchlichen Systematik. Die Phase, um die es geht, ist graphisch hervorgehoben, so dass auf den ersten Blick klar wird, wovon der Bericht handelt.
- Die Auflistung des an der Erstellung der Pläne beteiligten Teams ist für Rückfragen von Bedeutung und würdigt die Arbeit aller. Durch Referenzen auf die Projektbeteiligten („geprüft durch xy") wird ersichtlich, wer für welchen Teil gemeinsam mit dem Projektleiter verantwortlich ist.

Tipp: Nennen Sie wichtige Teammitglieder namentlich

Führen Sie Ihre Teammitglieder in Schlüsselpositionen im Bericht auf und setzen Sie im Bericht Referenzen.

- Schon auf der ersten Seite werden die finanziellen Daten des Projekts aufgeführt. Auf diese Stelle wird der Lenkungsausschuss besonders achten. Sehr gut ist die Aufführung der Risikobewertung, denn sie demonstriert Umsicht und Sorgfalt der Projektleitung. Vorbildlich: Die wichtigsten Projektdaten sind kurz und übersichtlich dargestellt.
- Auf der zweiten Seite werden die Schlüsselfragen hinsichtlich der Schnittstelle zum Kunden, zu den Partnern und in Bezug auf die Projektplanung aufgeworfen und beantwortet. Hierbei ist es wichtig, Kriterien anzugeben, die eine simple Ja-Nein-Frage mit Qualität hinterlegen.

Achtung: Konkrete Zahlenangaben

Versuchen Sie immer, Ihre Aussagen mit messbaren Größen zu hinterlegen.

Als Anhang findet sich das Formular zur Freigabe, mit der der Lenkungsausschuss der Projektleitung das Budget überantwortet.

Checkliste: Projektfreigabe	
Wird die Projektsystematik ersichtlich?	
Sind die Projektkennzahlen übersichtlich dargestellt?	
Werden die wichtigsten Teammitglieder erwähnt?	
Sind die Entscheidungskriterien für die Freigabe benannt?	
Sind die Informationen nach ZDF (Zahlen, Daten, Fakten) strukturiert?	
Wurden Maßnahmen bei Abweichungen dokumentiert?	
Sind Entscheidungen seitens des Auftraggebers zu veranlassen?	
Haben Sie Empfehlungen zur Entscheidung formuliert? (Hilfestellung für den Auftraggeber)	
Wird auf die wichtigsten Dokumente verwiesen?	
Welche Botschaft über das Projekt lesen Sie, wenn Sie den Bericht als Unbeteiligter lesen würden? Entspricht diese Botschaft dem, was Sie sagen wollen?	

3.2.2 Phasenabnahme im Messeprojekt (Schreibwarenbranche)

Die Firma „Schreibfix GmbH" hat den Projektvorschlag von Herrn Auter genehmigt und das Projekt freigegeben. Herr Auter wurde als Projektleiter bestätigt. Das Projekt befindet sich momentan in der Planung, die Konzeptphase wurde abgeschlossen. Die Detaillierungsphase wird diese Woche beendet. Um sicherzustellen, dass die Planung rund ist, alles berücksichtigt wurde und auch die Finanzierung stimmt, hatte die Geschäftsführung Herrn Auter gebeten, einen Workshop durchzuführen, mit dem Ziel, die Planung zu genehmigen und die nächste Phase, die „Messevorbereitung", freizugeben.

Herr Auter lädt alle Projektbeteiligten und die Geschäftsführung zu einem „Phasen-Abnahme-Workshop" ein. Die folgende Agenda listet die Tagesordnungspunkte des Workshops auf:

Beispiel: Phasen-Abnahme-Workshop

Agenda: Projekt „Messeauftritt"
Phasen-Abnahme Detailplanung

Datum: 18.07.2014, 09.00-12.00 Uhr

Teilnehmer: Herr Auter, Projektteam, Geschäftsführung

Ort: Konferenzraum, A07

Nr.	TOP	Uhrzeit	Wer
1	Begrüßung	09.00-09.15	Geschäftsführung Hr. Weil
2	Projekt „Messeauftritt": Ziele und Projekt-Status	09.15-10.00	Hr. Auter
3	Phase Detailplanung: Ziele und erwartete Arbeitsergebnisse	10.00-10.15	Hr. Auter
4	Vorstellung Projektplan	10.15-10.30	Hr. Auter
5	Vorstellung Finanzierungsplan	10.30-10.45	Fr. Klein
6	Vorstellung Fein-Konzept	10.45-11.00	Fr. Renner
7	Abnahme-Phase „Detailplanung": Arbeitsergebnisse Offene Punkte? Abnahme-Phase „Detailplanung" Freigabe-Phase „Messevorbereitung"	11.00-11.45	Alle
8	Fazit. Wie geht es weiter?	11.45-12.00	Hr. Auter

Der Workshop wurde entsprechend durchgeführt. Herr Auter dokumentiert die Arbeitsergebnisse der Detailplanung im Phasenabnahmebericht.

Phasenabnahmebericht

Projekt: Messeauftritt bei der „Orga & Tech“		**Datum: 19. Juli 2014 Seite 1 von 2**	
Phasen-Abnahmebericht		Ersteller: Herr Auter	
Phase: Detailplanung			
Zu erwartende Arbeitsergebnisse: ☑ Projektplan wurde erstellt ☑ Finanzierungsplan ist erstellt ☑ Feinkonzept ist fertig			
	Projektziele eingehalten	Phasenziel eingehalten	Anmerkungen/ Entscheidung
Leistung/Qualität	Ja	Ja	
Terminsituation	Ja	Ja	
Ressourcensituation	Ja	Ja	
Kostensituation	Nein	Ja	s. Begründung
Phase abgenommen: ja ☑ nein ☐		Begründung/Auflagen: – keine –	
Folgephase genehmigt: ☑ Ja ☐ Ja, mit Einschränkung ☐ Nein		Die Phase „Messevorbereitung“ wird trotz Mehrkosten (s. *Seite 2*) freigegeben	
Datum/Unterschrift Auftraggeber:		19.07.2014 gez. Wichtig	
Datum/Unterschrift Projektleiter:		19.07.2014 gez. Auter	

Projekt: Messeauftritt bei der „Orga & Tech“		**Datum: 19. Juli 2014 Seite 2 von 2**	
Phasen-Abnahmebericht		Ersteller: Herr Auter	
Phase: Detailplanung			
	Projektziele eingehalten	Phasenziel eingehalten	Anmerkungen/ Entscheidung
Leistung/Qualität	Ja	Ja	
Terminsituation	Ja	Ja	
Ressourcensituation	Ja	Ja	
Kostensituation	Nein	Ja	s. Begründung

Projekt: Messeauftritt bei der „Orga & Tech"	Datum: 19. Juli 2014 Seite 2 von 2
Erläuterung zu Abweichung Kosten: Die veranschlagten Kosten für den externen Dienstleister (Messebauer MESSE GmbH) können nicht eingehalten werden. Es werden voraussichtlich 10.000 EUR Mehrkosten anfallen (s. *Anlage Projektkalkulation*).	

Anlage: Projektkalkulation

Phasen	Aufgaben	Geschätzte Dauer	Kosten
Konzept-phase	▪ Zielkatalog festlegen ▪ Projektorganisation festlegen ▪ Wirtschaftlichkeitsbetrachtung erstellen ▪ Projekt-Start-Workshop durchführen ▪ Grobkonzept erstellen	1 Monat	12.000 EUR
Detailplanung	▪ Projektplan erstellen ▪ Finanzierungsplan erstellen ▪ Feinkonzept erstellen	3 Monate	36.000 EUR
Messe-vorbereitung	▪ Messeauftritt vorbereiten, ggf. mit Fachprogramm ▪ Werbung ▪ Einladung Kunden ▪ Abstimmung mit Messebauer ▪ Einteilung Standpersonal	2 Monate	24.000 EUR
Messedurch-führung	▪ Messeaufbau ▪ ggf. Fachprogramm ▪ Messedurchführung ▪ Messeabbau	1 Woche 10.10. bis 14.10.14	12.000 EUR 25.000 EUR (Messebauer)
Messenach-bereitung	▪ Auswertung, Nachkalkulation ▪ Kunden, potenzielle Kunden nach-betreuen ▪ Abschlussbericht erstellen ▪ Projektdokumentation archivieren	1 Monat	4.000 EUR
Summe		**8 Monate**	**113.000 EUR**

Bewertung und Wirkung des Phasenabnahmeberichts

Zum Abschluss der Phase „Detailplanung“ bewerten der Projektleiter und sein Team in einem Workshop die Durchführung der Phase „Detailplanung“ und die erarbeiteten Ergebnisse. Die Aufgabenstellung war, die Detailplanung des Projektes, einen Finanzierungsplan sowie ein Feinkonzept zu erstellen.

Der Abschluss einer Phase ist ein wichtiger Meilenstein in einem Projekt. Da wird entschieden, ob das Projekt weitergeführt, gestoppt oder überarbeitet werden muss. Aus diesem Grund ist es sinnvoll, eine Phasenabnahme immer gemeinsam mit dem Projektteam und dem Auftraggeber, in diesem Beispiel der Geschäftsführung, durchzuführen. Der Abschluss einer Phase wird somit gemeinsam verabschiedet und eventuelle Abweichungen oder Fehler können relativ schnell erkannt und aus der Welt geschaffen werden. Der Projektleiter fasst die Arbeitsergebnisse dann zu einem Phasenabnahme-Bericht zusammen. Eine Begründung, warum der Messebauer um 10.000 EUR teurer ist, hat der Projektleiter allerdings nicht geliefert bzw. nicht im Bericht dokumentiert. Dies ist aber wichtig, um spätere Fragestellungen zu beantworten und eine aussagefähige Projektauswertung durchzuführen. Mit dem Phasenabnahmebericht ist die Abnahme der „Detailplanung“ dokumentiert und die nächste Phase „Messevorbereitung“ wird freigegeben.

Achtung: Planungsfreigabe

Die Freigabe der Planung ist ein wichtiger Meilenstein im Projekt. Hier können eventuelle Fehler noch relativ kostengünstig korrigiert werden. Außerdem stellen Sie sicher, dass Sie mit Ihrem Projektplan auf dem richtigen Weg sind.

Verbesserungs- und Ergänzungsvorschläge

- Listen Sie im Phasenabnahmebericht auf, welche Arbeitsergebnisse in dieser Phase erledigt wurden. Die zu erwartenden Arbeitsergebnisse leiten sich aus dem Phasenplan ab.
- Achten Sie nicht nur auf die Quantität der Arbeitsergebnisse (Vollständigkeit) sondern auch auf die Qualität.
- Dokumentieren Sie die Abweichungen innerhalb einer Phase in Form eines Änderungsberichts.
- Begründen Sie die Abweichungen und Änderungen.
- Informieren Sie alle Projektbeteiligten über die Freigabe bzw. Nichtfreigabe der Folgephase. Legen Sie sämtliche Anlagen (Projektplan, Finanzierungsplan usw.) dem Abnahmebericht bei, bzw. legen Sie ein zentrales Projektdatenbankverzeichnis fest und archivieren Sie dort alle Projektinformationen.

Checkliste: Phasenabnahme	
Ist klar, welche Arbeitsergebnisse nach Ende der Phase erwartet werden?	
Wurden Abweichungen innerhalb der Phase als Änderungsbericht dokumentiert?	
Wurden eventuelle Abweichungen/Änderungen in der Phase begründet?	
Was passiert, wenn die Phase nicht abgenommen wird?	
Sind alle Projektbeteiligten über die Freigabe bzw. Nichtfreigabe der Folgephase informiert?	

3.3 Musterberichte für die Projektsteuerung

3.3.1 Meilensteinabnahme im Kundenprojekt (Anlagenbau)

Der folgende Bericht dient dem Abschluss der Realisierungsphase bei einem Anlagenprojekt und leitet den Übergang in die abschließende Implementierungsphase ein. Es handelt sich um eine Beschallungs- und Beleuchtungsanlage für eine Konzerthalle mit einer Kapazität von 400 Zuschauern, die auf einem ehemaligen Fabrikgelände eingerichtet wird. Die Anlage ist fertig installiert und muss durch den Kunden noch abgenommen werden. Der Kunde ist der Besitzer und Betreiber der Halle, die „Licht & Ton GmbH", an der die Stadtverwaltung als Grundstückseigner mehrheitlich beteiligt ist. Eine moderne technische Ausstattung ist die Voraussetzung, um für verschiedene Arten von Veranstaltungen gebucht werden zu können.

Unsere Firma ist ein hoch spezialisierter Betrieb mit 40 Mitarbeitern und Mitarbeiterinnen, die Licht- und Tonanlagen konfigurieren, installieren und warten. Formalismen sind in dieser Firma zwar weitgehend verpönt, trotzdem hat es sich aufgrund der hohen Anzahl kleinerer Projekte als äußerst nützlich erwiesen, arbeitsteilig vorzugehen und die wichtigsten Informationen durch Berichte auszutauschen. So gibt es einen Innendienst, der die Anlagen beplant, die Komponenten beschafft und die administrativen Tätigkeiten wahrnimmt. Im Außendienst werden die Kunden akquiriert und betreut sowie die Anlagen aufgebaut und später gewartet. Somit sind die Projektleiter vor Ort weitgehend auf sich alleine gestellt und wenig verfügbar, so dass ihre Berichte vor allem dazu dienen, dem Innendienst einen Überblick über benötigte Zuarbeiten zu verschaffen.

Bericht zur Meilensteinabnahme: Anlagenaufbau (Realisierung)

Projekt: Kunsthalle

Kunde: Licht & Ton GmbH, Kassel

Berichtsdatum: 16.06.14

1. Projektstatus

- Die Anlage ist über eine Woche vor Termin fertig installiert, vorgetestet und bereit zur Kundenabnahme. Sie erfüllt alle vertraglichen Kriterien.
- Während unserer Tests wurde eine vorläufige Mängelliste erstellt; die entsprechenden Nacharbeiten müssen noch ausgeführt werden (s. u.).

Unsere Leistungen wurden entsprechend dem Projektfortschritt zur Rechnungsstellung an die Kaufleute weitergegeben (derzeit keine Aktion). Aktuell sind wir mit 35.000 EUR in Vorleistung.

2. Meilensteine und Terminplan

	Soll	*Ist*	*Status*
Anlagenkonzept und Angebot	15.01.14	15.01.14	✓ erledigt
Vertragsabschluss	08.03.14	15.03.14	✓ erledigt
Liefer- und Installationsplan erstellt	31.03.14	05.04.14	✓ erledigt
Komponenten bestellt	16.04.14	21.04.14	✓ erledigt
Abschluss der Installation	25.06.14	16.06.14	✓ erledigt
Kundentest und -abnahme (gepl.)	09.07.14	01.07.14	im Plan

3. Projektergebnis

	Kosten	*Umsatz*[1]	*Ergebnis*
Übertrag nach Planungsphase:	11.000 EUR	0 EUR	- 11.000 EUR
Herstellung eigener Komponenten	18.000 EUR	5.000 EUR	- 13.000 EUR
Zukauf fremder Komponenten	22.000 EUR	7.000 EUR	- 15.000 EUR
Beistellung und Installation	11.000 EUR	15.000 EUR	+ 4.000 EUR
Summe heute (16.06.14)	62.000 EUR	27.000 EUR	- 35.000 EUR
Abnahme inkl. Mängelbeseitigung	5.500 EUR	48.000 EUR	+ 42.500 EUR
Summe (geplant)	67.500 EUR	75.000 EUR	+ 6.500 EUR

[1] Abschlagszahlungen

Bericht zur Meilensteinabnahme: Anlagenaufbau (Realisierung)

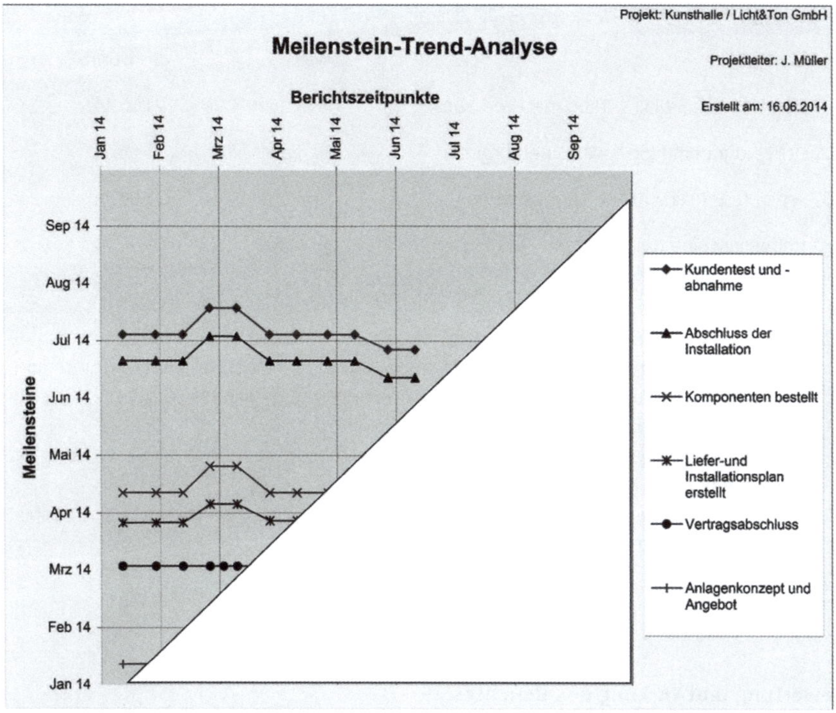

Abb. 9: Meilenstein-Trend_Analyse

4. Checkliste

	Lieferung	*Installation*	*Test*	*Abnahme (geplant)*
Bühnenbeleuchtung	n/a			22.06.14
Lichteffekte			(4)	23.06.14
Lichtmischer				24.06.14
Computeranlage		(3)	(3)	28.06.14
Lichtprogramme			(2)	28.06.14
Mikrofonanlage				25.06.14
Endstufen		(1)	(1)	25.06.14
Boxentürme				25.06.14
Bühnenmonitore				28.06.14
Mischpult				28.06.14
Einweisung/Training			n/a	01.07.14

Bericht zur Meilensteinabnahme: Anlagenaufbau (Realisierung)		
Vorläufige Mängelliste		
Aktion	*Wer?*	*Bis wann?*
(1) Endstufen lt. E-Mail v. 11.06. neu verkabeln	Fr. Mayer	21.06.14
(2) Lichtprogramme (Software) debuggen	Hr. Peter	25.06.14
(3) Server lt. E-Mail v. 13.06. konfigurieren	Hr. Peter	25.06.14
(4) Nebelmaschine durchtesten	Fr. Mayer	21.06.14
5. Risiken:		
1. Wir stehen aufgrund der Vertragsgestaltung derzeit mit 35.000 EUR in Vorleistung. Da die Anlage nun eingebaut ist, gelten die Komponenten nicht mehr als neu und unterliegen einem Wertverlust von 30 %. Im Falle der Zahlungsunfähigkeit des Kunden verlieren wir dadurch inkl. Verbrauchsmaterial rund 15.000 EUR. Das Risiko wird als gering eingestuft, da eine öffentliche Institution (Stadtverwaltung) der Eigentümer des Kunden Licht & Ton GmbH ist. 2. Die feuerpolizeiliche Abnahme sollte unkritisch sein, da alle Komponenten streng nach Norm verlegt und getestet wurden.		

Bewertung und Wirkung des Berichtes

Beim Übergang von der Realisierungs- in die Implementierungsphase geht es bei dem vorliegenden Projekt um die Kundenabnahme. Erst danach wird der größte Teil der Zahlung erfolgen. Ein wichtiger Meilenstein – schließlich ist das Projekt derzeit mit 35.000 EUR in Vorleistung. Insofern ist dieser letzten Projektphase hohe Bedeutung beizumessen, denn letztlich hängt der Projekterfolg für die Firma von der Bezahlung ab. Deshalb ist es bedeutsam, im Bericht eine Übersicht über das bereits Erreichte und die noch zu erbringenden Leistungen zu geben. Führen Sie am Ende der Realisierungsphase die noch zu erbringenden Restleistungen explizit auf.

Von der Struktur her wird Übersichtlichkeit erzielt, indem zunächst eine kurze Zusammenfassung des Status als Text aufgeführt wird. Darin wird auf die weiteren Ausführungen verwiesen. Anschließend werden die Zeiten und das finanzielle Ergebnis aufgeführt, was für den Lenkungsausschuss in erster Linie interessant ist.

Tipp: Berichtaufbau

Liefern Sie die Kennzahlen des Projektes zusammen mit einer Zusammenfassung des Status immer auf der ersten Seite eines Berichtes.

Auf der zweiten Seite werden im Detail die zu erbringenden Lieferungen und Leistungen und deren Abarbeitungsgrad dargestellt. Die Mängelliste zeigt die noch zu erbringenden Leistungen explizit. Zusätzlich wird der Abnahmeplan aufgeführt, so dass der Umfang bis zum Abschluss der Projektarbeiten ersichtlich wird. Insgesamt entsteht hier also ein exzellenter Überblick, der durch Nennung und Bewertung der verbleibenden Projektrisiken abgerundet wird.

Checkliste: Meilensteinabnahme im Kundenprojekt	
Wird der Projektstatus kurz und prägnant beschrieben?	
Gehen die Schlüsseldaten aus dem Bericht hervor?	
Werden das Erreichte und die noch zu erbringenden Leistungen dargestellt?	
Wird der Plan bis zum Abschluss der Projektarbeiten (z. B. Abnahmeplan) aufgeführt?	
Werden die verbleibenden Projektrisiken aufgelistet und bewertet?	

3.3.2 Sofortbericht im Kundenprojekt (IT Branche)

Das folgende Beispiel spielt in der IT-Firma „SuperNet“, die sich auf die Beratung mittlerer und großer Firmen spezialisiert hat. Projekte von „SuperNet“ umfassen typischerweise Komplettpakete, von der kundenspezifischen Konfiguration und Realisierung der kompletten IT-Infrastruktur bis hin zur Ausbildung des Personals. Die Kernkompetenz der Firma liegt zum einen in der exzellenten Kenntnis der Technologien. Zum anderen ermöglicht die starke Marktposition von „SuperNet“ bei allen großen Anbietern von Hardware, Software und Dienstleistungen günstige Einkaufskonditionen.

Das Projekt „GatorXL“ befindet sich in der Realisierungsphase, in der alle Netzwerkkomponenten installiert und getestet werden. Das Projekt verläuft bisher weitgehend im Plan, allerdings wird auf einen Vorstandsbeschluss hin ein großer Lieferant überraschend und mit sofortiger Wirkung suspendiert.

Die Gründe hierfür sind dem Projektleiter nicht bekannt, jedoch muss er sofort reagieren, um Schaden abzuwenden. Der Bericht ist somit eine klassische Eskalation an den Lenkungsausschuss des Projekts in Verbindung mit einer Entscheidungsvorlage. Diese wird durch eine E-Mail an den Lenkungsausschuss vorbereitet.

Musterschreiben: Eskalation mit Entscheidungsvorlage

Von: Jens Schneider
Gesendet: Mittwoch, 12. Januar 20104 07:37
An: Heilmann, Ronald
Cc: Fischer, Rolf; Daschner, Rudolf; Müller, Bert
Betreff: Kündigung des Liefervertrages mit „Innovative & Creative Systems“
Wichtigkeit: Hoch

Sehr geehrter Herr Heilmann,
sehr geehrte Herren des Steuergremiums,

ich habe gestern von meinem Einkäufer, Herrn Müller, von der fristlosen Kündigung unseres Vertrages mit dem Lieferanten „Innovative & Creative Systems“ (ICS) erfahren. Nach seinen Aussagen hat er alle Aufträge auf Weisung unseres Bereichsvorstands bereits schriftlich storniert.

Ich eskaliere hiermit diesen Vorgang in Abstimmung mit Herrn Müller in das Steuergremium, da sich aus der Kündigung Schäden für das Projekt und damit für unsere Firma ergeben werden, die meinen Verantwortungsbereich übersteigen.

Begründung: Mein Projekt befindet sich derzeit in der Phase der Systemintegration. Wie Sie sicher wissen, liefert ICS hierfür essenzielle Netzwerkkomponenten, die allesamt kundenspezifisch konfiguriert sind und somit nur unter hohem zeitlichem und finanziellem Aufwand zu ersetzen sein werden.

Wie telefonisch besprochen, finden Sie anbei eine Entscheidungsvorlage mit verschiedenen Optionen, die ich heute in der Sitzung des Steuergremiums vorstellen und zur Entscheidung bringen möchte.

Viele Grüße

Jens Schneider
Projektleiter „Gator XL“

Entscheidungsvorlage von Herrn Schneider, Projektleiter „Gator XL"

Supernet-Always miles ahead

Entscheidungsvorlage
für das Steuergremium am
12. Januar 2014

Ausstiegsszenarien mit dem Lieferanten
Innovative & Creative Systems (ICS)

Jens Schneider

12. Januar 2014 | Projekt Gator XL | Firmenvertraulich | 1

Abb. 10: Entscheidungsvorlage für das Steuergremium — Folie 1

Supernet - Always miles ahead

Entscheidungsvorlage: Ausstiegsszenarien mit dem Lieferanten
Innovative& Creative Systems (ICS)

Projektsituation

- Projekt Gator XL ist in der Realisierung (Netzwerkaufbau beim Kunden
- Kennzahlen laut Plan vom 10. Januar 2014

Umsatz:	820.000 €
Ergebnis:	152.000 €
Fertigstellunggrad:	78 % (im Plan)
Kundenabnahme:	21. Februar 2014

- ICS ist der Hauptlieferant von Jardware (Server, Rpouter, Switches etc.) für das Projekt
- Wer der noch zu verbauenden und bereits in Lieferung befindlichen Netzwerkkompnenten: 250.000 €

12. Januar 2014 | Projekt Gator XL | Firmenvertraulich | 1

Abb. 11: Entscheidungsvorlage — Folie 2: Projektsituation

Supernet - Always miles ahead

Entscheidungsvorlage: Ausstiegsszenarien mit dem Lieferanten
Innovative& Creative Systems (ICS)

Szenarien

1.	Fristlose Kündigung des Liefervertrags ICS	Kosten (siehe Anlage)	174.400 €
2.	Kostenoptimierter Ausstieg aus dem Liefervertrag	Kosten (siehe Anlage)	35.000 €
3.	Kündigung des Vertrags nach Projektabschluss	Kosten	0 €

Die Projektleitung empfiehlt Szenarium 3.

12. Januar 2014 | Projekt Gator XL | Firmenvertraulich | 3

Abb. 12: Entscheidungsvorlage — Folie 3: Empfehlung der Projektleitung

Supernet - Always miles ahead

Entscheidungsvorlage: Ausstiegsszenarien mit dem Lieferanten
Innovative& Creative Systems (ICS)

Szenario 1: Fristlose Kündigung des Liefervertrags mit ICS

Stornokosten **75.000 €**
Die bei ICS bestellte und vorkonfigurierte Hardware muss
laut Liefervertrag bei Storno zu 30% bezahlt werden.

Mehrkosten der Neubeschaffung
a) 9 Personentage interner Aufwand zur Konfiguration der Nachbestellung **9.000 €**
b) 10% Eilzuschlag alternativer Anbieter (Angebot Fa. Brown vom 11.01.14) **25.000 €**

Folgekosten wegen Projektverzug **65.400 €**
- Verschiebung des Abnahmetermins durch den Kunden um die Lieferzeit kritischer Komponenten (bei Eilbestellung 4 Wochen).
- Vertragsstrafe 2,2% vom Vertragswert (820.000 €) pro Woche Verzug

Summe **174.400 €**

12. Januar 2014 | Projekt Gator XL | Firmenvertraulich | 4

Abb. 13: Entscheidungsvorlage — Folie 4: Kosten

Supernet - Always miles ahead

Entscheidungsvorlage: Ausstiegsszenarien mit dem Lieferanten Innovative& Creative Systems (ICS)

Szenario 2: kostenoptimierter Ausstieg aus dem Liefervertrags mit ICS

Stornokosten Storno 30% von 80.000 € unkritischen Komponenten.	**24.000 €**
Mehrkosten der Neubeschaffung	
a) 3 Personentage interner Aufwand zur Konfiguration der Nachbestellung	**3.000 €**
b) 10% Eilzuschlag Fa. Brown auf 80.000 € (Angebot vom 11.01.14)	**8.000 €**
Folgekosten wegen Projektverzug • Keine Verschiebung des Abnahmetermins durch den Kunden, da die Lieferzeit kritischer Komponenten von ICS geliefert werden; daher keine Vertragsstrafe.	**0 €**
Summe	**35.000 €**

12. Januar 2014 Projekt Gator XL Firmenvertraulich 4

Abb. 14: Entscheidungsvorlage — Folie 5: Kostenoptimierter Ausstieg

Bewertung und Wirkung des Berichtes

In diesem Fall hat der Projektleiter unter hohem Druck rasch zu handeln. Denn die Entscheidung des Vorstands, den Lieferanten sofort auszuphasen, gefährdet den finanziellen Erfolg und damit sein ganzes Projekt. Die Herausforderung liegt darin, seinem Lenkungsausschuss im Rahmen einer Eskalation eine ordentliche Argumentation zur Verfügung zu stellen, mit deren Hilfe er handeln kann. Der Projektleiter lässt den Mitgliedern des Lenkungsausschusses die Daten vor der eigentlichen Sitzung per E-Mail zukommen.

In einem derart dringenden Fall ist es unerlässlich, den Vorgang — wie hier geschehen — wenigstens einem Mitglied des Lenkungsauschusses telefonisch anzukündigen. E-Mails werden oft nicht oder nur unvollständig gelesen, daher ist die persönliche Kontaktaufnahme die einzige zuverlässige Methode, die nötige Aufmerksamkeit zu erlangen.

Alle Mitglieder des Lenkungsausschusses werden in „Cc" informiert, so dass in der Sitzung derselbe Informationsstand herrscht.

Der Einkäufer, auf dessen Informationen hin der Projektleiter eskaliert, steht ebenfalls in „Cc". Damit ist er in den Vorgang einbezogen.

Die Struktur des Anschreibens ist richtig gewählt: Zunächst wird der Vorgang selbst beschrieben. (Um welches Thema geht es?) Dann wird die Eskalation benannt und die Begründung geliefert. (Warum ist das Thema so wichtig?) Abschließend wird die weitere Vorgehensweise angesprochen. Versetzen Sie sich also immer in die Lage Ihres Adressaten: Welche Informationen und welche Struktur braucht er, um eine Entscheidung in Ihrem Sinne zu treffen?

Der Vorgang und die Konsequenzen werden sachlich und ohne Spekulationen dargestellt. Dadurch basiert die Eskalation nur auf Tatsachen und wird nicht anfechtbar.

Beachten Sie: Wichtige und dringende Aktivitäten, wie z. B. Eskalationen, unbedingt im persönlichen oder telefonischen Kontakt ankündigen. Wenn Sie eskalieren, dann achten Sie auf Logik. Geben Sie Zahlen, Daten, Fakten und konkrete Vorschläge. Spekulationen und Hypothesen entwerten Ihre Argumentation.

Die beigefügte Präsentation enthält nun die eigentliche Argumentation. Die Präsentation ist kurz gehalten und selbsterklärend. Dies ist wichtig, da sie möglicherweise ohne Wissen des Projektleiters weitergegeben und verbreitet wird. Je eindeutiger sie ist, umso besser wird sie ihren Zweck erfüllen.

Auch hier unterstützt die Struktur das Verständnis: Zunächst das Deckblatt (Thema, Verfasser, Datum), dann die Projektsituation mit den wichtigsten Fakten, anschließend Handlungsoptionen mit einer Empfehlung der Projektleitung.

Die beigefügten Rechnungen zu den Optionen unterstützen die Glaubwürdigkeit der Argumentation, ebenso wie der Verweis auf entsprechende Angebote.

Die „weichen Faktoren", wie der Schaden an der Reputation beim Kunden oder die Demotivation des Projektteams, wurden in der Präsentation nicht berücksichtigt. Es ist tatsächlich wirkungsvoller, sie situativ in der Sitzung oder im persönlichen Gespräch anzubringen, da sie weitgehend interpretierbar sind und damit leicht zerredet werden können.

Verbesserungs- und Ergänzungsvorschläge

- Die entscheidenden Punkte könnten besser dargestellt werden, vor allem würde das Projektergebnis durch Option 1 ins Negative verkehrt. Das wird nirgends explizit erwähnt, obwohl die Daten in der Präsentation aufgeführt werden. Schreiben Sie also Kernaussagen immer explizit auf!
- Die Rechnungen werden nur für Option 1 und 2 ausgeführt. Bei Option 3 entfallen zwar alle Kosten, insofern ist die Rechnung sehr einfach. Die qualitative Begründung fehlt aber trotzdem in der Präsentation.

Checkliste: Eskalation	
Haben Sie bei im Fall einer Eskalation alle Beteiligten und Verantwortlichen informiert?	
Ist die Eskalation begründet (z. B. wegen einer Überschreitung Ihrer Kompetenzen)?	
Wissen Sie, welche Optionen bestehen und welche Option aus Ihrer Sicht die beste wäre?	
Ist Ihre Argumentation logisch aufgebaut und durch nachprüfbare Angaben belegt?	
Werden die Konsequenzen einer Entscheidung erläutert?	
Ist die Präsentation selbsterklärend und damit weitergabefähig?	

3.4 Musterberichte für den Projektabschluss

3.4.1 Statusbericht im Kundenprojekt (Maschinenbau)

Wir betrachten nun ein Anlagenprojekt eines mittelständischen Maschinenbauers, der Fertigungsstraßen für die Lebensmittelbranche herstellt.

Das Produkt in unserem Beispiel ist eine Flaschenabfüllanlage, die von unserer Firma konstruiert, gefertigt und installiert wird. Das Know-how liegt dabei im Wissen um die optimale Auslegung und das Zusammenspiel aller Module und Komponenten, um bei maximalem Durchsatz eine möglichst geringe Quote von Fehlern (z. B. Anlagenstillstand durch Flaschenstau, Ausschuss durch Glasbruch) zu erzielen. Viele der Komponenten und Module werden zugekauft oder im Auftrag gefertigt.

Unser Projektleiter ist vom Tag des Auftragsgewinns bis zur vollständigen Bezahlung verantwortlich und leitet ein Team von Konstrukteuren und Monteuren. Des Weiteren koordinieren seine Abwickler alle Einkaufs- und Lieferaktivitäten.

Das Projekt befindet sich gerade in der Implementierungsphase, in deren Verlauf die Anlage in Betrieb genommen und vom Kunden abgenommen wird. Diese Phase ist besonders spannend, da die fertig installierte Anlage auf die Einhaltung aller vertraglich vereinbarten Leistungswerte hin getestet wird. Hier zeigt sich, wie gut in den vorherigen Phasen gearbeitet wurde.

Projektstatus
Kunde/Projekt: Badenquelle/Fabrikhalle B
Berichtszeitraum: 19.-25. Juli 2014 Datum: 26.07.14

	1. Inhalte Trend: →		2. Aufwände Trend: ↓		3. Termine Trend: ↘

Legende	rapide Verbesserung	↑	moderate Verbesserung	↗	gleich-bleibend	→
	moderate Verschlechterung	↘	rapide Verschlechterung	↓		

Zusammenfassung:
Zu 1. Inhalte: Der Status ist „rot“, weil der Projektfortschritt bis zur Lösung des Problems mit dem fehlerhaften Steuermodul blockiert ist. Die Anlage ist vollständig aufgebaut, kann aber deshalb nur teilweise abgenommen werden.
Der Trend ist gleichbleibend, weil der Lieferant durch Insolvenz nicht mehr lieferfähig ist und derzeit keine Lösung bekannt ist.
Zu 2. Aufwände: Der Status ist „gelb“, weil durch die Monteure an einer Ersatzlösung mit frei käuflichen Bauteilen arbeiten. Dadurch entstehen voraussichtlich zusätzlich 23.000 EUR Material- und 13.000 EUR Personalkosten.
Der Trend ist stark fallend, weil zusätzliche Personalkosten von 8.000 EUR/Woche entstehen und das Projektergebnis aufzehren.
Zu 3. Termine: Der Status ist noch „grün“, weil alle Teile der Anlage plangemäß geliefert und installiert wurde. Daher haben wir noch 2 Wochen Puffer bis zur vertragsmäßigen Abnahme (9. August), um das Problem mit dem fehlerhaften Modul zu lösen.
Der Trend ist fallend, da der Puffer mit jedem Tag abnimmt.

Arbeitspakete im Berichtszeitraum:	Soll	Ist	Bemerkung
Feinjustage der Befüllungsstation	20. Juli 14	21. Juli 14	Vibrationen durch Gummipuffer beseitigt
Endmontage der Förderanlage	21. Juli 14	21. Juli 14	
Probelauf der Anlage	23. Juli 14	offen	Steuermodul der Förderanlage fehlerhaft

Arbeitspakete in den nächsten Berichtszeiträumen:	Soll	Ist (voraussichtlich)	Bemerkung/ Maßnahmen
Reparatur des defekten Steuermoduls	n/a	30. Juli 14	
Probelauf der Anlage	23. Juli 14	1. Aug 14	Sonntagsarbeit

Projektstatus Kunde/Projekt: Badenquelle/Fabrikhalle B Berichtszeitraum: 19.-25. Juli 2014 Datum: 26.07.14			
Durchsatztest	25. Juli 14	2. Aug 14	3-Schicht-Betrieb
Abschluss Dauertest	7. Aug 14	9. Aug 14	3-Schicht-Betrieb
Kundenabnahme	9. Aug 14	9. Aug 14	
Notwendige Entscheidungen: Genehmigung der Wochenendarbeit und des 3-Schicht-Betriebes in der Testphase durch Betriebsrat und Betriebsleitung des Kunden Genehmigung der Mehrkosten für Konstruktion, Montage und Material von rund 60.000 EUR			
Projektleiterin: Johanna Obermeier		Projektkaufmann: Peter Neumann	
gez. *Obermeier*, 26. Juli 2014		gez. *Neumann*, 26. Juli 2014	
Unterschrift, Datum		Unterschrift, Datum	

Bewertung und Wirkung des Berichtes

Das Projekt befindet sich in einer Krisensituation, denn ein einziges fehlerhaftes Modul blockiert die weitere Inbetriebnahme des Systems. Das sollte kein Problem sein – vorausgesetzt, es gäbe Ersatzteile. Leider ist der Lieferant insolvent, so dass an einer Ersatzlösung gearbeitet werden muss. Diese war in der Ursprungsplanung nicht vorgesehen, insofern ist es ungewiss, ob das Problem zu einer Verzögerung bei der vertraglich vereinbarten Abnahme führen wird, was Vertragsstrafen zur Folge hätte. Unter dieser Maßgabe ist der Terminstatus mit der grünen Ampel eher optimistisch dargestellt, wird aber im Text detailliert erläutert.

- Das Format mit den drei Ampeln für Inhalte, Aufwände und Kosten veranschaulicht gut den Status der drei wesentlichen Parameter im Projekt. Der Nachteil an der Ampeldarstellung ist der hohe Grad an Verallgemeinerung: So wird der inhaltliche Status auf rot gesetzt, obwohl die Anlage ja installiert ist – auf der anderen Seite ist die Anlage aber auch wertlos, solange sie nicht betrieben werden kann. Insofern ist trotz aller Arbeit der Gesamtfortschritt durch das eine fehlerhafte Modul blockiert.
- Hilfreich ist auch eine Trendaussage, die beschreibt, wie sich der Zustand eines Parameters voraussichtlich mit Fortschreiten der Zeit verändern wird. Die rote Ampel mit Status gleichbleibend signalisiert ein ungelöstes und derzeit nicht lösbares Problem. Mit der Status- und Trendaussage kann sich der Lenkungsausschuss schnell einen Überblick verschaffen, und hier besteht eindeutig Handlungsbedarf.

- Nützlich ist in jedem Fall eine Legende, die die Bedeutung der Symbole erklärt. Andernfalls kann es unterschiedliche oder sogar irreführende Interpretationen des Berichtes geben.
- Wichtig ist nun auch die Erläuterung der einzelnen Ereignisse, die zu der Bewertung des Status geführt haben. Zusätzlich liefert die Angabe der wichtigsten Arbeitspakete des abgelaufenen und des kommenden Berichtszeitraums einen guten Überblick über die momentanen Aktivitäten im Projekt. Die notwendigen Entscheidungen sind nun für die nächste Sitzung des Lenkungsausschusses gedacht und informieren die Mitglieder vorab.

Alles in allem handelt es sich um einen übersichtlichen und aussagekräftigen Statusbericht, der sowohl schnell erfassbar ist als auch detaillierte Aussagen macht.

Checkliste: Statusbericht	
Setzen die Visualisierungen die notwendigen Signale für den Leser?	
Sind die Gründe für die Gesamtbewertung des Status im Klartext erläutert?	
Sind die kritischen Ereignisse und Hindernisse schnell ersichtlich?	
Sind die Schlüsselaktivitäten beschrieben?	
Sind die Auswirkungen, wie z. B. zusätzliche Kosten oder Genehmigungen, im Bericht beschrieben?	
Sind notwendige Entscheidungen aufgeführt?	
Sind die Auswirkungen für den Kunden beschrieben?	

3.4.2 Projektabschlussbericht in der Produktentwicklung (Konsumgüter)

Das Beispiel für den Projektabschluss stammt aus der Elektronikfirma, die sich auf die Entwicklung und Fertigung von Elektronik für die Telekommunikation spezialisiert hat.

Das Projekt hat die Entwicklung einer Hauptplatine für einen DSL-Router bis zur Fertigungseinführung zum Inhalt. Der Projektleiter arbeitet mit Entwicklungsingenieuren seiner eigenen Firma und des Kunden zusammen und hat die Verantwortung für die termin- und kostengerechte Realisierung der Hauptplatine.

Projektabschlussbericht	
Projekt: DSL-Router „A9000"	**Datum**: 22.11.2014
Projektleiter: Rüdiger Neumüller	**Seite**: 1 von 3

Projektziele	
Inhalte	Entwicklung der Hauptplatine für den DSL-Router A9000 gemäß Spezifikation DSL-X-9000 Version 4.1 vom 05.12.2013 Lieferung von 1000 Kundenmustern bis zur Fertigungsfreigabe
Qualität	Zuverlässigkeit und Betriebssicherheit gem. Spezifikation DSL-R-0903 Version 01.08 v. 08.01.2014
Termine	Qualifikation Leitkunde am 31.08.2014 (Meilenstein 06) Fertigungsfreigabe (Volumen) am 31.10.2014 (Meilenstein 07)
Kosten	Entwicklungsbudget bis Meilenstein 07: 268.000 EUR Stückkosten Volumenfertigung bei Meilenstein 07 von max. 83 EUR

Zielerreichung und Abweichungen	
Inhalte	Die Spezifikation wird in allen Punkten erfüllt. Version bei Produktfreigabe ist DSL-X-9002 Version 1.8 vom 18.06.2014. Abweichung: keine
Qualität	Spezifikation DSL-R-0903 Version 1.8 vom 08.01.2014 wird bis auf einen Punkt erfüllt. Abweichung: Wiederholung des Klimatests — Freigabe 28.10.14
Termine	Qualifikation „ExtraCom" 23.09.2014 Abweichung: 3 Wochen später als geplant Fertigungsfreigabe am 10.12.2014 Abweichung: 6 Wochen später als geplant
Kosten	Entwicklungskosten bis Meilenstein 07: 293.000 EUR Abweichung: +9 % über Plan Stückkosten Volumenfertigung bei Meilenstein 07: 77 EUR Abweichung: -7 % unter Plan

Projektabschlussbericht	
Projekt: DSL-Router „A9000"	**Datum**: 22.11.2014
Projektleiter: Rüdiger Neumüller	**Seite**: 2 von 3

Projektverlauf

Meilensteine:	Soll	Ist	Ereignisse:
01 — Projektfreigabe	10/13	10/13	
02 — Spezifikation	12/13	12/13	Zusätzliche Anforderungen vom Kunden 1)

Projektabschlussbericht			
03 — Prototyp	03/14	04/14	Verspätete Lieferung des Prozessorchips 2)
04 — Kundenmuster	05/14	06/14	Reichweitenproblem WLAN-Schnittstelle 3
05 — Vorserienfertigung	06/14	07/14	
06 — Kundenqualifikation	08/14	09/14	
07 — Freigabe Fertigung	10/14	12/14	Wiederholung Klimatest 4)

Risikoreview und „Lessons learned"

Durch den Eintritt verschiedener Risiken konnte der Zeitverzug bis zum Projektabschluss nicht mehr aufgeholt werden.
Die Spezifikation wurde mehrfach auf Kundenwunsch angepasst.
Folge: 12.000 EUR Mehrkosten durch zusätzliche Ingenieursstunden.
Lesson learned: Änderungszyklen in der Planung berücksichtigen
Der Lieferant für die Prozessorchips hatte Technologieprobleme.
Folgen: Zeitverzug um zwei Wochen; Reduzierung des Einkaufpreises um 6 EUR wegen Neuverhandlung mit dem Lieferanten
Lesson learned: Zweiten Lieferanten („Second Source") aufbauen
Auslegung des Leistungsverstärkers zu schwach
Folge: 2 Wochen Verzug zur Beschaffung neuer Komponenten
Lesson learned: Simulationsmethodik mit neuer Software verbessern
Nicht bestandener Klimatest bei der Qualifikation
Folge: 3 Wochen Verzug und 13.000 EUR Mehrkosten zur Testwiederholung
Lesson learned: Versuchstestlauf vor der Qualifikation einführen

Projektabschlussbericht

Projekt: DSL-Router „A9000"	**Datum**: 22.11.2014
Projektleiter: Rüdiger Neumüller	**Seite**: 3 von 3

Dokumentation

Produktrelevante Daten (Schaltungspläne, Layouts etc.) und alle folgenden Dokumente wurden auf DVD gesichert und im Zentralarchiv abgelegt.

Funktionale Spezifikation:	DSL-X-9002 Version1.8 vom 18.06.2014
Qualitätsspezifikation:	DSL-R-0903 Version 1.8 vom 08.01.2014
Projektstrukturplan:	A9000-PSP Version 1.1 vom 02.10.2013
Projektorganisationsplan:	A9000-Org
Risikopläne:	A9000-FMEA lfd. Nr. 1-4
Qualifikationsbericht:	DSL-QM-0406 vom 28.10.14
Statusberichte:	A9000-PM-Kalenderwoche

Checkliste: Projektabschluss		
Projekt- und Produktrelevante Daten wurden archiviert.	X	22.11.14
Produktverantwortung wurde an die Qualitätssicherung und die Fertigung übergeben.	X	07.11.14
Projektabschlussanalyse wurde durchgeführt und berichtet.	X	15.11.14
Projekterfahrung (Risiken etc.) wurde berichtet.	X	17.11.14
Formeller Projektabschluss mit dem Kunden wurde durchgeführt, Feedback wurde eingeholt.	X	18.11.14
Die Projektkonten wurden geschlossen.	X	19.11.14
Alle potenziellen Patente wurden eingereicht.		bis 15.12.14

Bewertung und Wirkung des Berichtes

Ein Projektabschlussbericht dient dazu, einem größeren Empfängerkreis die Beendigung des Projekts mitzuteilen und gleichzeitig die Resultate des Projekts darzustellen. Für die Organisation ist die gewonnene Erfahrung besonders wertvoll — ob gut oder schlecht spielt hierbei keine Rolle. Im Gegenteil, insbesondere erfolgreich bewältigte Projektkrisen sollten stets ausgewertet werden, um die Ursachen künftig zu vermeiden. So tragen Berichte zum Lernen der Organisation bei.

Leider werden Abschlussanalysen und -berichte meist nur sehr oberflächlich oder gar nicht durchgeführt. Das Wissen und die Erfahrung bleiben so bei Einzelnen, und die Organisation wird immer wieder Geld in dieselben Risiken investieren. Im vorliegenden Beispiel wurde ein Bericht für alle Stakeholder verfasst, die sich je nach Interessenlage einen Überblick über folgende Punkte verschaffen wollen:

- die Zielerreichung
- den Projektverlauf und die eingetretenen Risiken
- die verfügbare Projektdokumentation und den Zugang dazu
- den Projektabschluss

Mit dem Abschlussbericht hinterlassen Sie als Projektleiter Ihre Visitenkarte auf dem Schreibtisch vieler Leute. Investieren Sie also etwas Zeit in eine informative und interessante Darstellung Ihres Projektes. Weisen Sie auf die Errungenschaften hin, ebenso wie auf Probleme. Denn dadurch beweisen Sie Ihre Professionalität.

Folgende Punkte sind bei diesem Beispiel hervorzuheben:

- Die ursprünglichen Projektziele werden explizit mit dem Erreichten verglichen. Natürlich gibt es hier nicht nur Sonnenschein zu berichten. Auf der anderen Seite können die Ziele für nachfolgende Projekte auf der Basis von Erfahrungen sehr viel besser eingeschätzt werden.
- Die eingetretenen Projektrisiken, die zu Verzögerungen und Kostenerhöhungen geführt haben, werden explizit aufgeführt und Abhilfemaßnahmen werden aufgezählt. Dies sind die vielleicht wirkungsvollsten Maßnahmen, denn sie haben in der Realität schon gewirkt. Im Risikomanagement ist Erfahrung die wertvollste Verbündete.
- Die zentralen Projektdokumente werden akribisch mit Versionen und Erstellungsdaten aufgeführt. Momentan weiß sicher jeder Projektmitarbeiter, wo sie zu finden sind. Aber wie ist es in zwei Jahren, wenn Mitarbeiter ihre Positionen gewechselt haben und Abteilungen aufgelöst wurden? Genau dann treten Produktupgrades oder -probleme oder sogar patentrechtliche Klärungen auf. Dokumentation ist aus Sicht der Organisation eine wesentliche Aufgabe des Projektmanagements.
- Selbst die Projektpläne und -berichte wurden archiviert, denn sie spiegeln den Projektverlauf. Außerdem können sie für nachfolgende Projekte als Vorlagen dienen.

Checkliste: Abschlussbericht	
Ist der Abschlussbericht so gut strukturiert und selbsterklärend, dass er allen Stakeholdern verständlich ist und einen Eindruck vom Projekt verschafft?	
Ist der Bericht informativ und aussagekräftig?	
Werden die wichtigsten Ergebnisse und Ereignisse des Projektes angemessen dargestellt?	
Wird die Zielerreichung bzw. werden Zieländerungen dargestellt?	
Wird der Projektverlauf (was gut und was weniger gut war) reflektiert?	

4 Projektarchivierung

4.1 Was ist Projektarchivierung und warum ist sie wichtig?

Archivierung steht bei Projekten für die unveränderbare, langzeitige Aufbewahrung von Projektdaten und -informationen zum Zweck der späteren Nutzung.

Die Bedeutung der dauerhaften Aufbewahrung projektbezogener Daten wird häufig unterschätzt, gerade weil Projektleiter und -team am Ende eines Projektes in der Regel bereits neue Aufgaben haben und die Zeit für das Zusammenstellen und die geordnete Ablage der Dokumente fehlt. Zum anderen aber auch weil der Nutzen einer guten und die möglichen Konsequenzen einer unvollständigen Archivierung nicht unmittelbar spürbar sind. In jedem Fall ist es eine Aufgabe die Sorgfalt und Zeit erfordert, daher fällt sie in der Hektik des Tagesgeschäfts oft unter den Tisch.

Hier die wichtigsten Gründe für Projektarchivierung:

- Zur Erfüllung gesetzlicher Auflagen
  Die gesetzlichen Aufbewahrungsfristen für kaufmännische Unterlagen betragen in der Regel 6-10 Jahre, in manchen Ländern bis zu 20 Jahre. In Deutschland regelt das Handelsgesetzbuch (HGB §239) die Aufbewahrungsfristen. Das heißt im Falle der Steuer- oder Wirtschaftsprüfung und bei Revisionsmaßnahmen müssen alle relevanten Unterlagen wie z. B. Angebote und Verträge sowie Kalkulationen vorliegen.
- Zur Vertragserfüllung
  Fragen von Kunden und Lieferanten können in und nach der Gewährleistungsphase, also unter Umständen lange nach Abschluss des eigentlichen Projektes zügig beantwortet werden. Bei Gewährleistungsfragen ist die Originaldokumentation der stichhaltigste Beweis.
- Aufgrund der Rechtsverbindlichkeit jedweder Projektkommunikation
  Jedes Schriftstück und jede E-Mail ist eine rechtsverbindliche Aussage des einzelnen im Namen seiner Firma, auf das sich Vertragspartner und Kunden später berufen können. Daher ist es so wichtig, die gesamte Projektkommunikation aufzuzeichnen.
- Zur Klärung von Patentfragen
  Patentstreitigkeiten entstehen oft Jahre nachdem das Projekt beendet oder das betreffende Produkt vom Markt genommen wurde. Die damaligen Beteiligten sind im wahrsten Sinne des Wortes längst in alle Winde zerstreut, daher wird unbedingt eine von den erstellenden Personen unabhängige, zentrale Projektarchivierung benötigt. Die Originaldokumentation gibt in sehr vielen Fällen eindeutig Auskunft über Herkunft und Verwendung von intellektuellem Eigentum.

- Um die eventuelle Verjährung von Ansprüchen klären zu können und um verjährte Ansprüche abzuwehren
  Verjährung ist im Zivilrecht der durch den Ablauf einer bestimmten Frist bewirkte Verlust der Möglichkeit, einen bestehenden Anspruch durchzusetzen. Idealerweise kann durch Projektdokumente eindeutig belegt werden ob ein Anspruch seitens eines Vertragspartners bereits verjährt ist, z. B. weil er unverzüglich von einem auftretenden Problem informiert worden war und trotz Aufforderung nichts unternommen hatte.
- Um einmal erworbenes Know-how zu sichern
  Ein gut geordnetes Projektarchiv dient der projektführenden Organisation, indem die Erfahrungen aus früheren Projekten auch nach Projektende zur Verfügung stehen, z. B. wenn es um Ersatzteile oder um Problemlösungen geht, die noch Jahre nach Projektabschluss recherchiert werden müssen.

4.2 Zehn goldene Regeln zur Projektarchivierung

Regel 1: Der Projektleiter ist von seiner Ernennung bis zum formalen Projektende für die vollständige Projektdokumentation und die spätere Erstellung des Projektarchivs verantwortlich. Er wird erst mit der Übergabe und der Abnahme des Projektarchivs formal von dem Projekt entlastet.

Regel 2: Jedes Dokument ist aufzuheben, und sei es augenscheinlich noch so nebensächlich. Ein Dokument ist in diesem Zusammenhang jede im Projektzusammenhang erstellte Schrift oder Zeichnung etc., elektronisch wie physisch.

Regel 3: Anfassbare Projektergebnisse, wie z. B. Hardware, Muster, Prototypen etc., sind, sofern es möglich ist sie aufzuheben, wie Dokumente zu archivieren. Ist es nicht möglich, die Originale aufzuheben (z. B. aus Platzgründen oder weil sie verfallen), so sind Bilder, Filme, Kopien etc. zu erstellen.

Regel 4: Daten wie z. B. Software, Messdaten, Übermittlungsprotokolle etc. sind wie Dokumente zu archivieren, am besten auf ihren originalen Datenträgern. Hier ist Sorge zu tragen, dass die Datenträger nach Jahren noch lesbar sind, d. h. der physische Verfall der Datenträger und die zeitlich begrenzte Verfügbarkeit von Lesegeräten ist vorausschauend zu betrachten. Gegebenenfalls sind die Daten auf moderne und lange haltbare Träger umzukopieren.

Regel 5: die projektführende Organisation, d. h. das Management, gewährleistet die geordnete Ablage der übergebenen Daten an einem sicheren Ort, um eventuell später auftretende Haftungs-, Gewährleistungs-, Steuer-, Patentfragen usw. klären zu können.

Regel 6: Jedes Projektdokument muss entsprechend der rechtlichen (z. B. HGB) und organisationsinternen Anforderungen (wie z. B. Richtlinien für Qualitätsmanagement, Konfigurationsmanagement etc.) ordnungsgemäß aufbewahrt werden.

Regel 7: Jedes Projektdokument ist frühestmöglich zu archivieren. Es muss mit seinem Original übereinstimmen und unveränderbar archiviert werden.

Regel 8: Das Projektarchiv ist so zu organisieren (Stichwort: Ordnungssystem und Verantwortung für das Archiv regeln), dass jedes Dokument wiedergefunden und reproduziert werden kann.

Regel 9: Es ist sinnvoll, jedes Dokument bzw. das gesamte Archiv entsprechend gesetzlicher oder geschäftlicher Vorgaben mit einer Aufbewahrungsfrist zu versehen. Das Dokument darf frühestens nach dessen Ablauf vernichtet werden.

Regel 10: Jede Änderung von Projektdaten (seien es Ergänzungen, Korrekturen etc.) muss später nachvollziehbar sein und ist daher zu protokollieren.

Teil 6:

Glossar, Abkürzungen und Literaturverzeichnis

Teil 6:

Glossar, Abkürzungen und Literaturverzeichnis

Glossar

Änderung durch Änderungsantrag: begründete, durch Änderungsentscheidung in Kraft gesetzte und durch Änderungsmitteilung als vollzogen bestätigte Änderung bis dahin gültiger Dokumente (Pläne, Verträge usw.) (DIN 69901-5:2009).

Änderungsmanagement: Erfassung, Bewertung, Entscheidung, Dokumentation und Steuerung der Umsetzung von Änderungen im Projekt gegenüber der bisher gültigen Planung (DIN 69901-5:2009).

Anfangsfolge: Anordnungsbeziehung vom Anfang eines Vorgangs zum Anfang seines Nachfolgers (DIN 69900:2009).

Anordnungsbeziehung (AOB): quantifizierbare Abhängigkeit zwischen Ereignissen oder Vorgängen (DIN 69900:2009).

Arbeitsaufwand: prognostizierter Aufwand an Arbeitszeit (z. B. in Arbeitsstunden oder Personentagen) für Vorgänge, Arbeitspakete usw. (DIN 69901-5:2009).

Arbeitspaket: in sich geschlossene Aufgabenstellung innerhalb eines Projekts, die bis zu einem festgelegten Zeitpunkt mit definiertem Ergebnis und Aufwand vollbracht werden kann (DIN 69901-5:2009).

Autonome Projektorganisation: Projektbeteiligte werden aus ihrer Stammorganisation ausgegliedert. Der Projektleiter hat disziplinarische und fachliche Weisungsbefugnisse.

Berichtsplan: Übersicht aller Projektinformationen. Wer erstellt die Berichte? An wen werden sie gesandt? Zu welchem Zeitpunkt und in welcher Form?

Brainstorming: Kreative Methode zur Ideen- oder Zielfindung.

Change Agents: „Agenten der Veränderung". Personen, die den organisationalen Wandel von Innen heraus fördern.

Claim Management: Nachforderungsmanagement. „to claim" heißt: „beanspruchen". Verwaltung von Ansprüchen und Gegenansprüchen, die sich aus Abweichungen zu vertraglichen Vereinbarungen (auch Projektvereinbarungen) zwischen den Vertragsparteien ergeben.

Endfolge: Anordnungsbeziehung vom Ende eines Vorgangs zum Ende seines Nachfolgers (DIN 69900:2009).

Ereignis: Ablaufelement, das das Eintreten eines bestimmten Zustands beschreibt (DIN 69900:2009).

Ergebnisziele: Ergebnisziele beschreiben die Ziele des Projektgegenstands.

Fertigstellungsgrad: Verhältnis der zu einem Stichtag erbrachten Leistung zur Gesamtleistung eines Vorgangs, Arbeitspakets oder Projekts (DIN 69901-5:2009).

Fertigstellungswert: Wert (z. B. geleistete Arbeit), der sich bei der Abwicklung des Projekts zu einem bestimmten Stichtag ergibt und für Vorgänge, Arbeitspakete oder Projekt ermittelt werden kann (DIN 69901-5:2009).

Freie Pufferzeit (FP): Zeitspanne, um die ein Ereignis bzw. ein Vorgang gegenüber seiner frühesten Lage verschoben werden kann, ohne die früheste Lage anderer Ereignisse bzw. Vorgänge zu beeinflussen (DIN 69900:2009).

Führung: Steuerung verschiedener Einzelaktivitäten in einem Projekt im Hinblick auf das übergeordnete Projektziel.

Gesamte Pufferzeit (GP): Zeitspanne zwischen frühester und spätester Lage eines Ereignisses bzw. Vorgangs (DIN 69900:2009).

Konflikt: Ein Konflikt entsteht, wenn ein Handlungsplan einer Person den Handlungsplan einer anderen Person massiv einschränkt oder behindert.

Kostenplan: Darstellung der voraussichtlich für das Projekt anfallenden Kosten, welche auch den Kostenverlauf enthalten kann (DIN69901-5:2009).

Kosten-Trend-Analyse: Ermittlung von Schätzwerten der Projektgesamtkosten zum voraussichtlichen Endtermin.

Kritischer Weg: Weg in einem Netzplan, der für die Gesamtdauer des Projekts (bzw. des Netzplans) maßgebend ist (DIN 69900:2009).

Magisches Zieldreieck (dynamisches Projektdreieck): Leistung, Kosten und Termine werden im magischen Dreieck des Projektmanagements abgebildet.

Management by projects: statt starrer Hierarchieformen flexible Projektorganisation mit eigenem Führungsdenken und einer entwickelten Projektkultur (s. autonome Projektorganisation).

Meilenstein: Schlüsselereignis, Ereignis mit besonderer Bedeutung (DIN 69900:2009).

Netzplan: grafische oder tabellarische Darstellung einer Ablaufstruktur, die aus Vorgängen bzw. Ereignissen und Anordnungsbeziehungen besteht (DIN 69900:2009).

Normalfolge: Anordnungsbeziehung vom Ende eines Vorgangs zum Anfang seines Nachfolgers (DIN 69900:2009).

Objekt: Projektgegenstand

Operationale Ziele: Messbare Zielvorgaben.

Phasenmodell (Phasenkonzept, Projektlebenszyklus, Project Life Cycle): Darstellung des Projektablaufs in Abschnitten, die eindeutig bezeichnet sind.

Planen: Gedankliche Vorbereitung zukünftiger, zielgerichteter Handlungen.

Projekt: Vorhaben, das im Wesentlichen durch die Einmaligkeit der Bedingungen in ihrer Gesamtheit gekennzeichnet ist (DIN 69901-5:2009).

Projekterfolg: Erfolg ist das Bestimmen von Zielen und das Erreichen dieser Ziele.

Projektmanagement-Handbuch: Zusammenstellung von Regelungen, die innerhalb einer Organisation generell für die Planung und Durchführung von Projekten gelten (DIN 69901-5:2009).

Projekt-Handbuch: Zusammenstellung von Informationen, Standards und Regelungen, die für ein bestimmtes Projekt gelten (DIN 69901-5:2009).

Projektmanagement: Gesamtheit von Führungsaufgaben, -organisation, -techniken und -mitteln für die Initiierung, Definition, Planung, Steuerung und den Abschluss von Projekten (DIN 69901-5:2009).

Project Management Office (PMO): Projektübergreifende Unterstützungsfunktion zur Einführung und Optimierung von Projektmanagement-Systemen sowie der operativen Unterstützung von Projekten und Projektbeteiligten (DIN 69901-5:2009)

Projektmarketing: Beim Projektmarketing werden Idee, Anlass, Ziele und Lösungsweg eines Projekts dem Umfeld präsentiert, dessen Nutzen „verkauft“.

Projektmerkmale: Zielvorgabe; personelle, zeitliche und finanzielle Abgrenzung von anderen Vorhaben; Einmaligkeit; Komplexität; rechtliche Zuordnung; Interdisziplinarität; Arbeitsteilung.

Project Office (PO): Einem einzigen Projekt zugeordnete Funktion, die Unterstützungsleistungen für das Projekt erbringt (DIN 69901-5:2009)

Projektrisiko: mögliche negative Abweichung im Projektverlauf (relevante Gefahren) gegenüber der Projektplanung durch Eintreten von ungeplanten oder Nicht-Eintreten von geplanten Ereignissen oder Umständen (Risikofaktoren) (DIN 69901-5:2009).

Projektstrukturplan (PSP): vollständige, hierarchische Darstellung aller Elemente (Teilprojekte, Arbeitspakete) der Projektstruktur als Diagramm oder Liste (DIN 69901-5:2009).

Projektumfeld: Umfeld, in dem ein Projekt entsteht und durchgeführt wird (DIN 69901-5:2009)

Projektziel: Gesamtheit von Einzelzielen, die durch das Projekt erreicht werden (DIN 69901-5:2009).

Ressource: abgrenzbare Gattung bzw. Einheit von Personal, Finanzmitteln, Sachmitteln, Informationen, Naturgegebenheiten, Hilfs- und Unterstützungsmöglichkeiten, die zur Durchführung oder Förderung von Vorgängen, Arbeitspaketen oder Projekten herangezogen werden können (DIN 69901-5:2009).

Ressourcenhistogramm: bildliche Darstellung des Ressourcenbedarfs (DIN 69901-5:2009).

Ressourcenbedarf: Anzahl oder Menge von Ressourcen einer bestimmten oder mehrerer Ressourcenarten, die zu einem bestimmten Zeitpunkt oder innerhalb eines Zeitraums erforderlich ist (DIN 69901-5:2009).

Ressourcenplan: Übersicht über die für ein oder mehrere Projekte eingeplanten Ressourcen (DIN 69901-5:2009).

Risikoanalyse: Projektmanagementprozess, der die Identifikation und Bewertung von Projektrisiken umfasst (DIN 69901-5:2009).

Risikobewertung: Quantifizierung der Eintrittswahrscheinlichkeit und der möglichen Schadenshöhe für alle identifizierten Risikofälle sowie Erörterung der Risikofaktoren mit nichtquantifizierbarer Tragweite (DIN 69901-5:2009).

Risikofaktor: Einfluss, Geschehen oder Umstand, durch dessen Eintreten ein Risikofall entstehen kann (DIN 69901-5:2009).

Risikoidentifikation: Erfassung aller als relevant erkannten Risikofaktoren eines Projekts, die dieses negativ beeinflussen können (DIN 69901-5:2009).

Risikomanagement: systematische Anwendung von Managementgrundsätzen, -verfahren und -praktiken zwecks Ermittlung des Kontextes sowie Identifikation, Analyse, Bewertung, Steuerung/Bewältigung, Überwachung und Kommunikation von Risiken (DIN 69901-5:2009).

Risikomaßnahmenplan: Aufstellung von präventiven oder korrektiven Gegenmaßnahmen, durch die Risiken vermieden, vermindert oder abgewälzt werden (DIN 69901-5:2009).

Sprungfolge: Anordnungsbeziehung vom Anfang eines Vorgangs zum Ende seines Nachfolgers (DIN 69900:2009).

Stakeholder: Alle Personen, die ein Interesse am Projekt haben oder vom Projekt in irgendeiner Weise betroffen sind.

Stakeholderanalyse: Analyse der Projektbeteiligten hinsichtlich deren Einfluss auf das Projekt und deren Einstellung (positiv oder negativ) zum Projekt (DIN 69901-5:2009).

Vorgang: Ablaufelement zur Beschreibung eines bestimmten Geschehens mit definiertem Anfang und Ende (DIN 69900:2009).

Vorgangsknotennetzplan (VKN): Netzplan, bei dem vorwiegend Vorgänge beschrieben und durch Knoten dargestellt werden (DIN 69900:2009).

Vorgehensziele: Ablaufziele in einem Projekt (z. B. Meilensteintermine).

Zielantinomie: Ziele schließen sich gegenseitig aus.

Zieldefinition: quantitative und qualitative Festlegung des Projektinhaltes und der einzuhaltenden Realisierungsbedingungen, z. B. Kosten und Dauer, in Zielmerkmalen mit meist unterschiedlichen Zielgewichten (z. B. Muss- und Kann-Ziele) (DIN 69901-5:2009).

Zielerreichung: Effektivität und Effizienz der Projektabwicklung hinsichtlich der Realisierung des Projektzieles (DIN 69901-5:2009).

Zielidentität: Die Ziele sind vollständig deckungsgleich.

Zielkomplementarität: Die Verfolgung eines Ziels fördert das Erreichen eines anderen Ziels.

Zielkonkurrenz: Die Erfüllung eines Ziels beeinflusst ein anderes Ziel.

Zielneutralität: Die Ziele sind voneinander unabhängig.

Abkürzungen

AC	Actual Cost
AHP	Analytic Hierarchy Process
AKV	Aufgabe/Kompetenz/ Verantwortung
AP	Arbeitspaket
AS	Aktiv-Summe
BAC	Budgeted Cost at Completion
CART	Classification and Regression Tree
CHAID	Chi-Square Automative Interaction Detectors
CMM	Capability Maturity Model
Cocomo	Constructive Cost Model
CPI	Cost Performance Indicator
CPM	Critical Path Method
CRM	Customer Relationship Management
CV	Cost-Variance
EAC	Estimation at Completion
EAF	Effort Adjustment Factor
EDM	Engineering Data Management
EKN	Ereignisknoten-Netzplan
EM	Einsatzmittel
ERP	Enterprise Resource Planning System
EV	Earned Value
FAQ	Frequently Asked Questions
FMEA	Failure Mode and Effects Analysis
FTA	Fault Tree Analysis
GANTT	Gantt-Diagramm
GF	Geschäftsführung
GI	Gesellschaft für Informatik
GOR	Gesellschaft für Operations Research

GPM	Deutsche Gesellschaft für Projektmanagement e. V.
HK	Herstellkosten
HoQ	House of Quality
IPMA	International Project Management Association
ISO	International Organization for Standardization
JIT	Just-in-time (Lieferung)
KNA	Kosten-Nutzen-Analyse
KSLOC	Kilo Source Lines of Code
KTA	Kosten-Trend-Analyse
KVP	Kontinuierlicher Verbesserungsprozess (KVP-KAIZEN)
KW	Kalenderwoche
KWA	Kosten-Wirksamkeits-Analyse
LA	Lenkungsausschuss
LH	Lastenheft
MB	Mega-Byte
MS	Meilenstein
MTA	Meilenstein-Trendanalyse
NWA	Nutzwertanalyse
OLAP	Online Analytical Processing
PAB	Projektaufgabenbeschreibung
PAC	Plan at Completion
PEST	Political, Economic, Social, Technology
PL	Projektleiter
PM	Projektmanagement
PM	Personenmonat
PMBOK	Project Management Book of Knowledge
PMDELTA	PM-Bewertungsschema der GPM
PMI	Project Management Institute
PMkum	Personenmonat kumuliert
PMO	Projekt-Management-Office

PPK	Projekt-Planungs-Klausur
PS	Passiv-Summe
PT	Personentag
PV	Planned Value
QM	Qualitätsmanagement
QM-Plan	Qualitätsmanagement-Plan
QM-System	Qualitätsmanagement-System
ROI	Return on Investment
RPZ	Risiko-Prioritäts-Zahl
SCM	Supply Chain Management
SE	Simultaneous Engineering
SK	Selbstkosten
SPI	Schedule Performance Indicator
SV	Schedule Variance
SWOT	Strenghts, Weaknesses, Opportunities, Threats
TAC	Time at Completion
TL	Teamleiter
TQM	Total Quality Management
VK	Verkaufspreis
VKN	Vorgangsknoten-Netzplan
VM	Value Management
VPN	Vorgangspfeil-Netzplan
WA	Wertanalyse

Literaturverzeichnis

Albers, Olaf: Gekonnt moderieren – Zukunftswerkstatt und Szenariotechnik. Regensburg 2001.

Andersen, E. S.; Grude, K. V.; Haug, T.: Goal Directed Project Management. London, New Hampshire, New Delhi, 4. Auflage 2009.

Bachmann, Winfried: NLP, wie geht denn das? 5. Auflage 2001, Paderborn 2001.

Balck, Henning (Hrsg.); Boos, Frank; Heitger, Barbara: Der Projektmanager als sozialer Architekt. Berlin, Heidelberg, New York 1996.

Bartsch-Beuerlein, Sandra; Klee, Oliver: Projektmanagement mit dem Internet. München, Wien 2001.

Battelle: Marketing Compendium. Battelle-Institut, Frankfurt 1974.

Böhnert, Reinhard: Bauteil- und Anlagensicherheit. Würzburg 1991/1992.

Bretzke, Wolf-Rüdiger: Das Prognoseproblem bei der Unternehmungsbewertung. Düsseldorf 1975.

Brommer, Ulrike: Innovation und Kreativität im Unternehmen. Stuttgart 1990.

Brüning, H.; Husmann, U.: Target Costing und Prozesskostenmanagement. In: Angewandte Arbeitswissenschaft Nr. 166, 2000, S. 17-36.

Buggert, W.; Wielpütz, A. U.: Target Costing. München 1995.

Burghardt, Manfred; Eder, Siegfried; et al.: Projektmanagement: Leitfaden für die Planung, Überwachung und Steuerung von Entwicklungsprojekten. 9. überarb. u. erw. Auflage, Berlin, München 2012.

Clark, Charles: Brainstorming: How to Create Successful Ideas. Wilshire Book Company 1989.

Daenzer, W. F.: Systems Engineering – Leitfaden zur methodischen Durchführung umfangreicher Planungsvorhaben. Zürich 1988.

De Bono, E.: Laterales Denken. Düsseldorf, Wien 1993.

Deutsche Gesellschaft für Projektmanagement. PM-Methoden. http://www.gpm-infocenter.de/PMMethoden/Startseite, abgerufen am 1.12.2013

Deutsche Gesellschaft für Projektmanagement: Status Quo Agile. http://www.gpm-ipma.de/know_how/laufende_pm_studien/status_quo_agile.html, abgerufen am 17.07.2015.

Deym, von A.: Organisationsplanung. Planung durch Kooperation. 7. Auflage, Berlin, München 1985.

Dinger, H.: Grenzen und Möglichkeiten von Target Costing. Aachen 2002.

Donneldinger, Deborah; Van Dine, Barbara: Use the cause-and-effect diagram to manage conflict Quality Progress. Milwaukee 1996, Vol. 29 (June), S. 136.

Drews, Günter: Neuorientierung oder Glasperlenspiel? Kritik der systemtheoretischen Ansätze im Projektmanagement. In: Projektmanagement aktuell, 2/2003 und 3/2003.

Dutch, Holland: Projektmanagement für die Chefetage. Weinheim 2003.

Eggert, K. B.; Beckord, E. A.: Szenario-Technik als zukunftsweisendes Planungsinstrument im Projektmanagement. München 1987.

Ehrl-Grubert, B.; Süss, G.: Praxishandbuch Projektmanagement. Augsburg 1995.

Eisele, W.: Technik des betrieblichen Rechnungswesens. 7. Auflage, 8., vollständig überarbeitete und erweiterte Auflage München 2011.

Feldmann, P.: Denktraining mit System. München 1993.

Fink, Alexander; Schlake, Oliver; Siebe, Andreas: Durch Szenario-Management zum Erfolg. Frankfurt 2001.

Frank, Johann: Technik in der Praxis: acht Industrie- und Handelsunternehmen entwickeln ein „Szenario 2000". Wien 1985.

Franke, A.: Risikobewusstes Projektcontrolling. Köln 1993.

Freund, G.: Sinnvoll investieren. Eschborn 1995.

Gaiser, B.; Kieninger, M.: Fahrplan für die Einführung des Target Costing. Marktorientierte Zielkosten in der deutschen Praxis. Stuttgart 1993.

Geschka, H.: Kreativitätstechnik zur Technischen Produktfindung. Heidelberg 1995.

Gleich, R.: Target Costing für die montierende Industrie. München 1996.

Gomez, P.; Probst, G.: Vernetztes Denken im Management. 2. korr. Auflage, Bern 2005

GPM Deutsche Gesellschaft für Projektmanagement (Hrsg.): Projektmanagement Fachmann. Vierte überarbeitete Eschborn 2004.

GPM Deutsche Gesellschaft für Projektmanagement (Hrsg.): PMDELTA compact. Nürnberg 2002.

Häder, Michael: Delphi-Befragungen. Wiesbaden 2002.

Heinrich, L.; Burgholzer, P.: Systemplanung: Planung von Informations- und Kommunikationssystemen. 3. Auflage, Oldenbourg, München, Wien 1987.

Hering, E.; Draeger, W.: Führung und Management. Düsseldorf 1995.

Hermens, Michael: A new use for Ishikawa diagrams. In: Quality Progress, Vol. 30 (June). Milwaukee 1997, S. 81.

Hillebrand, Norbert et. al.: Mit Methode schneller zum Erfolg. Wege zur Lösung betrieblicher Aufgaben in der Praxis. GPM, Region-Stuttgart. 2. Auflage, Stuttgart 2001.

Hillebrand, Norbert et. al.: Projektumfeldanalyse effizient gemacht. GPM, Region-Stuttgart. Stuttgart 1999.

Hillebrand, Norbert et. al.: Zielvereinbarungen und Mitarbeiterbewertung im Projekt. GPM, Region-Stuttgart. Stuttgart 1997.

Hilpert; Rademacher; Sauter: Projekt-Management und Projekt-Controlling im Anlagen- und Systemgeschäft. 6. Auflage, Frankfurt 2001.

Hiltz, Mark J.: Project Management Handbook of Checklists. Ottawa 1994.

Horváth P.; Niemand, S.; Wolbold, M.: Target Costing - State of the Art. Marktorientierte Zielkosten in der deutschen Praxis. Stuttgart 1993.

Horváth, P.: Target Costing Controlling, München 2003.

Horváth, P.: Target Costing. Stuttgart 1993.

Horváth, P.; Seidenschwarz, W.: Zielkostenmanagement. In: Controlling, Heft 3, 1992.

Hub, Hans: Praxisbeispiel zum vernetzten Denken. Bonn, Nürtingen 2002.

Kaestner, Rolf: Kreativitätstechniken zur Zielfindung. Eschborn 1991.

Kavandi, S.: Ziel- und Prozesskostenmanagement als Controllinginstrumente. Wiesbaden 1998.

Kepner, C.; Tregoe, B.: Entscheidungen vorbereiten und richtig treffen. 5. Auflage, Landsberg 1991.

Kepner, C.; Tregoe, B.: Rationales Management, Probleme lösen — Entscheidungen fällen. 6. Auflage, Landsberg 1992.

Kerzner, Harold: Projektmanagement. 2. überarbeitete deutsche Auflag, Bonn 2008.

Kirckhoff, M.: Mind Mapping. Einführung in eine kreative Arbeitsmethode. 12. Auflage Offenbach 2004.

Kirsch, J.; Müllerschön, B.: Marketing kompakt. 5., überarb. und erw. Aufl., Sternenfels 2004.

Klebert, Karin; Schrader, Einhard; Straub, Walter: Moderationsmethode: Gestaltung der Meinungs- und Willensbildung in Gruppen, die miteinander lernen und leben, arbeiten und spielen. Hamburg 1996.

Lechler, Thomas: Erfolgsfaktoren des Projektmanagements. Frankfurt 1997.

Mamoudzadeh, K.: Wichtige Methoden und Verfahren im Projektmanagement. 2. Auflage, Eschborn 1995.

Manifest für Agile Softwareentwicklung. http://agilemanifesto.org/iso/de/, abgerufen am 17.07.2015.

Mauterer, Heiko: Der Nutzen von ERP-Systemen. Wiesbaden 2002.

Mehrmann, E.: Schnell zum Ziel. Kreativitäts- und Problemlösungstechniken. Düsseldorf 1994.

Meyer, J. W.: Produktinnovationserfolg und Target Costing. Wiesbaden 2003.

Motzel, Erhard: Projekt-Management Lexikon. Weinheim 2006.

Mussnig, W.: Von der statischen Betrachtung zum strategischen Management der Kosten. Wiesbaden 2001.

Nagel, Kurt: 200 Strategien, Prinzipien und Systeme für den persönlichen und unternehmerischen Erfolg. Landsberg 1991.

Nitschke, F.: Markt- und prozessorientiertes Kostenmanagement von Entwicklungsvorhaben im Automobilbau. Hamburg 1998.

Nückles, M.; Gurlitt, J.; Pabst, T.; Renkl, A.: Mind Maps und Concept Maps. München 2004.

Ortelbach, B.: Multi Market Target Costing. In: Controlling, 2005, Heft 3.

Ossola-Haring, Claudia: Die 499 besten Checklisten für Ihr Unternehmen. 3. Auflage, Landsberg 2004.

Patzak, G.; Rattay, G.: Projektmanagement: Leitfaden zum Management von Projekten. 4., wesentl. überarb. und erg. Aufl, Wien 2004.

Pink, R.: Wege aus der Routine. Kreativitätstechniken für Beruf und Alltag. Stuttgart 1996.

PMI (Hrsg.): A Guide to the Project Management Body of Knowledge. 5th Edition, Newtown Square, Pennsylvania 2013.

Preißler, P. R.: Controlling. 13. Auflage, München 2007.

Puls, Christoph; Bongulielmi, Luca; Hensler, Patrik: Leitfaden für den Aufbau einer unternehmensinternen Wissensbasis mit Hilfe von Wikis http://e-collection.ethbib.ethz.ch/ecol-pool/bericht/bericht_217.pdf, abgerufen am 11.1.2013.

Quentin, W. Fleming; Joel, M.; Koppelmann: Earned Value Project Management. Newton Square, Pennsylvania 2006.

Rahn, R.-M.: Vom Problem zur Lösung. München 1989.

Raudsepp, R.: Kreativitätsspiele. München 1985.

Reibnitz von, Ute: Szenario-Technik. Wiesbaden 1992.

Retzmann, Thomas: Die Szenariotechnik – ein komplexes Lehr-/Lern-Arrangement für die interdisziplinäre politische Bildung im Fach Sozialwissenschaften. In: Gegenwartskunde, 2001, 50. Jg., Heft 3, S. 363-374.

Riedrich, T.; Sasse, A.: Ganzheitliche Planung und Steuerung von Innovationsprojekten. In: Controlling, 2005, Heft 3.

Sakurai, M.: Integratives Kostenmanagement. München 1997.

Schelle, Heinz: Ex occidente lux. In : Projektmanagement aktuell, 2003, Heft 1.

Schelle, Heinz: Projekte zum Erfolg führen. 7. Auflage, München 2013.

Schlicksupp, H.: Kreative Ideenfindung in der Unternehmung. Berlin 1977.

Schmidt, G.: Organisation und Buisness Analysis: Methoden und Techniken. 14., völlig neu bearb. Aufl , Gießen 2009.

Schulte-Zurhausen, M.: Organisation. 6. Auflage, München 2013.

Scrum.org: https://www.scrum.org/, abgerufen am 17.07.2015.

Seuring, S.: Supply Chain Costing. München 2001.

Tempelmeier, Günther: Produktion und Logistik. 8., überarb. und erw. Aufl., Heidelberg, New York 2009.

VDMA (Hrsg.): Prozesse beschleunigen und gewinnorientiert steuern. Frankfurt 2002.

Vester, Frederic: Die Kunst vernetzt zu denken. 9. Aufl., aktual. u. erw. Taschenbuchausg. München 2012.

Die Autoren

Günter Drews
ist Diplom-Wirtschaftsingenieur (FH) und Leiter des Steinbeis Transferzentrums Open Source Business Management. Er ist Mitglied der GPM (Deutsche Gesellschaft für Projektmanagement) und leitet dort die Fachgruppe Methoden im Projektmanagement.

Norbert Hillebrand
ist Diplom-Ingenieur für Luft- und Raumfahrttechnik. Seit 1984 ist er bei dem Automobilzulieferer Behr tätig und seit 1995 dort zuständig für Projektmanagement und die Ausbildung von Projektleitern und Projektpersonal. Er war im Vorstand der GPM.

Dr. Martin Kärner
ist Diplom-Ingenieur für Elektrotechnik und bei der Siemens AG in der konzerninternen Weiterbildung im Projekt- und Prozessmanagement tätig.

Sabine Peipe
ist Betriebswirtin und zertifizierte Projektmanagerin IPMA Level B. Sie ist Inhaberin der Sabine Peipe Unternehmensberatung für Projekt- und Changemanagement und Dozentin an der Fernfachhochschule Schweiz (FFHS). Sie ist Mitbegründerin der GPM Regionalgruppe Heilbronn.

Uwe Rohrschneider
ist Diplom-Kaufmann und Inhaber der Projektmanagement Consulting + Training. Er ist Mitglied der GPM Leitungsgruppe Berlin und Dozent an der Hochschule für Technik und Wirtschaft (HTW) in Berlin.

Stichwortverzeichnis

Inklusive Arbeitshilfen online

Exklusiv für Buchkäufer!

Ihre Arbeitshilfen zum Download:

- **http://mybook.haufe.de/**
- **Buchcode:** 3C3-CHWG